COMSOL 基础系列

COMSOL 多物理场仿真入门指南

第 2 版

主　编　李星辰　姚　雯
副主编　黄奕勇　赵　勇　杜　巍　徐双艳　乔海东　肖定邦
　　　　张　强　曹　璐　韩　伟　李　桥
参　编　那超然　戴思航　刘贝贝　董润鹏　张若凡　彭兴文
　　　　吴　伟　刘　奇　周炜恩　白云山　刘　娣

机械工业出版社

全书共8章，第1~4章为第一板块，以仿真发展历史与国内行业现状为开端，介绍了进行有限元仿真必备的基础条件，对COMSOL多物理场计算的基础知识给出了系统的讲解：对数学理论知识，譬如有限元理论、高等数学基础、数值分析等基本概念进行了详细介绍；对COMSOL常规建模流程进行了简要阐述，包括函数定义、几何建模、材料定义、网格划分和求解器设置等，同时对COMSOL中控制方程和边界条件的含义和应用做了介绍；对COMSOL的优势即多场耦合概念及耦合方法进行了阐述；对COMSOL的软件操作方法、界面功能、网格剖分等知识进行了系统讲解。第5~8章为第二板块，从应用最为广泛的四大领域入手，逐一介绍了计算流体力学、电磁学、结构力学和电化学模块，总计13个案例，按照由浅入深的顺序排序，较为详细地讲解了每一个操作步骤，使初学者可通过对照练习理解软件使用技巧。对于每一个案例，本书均配有二维码视频，以便初学者能更好地理解和掌握。

本书是面向完全零基础的读者编写的入门指南，初学者既可以通读本书获得对COMSOL较为全面的认识，也可以在阅读完第一板块内容后，挑选自己感兴趣的领域，学习对应的案例操作。如果读者需要对软件设置原理有更全面的了解，可以查看COMSOL用户帮助文档。

图书在版编目（CIP）数据

COMSOL多物理场仿真入门指南/李星辰，姚雯主编. —2版. —北京：机械工业出版社，2024.8

（COMSOL基础系列）

ISBN 978-7-111-75073-4

Ⅰ.①C… Ⅱ.①李… ②姚… Ⅲ.①物理模拟-应用软件-指南 Ⅳ.①O411.3-62

中国国家版本馆CIP数据核字（2024）第072122号

机械工业出版社（北京市百万庄大街22号 邮政编码100037）
策划编辑：汤 嘉 责任编辑：汤 嘉 张金奎
责任校对：闫玥红 封面设计：严娅萍
责任印制：常天培
北京科信印刷有限公司印刷
2024年8月第2版第1次印刷
184mm×260mm · 20.5印张 · 507千字
标准书号：ISBN 978-7-111-75073-4
定价：79.00元

电话服务
客服电话：010-88361066
010-88379833
010-68326294

网络服务
机 工 官 网：www.cmpbook.com
机 工 官 博：weibo.com/cmp1952
金 书 网：www.golden-book.com
机工教育服务网：www.cmpedu.com

COMSOL 基础系列编审委员会

序

一切，始于 10^{-43}s，十维宇宙分裂……

在接下来 100 亿年的时间里，夸克、原子核、似星体、星系、太阳系陆续形成，直至 138 亿年后，人类出现！

人类个体存在的时间很短，但是人类永恒的好奇心促使我们不断地探索大地、星空乃至整个宇宙。在这一过程中，人类通过认真观察与思索，逐步总结出了各种科学模型。从亚里士多德到牛顿、从麦克斯韦到爱因斯坦，人类的物理学知识逐步从静力学拓展到电磁学、相对论、量子力学……

著名物理学家霍金在和蒙洛迪诺合著的《大设计》一书中，提出了“依赖模型的实在论（Model Dependent Realism，MDR）”的观点，认为所有的科学模型都是人类感知的外延，人类只能通过力所能及的心智模型来理解宇宙的规律。

按照这一观点，从近代科学诞生以来直至 20 世纪上半叶，受限于当时的认知水平和计算能力，人们的普遍做法是将研究对象划分为各种学科，从不同的学科立场出发去研究问题，譬如物理、化学、生物等。在这一阶段，通过相对简化的数学模型，解决了不少单学科问题。但可想而知，这与研究对象多学科相互耦合、相互影响的真实状态是有区别的。

20 世纪下半叶以来，随着人类对宇宙、自然界、工业体系中的研究对象认知的进一步加深，特别是由于计算机技术的快速发展，人类的计算能力实现质的飞跃，人们所建立的数学物理模型逐渐从单学科演变为多学科，即由单物理场进化为多物理场耦合。由此，人类迫切需要适应多物理场耦合求解的理论和工具。

在这一背景下，针对多物理场耦合求解问题，1998 年 9 月，瑞典科学家 Littmarck 和 Saeidi 发布了用于求解联立偏微分方程的 FemLab 软件。经过多年的改进完善，2005 年，FemLab 正式更名为 COMSOL Multiphysics（以下简称 COMSOL），这标志着人类对自然界和工业界物理现象的研究进入了新的阶段。作为全球第一款真正的多物理场直接耦合分析软件，该软件适用于科学和工程领域的各种物理过程模拟。它以高效的计算效率和杰出的任意耦合能力，在求解多物理场耦合问题中大放异彩，因而次年，NASA Tech Briefs 就将 COMSOL 评选为“本年度最佳上榜产品”。

笔者认为，COMSOL 之所以能迅速上榜，主要原因就在于它解决了多物理场耦合求解的两大关键问题：

一是理论基础问题。COMSOL 的数值模拟是基于求解联立的偏微分方程（PDE），而大多数 PDE 是从质量守恒、动量守恒和能量守恒这些守恒律推导而来的，这些 PDE 采用积分形式的方程来描述物理变量在任意求解域内的行为。对于界面的处理，可以通过高斯散度定理将表面积分转化为体积分，然而这就对方程自身的连续性、可导性提出了近乎苛刻的要求，一旦 PDE 中涉及的变参不可导，则所有物理场的数值求解过程会十分不稳定。为了应对这种挑战，COMSOL 采用了将 PDE 统一转化为弱形式（本质是将研究的物理变量变换为积分形式，从而将不可导的风险转移到试函数项中）再进行求解的方法。这种方法非常适合求解非线性较高的多物理场耦合问题。

二是工程实现问题。COMSOL 提供了一系列丰富的预定义物理场接口，用于模拟各种物理现象，其中囊括了多个交叉学科的物理耦合效应，譬如电热耦合、流固耦合和压电耦合等。物理场接口是专门针对特定学科或工业领域问题建模的用户界面，用户可以在其中通过任意自定义的方程、函数、变量来建立模型。COMSOL 作为一个集成的仿真平台，其工作流程包含了仿真中涉及的所有步骤：从常量定义、几何实体建模、材料物性定义，到物理场选型、定解条件设置和求解器设置，以及最终的多样化后处理功能。同时，软件内置有流体力学、电磁学、结构力学、化工等 4 大领域共计 29 个物理模块，科研人员和研发工程师可以通过上百个物理场接口任意组合创建研究所需的多场耦合模型。

20 多年前，笔者的博士学位论文正是针对飞行器中的多学科耦合问题进行设计优化研究的。当时，这还属于较为前沿的研究方向，国际上可供参考的资料不多，可供使用的软件工具更是无从谈起。在论文写作过程中，至今令笔者印象仍极为深刻的是：一方面，对于学科之间的耦合如何进行建模深感棘手；另一方面，在计算机上编程模拟以及计算求解工作量巨大。那时候写的数十万行 C/Fortran 代码至今还存在笔者的硬盘里，每每看到还会让笔者想起那些在机房里彻夜调程序的日子。可惜的是，与笔者的这几位国外同行相比，编程时对于程序的继承性注重不够，对于软件的商业化意识更是无从谈起，以至于当年的心血今天只能作为纪念而已。

本书的作者之一李星辰是笔者的博士生，在最初确立博士论文选题时，给他确定的方向是卫星微推进系统设计，这是个典型的流/固/热等多学科耦合的研究方向。在笔者满以为他也会经历笔者当年与多学科纠缠的痛苦时，没想到他很快就拿出了详细设计方案，而且仿真结果令人十分信服。在笔者惊奇之时，他给笔者展示了他的秘密武器——COMSOL，并向笔者详细介绍了其功能与用法。在信息化时代成长起来的一代人，思维方式果然与我们不一样。在完成博士课题之余，他还充分利用 COMSOL 的强大功能，先后完成了卫星内部优化布局、卫星整星热控、微重力流体管理与稀薄气体声传播等多项课题的研究，在我们的系列微纳卫星研究中发挥了重要作用。同时自己还先后带领团队获得了国际大学生航天器设计大赛一等奖、国际大学生数学建模大赛一等奖、ICAN 国际大学生创新大赛特等奖、IEEE 航天计量学大会最佳青年学者等，让人想起“工欲善其事，必先利其器”的老话。

令笔者更没有想到的是，在他紧张地攻读博士学位之余，还担任了网上 COMSOL 论坛的答主，负责回答网友的各类问题。2018—2019 年，他获得国家留学基金委的资助，赴瑞典 Lund 大学联合培养，在国际传热与流体领域知名学者 Bengt Sunden 指导下，开展微尺度流动与反应研究。在 COMSOL 软件诞生的故乡瑞典，他进一步与当地使用该软件的学者交流，并充分结合自己的使用实践，编写了这本《COMSOL 多物理场仿真入门指南》。虽然这并不算是严格意义上的学术专著，但笔者认为，这也是信息时代充分共享与传播知识的一项善举，对于学习、掌握、运用 COMSOL，推动我国的多物理场仿真和多学科优化研究很有参考价值。

故欣然为序。

陈小前

前　言

COMSOL 多物理场有限元仿真软件，在近年来的科学研究与工程实践中得到了广泛的应用。在需要多学科密集交叉的航空航天研究中，国防科技大学微纳卫星团队与西安思缪智能科技有限公司围绕卫星微推进系统设计、卫星内部优化布局、卫星整星热控、微重力流体管理与稀薄气体声传播等领域，利用 COMSOL 软件进行了多物理场仿真建模的广泛交流与合作。合作成果先后应用于“天拓”系列微纳卫星，并支持项目获得多项国家和省部级科技进步奖。经过长期的项目实践，一套基于多物理场仿真的数字化设计与多学科优化方法已经初步成型，COMSOL 的应用在其中具有不可或缺的作用。

COMSOL 以其完全开放的架构、任意自定义的 PDE、丰富的专业模块，可以轻松实现建模流程的各个环节，30 余个预置多物理场应用模式，涵盖从流体传热到结构力学，从电磁分析到化学工程等诸多工程、制造和科研领域。它可以使工程师与科研工作者通过仿真，赋予设计理念以生命，运用它不仅可以提高卫星的各项性能，还可以改进医疗设备，提升汽车和飞机的安全性能。它可以基于物理场，模拟各个领域的设计、设备和过程。本书对 COMSOL 的基础知识和主流应用做了系统介绍，力图将最新版本的 COMSOL 操作方法与建模技巧分享给广大仿真爱好者。

全书共 8 章，第 1 章介绍了仿真在世界范围内发展过程的简明历史，并阐述了我国仿真行业的现状，结合现状提出了做好仿真工作的 DIPOA 方法。

第 2 章介绍了多物理场仿真的数学理论基础，包含有限元、高等数学、线性代数和数值分析关键概念，扼要地阐述了 COMSOL 常规建模流程，包含几何建模、材料定义、网格划分和求解器设置等，最后阐明了软件中的控制方程、边界条件和物理场耦合方法。

第 3 章介绍了 COMSOL 主界面的功能，包含文件操作和模型树操作，对内置常数、变量和用户自定义参数、函数、变量、材料做了详细介绍，最后介绍了初学者经常遇见的参量自定义错误以及前处理方法。

第 4 章介绍了 COMSOL 的网格剖分操作方法，从网格设置开始，阐述了添加、删除和属性的定义，逐步深入地介绍了映射、扫略和边界层网格方法，接着给出了网格质量自查方法，最后以流体喷射器和元器件母版为案例展示了网格剖分过程。

第 5 章介绍了计算流体力学模块，首先阐明了流体流动的三大守恒方程，其次介绍了定解条件，最后逐一讲解了热水杯静止散热、高马赫流和相场液滴滴落 3 个案例。

第 6 章介绍了电磁学模块，首先阐明了 Maxwell 方程组以及本构关系，其次介绍了 COMSOL 求解高频电磁场的物理接口，最后逐个讲解了铜柱的感应加热、高斯波束的二次谐波产生和射频消融、微波烧蚀肿瘤 3 个案例。

第 7 章介绍了结构力学模块，首先阐明了三大基本关系和常见的边界条件，其次介绍了常规几何近似处理和力学耦合类型，最后逐步讲解了铜及铜合金的塑性变形、压电传感器、股钢的热变形和瓦斯抽采过程中的流-固耦合 4 个案例。

第 8 章介绍了电化学模块，首先详细阐明了电化学理论的电动力学、传质原理和电流分布理论等，其次详细讲解了铁轨腐蚀、稀物质传递二次电流分布和电致化学发光 3 个案例。

全书由李星辰、姚雯、黄奕勇、赵勇、杜巍、徐双艳、乔海东、肖定邦、张强、曹璐、韩伟、李桥、那超然、戴思航、刘贝贝、董润鹏、张若凡、彭兴文、吴伟、刘奇、周炜恩、白云山、刘娣编写。出版过程中得到了机械工业出版社编辑的大力支持，在这里表示深深的谢意。

最后，需要特别声明，因为软件安装会受到硬件环境和软件版本影响，根据书中内容的操作结果难免和实际情况有所差异，如有问题，读者可以发邮件至 support@ matheam. com，我们会尽快给予解答。

编者

目 录

第 1 章 仿真预备知识

仿真，也称计算机辅助工程（Computer Aided Engineering），是一门横跨数学、物理、工程应用和计算机科学的学科。它不仅是一种科研手段，更是工业产品设计的关键环节。仿真技术被广泛应用到航空航天、机械制造、材料加工、汽车、土木建筑、船舶潜艇、石油化工、科学研究等诸多领域。

产品优化是仿真发展的核心动力，通常仿真工程师需要从工业场景中找到产品现存的问题，然后通过大量测试数据发现这些问题背后的物理、化学规律，接着用数学的语言将这些规律描述出来，最后采用合适的数值算法将该数学问题求解出来，并通过不断调整参数来达到优化产品性能的目标。

如今，随着我国制造业的不断发展，企业信息化升级不断深化，仿真在优化产品性能、缩短研发周期和降低研发成本方面发挥着重要的作用。

1.1 仿真发展简史

仿真技术诞生于 1953 年，G. H. Bruce 和 D. W. Peaceman 模拟了一维气相不稳定径向和线形流。由于当时计算机还处于晶体管时代，计算能力相对低下，Bruce 只研究了一维单相问题。

20 世纪 60 年代，由于当时苏联成功发射了第一颗人造卫星斯普特尼克 1 号，加加林成为遨游太空第一人，美国急于扭转在太空竞赛中的落后局面，肯迪尼发表了著名演讲——We Choose to Go to the Moon 声援阿波罗登月计划。为了解决宇航工业对于流体、结构分析的迫切需求，美国宇航局（NASA）在 1966 年开发了世界首款仿真分析软件 Nastran，从此拉开了仿真行业波澜壮阔的序幕!

随着阿波罗计划的顺利实施，仿真在其中发挥的巨大作用被工业界逐步认同。进入 20 世纪 70 年代，随着仿真理论的逐步成熟，仿真软件也进入了欣欣向荣的扩张期。仿真三巨头：MSC、ANSYS、SDRC 先后成立，并取得骄人战绩。下面重点叙述 MSC 和 ANSYS 两家巨无霸式仿真企业的发展轨迹，让读者领略工业软件的成长历程。

我们先将目光聚焦于 MSC. Software 公司，它参与了 NASA 研发 Nastran 软件的整个过程，并在 1969 年 NASA 推出了第一个版本 COSMIC Nastran 后，继续优化升级该软件，在 1971 年便推出了 MSC. Nastran。在阿波罗计划 240 亿美元经费的背景下，MSC 迅速奠定了行业领先的地位。

此后 MSC 的发展中，我们可以约略窥得仿真行业发展的轨迹——并购。凭借 MSC. Nastran 积累的第一桶金，从 20 世纪 80 年代末期到 2016 年的 20 多年间，MSC 公司一共吞并了 10 余家公司。先是借由收购荷兰的 PISCES 进入高度非线性市场，然后吞并 Knowledge Revolution 进入运动学仿真领域，随即攻克 UAI 和 CSAR 彻底成为世界上唯一一家提供 Nastran 商业代码的公司。21 世纪初，MSC 斥资 1.2 亿美元将著名虚拟样机仿真公司 MDI 吞并（大名鼎鼎的 ADAMS 软件开发商），同年兼并 Easy5 公司，这背后是接近 30 年积累的波音公司工程问题和仿真经验结晶。

飘风不终朝，骤雨不终日。在次贷危机风暴的影响下，MSC 艰难前行，2009 年退出股票市场被投资集团收购，2011 年和 2012 年分别收购比利时 FFT 公司和 e_Xsteam，2016 年收购焊接与成型仿真领军企业 Simufact。

2017 年，MSC 被瑞典海克斯康以 8 亿美元吞下。作为世界十大原创软件公司之一，MSC 是全球多个仿真领域的领导者，其黯然落幕，令人唏嘘。

让我们将目光移到另一个巨头 ANSYS 的身上，它依然是现在全球仿真领域的领跑者之一，早年它在中国的独家代理商安世亚太凭借销售 ANSYS 系列软件，一跃稳坐国产 CAE 行业头把交椅，ANSYS 的产品能量可见一斑。1963 年 John Swanson 博士就职于美国西屋公司的太空核子实验室时编写了一些核子反应火箭作应力分析的程序，名为 STASYS。1969 年，Swanson 创立了 ANSYS 的前身 SASI，并在西屋核电的支持下茁壮成长。1994 年，Swanson 接受 TA Associates 的并购，并让出 CEO 位置和股票，宣布新公司命名为 ANSYS。

2000 年，ANSYS 开启了收购之路，从 ICEM 到 CADOE，2003 年以 2100 万美元的代价吞并 CFX 软件。CFX 是全球首个通过 ISO9001 认证的 CFD 软件，且从诞生起就是英国为解决工业实际问题而开发。2006 年并购经典 CFD 软件 Fluent，自此全球计算流体力学领域三驾马车其中的两架（即 CFX 软件与 CFD 软件）已归入其麾下，同年并购 Century Dynamics 公司的高速瞬态动力学软件 AUTODYN；2008 年于次贷危机之中进入电子设计领域（EDA），以 8 亿美元天价收购 Ansoft 公司；2014 年完成 SpaceClaim 的收购，弥补自身 3D 建模的短板；2017 年收购增材制造仿真软件 3DSIM……

现存的仿真巨头还有西门子、达索和 ESI，这里就不一一列举了。通过上面两个例子，我们可以看到仿真软件作为工业软件的一个类别，离不开实体工业巨头的反哺，从 MSC 的 NASA，到 ANSYS 的西屋核子实验室，以及他们收购的数个公司无一不是对应于某个细分制造业，如源自波音的 easy5、AEA 的 CFX 等，然后是基于资本运作的不断并购。

在各个巨头公司为了扩充自己的业务范围激烈竞争之时，Svante Littmarck 和 Farhad Saeidi 敏锐地发现用计算科学研究科学现象和产品工程，靠单一的物理过程是很难诠释的，而当时市面上的有限元软件都强在对于某个物理场的深入研究，而无法将多个同时发生且有相互影响的物理过程进行联合计算。带着这种超前的、独树一帜的想法，COMSOL 公司于 1986 年在瑞典斯德哥尔摩创立，开始探索属于自己的天地。

成立初期的 COMSOL，在技术沉淀了 9 年后，推出了自己的第一款商业化产品 PDE Toolbox 1.0，当然这款产品是以工具包 PDE toolbox 的形式依附在 Matlab 产品下的，虽然只是一个偏微分方程工具包，但已经在有限元建模上颇具自己的特色。1999 年，COMSOL 公司发布了 FEMLAB 1.0 版本，正式进入仿真计算软件的行列。FEMLAB 这个名字，一直沿用到了 FEMLAB 3.0 版本，这个版本功能得到了极大的飞跃，更为重要的是，它彻底摆脱了 Matlab 的架构，从此告别习武之地，仗剑走天涯！

2005 年，这款新生代软件为自己起了全新的名字 COMSOL Multiphysics，并发布了 COMSOL Multiphysics 3.2 版本，它已经成长为了一个完整的科学建模与多物理场耦合计算软件包，并带着使命继续坚毅前行。一年后，COMSOL 被 NASA 杂志评为了 NASA 科学家所青睐的年度最佳 CAE 产品，对这个仿真软件青年军在科研工程领域的贡献赋予了极高的评价。

COMSOL Multiphysics 在不断精进自己数值计算功能的同时，也开始着眼于对操作界面的功能化实现。2009 年，COMSOL 4.0 版本诞生了，其界面更加简洁，且兼具强大的设计和仿真功能，非常便于工程人员使用，COMSOL 越来越受到高校、科研机构及创新企业的青睐。COMSOL Multiphysics 从 4.0 版本到 4.4 版本，用了 4 年的时间，大量扩充物理模块，我们熟悉的热门研究领域，如电池模块、腐蚀电镀模块、等离子模块、半导体模块、岩土力学模块、微流体模块、化工和电化学模块等和实际工程相关的模块接踵而至，用丰富的佳肴刺激着各行各业工程人员的味蕾，并且增加了与前处理软件、后处理软件、程序开发软件的链接，全方位立体化包容了整个设计过程。

现在的社会，很多领域靠个人单打独斗已经很难再取得更大的突破，团队时代和共享时代已经到来。在多物理场耦合仿真领域领先的 COMSOL Multiphysics 自然也敏锐地认识到了这一点，于 2014 年进入了 V5 时代的 COMSOL，秉承着软件不只服务于个人，同时也要让团队，组织受益最大化的原则，推出了 App 开发功能。原来的仿真软件让不懂仿真的人望而却步，只能由仿真专业人士来驾驭。现在的 App 开发功能，从选定 App 用户界面上操作的参数开始，到后处理和展示与 App 用户最相关的结果，真正地让更多的人融入软件的使用，并能直观地感受到仿真分析为他们的工作带来的影响。

COMSOL Multiphysics 趁热打铁，在下一个版本中迅速推出了 COMSOL Server，这款产品的推出，真正实现了简化研发流程，高效共享仿真，即时响应需求的功能。完成了从服务个别团体到服务群体的蜕变。在 5.4 版本中推出的 COMSOL Compiler，更是让 App 能够脱离 COMSOL Multiphysics 或 COMSOL Server 许可证独立运行，独立 App 在编译后是一个自包含实体，与早年 COMSOL 脱离 Matlab 形成自己的软件架构遥相呼应。

仿真软件是工业设计的核心体现，其开发难度不仅仅是高速算法和超大硬件的堆砌，更是源于实体工业经年累月的工艺参数积累。所以我们在学习国外优秀仿真软件的同时，切莫忽略背后一代又一代工程师的积累。

目前来看，全球没有一家 CAE 企业拥有可以整合人类所有学科的仿真分析能力，所以通过并购新的行业软件来整合学科能力是软件巨头必备的技能点。

然而这种并购，将会是国产 CAE 软件不得不正视的王屋太行，谁能做移山的愚公，谁就能在 CAE 行业脱颖而出。

1.2　我国仿真行业现状

智能制造囊括了硬件和软件两大要素，民族工业的崛起要求我们不能仅仅将眼光停留在硬件上，对软件研发也要予以足够重视。

我国制造业体量占世界制造业的 20%，但 90%以上的工业软件依赖进口。从辅助设计

CAD 到辅助工程 CAE 再到辅助制造 CAM，无一不受他人掣肘。

我国要成为真正的工业强国，工业软件是绕不开的雄关漫道。

其实我国仿真软件起步并不晚，而且早期实力尚可与列强媲美。早在 20 世纪 60 年代，老一辈科学家就在机械工程、土木工程领域运用了仿真技术。崔俊芝院士研制出国内第一个平面问题通用有限元程序，解决了刘家峡大坝的应力分析问题。此后，大连理工大学顾元宪教授推出了 JEFIX 软件，航空工业部研制了 HAJIF 系列软件。20 世纪 80 年代，中国科学院推出了 FEPG、SEFEM，郑州机械研究所开发了紫瑞。这些软件在当年的分析能力已经初露峥嵘，甚至在某些方面不输国外同类产品。

然而，20 世纪 90 年代，大批国外 CAE 软件涌入国内市场，影响领域波及各行各业，同时盗版的国外软件肆意扩散，对我国自主研发 CAE 形成巨大冲击，直接导致 HAJIF、紫瑞等黯然离场。

进入 21 世纪，国外仿真软件占据市场主要份额的局面已成事实，国产自主仿真软件发展相对滞后，令人欣慰的是，很多学者依然锲而不舍地坚持研发，如华中科技大学针对铸造成型开发的华铸软件，大工安道公司的 Adopt. Smart，以及湖南大学与吉林大学开发的针对汽车结构的 KMAS 分析系统等。

毕生致力于仿真软件研发的梁国平教授，于 1963 年毕业于南开大学数学系，同年进入中国科学院数学研究所，现为中国科学院数学研究所研究员，美国加州大学伯克利分校客座教授。1983 年，梁教授依据多年的从业经验，萌生了研发可以自动生成计算程序的仿真软件，即工程人员只负责向该程序输入偏微分方程和算法，软件会自动输出可供其求解方程的 Fortran 代码，1990 年梁教授完成了 FEPG 第一个版本。1996 年北京飞箭公司成立，2000 年 FEPG 的互联网版本研发成功，2004 年并行版本 PFEPG 研发成功。2009 年梁教授于天津成立元计算公司，2016 年发布 FELAC 串行版、并行版，现在的元计算公司致力于软件平台的研发，更多侧重与用户的互动。

对比中外知名仿真企业的发展历程，差距体现在两个层面：第一个层面是技术层面，我国仿真软件多为高校、研究所或企业自用，准确的定义应该是计算程序，而非通用软件，国外已经为行业接受并与行业密切融合，在这个层面的差距约有 20 年；第二个层面是商业化进程，国外巨头已经进入并购期，而我国仍处于萌芽期，整体行业商业化进程至少落后 40 年。虽然“十三五”期间工业核心软件的提法已经初露端倪，也有公司获得部分融资开发自主 CAE 软件产品，但迫于资金回报压力不得不依赖于大量服务项目获取盈利，导致产品研发进程较慢。目前行业状态仍以边缘领域的定制化服务为主。这两个层面的差距目前仍在不断拉大，急需政策层面予以支持。

总而言之，政策先行，企业反哺，商业运作，自主研发才是我国仿真行业崛起的根本。如何结合行业，充分转化现有研究所、高校囤积的大量优质算法代码，或许是眼下最经济实惠的出路。

1.3　做好仿真工作的需求

工欲善其事必先利其器，仿真软件不仅仅是一个工具，它是综合了实验或者工业产品数据、算法、程序封装、数据处理及分析的综合体。

诸位要学好仿真，一定要避免把仿真当作黑箱：随意给两个参数就可以得到一堆数据图像的高级 PS 工具。

当一项仿真任务成为科研课题或者企业项目时，参与者至少要对以下 5 个基本点保证无误，如图 1-1 所示。

1）定义（definition）：用数学、物理或者化学方程式等专业语言的方式描述实验室现象或者工业问题，最终能够落实到用具体的物理量来描述该研究对象。譬如研究对象为桌子上的一杯热开水，我们就要思考我们是研究开水的蒸发、开水的自然对流、开水对杯子的加热、整杯开水对桌子的压力还是开水对桌子的加热效果？如果是研究蒸发就需要考虑表面气体流速、表面积和当前饱和压力等；如果是研究自然对流就需要用到非等温流 NS 方程等；如果是加热杯子和加热桌面则是基础的热传导定律；开水对桌子的压力则需要广义胡克定律来描述。总之，当明确了研究对象后，我们要清楚关注的是什么物理量，这些物理量用什么方程描述可以最大程度地接近现实，再次需要注意：任何物理方程都有自己的适用范围或者假设条件，在假设成立的前提下，才能使用该方程去描述我们的研究对象。

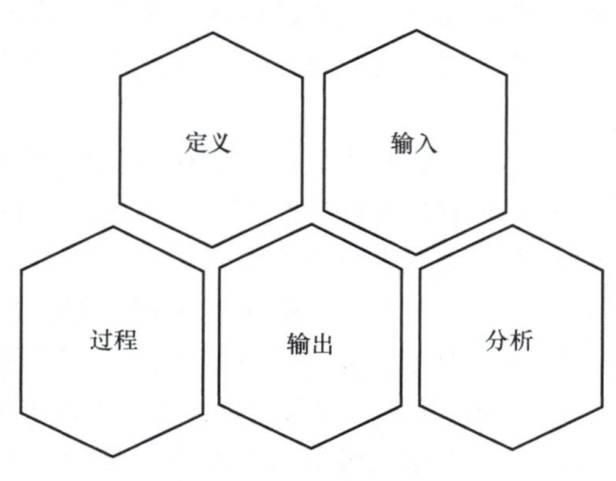

图 1-1 DIPOA

总之，在定义阶段要能明确研究对象的物理量，并用合适的方程去描述该物理量。

2）输入（input）：求解方程需要用到正确的物性参数、边界条件和初始值，这三个层面缺一不可。譬如我们研究上述问题中的开水对杯子的加热，那么需要知道的物理参数有：水及杯子的密度、热容和导热系数，如果模型要求苛刻，甚至要加入这些物理参数随着温度变化而大小发生改变的函数曲线。边界条件则对应着水面与杯子壁面与环境的热交换系数以及环境温度。初始条件对应着水和杯子在起始状态的温度。当这三个层面的物理量大小和单位确定以后，才可以讨论下一步操作。

总之，在输入阶段要弄清楚物理参数、边界条件和初始值的物理量大小和单位。

3）过程（process）：即选取合适的方法求解上述方程，现存的商业软件虽然大多是通用的，但每个都有其专精的领域甚至关注的空间尺度也不尽相同（现存的算法可以从原子级别计算到宇宙级别），各个软件的算法也不尽相同。譬如水对杯子的加热，可以采用 COMSOL 计算，也可以采用 fluent 计算，两者的区别在于前者采用的是 FEM（finite element method，即有限元法），后者采用的是 FVM（finite volume method，即有限体积法），对于简单传热问题两者不相伯仲，但如果要考虑更多的蒸发、相变、杯子热膨胀等耦合性问题的时候，采用凭借多场耦合出道的 COMSOL 是上乘之选，若考虑的物质是原子尺度的，则需要考虑采用 MS、道尔顿等传统分子动力学软件计算其物理性质。要避免饥不择食，拿到软件不管合不合适就用的行为。

总之，在过程阶段，研究人员需要根据物理方程及其假设、实体空间尺度等选择合适的计算程序和软件。

4）输出（output）：选取合适的结果呈现形式来形象地表达方程求解结果，常见的输出形式有：表格形式的源数据、曲线图、2D 彩图、3D 立体图、动画等。将关注的物理量用上述形式的一种或者几种描述出来即可。

5）分析（analysis）：针对计算输出的结果进行分析，了解能够影响当前结果的主要因素，以及这些结果与前人工作的对比等等，有些类似于论文的讨论部分。区分一项仿真工作是否有专业或行业积累的分水岭就是能否对数据结果进行合理分析，做到承前启后，既对前人工作是个良好的验证总结，也能够合理解释、优化现存问题，还能够在未来进一步深入研究。

总之，在分析阶段，需要仿真工作者对数据结果做出专业的阐释，分析其成因。

上述 5 个基本点我们可以概括为 DIPOA，作为一个仿真项目是否能够成立且良好运行的必要保障。接下来我们简要讨论一下当仿真作为一个团队长期稳定的需求，而不仅仅局限于一个人或者一个项目的需求时如何确保仿真能够下出“金蛋”。

仿真作为系统级工作时，将会对整个团队提出以下 5 点软性要素的刚需。

1）团队定位：团队负责人要对仿真重要性有着充分的认识，对仿真需求有着明确的技术规划，这样才能确保仿真有着充分的人力、时间、软件和硬件保障，否则仿真人员极容易演化为实验人员的附庸，仅仅起到一个验证作用，无法达成理论建模、产品优化的目的，而这两点恰恰是仿真在科研或者研发工作中最大的优势。

2）实验支撑：做仿真需要正确的输入，现如今仿真软件满地开花，已经不再是当年人无我有的状态，仿真工作拼的是输出精度。当用户们软硬件设施一致的时候，其实仿真工作真正拼的是输入！有些常规的物理参数譬如密度、热容或者黏度等可以依靠第三方测试机构完成，但是对于团队自身独有的物理参数，必须掌握其测试方法或者要求供应商提供直接测试数据，所谓磨刀不误砍柴工。

3）理论积淀：仿真软件的使用是表面现象，真正对应的内在是拥有对自身专业、行业的建模能力，而建模能力离不开扎实、深厚的专业、行业知识积累。研究者要清楚地知道实验现象、工艺问题背后对应的物理化学规律，内外兼修才是好的仿真素养。

4）软硬件能力：做仿真首先要有一台性能合适的工作站或者服务器，我们不能指望用 8G 内存去算一个 1000 万网格的流场，根据对自身团队仿真需求，如计算规模、计算时间、计算精度以及经费预算等，拟定合适的 CPU、内存、显卡（主频和显存兼顾）、硬盘、主板等硬件方案，配置高性价比的硬件，如果实在预算有限，也可以访问国内阿里云、华为云等服务商，租赁一定时长的计算节点；软件能力，现在各大厂商都提供免费的试用版，可以较快速地了解软件功能，而且国外厂商对国内高校往往有着不错的价格优惠，使用正版软件是对知识工作者最大的尊重。

5）实战能力：拳不离手曲不离口，良好的仿真能力离不开团队项目的反复练习，高效精确的仿真工作离不开熟练的前后处理能力、软件调试能力以及收敛性控制技巧等，这些都是需要日积月累的慢功夫，无法弯道超车。

孙子兵法中讲究：胜而后求战，当一个团队具备上述 5 大要素时，便立于战略优势地位，可以稳步地推进仿真工作。

第 2 章 多物理场计算

现实物理世界中存在着位移场、温度场、流体场、电磁场四个最为基本的物理场，早期的仿真程序从开始简单的线性问题、静力分析起步，逐步发展到后来的非线性问题、动力学分析、流体力学、电化学、电磁场等。从技术的角度来看，大致经历了以下 5 个阶段：

第一阶段（20 世纪 50~60 年代）：宇航工业中的计算程序，位移法方程的简单二、三维有限元分析。

第二阶段（20 世纪 60~70 年代中期）：通用软件形成，大规模问题代数方程、特征值等高效数值算法，非线性及瞬态响应问题中的应用。

第三阶段（20 世纪 70 年代中期~80 年代后期）：配套功能逐步完善，CAD 系统、网格剖分、后处理的推进。

第四阶段（20 世纪 80 年代后期~90 年代中期）：与向量、并行机配套的高效计算方法发展，工作站得到普及，声学、电磁学、材料和波动光学的交叉结合。

第五阶段（20 世纪 90 年代中期至今）：CAX（CAD/CAE/CAM）系统形成，网格自动剖分、参数化建模、面向对象的工具、并行分析、失效破坏分析与优化设计的智能化、配套材料数据库和用户接口等。

早期的仿真技术由于算法和硬件的限制，主要关注单一领域，譬如温度或应力，但是真实的物理场往往不是单独存在的，譬如温度会导致材料的热膨胀、摩擦力会生热等。现在随着算法的改进和消费者对产品需求的提升，如果只针对某一个物理特性进行研究，很难获得更高精度的数值解或者综合性能最优的产品设计。为了更加接近现实物理，获得更好的产品性能优化，就必须考虑多个物理场的耦合作用，这也是当今仿真软件发展的一大趋势。

COMSOL Multiphysics 正是在这种背景下应运而生！

2.1 多物理场计算基础

2.1.1 有限元简介

在工程计算和科学研究中，对于许多问题，人们可以给出其明确的数学物理方程（通常是常微分方程或偏微分方程，也称为“控制方程”）以及相应的边界条件来描述它们。

根据合适的边界条件，这些方程都存在唯一的解，但遗憾的是，只有极少数控制方程非常简单、同时几何形状比较规则的情况，才能使用数学解析方法得到这些方程的解析解。而对于绝大多数实际问题，由于方程的非线性或者求解域几何形状的复杂性，虽然其解存在，但我们无法通过数学解析方法得到其精确解。在这种情况下，人们转而寻求一些特殊的方法，以得到问题的近似解，只要该近似解的误差符合一定的要求，我们就认为这个解是准确的。在这些方法中，使用最广泛、发展最成熟的是数值方法。而有限元法，或称有限单元法，则是现在工程分析中应用最广泛的数值计算方法。

有限元方法最早形成于工程力学，后来逐渐扩展到其他领域，并不断证明其优越性和可靠性。该方法的理论基础是最小势能原理和最小余能原理。其基本思想是用许多规则形状的连续子域来近似代表整个求解域，这些子域称为“网格单元”。在这些单元顶点处，物理量都精确满足原控制方程，而在单元内部任一点处的物理量，则是依据单元点处的值使用插值法求得。这样，原控制方程的连续性、可导性要求都被弱化，同时其精确性要求，由原来的需要在整个求解域内处处满足控制方程，被弱化为只要求在各个单元顶点处满足控制方程，而在单元内部，则通过插值方法求得其近似解。这就是有限元“弱形式”的基本思想。实际上，在 COMSOL 中进行有限元计算时，系统总是先自动将控制方程转化为其弱形式，然后构造有限元方程组进行计算。

通过网格剖分，使得无限个自由度的原边值问题被转化成了有限个自由度的问题（即单元顶点处的方程）。然后，用里兹变分法或伽辽金法得到一组代数方程（即方程组）。最后，通过求解方程组得到这些单元顶点处方程的近似解，然后通过插值法求得单元内部任一点处的解。所以，边值问题的有限元分析应包括下列基本步骤。

（1）区域的离散或划分

这一步即网格剖分，可以在 COMSOL 中手动或者自动实现。COMSOL 拥有强大的网格剖分功能，可以对复杂的求解域进行结构化和非结构化的网格剖分。将复杂的整体求解域离散为形状规则的网格单元之后，就可以在每一个单元上分别对原来的问题进行求解（见图 2-1）。网格剖分是为构造插值函数和方程组做好准备。

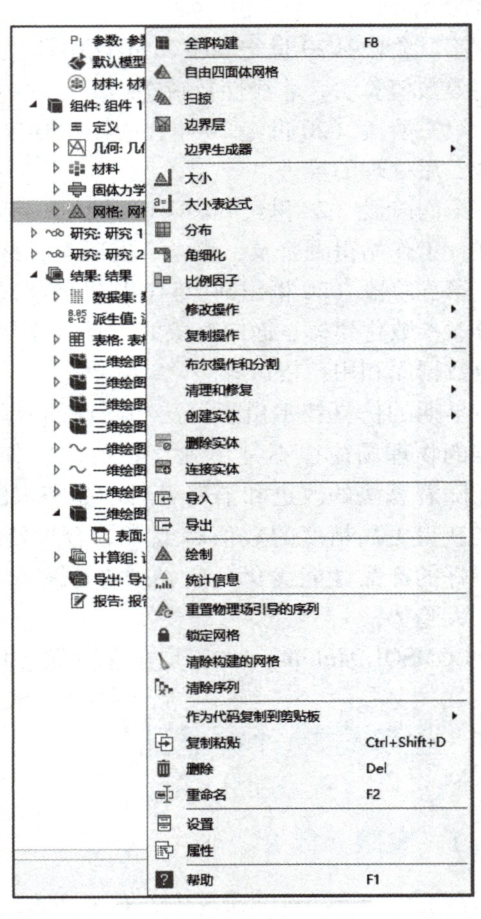

图 2-1　网格剖分功能

（2）插值函数的选择

在进行网格剖分之后，对于每个单元，其内部任意一点处的物理量，是根据其顶点处求得的物理量的值，通过插值方法得到的。在有限元方法中，根据所选用的插值函数的最高次数，确定插值函数的阶次，例如线性插值函数对应的是线性单元，二次插值函数对应的是二次单元，依此类推。在图 2-2 所示界面中，可以设置插值函数阶次。

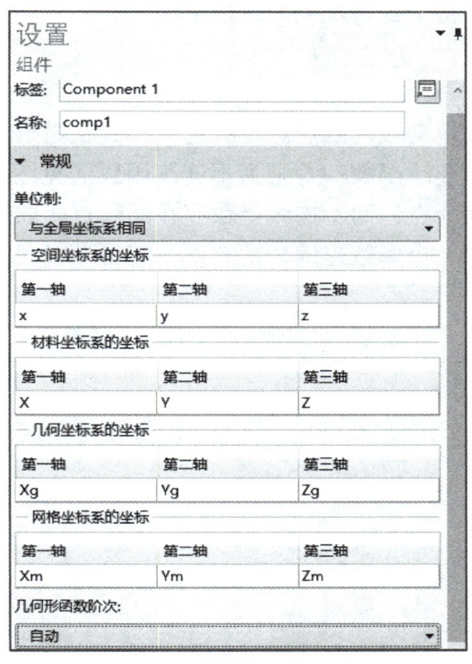

图 2-2　插值函数设置

（3）方程组的建立

在对求解域进行网格剖分之后，各单元顶点处的物理量必须精确满足控制方程，以此得到一个方程组。由于该方程组的每一个方程都是偏微分方程或者常微分方程，求解仍非常困难。因此需要通过里兹变分法或伽辽金法，将其近似变换为一个对应的代数方程组。这一步从控制方程组到代数方程组的变换，是在系统内部自动完成的。通过使用数值方法对该代数方程组进行求解，即得到控制方程在单元顶点处的近似解。当近似解的误差小于指定的最大容许误差（即相对容差）时，即认为该近似解是准确的，可以作为该方程的解。

（4）方程组的求解

当得到代数方程组之后，单击求解器中的“计算”按钮，求解器就会以指定的相对容差为目标，使用数值方法求解方程组（见图 2-3）。由于方程数量较大、未知数较多，在进行数值求解时，首先将其转化为矩阵方程，然后通过直接消元法或者迭代法等多种数值方法对其进行求解，以得到代数方程组的近似解。求解矩阵最常用的方法是迭代法，在每一步迭代的同时，都会计算当前结果的相对误差。当相对误

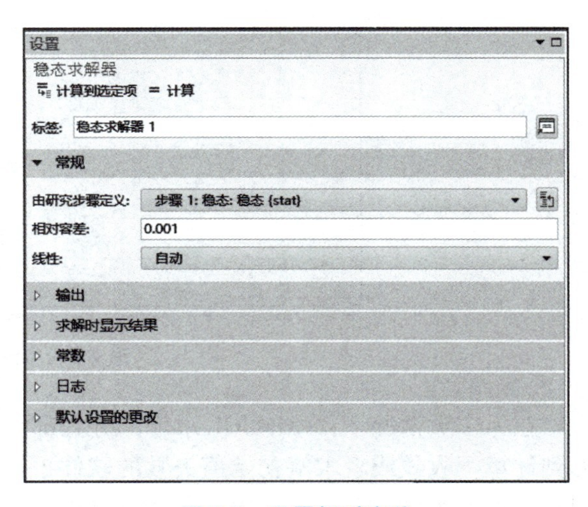

图 2-3　设置相对容差

差小于指定的相对容差时，迭代计算过程就会停止，此时得到的解就认为已经具有足够的精度。当得到各单元顶点处的近似解之后，系统会依据指定阶次的插值函数，计算单元内部各点上物理量的值，从而得到整个求解域上的近似解。

2.1.2　数学理论基础

连续：如果对于函数在定义域内的任意点有定义，其左极限与右极限相等，且极限值等于该定义值，则称该函数为连续函数，否则为不连续函数（见图 2-4 和图 2-5）。从另一个角度理解，连续函数不存在间断点，而不连续函数存在间断点。如果一个函数可导，那么它一定是连续函数；反之，如果一个函数连续，则它不一定可导（见图 2-6）。

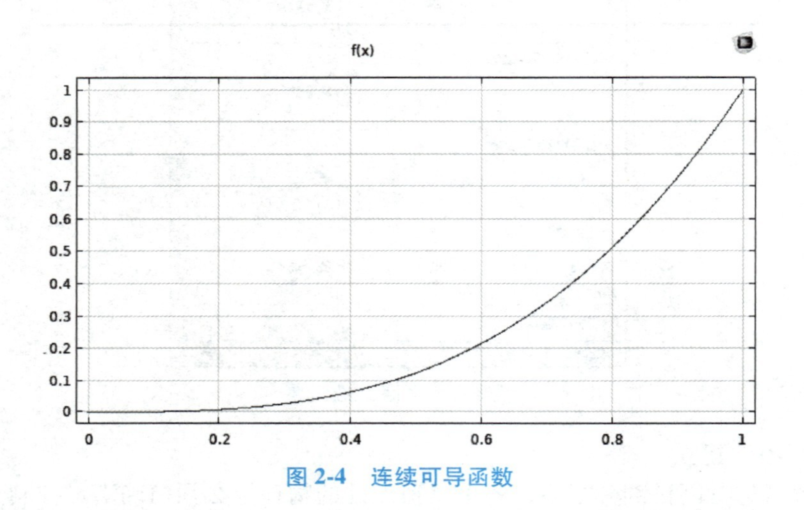

图 2-4　连续可导函数

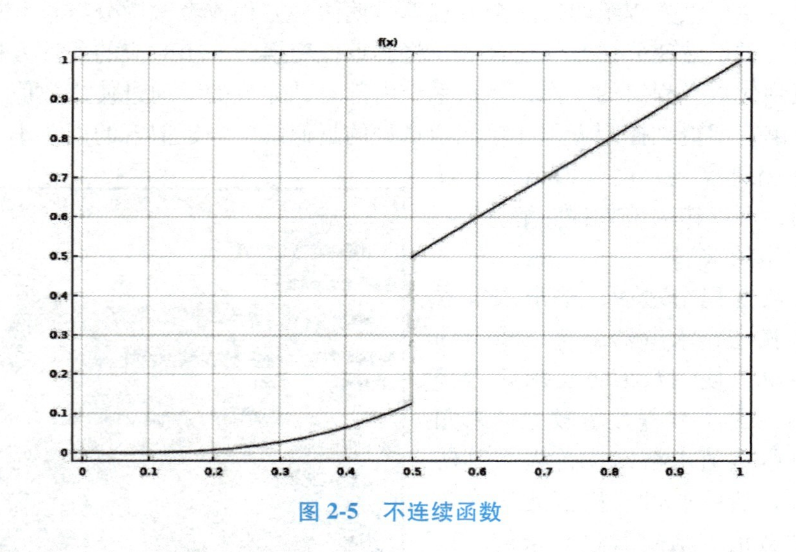

图 2-5　不连续函数

在大多数情况下，COMSOL 求解的方程都是微分方程，这时要求方程可导，否则可能会遇到计算不收敛或者求解初始值失败的软件报错。通常，COMSOL 强大的计算能力可以自动识别该类不可微、不连续函数，并做出修正。对于较复杂的问题，COMSOL 提供用户手动的

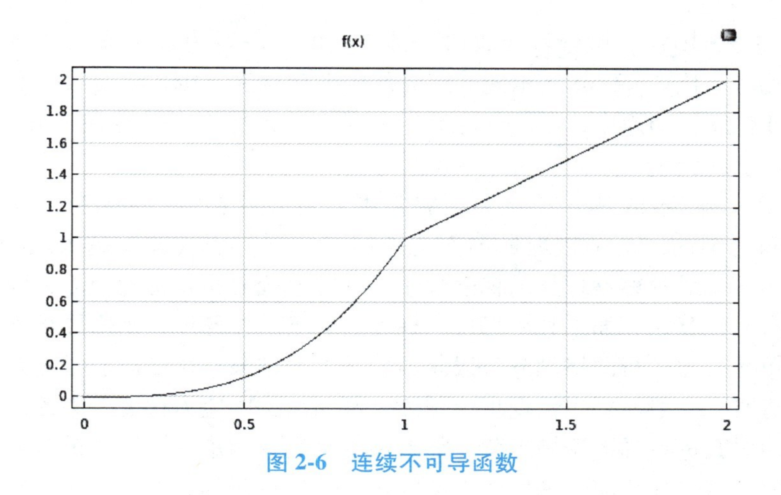

图 2-6　连续不可导函数

功能：Step 函数。通过 Step 函数，COMSOL 可以将不连续函数在其断点处平滑，使其变成可导函数，其具体用法如下（见图 2-7 和图 2-8）。

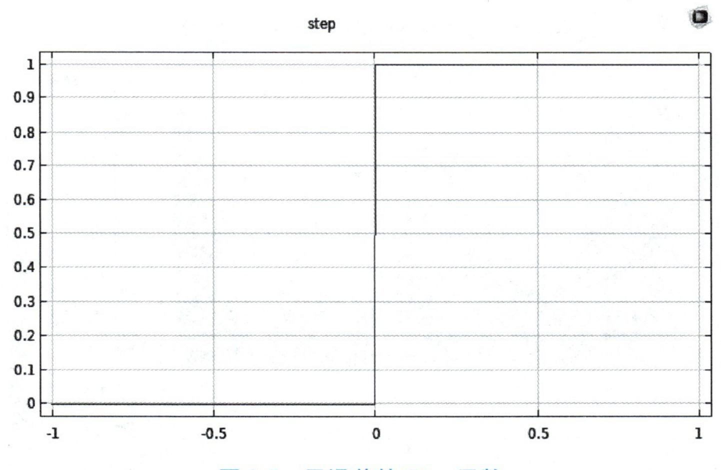

图 2-7　平滑前的 Step 函数

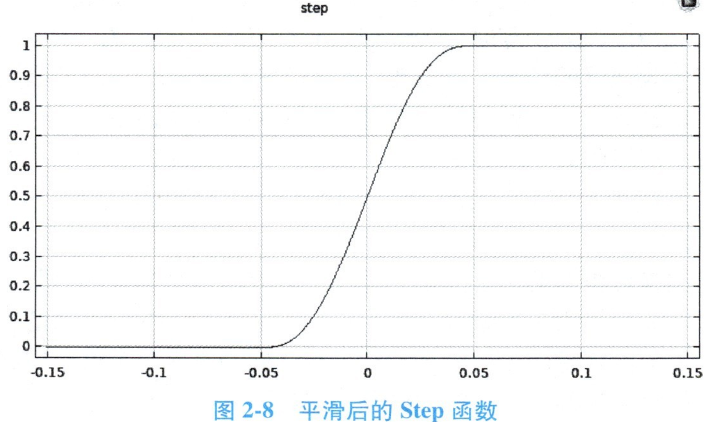

图 2-8　平滑后的 Step 函数

可微：在 COMSOL 中，微分和导数通常是等价的，一般用来表示某个物理量关于时间或者空间的变化率。比如 $\mathrm{d}T/\mathrm{d}t$ 表示温度随时间的变化速率；$\mathrm{d}u/\mathrm{d}x$ 表示一维情况下，位移在 x 方向上的变化率，即速率；$\partial u/\partial x$ 表示二维或三维情况下，位移在 x 方向上的变化率，即速率在 x 方向上的分量。

梯度：梯度（gradient）是一个矢量，它常用来表示某个物理量的变化快慢程度。在同一空间或者时间范围内，某个物理量的变化率越大，则说明其梯度越大。在 COMSOL 中，可以在结果中用等值线观察物理量的梯度分布，在等值线分布越密的地方，则代表其梯度越大。在进行有限元计算时，如果某个部位的梯度远大于其他部位，则需要将该梯度较大的部位使用较小的单元尺寸进行网格剖分，以获得较精度的结果。比如对非常复杂的几何结构进行结构力学计算时，一般需要先根据理论预测，判断结构中应力梯度较大的部位，如应力集中区域等，从而对其进行局部网格细化。如果理论预测有困难，可以先进行初步的均匀网格剖分和试算，根据结果找出应力梯度较大的区域，然后重新剖分网格并对这些区域进行局部细化，从而在确保计算精度的基础上，节省计算资源。如图 2-9 所示，可以看出求解域的左上角部位温度梯度较大，说明该区域温度变化最快。

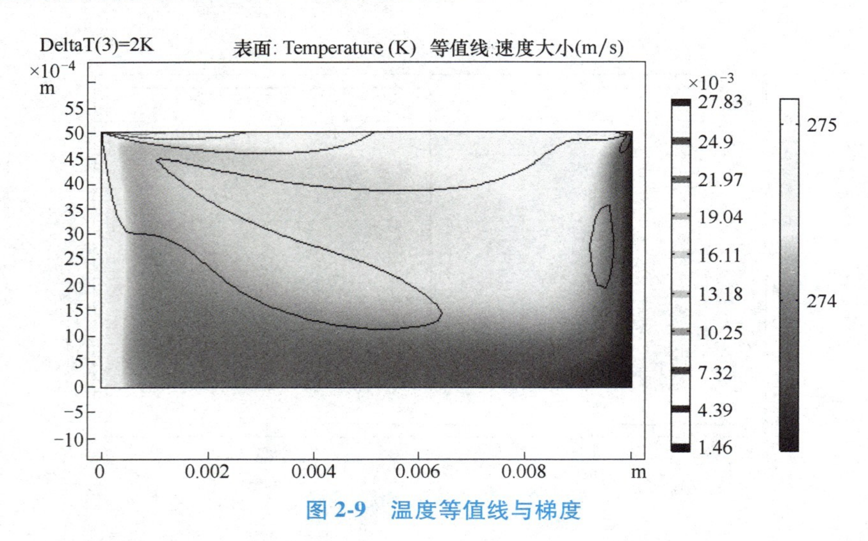

图 2-9　温度等值线与梯度

散度：散度（divergence）用于表征空间各点矢量场发散的强弱程度，物理上，散度的意义是场的有源性。当散度大于零时，表示该点有散发通量的正源（发散源）；当散度小于零时，表示该点有吸收通量的负源（洞或汇）；当散度等于零时，表示该点无源。由散度的定义可知，散度表示在某点处的单位体积内散发出来的矢量的通量，所以散度描述了通量源的密度。举例来说，假设将太空中各个点的热辐射强度向量看作一个向量场，那么某个热辐射源（比如太阳）周边的热辐射强度向量都指向外，说明太阳是不断产生新的热辐射的源头，其散度大于零。

旋度：旋度是矢量分析中的一个矢量算子，可以表示三维矢量场对某一点附近的微元造成的旋转程度。这个矢量提供了矢量场在这一点的旋转性质。旋度矢量的方向表示矢量场在这一点附近旋转度最大的环量的旋转轴，它和矢量旋转的方向满足右手定则。旋度矢量的大小则是绕着这个旋转轴旋转的环量与旋转路径围成的面元的面积之比。

在 COMSOL 中，关于散度和旋度的直接应用较少，而是直接设置相关的边界条件。

通量： 通量是指单位时间内，流经某单位面积的某属性量，是表示某属性量输送强度的物理量，如动量通量、热通量、物质通量和流量通量等。在传热和流体等物理场中，经常需要设置热通量或者流量通量的边界条件。如图 2-10 和图 2-11 所示分别为热通量和流体入口通量。

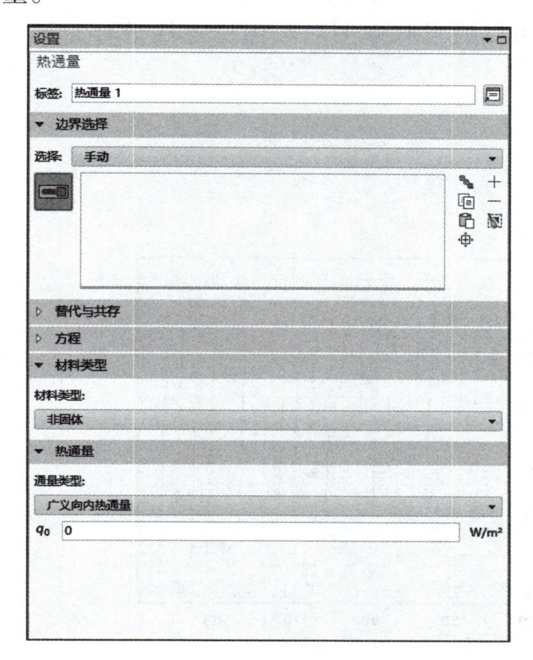

图 2-10　热通量

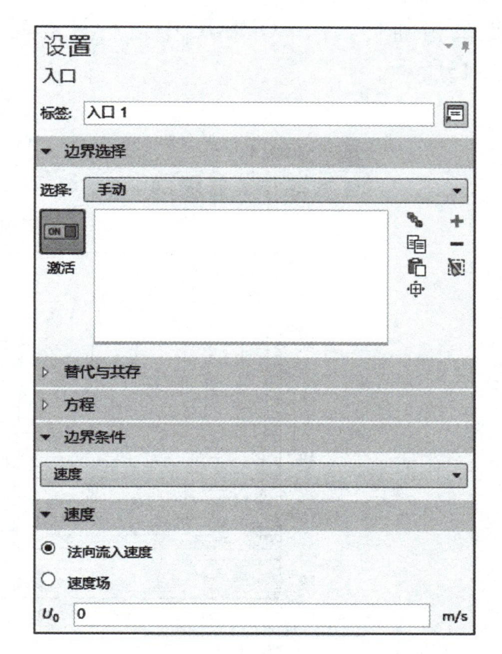

图 2-11　流体入口通量

2.1.3　数值分析

绝对误差： 是测量值与真实值之差的绝对值，绝对误差只反映计量值与实际值的差别。某个物理量的绝对误差，与该物理量具有相同的量纲。

相对误差： 绝对误差与真实值的比值，相对误差以百分比表示，数值越小表示计量的精度越高。与绝对误差不同，相对误差的量纲永远为 1。

在 COMSOL 中，在几何与求解阶段都要考虑误差。在几何建模阶段，根据实际情况，可以指定结构修复的相对误差或绝对误差，如图 2-12 所示。而在求解阶段，一般需要指定的是相对误差，即相对容差，如图 2-3所示。一般情况下，系统默认的相对

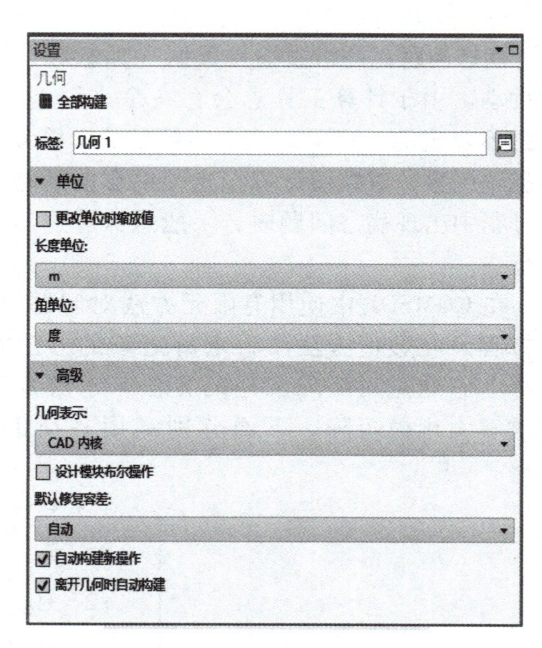

图 2-12　几何中的误差设置

容差是 1×10^{-6}。

数值稳定性：稳定性是指算法对于计算过程中的误差（舍入误差、截断误差等）不敏感。数值稳定时，在计算过程中随着计算的进行，相对误差会逐渐减小，直到小于设定的相对容差，即得到原问题的精确解。数值不稳定时，在计算过程中相对误差反而会逐渐增大，或者出现上下波动，从而很难达到或者达不到设定的相对容差，最终很难得到或者无法得到问题的精确解。在 COMSOL 中进行计算时，可以通过收敛图对数值稳定性进行监测，如图 2-13所示。

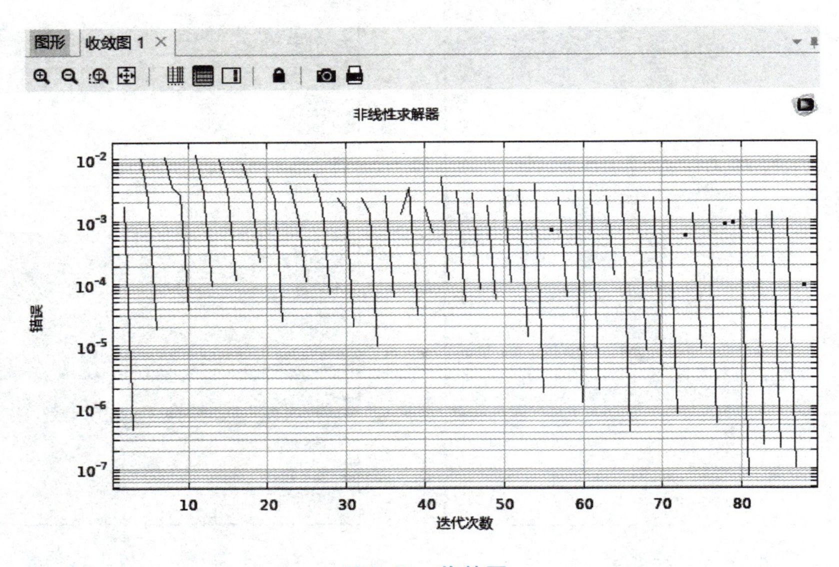

图 2-13　收敛图

病态问题：是指当输入数据（如参数、初始值等）有微小的波动时，会引起解的大的扰动。由于计算工具总会存在舍入误差，因而对于病态问题，用任何算法求数值解都是不稳定的。可见，病态问题是数学模型自身的问题，与算法没有关系，病态问题的病态越严重，对数值计算稳定性的影响就越大。病态问题会将问题的误差放大，当在计算过程中出现病态问题时，一般意味着边界条件或者求解器的设置出现了错误，需要进行检查。

在 COMSOL 中使用有限元方法对问题进行求解时，其本质是使用数值方法求解矩阵方程。在数值方法中，求解矩阵的方法有直接法和迭代法。直接法适用于小规模矩阵，它通过对矩阵求逆的方法来求解矩阵；迭代法以高斯消元法为基础，它适用于求解大规模矩阵。下面分别利用高斯消元法与矩阵求逆求一个四元一次方程组的解

$$\begin{cases} x_1+x_2+x_3+x_4=14 \\ x_1+2x_2+x_3+3x_4=22 \\ 2x_1+2x_2+0.5x_3+0.5x_4=22 \\ 2x_1+4x_2+0.5x_3+1.5x_4=29 \end{cases} \tag{2-1}$$

（1）高斯消元法

首先写出它的矩阵形式

$$NX=B \tag{2-2}$$

其中，$N=\begin{pmatrix}1 & 1 & 1 & 1\\ 1 & 2 & 1 & 3\\ 2 & 2 & 0.5 & 0.5\\ 2 & 4 & 0.5 & 1.5\end{pmatrix}$是系数矩阵，$X=(x_1, x_2, x_3, x_4)^T$；$B=(14, 22, 22, 29)^T$

$$M=(N,B)\begin{pmatrix}1 & 1 & 1 & 1 & 14\\ 1 & 2 & 1 & 3 & 22\\ 2 & 2 & 0.5 & 0.5 & 22\\ 2 & 4 & 0.5 & 1.5 & 29\end{pmatrix} \tag{2-3}$$

由矩阵的初等变换来解方程组（2-3）

$$M_1=r_2-r_1=\begin{pmatrix}1 & 1 & 1 & 1 & 14\\ 0 & 1 & 0 & 2 & 8\\ 2 & 2 & 0.5 & 0.5 & 22\\ 2 & 4 & 0.5 & 1.5 & 29\end{pmatrix}$$

$$M_2=r_3-2r_1=\begin{pmatrix}1 & 1 & 1 & 1 & 14\\ 0 & 1 & 0 & 2 & 8\\ 0 & 0 & -1.5 & -1.5 & -6\\ 2 & 4 & 0.5 & 1.5 & 29\end{pmatrix}$$

$$M_3=r_4-2r_1=\begin{pmatrix}1 & 1 & 1 & 1 & 14\\ 0 & 1 & 0 & 2 & 8\\ 0 & 0 & -1.5 & -1.5 & -6\\ 0 & 2 & -1.5 & -0.5 & 1\end{pmatrix}$$

$$M_4=r_4-2r_2=\begin{pmatrix}1 & 1 & 1 & 1 & 14\\ 0 & 1 & 0 & 2 & 8\\ 0 & 0 & -1.5 & -1.5 & -6\\ 0 & 0 & -1.5 & -4.5 & -15\end{pmatrix}$$

$$M_5=r_4-r_3=\begin{pmatrix}1 & 1 & 1 & 1 & 14\\ 0 & 1 & 0 & 2 & 8\\ 0 & 0 & -1.5 & -1.5 & -6\\ 0 & 0 & 0 & -3 & -9\end{pmatrix} \tag{2-4}$$

则 M_5对应的方程组为

$$\begin{cases}x_1+x_2+x_3+x_4=14\\ x_2+2x_4=8\\ -1.5x_3-1.5x_4=-6\\ -3x_4=-9\end{cases} \tag{2-5}$$

显然 $x_4=3$，然后回代到以上方程里，可得

$$\begin{cases} x_1 = 8 \\ x_2 = 2 \\ x_3 = 1 \\ x_4 = 3 \end{cases} \tag{2-6}$$

此即方程组（2-1）的解。

（2）矩阵求逆法求方程组

初等变换把（$\boldsymbol{N}$，$\boldsymbol{E}$）化成（$\boldsymbol{F}$，$\boldsymbol{P}$），其中 $\boldsymbol{F}$ 为 $\boldsymbol{N}$ 的行最简形，若 $\boldsymbol{F}=\boldsymbol{E}$，则 $\boldsymbol{N}$ 可逆，且 $\boldsymbol{P}=\boldsymbol{N}^{-1}$。计算过程如下：

$$\begin{aligned}(\boldsymbol{N},\boldsymbol{E}) &= \begin{pmatrix} 1 & 1 & 1 & 1 & 1 & 0 & 0 & 0 \\ 1 & 2 & 1 & 3 & 0 & 1 & 0 & 0 \\ 2 & 2 & 0.5 & 0.5 & 0 & 0 & 1 & 0 \\ 2 & 4 & 0.5 & 1.5 & 0 & 0 & 0 & 1 \end{pmatrix} \\ &\overset{\boldsymbol{r}_2-\boldsymbol{r}_1}{\underset{\boldsymbol{r}_4-2\boldsymbol{r}_2}{=}} \begin{pmatrix} 1 & 1 & 1 & 1 & 1 & 0 & 0 & 0 \\ 0 & 1 & 0 & 2 & -1 & 1 & 0 & 0 \\ 2 & 2 & 0.5 & 0.5 & 0 & 0 & 1 & 0 \\ 0 & 0 & -1.5 & -4.5 & 0 & -2 & 0 & 1 \end{pmatrix} \\ &\Rightarrow \begin{pmatrix} 1 & 0 & 0 & 0 & -2/3 & 1/3 & 4/3 & -2/3 \\ 0 & 1 & 0 & 0 & 1/3 & -1/3 & -2/3 & 2/3 \\ 0 & 0 & 1 & 0 & 2 & -2/3 & -1 & 1/3 \\ 0 & 0 & 0 & 1 & -2/3 & 2/3 & 1/3 & -1/3 \end{pmatrix}\end{aligned} \tag{2-7}$$

因此

$$\boldsymbol{N}^{-1} = \begin{pmatrix} -\frac{2}{3} & \frac{1}{3} & \frac{4}{3} & -\frac{2}{3} \\ \frac{1}{3} & -\frac{1}{3} & -\frac{2}{3} & \frac{2}{3} \\ 2 & -\frac{2}{3} & -1 & \frac{1}{3} \\ -\frac{2}{3} & \frac{2}{3} & \frac{1}{3} & -\frac{1}{3} \end{pmatrix} \tag{2-8}$$

则

$$\begin{aligned} \boldsymbol{NX} &= \boldsymbol{B} \\ &\Rightarrow \boldsymbol{N}^{-1}\boldsymbol{NX}=\boldsymbol{N}^{-1}\boldsymbol{B} \\ &\Rightarrow \boldsymbol{X}=\boldsymbol{N}^{-1}\boldsymbol{B} \\ &=(8,2,1,3)^{\mathrm{T}} \end{aligned} \tag{2-9}$$

此即方程组（2-1）的解。

2.1.4　基础物理场核心名词

控制方程、边界条件、初始值、定解条件、各向异性、电场、磁场、应力、应变、浓度。

1. 控制方程

能够比较准确、完整描述某一物理现象或规律的数学方程即称为该物理现象或规律的控制方程，这些方程绝大多数是偏微分方程，COMSOL 就是一个偏微分方程组求解平台，其优势在于多物理场的耦合求解，不同物理场对应着不同的控制方程，求解多物理场的本质就是求解这些控制方程组，即偏微分方程组。图 2-14 描述了单相不可压缩层流的控制方程。由于偏微分方程一般有无穷多个解，因此为了确定其中符合工程问题实际情况的解，即特解，就需要指定一些相应的特殊条件，包括边界条件或初始条件。

2. 边界条件

在数学中，对于微分方程来讲，边界条件是在一个微分方程的基础上添加一组附加的约束，边值问题的解也同时满足边界条件微分方程的解。对于给定问题的输入存在唯一的解，它依赖于持续的输入。

某个边界上的边界条件，一般是以指定物理量的原函数值或者其导数值的形式指定的。如果仅指定其原函数值，则称为第一类边界条件或狄里克莱（Dirichlet）条件；如果仅指定其导数值，则称为第二类边界条件或诺依曼（Neumann）条件；如果同时指定原函数值和导数值，则称为第三类边界条件或洛平（Robin）条件。总体来说，第一类边界条件：指定函数本身值的边界条件；第二类边界条件：定义函数法向导数值的边界条件；第三类边界条件：函数值和外法线的方向导数的组合。

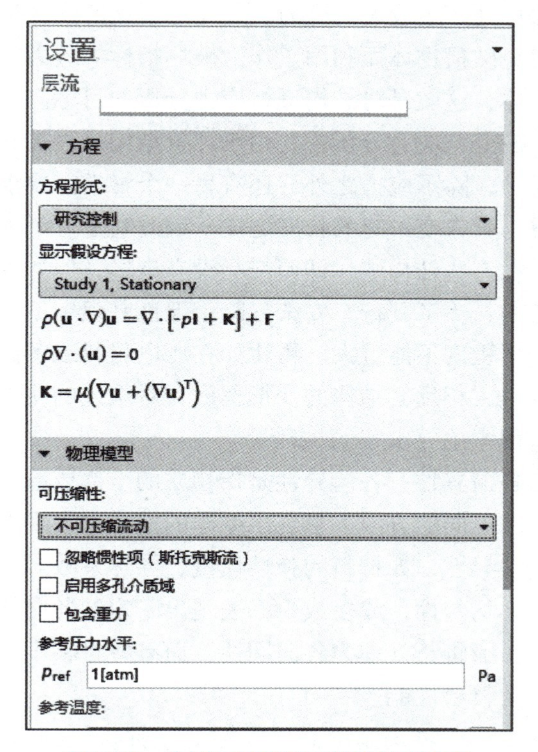

图 2-14　单相不可压缩层流的控制方程

COMSOL 一般只给出前两种形式的边界条件。例如，在固体传热中，指定某个边界上的温度值；在固体力学中，指定某个面上的压力载荷；在流体流动中，指定入口的速度流量值。

初始值：是指过程发生的初始状态，一般用于随时间相关的物理量的求解。在瞬态问题中，除了指定边界条件之外，由于方程中存在物理量关于时间的导数项，因此还需要指定物理量在初始时刻，即 $t=0$ 时的函数值或其导数值。例如，在瞬态固体传热中，指定 $t=0$ 时刻某点处的温度值。

总之，为了确定泛定方程的解，就必须提供足够的初始条件和边界条件，这些附加条件称为**定解条件**。

应力：应力是结构对载荷抵抗所产生的力，它是固体力学分析的经常需要求解的物理量。用单位面积的力来表示，其单位为 Pa。该物理量是判断产品与结构破坏（损坏）与否的重要指标。应力＝载荷/剖面面积。任何结构都有其所能承受的强度极限，所以设计时不能使应力超过该极限值。为此，在事前有必要知道应力的数值，以确保结构在工作中不会被破坏。

装调味品的塑料袋和水果袋都留有切口，从缺口处就很容易撕开袋子，并且有切口的袋子比没有切口的袋子要远远地容易撕开，这是在日常生活中常有的经验。这是因为，在切口的部分发生了截面积的突变，在受到外部载荷时，会发生应力集中，即使较小的载荷，也能在缺口处产生较大的应力，并超过材料的强度极限，所以就容易撕开。前一个例子说明，为了避免破损物体而利用了作为破坏指标的应力，而后一个例子反过来很好地利用了应力来破坏物体，这就是对结构进行应力分析的目标。

应变：应力分析主要用于评价结构是否被破坏，即应力是否达到其强度极限。而在固体力学中，除了应力之外，还有另一个常常需要求解的物理量，就是应变。应变是某点处的变形量与其未变形时的长度之比，因此它是一个无量纲的值。应变常常用于评价结构的变形程度。在有些结构中，即使产品没有破坏，但如果变形过大，也会影响其功能和性能。比如桥梁结构，为了其行车安全，除了保证其强度不被破坏之外，还需要确保其有一定的刚度，即其变形程度不能过大。再比如在压电材料或者微机电系统的计算中，很少会有材料破坏的情况发生，相反其结构的变形程度，对系统的功能会产生重大影响。此时结构的应变就是在计算过程中主要求解的物理量。

各向异性：各向异性是指物质的全部或部分化学、物理等性质随着方向的改变而有所变化，在不同的方向上呈现出差异的性质。表现在结构上，就是在不同方向上，其物理量会表现出差异性，如材料的弹性模量、导热系数、电导率、介电常数等。实际材料由于其微观结构的不均匀性，或多或少都表现出一定的各向异性。只不过有些材料不同方向上的差异性很小，一般将其处理为各向同性，而有些材料不同方向上的差异性非常大，就需要指定每个方向上的材料性能。

电场：电场是空间里存在的一种特殊物质。它是围绕带电粒子或物体的空间区域，并对其他的电荷施加力，吸引或排斥它们，电场存在于空间的所有点。它在数学上定义为一个矢量场，与空间每一个点的单位电荷对测试电荷施加的力相关联。可以被看成是指向或远离电荷的箭头。电场的力的性质表现为：电场对放入其中的电荷有作用力，这种力称为电场力。

电场是由电荷或时变磁场产生，电场强度是描述某点电场特性的物理量，符号是 E。数学表达为单位正电荷 q 在这一点上施加的力 F。电场的强度取决于源电荷，而不是测试电荷。

磁场：带电粒子的运动或电场的变化产生磁场，磁场是一个矢量场，在该矢量场中可以观察到磁力。磁场，如地球磁场，可以使磁罗盘针和其他永磁体在磁场的方向上排列。磁场迫使带电粒子沿圆周或螺旋线运动。磁场施加在电线电流上的力是电动机工作的基础。

浓度：在化学中，浓度是一种组分的量除以混合物的总体积。可以区分几种数学描述类型：质量浓度、摩尔浓度、数浓度和体积浓度。浓度可以是任何一种化学混合物，但最常见的是溶质和溶剂的溶液。摩尔（量）浓度有正常浓度和渗透浓度等变量。浓度是通过形容词的使用来定性地描述的，例如“稀”表示浓度相对较低的溶液，“浓”表示浓度相对较高的溶液。要浓缩溶液，必须添加更多溶质（例如，酒精）或减少溶剂的数量（例如，水），相反，要稀释溶液，必须添加更多的溶剂或减少溶质的数量。

2.2 COMSOL 常规建模流程

COMSOL 常规建模流程相关概念：参数、函数、变量、几何、材料、网格、求解器、后处理。本节通过模拟海洋中声呐检测海底电缆的过程，帮助读者熟悉 COMSOL 建模的一般流程以及相关概念，熟悉物理场控制方程及其边界条件、初始值在软件中如何设置，最终掌握多物理场耦合的概念及方法。

2.2.1 案例描述

本案例将对超声在海水中的发射和接收过程进行模拟仿真，计算过程要注意两个问题：

1）该问题涉及两个物理场，即压力声学和固体力学，由于看到激发声波信号和接收到的声波信号，求解器采用瞬态求解。

2）为了提高计算效率，并且在不影响计算结果的前提下，我们建立二维模型求解。

2.2.2 建模求解

1. 模型向导

第一步：首先双击桌面的 COMSOL 图标，进入模型建立向导。

第二步：在模型空间维度选择窗口选择二维（见图 2-15）。

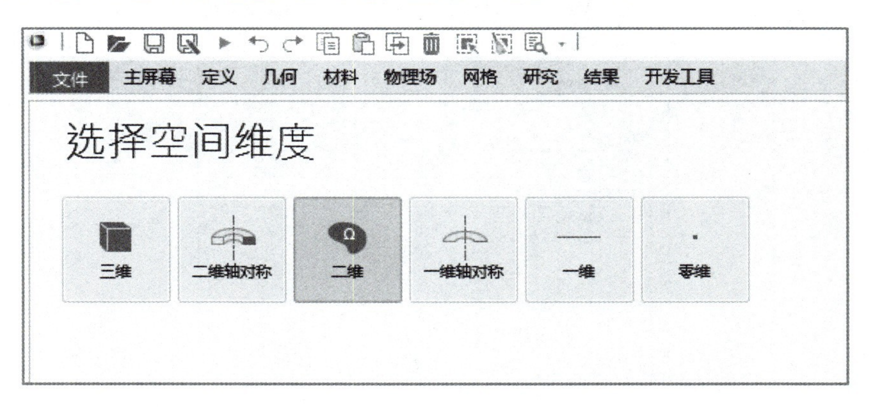

图 2-15 选择空间维度

第三步：添加物理场，这里根据求解的问题，添加结构力学和压力声学两个物理场（见图 2-16）。

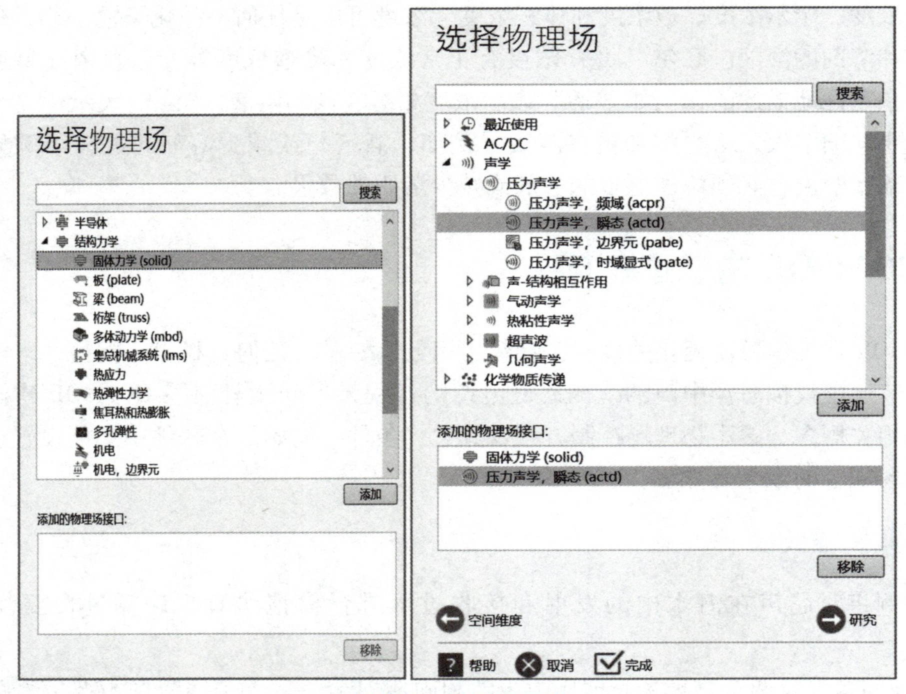

图 2-16　添加物理场

第四步：选择求解器，由于我们要求随时间变化的声波信号，所以选择瞬态求解器（见图 2-17）。

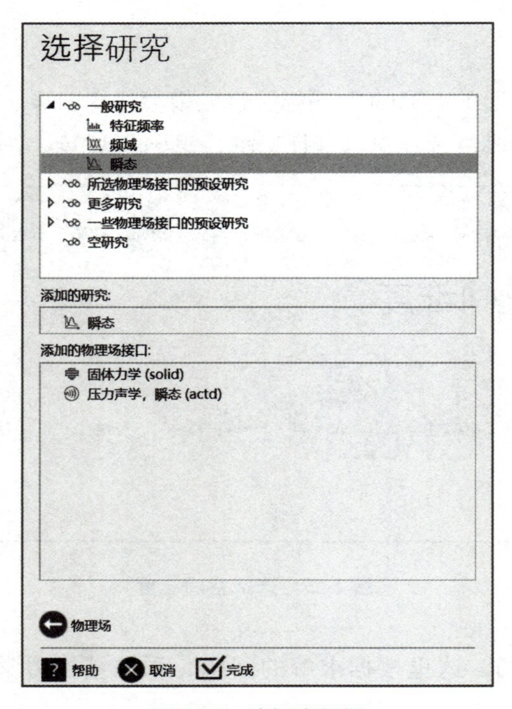

图 2-17　选择求解器

求解器选择完毕之后，就到了模型开发器（Model builder）窗口，在此窗口中，从上而下依次是全局变量、函数定义、局部变量定义、几何模型、材料参数、物理场、多物理场耦合、网格、求解器、结果处理。

此时，模型向导部分设置完毕，下面开始正式建模（见图 2-18），按照模型开发器窗口中从上而下的顺序，一边建模，一边讲解。

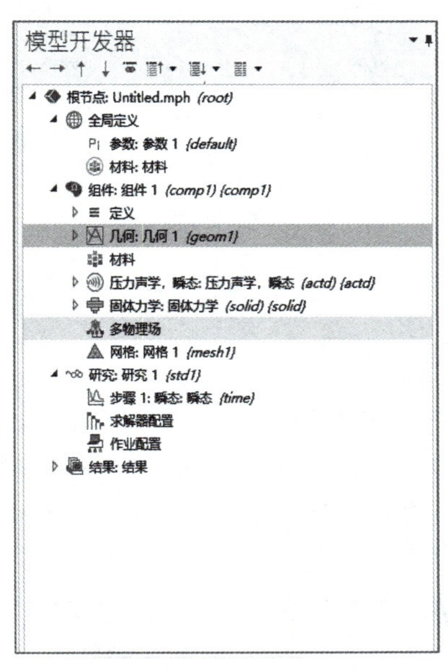

图 2-18　建立模型

2. 变量定义

根据几何范围函数定义包含全局定义和局部定义两部分，这两者本质相同，但作用范围有所区别。通常情况下，全局定义下的参数、变量、函数可以在整个模型中被调用。而局部定义，只对相应的子模型起作用，不能应用于其他的模型。

在某些条件下，只能采用全局定义的方法，比如调用已预先定义的全局参数来做几何建模，方便以后的修改，用全局定义来设置参数化扫描中的参数等。

（1）全局定义（见图 2-19）

包含参数、变量和函数三个部分。

参数：可以被模型全局调用的标量值。

在 COMSOL 的设置中，每一行可以设置一个参数，由名称、数值（输入过程含单位，用［］括入），以及参数的描述组成。参数名必须是唯一的，可以采用大小写英文及数字，配合下划线来命名。注意不能与 COMSOL 系统默认的英文命名冲突，如坐标 x，y，z，时间 t 等。

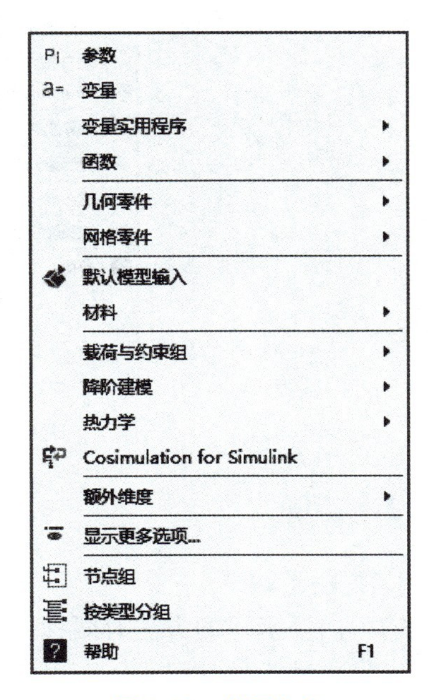

图 2-19　全局定义

参数定义如图 2-20 所示：

▼ 参数

名称	表达式	值	描述
c	1500[m/s]	1500 m/s	声速
f	100[kHz]	1E5 Hz	声源频率
l	250[mm]	0.25 m	海水深度
N	10	10	参数
h_m	c/f/N	0.0015 m	网格边长
t_step	0.2*h_m/c	2E-7 s	求解时间步长
T	1/f	1E-5 s	周期
t_total	2*l/c	3.3333E-4 s	总求解时间

图 2-20　参数定义

变量：用来表达一种随着自变量变化的属性，输入的方法和参数基本一致，只不过表达式部分为具体的函数关系。

（2）函数定义（见图 2-21）

函数：COMSOL 中函数的定义有两种方式：从解析函数中输入具体的函数表达式或者采用特殊的函数形式。包括内插、解析、高斯脉冲（Gaussian Pulse）、斜坡（Ramp）、矩形（Rectangle）、阶跃（Step）、三角波（Triangle）、波形（Waveform）、随机（Random）、外部（External）以及 MATLAB 等函数。

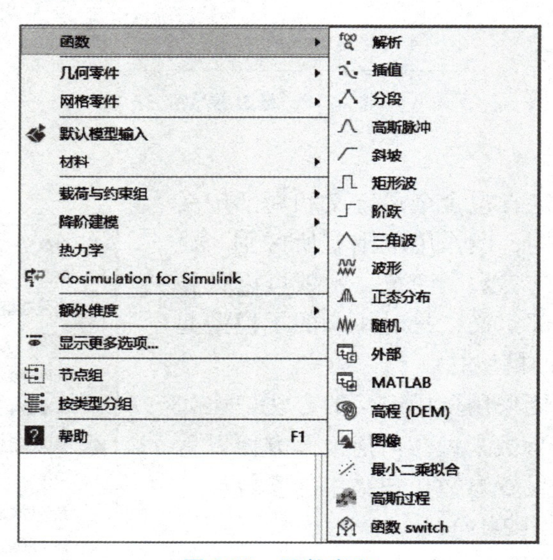

图 2-21　函数定义

2. 2. 3　函数

1. 内插函数

输入内插函数的方法有两种，一种数据源为表格，自己手动输入不同的自变量对应的变量值；另一种为外部引入，可以把测试中对应的散点保存成文本或 EXCEL 格式，再导入到 COMSOL 内插函数中去（见图 2-22）。

对应第一种方法来说，我们要在 t 栏中输入自变量值，在 f（t）栏中输入对应的函数值。这种方式只适用于一个自变量的情况，对于含有多个自变量的情况，采用外部导入的方法，通过调整变元素来控制自变量的个数。

函数名称：用户可以自定义函数名称，需要保证不与预定义的函数名称或变量名称重复。

参数：表格中第一列为自变量，第二列为对应的函数值。

预览：得到定义函数的预览图像。

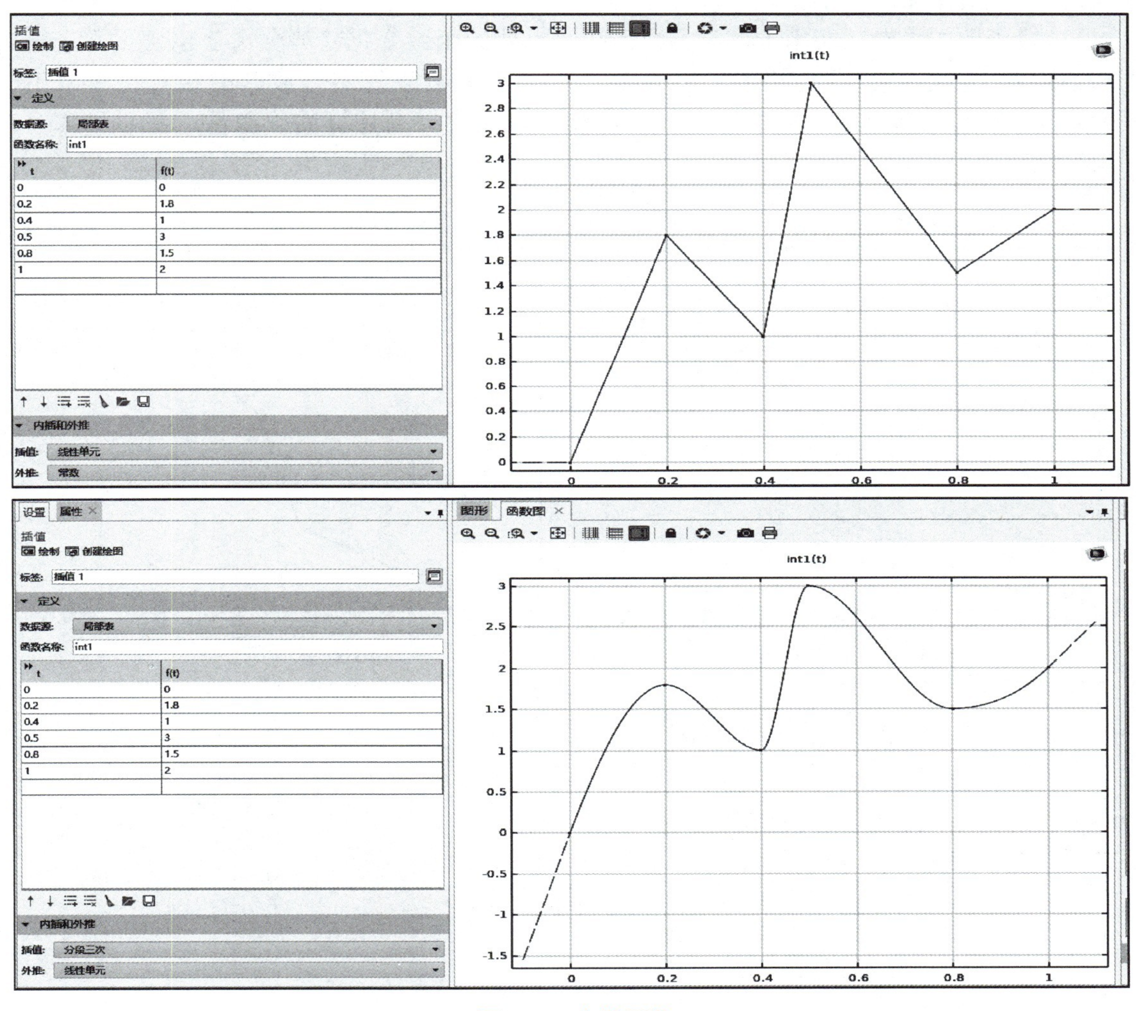

图 2-22　内插函数

2. 分段函数

分段函数指在不同的区间里面分别定义特定的函数表达式。函数中只包含一个自变量，不同区域自变量对应不同函数，相邻间隔的自变量必须保持连续且不能重叠。可以通过外推、平滑、间隔等方法做进一步设定。

函数名称：用户可以自定义函数名称。

参数：指定函数对应的自变量，默认为 x。

外推：输入函数在自变量区域之外的变化趋势，在软件中包括常数、指定值、最近函数、周期、无等可选择的方式。

常数：最外侧的节点对应的函数值。

指定值：用户指定输入的数值。

最近函数：最近几个节点的插值函数的结果。

周期：周期性循环取值。

无：不做外推，没有结果。

分段函数的平滑功能用于设定不同区间间隔处的函数变化趋势，选项包含了不光滑、连续函数、连续一阶导数、连续二阶导数。同时我们可以设定过渡区的相对尺寸大小，控制函数的变化拥有多大的缓冲空间，这样可以大大提高计算的收敛性（见图 2-23 和图 2-24）。

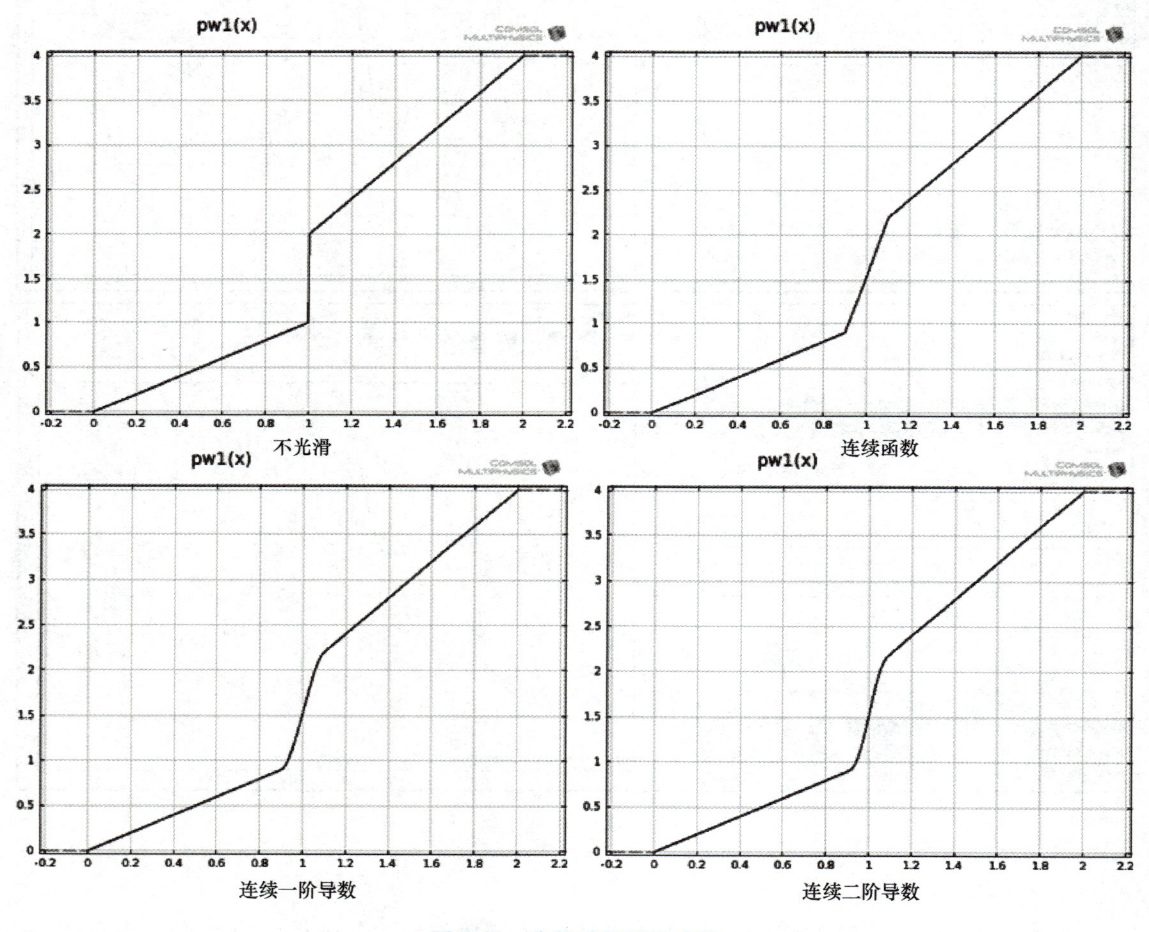

图 2-23　分段函数平滑功能

间隔：在间隔中的开始和末端，我们分别输入自变量的开始和结尾的数值，需要注意的是自变量在不同区间交界处必须保持连续，函数表中我们可以填入相应的解析表达式，如线性函数、指数函数、幂函数等。

单位：输入自变量及函数的单位，如果函数或自变量为无量纲量，则不用填写单位。

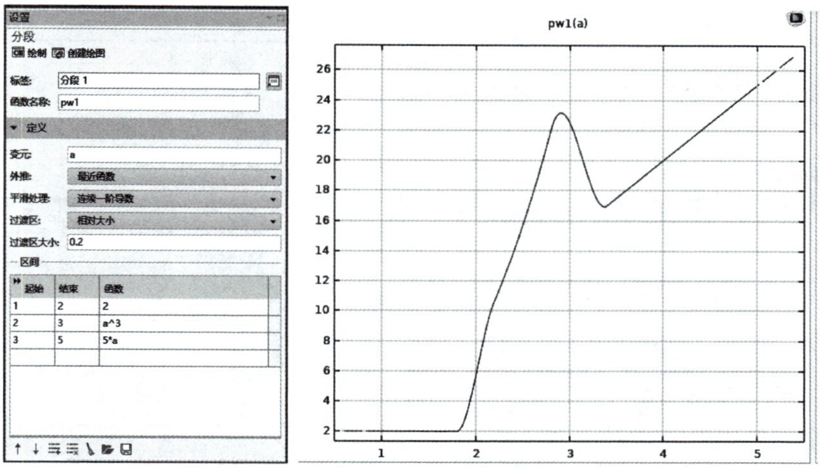

图 2-24　分段函数设置及其图像

3. 解析函数

解析函数是由一系列的运算符号组成的表达式。为了扩大变量的应用范围，我们可以调用一定的参数运算解析函数。在书写过程中，不用考虑实际的变量名称。

函数名称：用户自定义一个函数的名字。

表达式：输入特定形式的数学表达式代表对应的函数，如 -200 * pi^2 * (t/T-1) * exp(-pi^2 * (t/T-1)^2)。

自变量：输入函数的自变量，如时间的函数则输入 t，也可以用全局中定义过的参数。

s 导数：分自动和手动两种模式。选择自动，软件可直接寻找自变量的导数值；选择手动，就可以指定自变量的偏导值，在书写中偏导之间用英文逗号隔开。如果没有定义自变量的导数值，那么软件会自动默认其导数值为零。

周期性扩展：将使周期化选中，就可以指定函数值的周期性间隔，设置间隔中的上下限，就表示在特定周期内发生变化。

单位：和上述分段函数设置相同。

高级：是一种复数输出，勾选此项可以获得实数自变量对应的复数形式。例如，对一个实数做开方就能获取对应平方根的复数形式。

绘图参数：指定函数自变量的上限和下限。

本案例用解析函数定义激发信号函数，在**设置**菜单下，单击**绘图**按钮，可以看到所定义的函数图像，通过观察图像，可以确认自定义的函数正确与否（见图 2-25）。

2.2.4　几何模型

在几何模型的构建中，COMSOL 提供了非常多的元素，用户可以根据自己的需要构建相

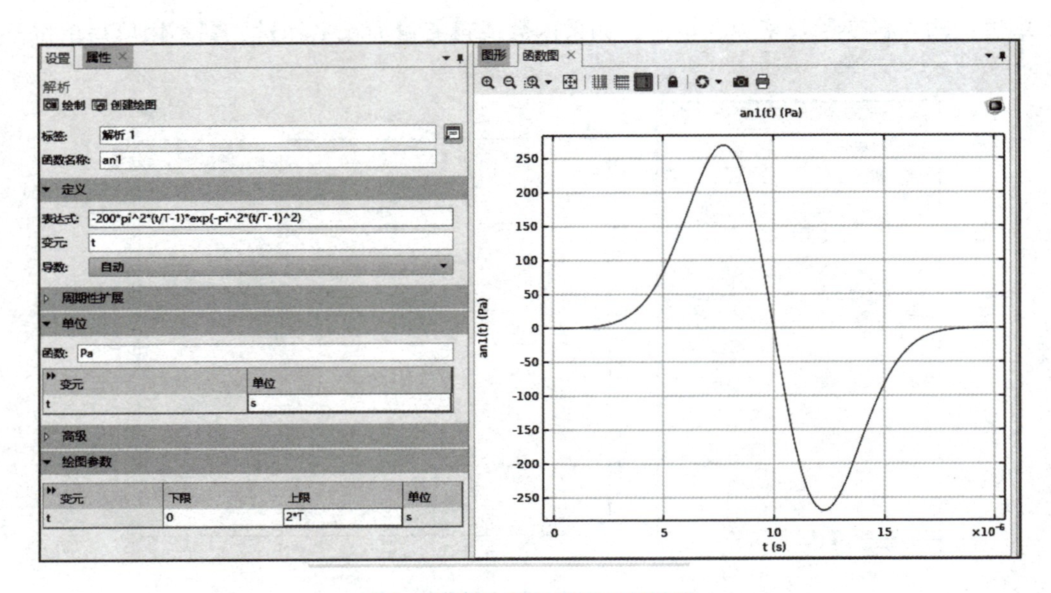

图 2-25　解析函数设置及其图像

应的几何模型。一维模型我们通过点的坐标定义点和线。在二维模型中我们通常采用矩形和圆做常规的几何形状，非常规的几何形状我们采用贝塞尔曲线来实现。三维模型就更加丰富，可以选择成熟的几何体直接建立模型，也可以采用先建立二维模型，再进行拉伸、旋转等操作方式生成三维几何体。另外，我们通过移动、复制、镜像、阵列等工具对重复的几何体进行批量处理，还能用布尔运算的方式进行不同几何的交集、并集等操作。除此之外 COMSOL 也支持外部几何文件的导入，市面上常用的绘图软件 CAD、SW、PRO/E 等均可以导入到 COMSOL 中。

在主菜单中选择几何子菜单，如图 2-26 所示。

图 2-26　几何

在几何子菜单中，选择**矩形**，在图形窗口画一个矩形，在左侧的模型开发器里找到刚刚画的矩形，并在**设置**菜单下，找到**大小和尺寸**，编辑矩形区域的高为 250mm，宽为 200mm，如图 2-27 所示。

依次添加所需的几何体，最终得到如图 2-28 所示的几个模型。最大的矩形区域是海水，中间小的矩形区域是被海水包围的障碍物，最下面四个点是声呐发生和接收点。

COMSOL 除了常规建模外，还能实现脚本建模，这样就拥有更自由的操作空间。

对于复杂的几何体，有些时候会出现组合体生成错误的情况。这时候通常会采用简化几何体，巧妙运用壳、模等薄层的边界条件来化解。如果需要设置不同的网格，不考虑网格的连续性或者研究复杂的旋转运动等情况，我们会考虑采用装配体。

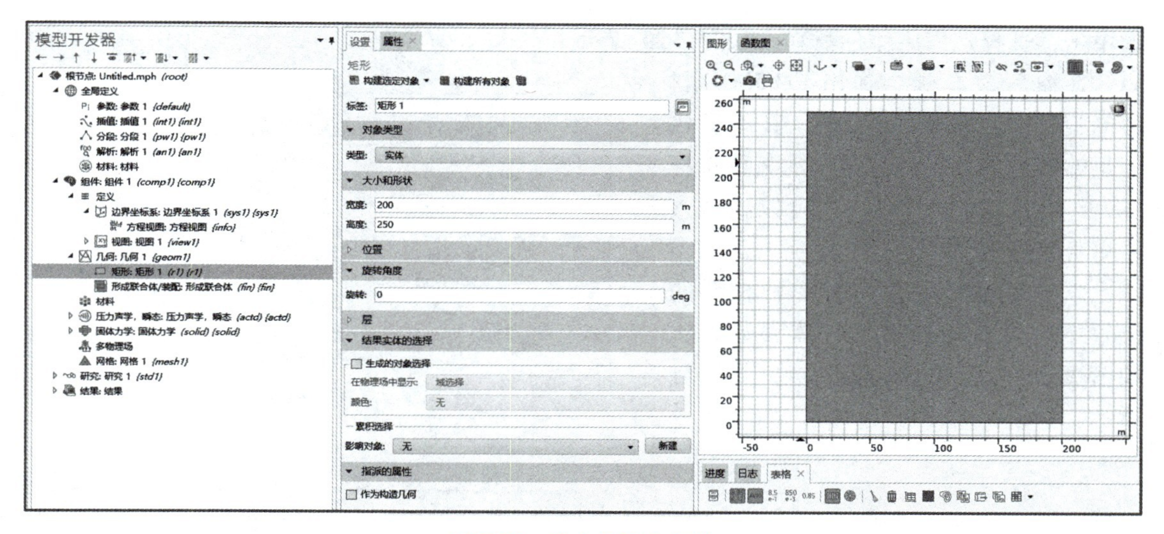

图 2-27　建立矩形几何体

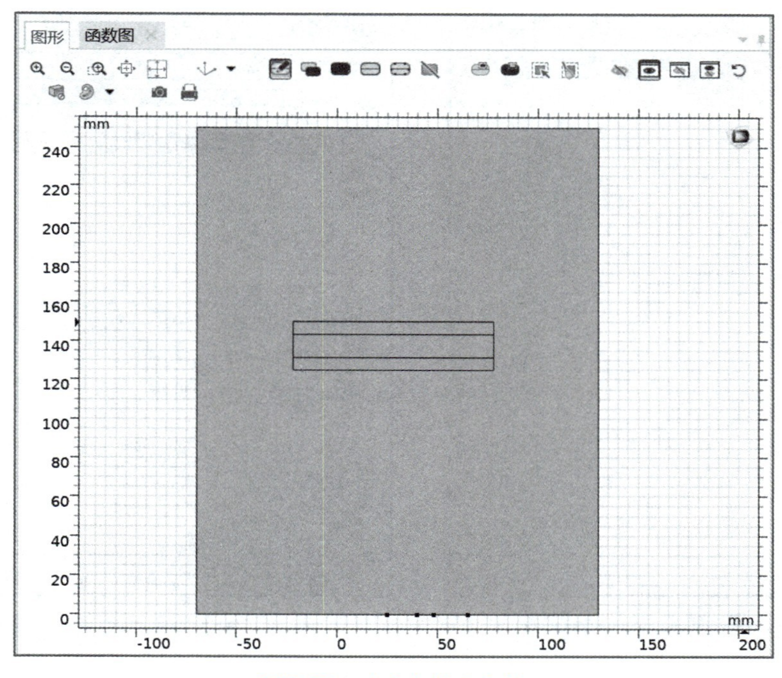

图 2-28　建立完整几何体

在很多时候，我们还可以采用 3D 结构的多物理场耦合分析，比如对几何体内部进行开孔，添加沟槽或者需要增加几何附件等操作时，用工作面建模就是一种快捷高效的方法。

2.2.5　材料定义

画好几何模型以后，就要定义每个区域的材料，通过在模型开发器中找到**材料**，鼠标右键单击，选择从库中添加材料，如图 2-29 所示。

在窗后最右侧会弹出 COMSOL 材料库目录，如图 2-30 所示，其中提供了足够数量的材料供选择，本案例选择 Water、Steel 两种材料，亦可以在搜索栏里直接搜索。

添加完材料后，在每一种材料的设置下，可对每种材料具体参数，比如密度、声速等进行修改，如图 2-31 所示。

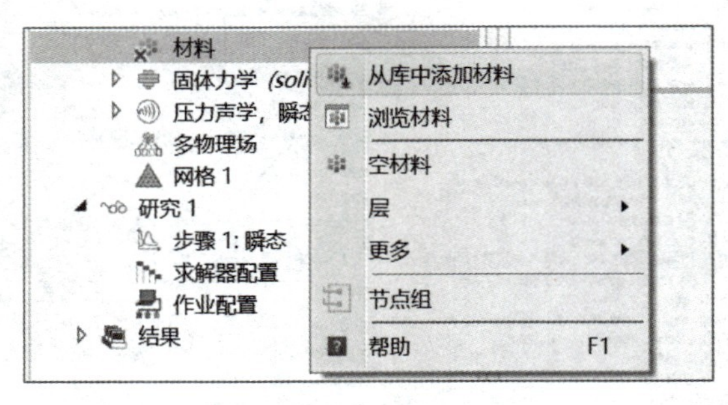

图 2-29 从材料库中添加

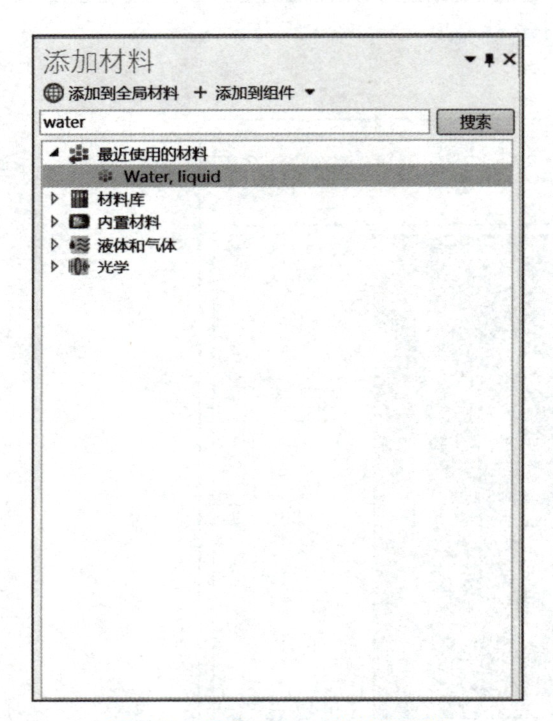

图 2-30 添加 Water 的材料属性

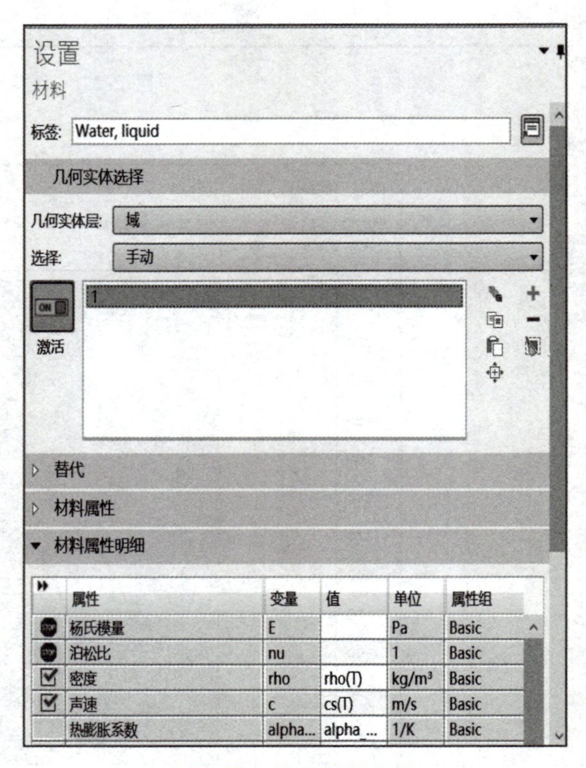

图 2-31 设定材料参数

2.2.6 网格划分

几何模型建立完毕后，需要进行网格划分。网格划分是否适当关系着计算结果的正误。网格划分越密，虽然计算结果越精细，但是计算量会非常大，这样对计算机的要求就会很高。因此，大小合适的网格划分是高效求解的关键。COMSOL 软件的自由网格参数可以根据用户的需求，设定最大单元尺寸、最小单元尺寸、单元增长率等参数，并可以设定局部区域细化（见图 2-32）。

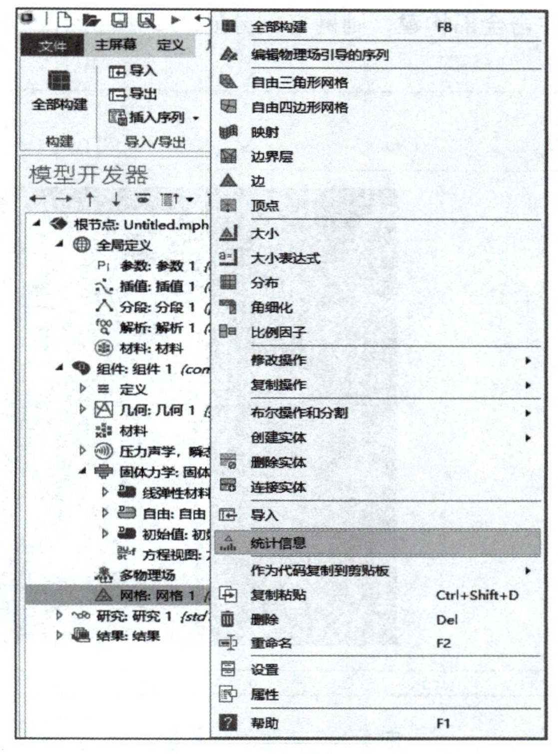

图 2-32　网格设置菜单

添加自由三角形网格（见图 2-33），右键单击**自由三角网格**，为自由三角形网格添加一个属性**大小**，在**设置**下找到单元大小，在最大单元大小项目中输入在全局变量中定义的最大网格边长参数 h_m。

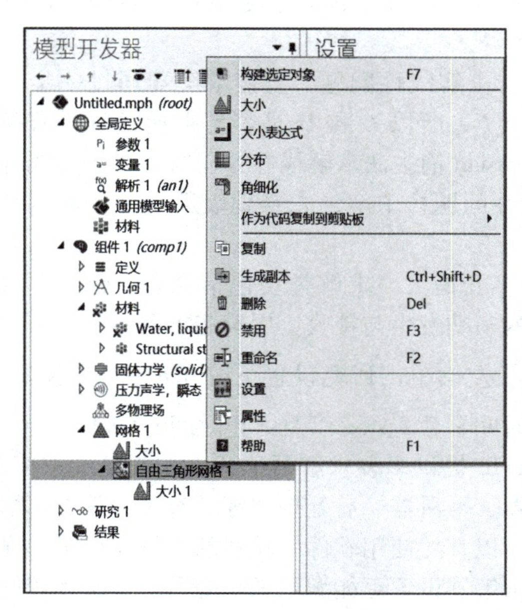

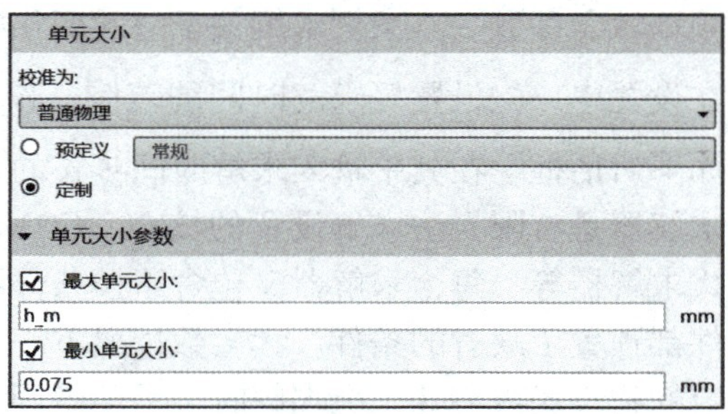

图 2-33　添加自由三角形网格

在设置中鼠标左键单击**全部构建**，则网格剖分如图 2-34 所示。

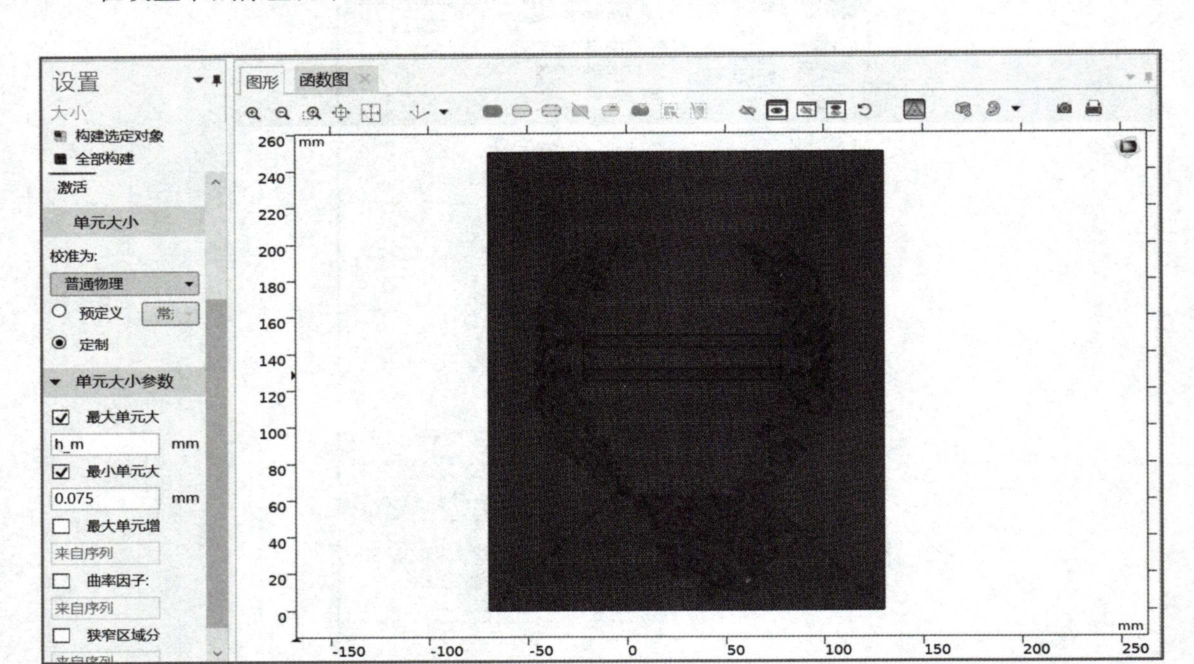

图 2-34　网格剖分效果

2.2.7　求解器设置

COMSOL 采用有限元法来求解偏微分方程（PDE），并把它转换成离散的线性代数方程系统 $\boldsymbol{Ku}=\boldsymbol{F}$。对于非线性问题，偏微分方程转换成非线性方程的刚度矩阵为 Jacobian 矩阵，求解器的作用就是用来求解这些线性方程组 $\boldsymbol{Ku}=\boldsymbol{F}$。

求解器分为直接求解器和迭代求解器两类。求解线性问题，直接求解器通过一步“求逆”得到结果 $\boldsymbol{u}=\boldsymbol{K}^{-1}\boldsymbol{F}$，把 $\boldsymbol{Ku}=\boldsymbol{F}$ 分解成 $\boldsymbol{LUu}=\boldsymbol{F}$，所以 $\boldsymbol{L}$ 和 $\boldsymbol{U}$ 是容易求逆并且具有鲁棒性；$\boldsymbol{u}=\boldsymbol{U}^{-1}\boldsymbol{L}^{-1}\boldsymbol{F}$，其实就等同于前面介绍的 Gaussian 消去法求解线性方程组。对于非线性问题，直接求解器先通过牛顿迭代法，转化为线性问题再求解，先泰勒级数展开，取线性部分，计算得到 u_n，满足 $|u_n-u_{n+1}|<$容差。

直接求解器的优点是鲁棒性强，缺点是内存开销大。求解类型包括稳态、瞬态、特征值、频率域、参数。本案例求解关于时间变化的声呐发生与接收，用瞬态求解器。

在设置中，先设置好求解时间的范围，鼠标左键单击研究设置下时间步后的按钮，弹出如下对话框，在其中输入求解时间步长的时间参数 t_step 以及终止时间 t_total。

求解器是有限元法求解设置的核心，COMSOL 提供多种求解器形式，如直接式求解器、迭代式求解器等。每个求解器又包含了预条件器、平滑器、后处理器等，对于每款求解器设置软件都预置了缺省的条件。大多数情况下，可以直接使用软件中缺省的求解器设定，在一些特定的物理场或特殊工况求解时，手动微调求解器设置更能满足求解的需要，实现较好的收敛性（见图 2-35 和图 2-36）。

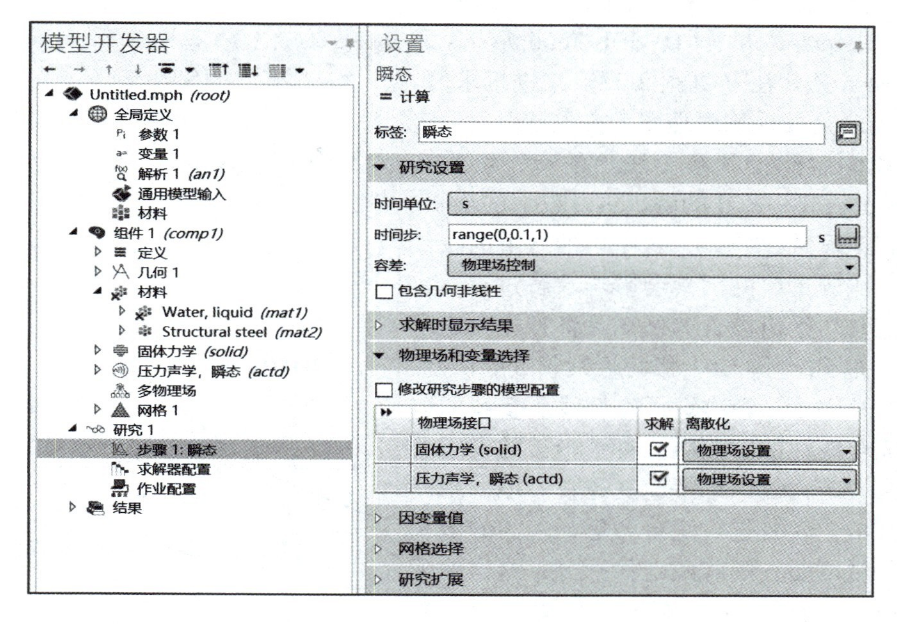

图 2-35　添加求解器

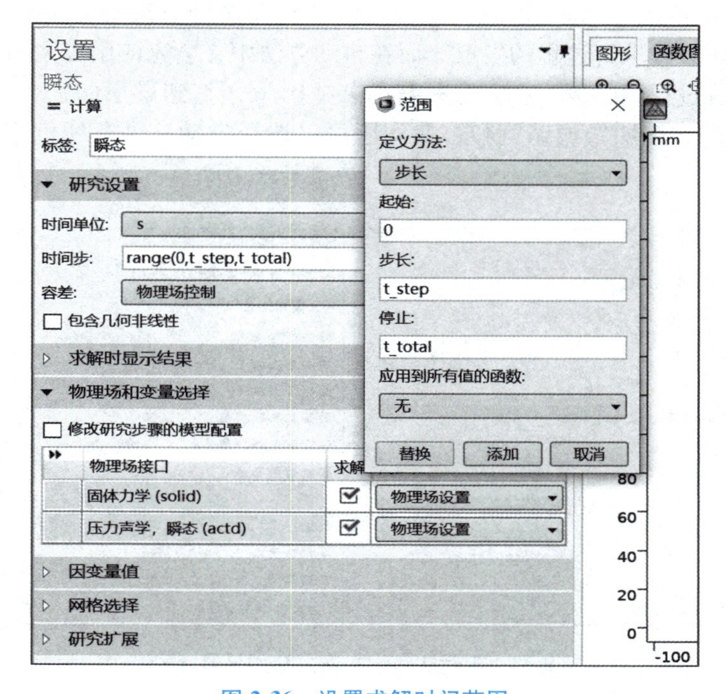

图 2-36　设置求解时间范围

1. 调整非线性求解器

多物理场耦合仿真问题往往具有很强的非线性。非线性问题会显著提高求解难度，在这种情况下，我们就需要对求解器进行一些微调。

对稳态求解器来讲，COMSOL Multiphysics 通常使用 Newton 迭代法（见图 2-37）来进行求解，如图 2-38 所示是其计算原理图。首先，根据设定的初值，我们就能得到解曲线上的点，然后向 $y=0$作切线，得到一个新的解。重复以上的步骤，最终会得到无限逼近于 $y=0$ 这个解曲线上的收敛解。有几个比较重要的因素会影响求解过程，一个是初始值，初始值设置的好坏，将直接决定求解过程能否向下进行，并会影响后续收敛的快慢。另一个是步长因子，它决定了作切线后新解的取值。对于完全线性的解曲线，对于步长的设置要求不是很高，越大的话求解速度越快。但如果问题是非线性的，就要进行综合考虑，较大的步长可能导致跃过解曲线的收敛迭代部分，这样就无法逼近收敛解，最终造成求解过程发散。

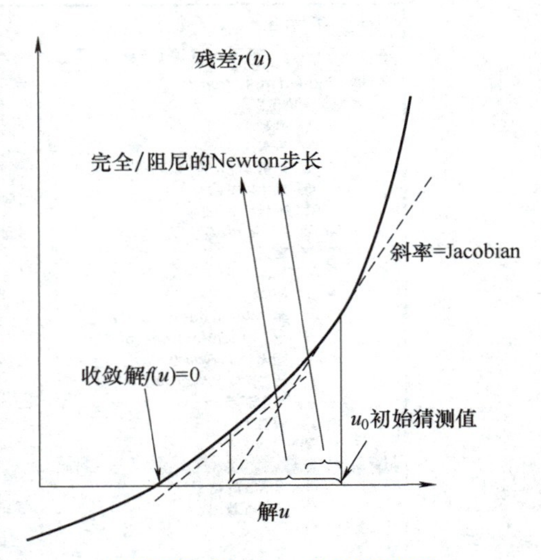

图 2-37 Newton 迭代法原理

当我们采用全耦合求解方式时，软件缺省的方法是定常（Newton），它也是采用 Newton 迭代法进行求解。对于线性度较好时可以快速得到解。但是当解曲线有较强的非线性时，则可以采用自动（Newton）来进行求解。比较定常和自动两种方法的区别，定常中阻尼因子是固定的，这可能导致求解过程的发散。而在自动方法中，会先使用较大的初始衰减因子进行尝试，如果求解过程不收敛，就会逐渐缩小衰减因子，直到最小的衰减因子。如果遇到非线性更强的情况，解曲线振荡剧烈，我们还可以选择自动高度非线性来解决此类问题，如图 2-38 所示。

▾ 通用

线性求解器:	直接

▾ 方法和终止

非线性方法:	定常（Newton）
阻尼因子:	1
非线性收敛速率的限制:	☐ 0.9
雅可比修正:	最小
终止技术:	容差
最大迭代数:	4
容差因子:	1

▸ 求解过程中的结果

▾ 通用

线性求解器:	直接

▾ 方法和终止

非线性方法:	自动（Newton）
初始衰减因子:	1
最小衰减因子:	1e-4
更新步长的限制:	10
使用复原衰减因子:	自动
恢复阻尼因子:	0.75
终止技术:	容差
最大迭代数:	4
容差因子:	1

▸ 求解过程中的结果

图 2-38 不同非线性方法求解的设置比较

在全耦合中我们还可以设置最大迭代数，它决定了迭代的最大次数，如果超过了设定次数且模型还未收敛，则会弹出达到最大迭代数的提示。如果遇到上面这个错误提示，并且判断求解过程中收敛性尚可，我们就把这个数调大，让其继续迭代，可能会达到运算收敛的目的。

2. 瞬态求解的步长

瞬态求解用于模拟随着时间的推移物理场发生变化的情况，是相当常用的求解器。考虑到不同时间区域步长之间的关联和递进的效果。此求解器对于时间步长的设置，对求解的结果影响非常的明显。COMSOL 软件中提供三种方式来选取时间步长：自由、中级和精确。COMSOL Multiphysics 缺省对瞬态求解的时间步长的设置为自由，目的是更快速得到计算结果。自由的含义就是在求解推进的进程中，软件系统根据收敛性的好坏可以自由放大或缩小步长的比例。用户只需要设置初始步长和最大步长，也可以不设置最大步长而直接采用默认值，这样在运算后期可以无限放大比例。显然这样的步长设置方法，对于结果随时间呈现近似线性变化的情况，可以在很短时间内快速获取满足的结果，但是当解随时间具有很强的非线性时，时间步长越大，就越可能产生求解过程跳过非线性变化关键时间点的情况，那么这种设置方法就会产生相当大的系统误差，甚至得到的解会偏离正确值很远。

遇到结果随时间非线性变化的情况，我们采用调整时间步长选取方式的策略，将其设置为中级或精确。精确，是指在求解过程最初始阶段，从一个极小的步长开始求解，根据用户设定的步长序列逐步放大步长，最终得到输出的结果。这种方式的主动权在用户手中，用户可以根据物理问题的特点自行判断步长的选取，而非软件系统的判断。这样在极大程度上规避了步长极端扩张导致的非线性求解过程的系统误差。

万事皆有利弊，严格的选取方式就意味着计算量的额外增加，这会直接影响模型的计算效率。这时我们就采用中级这种折中的方式，它的过程也是从极小步长开始求解，但是后续的求解步长，是确保在每个时间间隔内至少有一个计算点，并不完全依赖用户输入的步长序列。而输出的结果，有可能是通过求解器选取的时间步长插值得到的，而并非实际求解得到。

3. 停止条件

停止条件的作用是在瞬态求解过程中，设定某一个判定条件，当求解过程中触发了这一条件时，停止求解。这样我们就可以在此基础上进行模型的修改和优化，再继续进行求解。停止条件还可以决定瞬态求解的停止时间。比如我们预先知道某个物理现象经过长时间的演变最终会到达稳态，但我们不知道这个具体的时间是多长，那么我们就可以在尽可能无限长的瞬态求解中设置一个停止条件，使系统达到稳态后求解停止。

停止条件的设置方法为：

右键单击研究，显示默认求解器，再右键单击求解器配置中的瞬态求解器，选择停止条件。

输入停止表达式，通过条件假设判断，当求解过程中的解使得这个表达式小于零时，就触发了停止条件，停止求解。例如 mod1. comp1. c-0. 0001。按照上述表达式，当模型 1 里物质传输求解过程中的浓度小于 0. 0001 时，就停止求解。我们就可以通过这种方式，保证求解过程中，浓度始终是一个大于 0. 0001 的正值。

很多时候我们需要满足多个条件的停止条件，遇到这种情况就可以采用 if 判定。比如，if（A>10 &&B<1E-1，-1，1），表达式含义为只有同时满足 A>10 和 B<1E-1 这两个条件，才能触发最终的停止条件，if 算子返回-1，并且停止求解；否则的话算子返回 1，求解状态

会继续保持。

4. 绘制探针图

如果想监控过程中的结果该怎么办呢，软件中的探针选项为我们提供了这方面的便利，它可以监控某个物理量随着时间、频率变化的过程。如果计算进程符合我们的预期，则可以保持继续求解，如果观察到结果和我们的预想偏差非常大，则可停掉运算，重新修正模型，省去了我们需要计算完毕才能分析结果的麻烦。

探针的设定方法为：

1）选择模型中的定义，在菜单中选择探针，这里面提供了非常多的探针形式，如域探针、边界探针等等，具体如图 2-39 所示。

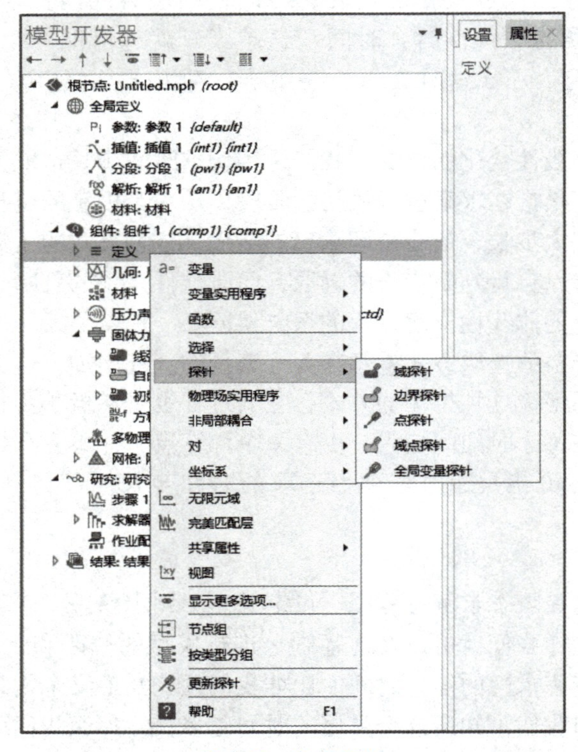

图 2-39　设定探针

2）以域点探针为例，在源选择中选定要研究的求解域，根据需要设置探针类型，如平均、最大、最小等，最后在表达式中输入需要检测的变量。

3）在求解器步骤瞬态设定区可以在探针中选择有或无，或者手动添加删除探针。

探针在某些特定情况下，也可以直接提供结果。例如，我们求解波动变化的过程，其周期远远小于所需求解的时间，保存所有解后会生成巨大的文件，后处理会非常的麻烦。这时我们采用探针来实现边求解边绘制的功能，得出每个求解器步长的结果，那么最终我们只保存了特定步长的结果，后处理将会变得容易很多，如图 2-40 所示。

此外，探针图本质上是创建了一个全局探针变量，这个变量可以应用于其他变量或表达式。

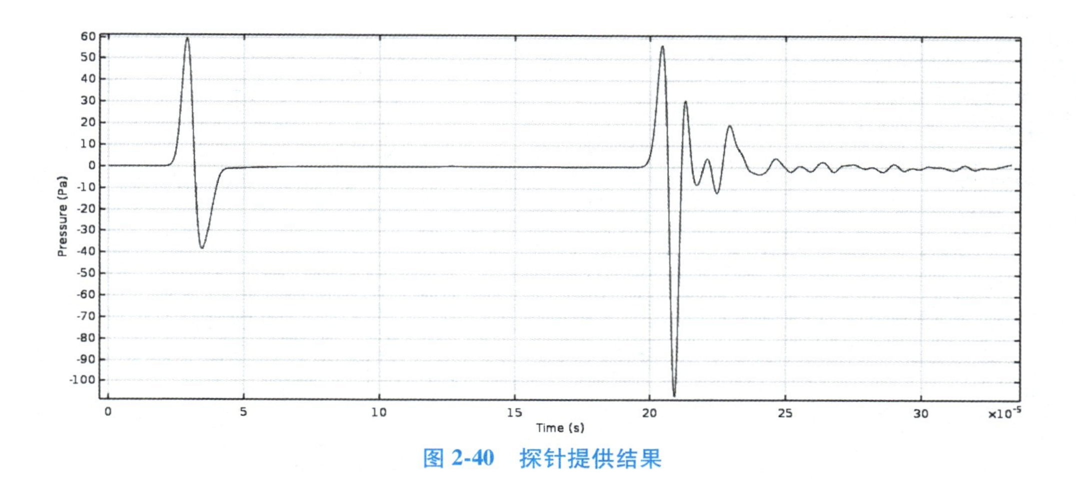

图 2-40 探针提供结果

2.2.8 后处理

COMSOL Multiphysics 的后处理功能非常丰富且强大，在视觉效果上很生动。在后处理过程中，我们既可以生成一维的点、线趋势图，也可以生成二维、三维的表面云图、流线图、箭头趋势图，甚至是粒子追踪等高阶的功能。除此之外，我们还可以做积分后处理，通过拉伸或旋转将低维度的结果显示成高维度图形等。当然也可以根据用户需要，导出相应的数据做二次处理、结果图片甚至是动画展示，为用户提供了极大的可选择范围。

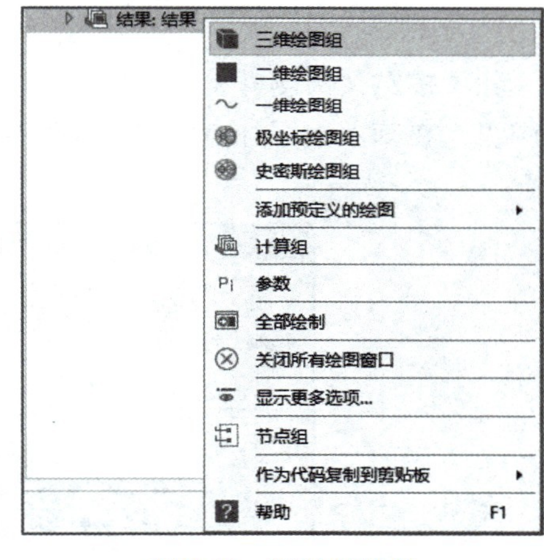

图 2-41 后处理菜单

模型计算完成后，在结果中处理计算结果。本案例结果表示，默认有二维绘图组图显示声波在海水中的传播的声压图，在设置中改变时间中时刻，可以看到不同时刻的海水中声压情况（见图 2-41 和图 2-42）。

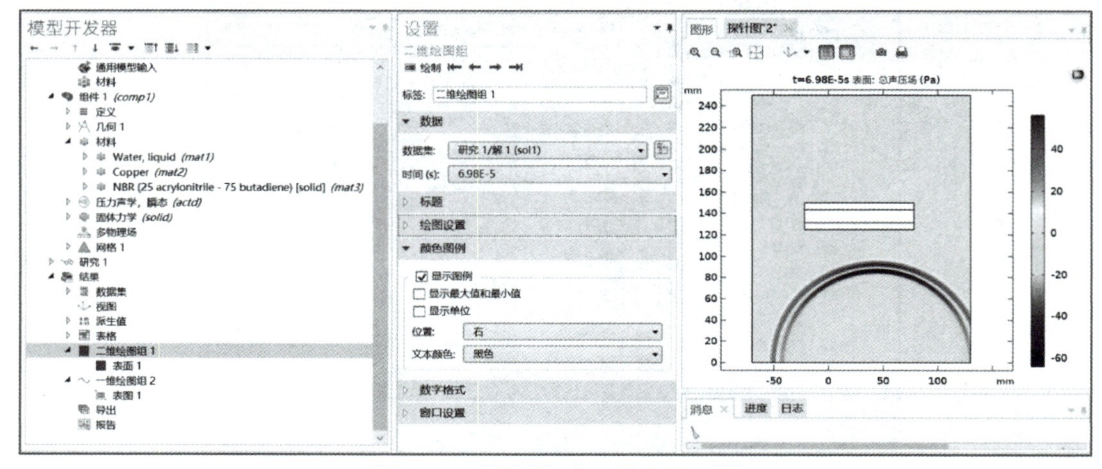

图 2-42 不同时间点二维声压云图

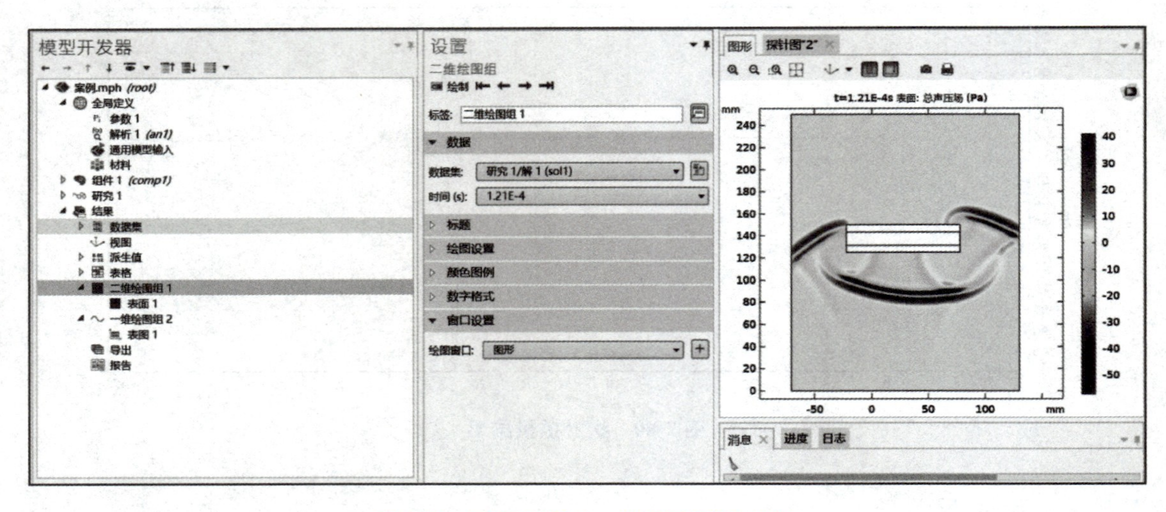

图 2-42　不同时间点二维声压云图（续）

除了按默认声场外，还可以右键单击**结果**，手动添加一维图组，并继续鼠标右键单击一维图组，在其下面添加点图（见图 2-43）。

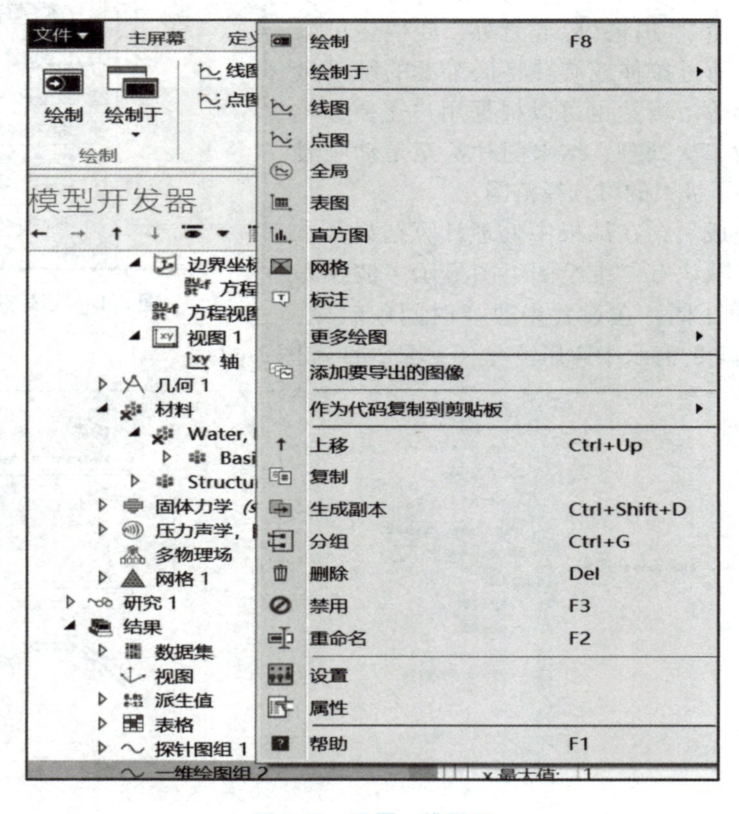

图 2-43　设置一维图组

在设置下，选择中选择点 10（见图 2-44），并且在 y 轴数据中鼠标单击▾，在压力和声压级下选择 p-压力-Pa，作为 y 轴的数据（见图 2-45）。

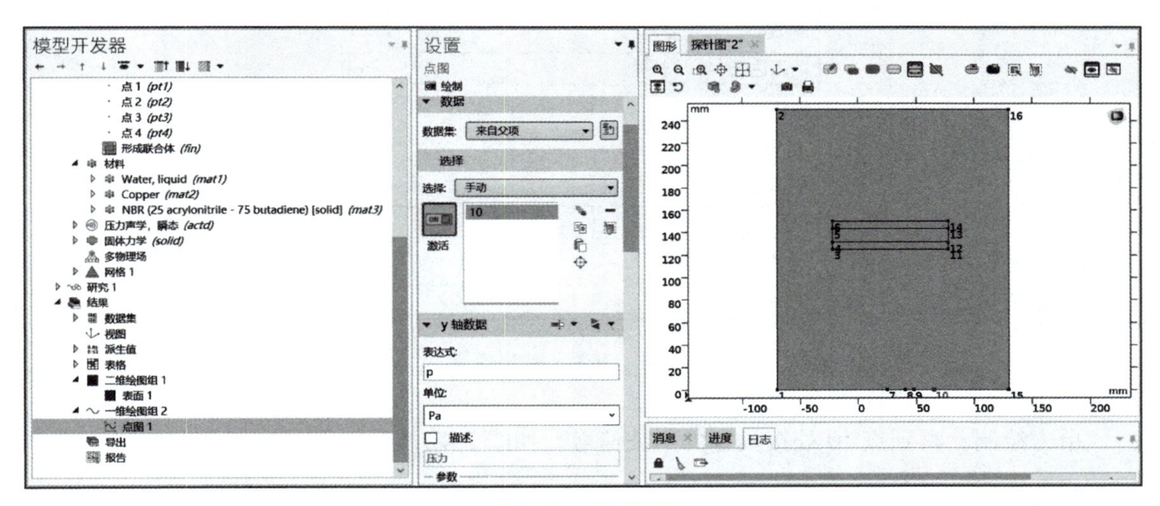

图 2-44　点图绘制

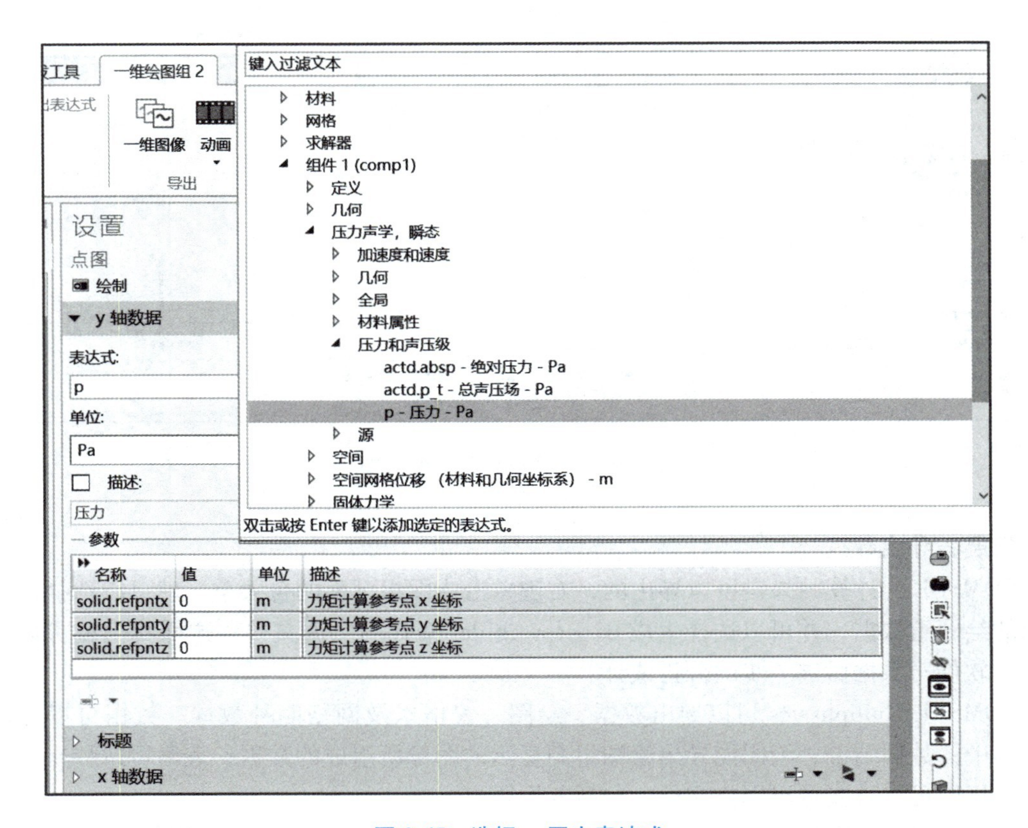

图 2-45　选择 p-压力表达式

同样的 x 轴数据的参数中选择时间（见图 2-46）。

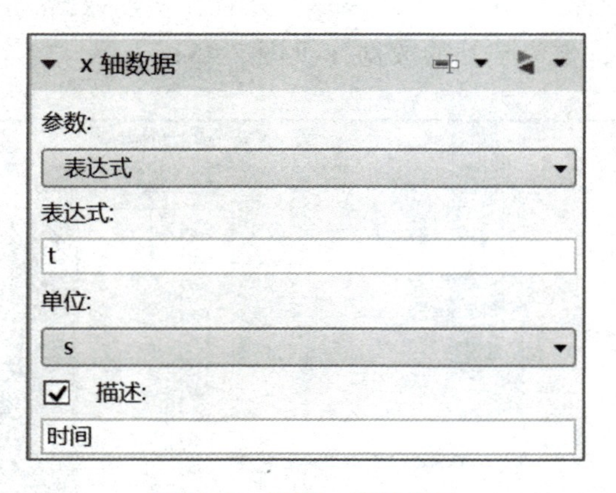

图 2-46　设置 x 轴物理量

单击绘制，得到点 10 处接收到的声波信号，如图 2-47 所示。

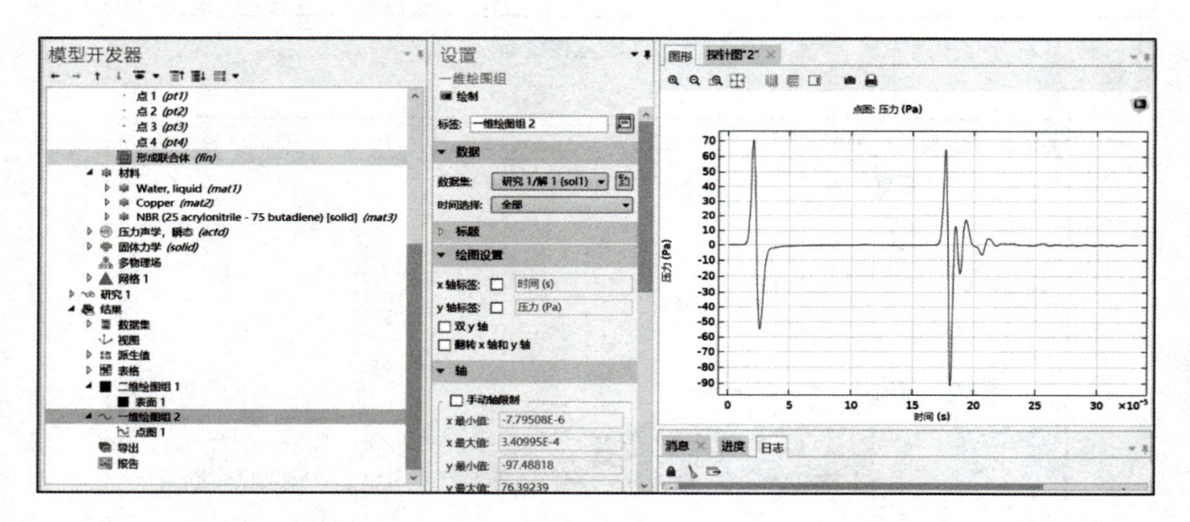

图 2-47　声压随时间的变化图

拓展：导出数据

COMSOL 的计算结果是可以导出的，右键单击绘图组下面的自菜单，就可以选择添加要导出的绘图组数据，并可以选择生成 txt、csv 或 dat 格式的数据文件，这样我们就可以通过第三方软件对数据做进一步的分析或计算。

COMSOL Multiphysics 可以导出数据、绘图、表格以及网格四种数据。数据可以导出求解过程中的数据结果；绘图能导出绘图组中显示的图像所组成的数据；表格可以导出表格数据；网格则可以直接导出网格文件，包括变形网格。

举个例子，在图 2-48 中，当左键单击**表格**，并选中**探针表**后，会出现如图 2-49 所示的选项，我们可以分别设置解、文件名以及文件类型，设置完毕后单击上方的导出按钮，就可以导出需要的数据。

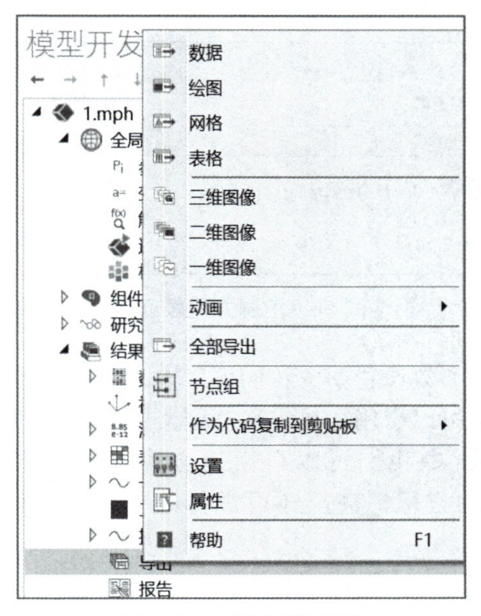

图 2-48　数据导出选项

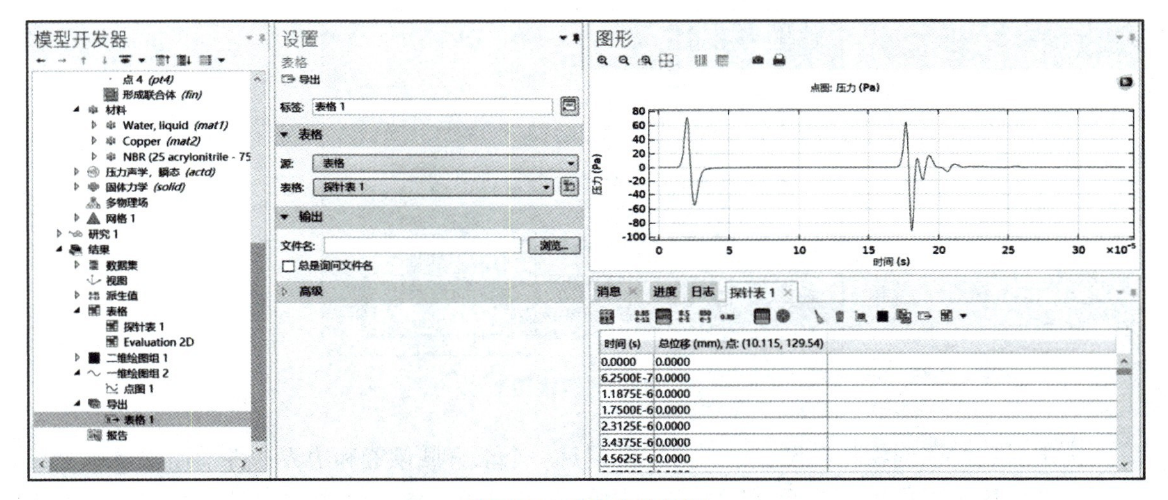

图 2-49　导出表格数据

2.3　COMSOL 中的控制方程和边界条件

2.3.1　控制方程

COMSOL Multiphysics 的模型设定界面非常清晰简洁，每个应用物理接口、边界条件的设置界面中，都列出了相应的控制方程或者函数表达式，可以方便地了解各个物理模块所采用的数学方程描述，并且每个参数都有自己的名称，如图 2-50 所示。

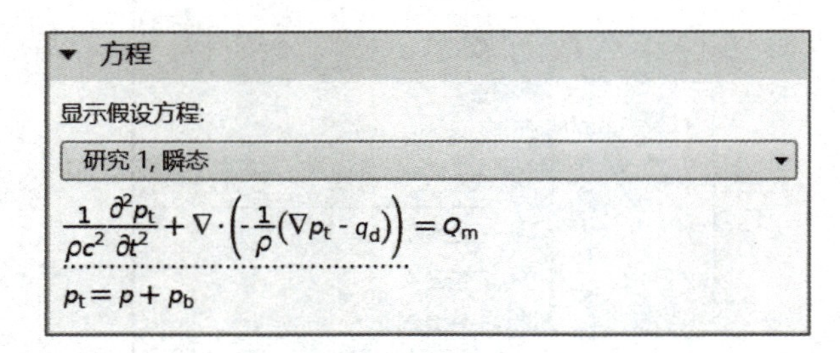

图 2-50　控制方程显示界面

在求解域和边界条件的参数设置中，我们可以输入具体的数值、函数表达式甚至是脚本函数来定义对应的参数。也可以引用全局定义和定义中设置好的参数以及变量。

在 COMSOL Multiphysics 中我们可以自由组合多物理场耦合模型，当然也可以采用 PDE 方程来求解定制模式的方程，甚至还可以修改预置应用模式的底层方程，满足自己的需求。

如何查看底层方程呢，我们单击模型开发器下方的像眼睛一样的按钮（ ），勾选其中的方程视图，如图 2-51 所示。

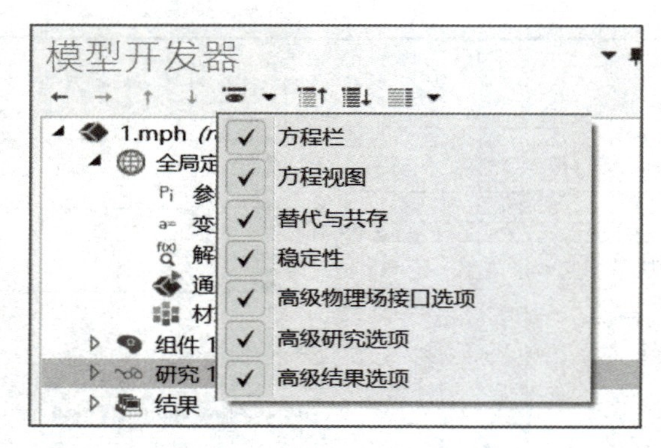

图 2-51　方程视图选取

选定后我们回到物理场设置中，可以看到每一个求解域设置和边界条件前面都有一个三角形，展开这个三角形，我们就能发现新增的方程视图。从这个视图中可以获取 COMSOL 软件中所有变量的名称及其表达式，如图 2-52 所示。

我们可以根据需要对底层方程进行修改（见图 2-53）。如果我们手动修正了输入框中的表达式，就会在前方产生一个感叹号标记（ ），在修改过底层方程的节点上还会出现加锁的标记（ ）。通过这些标识，我们就能对修改的项目一清二楚。如果想换回到软件的缺省设定，只需选中修正的项目，再单击重置选定按钮即可。

自定义 PDE 方程： COMSOL Multiphysics 在不同的物理应用模块中，均提供了对应比较常用的本构模型。但现实中，面对不同材料，拥有着不同类型的本构模型可供我们选择，而软件很难囊括所有的选项。这时我们就用到了自定义的 PDE 来研究我们自己想要的本构模型。

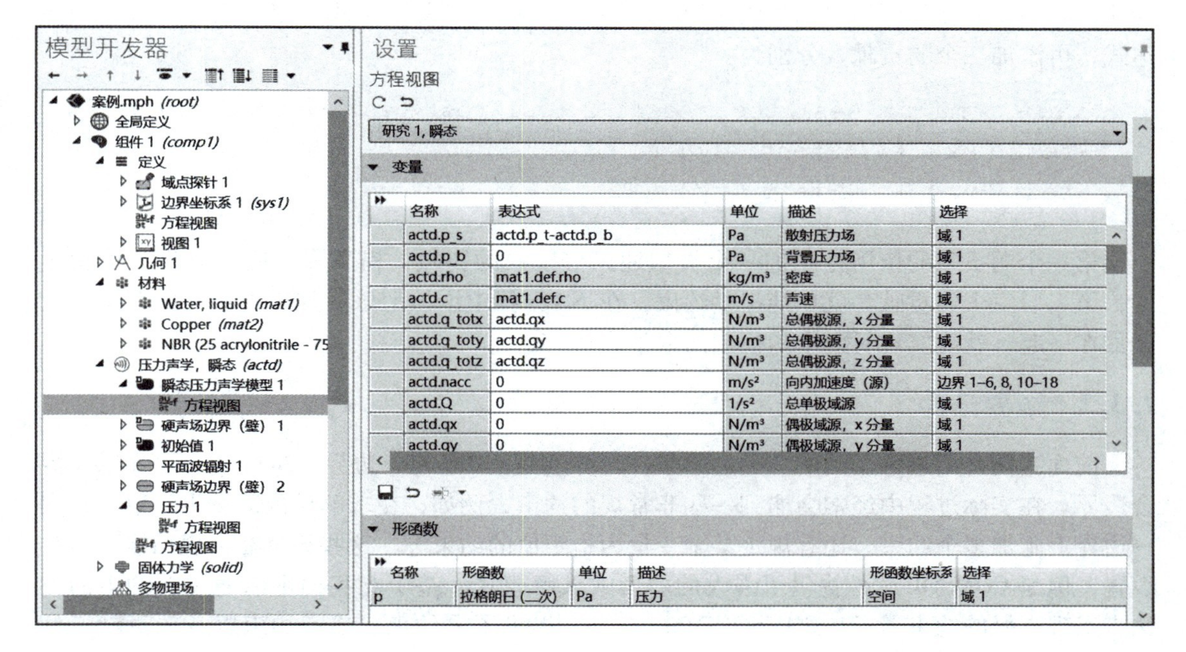

图 2-52　方程视图界面

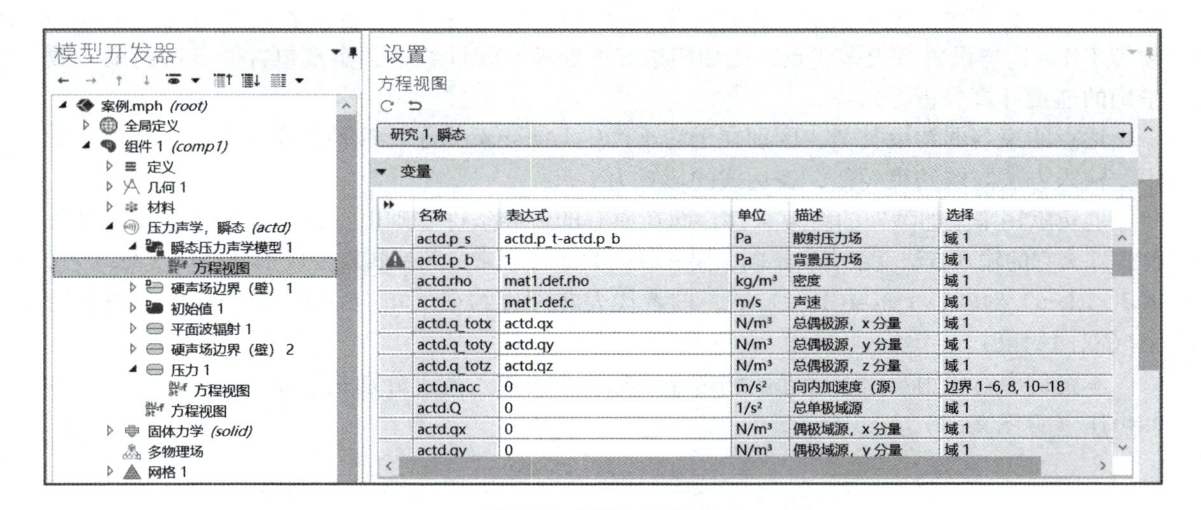

图 2-53　修改底层方程

以案例库中的 Oldroyd-b 流体案例为例，这是在流变学领域应用很广泛的一种黏弹性流体的本构模型，具有如下常见形式：

$$\sigma=-pI+2\eta_s e(\boldsymbol{u})+T$$

$$\frac{\Delta T}{\Delta t}\equiv\frac{\partial T}{\partial t}+(\boldsymbol{u}\cdot\nabla)T-[\nabla(\boldsymbol{u})+T(\nabla\boldsymbol{u})^{\mathrm{T}}]$$

我们在 COMSOL 软件中并没有发现这种本构模型，这就需要我们手动实现模型的设置。

为此，我们需要在常规的层流模块（NS 方程）中，添加广义型 PDE，定义应力变量 T 的表达式，再添加三个弱贡献，分别为：

```
tau*2*mu_p*(es11test*es11+2*es12test*es12+es22test*es22)
-test(ux)*T11-test(uy)*T12
-test(vx)*T12-test(vy)*T22
```

第一个弱贡献的作用是添加一个类似迎风修正项的罚数，提高附加应力方程数值稳定性；第二、三个弱贡献，就单纯提供约束，在 NS 方程中添加上该附加应力项，所有这些设置加在一起，就能实现对此本构模型的数学描述。

2.3.2　边界条件

前面我们介绍过常用到的三类边界条件，分别是：Dirichlet 边界、Neumann 边界以及混合边界。在实际过程中经常会遇到一些非常规的约束，例如，在求解域内部发生约束，在同一边界上施加多个约束，还有规定某个变量为指定值的约束等。这些约束在常规功能下很难设置，但是 COMSOL 软件提供了强大的弱形式求解模式，基于此我们可以通过弱约束的方法来实现高级的约束需求。COMSOL Multiphysics 提供了弱约束、逐点约束以及弱贡献三种弱形式的约束方法，供大家实现相应的功能。

弱约束的核心是在求解对象上增加 Lagrange 乘子，用另一种形式取代了原有的边界条件，同时进行求解。举个例子，我们定义一个弱约束条件：1-u，这个表达式指定约束 u 必须等于 1。这样设置有很多优点，比如能很好地处理非线性约束，实现包含微分的约束，做精确的通量计算分析等。

逐点约束与弱约束类似，区别在于它不产生 Lagrange 乘子，这种约束通常用于耦合分析中。输入方法与弱约束类似，表达式的形式为 1-u。

弱贡献用来施加额外的约束条件，即在原有的边界条件基础上，进一步施加别的边界条件。那么它的输入方法就会有所不同，要和试函数结合起来，其形式就变成了（1−u）∗test(v)，或者（1−u）∗test(v)+test(1−u)∗v，前者代表非理想约束（单向约束），后者代表理想约束（双向约束）。

本案例中对压力声学，瞬态的物理场添加三个边界条件，分别是平面波辐射、声硬边界和声压（见图 2-54）。

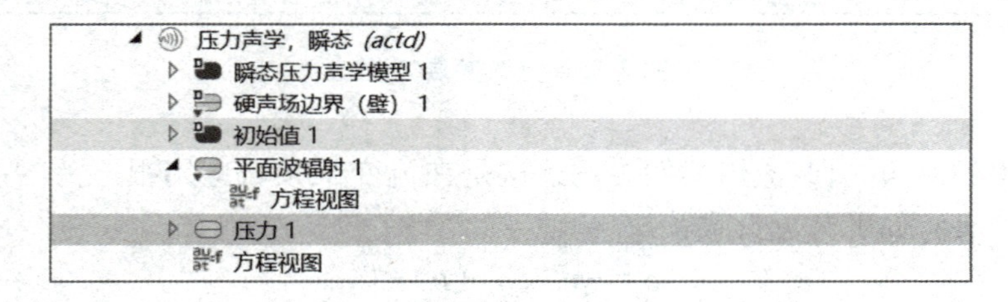

图 2-54　边界条件设定

其中声压边界位于矩形区域最下段，作为声发射源，如图 2-55 所示。

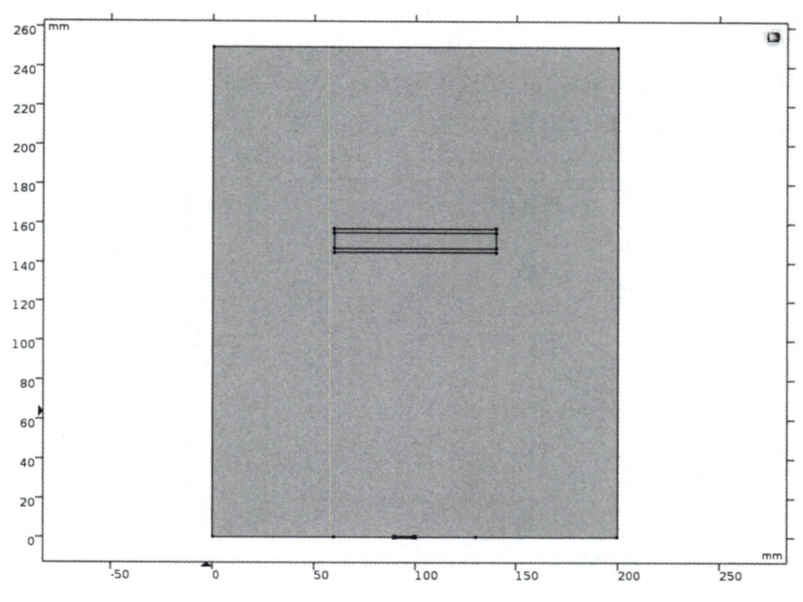

图 2-55　声发射源边界

拓展：一个边界上多个约束

通常情况一个边界上只会有一个约束，添加过多的约束条件会出现“过约束”，往往会造成没有解的现象。然而在实际过程中，我们经常会遇到需要在某个边界指定多个约束，在对应的另一个边界取消约束的情况。在数值模拟中，想要满足这种情况，就需要经过特殊处理。

以计算流体力学为例，我们知道求解流体模型时最常用到的边界约束条件是入口速度与出口压力，但是在某些情况下，我们需要同时约束两种边界条件，比如在入口既指定速度曲线，又要设置满足特定压力的约束。在 COMSOL 中，我们就可以采用弱约束的方式来实现这种多约束边界条件。上述的情况中，只需要在入口边界处再添加一个弱贡献边界条件就可以实现，如图 2-56 所示。

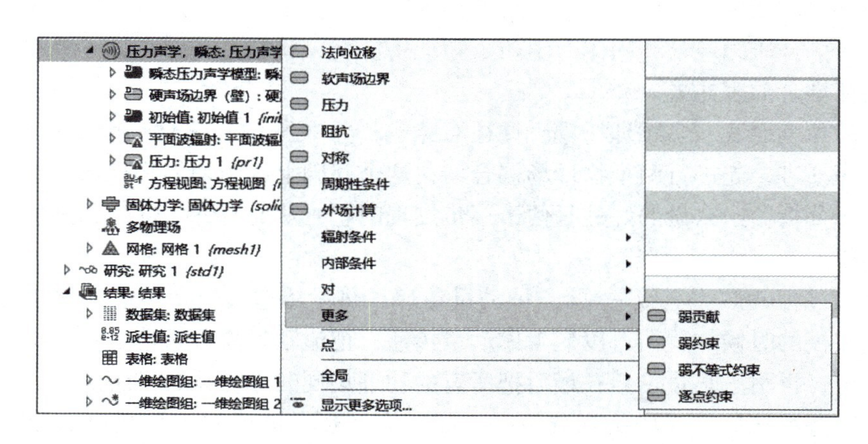

图 2-56　添加弱形式边界条件

其中边界 1 为入口边界，u 是 x 方向的速度分量，test(u) 代表着以变量 u 为基准的试函数，p 表示求解过程中的压力，p_in 是用户指定的入口处的特定压力。这个弱表达式的含义是在求解过程中必须满足：p-p_in=0（见图 2-57）。（注意：此处设置仅作为功能演示，表达式为黄色是因为 p_in 变量没有提前定义，故程序警告。）

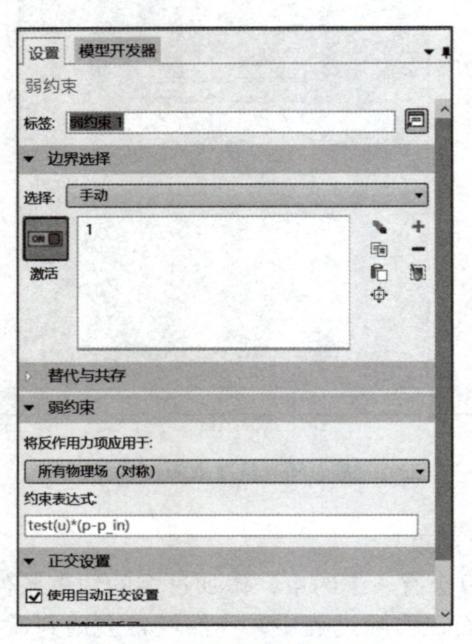

图 2-57 设置弱约束边界条件

2.4 耦合的概念及常规方法

在工程实际问题中，往往存在多个物理场同时作用，比如温度、应力等，而且这些物理场之间是相互影响的，物理场相互影响叠加的问题，就是多物理场的耦合问题（见图 2-58）。

当进行多物理场耦合建模分析时，有的耦合应用预置了一个总的默认耦合应用模式，比如本案例中，耦合压力声学和固体力学两个物理场模型，我们只需要在每一个物理接口中正确地填入表征耦合的表达式。

从数学的角度而言，多物理场耦合往往意味着产生很强的非线性。因此在建模过程中，推荐大家循序渐进，先进行两个物理场耦合，在这个基础上逐渐增加物理场，直至最终的所有物理场耦合分析。这么做的好处是便于逐步发现问题，从而有针对性地调试模型，得到正确合理的结果。

比如化工过程就是“三传一反”，即动量传递、热量传递、质量传递和化学反应的强耦合作用。在建模的时候，我们可以先考虑动量传递，把流动现象分析清楚；其次添加质量传递及化学反应；再引入热量传递；最后把所有的物理场同时进行耦合求解。

在进行一些特殊的物理场仿真分析时，如感应加热，加载的正弦交流电频率通常都在 2kHz 以上，持续加热时间也很长，可能达到数分钟。如果用瞬态求解的方法来模拟这种现

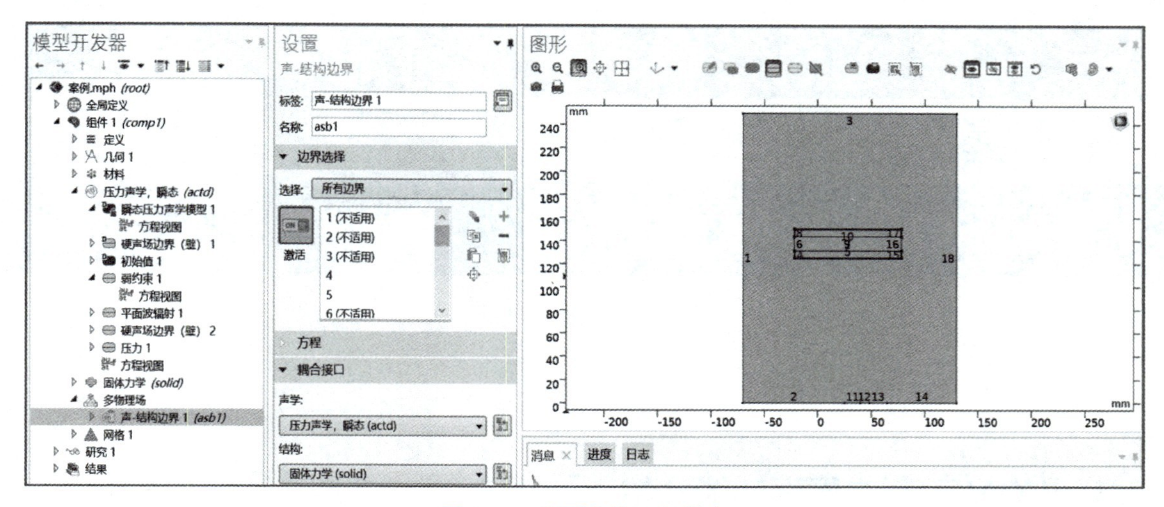

图 2-58　设置多物理场耦合

象，要保证每个周期有足够的计算点来获取求解的可靠，计算量相当大。于是我们就采用频域-瞬态这种计算模式，用频域求解电磁感应，用瞬态求解温度场，这样就很有针对性。

选择了合理的求解器模式以后，我们还要确保系统确实可以实现用频域求解电磁感应，用瞬态求解温度场，这需要我们进行另外的处理。展开磁场接口的设定区，缺省情况下如图 2-59a所示，方程形式采用求解控制，我们需要展开方程形式的下拉列表，选择频域，如图 2-59b 所示。频率的设定可以根据求解器的缺省值，也可以用户自定义。只有在这种情况下，我们才能得到预期的结果。

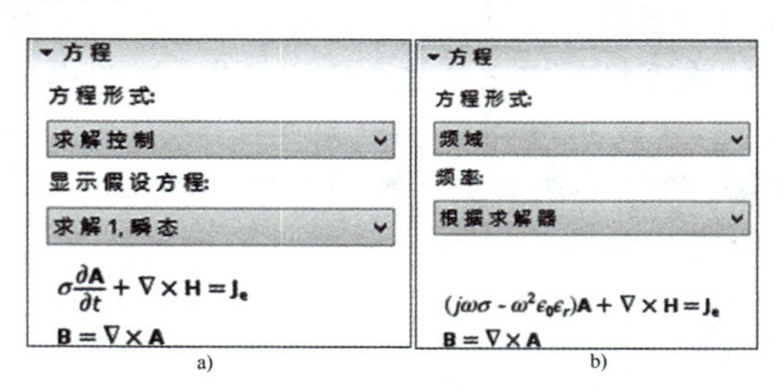

图 2-59　频域-瞬态求解设置

第 3 章 COMSOL 操作方法

3.1 COMSOL 主界面功能介绍

本小节主要介绍 COMSOL 的主界面功能。打开 COMSOL Multiphysics 中的“模型开发器”开始建模时，COMSOL 用户界面为物理场建模和仿真以及 App 设计提供完整的集成环境，当需要为模型构建用户界面时，便可在此访问所需的各种工具。可以根据需要定制桌面，还可以对窗口进行调整大小、移动、停靠及分离等操作。关闭会话时，COMSOL Multiphysics 会自动保存用户对布局所做的任何更改，下次打开软件时，这些更改仍然有效。

首先如图 3-1 所示打开 COMSOL 软件，单击模型导向进入选择空间维度界面如图 3-2 所示，我们可以选择研究对象的空间维度，以三维空间为例，单击三维，进入物理场选择（见图 3-3），可以根据不同的研究对象选择相应的模块，如射频、AC/DC、传热、电化学等，我们以频域电磁场为例，选择相应的物理场，单击添加>完成，进入主界面如图 3-4 所示。

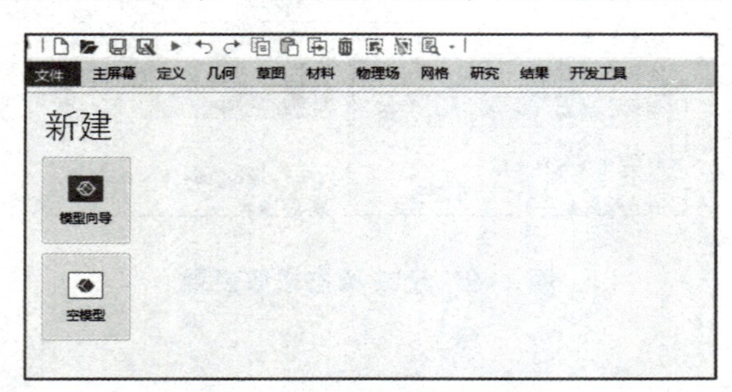

图 3-1　打开软件初始界面

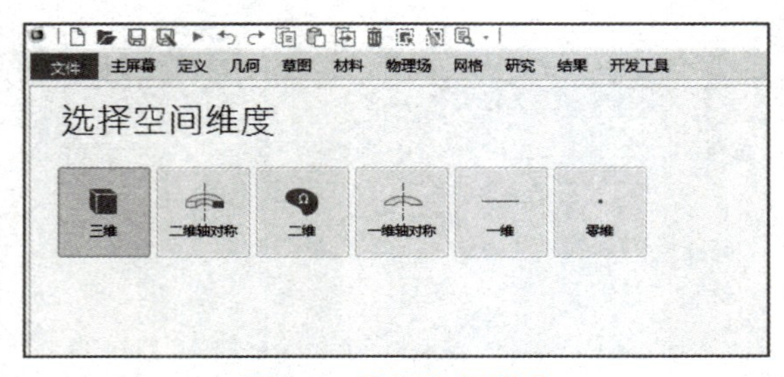

图 3-2　选择空间维度

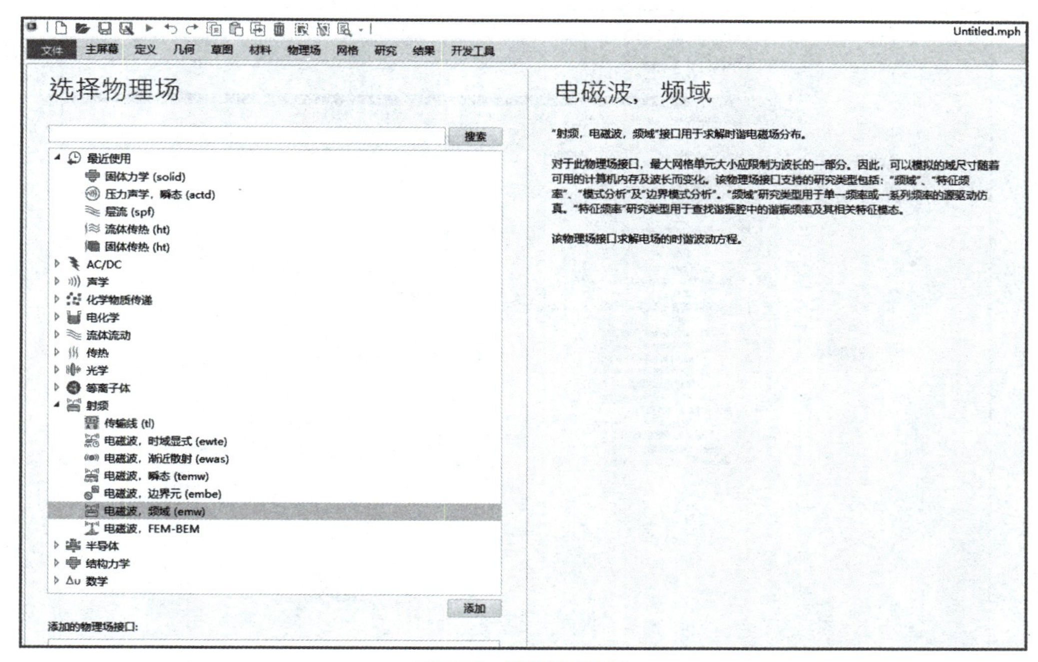

图 3-3 选择物理场

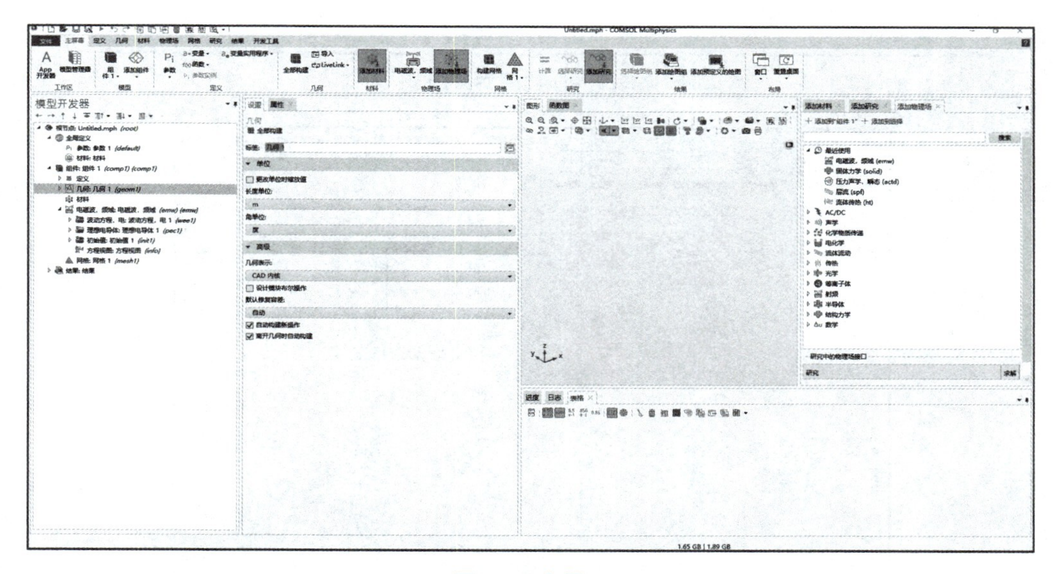

图 3-4 主界面

在构建模型的过程中，软件会根据用户的具体操作显示相应的附加窗口和控件，图 3-5 和图 3-6 为主界面功能示意图，图 3-7 为几何节点窗口示意图。可用的窗口和用户界面组件如下：

快速访问工具栏 “快速访问工具栏”可供您访问各种功能，例如打开、保存、撤销、重做、复制、粘贴以及删除。可以从定制快速访问工具栏列表（工具栏右侧的向下箭头）中定制其内容。

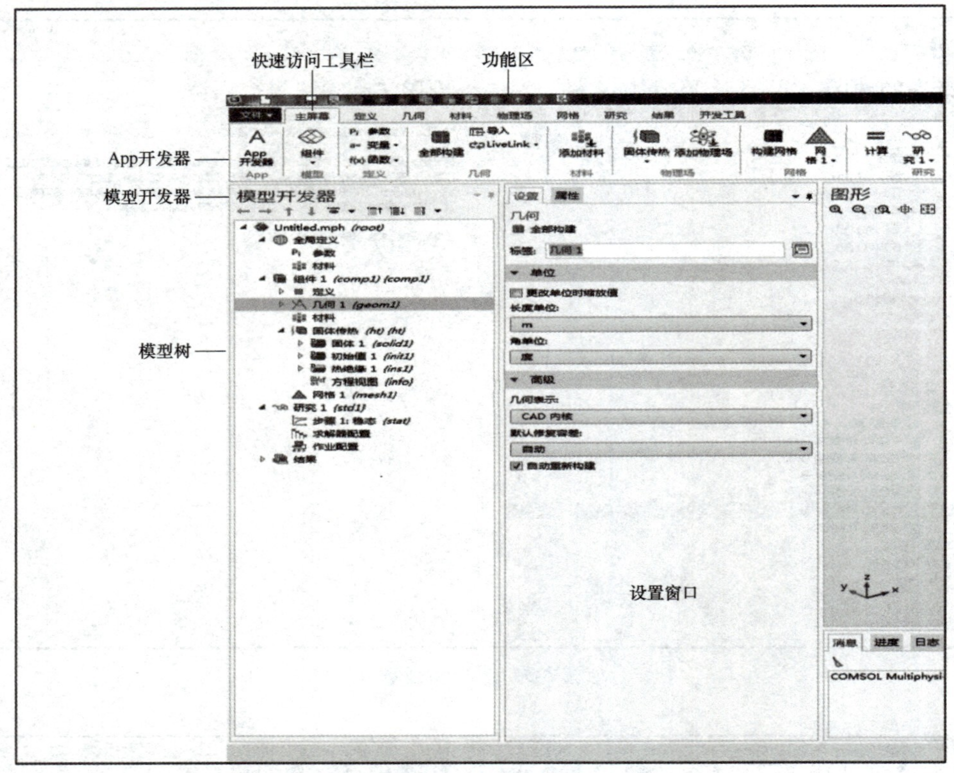

图 3-5　主界面功能示意图（一）

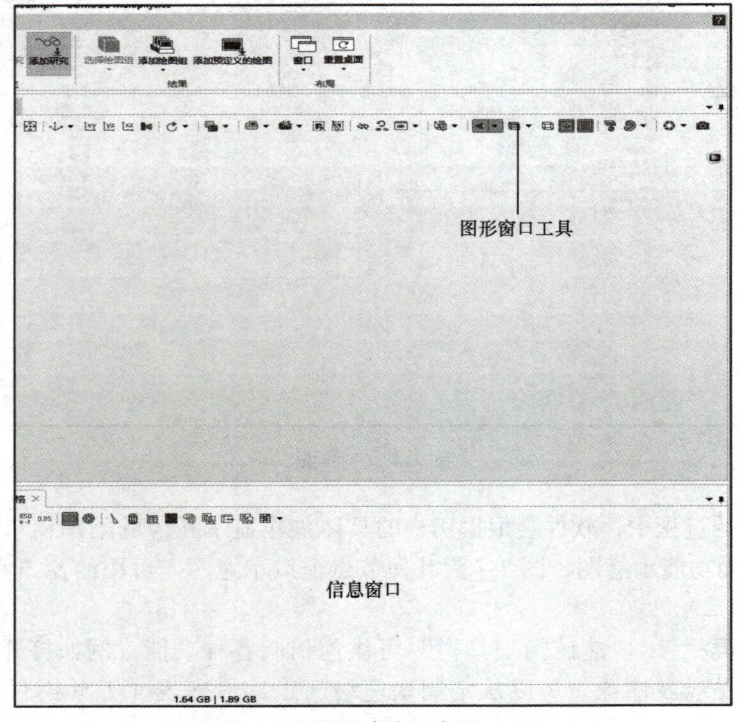

图 3-6　主界面功能示意图（二）

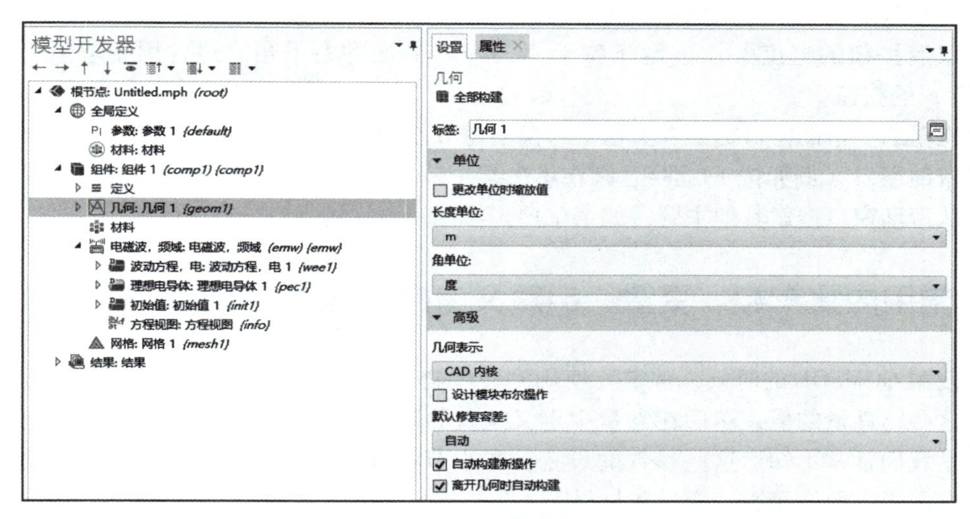

图 3-7　几何节点窗口

功能区　桌面顶部的功能区可访问用于完成大多数建模任务的命令。功能区仅在 Windows 版本的软件环境中可用，在 OS X 和 Linux 版本中，则由菜单和工具栏代替。单击 App 开发器按钮可从“模型开发器”切换至“App 开发器”，并开始基于模型构建 App。

模型开发器　“模型开发器”窗口及其模型树和关联的工具栏按钮为用户呈现了模型的概览。通过右键单击某个节点，可以访问上下文相关菜单，从而控制建模过程。

模型树　提供模型的概览，并包含构建和求解模型以及处理结果所需的所有功能和操作。

设置窗口　这是用于输入所有模型明细信息的主窗口，包括几何尺寸、材料属性、边界条件、初始条件以及执行仿真时求解器所需的任何其他信息。

图形窗口　显示“几何”“网格”和“结果”节点的交互式图形，包含旋转、平移、缩放和选择等操作。

信息窗口　显示仿真过程中的重要模型信息，如求解时间、求解进度、网格统计信息、求解器日志以及可用的结果表格。

绘图窗口　这些窗口用于图形输出。除图形窗口外，绘图窗口也用于对结果进行可视化。可以使用多个绘图窗口同时显示多个结果。收敛图窗口是一个特例，它是自动生成的绘图窗口，显示模型运行时求解过程收敛的图形表示。

信息窗口　这些窗口用于显示非图形信息。包括：

消息：此窗口显示有关当前 COMSOL Multiphysics 会话的各种信息。

进度：显示求解器中的进度信息和停止按钮。

日志：显示求解器中的信息，例如自由度数、求解时间以及求解器迭代数据。

表格：以表格形式显示结果节点中定义的数值数据。

外部进程：提供用于集群、云计算和批处理作业的控制面板。

其他窗口　添加材料和材料浏览器：访问材料属性库。材料浏览器可用于编辑材料属性。

选择列表：显示当前可供选择的几何对象、域、边界、边和点的列表。功能区主屏幕选项卡中的窗口下拉列表可供您访问所有的窗口。

带取消按钮的进度条 进度条位于 COMSOL 界面的右下角，包含用于取消当前计算（如果有）的按钮。

动态帮助 帮助窗口提供有关窗口与模型树节点的上下文相关帮助文本。如果已在软件中打开帮助窗口（例如按 F1 键），则在单击某个节点或窗口时，会自动获取动态帮助。用户可以从帮助窗口搜索其他主题，如菜单项。

3.2 常用内置常数、变量，自定义参数、函数、变量、材料的方法

在使用 COMSOL 的时候，常常要使用到一些物理量。一般情况下，我们都会通过百度搜索出这些物理量的值，然后在参量中定义这些物理量。其实 COMSOL 本身就带有这些参数，只是我们常常不知道这些参数的设置。本小节将提供 COMSOL 里面常见的物理量，以及如何自定义参数、函数、变量和材料。

表 3-1 为 COMSOL 中的常数名称及其对应值。

表 3-1 内置常数

名 称	描 述	值
eps	双精度浮点数、机器精度	2^{-52}（~2.2204×10^{-16}）
i，j	虚数单位	i，sqrt（-1）
Inf，inf	无穷大，∞	一个大于能被计算机处理的值
NaN，nan	非数字值	未定义或不能表示出来的值如 0/0
pi	π	3. 141592653589793
g_const	重力加速度	9. 80665 [m/s^2]
N_A_const	阿伏伽德罗常量	6. 02214129e23 [1/mol]
K_B_const	玻尔兹曼常量	1. 3806488e-23 [J/k]
Z0_const	真空特性阻抗	376. 73031346177066 [ohm]
me_const	电子质量	9. 10938291e-31 [kg]
e_const	元电荷	1. 602176565e-19 [C]
F_const	法拉第常数	96485. 3365 [C/mol]
aipha_const	精细结构常数	7. 2973525698e-3
G_const	万有引力常数	6. 67384e-11 [m^3/(kg*s^2)]
V_m_const	标准状态下气体体积	2. 2413968e-2 [m^3/mol]
mn_const	中子质量	1. 674927351e-27 [kg]
mu0_const	真空磁导率	4*pi*1e-7 [H/m]
epsilon0_const	真空介电常数	8. 854187817000001e-12 [F/m]
h_const	普朗克常量	6. 62606957e-34 [J*S]
hbar_const	普朗克常量/2π	1. 05457172533629e-34 [J*S]
mp_const	质子质量	1. 672621777e-27 [kg]
c-const	真空中的光速	299792458 [m/s]

（续）

名　　称	描　　述	值
sigma_const	斯特藩-玻尔兹曼常量	5. 670373e-8 [W/(m^2 * K^4)]
R_const	通用气体常数	8. 3144621 [J/(mol * K)]
b_const	维恩位移定律常数	2. 8977721 [m * K]

表 3-2 是一些规定好的变量名称，方便我们定义变量。

表 3-2　常用变量及名称

名　　称	描　　述	类　　型
t	时间	标量
freq	频率	标量
lambda	特征值	标量
phase	相位角	标量
h	网格元素大小	字段
meshtype	网格数指数	字段
meshelement	网格元素数量	字段
dvol	体积比例因子变量	字段
qual	一个网格质量介于 0 和 1	字段
x，y，z	笛卡尔空间坐标	字段
r，phi，z	柱状空间坐标	字段
u，T，etc.	因变量	字段

表 3-3 为一些函数，方便我们写具体的公式。

表 3-3　常用函数列表

名　　称	描　　述	函　　数
abs	绝对值	abs (x)
acos	反余弦	acos (x)
acosh	反双曲余弦	acosh (x)
acot	反余切	acot (x)
acoth	反双曲余切	acoth (x)
acsc	反余割	acsc (x)
acsch	反双曲余割	acsch (x)
arg	相位角	arg (x)
asec	反正割	asec (x)
asech	反双曲正割	asech (x)
asin	反正弦	asin (x)
asinh	反双曲正弦	asinh (x)
atan	反正切	atan (x)

（续）

名　称	描　述	函　数
atan2	四象限反正切	atan2（y，x）
atanh	反双曲正切	atanh（x）
besselj	第一类贝塞尔函数	besselj（a，x）
bessely	第二类贝塞尔函数	bessely（a，x）
besseli	修正第一类贝塞尔函数	besseli（a，x）
besselk	修正第二类贝塞尔函数	besselk（a，x）
ceil	返回大于或等于指定表达式的最小整数	ceil（x）
conj	共轭复数	conj（x）
cos	余弦	cos（x）
cosh	双曲余弦	cosh（x）
cot	余切	cot（x）
coth	双曲余切	coth（x）
csc	余割	csc（x）
csch	双曲余割	csch（x）
erf	误差函数	erf（x）
exp	指数	exp（x）
floor	整数函数	floor（x）
gamma	伽马函数	gamma（x）
imag	虚部	imag（u）
log	自然对数	log（x）
log10	以 10 为底对数	log10（x）
log2	以 2 为底对数	log2（x）
max	两个参数中的最大值	max（a，b）
min	两个参数中的最小值	min（a，b）
mod	模数运算子	mod（a，b）
psi	Psi 函数及其衍生品	psi（x，k）
range	创建等差数列	range（a，step，b）
real	实数部分	real（u）

自定义参数

单击全局定义下的参数节点，可以在右边的列表中输入我们自定义变量的名称以及我们为它赋予的数值及单位，如图 3-8 所示。

自定义变量

如图 3-9 所示，右键单击全局定义，并选择变量，可以在右方表格内定义需要的变量名称及表达式（见图 3-10）。

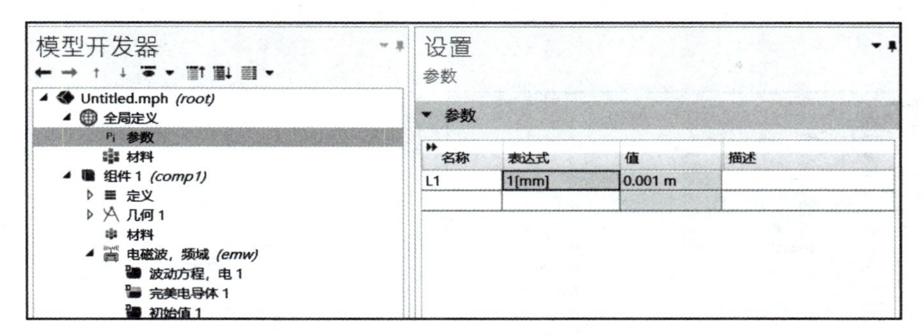

图 3-8　自定义参数

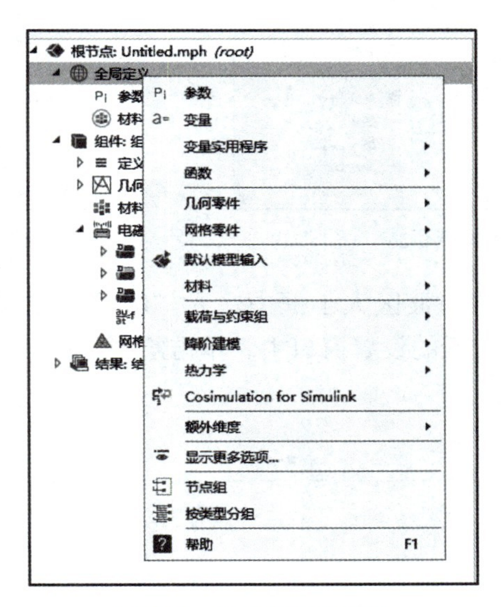

图 3-9　单击变量选项框

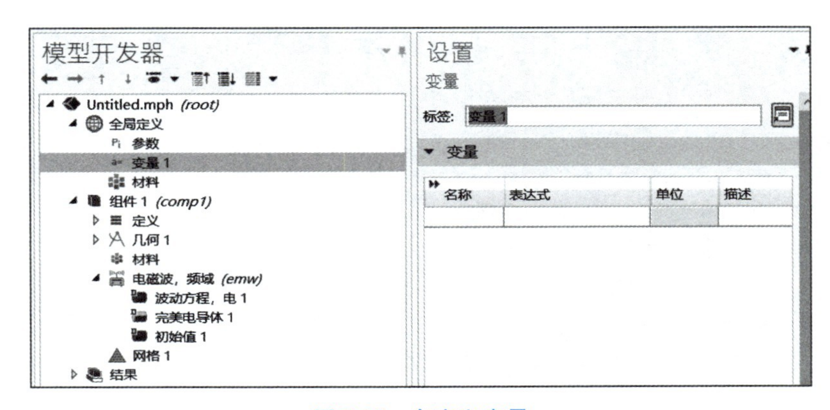

图 3-10　自定义变量

自定义函数

首先右键单击全局定义节点，并选择函数—阶跃，如图 3-11 所示。

如图 3-12 所示，在阶跃设置窗口的位置框中，输入“0.25”，设置值为 0.5 的阶跃中心的位置。

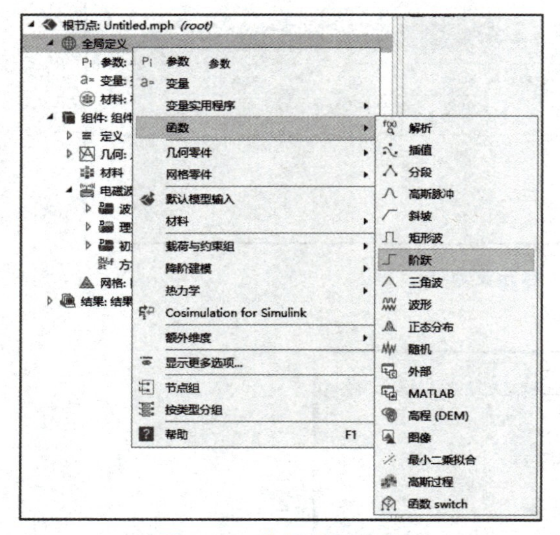

图 3-11　选择阶跃函数

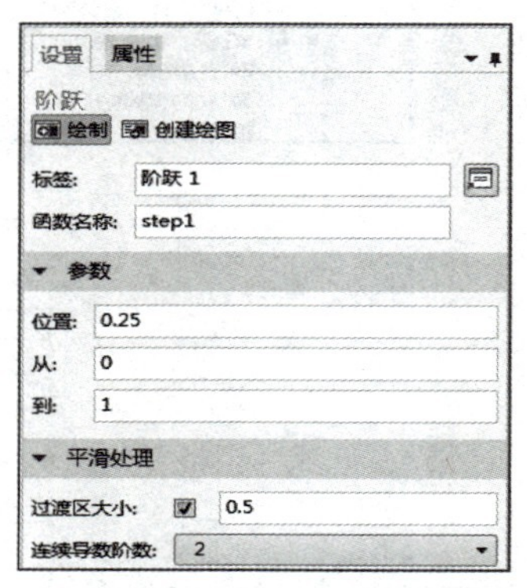

图 3-12　阶跃函数设置窗口

单击平滑展开该栏，并在过渡区大小框中输入“0.5”，设置平滑间隔的宽度。保留默认的连续导数阶数为 2。在阶跃的设置窗口中，单击绘制按钮，如果得到的绘图与图 3-13 相符，说明已正确定义该函数。

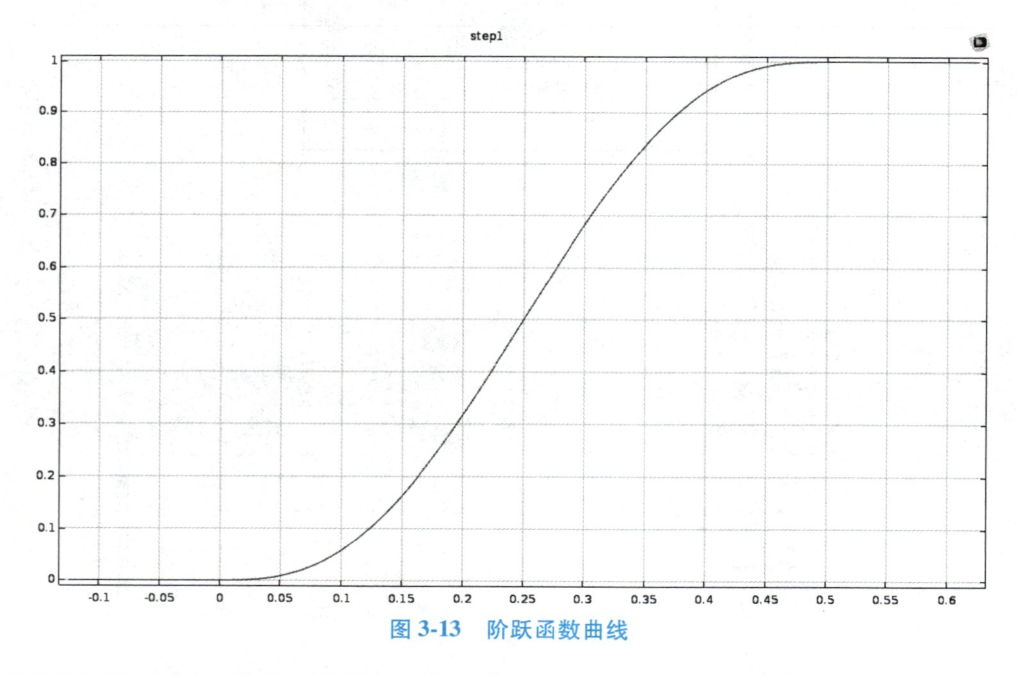

图 3-13　阶跃函数曲线

还可以添加注释和重命名函数，使描述信息更为具体。右键单击模型开发器中的阶跃 1 节点，并选择属性如图 3-14 所示。在属性窗口中，输入需要的任何信息（见图 3-15）。完成后，右键单击属性选项卡并选择关闭。

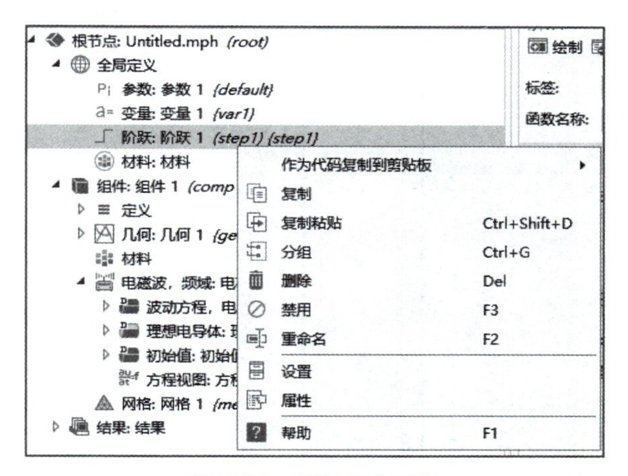

图 3-14　选择函数属性

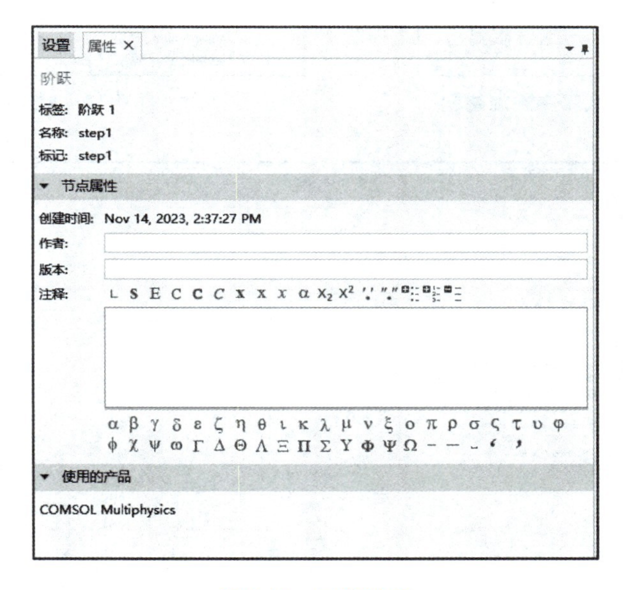

图 3-15　属性设置

自定义材料

在材料节点中，也可以定义您自己的材料，并将其保存在材料库中。还可以为现有材料添加材料属性。如果定义的属性为其他变量的函数（通常为温度），则绘图功能可帮助我们验证所需范围内的属性函数。此外，还可以使用 Excel 来加载电子表格，并定义材料属性的插值函数。COMSOL“材料库”插件包含 2500 多种材料以及上万个温度相关的属性函数。此外，许多附加产品都包含与其应用领域相关的材料库。

右键单击全局定义下的材料节点，单击从材料库中添加材料，如图 3-16 所示，将会在软件最右侧出现“添加材料”框（见图 3-17）中有应用于各种物理学研究的材料，双击内置材料下的 FR4，打开设置框中材料属性明细一栏我们可以根据需要定义 FR4 各方面的属性参数，如图 3-18 所示。

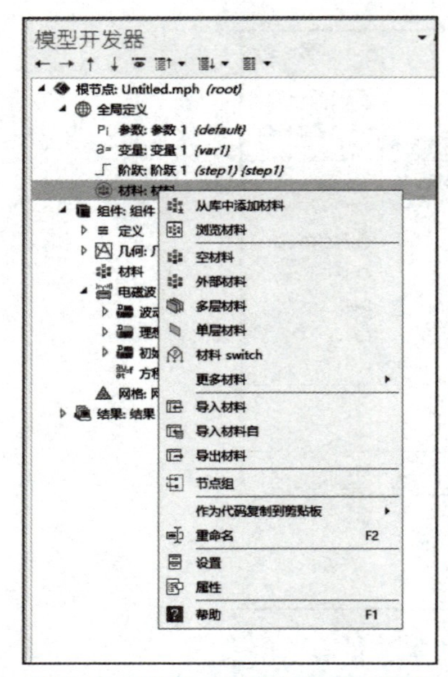

图 3-16　选定“从库中添加材料”

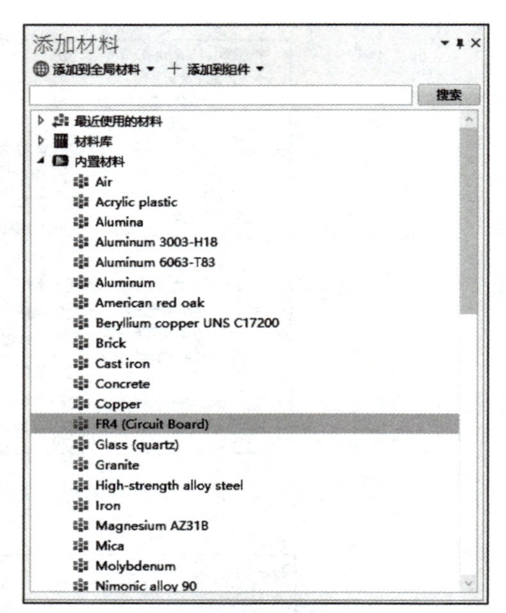

图 3-17　材料框

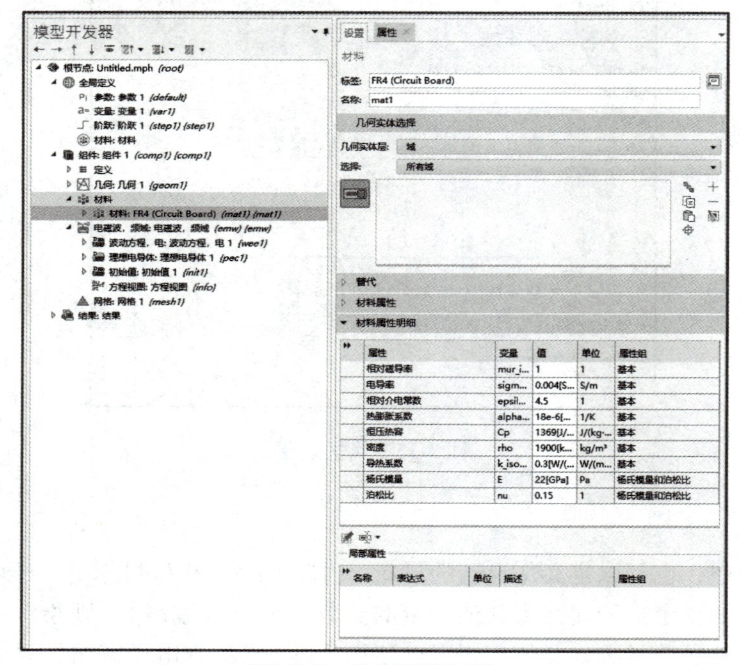

图 3-18　定义材料属性

3.3　COMSOL 自定义参量的常见错误

单位

当我们输入参数或者变量的单位不正确时，该表达式就会显示黄色，如图 3-19 所示。

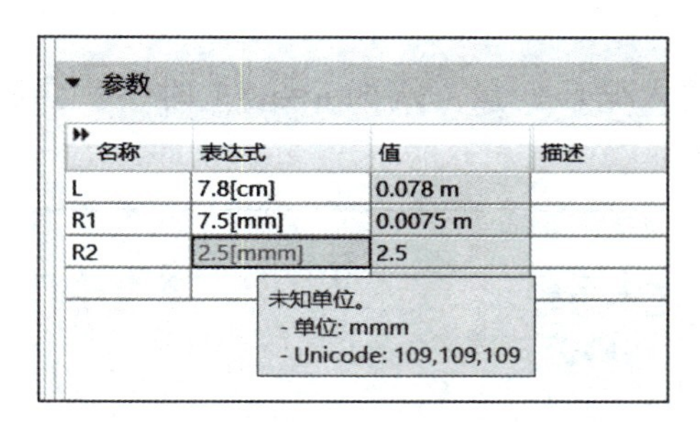

图 3-19 单位错误

语法

当出现语法错误时，表达式为红色，并且会弹出 Error 对话框，如图 3-20 所示。

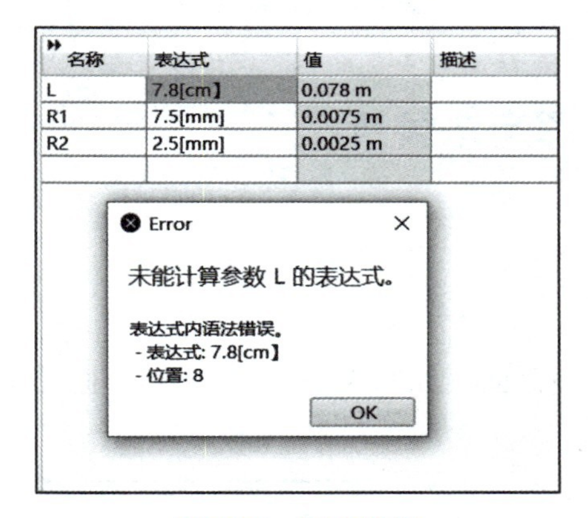

图 3-20 语法错误

材料域未选中

当没有对所有构建的实体进行材料定义时，组件下面的材料节点就会出现红色的叉号，如图 3-21 所示，单击材料节点，在设置里面会显示哪些域定义过，哪些域没有定义过。

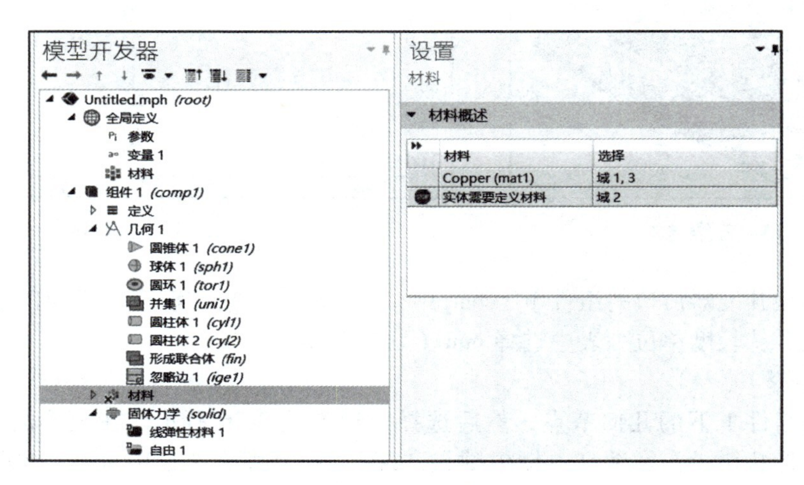

图 3-21 材料域未选中

循环变量

当定义变量时，如果输入循环变量，例如 a=a+1 时，就会出现如图 3-22 所示的错误提示。

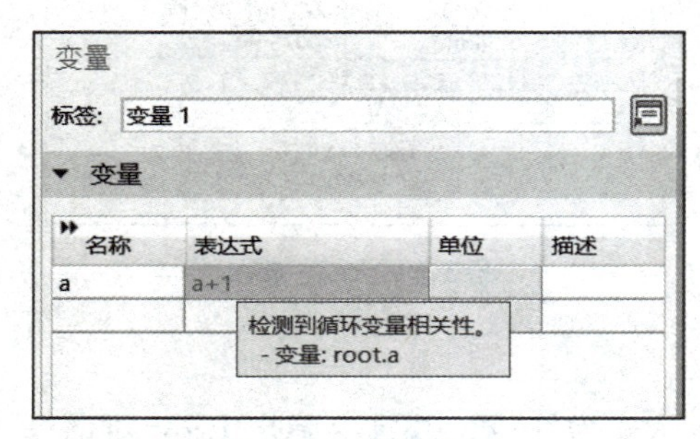

图 3-22 循环变量

3.4 COMSOL 前处理方法解析

3.4.1 实体建模

案例一：2D 实体建模

构建流经管壳式换热器横截面，如图 3-23 所示为模型的三维结构，图 3-24 是我们需要模拟的二维结构。

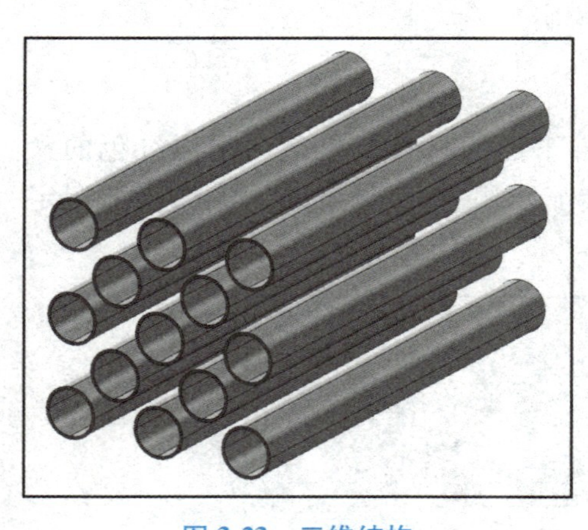

图 3-23 三维结构

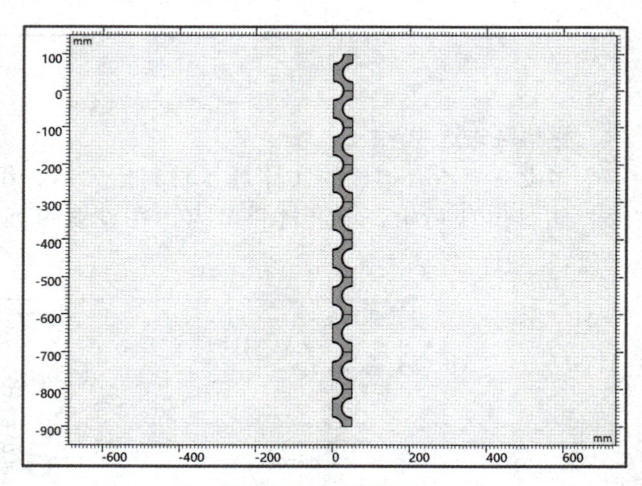

图 3-24 二维结构

首先在模型开发器窗口的组件 1（comp1）节点下，单击几何 1。在几何的设置窗口中，定位到单位栏，从长度单位列表中选择 mm（见图 3-25）。

1. 构建矩形 1（r1）

右键单击组件 1 下的几何节点，然后选择矩形如图 3-26 所示。在矩形的设置窗口中，定位到大小和形状栏，在宽度文本框中键入“60”。在高度文本框中键入“80”。单击构建选定对象，如图 3-27 所示。

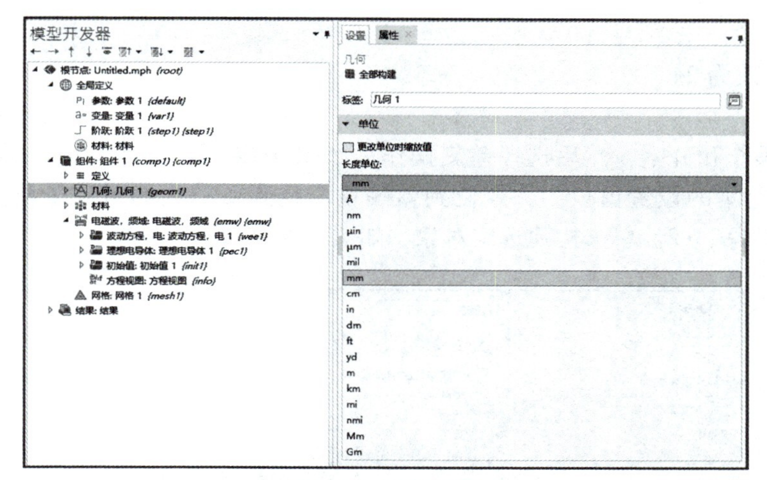

图 3-25　选择单位

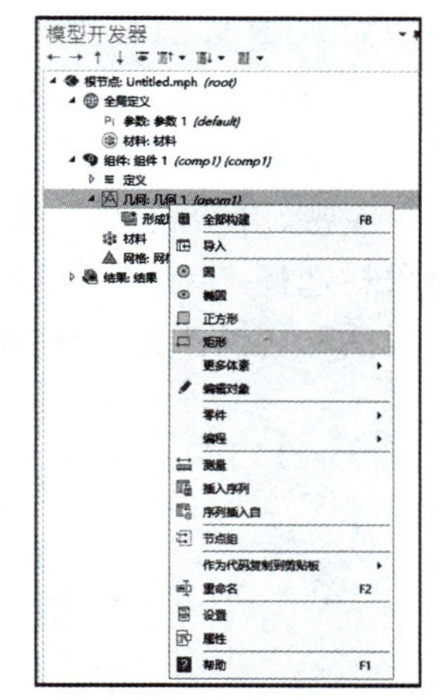

图 3-26　选择矩形

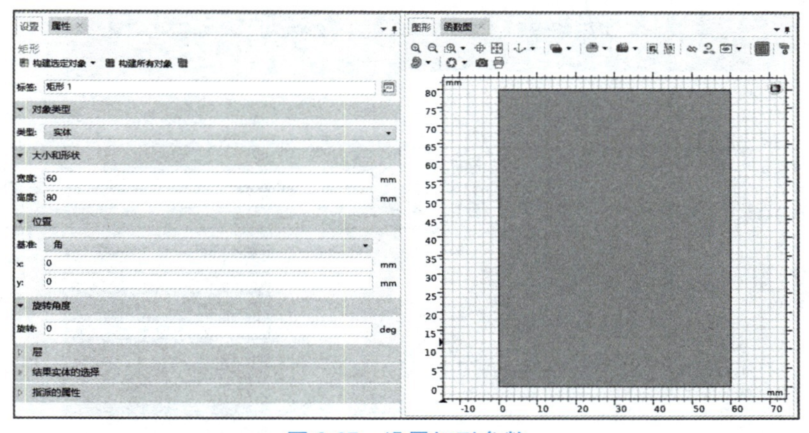

图 3-27　设置矩形参数

2. 构建圆 1（c1）

右键单击组件 1 下的几何节点，然后选择圆。在圆的设置窗口中，定位到大小和形状栏。在半径文本框中键入“26”。单击构建选定对象，如图 3-28 所示。

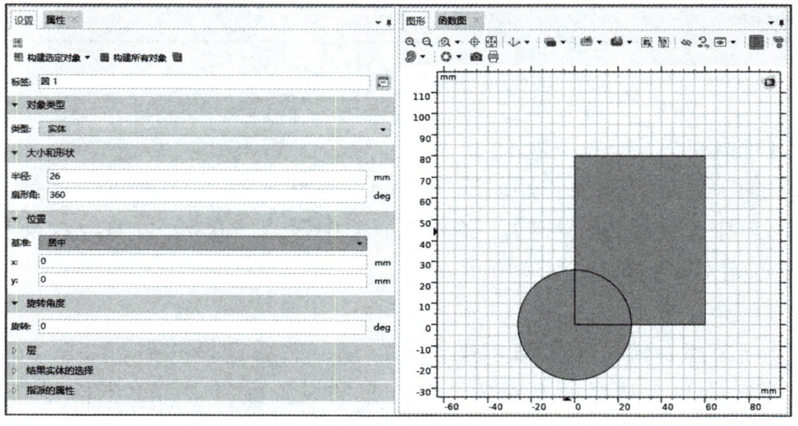

图 3-28　构建圆

3. 构建圆 2（c2）

重复步骤 2，将圆的半径改为 24。

4. 差集 1（dif1）

左键几何节点单击布尔操作和分割，然后选择差集操作，如图 3-29 所示。在要添加的对象栏选择“对象” c1。在差集的设置窗口中，定位到差集栏。找到要减去的对象子栏。选择活动切换按钮。选择“对象” c2。单击构建选定对象，如图 3-30 所示。

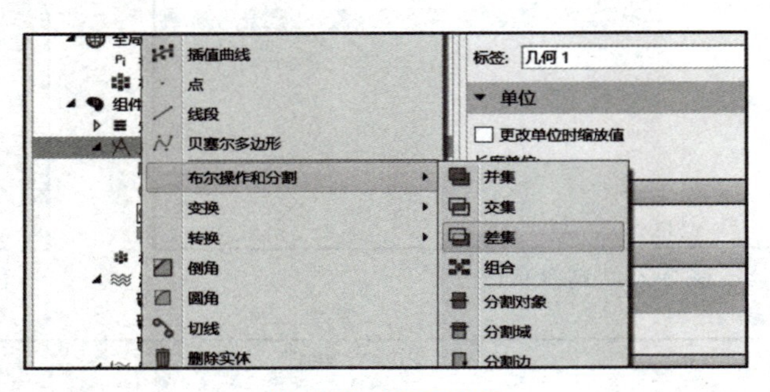

图 3-29　选定差集

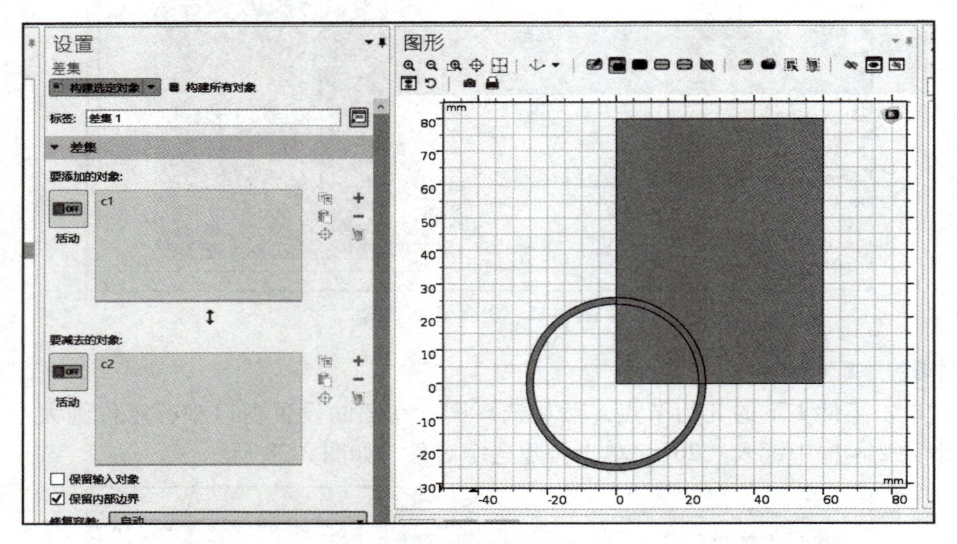

图 3-30　差集设置

5. 复制 1（copy1）

右键单击几何节点选择变换，然后选择复制，操作如图 3-31 所示。选择“对象” dif1。在复制的设置窗口中，定位到位移栏。在 x 文本框中键入“0 60”。在 y 文本框中键入“80 40”。单击构建选定对象，如图 3-32 所示。

6. 并集 1（uni1）

右键单击几何节点，然后单击布尔操作和分割，然后选择并集，如图 3-33 所示。单击图形窗口，然后按 Ctrl+A 选择所有对象。在并集的设置窗口中，单击构建选定对象，如图 3-34 所示。

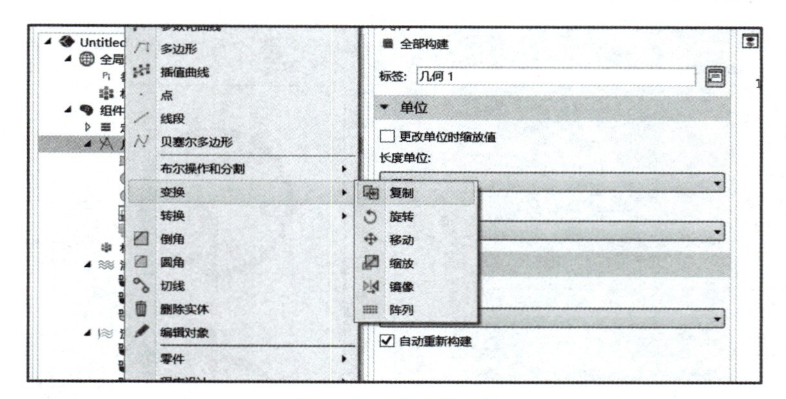

图 3-31　选定复制

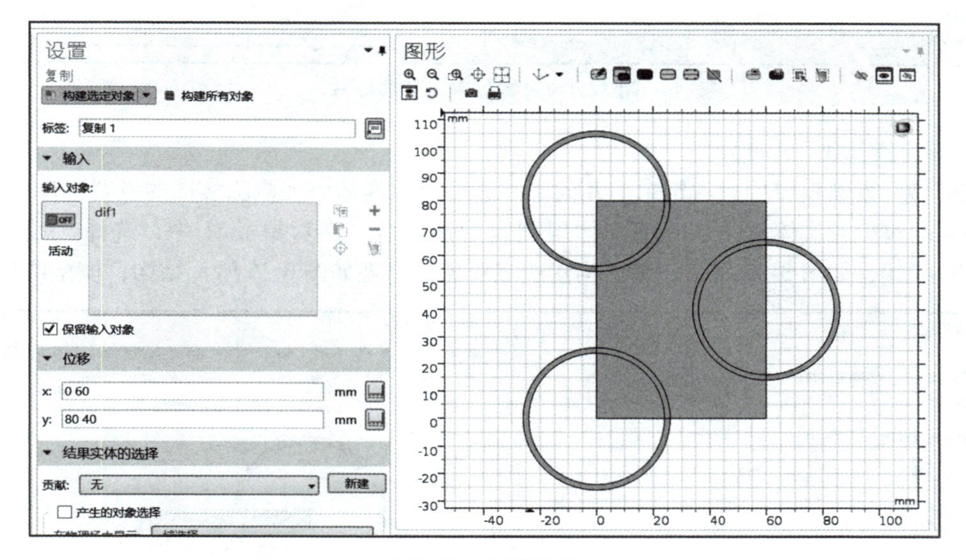

图 3-32　复制设置

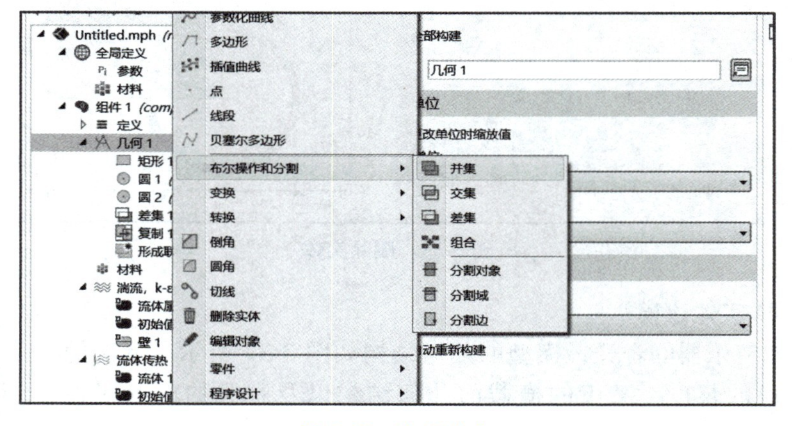

图 3-33　选定并集

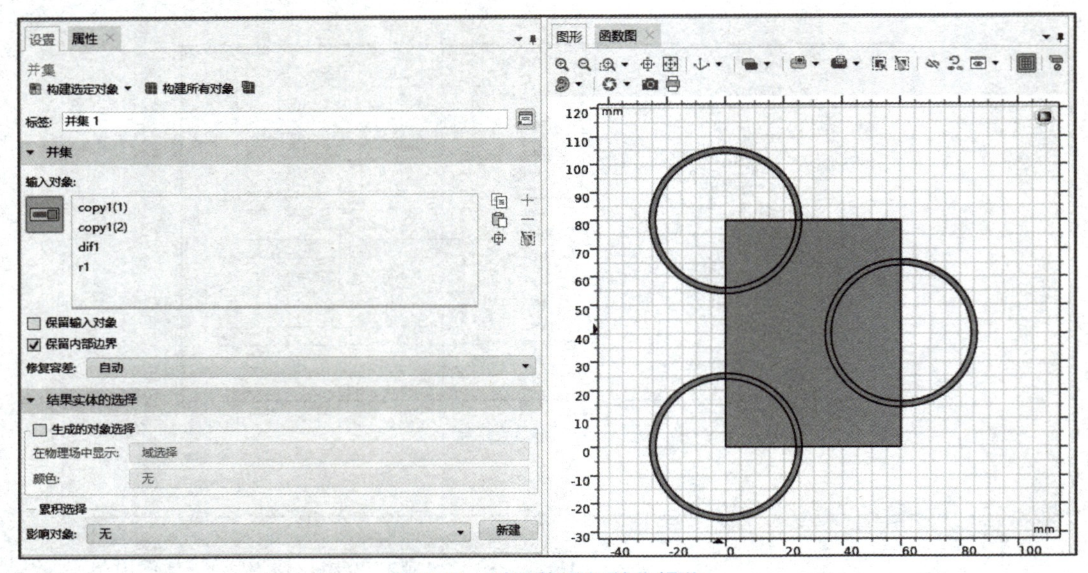

图 3-34　对实体进行并集操作

7. 删除实体 1（del1）

在模型开发器窗口中，右键单击几何 1 并选择删除实体。在删除实体的设置窗口中，定位到要删除的对象或实体栏。从几何实体层列表中选择域。在对象 uni1 中，选择“域”1、2、5、7、8 和 10，如图 3-35 所示，单击构建选定对象，出现如图 3-36 所示结构，模型构建完毕。

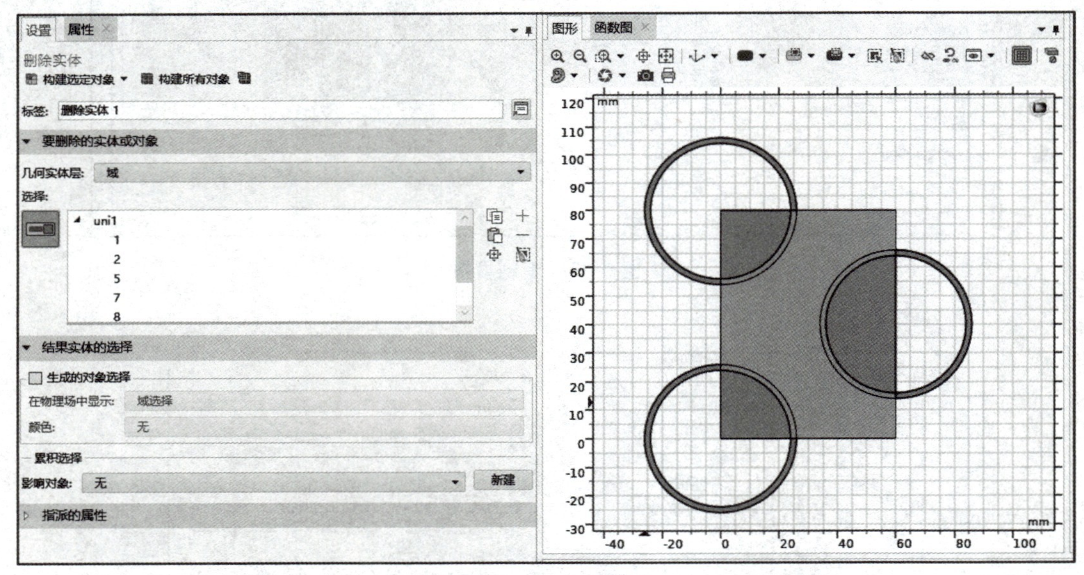

图 3-35　删除实体

案例二：3D 实体建模

本例模拟调节乐器的音叉，模型的几何结构如图 3-37 所示。音叉的基本频率由叉齿的长度、叉齿的横截面几何结构以及音叉的材料属性决定。

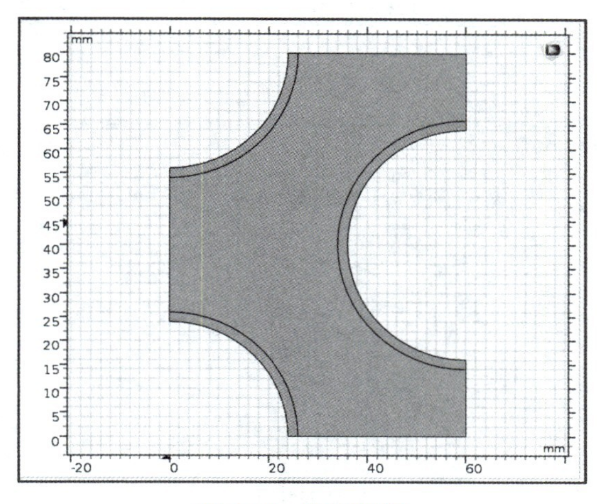

图 3-36　模型结构

图 3-37　音叉的结构

在新建窗口中，单击模型向导，在模型向导窗口中，单击三维。在选择物理场树中选择结构力学—固体力学（solid）。单击添加和研究。在选择研究树中选择预设研究—特征频率，单击完成。

在模型开发器窗口的全局定义节点下，单击参数。在参数的设置窗口中，定位到参数栏。在表 3-4 中输入以下设置，如图 3-38 所示。

表 3-4　参数设置

名　称	表 达 式	值	描　述
VL	5［cm］	0. 050m	圆柱长度
R1	8［mm］	0. 008m	底座直径
R2	2. 5［mm］	0. 0025m	叉齿半径

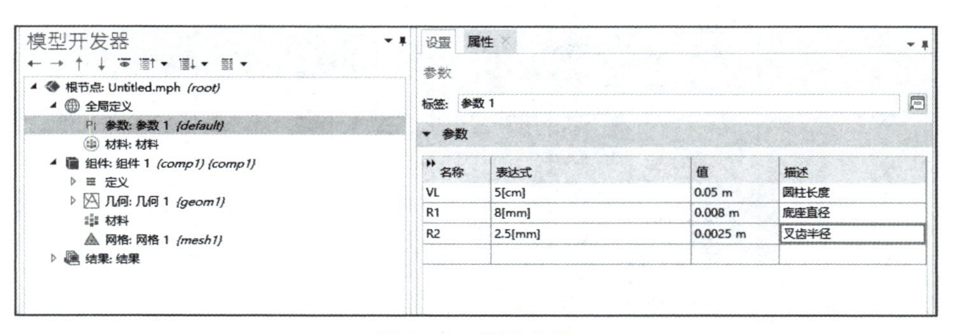

图 3-38　设置参数

1. 构建圆锥体 1（cone1）

在几何工具栏中单击圆锥体。在圆锥体的设置窗口中，定位到大小和形状栏。在底半径文本框中键入“R2”。在高度文本框中键入“2e-2”。从指定最大大小的依据列表中选择角。在半角文本框中键入“2”。定位到位置栏。在 x 文本框中键入“R1”。在 z 文本框中键入

“-R1”。定位到轴栏。从轴类型列表中选择笛卡尔，在 z 文本框中键入” -1 “。单击构建选定对象，会出现如图 3-39 所示图形。

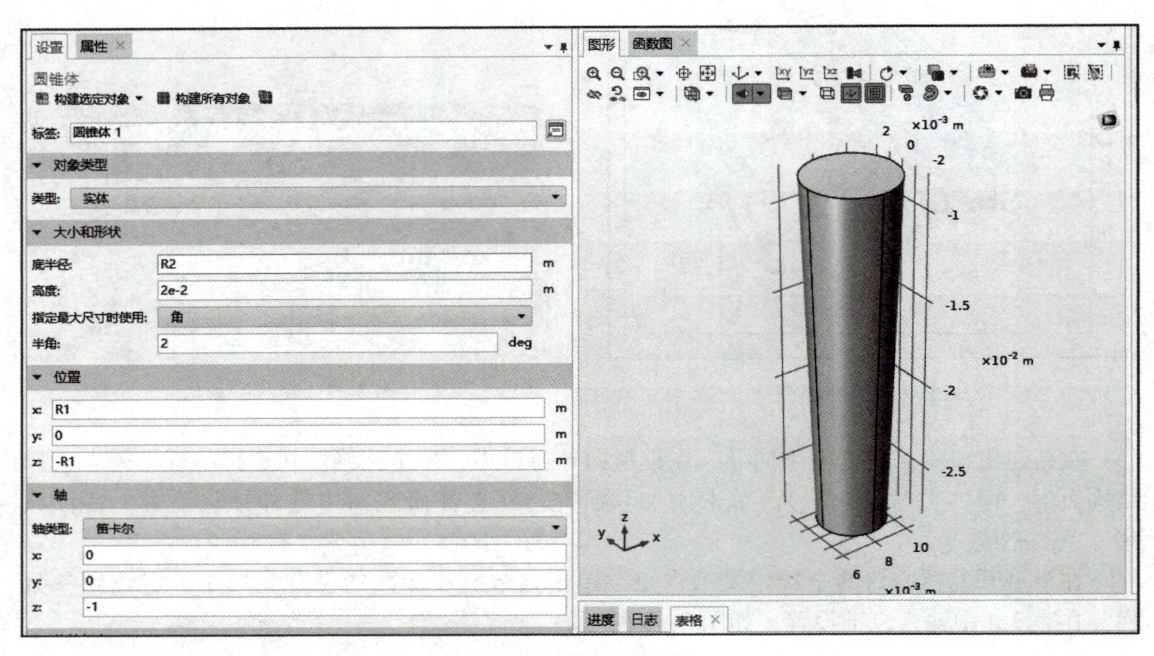

图 3-39　构建圆锥体

2. 构建球体 1（sph1）

在几何工具栏中单击球体，如图 3-40 所示，在球体的设置窗口中，定位到大小栏，在半径文本框中键入“4.5e-3”。定位到位置栏。在 x 文本框中键入“R1”。在 z 文本框中键入“-(R1+2.25e-2)”。单击构建选定对象，如图 3-41 所示。

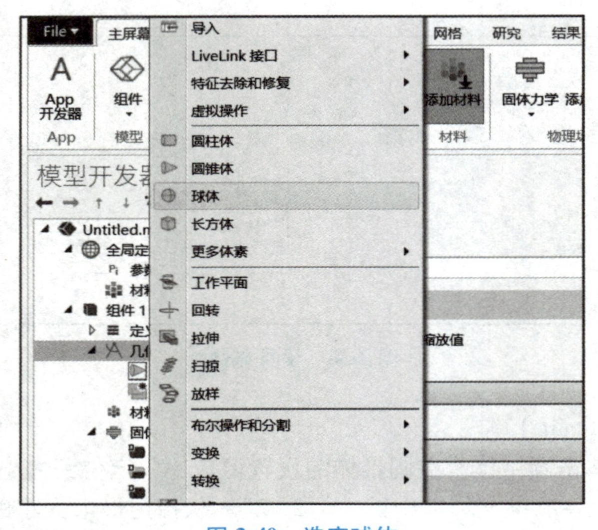

图 3-40　选定球体

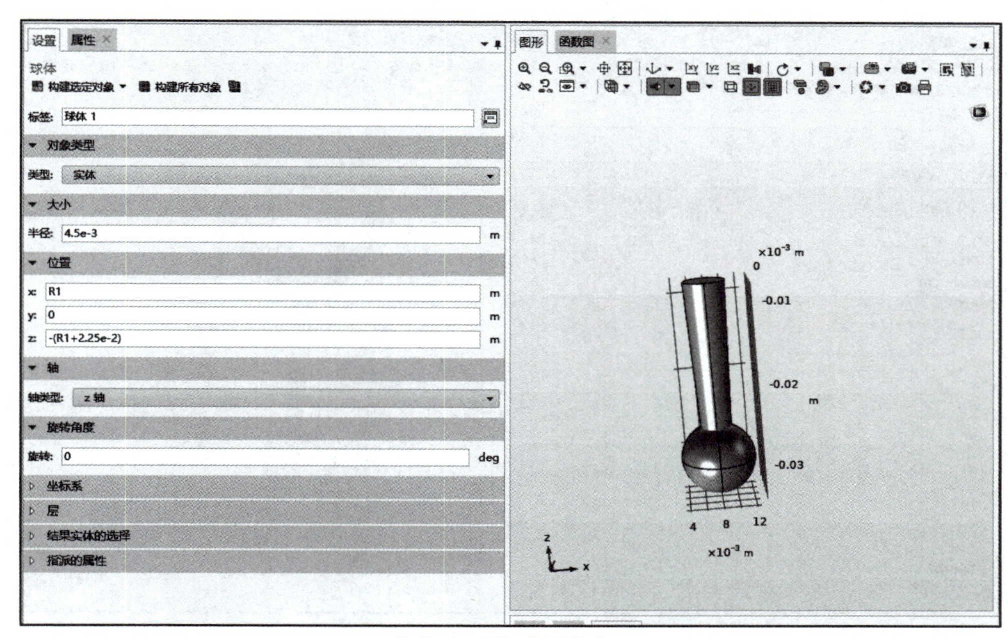

图 3-41　球体参数设置

3. 构建圆环 1（tor1）

右键单击几何工具栏单击更多体素，选择圆环（见图 3-42）。在圆环的设置窗口中（见图 3-43），定位到大小和形状栏。在大半径文本框中键入“R1”。在小半径文本框中键入“R2”。在旋转角度文本框中键入“180”。定位到位置栏。在 x 文本框中键入“R1”。定位到轴栏。从轴类型列表中选择笛卡尔。在 z 文本框中键入“0”。在 y 文本框中键入“1”，定位到旋转角度栏，在旋转文本框中键入“-90”。

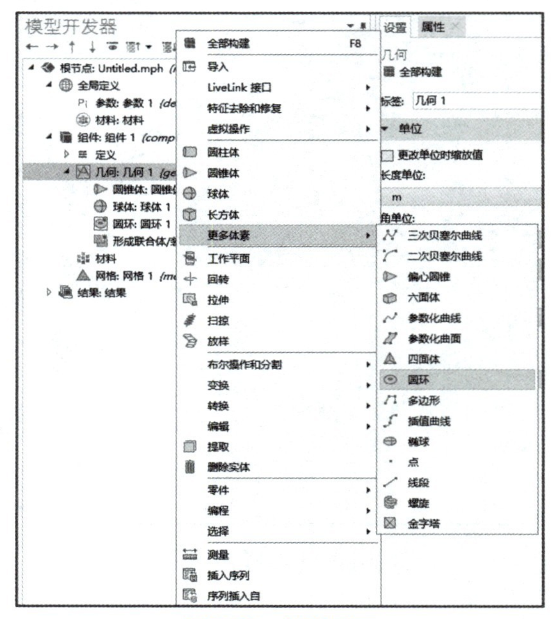

图 3-42　选定圆环

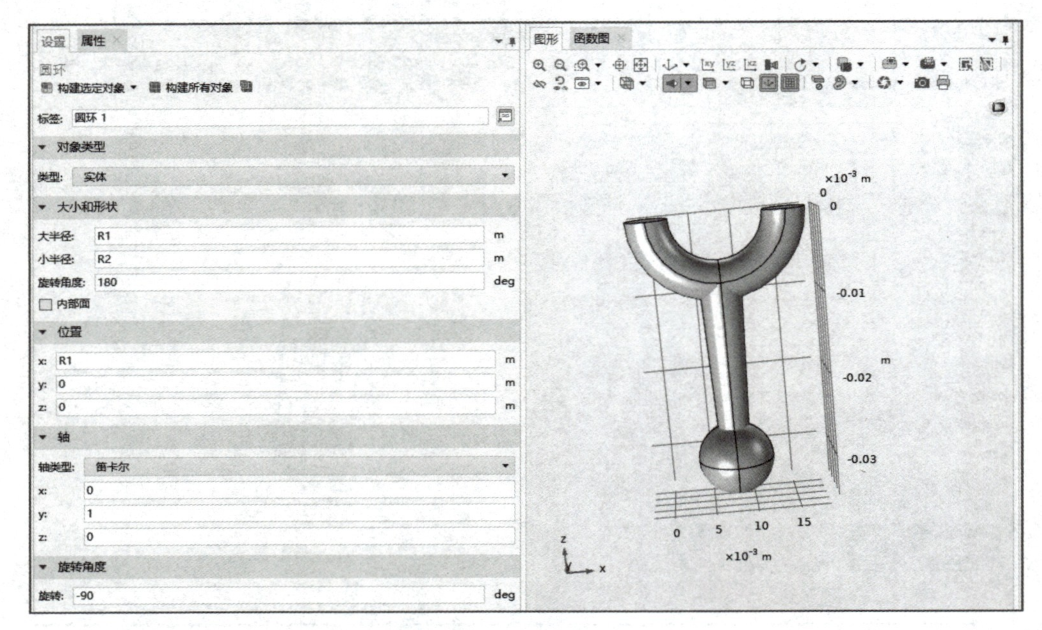

图 3-43　圆环参数设置

4. 构建并集 1（uni1）

在几何工具栏中单击布尔操作和分割，然后选择并集。在并集的设置窗口中，定位到并集栏。清除保留内部边界复选框。单击图形窗口，然后按 Ctrl+A 选择所有对象，如图 3-44 所示。

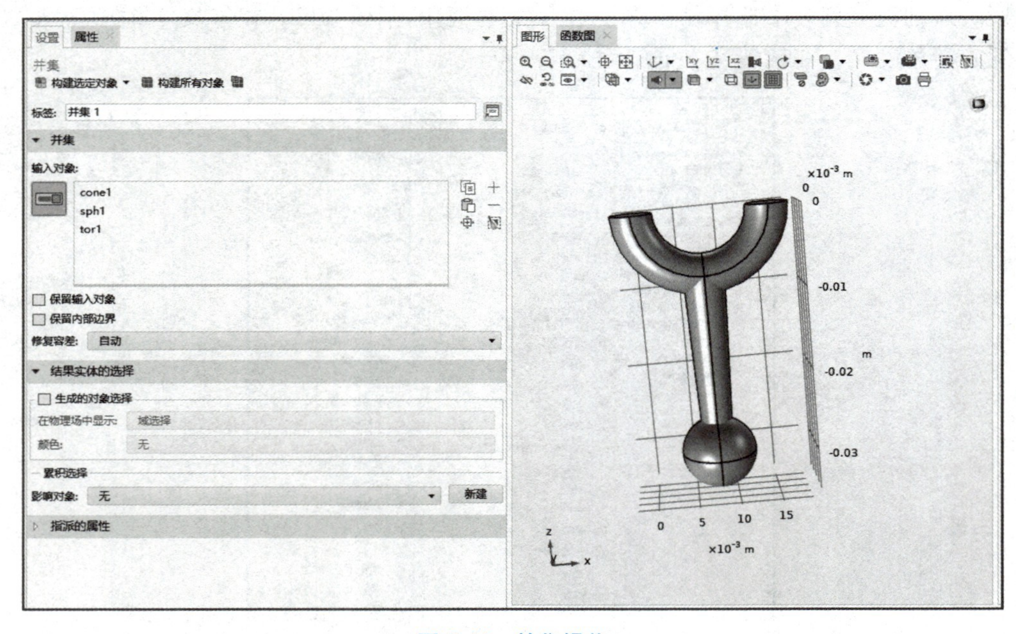

图 3-44　并集操作

以上就是音叉的叉柄和底座。

再需要添加两个圆柱，表示叉齿。

5. 构建圆柱体 1（cyl1）

在几何工具栏中单击圆柱体。在圆柱体的设置窗口中，定位到大小和形状栏。在半径文本框中键入“R2”。在高度文本框中键入“VL”。单击构建选定对象，如图 3-45 所示。

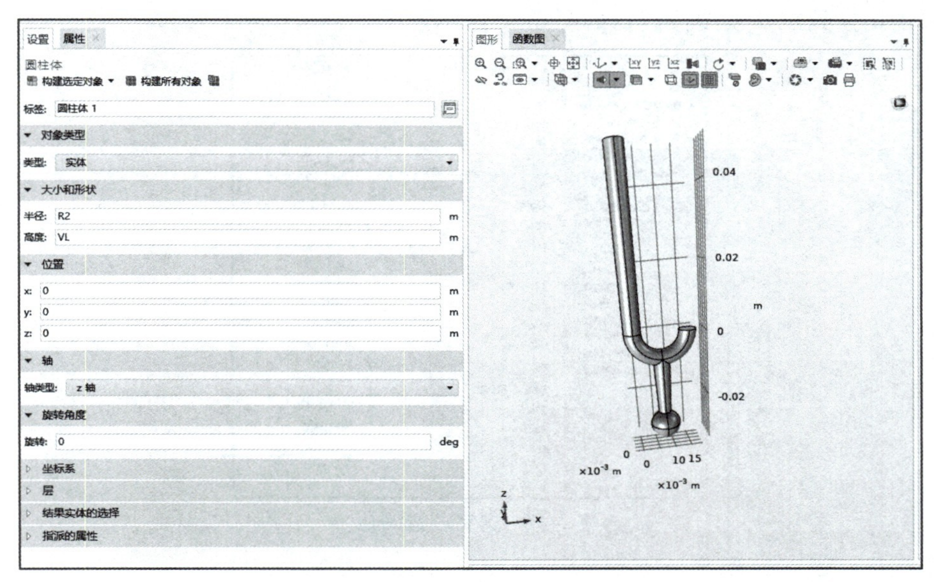

图 3-45　构建一个叉齿（圆柱体）

6. 构建圆柱体 2（cyl2）

在几何工具栏中单击圆柱体。在圆柱体的设置窗口中，定位到大小和形状栏。在半径文本框中键入“R2”。在高度文本框中键入“VL”。定位到位置栏。在 x 文本框中键入“2 * R1”。单击构建选定对象，如图 3-46 所示。

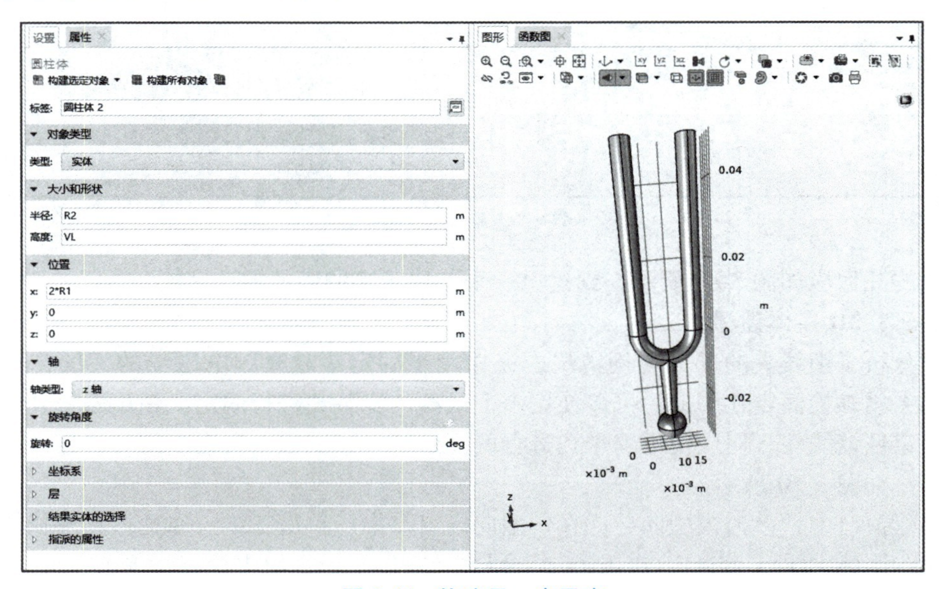

图 3-46　构建另一个叉齿

使用虚拟几何操作，避免短边和狭窄区域，此操作可以改进网格的生成。

7. 忽略边 1（ige1）

如图 3-47 所示，在几何工具栏中单击虚拟操作，然后选择忽略边，在要忽略的边中，选择“边”22、23、29、32、33、39、42 和 43。在几何工具栏中单击全部构建，在图形工具栏中单击切换到默认视图按钮，如图 3-48 所示。

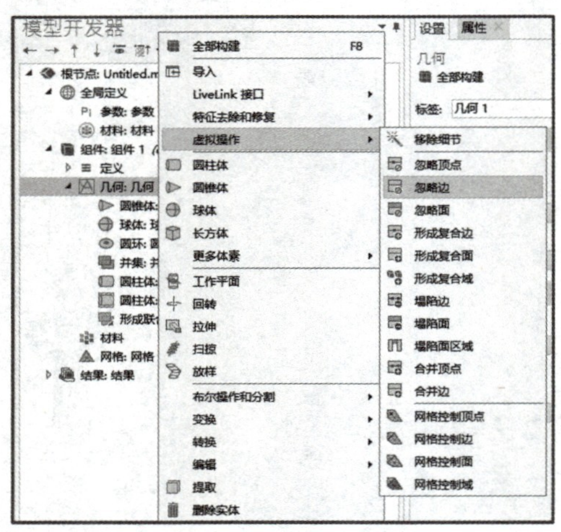

图 3-47　选定“忽略边”

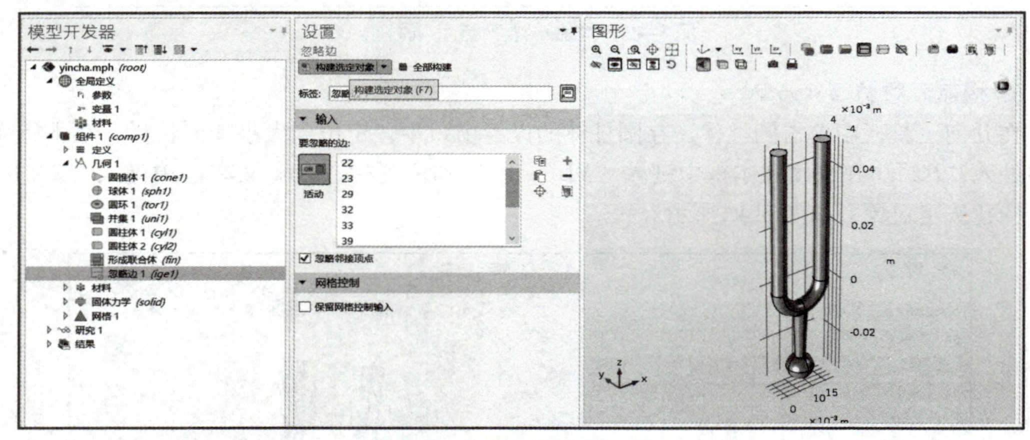

图 3-48　“忽略边”具体设置

完整的几何应如图 3-49 所示，到这里一个三位音叉的模型构建完毕。

案例三：3D 实体建模

本例分析了馈线夹的部分结构情况。夹钳用于固定承载高频电磁场的馈线，在此分析中，馈线夹用螺栓固定在墙上，可以使用一个或两个安装孔进行固定。使用两个孔的安装可以完全固定住馈线夹，而仅使用一个孔进行的固定则不够牢固。夹钳上的外力由馈线和夹紧螺钉引入，如图 3-50 所示。

在新建窗口中，单击模型向导。在模型向导窗口中，单击三维。在选择物理场树中选择结构力学—固体力学（solid）。单击添加，研究，在选择研究树中稳态，单击完成。

在模型开发器窗口的全局定义节点下，单击参数。在参数的设置窗口中，定位到参数栏。在表 3-5 中输入以下设置：

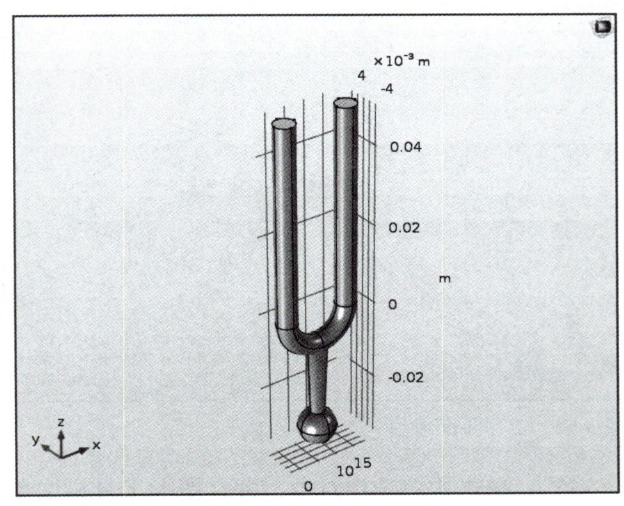

图 3-49　构建好的音叉模型

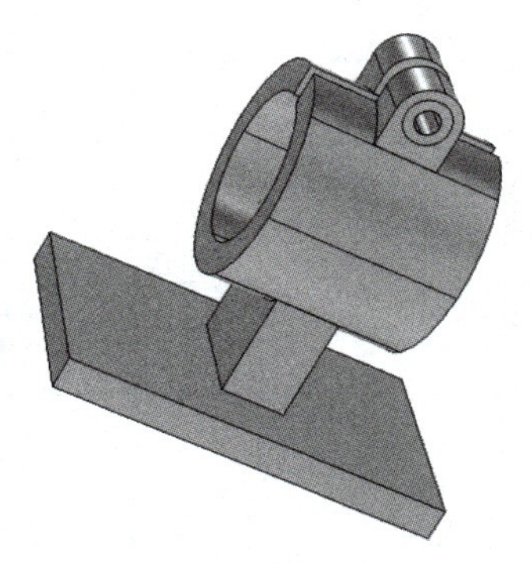

图 3-50　馈线夹模型

表 3-5　馈线夹参数设置

名　称	表 达 式	值	描　述
Ffeeder	2000 [N]	2000N	进料器夹紧力
Afeeder	pi * 20 [mm] * 20 [mm]	0.0012566m^2	进料器面积
Fscrew	0.2 * 4500 [N]	900N	螺栓力
D	8 [mm]	0.008m	外径
d	4 [mm]	0.004m	内径
Awasher	pi/4 * (D^2-d^2)	3.7699E-5m^2	垫圈面积
W	20 [mm]	0.02m	夹紧宽度，z 方向

在模型开发器窗口的组件 1（comp1）节点下，单击几何 1。在几何的设置窗口中，定位到单位栏，从长度单位列表中选择 mm。下面进入模型构建过程。

1. 工作平面 1（wp1）

如图 3-51 所示，在几何工具栏中单击工作平面。在工作平面的设置窗口中，定位到合并对象栏。清除合并对象复选框。单击显示工作平面，如图 3-52 所示。

2. 在工作平面 1（wp1）内构建圆 1（c1）

如图 3-53 所示右键单击工作平面下的平面几何节点，然后选择圆。在圆的设置窗口中，定位到大小和形状栏，在半径文本框中键入“17”；定位到位置栏，在 xw 文本

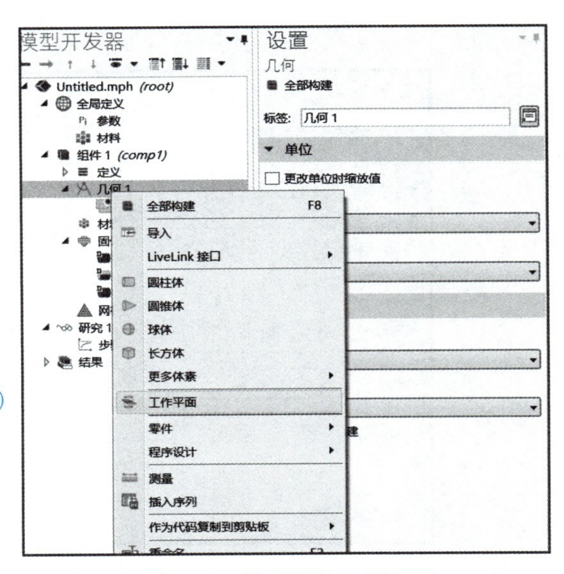

图 3-51　单击选择工作平面

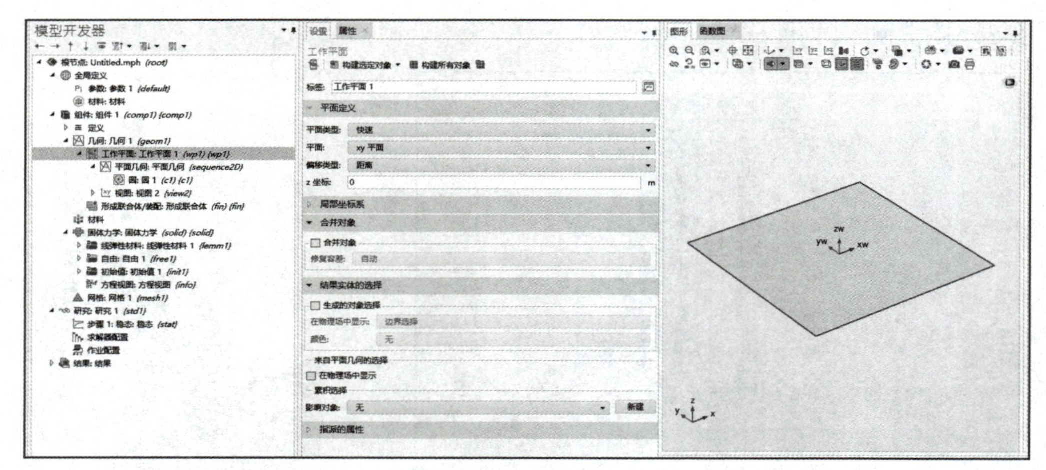

图 3-52　工作平面设置

框中键入“15”，在 yw 文本框中键入“35”；单击构建选定对象，并在图形工具栏中单击缩放到窗口大小按钮，如图 3-54 所示。

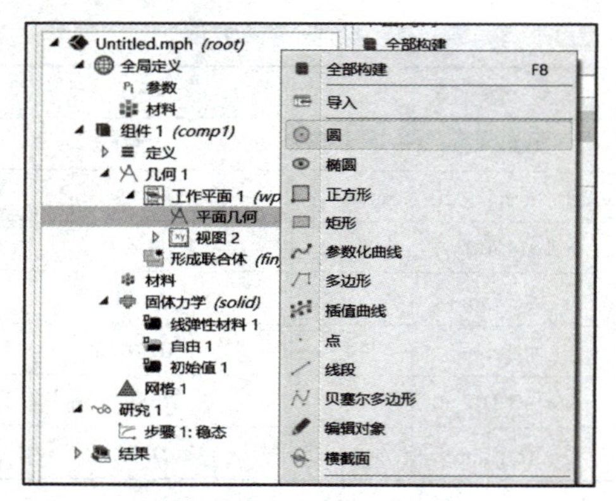

图 3-53　单击选择圆

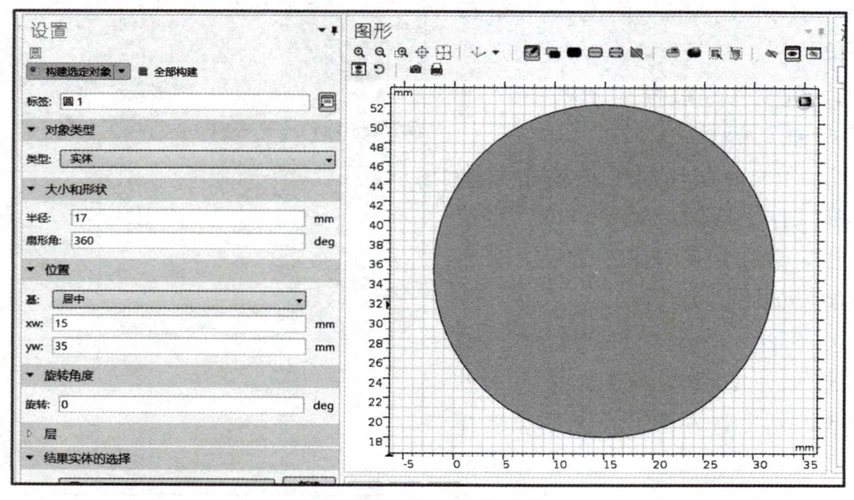

图 3-54　设置圆的参数

3. 在工作平面 1（wp1）中添加矩形 1（r1）

右键单击工作平面下的平面几何节点，然后选择矩形。在矩形的设置窗口中，定位到大小和形状栏，在宽度文本框中键入“20”，在高度文本框中键入“55”；定位到位置栏，在 xw 文本框中键入“5”，在 yw 文本框中键入“5”；单击选择构建选定对象，并在图形工具栏中单击缩放到窗口大小按钮，操作如图 3-55 所示。

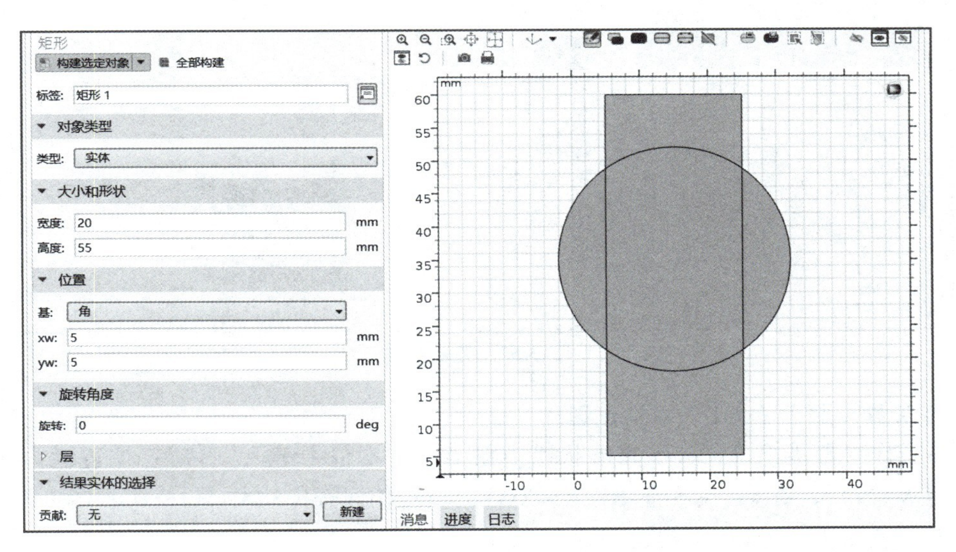

图 3-55　构建矩形

4. 在工作平面 1（wp1）中构建差集 1（dif1）

如图 3-56 所示，右键单击工作平面中平面几何节点，单击布尔操作和分割，然后选择差集，在要添加的对象中，选择 r1，在要减去的对象中选择 c1。单击构建选定对象，具体操作如图 3-57 所示。

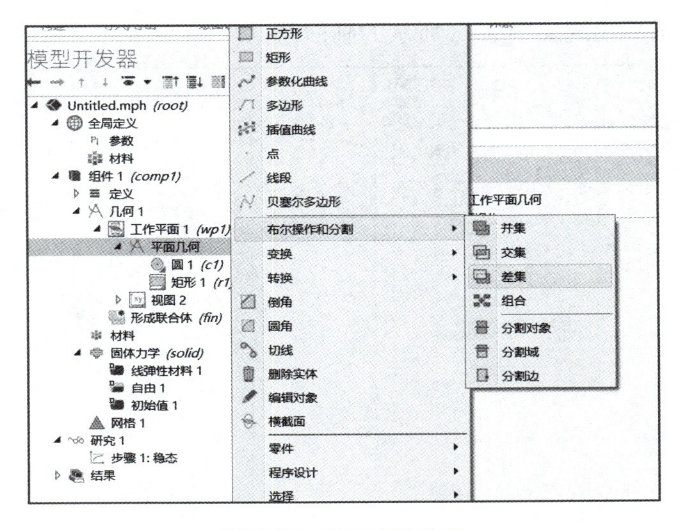

图 3-56　单击选择差集

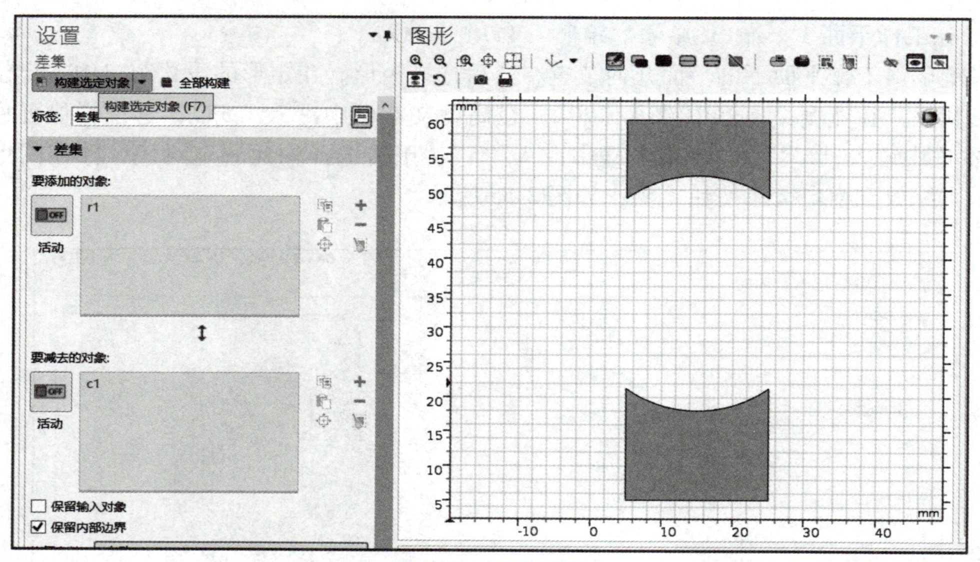

图 3-57　差集操作

5. 在工作平面 1（wp1）中构建圆 2（c2）

具体操作参考步骤二，大小和形状栏中在半径文本框中键入“17”；位置栏中在 xw 文本框中键入“15”，在 yw 文本框中键入“35”，单击构建选定对象。

在工作平面 1（wp1）中构建圆 3（c3）。

具体操作参考步骤二，大小和形状栏中在半径文本框中键入“12”；位置栏中，在 xw 文本框中键入“15”，在 yw 文本框中键入“35”，单击构建选定对象。

在工作平面 1（wp1）中构建矩形 2（r2）。

具体操作参考步骤三在矩形的设置窗口中，在宽度文本框中键入“3”，在高度文本框中键入“20”；位置栏中在 xw 文本框中键入“13.5”，在 yw 文本框中键入“40”，单击构建选定对象。

以上三小步完成后出现如图 3-58 所示的画面。

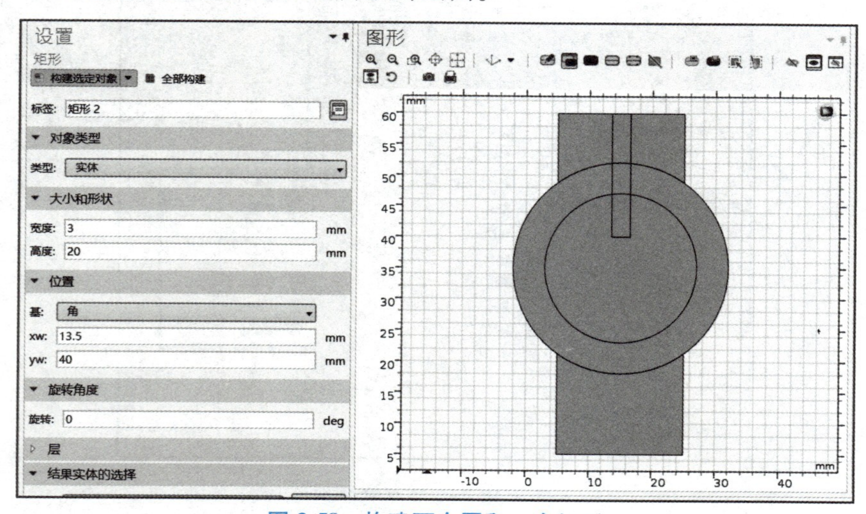

图 3-58　构建两个圆和一个矩形

6. 工作平面 1（wp1）>组合 1（co1）

右键单击工作平面中平面几何节点，单击布尔操作和分割，然后选择组合，单击图形窗口，然后按 Ctrl+A 选择所有对象。在组合的设置窗口中，定位到组合栏。在设置公式文本框中键入“(dif1+c2)-(c3+r2)”，单击构建选定对象，出现如图 3-59 所示画面。

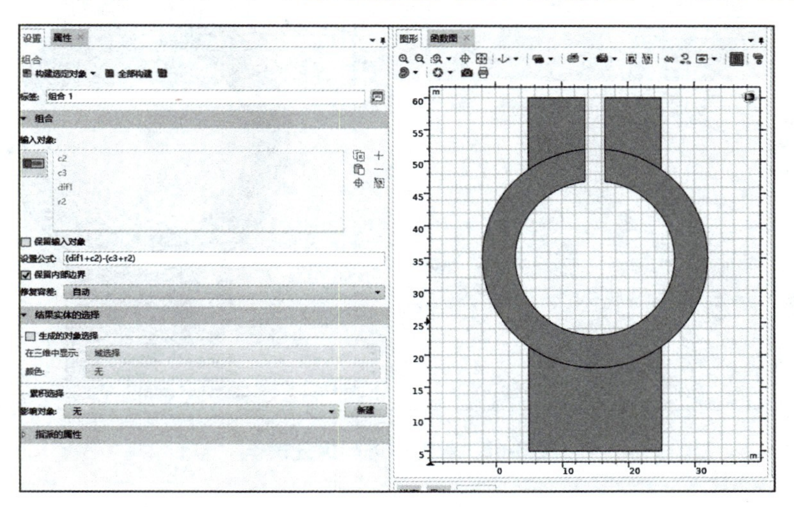

图 3-59　组合操作

7. 工作平面 1（wp1）>拆分 1（spl1）

如图 3-60 所示，右键单击工作平面下的平面几何节点，单击转换，然后选择拆分，选择“对象”co1，单击构建选定对象，完成后如图 3-61 所示。

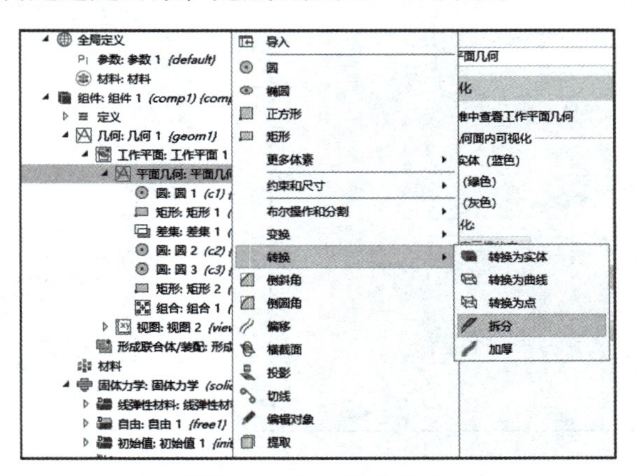

图 3-60　单击选择拆分

8. 工作平面 1（wp1）>矩形 3（r3）

具体参考步骤三，在矩形的设置窗口中，大小和形状栏在宽度文本框中键入“40”，在高度文本框中键入“5”；在位置栏中，xw 框键入“-5”单击构建选定对象，并在图形工具栏中单击缩放到窗口大小按钮。完成后出现如图 3-62 所示画面。

9. 对工作平面进行拉伸 1（ext1）

首先在模型开发器窗口的组件 1（comp1）—几何 1 节点下，单击工作平面 1（wp1），

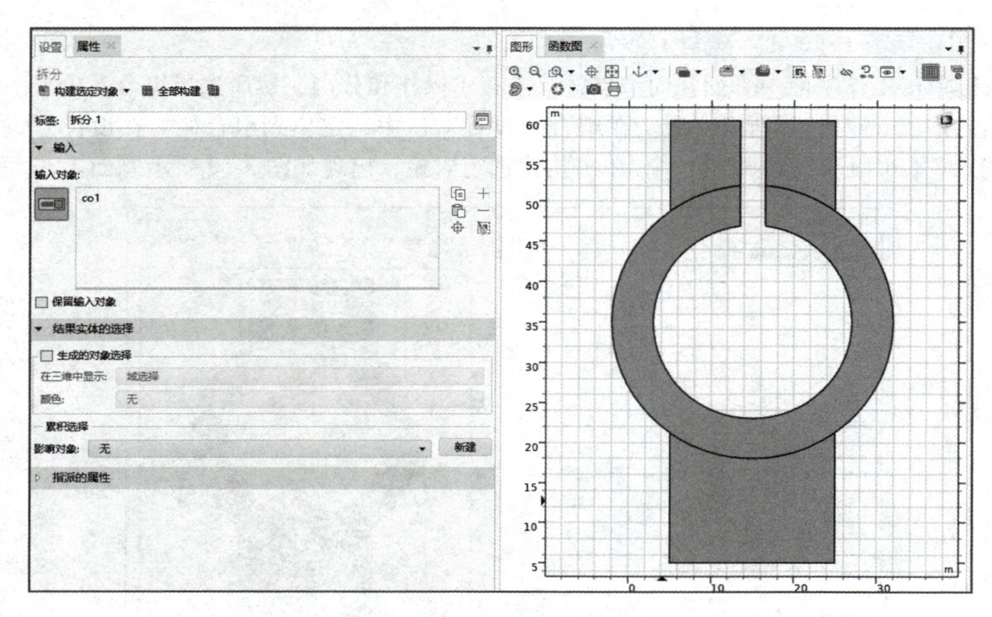

图 3-61　对整体进行拆分操作

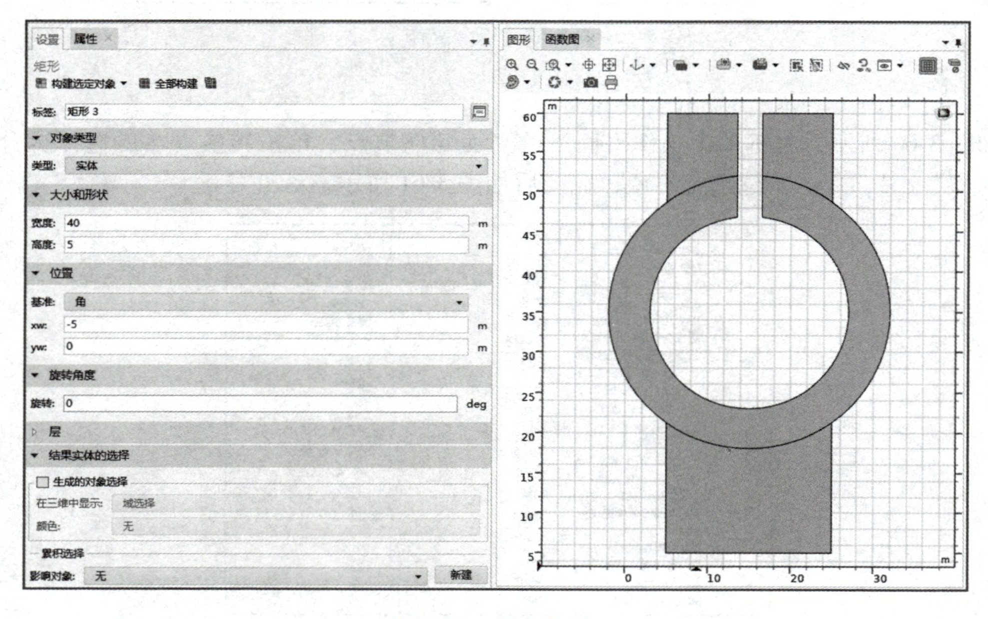

图 3-62　添加矩形

右键单击组件 1（comp1）—几何 1—工作平面 1（wp1）并选择构建选定对象如图 3-63 所示。其次如图 3-64 所示在几何工具栏中单击拉伸。选择“对象”wp1.r3，在拉伸的设置窗口中，定位到距离栏，在表中输入“60”，在如图 3-65 所示的画面中点构建选定对象。

10. 移动 1（mov1）

在几何工具栏中单击变换，然后选择移动。选择“对象”ext1，在移动的设置窗口中，定位到位移栏，在 z 文本框中键入“-15”。单击构建选定对象，完成后结果如图 3-66 所示。

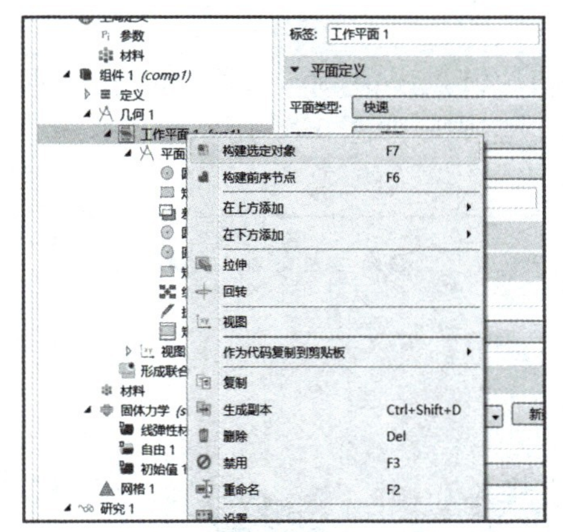

图 3-63　构建选定对象

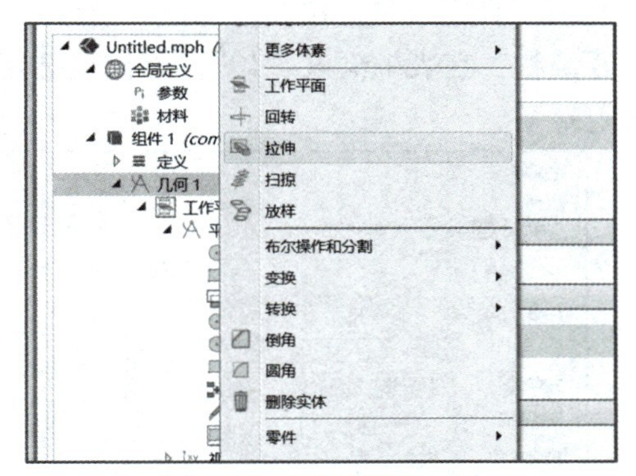

图 3-64　单击选择拉伸

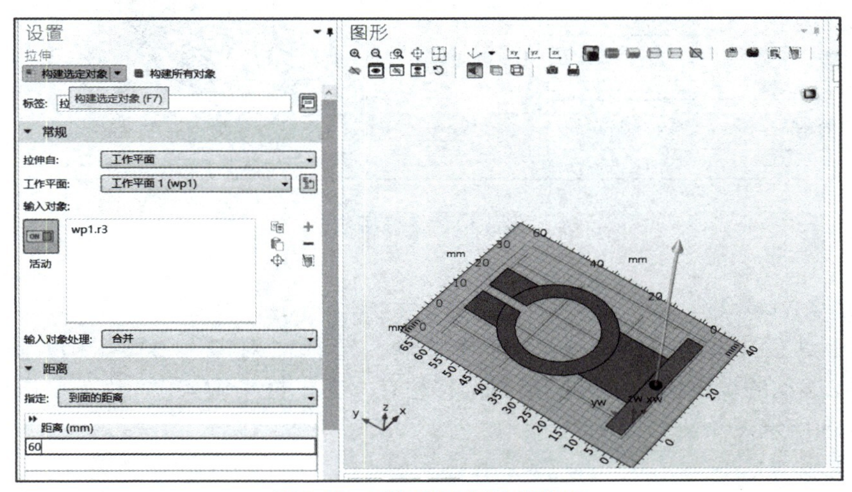

图 3-65　对矩形进行拉伸操作

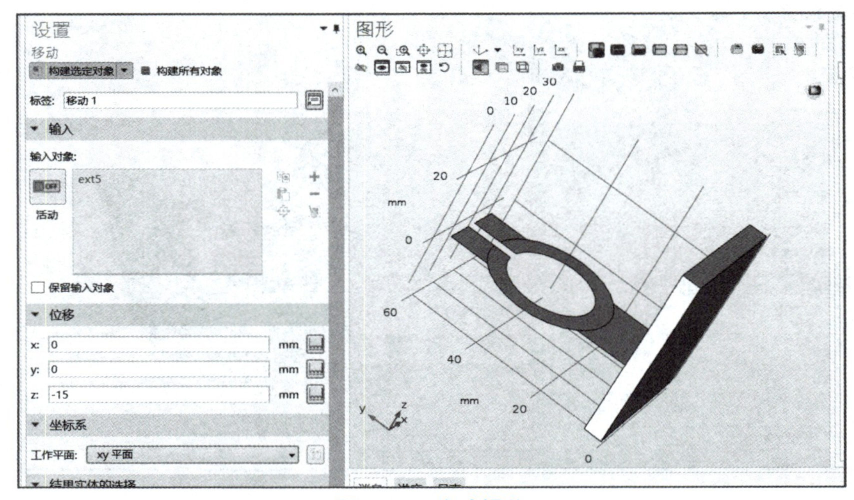

图 3-66　移动操作

11. 拉伸 2（ext2）

在几何工具栏中单击拉伸，选择“对象”wp1. spl1（1）、wp1. spl1（2）和 wp1. spl1（4）。定位到距离栏，在表中输入“10”，点构建选定对象，完成后如图 3-67 所示。

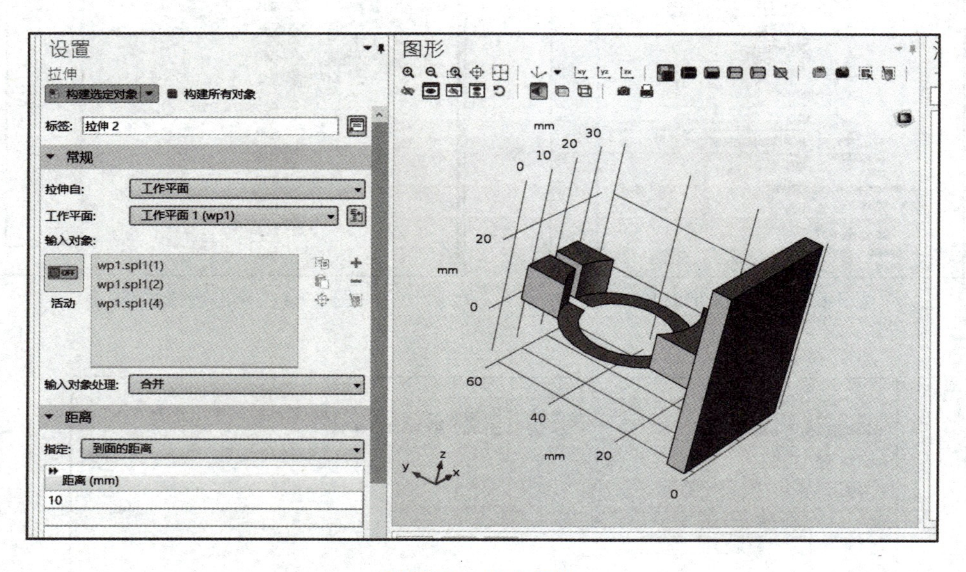

图 3-67　拉伸操作

12. 移动 2（mov2）

在几何工具栏中单击变换，然后选择移动。选择“对象”ext2（1）、ext2（2）和 ext2（3）。在移动的设置窗口中，定位到位移栏在 z 文本框中键入“10”。单击构建选定对象，如图 3-68 所示。

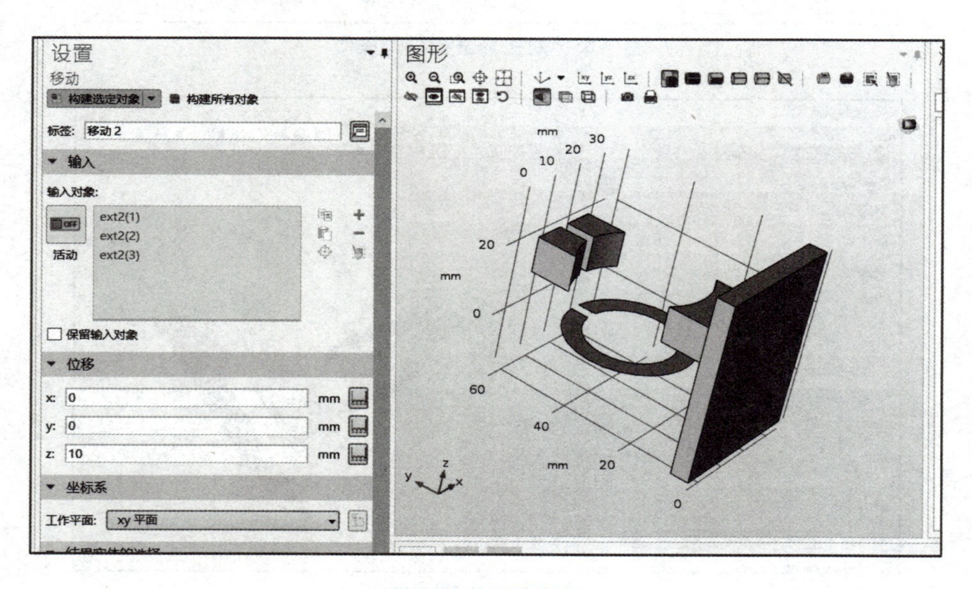

图 3-68　移动操作

13. 拉伸 3（ext3）

在几何工具栏中单击拉伸，选择“对象”wp1. spl1（3）。定位到距离栏，在表中输入 30，点构建选定对象。在图形工具栏中单击切换到默认视图按钮，完成后如图 3-69 所示。

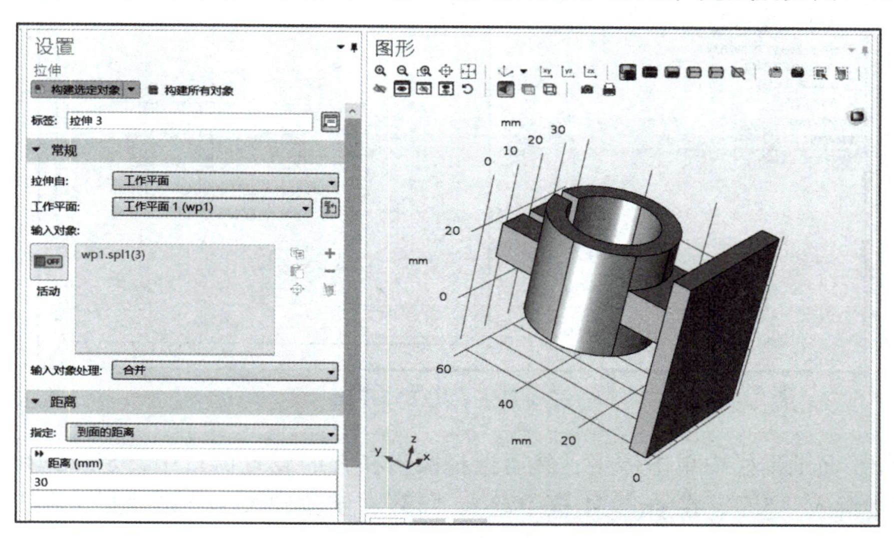

图 3-69　拉伸操作

14. 工作平面 2（wp2）

在几何工具栏中单击工作平面。在工作平面的设置窗口中，定位到平面定义栏。从平面列表中选择 yz 平面。在 x 坐标文本框中键入“5”。定位到合并对象栏。清除合并对象复选框。如图 3-70 中单击显示工作平面。

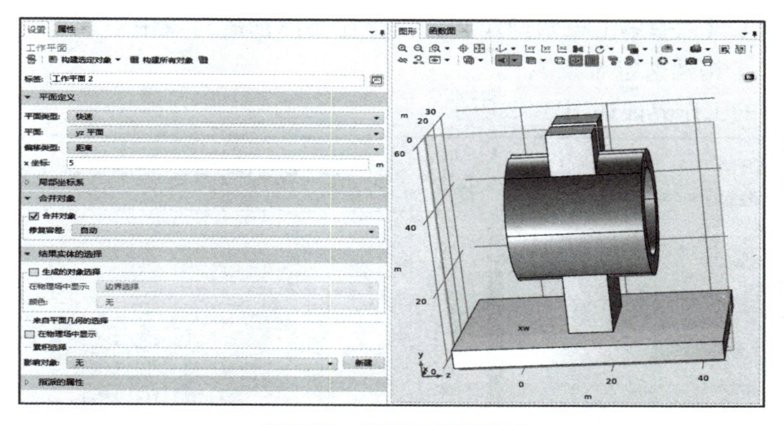

图 3-70　构建工作平面 2

在工作平面 2（wp2）中创建平面几何。

如图 3-71 所示，在平面几何的设置窗口中，定位到可视化栏。找到三维几何面内可视化子栏，清除交集（青色）复选框，清除重合实体（蓝色）复选框。

以下步骤均在工作平面 2 内进行操作：

◆ 在工作平面 2（wp2）中构建 圆 1（c1）。

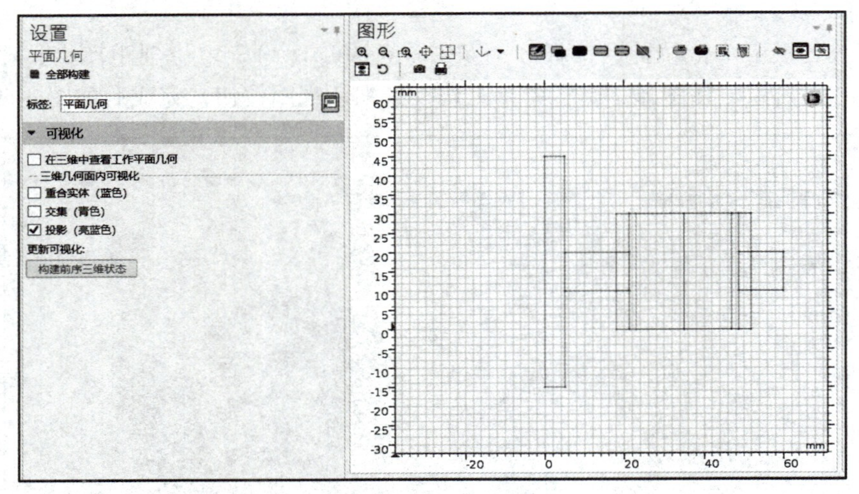

图 3-71　设置工作平面

在工作平面工具栏中单击体素，然后选择圆。在圆的设置窗口中，定位到位置栏。在 xw 文本框中键入“55”，在 yw 文本框中键入“15”；定位到大小和形状栏，在半径文本框中键入“1.875”。

◆ 在工作平面 2（wp2）中构建圆 2（c2）。

在工作平面工具栏中单击体素，然后选择圆。在圆的设置窗口中，定位到位置栏，在 xw 文本框中键入“55”，在 yw 文本框中键入“15”；定位到大小和形状栏，在半径文本框中键入“3.5”，单击构建选定对象。

◆ 构建差集 1（dif 1）。

在工作平面工具栏中单击布尔操作和分割，在要添加的对象中添加 c2，在要减去的对象中添加 c1，单击构建选定对象。

完成差集后的工作界面如图 3-72 所示。

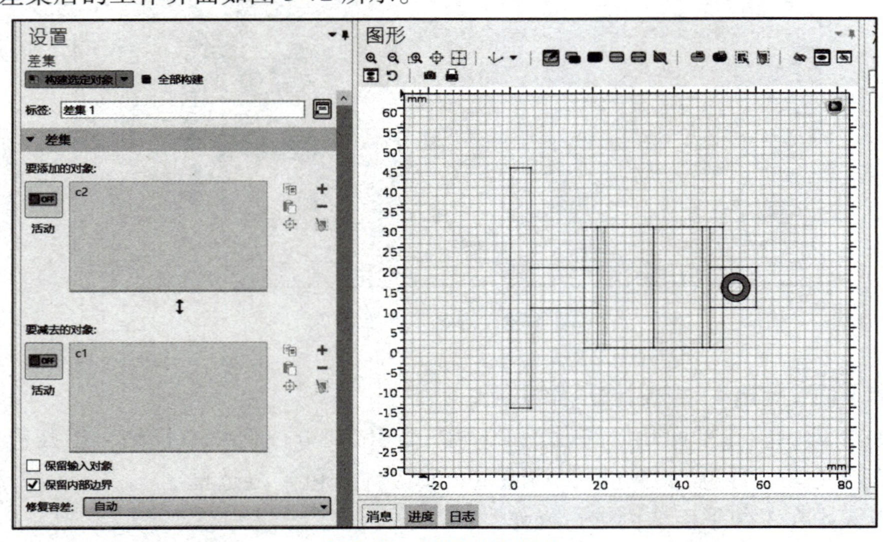

图 3-72　进行差集操作

◆ 在工作平面 2（wp2）中构建圆 3（c3）。

在工作平面工具栏中单击体素，然后选择圆。在圆的设置窗口中，定位到位置栏，在 xw 文本框中键入“55”，在 yw 文本框中键入“15”；定位到大小和形状栏，在半径文本框中键入“1.875”，单击构建选定对象。

◆ 在工作平面 2（wp2）中构建矩形 1（r1）。

在工作平面工具栏中单击体素，然后选择矩形。在矩形的设置窗口中，定位到大小和形状栏，在宽度文本框中键入“5”，在高度文本框中键入“10”；定位到位置栏，在 xw 文本框中键入“55”，在 yw 文本框中键入“10”，单击组构建选定对象。

◆ 工作平面 2（wp2）—圆 4（c4）。

在工作平面工具栏中单击体素，然后选择圆。在圆的设置窗口中，定位到位置栏，在 xw 文本框中键入“55”，在 yw 文本框中键入“15”；定位到大小和形状栏，在半径文本框中键入“5”，单击构建选定对象。

◆ 工作平面 2（wp2）—组合 1（co1）。

在工作平面工具栏中单击布尔操作和分割，然后选择组合，选择“对象”c3、c4 和 r1。在组合的设置窗口中，定位到组合栏，在设置公式文本框中键入“r1-c4+c3”，单击选择构建选定对象。

完成组合操作后，工作平面如图 3-73 所示。

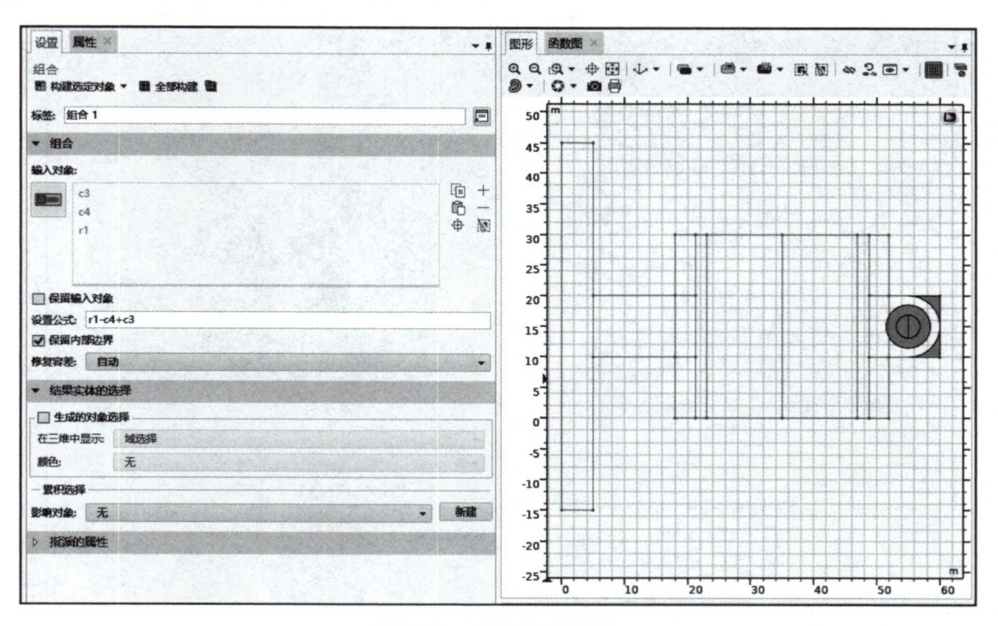

图 3-73　进行组合操作

15. 拉伸 4（ext4）

首先右键单击组件 1（comp1）—几何 1—工作平面 2（wp2）并选择构建选定对象，在图形工具栏中调整合适角度，显示如图 3-74 所示。

在几何工具栏中单击拉伸。选择“对象”wp2.co1。在拉伸的设置窗口中，定位到距离栏。在表中输入以下设置：距离（mm）：9.25。单击选择构建选定对象，如图 3-75 所示。

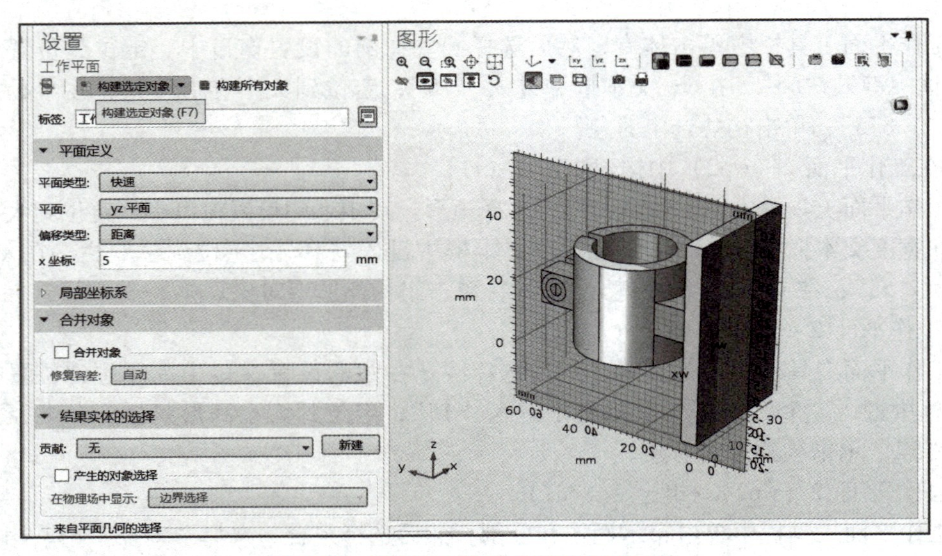

图 3-74　在工作平面 2 内构建选定对象

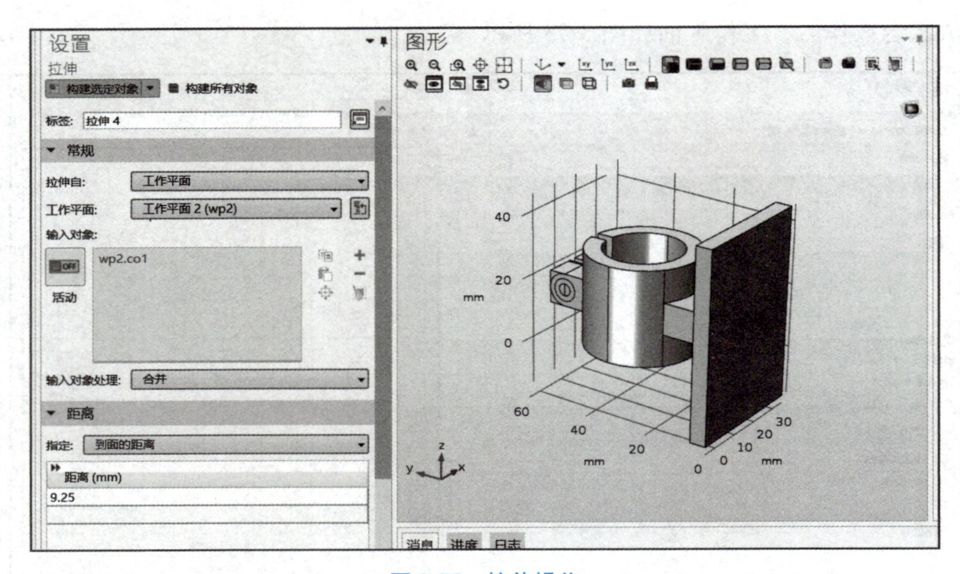

图 3-75　拉伸操作

16. 复制 1（copy1）

右键单击组合体 1—几何工具栏中单击变换，然后选择复制。选择“对象”ext4。在复制的设置窗口中，定位到位移栏，在 x 文本框中键入“10. 75”，如图 3-76 所示，再单击选择构建选定对象。

17. 复制 2（copy2）

右键单击组合体 1—几何工具栏中单击变换，然后选择复制。选择“对象”wp2. dif1，如图 3-77 所示。在复制的设置窗口中，定位到位移栏，在 x 文本框中键入“20”，单击构建选定对象。

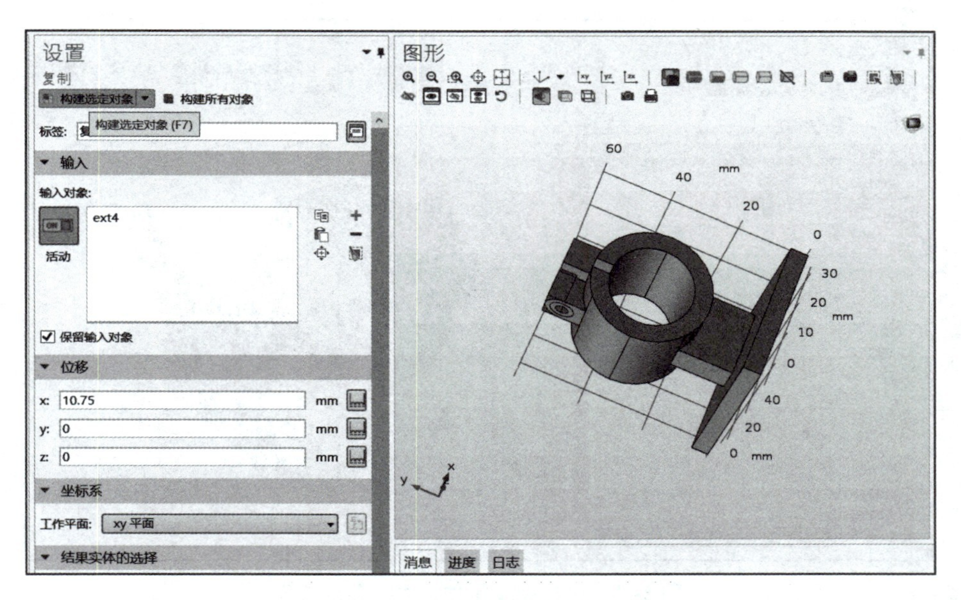

图 3-76　对拉伸的结构进行复制

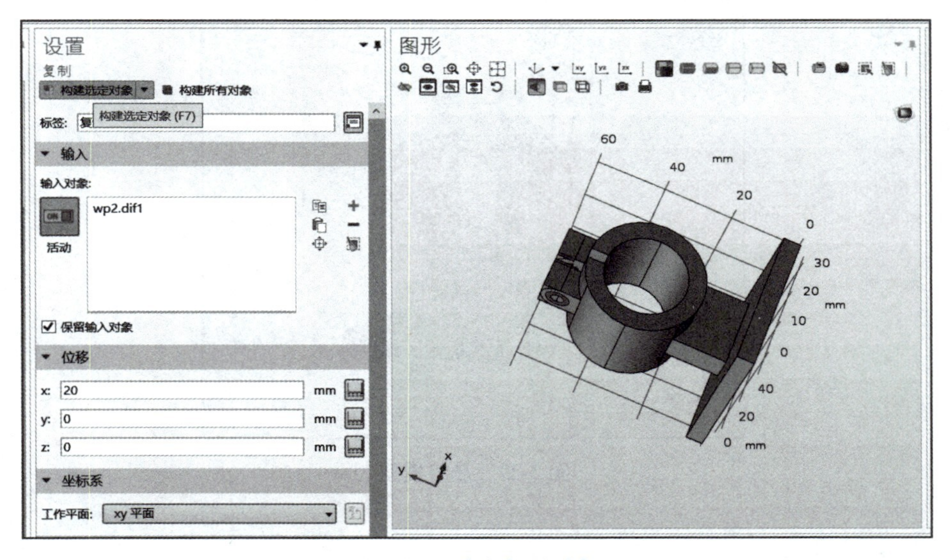

图 3-77　选定复制对象

18. 差集 1（dif1）

右键单击选择组合 1 下的几何节点，单击布尔操作和分割，然后选择差集。在要添加的对象中选择 mov2（2）和 mov2（3）。在要减去的对象子栏，选择激活切换按钮，选择“对象” copy1 和 ext4。单击构建选定对象。在图形工具栏中单击切换到默认视图按钮，工作界面如图 3-78 所示。

模型构建完毕，如图 3-79 所示。

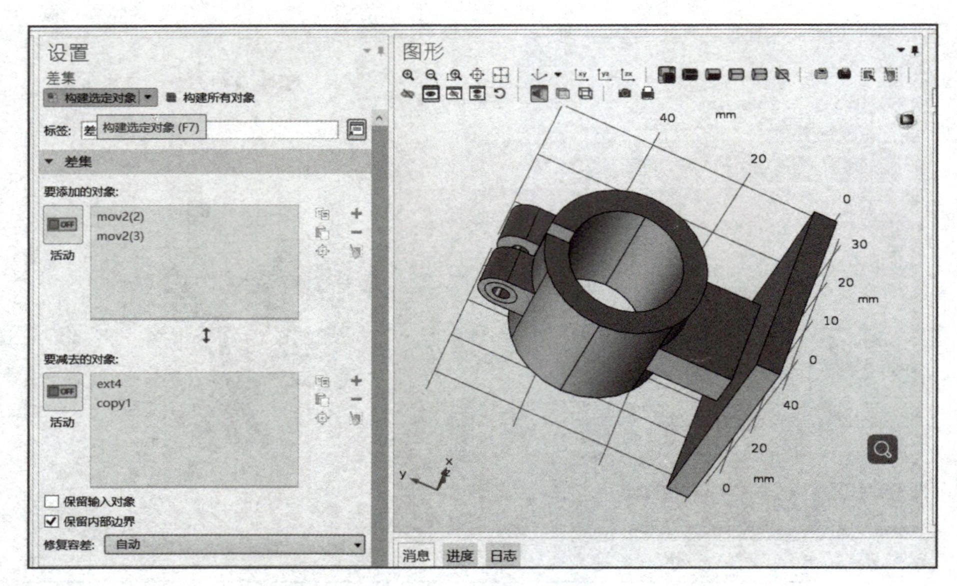

图 3-78 进行差集操作，去掉多余部分

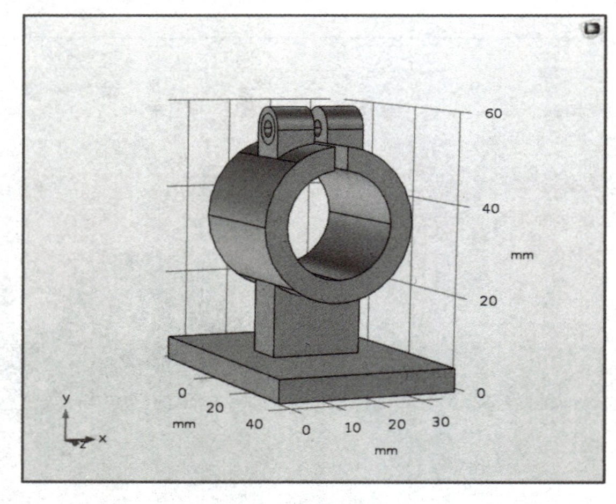

图 3-79 最终模型

3. 4. 2 网格剖分

网格剖分分为物理场控制网格（即默认剖分）和用户控制网格，其中用户控制网格又分为规则剖分和非规则剖分。规则剖分为所有区域进行同一种方式的剖分，非规则剖分是用多种方法对不同区域进行剖分。以下将以物理场控制网格为例进行案例介绍。

案例一：2D 网格剖分

对实体构建案例一的换热器二维平面结构进行剖分。该平面结构如图 3-80 所示。

（1）在模型开发器窗口的组件 1（comp1）节点下，单击网格 1。在网格的设置窗口中，定位到网格设置栏，从单元大小列表中选择细化，如图 3-81 所示。右键单击组件 1（comp1）—网格 1 并选择编辑物理场引导的序列，如图 3-82 所示。

（2）在模型开发器窗口的组件 1（comp1）—网格 1 节点下，单击大小 1。在大小的设置窗口中，定位到单元大小栏，单击定制按钮；定位到单元大小参数栏，选中最大单元大小复选框，在关联文本框中键入“0.4”。单击全部构建。完成对该平面结构的网格剖分结果，如图 3-83 所示。

图 3-80　换热器二维结构平面图

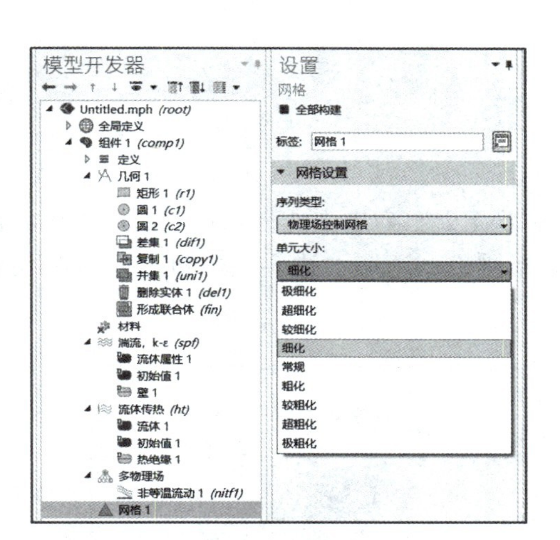

图 3-81　设置网格

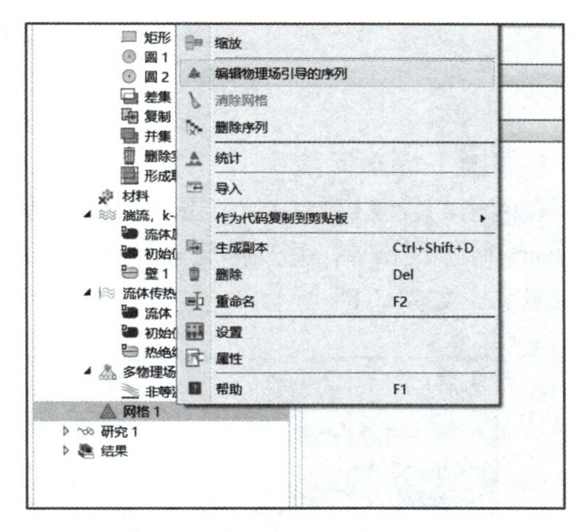

图 3-82　单击物理场引导的序列

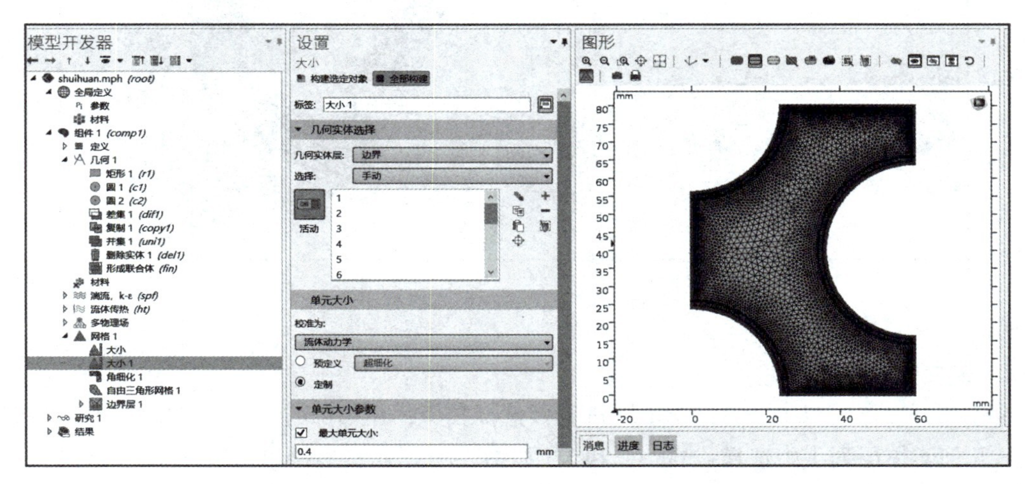

图 3-83　剖分完成

案例二：3D 网格剖分

本案例对模型构建中的案例二音叉进行网格剖分，该结构如图 3-84 所示。

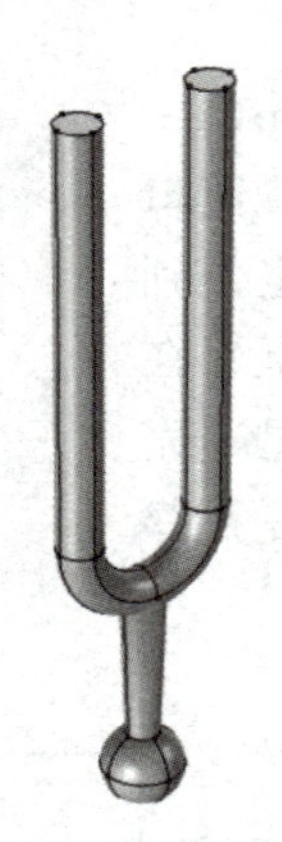

图 3-84　音叉结构

1. 构建三角形网格

在网格的设置窗口中，定位到网格设置栏。从单元大小列表中选择细化。右键单击组件 1（comp1）—网格 1，并选择更多操作—自由三角形网格，选择“边界”6 和 24。单击构建选定对象，如图 3-85 所示。

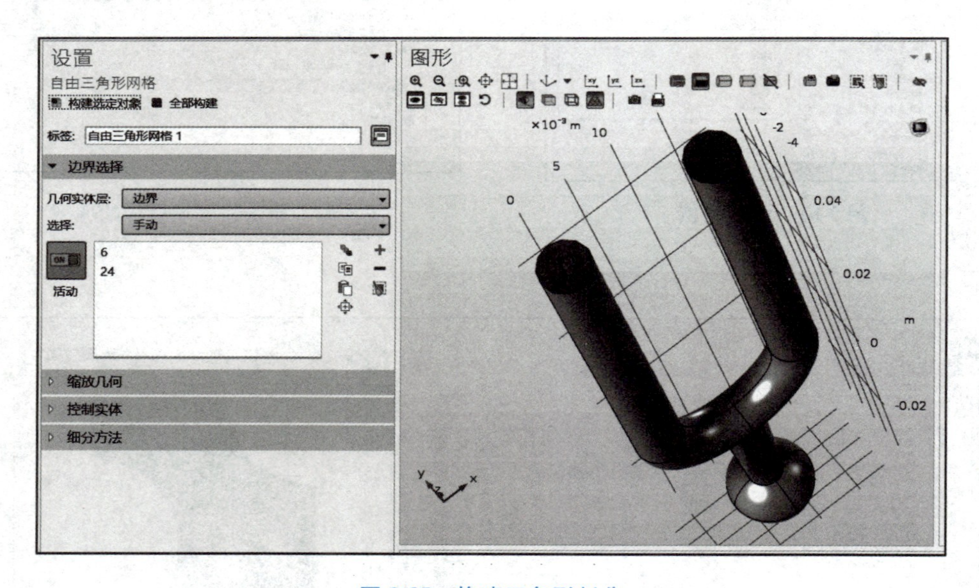

图 3-85　构建三角形剖分

2. 扫掠

在模型开发器窗口中，右键单击网格 1 并选择扫掠，在扫掠的设置窗口中，定位到域选择栏，从几何实体层列表中选择“域”1 和 3，如图 3-86 所示；右键单击组件 1（comp1）—网格 1—扫掠 1 并选择分布，如图 3-87 所示。在分布的设置窗口中，定位到分布栏，在固定单元数文本框中键入“50”。然后在模型开发器窗口的组件 1（comp1）—网格 1 节点下，单击扫掠

1，在扫掠的设置窗口中，单击构建选定对象，如图 3-88 所示。在模型开发器窗口中，右键单击网格 1 并选择自由四面体网格。单击全部构建，音叉网格剖分完成如图 3-89 所示。

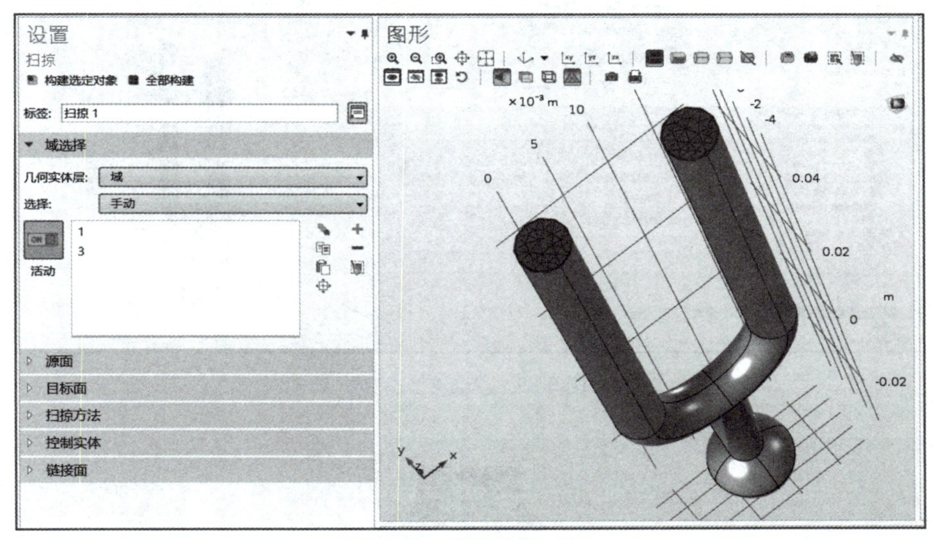

图 3-86　选择扫掠对象

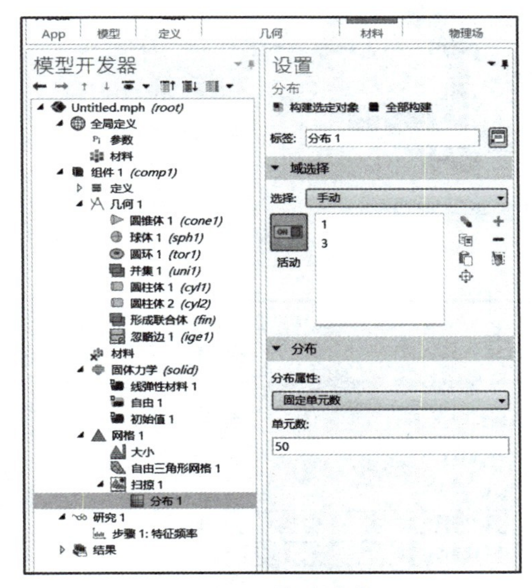

图 3-87　构建分布

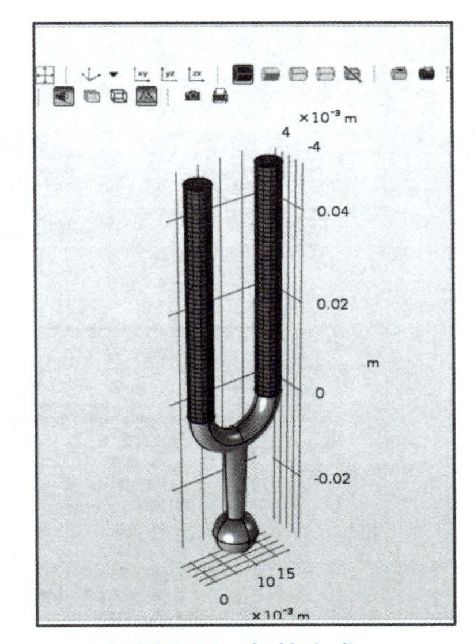

图 3-88　扫掠完成

案例三：3D 网格剖分

本案例对模型构建中的案例三的馈线夹进行网格剖分，该模型如图 3-90 所示。

在模型开发器窗口的组件 1（comp1）节点下，右键单击网格 1 并选择扫掠。在大小的设置窗口中，定位到单元大小栏。从预定义列表中选择极细化，如图 3-91 所示。

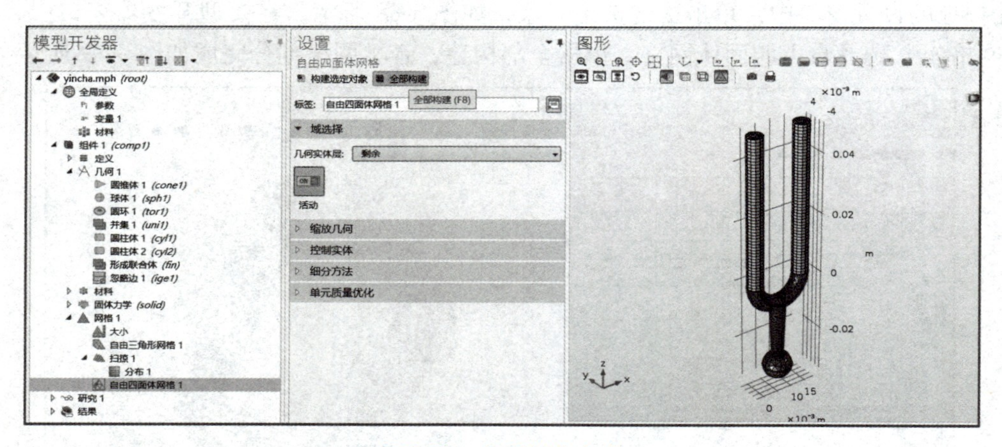

图 3-89　全部剖分完成

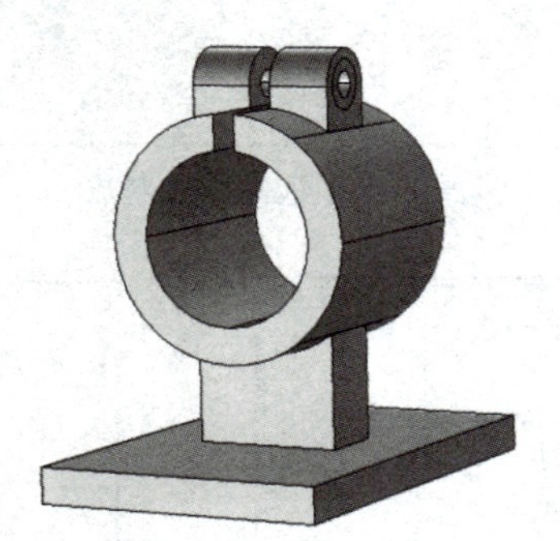

图 3-90　馈线夹三维模型

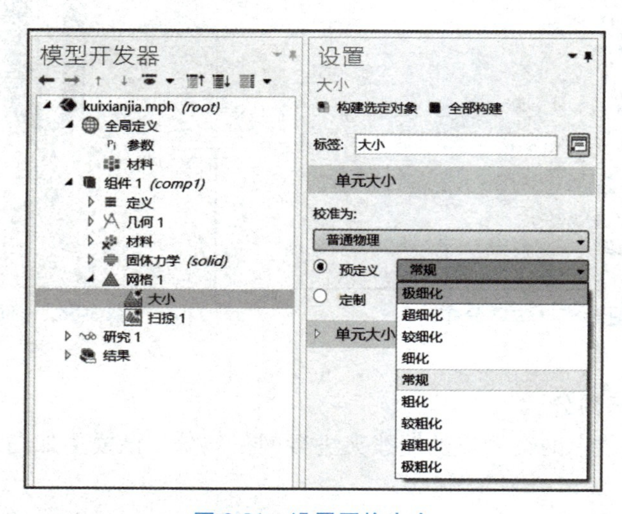

图 3-91　设置网格大小

在模型开发器窗口的组件 1（comp1)—网格 1 节点下，单击扫掠 1。选择全部区域，单击全部构建，完成后的网格剖分结果如图 3-92 所示。

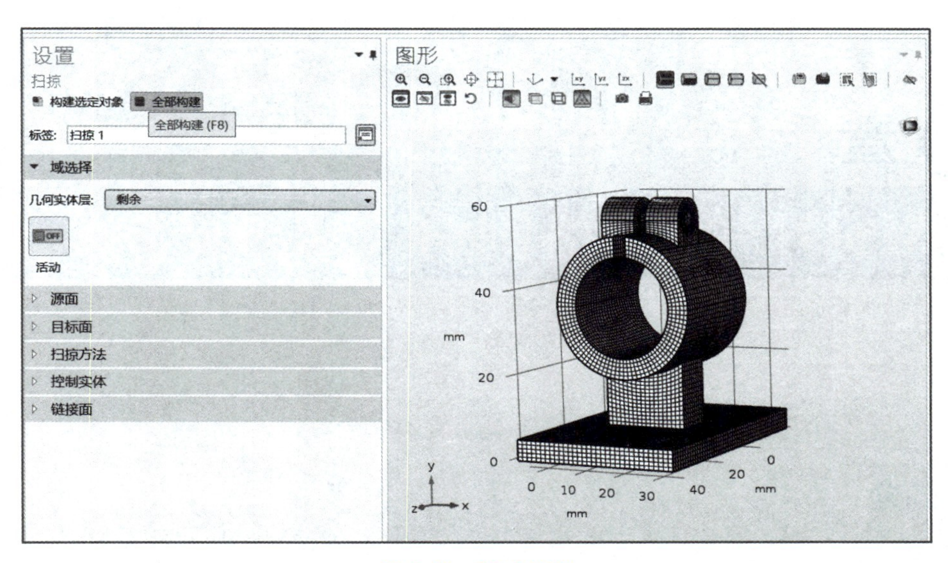
设置
扫掠
构建选定对象
全部构建
全部构建 (F8)
标签:
扫掠 1
域选择
几何实体层:
剩余
活动
源面
目标面
扫掠方法
控制实体
链接面
图形
60
40
mm
20
0
0
10
20
30
40
mm
20
0
mm
y
z
x

图 3-92　完成构建

第 4 章 COMSOL 的网格剖分

4.1 简介

工程师和相关研究人员在使用有限元分析软件时，通过计算机辅助设计（CAD）建立几何模型，通过添加材料属性和恰当的边界条件完成数值模型的建立，为了保证模型能够具有较高精度以帮助人们认知和预测各种物理现象，必须对几何模型进行空间上的剖分。我们通过有限元网格，将 CAD 模型剖分为一定数量的域，每一个几何域我们称之为一个单元，通过将物性参数和边界条件根据设置施加在各个单元中，并进行数值求解，即得出相关的数值解以表征物理现象。

随着网格尺寸的减小，单位体积内网格数量增加，获得的数值解越来越精确。图 4-1 即表征了网格数量与实际结果之间的关系。我们发现，随着网格单元数的增加，数值结果逐渐收敛在可以反映真实值的一定区间内。

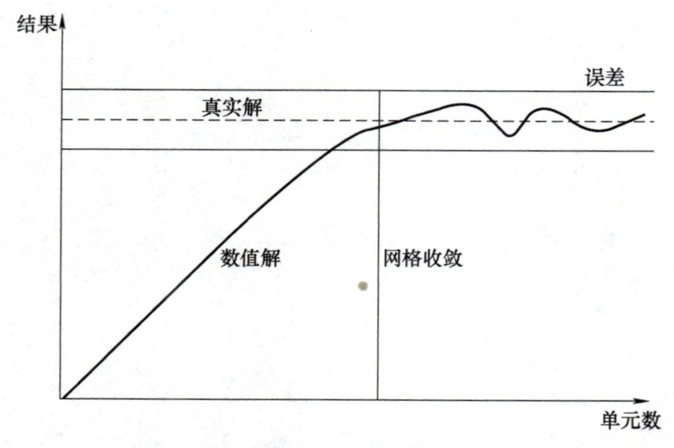

图 4-1　单元数与结果的精确程度

本章介绍 COMSOL 中的网格类型和设置方法，着重说明网格尺寸的设置、角细化处理和边界层三种设置形式，并介绍了通过统计信息判断网格质量的优劣方法，最后给出了二维和三维网格剖分的具体案例。

4.2　网格设置

几何模型在不同物理场下的网格剖分多种多样，但选择适当的单元类型和结构尺寸的网格会极大地提高求解效率。在 COMSOL 有限元设计软件中，对于三维几何结构，网格可剖分成以下四种单元，分别为四面体、六面体、三棱柱和四棱锥单元，如图 4-2 所示。对于二维几何结构，可分别通过三角形和四边形进行剖分，但由于二维几何结构从根本上讲是三维结构的一个面，因此在本节网格设置中着重讲三维网格的设置，以最为典型的几何体为例，对软件中网格的各种设置方法进行讲解。在 4.6 节网格剖分示例中会给出某二维和三维几何结构的剖分。

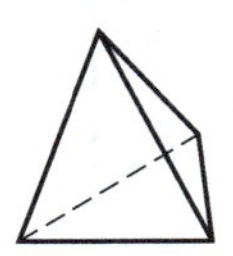
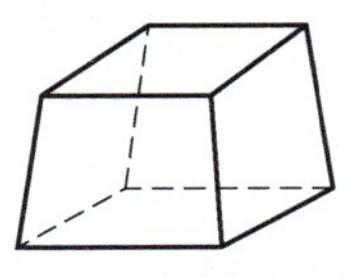
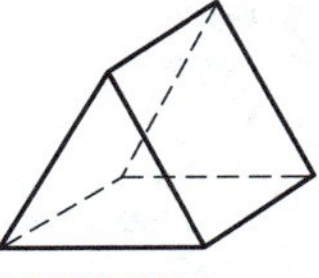
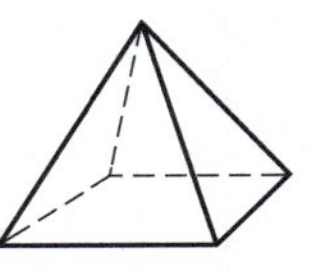

图 4-2　四种网格单元

4.2.1　网格的添加、删除与设置

在默认工作界面的左侧模型开发器中，可在各组件下设置网格。单击鼠标右键，进行网格的添加，如图 4-3 所示。一组几何模型可以对应多组网格，可通过右击网格，完成对网格的删除，并可对所选择网格进行编辑如图 4-4 所示。

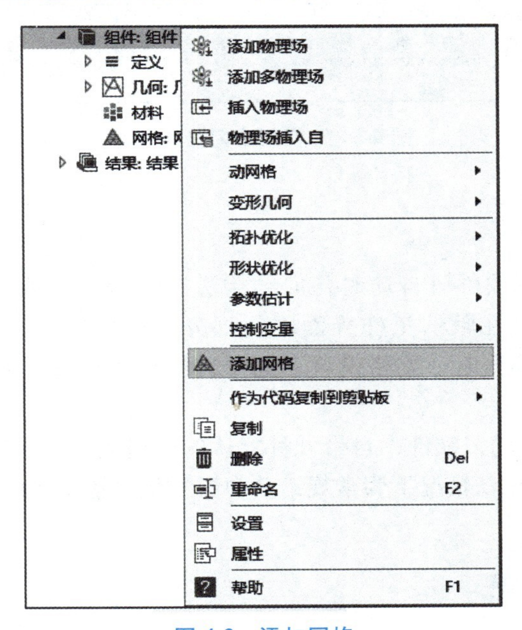

图 4-3　添加网格

除了在模型开发器下网格窗口中进行修改，还可以在上方工具栏中单击网格，进行网格的编辑和清除网格等操作，如图 4-5 所示。

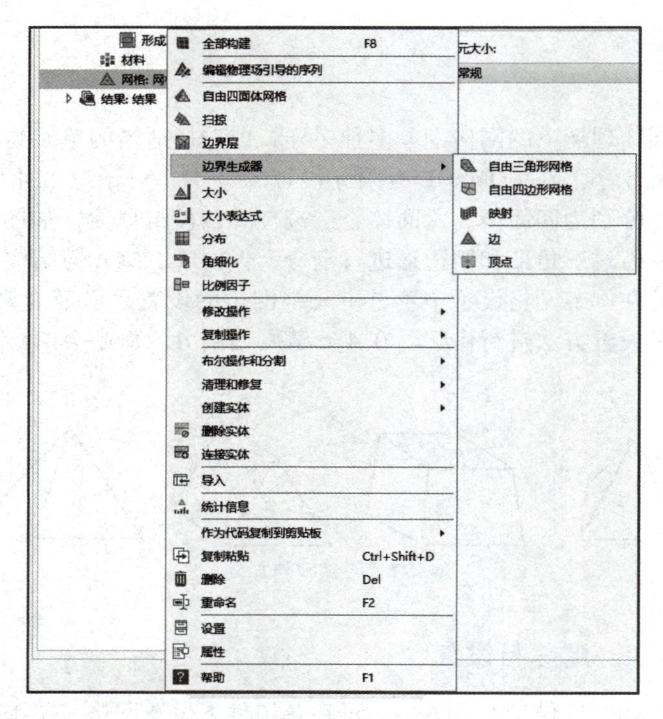

图 4-4　设置网格

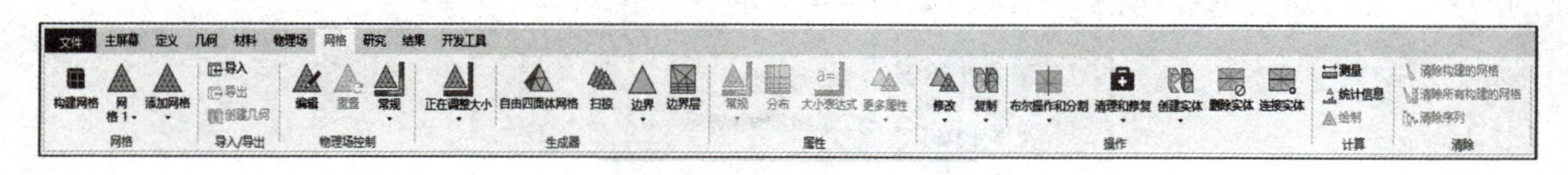

图 4-5　工具栏中网格的设置

4.2.2　网格的自动剖分

COMSOL 有限元计算软件可自动对几何结构进行剖分，当所研究的几何结构简单时，可采用该形式。单击网格在默认工作界面中间部分的设置窗口，单击全部构建即可完成网格的自动剖分，自动剖分时，网格设置下的序列类型需要选择物理场控制网格如图 4-6 所示。

根据研究的不同物理场，软件中自带九种默认的网格大小，由网格精度最高的极细化到精度最低的极粗化，软件默认情况下为常规，其中极粗化、常规和极细化的网格剖分如图 4-7 和图 4-8 所示。

4.2.3　网格的尺寸设置

将网格设置中的序列类型由物理场控制网格修改为用户控制网格，即完成了从自动剖分到用户控制的过程，如图 4-9 所示。同时，在网格节点下，会出现两个新的节点大小和自由四面体网格。

设置
网格
全部构建
标签: 网格 2
网格设置
序列类型:
物理场控制网格
物理场控制网格
单元大小:
常规
贡献者
使用
磁场 (mf)

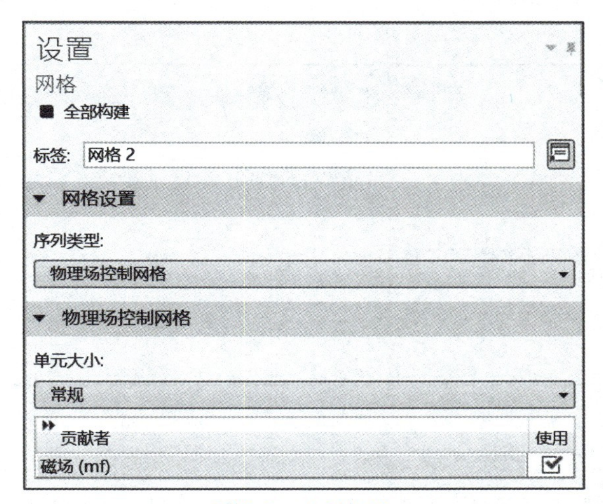

图 4-6　自动剖分

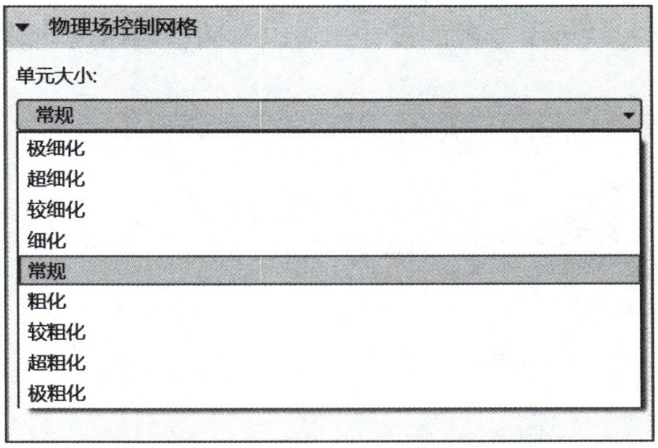

物理场控制网格
单元大小:
常规
极细化
超细化
较细化
细化
常规
粗化
较粗化
超粗化
极粗化

图 4-7　网格精度

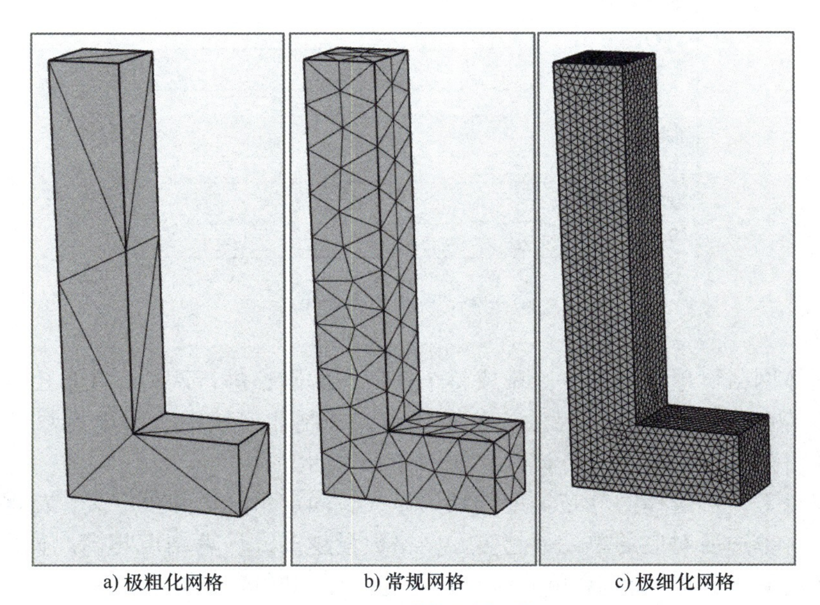

a) 极粗化网格　　b) 常规网格　　c) 极细化网格

图 4-8　三种精度的网格

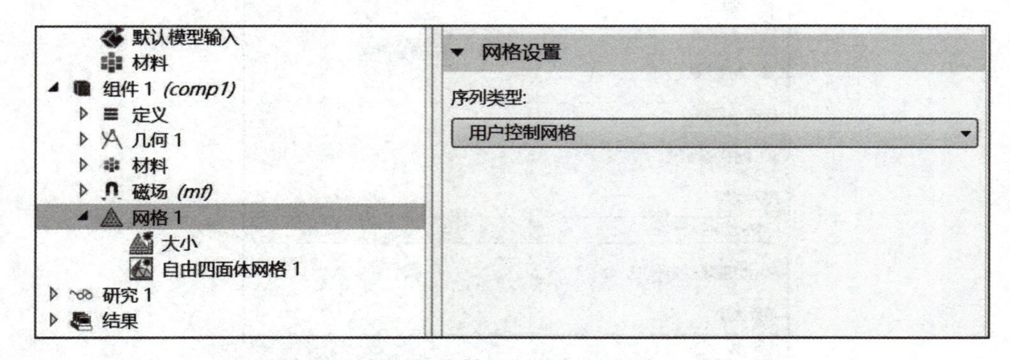

图 4-9　用户控制网格

在大小节点下可控制整个网格区域的大小，同时单元大小栏勾选定制，即可人为地设定网格尺寸，包括最大单元大小、最小单元大小、最大单元增长率、曲率因子和狭窄区域分辨率，如图 4-10 所示。通过这五个参数的设计，可以对网格整体尺寸进行调整。

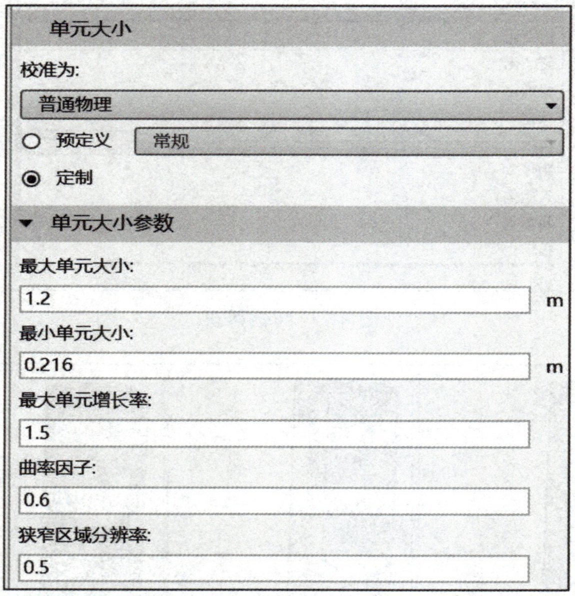

单元大小
校准为:
普通物理
预定义　常规
定制
单元大小参数
最大单元大小:
1.2　m
最小单元大小:
0.216　m
最大单元增长率:
1.5
曲率因子:
0.6
狭窄区域分辨率:
0.5

图 4-10　单元大小设置

自由四面体网格可单独对某一区域或整个几何域的网格进行调整。在自由四面体网格可单独添加大小节点，控制某区域尺寸，分布节点，控制几何域中边的单元数量和角细化节点，对两个边折角部位的网格进行控制，如图 4-11 所示。

在分布节点下，可选择的分布类型分别为显式、固定单元数和预定义。在保证其余参数相同的前提下，单边所对应的单元数越多，网格数量越多，计算精度越高。如图 4-12 所示，为图中白色线剖分为 5 单元和 10 单元时，在特定区域的网格对比。

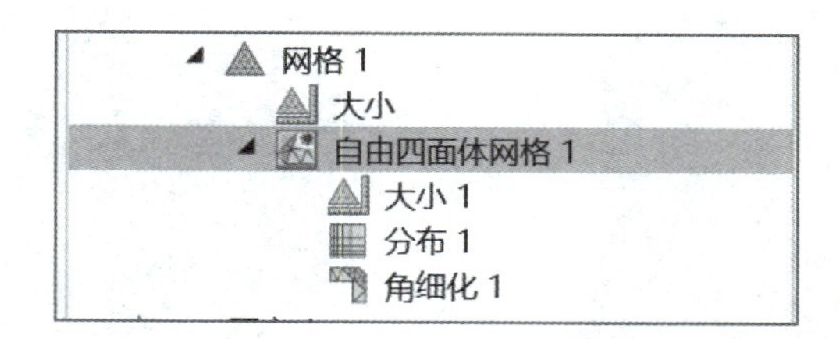

图 4-11　大小、分布与角细化

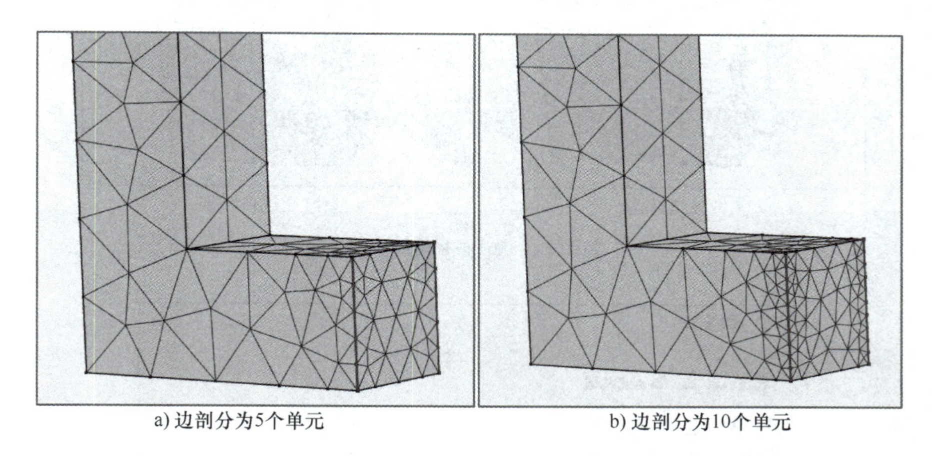

a) 边剖分为5个单元　　b) 边剖分为10个单元

图 4-12　单元数量设置

角细化节点中，通过控制边界之间最小夹角和单元大小比例因子可以完成对这折角处网格的细化如图 4-13 所示。其中为起到网格加密的作用，边界之间最小夹角的取值范围为 180°～360°，单元大小比例因子的取值范围为 0～1。

经过角细化后，在图 4-14 中白色边界的网格尺寸明显减小。

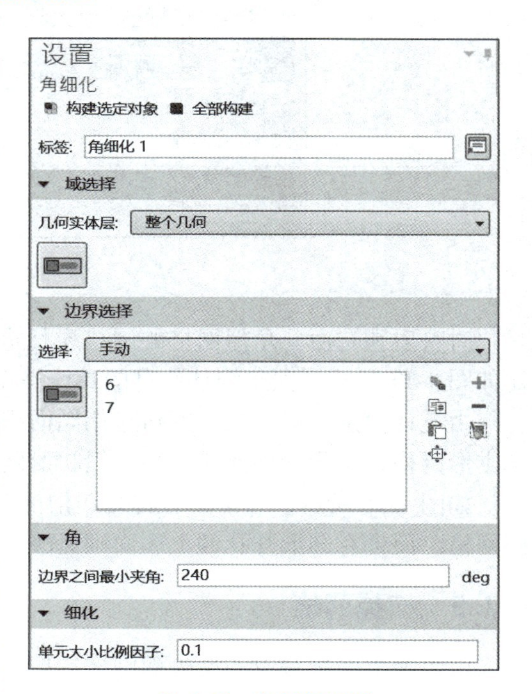

图 4-13　角细化设置

4.2.4　映射网格

映射网格的功能是为了使表面网格质量更佳。右击网格主节，单击更多操作，单击映射，如图 4-15 所示。

在映射的设置窗口，可以控制边界层选择、减少实体、减少单元斜坡度及其他高级设置，我们一般仅需要在边界层选择方面控制几何实体的选择操作，不需要调整其余三项。需要特别指出，映射网格命令是对于面的网格控制命令，即使在几何实体层中选择整个几何，也只是对整个几何的表面进行选择。

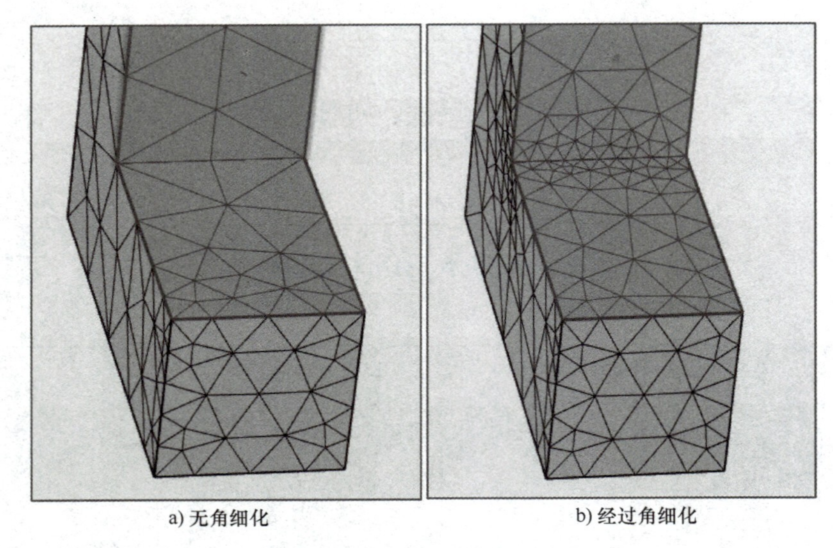

a) 无角细化　　b) 经过角细化

图 4-14　角细化网格对比

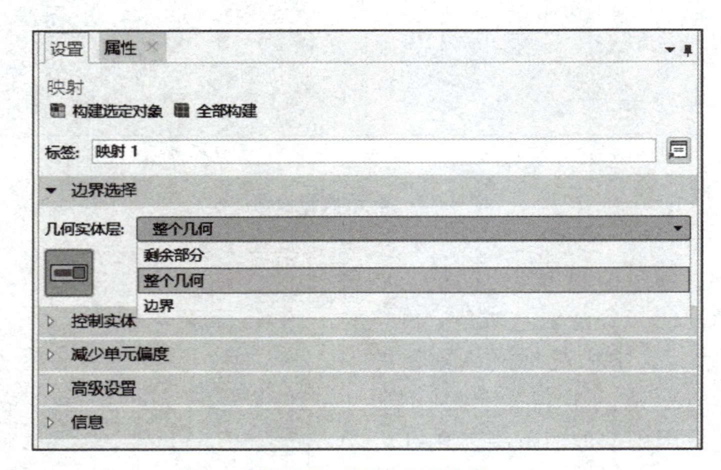

图 4-15　映射网格设置

对映射和自由三角形网格的网格质量进行对比，如图 4-16 所示，所获得的统计信息对比如图 4-17 所示，关于统计信息的具体操作见 4. 4 节。

由统计信息可知，映射网格对相同面积内网格的剖分数量更少，均形成单元角为 90°的正方形网格，单元网格质量最高，但映射网格更适用于矩形表面。

如图 4-18 所示，一个带有圆孔凹槽的几何表面，侧面的矩形表面可以通过映射建立表面网格，而带有圆形开孔的上表面则无法建立映射网格。

4. 2. 5　扫掠网格

由于映射网格对应的是表面网格的控制，因此在软件中，一般配合扫掠网格完成对三维网格的获取如图 4-19 和图 4-20 所示。右击网格主节，单击扫掠。扫掠网格总共可以调节六个方面，分别为：域选择；源面；目标面；扫掠方法；控制实体；链接面。

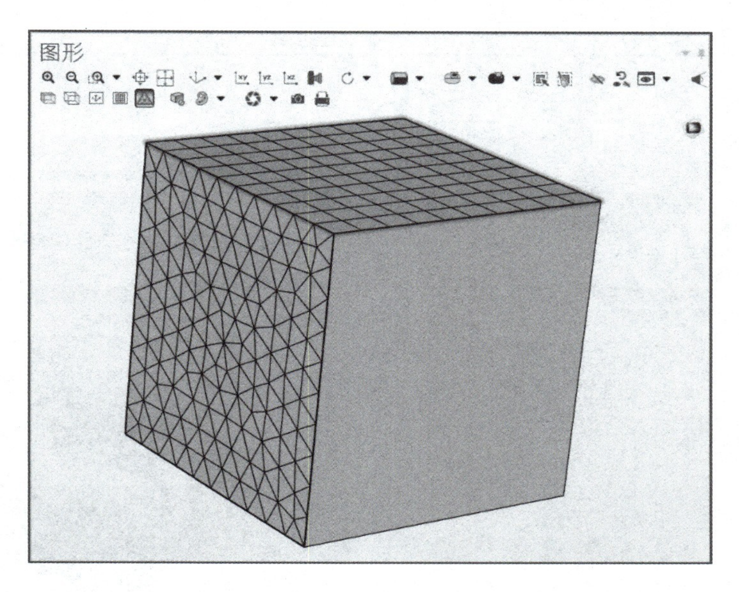

图 4-16　通过映射和自由三角形网格对正方体各表面的剖分

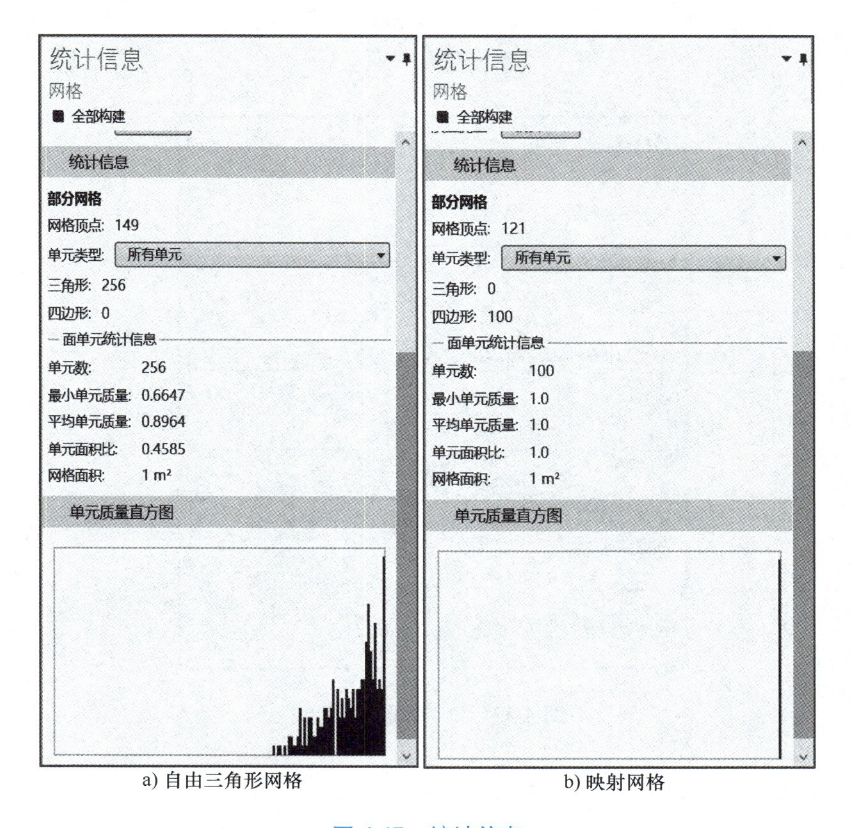

a) 自由三角形网格　　b) 映射网格

图 4-17　统计信息

在上述六个命令中，最为重要的是前三个命令。扫掠网格命令通过对一组源面进行扫掠，将这些面的网格分别投射到其余多个目标面。当然，其源面网格结构既可以是三角形网

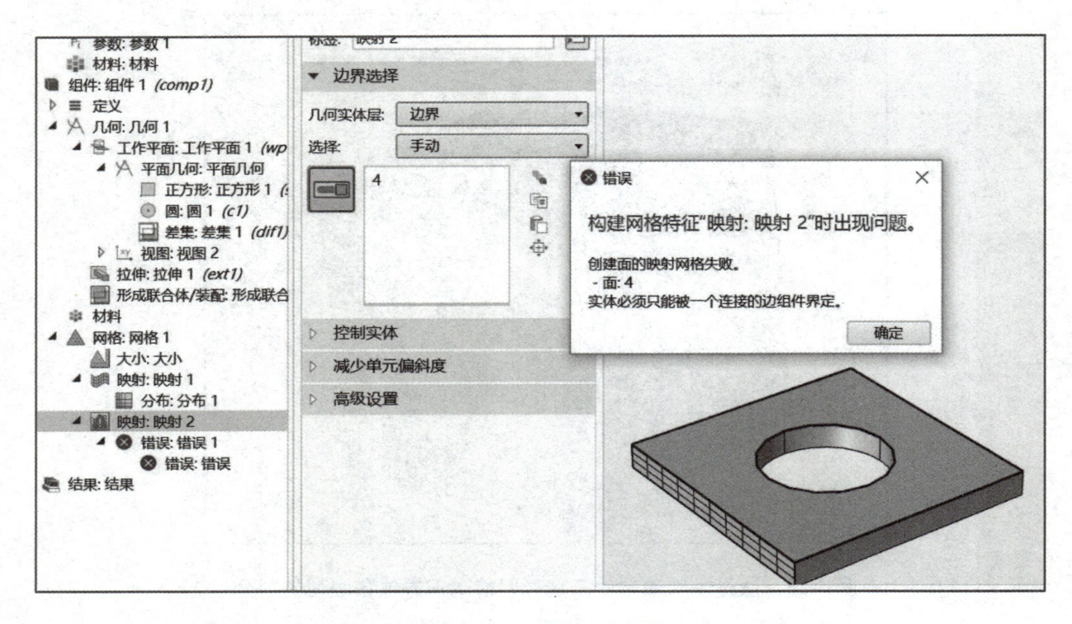

图 4-18　无法建立映射

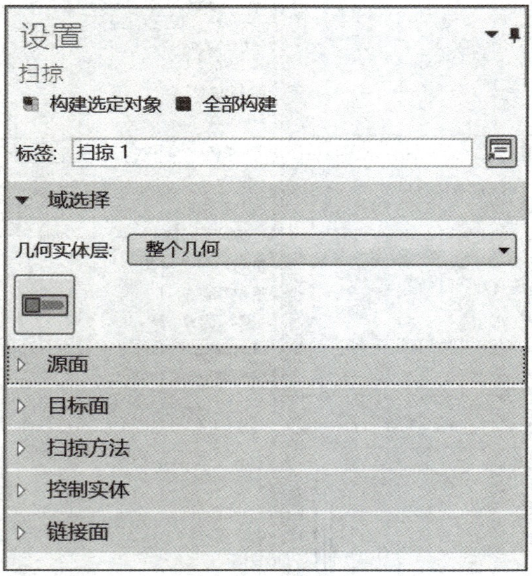

图 4-19　扫掠网格的设置

格，也可以是平行四边形网格。扫掠完成后，会形成棱柱单元或者六面体网格。扫掠命令非常适合于采用拉伸形式构建的几何结构，对于不规则结构不适用于扫掠网格命令。

在扫掠网格命令下仍然可以添加大小和分布以控制扫掠得到的网格大小。

扫掠网格命令要求几何体的连续性较好，不能出现突变的情况，如图 4-21 所示，由于上下长方体的几何突变，在设置中只可以对上方的正方体进行扫掠，无法通过上表面网格对带有突变的几何体进行扫掠。

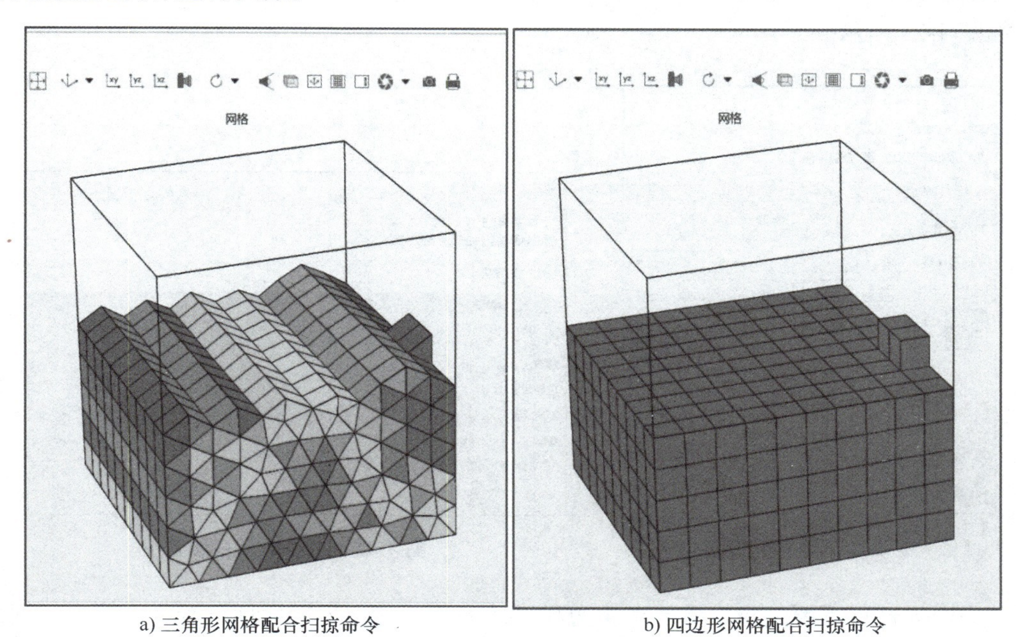

a) 三角形网格配合扫掠命令　　b) 四边形网格配合扫掠命令

图 4-20　网格扫掠

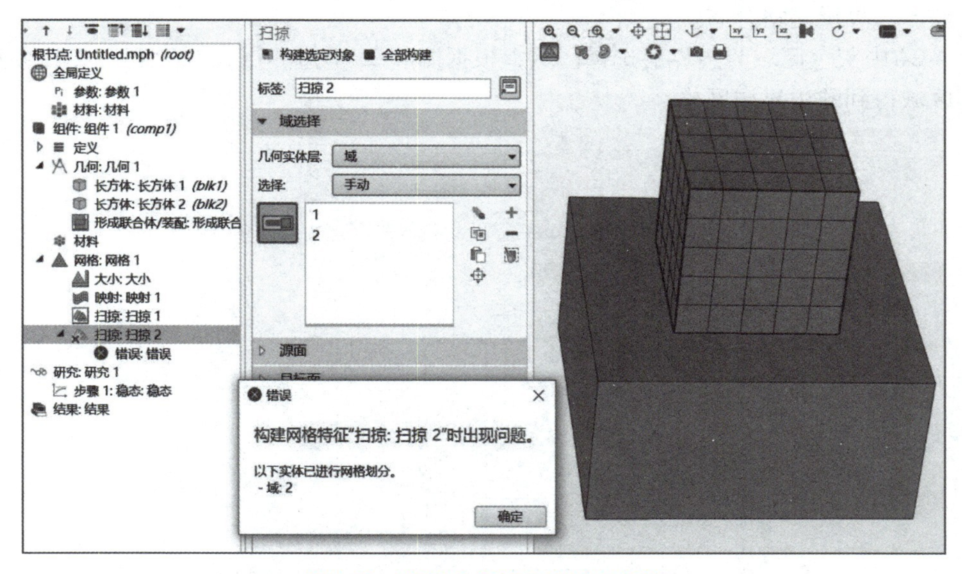

图 4-21　突变几何体无法进行扫掠

4.2.6　边界层网格

边界层网格是一种在网格划分中很典型的加密方法，尤其适用于电磁场中涡流效应的研究以及水动力计算，通过边界层网格命令可以在指定表面附近生成加密网格，不需要特殊对扫掠网格进行设置。右击网格主节，单击边界层即可，如图 4-22 所示。

当增加边界层网格控制后，COSMOL 软件会自动在边界层网格下增加子节点边界层网格属性如图 4-23 所示。

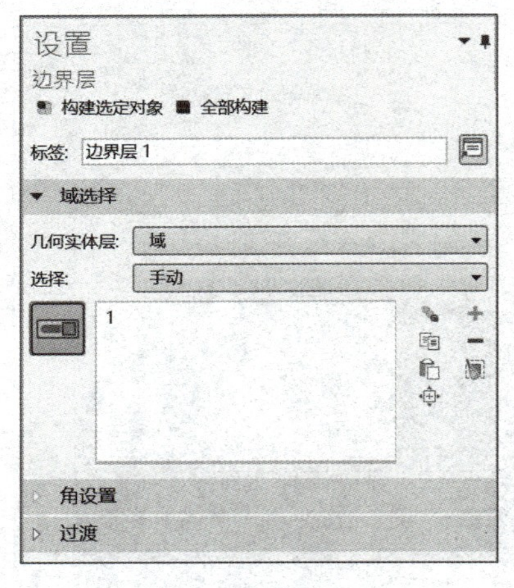

图 4-22　边界层设置

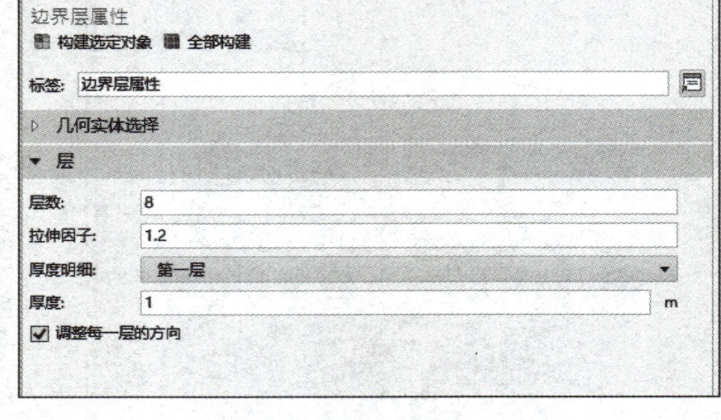

图 4-23　边界层属性设置

其中边界选择需要是指定需要产生边界层的表面。在边界层属性设置中，第一层网格可让软件自动控制，也可以手动控制，通常是面单元长度的一部分，如果通过默认控制，一般是面单元的长度尺度比第一个边界层单元的高度大 50 倍。同时，还可以通过边界层数和拉伸因子控制边界层网格分布。

图 4-24 中灰色区域为边界层选择区域，根据图 4-23 中边界层设置得到了在边界层选择的相邻区域得到的边界层网格。

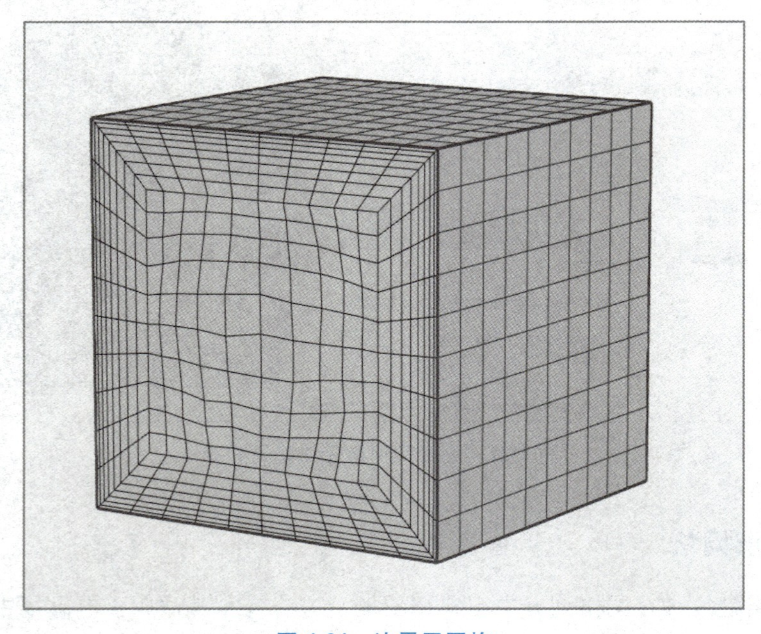

图 4-24　边界层网格

4.2.7　复制网格

对某一物体进行网格剖分后，可通过复制网格命令在对相同大小但不同位置的实体进行复制，复制网格命令配合映射网格和扫掠网格命令非常有效，我们可以通过复制网格替代多次映射或扫掠操作。

右击网格主节，单击更多操作，可以看到有如下三个复制命令：复制域；复制面；复制边。

图 4-25 所示为复制域的设置界面，复制面和复制边的设置近似相同。图 4-26 所示为通过复制命令获得的两个区域的网格剖分。

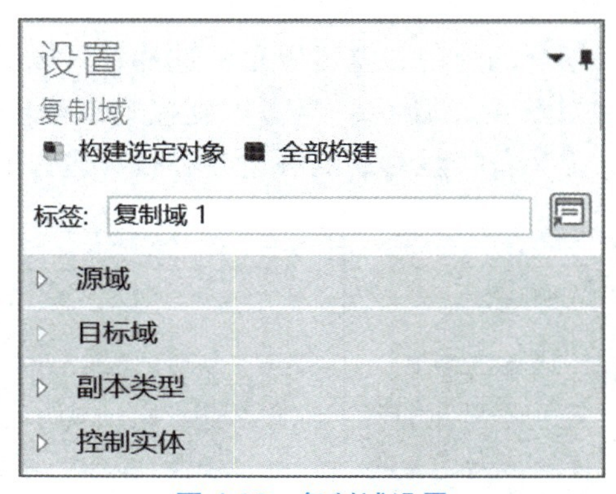

图 4-25　复制域设置

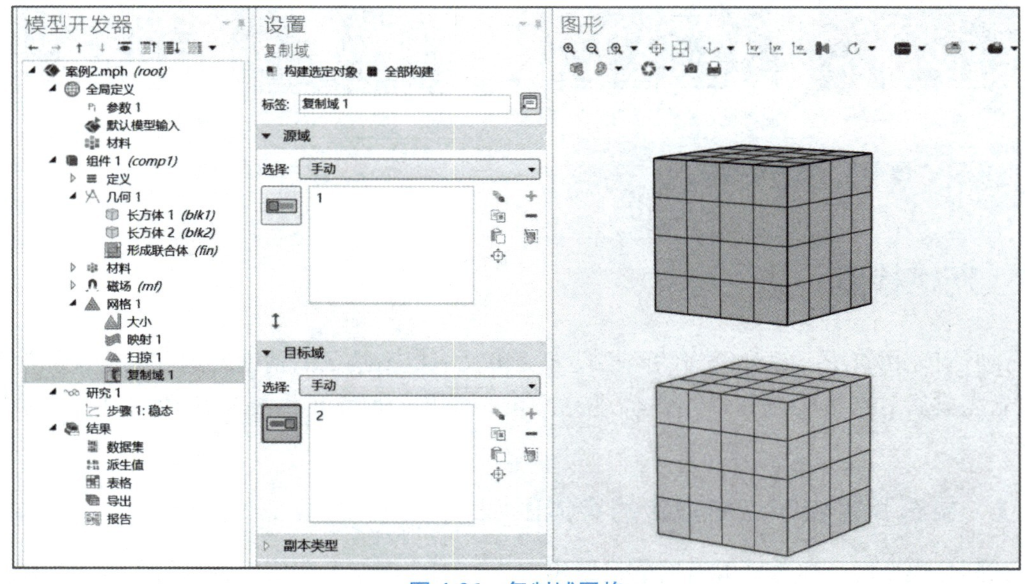

图 4-26　复制域网格

4.2.8　网格设置的总结

在 COMSOL Multiphysics 中，为流体流动模型设置流动条件后，我们可以调用物理场控制的网格划分序列。这样的序列取决于以下几方面：

1）物理属性设置。例如，带自动壁处理功能的湍流模型可以生成比层流模型更细化的网格。

2）特定的特征。例如，更细化的网格和边界层网格。

3）几何边框大小。可以控制单元的大小比例。

4.3　不同定型几何的网格

形成联合体网格，边界两边的网格共享相同的节点和面。通过这种网格，可以满足场和通量的连续性，如图 4-27 所示。而对于装配体网格来说，任何一方的网格元素，都具有不一致的节点，边界两边网格划分的疏密完全可以自由选择，可以通过增加约束方程来实现场和通量的连续性，网格特性如图 4-28 所示。当考虑到接触或碰撞问题时，需要在两个几何体之间形成装配体，需要保证装备接触对中的源边界和目标边界的网格尽量加密。

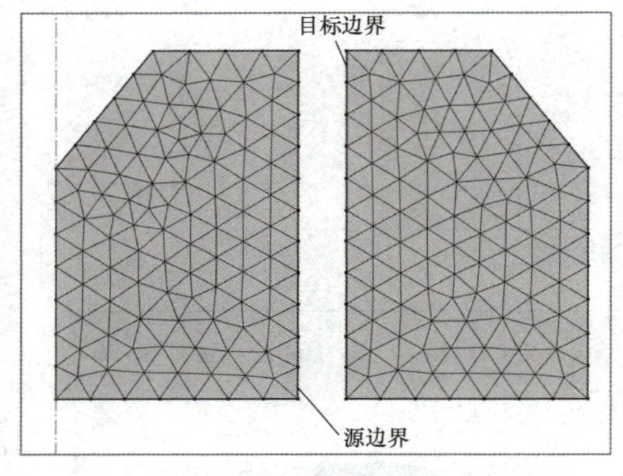

图 4-27　联合体网格

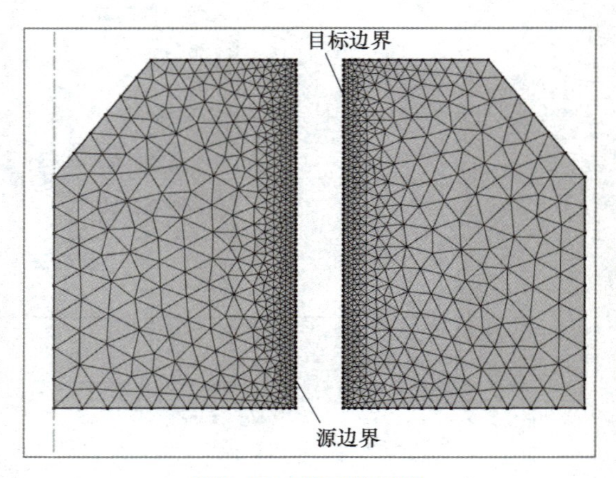

图 4-28　装配体网格

4.4　网格检查

在有限元仿真中，设计恰当的网格尺寸会极大地提高结果的精度，本节将讨论如何在网格建立完成后对网格警告和错误内容进行修正，以及如何获得网格的统计信息，检验网格质量。

4.4.1　检查和警告节点中报告的实体区域

在剖分模型时，COMSOL 有时候会跳出警告，提示操作者需要检查警告并给出出现问题所对应的几何对象列表。警告的原因分为两类：几何区域的重叠或过多薄层和操作者所使用的网格过粗，可能在接下来的分析中影响结果的准确性。如图 4-29 中的锐角结构，极容易出现图 4-30 中低质量单元的警告。

我们可以在几何节点的构建中删除薄层或对具有强弯折的区域进行改善，同时也可以通

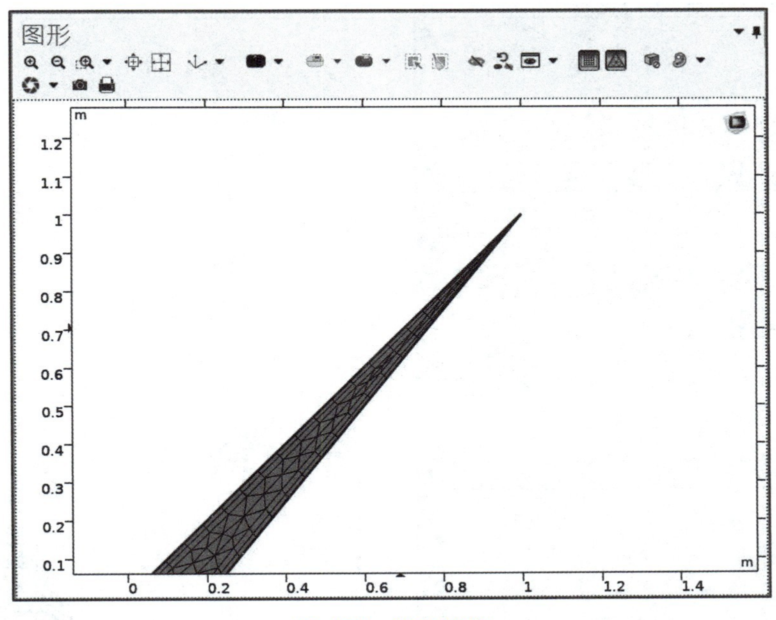

图 4-29　锐角结构

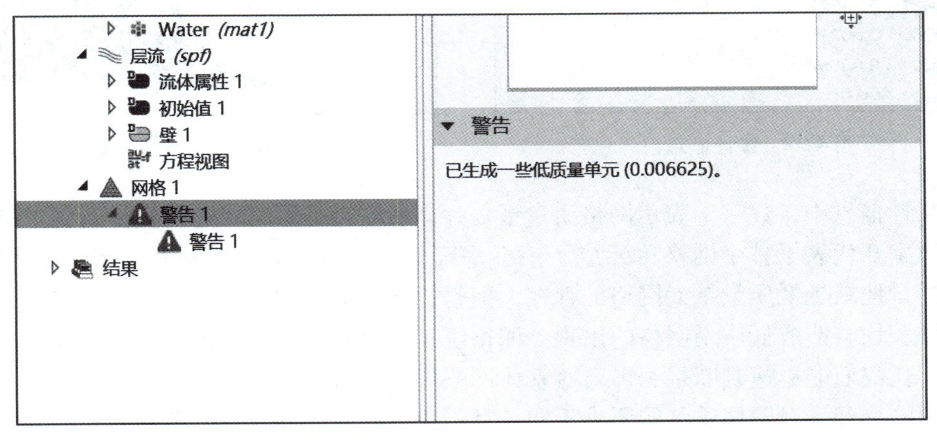

图 4-30　低质量警告

过不断地减小网格尺寸以保证折角处网格质量满足软件计算要求，即在几何结构中通过圆角等方式避免这种大锐角结构的出现。

4.4.2　查询网格的统计信息

右击网格主节，单击网格信息，即可查看网格的统计信息窗口，如图 4-31 所示。在该窗口内，可以获得网格的统计信息和单位质量直方图，如图 4-32 所示。

在窗口最顶端有几何实体选择项，通过下拉菜单我们可以更改域，查看边界或边的网格，从而对相应的网格质量有一定认知。同时，在单元质量也提供了一系列的选项，包括：偏斜度；最大角度；体积 vs. 外接圆半径；体积 vs. 长度；条件数；增长率。

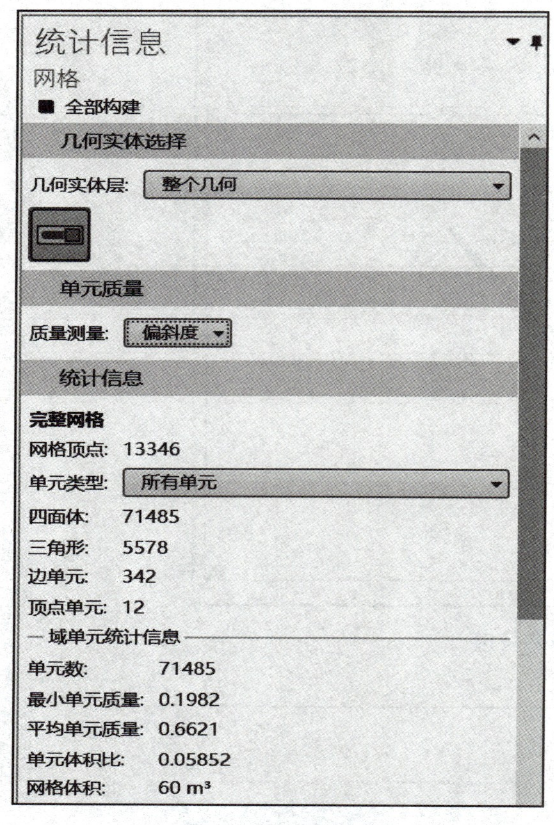

图 4-31　统计信息

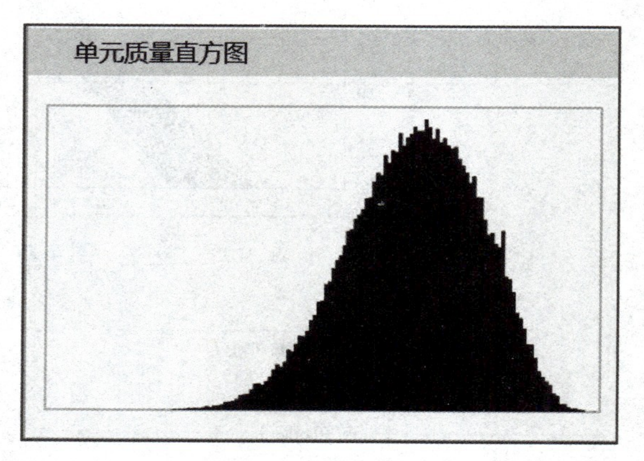

图 4-32　单元质量直方图

在统计信息中，数字 1 表示网格质量最佳，即所获得的网格单元的质量达到了最高的标准，而数字 0 代表了整个网格单元成了一个平面，影响数值求解。虽然 COMSOL 软件在划分中会尽量地减少低质量单元网格的存在，但是由于几何模型的问题或用户自定义了过于粗略的网格，均会造成低质量网格的出现。网格统计窗口底部的直方图直观地为我们呈现了网格质量，让我们能迅速判断是否需要对整体网格尺寸进行一定修改。

不同的物理场对网格质量的要求不同，且用户所要研究的几何模型差异性过大，不存在一个绝对数字可以保证该网格质量下，网格的剖分不会影响结果的精确性。但通常而言，网格质量在 0.1 以下的网格单元均属于低质量单元，为获得精确数值解，COMSOL 自带的网格生成器会对质量低于 0.01 的单元进行警告。当然，如果在模型的非关键部位出现了低质量网格单元，在一定数量的前提下，也是可以接受的。但如果出现在需要重点研究的位置，通过降低网格尺寸或采用 COMOSOL 中若干近似接口替代也是必要的。

4.4.3　创建网格绘图

通过 COMSOL 自带的网格绘图功能，我们确定需要修改的网格单元的位置，在所绘制的网格节点上右击，并单击“绘制”，可以实现这个功能。绘制完成后，软件会在结果节点的数据集中添加一个网格数据集。图中不同颜色的网格表示不同类型的网格，如图 4-33 所示。此外，网格图的绘制也是后处理中的一个重要显示图。

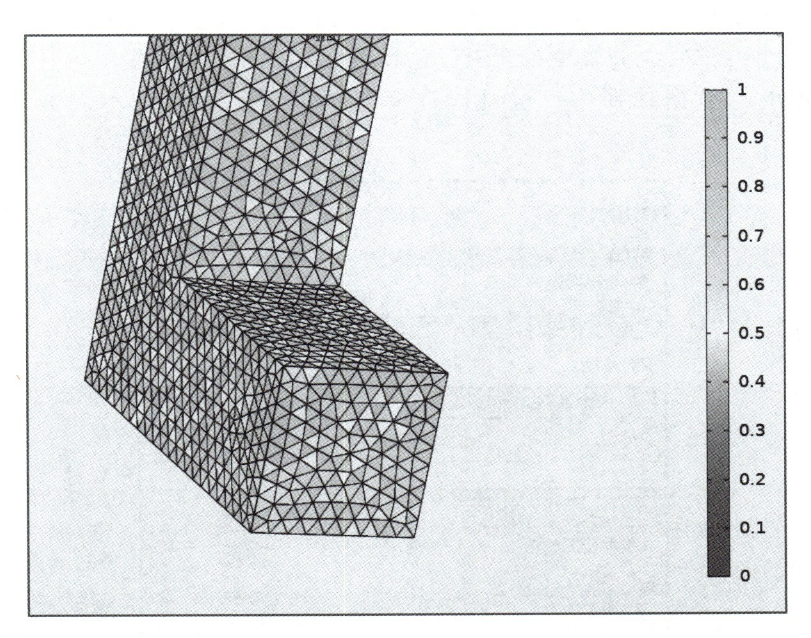

图 4-33　网格图

4.5　网格导入和导出

COMSOL 支持包括 STL 网格形式在内的网格导入与导出，如图 4-34 所示。右击网格主节，单击导入，即可将特定格式的网格导入到软件中，但网格导入后，之前的几何模型和经过剖分的网格均会被清除。

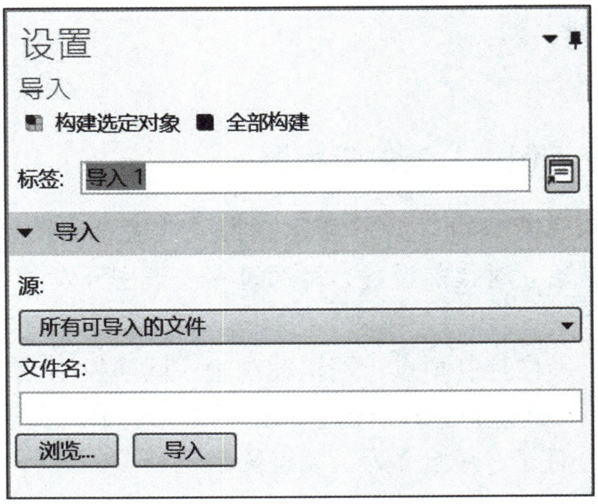

设置
导入
构建选定对象　全部构建
标签: 导入 1
导入
源:
所有可导入的文件
文件名:
浏览...　导入

图 4-34　网格导入

右击网格主节点，单击导出，可导出的结构形式包括：COMSOL Multiphysics 二进制文件；COMSOL Multiphysics 文本文件；3MF 文件；NASTRAN 文件；PLY 二进制文件；PLY 文本文件；分段文件；STL 二进制文件；STL 文本文件。

同时在导出的数据选择中，也可以选择包括域单元在内的不同数据集如图 4-35 所示。

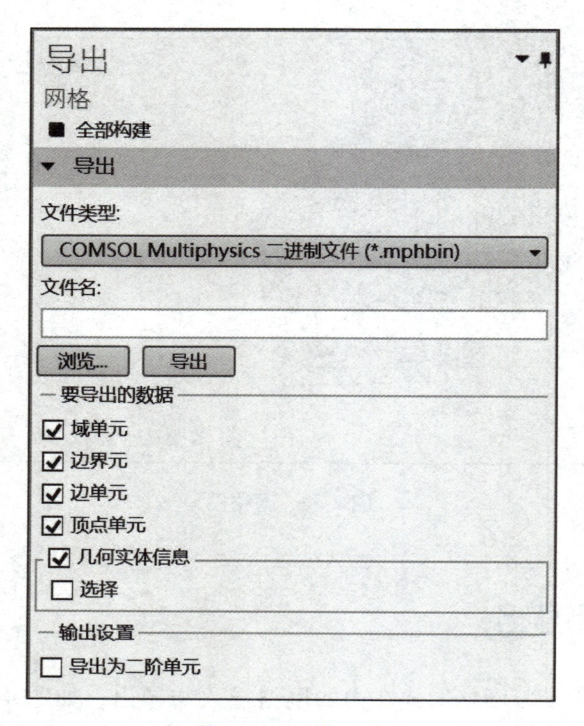

图 4-35　网格导出

4.6　网格剖分示例

4.6.1　二维网格剖分示例——流体喷射器

某型流体喷射器的几何模型如图 4-36 所示，为二维轴对称模型。其中白色区域为网格控制边，需要在几何模型建立时提前设置，可通过右击模型开发器节点中各组件的几何，虚拟操作，选择网格控制边。

网格控制区域分为：网格控制顶点；网格控制边；网格控制域。

下面进行图 4-36 所示几何的网格剖分，对比 COMSOL 中的自动剖分和手动剖分网格的区别。其中网格 1 为自动剖分，网格 2 为手动设置剖分。

1. 网格 1

1）在模型开发器窗口，单击组件 1 节点下的网格 1。

2）在网格的设置窗口，确定网格设置类型为物理场控制网格，单元大小为常规。

3）单击上方全部构建，构建结果如图 4-37 所示。

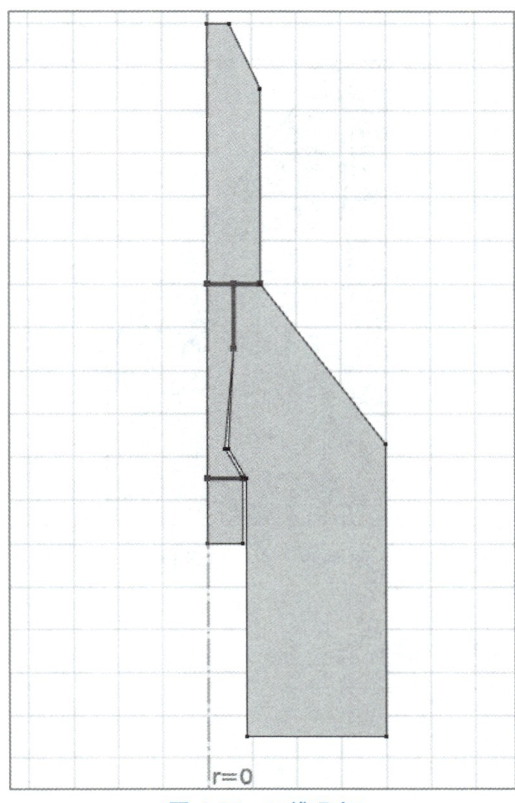

图 4-36　二维几何

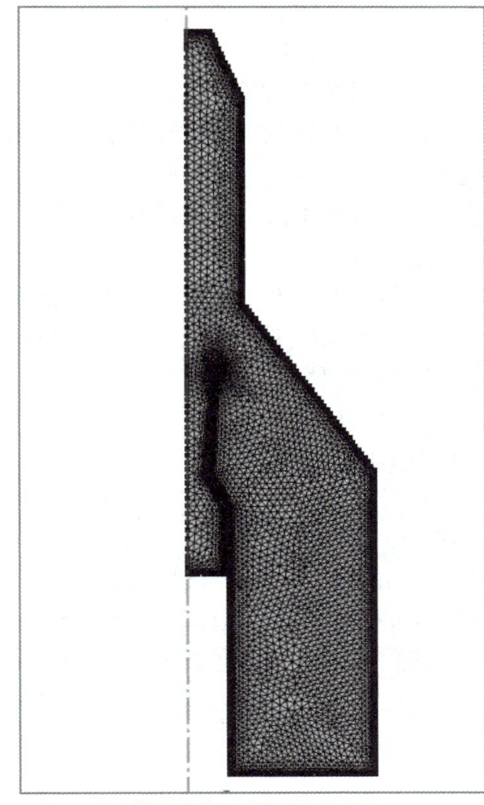

图 4-37　自动构建网格

2. 网格 2

在上方网格工具栏，单击添加网格。

（1）大小设置 1

1）右击网格 2，选择大小。

2）在大小设置中，定位到几何实体选择。

3）从几何实体层中，选择边界。

4）选择边界 4 和 5。

5）在大小单元中，选择为流体动力学。

6）预定义中，选择极细化，结果如图 4-38 所示。

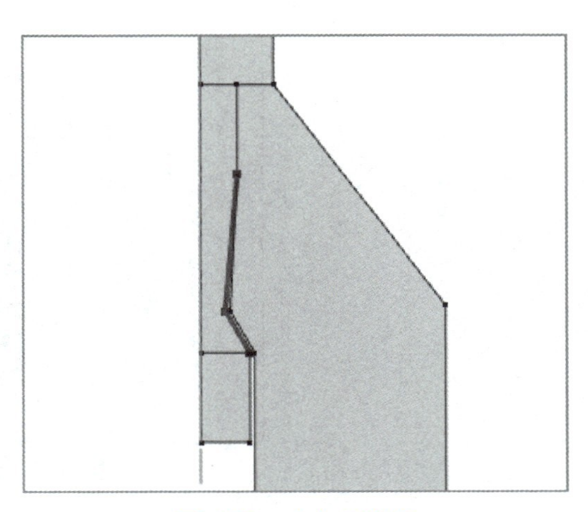

图 4-38　大小 1 选择

（2）大小设置 2

1）右击网格 2 选择大小。

2）在大小的设置窗口中，定位到几何实体选择。

3）在几何实体层中，选择边界。

4）选择边界 6~9，10，12~14。

5）在单元大小中，选择流体动力学。

6）在预定义的下拉列表中，选择细化。

（3）大小设置 3

1）右击网格 2 选择大小。

2）在大小的设置窗口中，定位到几何实体选择。

3）在几何实体层中，选择域。

4）选择域 2。

5）在单元大小中，选择流体动力学。

6）在预定义的下拉列表中，选择极细化结果如图 4-39 所示。

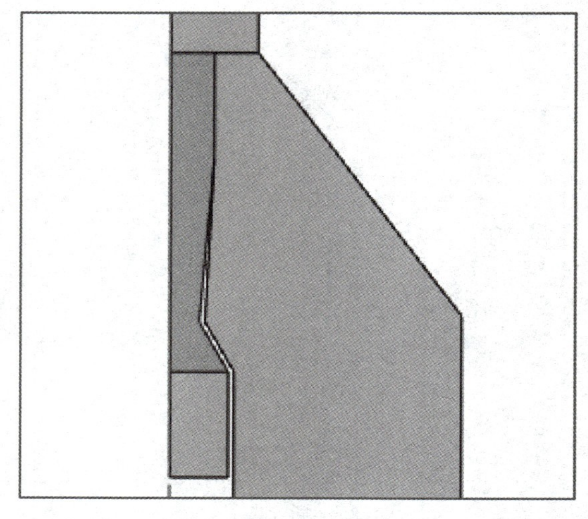

图 4-39　大小 3 选择

（4）大小设置 4

1）右击网格 2 选择大小。

2）在大小的设置窗口中，定位到几何实体选择。

3）在几何实体层中，选择域 3。

4）在单元大小中，选择流体动力学。

5）在预定义的下拉列表中，选择较粗化，如图 4-40 所示。

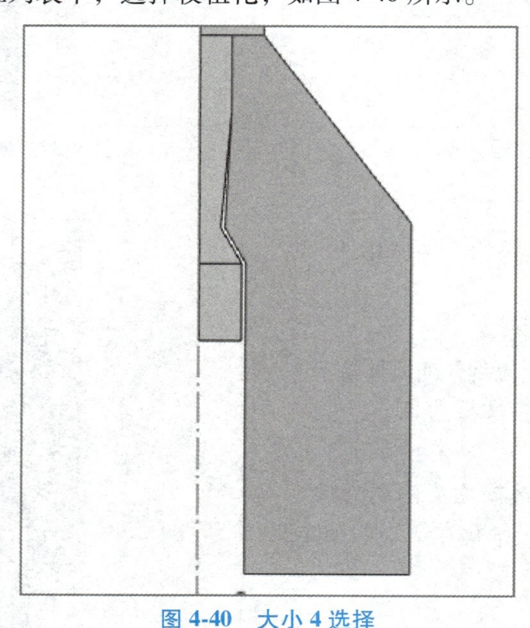

图 4-40　大小 4 选择

（5）大小

1）在模型开发器中，右击大小。

2）在大小的设置窗口中，在单元大小中。选择流体动力学。

3）在预定义的下拉列表中，选择较细化。

（6）角细化

1）在模型开发器中，右击网格 2，选择角细化。

2）在角细化的设置窗口中，定位到边界选择。

3）选择边界 4~10，12~14。

（7）自由三角形网格

右击网格 2，选择自由三角形网格。

（8）边界层

右击网格 2，选择边界层。

（9）边界层属性

1）单击边界层下的边界层属性，定位到边界选择。

2）选择边界 6~8，10，12~14。

3）在边界层数中，输入“5”。

4）定位到第一层边界厚度，选择手动。

5）在厚度中，输入“5e-5”。

（10）边界层属性 1（见图 4-41）

1）在模型开发器窗口，右键单击边界层，单击边界层属性。

2）定位到边界层属性。

3）选择边界 4，5，9。

4）在边界层数中，输入“10”。

5）定位到第一层边界厚度，选择手动。

6）在厚度中，输入“1e-5”。

7）单击全部构建（见图 4-42）。

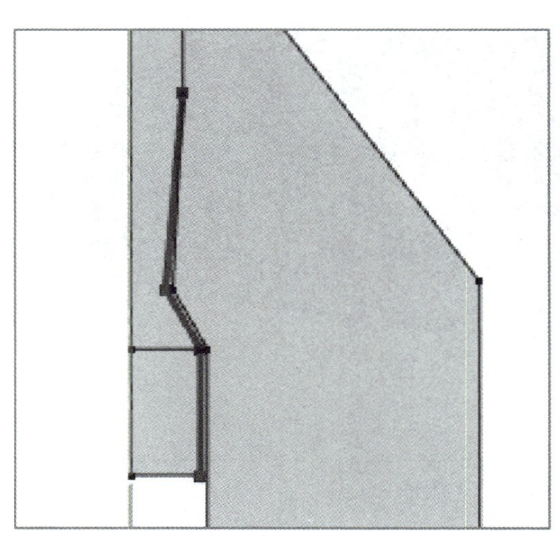

图 4-41　边界层属性 1 选择

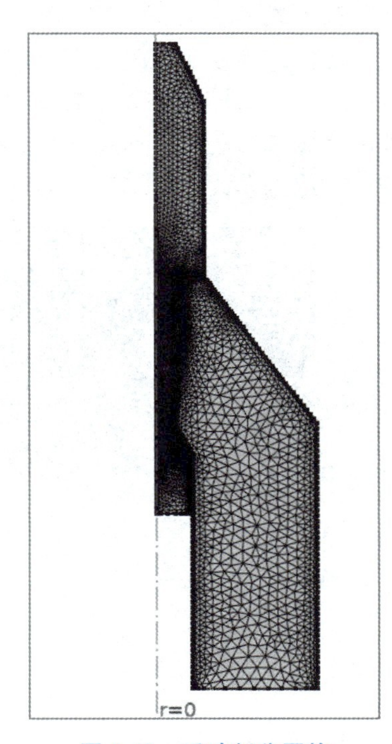

图 4-42　手动剖分网格

4.6.2　三维网格剖分示例——元器件母版

某型元器件母版的几何如图 4-43 所示，先对其进行网格剖分。

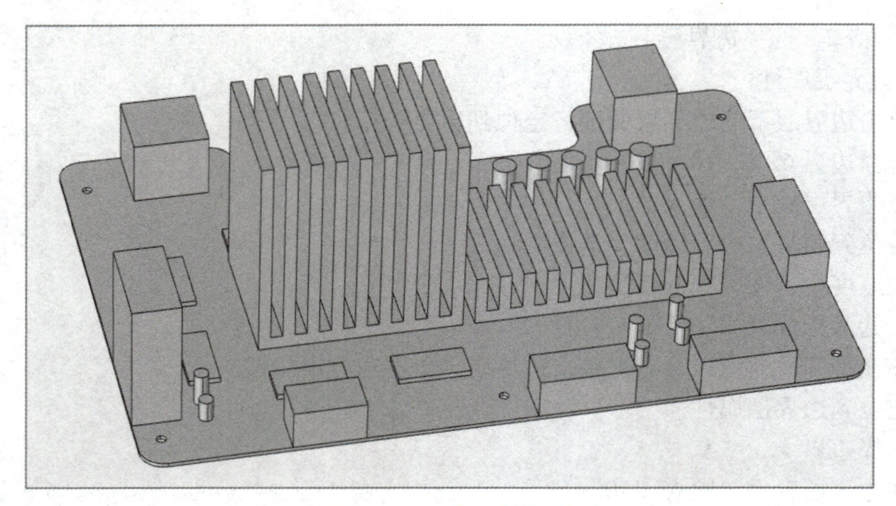

图 4-43　三维几何结构

1. 大小 1

1）在模型开发器窗口中，组件 1 下，右击网格，选择大小。
2）定位到大小 1，在设置中，定位到几何实体选择。
3）从几何实体层中，选择域。
4）将域选择为 15，16，19，20，26，27，29，30。
5）定位到单元大小，在预定义下拉列表中，选择细化（见图 4-44）。

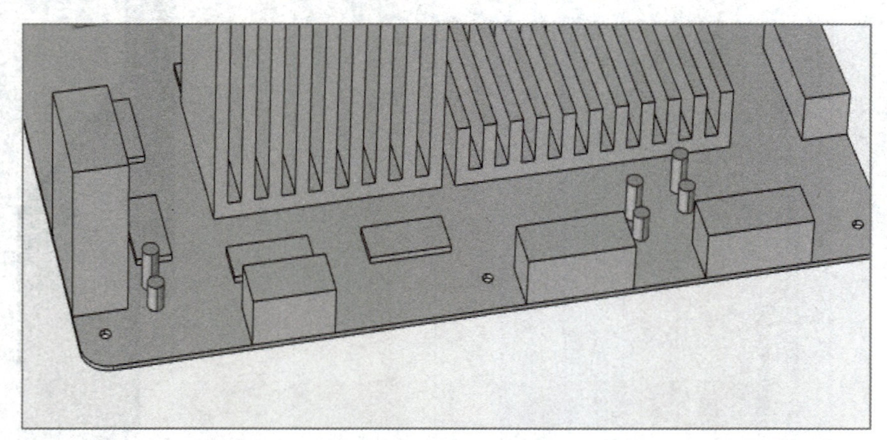

图 4-44　三维大小 1 选择

2. 自由四边形网格 1

1）在模型开发器节点，右键单击网格 1，选择更多操作-自由四边形网格。

2）选择边界 4，134 和 190。

3. 大小 1

1）右击自由四边形网格 1，选择大小。

2）在设置窗口中，定位到几何实体选择。

3）在选择下拉列表中，选择所有边界。

4）定位到单元大小，在预定义列表中，选择极细化。

5）勾选定制按钮。

6）在单元大小参数下，勾选最大网格单元大小。

7）在相关界面中，输入“0.005”。

4. 映射 1

1）在模型开发器节点，右击网格 1，选择更多操作-映射。

2）选择边界 46，52，57，62，69，74，79，88，93，100，106，111，118，174 和 238。

5. 大小 1

1）右击映射 1，选择大小。

2）在设置窗口中，定位到几何实体选择。

3）在选择下拉列表中，选择所有边界。

4）定位到单元大小，在预定义列表中，选择超细化（见图 4-45）。

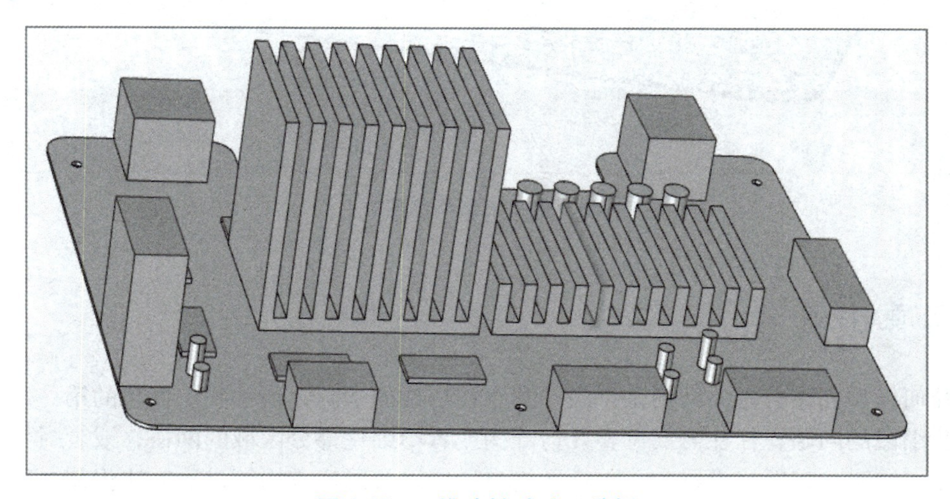

图 4-45　三维映射-大小 1 选择

6. 扫掠 1

在模型开发器节点，右键单击网格 1，选择扫掠。

7. 分布 1

1）在模型开发器窗口中，右键单击扫掠 1，选择分布。

2）在分布的设置窗口中，定位到单元数，输入“3”。

8. 分布 2

1）在模型开发器窗口中，右键单击扫掠 1，选择分布。

2）定位到分布的与选择窗口，选择 1。

3）在分布的设置窗口中，定位到单元数，输入“2”。

9. 分布 3

1）在模型开发器窗口中，右键单击扫掠 1，选择分布。

2）定位到分布的与选择窗口，选择 17，21。

3）在分布的设置窗口中，定位到单元数，输入“4”。

4）单击全部构建，网格如图 4-46 所示。

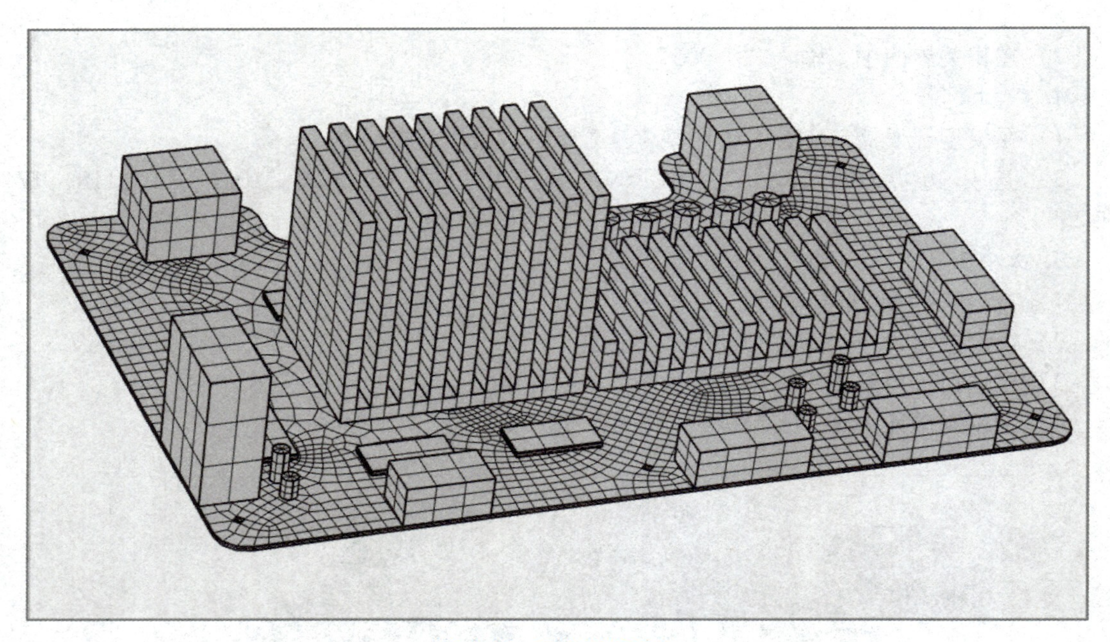

图 4-46　三维网格建立

4.7　本章小结

为几何模型创建合格的网格是一门非常有技巧性的学问，通常我们创建的第一个网格均有着一些细微的问题，往往需要调整几何结构或者精细化部分区域的网格，或者对两者同时进行修改。同时，在网格设置中，包括网格自适应以及网格重构等进阶方法仍需要使用者去逐渐学习与应用。

通过 COMSOL 软件的设置，几何结构和网格划分序列有着很好的对应性。当增加或者删除几何序列时，不需要对网格进行重新操作，可以在原来的基础上进行合理的网格尺寸调整及控制区域删减，从而得到适用于新的几何结构的网格。

正如我们之前所讲解的，借助 COMSOL 网格剖分工具，经过合理的网格设置及相应的网格检查，可以极大程度上减小网格单元数量并缩短计算时间，同时对于研究的关键区域进行恰当的网格加密也可以提供精确的结果。

第 5 章 计算流体力学模块

流体力学与我们日常生活息息相关，大气和水是人类生活中最常见的流体。除了空气和水，水蒸气、石油、血液以及等离子体等都是流体的一种表现形式。流体力学是力学的一个分支，是主要研究包含气体、液体以及等离子体现象以及相关行为的一门学科，大气运动、流水运动、石油开采、沙漠迁移、泥沙运动、太阳能发电（太阳能发电过程中的湍流流动）、污水处理、环境污染乃至地球深处熔浆的流动都是流体力学的研究内容。它在农业、工业、交通运输以及生物医学等方面得到了广泛的应用。

20 世纪初，机翼理论和边界层理论的建立和发展是流体力学的一次重大飞跃，航空事业的发展促进了流体力学在实验和理论分析方面的发展，它使无黏流体理论同黏性流体的边界层理论很好地结合起来，形成了气体动力学、物理-化学流体动力学等分支学科。20 世纪 40 年代后，随着激波理论的发展和计算机的不断完善，流体力学又发展了超声速空气动力学、高超声速空气动力学、电磁流体力学、稀薄空气动力学、两相流以及计算流体力学等分支。

流体力学主要研究流体本身的静止状态和运动状态，以及流体和固体界壁间有相对运动时的相互作用和流动的规律。它的主要理论基础是三大守恒定律、热力学定律、宏观电动力学的基本定律、本构方程、边界层理论等。从流体作用力的角度，流体力学可分为流体静力学和流体动力学；从研究过程所应用“力学模型”的角度，流体力学可分为理想流体力学、黏性流体力学、不可压缩流体力学、可压缩流体力学和非牛顿流体力学等。

目前，随着数学计算方法的快速发展，计算流体力学研究和物理实验变得相辅相成。计算流体力学使得研究者们可以根据工程方面的技术需要进行流体力学应用性的研究，可以更深入地探求流体的复杂流动规律和机理，例如，通过湍流的理论和实验研究复杂多相流动、边界层流动和分离、生物地学和环境流体流动等问题。

Comsol Multiphysics 软件中计算流体力学模块包含广泛的物理接口，可以模拟具有复杂外形的多物理场流场计算（见图 5-1），快速有效地解决工程中的层

图 5-1　无人机流线分布示意图

流流动问题、湍流流动问题、薄膜流动问题、多相流流动问题、多孔介质和地下水流动问题以及稀薄气体流动问题等。

5.1　流体流动的控制方程

任何流体流动和传热都遵循质量、动量和能量三大守恒定律，其控制方程组包括连续方程、动量方程和能量方程。如果为湍流流动，控制方程为 Reynolds 平均可压缩 N-S 方程。

5.1.1　质量守恒方程

该定律可以表示为控制体 Ω 内质量的增加等于流入控制体 Ω 的质量，即

$$\frac{\partial}{\partial t}\iiint_{\Omega}\rho \mathrm{d}\Omega = -\oint_{S}\mathrm{d}m - \iiint_{\Omega}\nabla\cdot\rho\boldsymbol{v}\mathrm{d}\Omega \tag{5-1}$$

微分表达形式为

$$\frac{\partial\rho}{\partial t}+\nabla\cdot(\rho\boldsymbol{v})=0 \tag{5-2}$$

式中，ρ 为流体密度；m 为质量；$\boldsymbol{v}$ 为速度矢量。

5.1.2　动量守恒方程

该定律可以表示为控制体内动量的增加等于流入控制体的动量加上控制体表面的冲量再加上控制体体积力的冲量，即

$$\frac{\partial}{\partial t}\iiint_{\Omega}\rho\boldsymbol{v}\mathrm{d}\Omega = -\iiint_{\Omega}\nabla\cdot(\rho\boldsymbol{v}\boldsymbol{v}+\rho\boldsymbol{F}+\nabla\cdot\boldsymbol{p})\mathrm{d}\Omega \tag{5-3}$$

微分表达形式为

$$\frac{\partial\rho\boldsymbol{v}}{\partial t}+\nabla\cdot(\rho\boldsymbol{v}\boldsymbol{v})=\rho\boldsymbol{F}+\nabla\cdot\boldsymbol{p} \tag{5-4}$$

式中，$\boldsymbol{F}$ 为体积力源项；$\boldsymbol{p}$ 为压力。

5.1.3　能量守恒方程

该定律可以表示为控制体内能量的变化等于流入控制体内的能量加上控制体表面力的做功加上体积力做功再加上流入控制体内的热量，即

$$\frac{\partial}{\partial t}\iiint_{\Omega}E\mathrm{d}V = \iiint_{\Omega}\rho\boldsymbol{F}\cdot\boldsymbol{v}-\nabla\cdot[(E+p)\boldsymbol{v}]\mathrm{d}V+\nabla\cdot(\boldsymbol{\tau}\cdot\boldsymbol{v})+\nabla\cdot(k\nabla T)\mathrm{d}V \tag{5-5}$$

微分表达形式为

$$\frac{\partial E}{\partial t}+\nabla\cdot[(E+p)\boldsymbol{v}]=\rho\boldsymbol{F}\cdot\boldsymbol{v}+\nabla\cdot(\boldsymbol{\tau}\cdot\boldsymbol{v})+\nabla\cdot(k\nabla T) \tag{5-6}$$

式中，E 为内能；$\boldsymbol{\tau}$为应力张量；T 为温度；k 为热力系数。

5.1.4　Reynolds 平均可压缩 N-S 方程

通过在时间域上对流场中的各个物理量进行雷诺平均化处理，得到时均化的 Reynolds 平均可压缩的 N-S 方程组：

$$
\begin{cases}
\dfrac{\partial\bar{\rho}}{\partial t}+\dfrac{\partial(\bar{\rho}\bar{u}_i)}{\partial x_i}=0 \\
\dfrac{\partial(\bar{\rho}\bar{u}_i)}{\partial t}+\dfrac{\partial(\bar{\rho}\bar{u}_i\bar{u}_j)}{\partial x_j}=-\dfrac{\partial\bar{p}}{\partial x_i}+\dfrac{\partial\bar{p}}{\partial x_j}\left(\bar{\tau}_{ij}-\overline{\rho u_i''u_j''}\right) \\
\dfrac{\partial(\bar{\rho}E)}{\partial t}+\dfrac{\partial(\bar{\rho}\bar{u}_jH)}{\partial x_j}=-\dfrac{\partial}{\partial x_j}\left[-q_{Lj}-q_{Tj}+\overline{\tau_{ij}u_i''}-\dfrac{1}{2}\overline{\rho u_j''u_i''u_i''}\right]+\dfrac{\partial}{\partial x_j}\left[\bar{u}_i\left(\bar{\tau}_{ij}-\overline{\rho u_i''u_j''}\right)\right]
\end{cases}
\tag{5-7}
$$

式中，$\bar{\rho}$是流体平均密度；$\overline{\rho u_i''u_j''}$是 Reynolds 应力；$q_{Lj}$是层流热流；$q_{Tj}$是湍流热流。

5.2　边界条件

流体流动与传热问题不仅要满足上面介绍的三大守恒方程，还要满足一定的边界条件。边界条件是流体在边界上流动和传热过程中控制方程满足的条件，随着物理问题和计算方法的不同，边界条件的处理方法也不尽相同。

Comsol Multiphysics 软件计算流体模块中几种常用的边界条件有滑移边界条件、入口边界条件以及出口边界条件等。这里我们简单介绍以下几种边界条件，其他边界条件会在本章物理模块中分别介绍。

1）滑移边界条件。滑移边界条件是假设壁面上没有黏性效应，且没有边界层扰动。即边界上无流体通过，且在切线方向没有黏性应力。

2）入口边界条件。入口边界条件是指计算区域入口处流动变量值，通过不同的入口处流动变量，入口边界条件又包含质量流入口边界条件、压力入口边界条件和速度入口边界条件。

质量流入口边界条件可用于在压缩流动中入口质量流已知的流动。压力入口边界条件是最常用的一种入口边界条件，用于定义入口处流体流动的压力相关的属性。它既适用于可压缩流，也适用于不可压缩流。速度入口边界条件用于定义入口处流体流动速度相关的属性，常可用于不可压缩流动。

3）出口边界条件。出口边界条件是指计算区域出口处的流动变量边界条件，包括压力出口边界条件和质量出口边界条件。

压力出口边界条件是指定出口处的压力属性。出口处的压力可以逐点定义，也可以通过应力张量表示。当计算区域出口处的流体流动速度和压力都未知时，可以使用质量出口边界条件。

4）周期性边界条件。周期性边界条件应用时是要求流体流动区域的几何边界、流动数学以及传质传热都是周期性重复时使用。

5）对称边界条件。当计算区域对称，且对称轴或者对称平面上没有对流通量通过时，可以采用对称边界条件。

5.3　求解过程

COMSOL Multiphysics 计算流体模块求解过程主要包括以下几个步骤：

1）建立所研究的流体问题的物理模型，确定计算几何区域。

2）对计算区域进行网格剖分。

3）定义流动问题的初始条件和边界条件。

4）选择求解器并进行结果后处理。

5.4　COMSOL Multiphysics 中计算流体模块中主要的物理场接口

计算流体模块主要用于解决气体和液体流动问题。工程应用中的层流流动问题、湍流流动问题、薄膜流动问题、多相流流动问题、多孔介质和地下水流动问题以及稀薄气体流动问题都可以用该模块进行模拟计算，下面简单介绍几种 Comsol Multiphysics 软件中常用的计算流体力学物理场接口。

5.4.1　单相流动

单相流动是指只有一种流体的流动。Comsol Multiphysics 软件计算流体模块中单相流动的物理场接口主要有层流流动物理场接口、湍流流动物理场接口和旋转机械流动物理场接口。

层流是指流体在流动过程中两层流体之间没有相互作用与混掺。Comsol Multiphysics 中层流物理场接口主要应用于低到中等雷诺数的流体流动问题，可用于求解不可压缩流动和可压缩流动的 N-S 方程组：

$$\frac{\partial\rho}{\partial t}+\nabla\cdot(\rho\boldsymbol{u})=0 \tag{5-8}$$

$$\rho\frac{\partial u}{\partial t}+\rho(\nabla\cdot\boldsymbol{u})\boldsymbol{u}=\nabla\cdot[-p\boldsymbol{I}+\tau]+F$$

$$\rho C_p\left(\frac{\partial T}{\partial t}+(\boldsymbol{u}\cdot\nabla)T\right)=-(\nabla\cdot q)+\tau:S-\frac{T}{\rho}\frac{\partial\rho}{\partial T}\bigg|_p\left(\frac{\partial p}{\partial t}+(\boldsymbol{u}\cdot\nabla)\boldsymbol{p}\right)+Q \tag{5-9}$$

式中，ρ 是流体密度；$\boldsymbol{u}$ 是流体速度；p 是静压；τ 是应力张量；F 是体积力源项；C_p 为比热容；T 为温度；q 热量流通量；Q 为热源项；S 为黏性耗散项。

湍流是指流体不是处于分层流动状态，Comsol Multiphysics 中湍流物理场接口主要用于解决单相高雷诺数流动，适用于不可压缩流动、弱可压缩流动、可压缩流动以及低马赫数流动问题。雷诺平均 N-S（RANS）方程组形式为

$$\begin{cases}\rho\dfrac{\partial U}{\partial t}+\rho\boldsymbol{U}\cdot\nabla U+\nabla\cdot\overline{(\rho u'\otimes u')}=-\nabla p+\nabla\cdot\mu(\nabla U+(\nabla U)^{\mathrm{T}})+\boldsymbol{F}\\ \rho\nabla\cdot\boldsymbol{U}=0\end{cases} \tag{5-10}$$

式中，$\boldsymbol{U}$ 为流体平均速度；u'为流体波动速度；μ 为涡流黏度。

比较常用的湍流模型有 Spalart-Allmaras 模型、k-ω 模型以及 k-ε 模型等。例如 k-ε 湍流模型控制方程为

$$\begin{cases}\rho\dfrac{\partial k}{\partial t}+\rho\boldsymbol{u}\cdot\nabla k=\nabla((\mu+\mu_T)\nabla k)+P_k-\rho\varepsilon\\ \rho\dfrac{\partial\varepsilon}{\partial t}+\rho\boldsymbol{u}\cdot\nabla\varepsilon=\nabla((\mu+\mu_T/1.3)\nabla k)+1.44\dfrac{\varepsilon}{k}P_k-1.92\rho\dfrac{\varepsilon^2}{k}\end{cases}\tag{5-11}$$

式中

$$P_k=\mu_T(\nabla u:(\nabla u+(\nabla u)^{\mathrm{T}})-\frac{2}{3}(\nabla\cdot\boldsymbol{u})^2)-\frac{2}{3}\rho k\nabla\cdot\boldsymbol{u}$$

式中，k 为湍流动能；ε 为湍流耗散项；μ_T为湍流黏度。

旋转机械流动物理场接口主要用于解决旋转物体边界的流体流动问题。旋转系统下 N-S 控制方程组为

$$\begin{cases}\dfrac{\partial\rho}{\partial t}+\nabla\cdot(\rho\boldsymbol{v})=0\\ \rho\dfrac{\partial\boldsymbol{v}}{\partial t}+\rho(\nabla\cdot\boldsymbol{v})\boldsymbol{v}+2\rho\boldsymbol{\Omega}\times\boldsymbol{v}=\nabla\cdot[-p\boldsymbol{I}+\boldsymbol{\tau}]+\boldsymbol{F}-\rho\left(\dfrac{\partial\boldsymbol{\Omega}}{\partial t}\times\boldsymbol{r}+\boldsymbol{\Omega}\times(\boldsymbol{\Omega}\times\boldsymbol{r})\right)\\ \boldsymbol{u}=\boldsymbol{v}+\dfrac{\partial\boldsymbol{r}}{\partial t}\end{cases}\tag{5-12}$$

式中，$\boldsymbol{v}$ 为旋转系统内流体速度；$\boldsymbol{r}$ 为位置向量；$\boldsymbol{\Omega}$ 为角速度向量。

单相流动物理场接口中滑移壁面边界条件是假设壁面上无黏性效应，也就是没有边界层扰动影响，数学表达式为 $\boldsymbol{u}\cdot\boldsymbol{n}=0$，$(-p\boldsymbol{I}+\mu(\nabla u+(\nabla u)^{\mathrm{T}}))\boldsymbol{n}=0$。

入口边界条件是通过应力条件来定义入口压力与速度：$-p+2\mu\dfrac{\partial u_{\mathrm{n}}}{\partial n}=F_{\mathrm{n}}$，$\dfrac{\partial u_{\mathrm{n}}}{\partial n}$为法线方向流体速度在法线方向的导数。同样，出口边界条件也是通过应力条件来定义的，且忽略切线方向的力：$\mu\dfrac{\partial u_{\mathrm{t}}}{\partial n}=0$，$\dfrac{\partial u_{\mathrm{t}}}{\partial n}$为切线方向流体速度在法线方向的导数。

5.4.2　多相流流动

多相流是指两种以上不同相态的的物质混合流动。Comsol Multiphysics 中多相流接口主要有气泡流物理场接口、混合物理场接口、两相流水平集物理场接口以及两相流相场物理场接口等。下面简单介绍几种 Comsol Mutiphysics 软件中多相流物理场接口。

两相流水平集物理场接口与两相流相场物理场接口主要用于解决两种不同相且不相容的流体流动问题。两相流水平集物理场接口控制方程：

$$\begin{cases}(\rho_1+(\rho_2-\rho_1)\phi)\dfrac{\partial\boldsymbol{u}}{\partial t}+(\rho_1+(\rho_2-\rho_1)\phi)(\boldsymbol{u}\cdot\nabla)\boldsymbol{u}=\nabla\cdot[-p\boldsymbol{I}+(\mu_1+(\mu_2-\mu_1)\phi)\\ (\nabla u+(\nabla u)^{\mathrm{T}})]+\nabla\cdot(6\sigma(\boldsymbol{I}-\boldsymbol{n}\boldsymbol{n}^{\mathrm{T}})|\nabla\phi|\phi(1-\phi))+\rho g\\ \nabla\cdot\boldsymbol{u}=0\\ \dfrac{\partial\phi}{\partial t}+\boldsymbol{u}\cdot\nabla\phi=\nabla\cdot\left(\varepsilon\nabla\phi-\phi(1-\phi)\dfrac{\nabla\phi}{|\nabla\phi|}\right)\end{cases}\tag{5-13}$$

式中，ρ_1、ρ_2 分别为流体 1 和流体 2 的密度；μ_1、μ_2分别为流体 1 和流体 2 的动力黏度；ε 为界面厚度控制参数。

两相流相场物理场接口控制方程为

$$\begin{cases}(\rho_1+(\rho_2-\rho_1)\min(\max([(1+\phi)/2],0),1))\dfrac{\partial \boldsymbol{u}}{\partial t}+\\(\rho_1+(\rho_2-\rho_1)\min(\max([(1+\phi)/2],0),1)))(\boldsymbol{u}\cdot\nabla)\boldsymbol{u}=\\\nabla\cdot[-p\boldsymbol{I}+(\mu_1+(\mu_2-\mu_1)\min(\max([(1+\phi)/2],0),1))(\nabla u+(\nabla \boldsymbol{u})^{\mathrm{T}})]+\\\dfrac{3\varepsilon\sigma}{2\sqrt{2}}(-\nabla^2\phi+\dfrac{\phi(\phi^2-1)}{\varepsilon^2})\nabla\phi+\rho g+F\\\nabla\cdot\boldsymbol{u}=0\\\dfrac{\partial\phi}{\partial t}+\boldsymbol{u}\cdot\nabla\phi=\nabla\cdot\dfrac{3\varepsilon\sigma}{2\sqrt{2}}\nabla\psi\\\psi=-\nabla\cdot\varepsilon^2\nabla\phi+(\phi^2-1)\phi+\dfrac{2\sqrt{2}\varepsilon}{3\sigma}\dfrac{\partial f_{\mathrm{ext}}}{\partial\phi}\end{cases}\tag{5-14}$$

式中，σ 为表面张力系数。

气泡流物理场接口控制方程为

$$\begin{cases}\dfrac{\partial}{\partial t}(\rho_l\phi_l+\rho_g\phi_g)+\nabla\cdot(\rho_l\phi_l+\rho_g\phi_g u_g)=0\\\phi_l\rho_l\dfrac{\partial u_l}{\partial t}+\phi_l\rho_l u_l\cdot\nabla u_l=-\nabla p+\\\nabla\cdot\left[\phi_l(\mu_l+\mu_T)(\nabla u_l+\nabla u_l^{\mathrm{T}}-\dfrac{2}{3}(\nabla\cdot\boldsymbol{u}_l)I)\right]+\phi_l\rho_l\boldsymbol{g}+\boldsymbol{F}\\\dfrac{\partial\rho_g\phi_g}{\partial t}+\nabla\cdot(\rho_g\phi_g\boldsymbol{u}_g)=-m_{gl}\end{cases}\tag{5-15}$$

式中，ϕ 是相含率；$\boldsymbol{g}$ 是重力矢量；$\boldsymbol{F}$ 是体积力；μ_l为液体动力黏度；μ_T为湍流黏度；下标 l 和 g 分别表示液体相位和气体相位；m_{gl}为气体到液体的传质速率。

多相流流动问题中液体无滑移壁面边界条件假设液体界面速度相对于壁面速度为 0，即 $u_l=0$。液体滑移壁面边界条件是指液体法相速度为 0，即 $\boldsymbol{u}_l\cdot\boldsymbol{n}=0$。

对称边界条件规定边界上剪切应力无侵入且无消耗，即

$$\begin{cases}\boldsymbol{u}_l\cdot\boldsymbol{n}=0\\t^{\mathrm{T}}(\phi_l(\mu_l+\mu_T)\left(\nabla u_l+\nabla u_l^{\mathrm{T}}-\dfrac{2}{3}(\nabla\cdot\boldsymbol{u}_l)I\right)\boldsymbol{n}=0\end{cases}\tag{5-16}$$

5.4.3 多孔介质流动

多孔介质是指内部含有众多空隙的固体材料，如土壤、煤炭、木材等均属于不同类型的多孔介质。Comsol Multiphysics 中多孔介质流动物理场接口主要有达西定律物理场接口、Brinkman 方程物理场接口、自由和多孔介质流动物理场接口和两相达西定律物理场接口等，下面简单介绍达西定律物理场接口和 Brinkman 方程物理场接口。

达西定律物理场接口主要用于解决流动速度较慢，且受空隙摩擦阻力影响显著的多孔介质流动。达西定律物理场接口要求介质渗透力以及孔隙非常小，控制方程为

$$\begin{cases}\dfrac{\partial}{\partial t}(\rho\xi)+\nabla\cdot(\rho\boldsymbol{u})=Q_m\\ \boldsymbol{u}=-\dfrac{\kappa}{\mu}\nabla p\\ \rho=\dfrac{pM}{RT}\end{cases}\tag{5-17}$$

式中，κ 表示多孔介质的渗透性；ξ 表示介质孔隙率；Q_m 为质量源项；R 为理想气体常数。

Brinkman 方程物理场接口主要求解受剪切力影响的多孔介质流动，控制方程为

$$\begin{cases}\dfrac{\partial}{\partial t}(\rho\xi)+\nabla\cdot(\rho\boldsymbol{u})=Q_m\\ \dfrac{\rho}{\xi}\left(\dfrac{\partial\boldsymbol{u}}{\partial t}+(\boldsymbol{u}\cdot\nabla)\dfrac{\boldsymbol{u}}{\xi}\right)=-\nabla p+\\ \nabla\cdot\left[\dfrac{1}{\xi}(\mu(\nabla u+\nabla u^{\mathrm{T}})-\dfrac{2}{3}\mu(\nabla\cdot\boldsymbol{u})I)\right]-\left(\dfrac{\mu}{\kappa}+\dfrac{Q_m}{\xi^2}\right)\boldsymbol{u}+\boldsymbol{F}\end{cases}\tag{5-18}$$

多孔介质流动中入口边界条件控制方程为 $\boldsymbol{n}\cdot\rho\dfrac{\kappa}{\mu}\nabla p=\rho U_0$，$U_0$ 为指定的入口流体速度。出口边界条件控制方程为 $\boldsymbol{n}\cdot\rho\dfrac{\kappa}{\mu}\nabla p=\rho U_{\mathrm{out}}$，$U_{\mathrm{out}}$ 为指定的出口流体速度。无通量边界条件表达式为 $\boldsymbol{n}\cdot\rho\dfrac{\kappa}{\mu}\nabla p=0$。

5.5　案例 1　热水杯静止散热

5.5.1　物理背景

对流传热是物质之间热传递的一种基本方式。热量传递过程是工程热物理学的重要研究课题。在工程上，对流传热是依靠流体质点的移动进行热量传递的。本模型中仿真模拟了水杯中的流体对流传热过程，主要过程是热源项将热流传递给水杯壁面，然后再由水杯壁面传递给水杯内的水。

5.5.2　操作步骤

1. 物理场选择及因变量设置

（1）物理场选择

打开软件后，使用模型向导创建模型，首先设置模型的空间维度，选择为二维轴对称。第二步则是添加我们所需的物理场。本案例为多物理场耦合仿真，需要添加的物理场模型包括两组：一为层流模型，具体路径为流体流动—单相流—层流（spf）；二为流体传热模型，具体路径为传热—流体传热（ht）。添加效果如图 5-2 所示。

（2）因变量设置

两个物理场的因变量设置均保持默认即可（见图 5-3）：

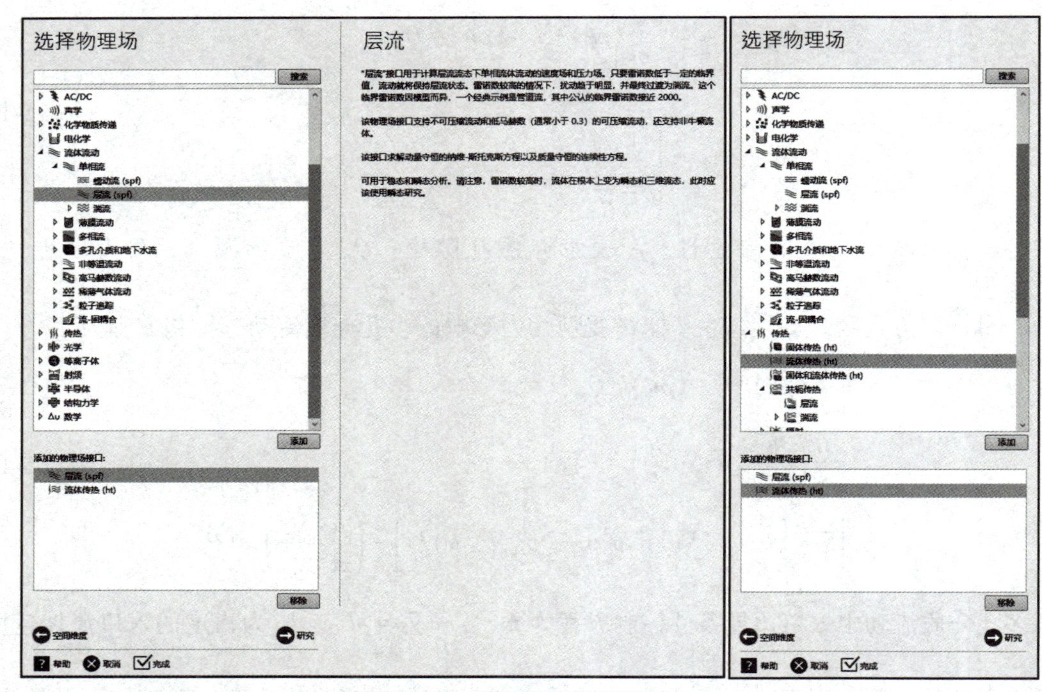

图 5-2　物理场选择与添加

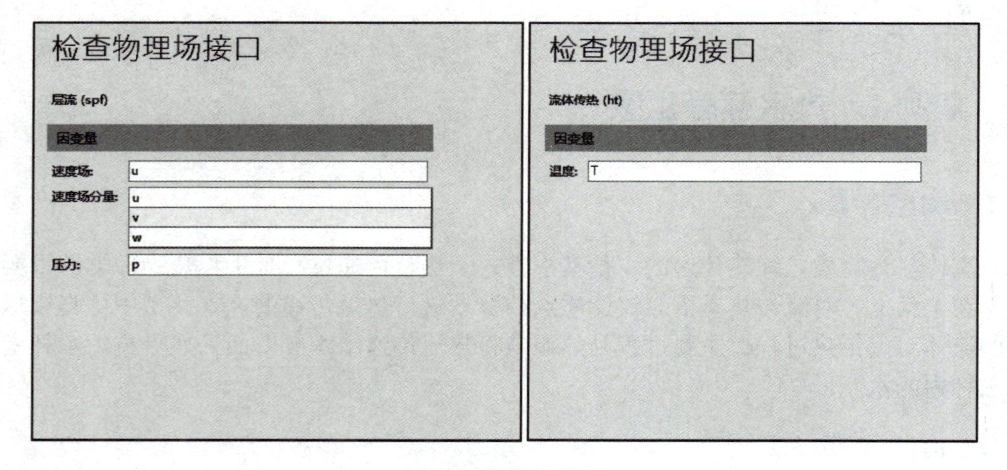

图 5-3　因变量设置

（3）求解器设置

对应变量设置完毕后，单击**研究**按钮，模型向导会进入**研究**设置步骤，在**选择研究**树中添加一个**瞬态研究**即可，单击**完成**（见图 5-4）。求解器的具体设置将在后文中给出。

2. 全局参数设置

本案例针对二维轴对称杯子内的流体对流传热进行仿真，首先需要在全局参数中定义杯子的半径、高度、厚度等值。需赋值的参数于表 5-1 列出，参数设置如图 5-5 所示。

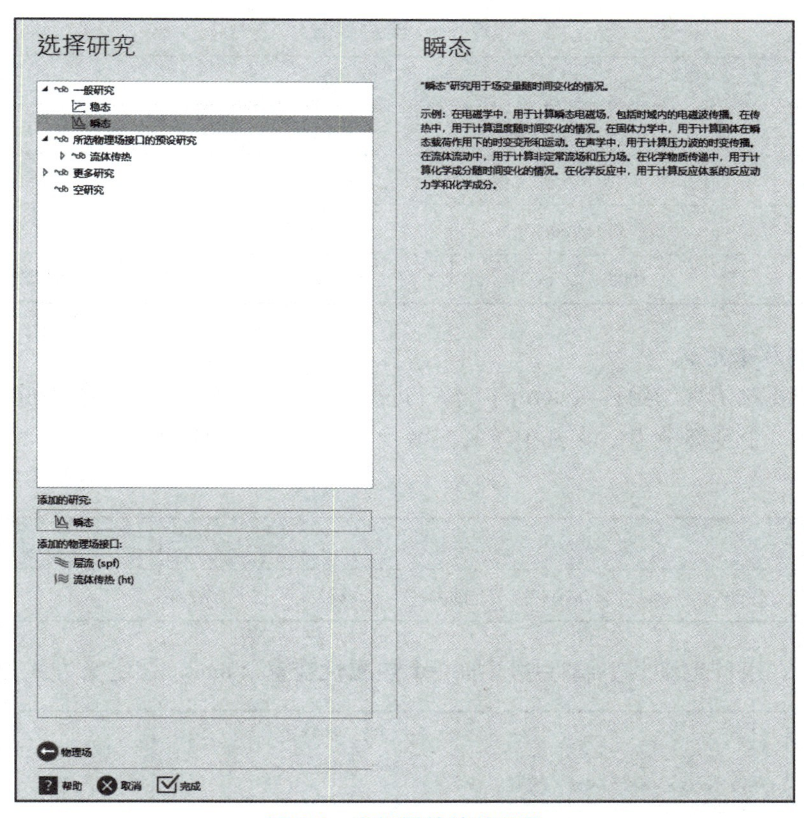

图 5-4　求解器的简单设置

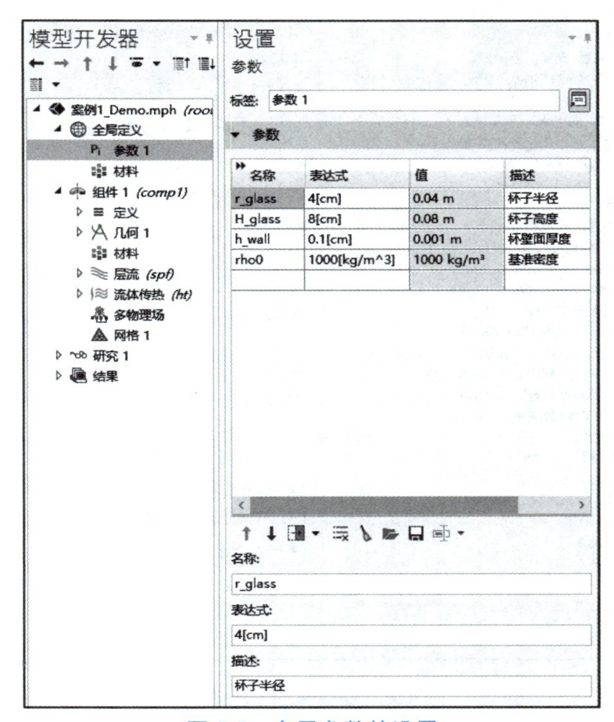

图 5-5　全局参数的设置

表 5-1　全局参数

名　　称	表 达 式	值	描　　述
r_glass	4 [cm]	0.04m	杯子半径
H_glass	8 [cm]	0.08m	杯子高度
h_wall	0.1 [cm]	0.001m	杯壁面厚度
rho0	1000 [kg/m^3]	1000kg/m^3	基准密度

3. 组件的基本定义

本案例需要对仿真的**组件（comp）**本身进行一些额外的定义，包括变量、环境热属性等。首先添加一个**变量**节点，在其中定义热源变量，如表 5-2 所示。

表 5-2　变量 1 的输入

名　　称	表 达 式	单　　位	描　　述
Qp	1e9 * r [1/m] [W/m^3] * (H_glass-z) [1/m]	W/m^3	热源

这之后，在组件定义共享属性中添加一个**热属性变量**（amth），定义方式如图 5-6 所示。

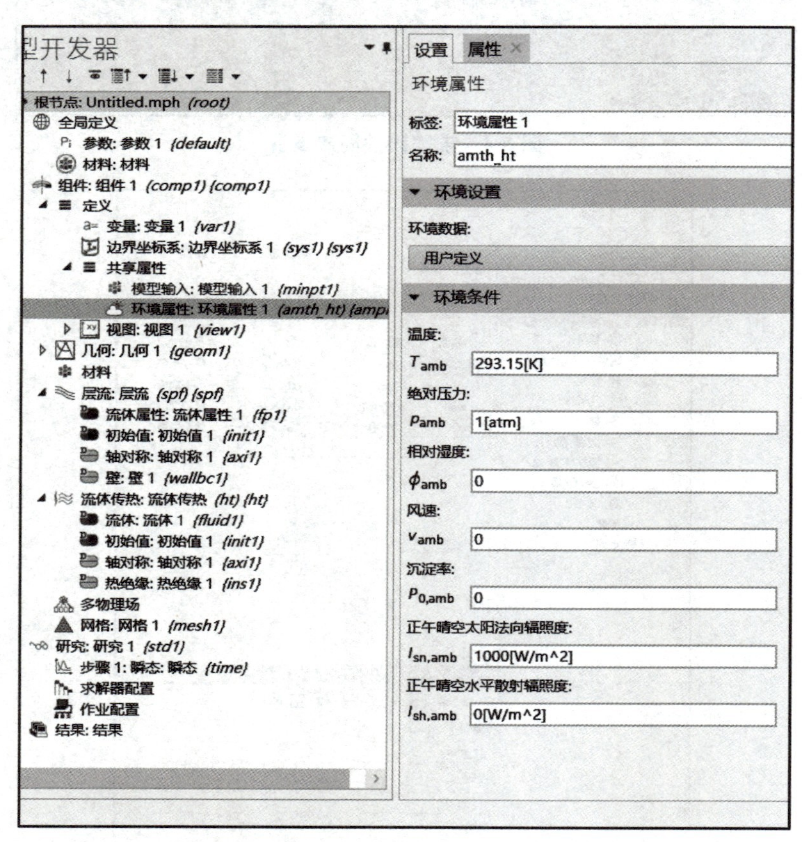

图 5-6　环境热属性的定义

4. 几何设置（见图 5-7）

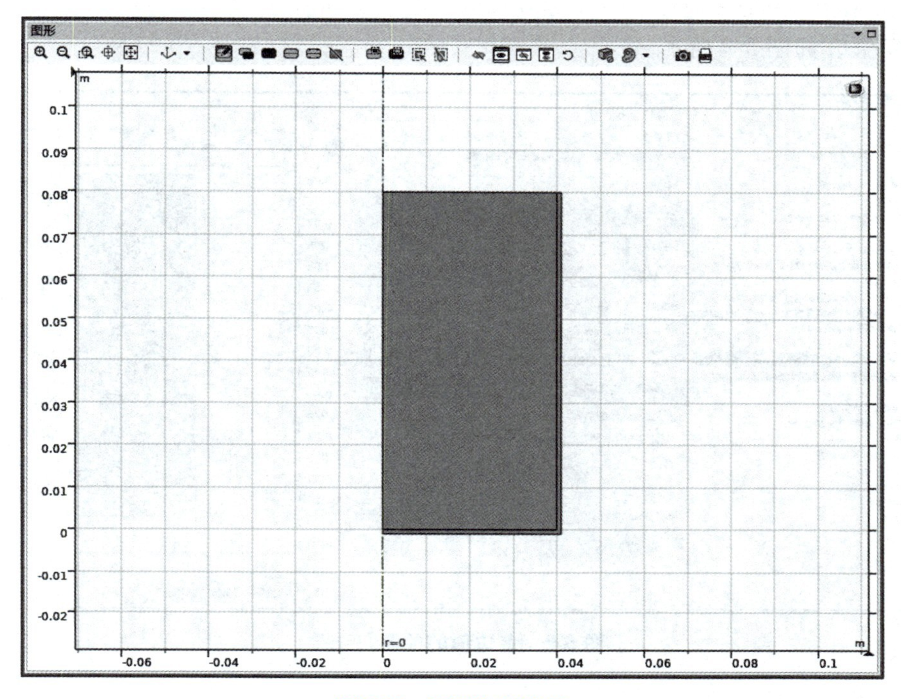

图 5-7　几何绘图结果

（1）几何模型的初始化

本问题中，建立几何体的第一步需要对几何体进行初始化定义：将几何体的长度单位定义为米（m），默认修复容差定义为相对，并将量级定义为 10^{-6}（1E-6）。几何体定义的设置方法如图 5-8 所示。

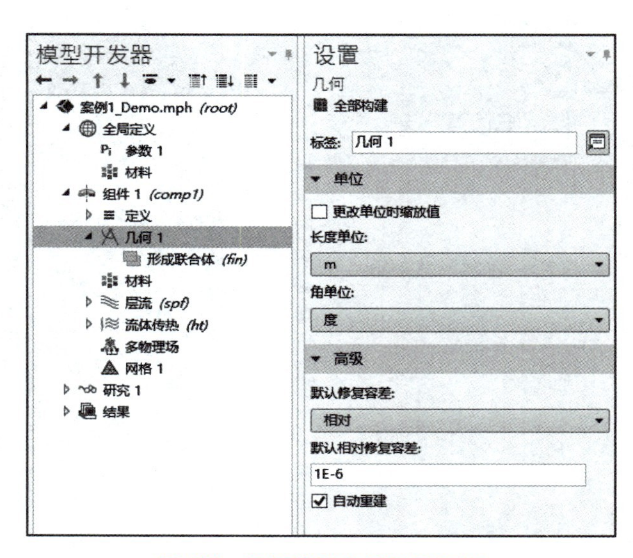

图 5-8　几何体定义的设置方法

（2）多边形的绘制

第二步，绘制一个多边形。以**矢量**方式进行绘制，半径（r）和高度（H）均使用全局参数进行定义，如图 5-9 所示。

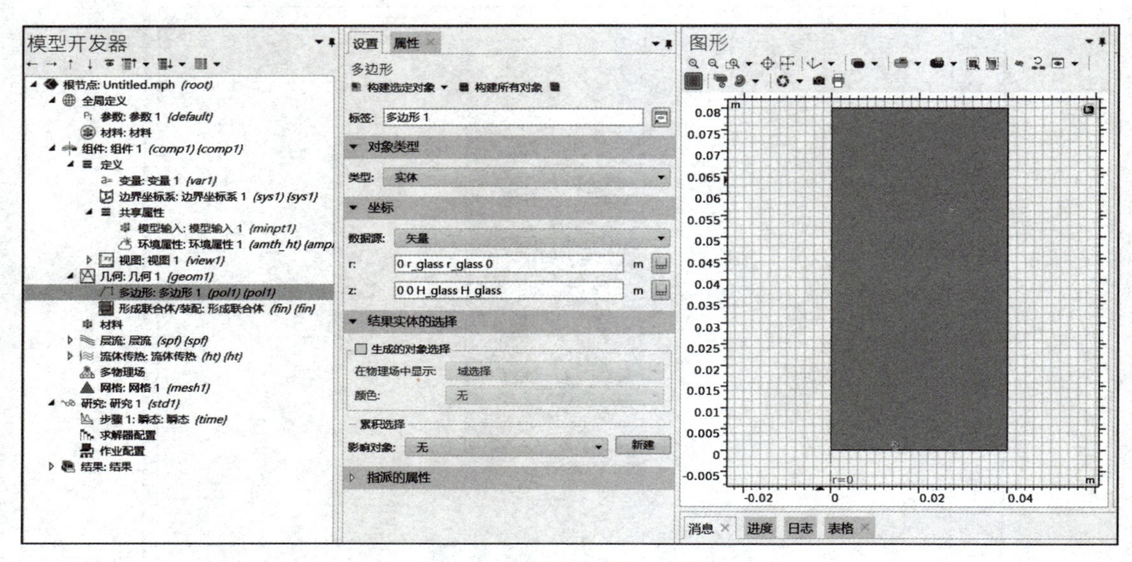

图 5-9　多边形的绘制与结果

（3）杯壁的绘制

在绘制完第一个多边形之后，需要绘制第二个多边形来定义杯壁，图 5-10 展示了杯壁的绘制方法与结果。

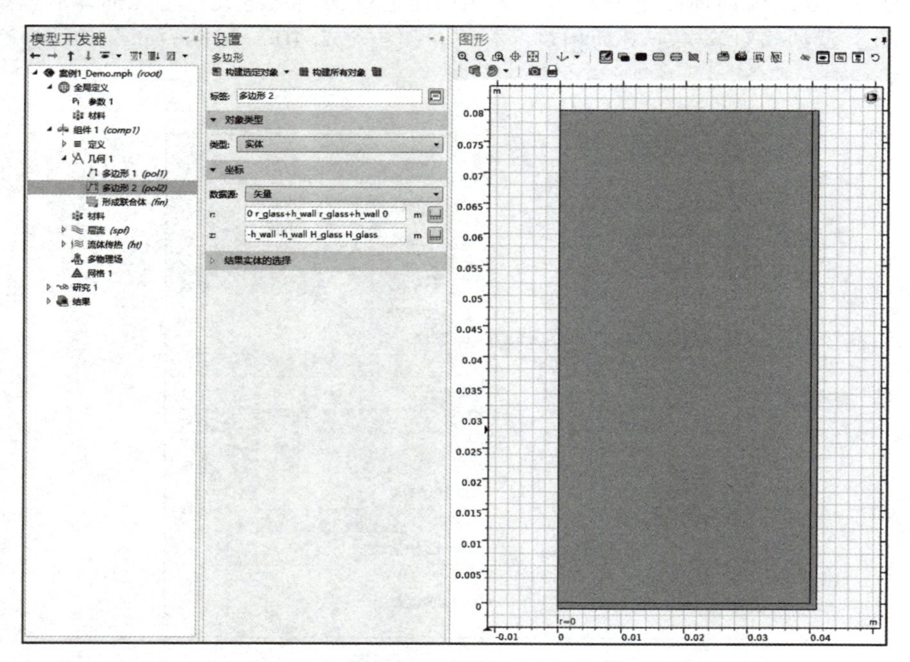

图 5-10　杯壁的绘制方法与结果

以上便完成了二维轴对称杯子的几何体设置。

5. 材料定义

本案例在组件定义中定义杯中物质和杯壁的材料。

首先定义杯壁区域（区域 1）的材料，在材料库中选择硅玻璃（Silica glass）为杯壁材料，并按表 5-3 对材料的参数进行更完整的定义。

表 5-3　硅玻璃的定义

属　性	变　量	值	单　位
密度	rho	2203 [kg/m^3]	kg/m^3
导热系数	k_iso；kii=k_iso，kij=0	1.38 [W/(m*K)]	W/(m·K)
相对磁导率	mur_iso；murii=mur_iso，murij=0	1	1
电导率	sigma_iso；sigmaii=sigma_iso，sigmaij=0	1e-14 [S/m]	S/m
热膨胀系数	alpha_iso；alphaii=alpha_iso，alphaij=0	0.55e-6 [1/K]	1/K
相对介电常数	epsilonr_iso；epsilonrii=epsilonr_iso，epsilonrij=0	3.75	1
杨氏模量	E	73.1e9 [Pa]	Pa
泊松比	nu	0.17	1
折射率实部	n_iso；nii=n_iso，nij=0	1.45	1
折射率虚部	ki_iso；kiii=ki_iso，kiij=0	0	1

其次定义杯中区域（区域 2）的材料，在材料库中选择水（water）为杯中流体材料，保持材料**水**的定义为默认定义，即完成了本仿真案例中的材料定义。

6. 物理场设置

本例包含两个物理场：**层流**（spf）与**流体传热**（ht）。以下将对两个物理场的设置分别说明。

（1）层流（spf）物理场的设置

初始化的层流物理场节点包括**流体属性**、**初始值**、**轴对称**、**壁**四个属性子节点，为完成对本案例层流物理场的设置，还需添加**壁**、**体积力**、**压力点约束**子节点。

首先调整**层流**的物理场属性，单击该物理场条目，选定物理场作用域为轴对称杯子的内部区域（区域 2），定义流体的可压缩性为“弱可压缩流动”，如图 5-11 所示。

然后则完成**流体属性**、**初始值**、**轴对称**、**体积力**的设置，如图 5-12 所示。

第三步需要使用两个**壁**节点和一个**压力点约束**节点共同完成壁面的定义，如图 5-13 所示。

这样，便完成了层流传递物理场的定义。

（2）流体传热物理场（ht）的设置

流体传热物理场的设置稍微复杂，需要额外添加**固体传热**、**温度**、**热源**以及两个**热通量**节点，如图 5-14 所示。

然后，分别对物理场的**流体传热**、**初始值**、**轴对称**节点进行设置，如图 5-15 所示。

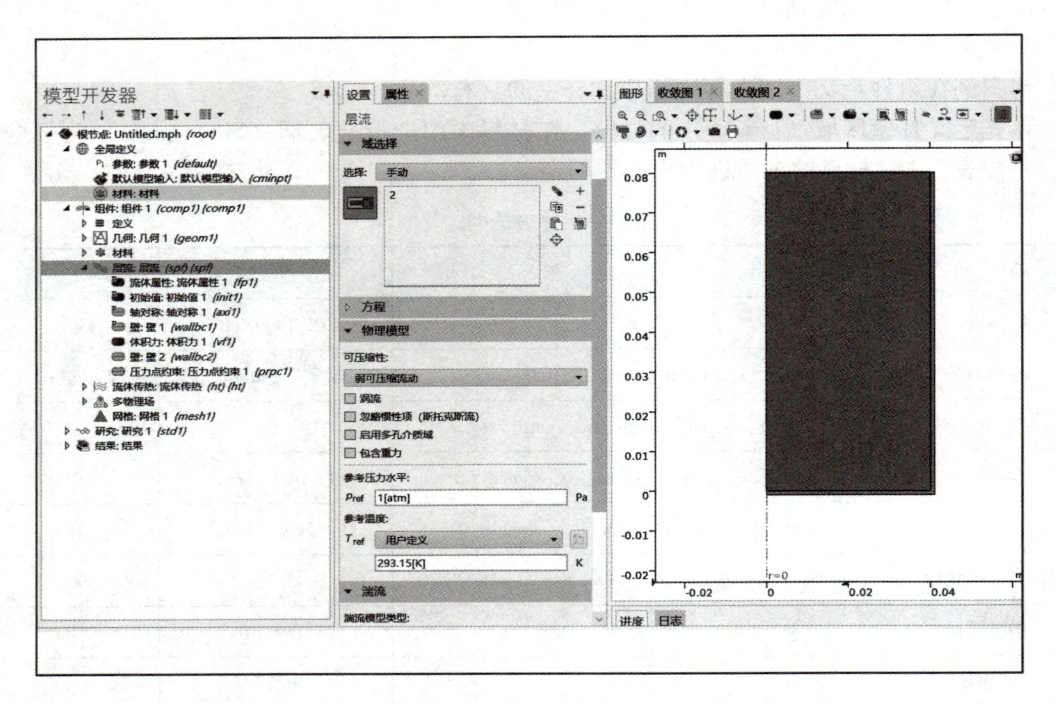

图 5-11　层流物理场的属性

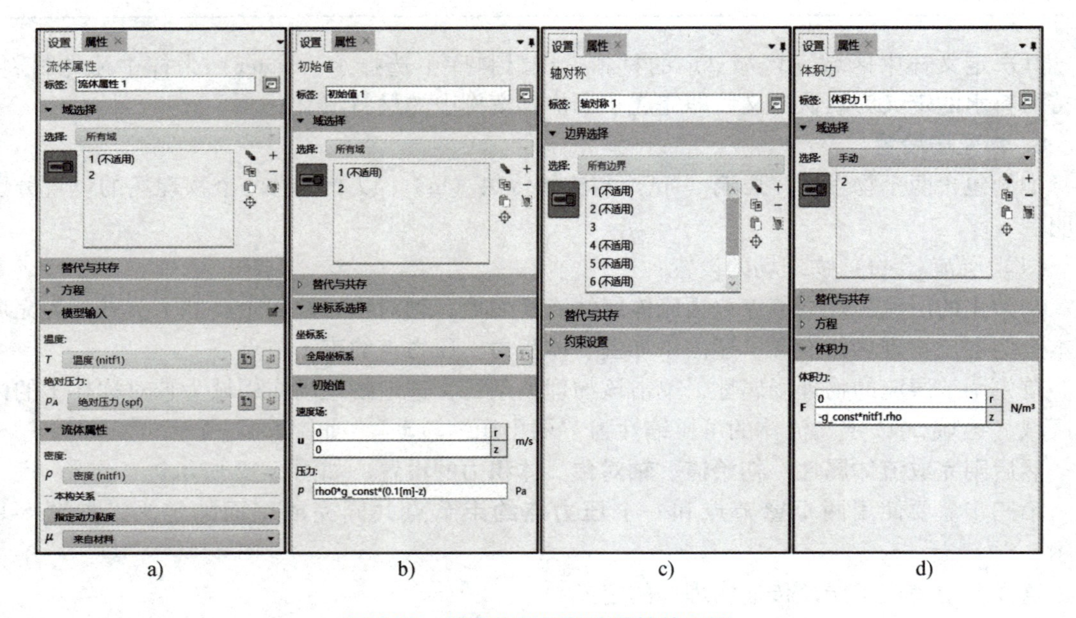

a)　　b)　　c)　　d)

图 5-12　层流物理场部分属性的设置

接下来，使用**温度**属性定义物理场中杯底的温度，使用**热绝缘**定义杯壁的上边缘，如图 5-16所示。

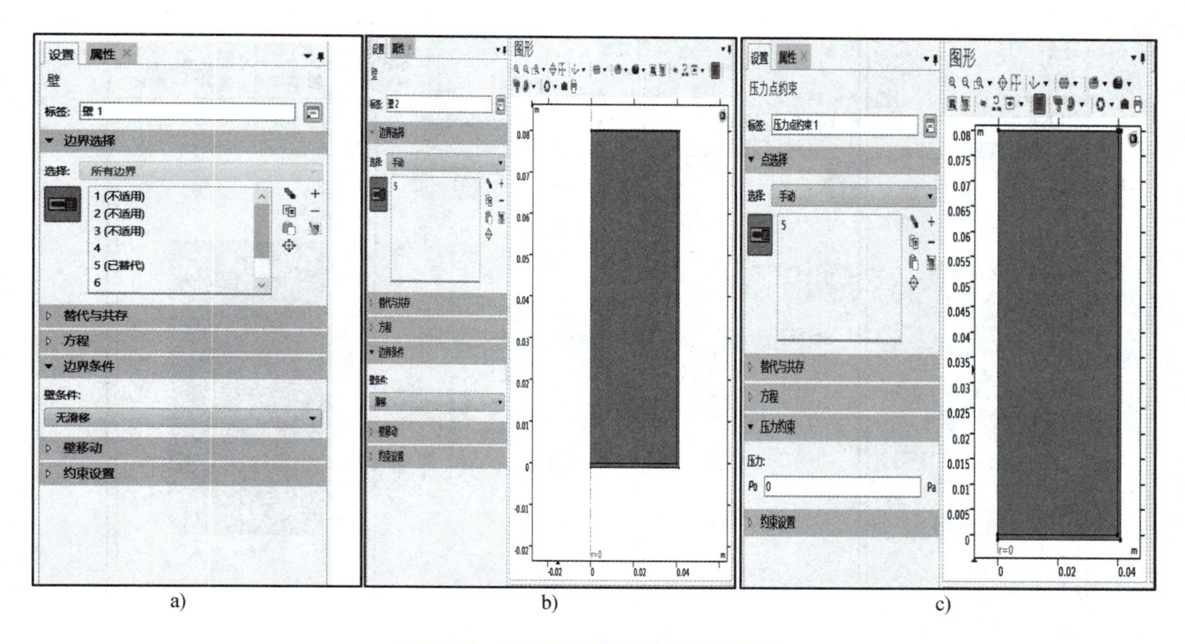

图 5-13 层流物理场部分壁面的设置

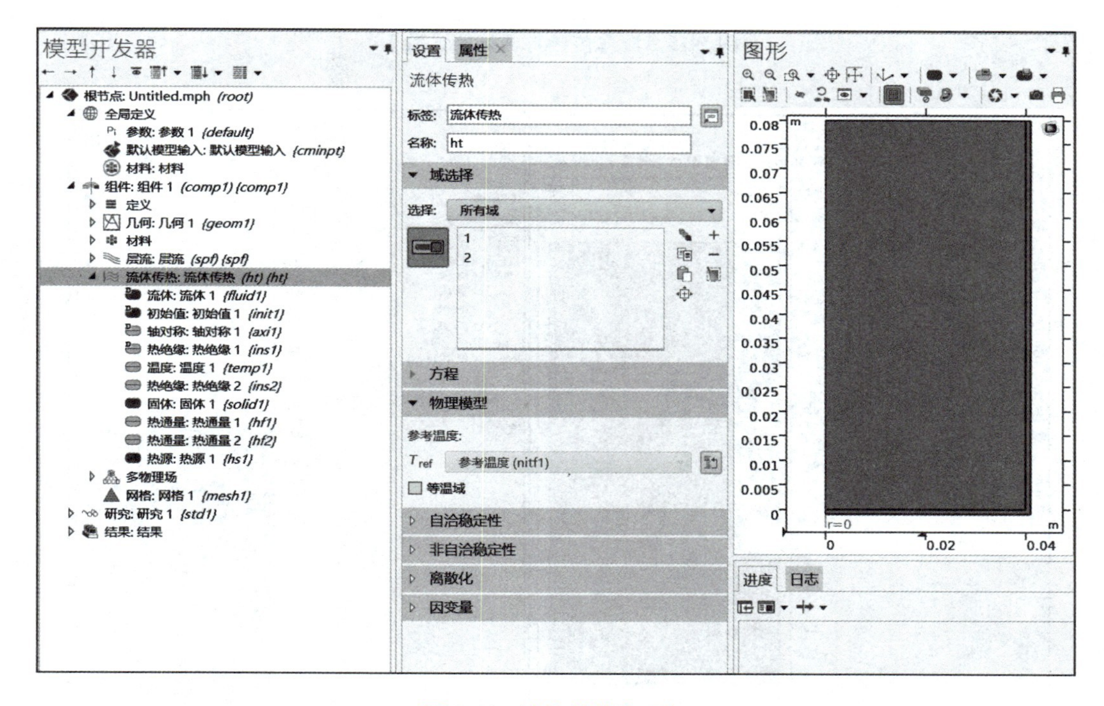

图 5-14 流体传热物理场

使用**固体传热**属性定义杯壁区域，接着定义**热通量**和**热源**属性，即完成了该物理场的定义(见图 5-17)。

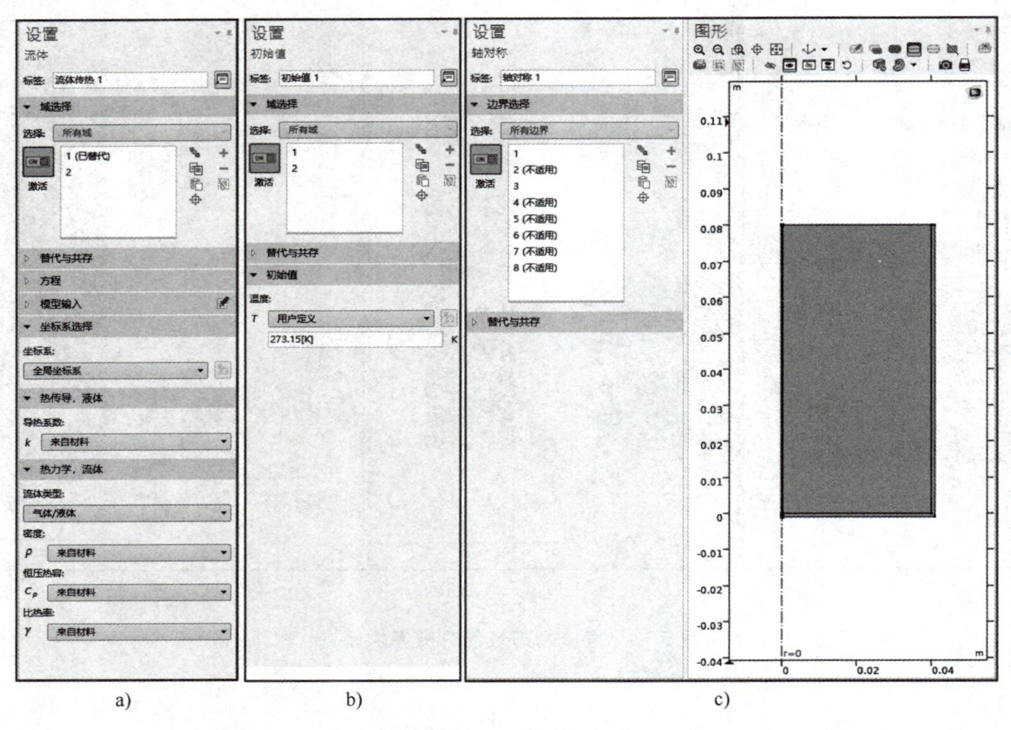

图 5-15　流体传热物理场的设置 I

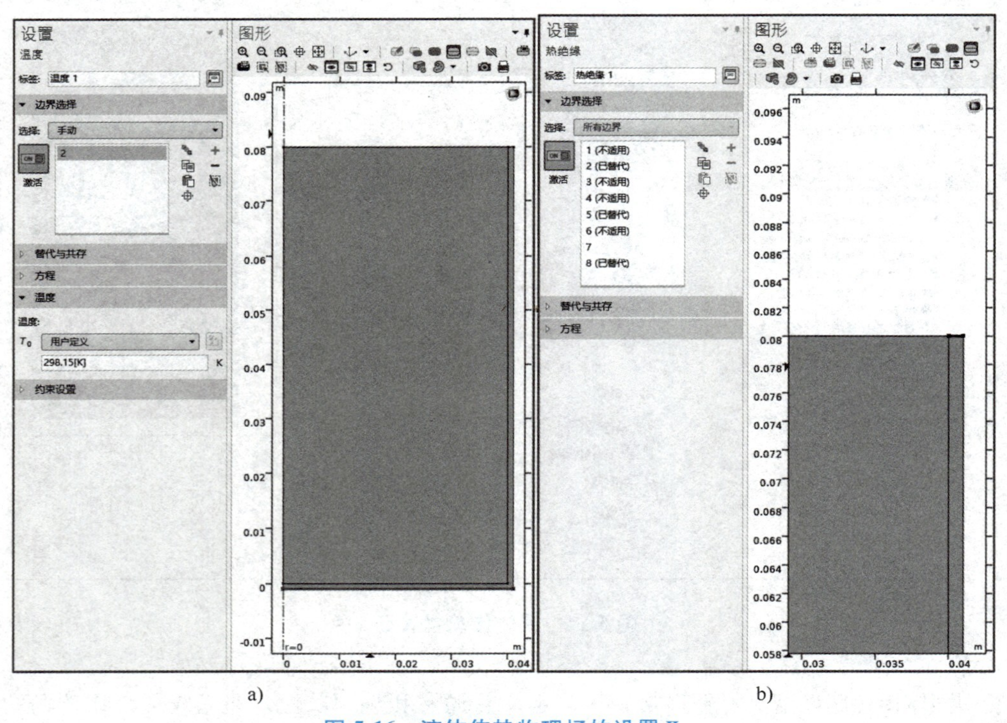

图 5-16　流体传热物理场的设置 II

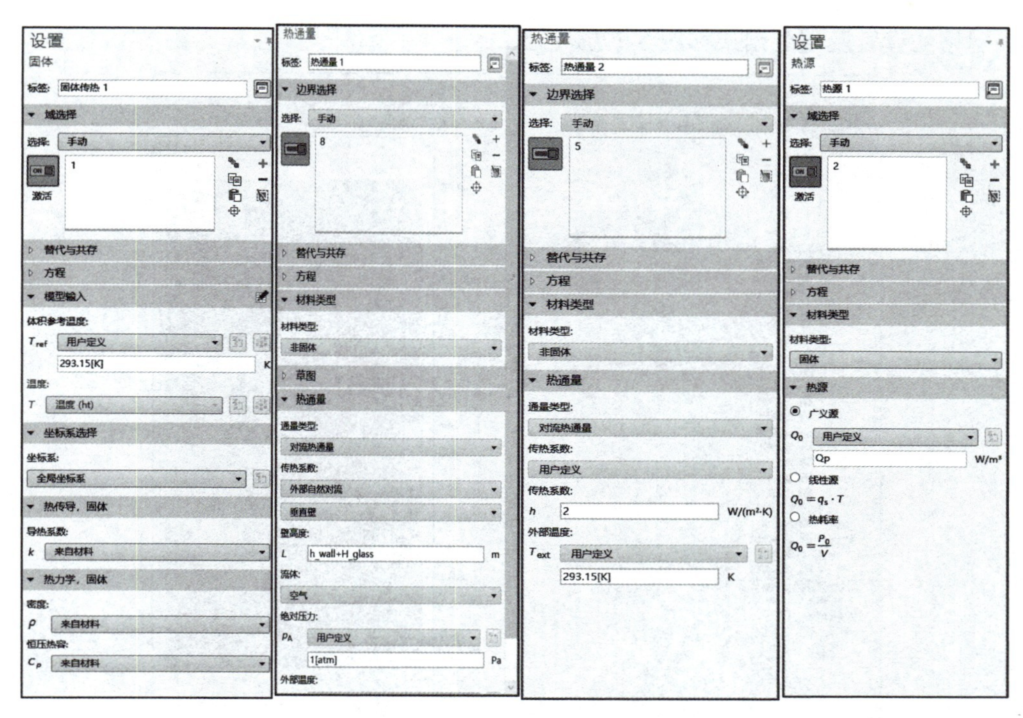

图 5-17　流体传热物理场的设置Ⅲ

（3）设置多物理场耦合

本案例需要进一步设置多物理场耦合，添加非等温流节点，如图 5-18 所示。

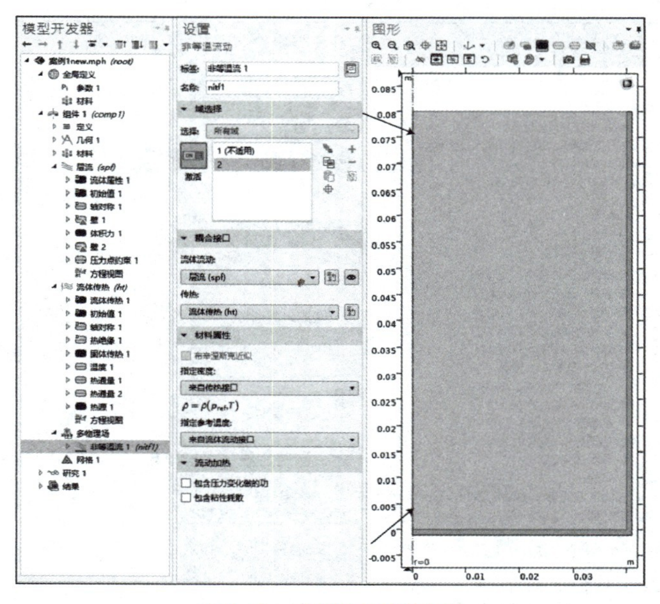

图 5-18　非等温流的设置

7. 网格划分

本案例的网格划分较为简单，选择以**物理场控制网格**的形式定义网格，将单元大小设为

细化，网格的设置及划分结果如图 5-19 所示。

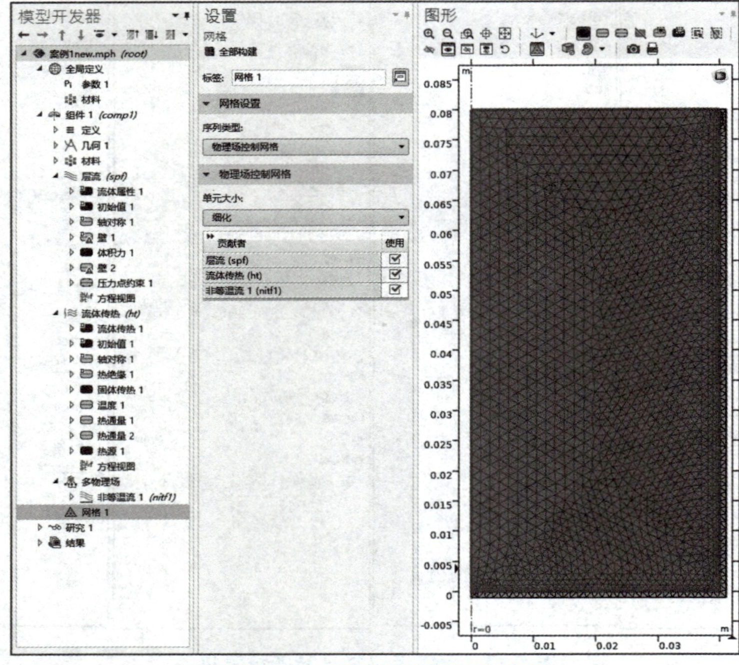

图 5-19　网格的设置及划分结果

8. 求解器设定

本案例仅需设置一个瞬态求解器即可（见图 5-20）。

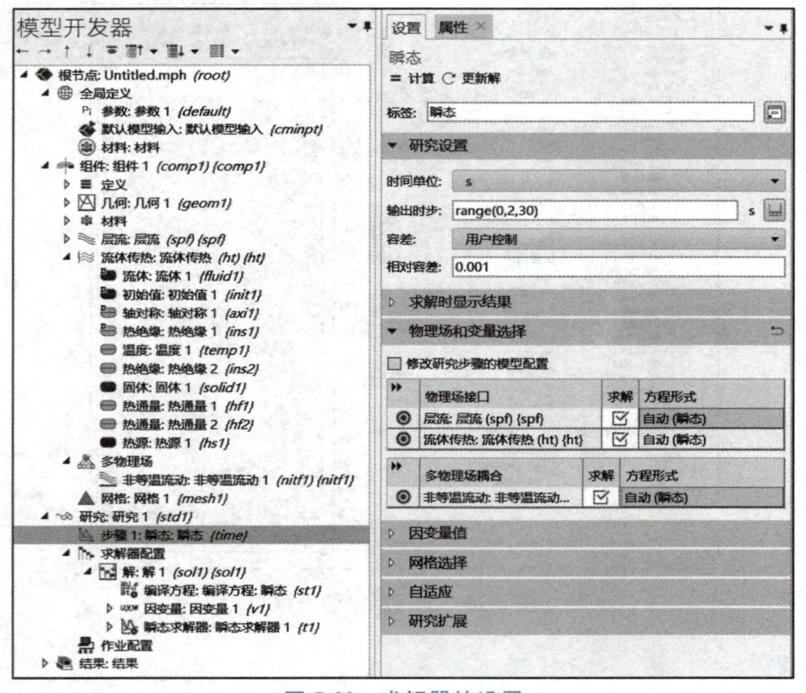

图 5-20　求解器的设置

9. 后处理

由于本案例为二维轴对称模型，案例的后处理包括一系列流体特性的二维分布图，接下来，将以速度分布图为例，介绍后处理的过程，并展示示例。

速度的二维分布绘图方式及结果如图 5-21 所示。

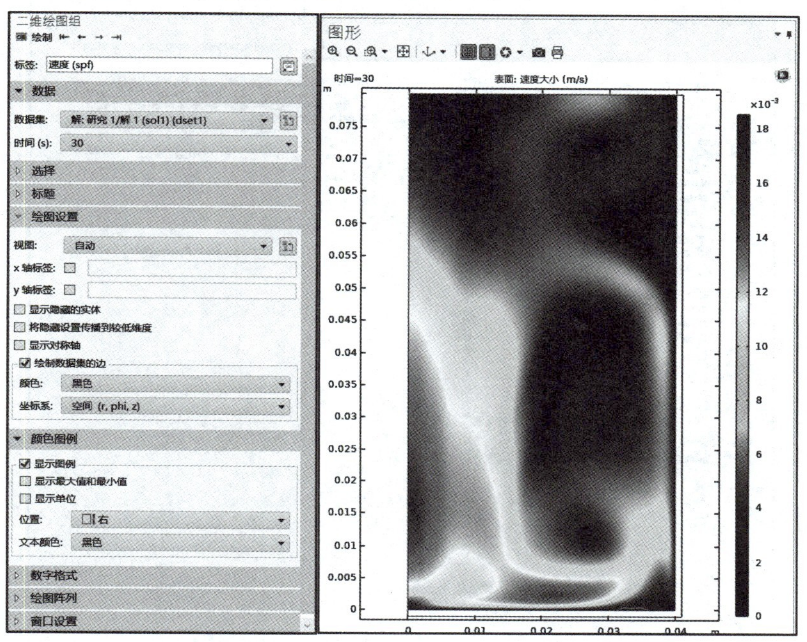

图 5-21　速度的二维分布绘图

5.5.3　案例小结

本案例使用了层流模块和传热模块，传热模块中添加固体传热、温度、热源以及热通量节点，仿真模拟了二维轴对称杯子内的流体对流传热过程。从仿真结果可知，热量通过杯壁传递给水杯内的水，而由于热绝缘壁的作用使得水杯内的水流在对称轴中心速度最高。

5.6　案例 2　高马赫流

5.6.1　物理背景

近年来，S-A 湍流模型在计算流体力学中非常流行，原因是它对计算复杂流动有很强的鲁棒性，且在计算过程中占用的 CPU 和内存更少。飞机在飞行过程中，研究进气道内气流的流动过程对提高发动机效率有举足轻重的作用。此模型计算了流体经过收缩部有一圆形障碍物的 Sajben 进气道的流动过程，分析了流体的速度、温度以及压力分布。

5.6.2　操作步骤

1. 物理场选择

打开软件后，使用模型向导创建模型，首先将模型的空间维度设置为二维。接下来在物理场的选择中，通过模型树，添加我们需要的物理场。本问题中，需要添加的物理场模型为高马赫数湍流的 S-A 模型，具体路径为**流体流动—高马赫数流动—湍流—高马赫数流动，Spalart-Allmaras（hmnf）**。添加效果如图 5-22 所示。

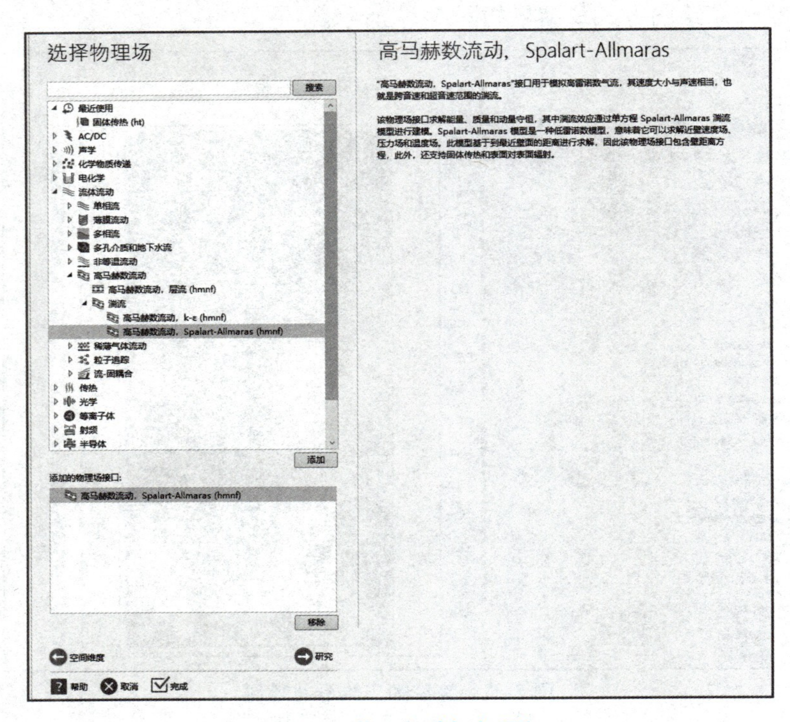

图 5-22　物理场选择与添加

2. 因变量设置

在添加所需的物理场后，需要对所选物理场的接口进行设置，本模型中，接口按默认设置处理即可（见图 5-23）。

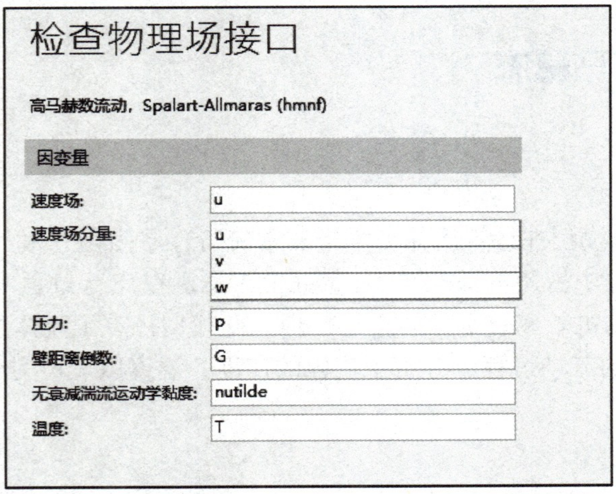

检查物理场接口

高马赫数流动，Spalart-Allmaras (hmnf)

因变量

速度场:	u
速度场分量:	u v w
压力:	p
壁距离倒数:	G
无衰减湍流运动学黏度:	nutilde
温度:	T

图 5-23　因变量设置

3. 简要求解器设置

这之后，模型向导会进入**研究**设置步骤，在**选择研究**树中选择**所选物理场接口的预设研究—带初始化的稳态**，单击**完成**（见图 5-24）。

图 5-24　简要求解器设置

4. 全局参数设置

由于本案例在设计构件的几何参数时需要使用参数化曲线等多种方式，所以在进行几何设置之前需要先定义本案例的全局参数。全局参数的具体赋值如表 5-4 所示。

表 5-4　全局参数

名　称	表 达 式	值	描　述
Rein	7e5	7E5	Inlet Reynolds number
case	1	1	Case number：1=weak shock，2=strong shock
x0	−6.99809 [in]	−0.17775m	Inlet x-position
xEnd	14.98353 [in]	0.38058m	Outlet x-position
h_in	2.44483 [in]	0.062099m	Diffuser inlet height
h_out	2.59830 [in]	0.065997m	Diffuser outlet height
h_th	1.732 [in]	0.043993m	Throat height

5. 几何设置（见图 5-25）

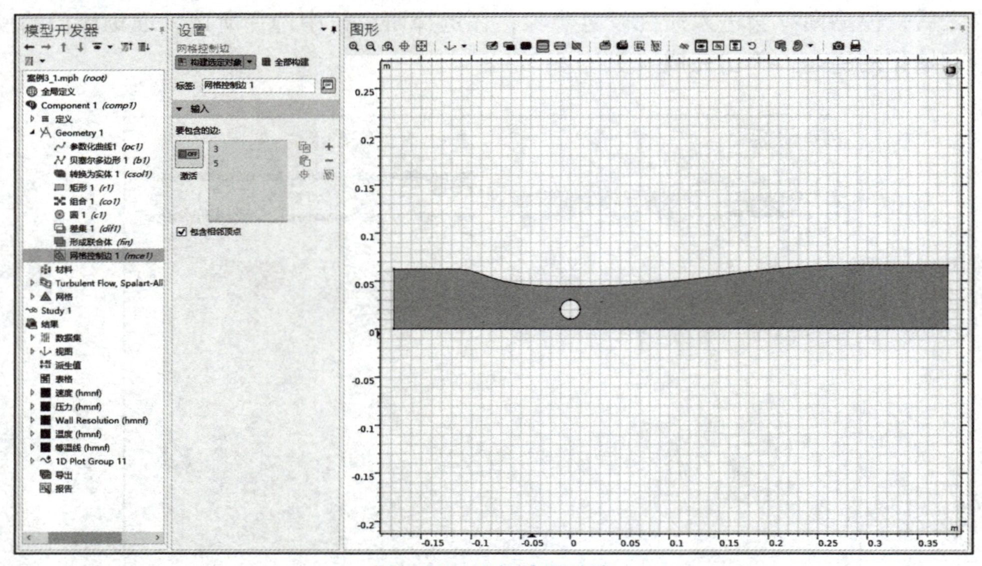

图 5-25　几何绘图结果

（1）参数化曲线绘制

在构建该流道的几何构型时，第一步需要使用参数化曲线描述流道的上边缘。首先在**全局定义**中添加名为 **top_pos** 的**插值函数**对曲线进行数值描述，如图 5-26a 所示。然后，绘制用该插值函数描绘的参数化曲线（见图 5-26b 和图 5-27）。

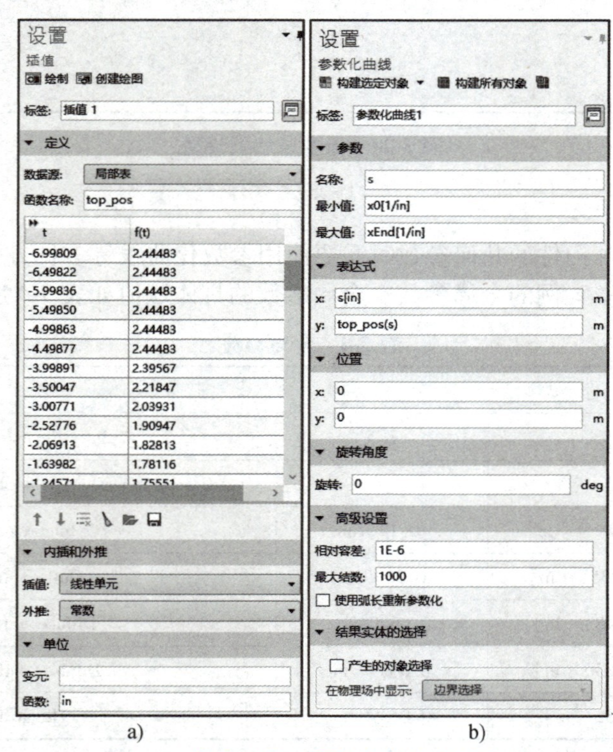

图 5-26　插值函数设置与参数化曲线绘制

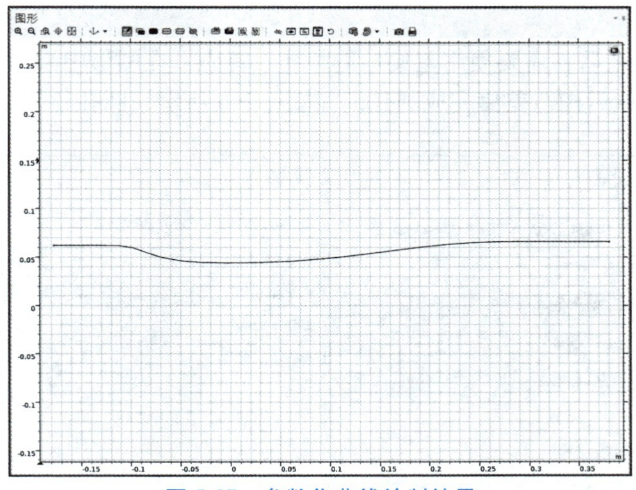

图 5-27　参数化曲线绘制结果

（2）多边形

在**几何** 1 节点处右键单击，点选**多边形**以添加该图形。在贝塞尔多边形设置窗口中添加三个分段，以**开放曲线**的类型构建实体。具体分段参数如表 5-5 所示。

表 5-5　多边形尺寸设置参数

名　　称	x	y
控制点 1	x0	h_in
控制点 2	x0	0
控制点 3	xEnd	0
控制点 4	xEnd	h_out

（3）转换为实体

然后，使用构建的参数化曲线与贝塞尔多边形转换流道所需的实体（见图 5-28）。

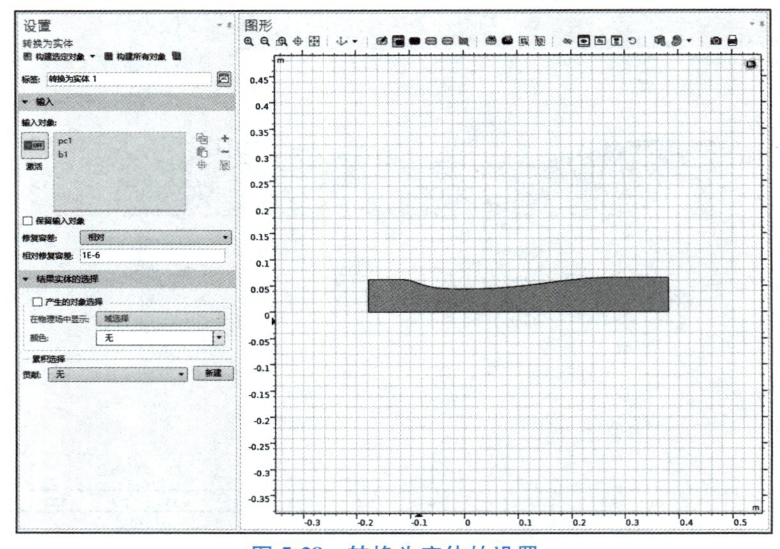

图 5-28　转换为实体的设置

（4）构造圆孔

在完成流道的构造后，需要使用差集构造圆孔。首先，在图形中添加一个**圆**，具体参数设置如图 5-29a 所示，然后构造**差集**完成圆孔，如图 5-29b 所示，圆孔绘制结果如图 5-30 所示。

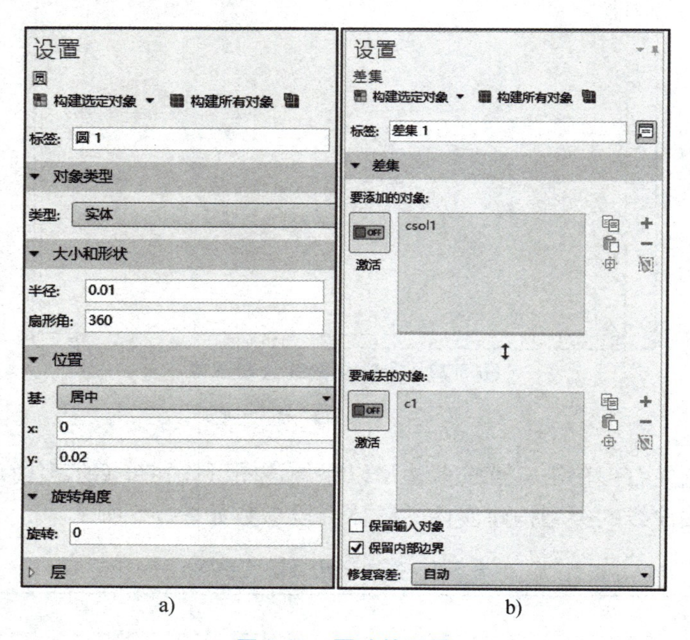

图 5-29　圆孔的设置

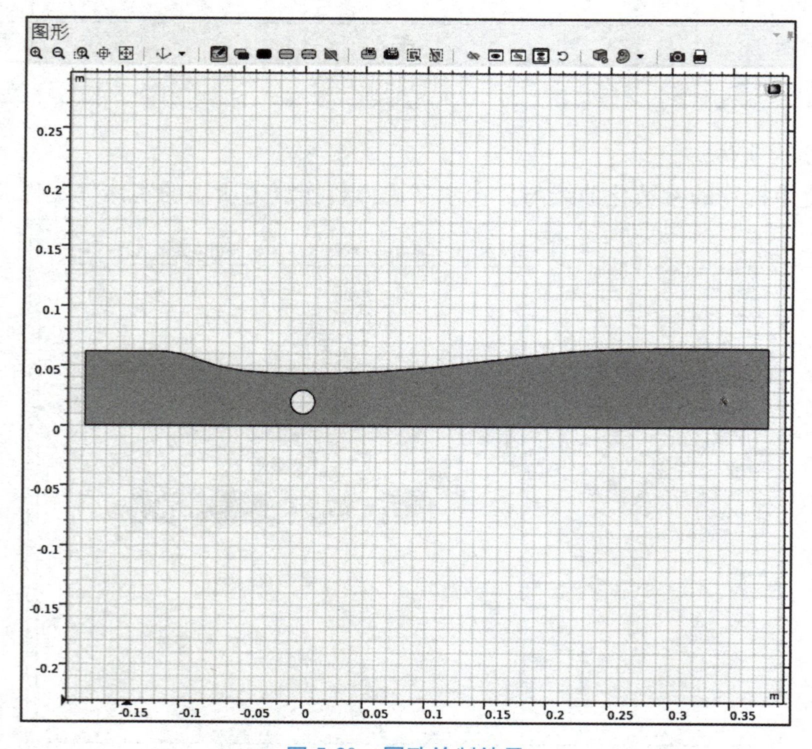

图 5-30　圆孔绘制结果

（5）构造网格控制边

本案例中，为方便研究不同区域中的流动，需要构造网格控制边。首先，构造**矩形**（图 5-31a），而后使用**组合**工具保留矩形（r1）边缘在流道实体（dif1）内的两条边（图 5-31b）。最后，完成**形成联合体**操作之后，利用这两条边生成**网格控制边**（图 5-31c）。

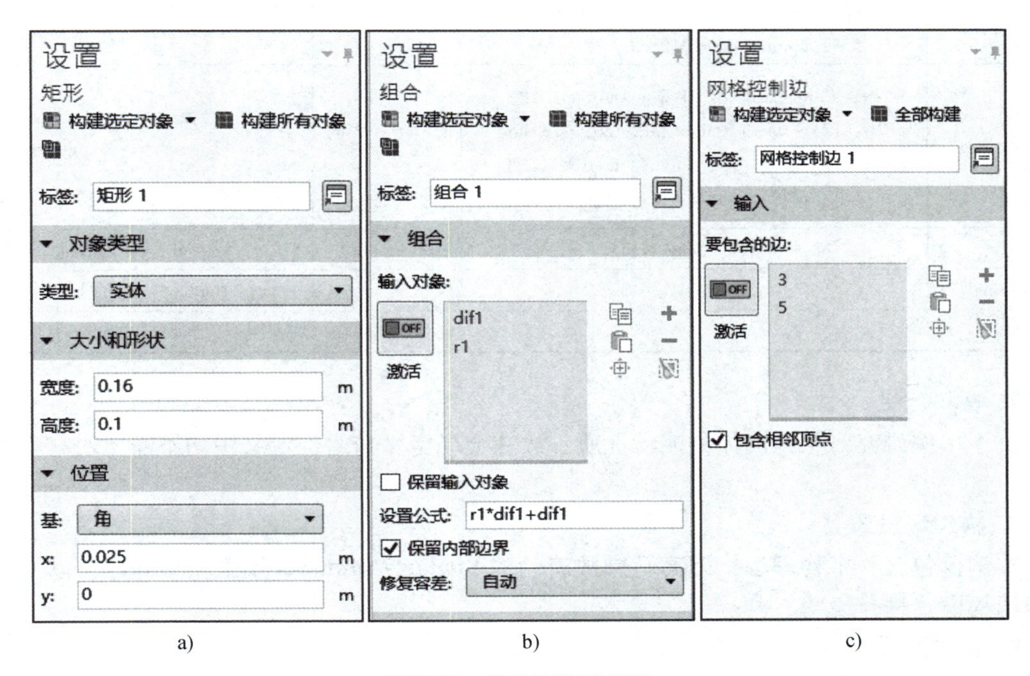

a)　　b)　　c)

图 5-31　生成网格控制边

6. 变量定义

本案例中，变量仅需通过在组件 1 内添加一个变量子节点（变量 1）来定义，如表 5-6 所示。

表 5-6　变量 1 输入

名　称	表 达 式	单　位	描　述
Min	0. 46		Inlet Mach number
rhoin	pin_stat/Rs/Tin_stat	kg/m^3	Inlet density
Tin_tot	500 [R]	K	Inlet total temperature
Tin_stat	Tin_tot/(1+0. 5 * Min^2 * (−1+gamma))	K	Inlet static temperature
pin_tot	19. 58 [psi]	Pa	Inlet total pressure
pin_stat	pin_tot/(1+0. 5 * Min^2 * (−1+gamma)) ^ (gamma/(−1+gamma))	Pa	Inlet static pressure
mu_ref	rhoin * u_in * h_in/Rein	kg/(m · s)	Reference dynamic viscosity
u_in	Min * sqrt (gamma * Rs * Tin_stat+eps)	m/s	Inlet velocity
pOut	if (case==1, 16. 05, 0) [psi] + if (case==2, 14. 1, 0) [psi]	Pa	Outlet pressure

（续）

名　称	表 达 式	单　位	描　述
CFLnum	if（case＝1，CFLweak，0）+ if（case＝2，CFLstrong，0）		CFL number for pseudo time stepping
CFLweak	1. 3^min（niterCMP−1，9）+if（niterCMP>25，5 * 1. 2^min（niterCMP−26，12），0）		CFL number，weak case
CFLstrong	1+if（niterCMP>10，1. 2^min（niterCMP−10，12），0）+if（niterCMP>120，1. 3^min（niterCMP−120，9），0）+if（niterCMP>220，1. 3^min（niterCMP−220，9），0）		CFL number，strong case
Rs	287［J/kg/K］	J/（kg · K）	Specific gas constant
gamma	1. 4		Ratio of specific heats
Pr	0. 72		Prandtl number

7. 材料定义

由于本例研究对象为流体的流动性质，故在全局定义与组件定义中均不需要对材料进行定义。

8. 物理场设置

本例仅包含一个物理场，即**高马赫数流动的 Spalart-Allmaras 模型（hmnf）**，以下对该物理场的设置进行说明。

9. 流体设置

本例中，需要对流体的热传导、热力学、动力黏度进行设置。其中，流体的热传导与热力学方程采用用户定义的方式定义；而动力黏度仍采用苏士南公式定义，但需改变参考值。具体设置如图 5-32 所示。

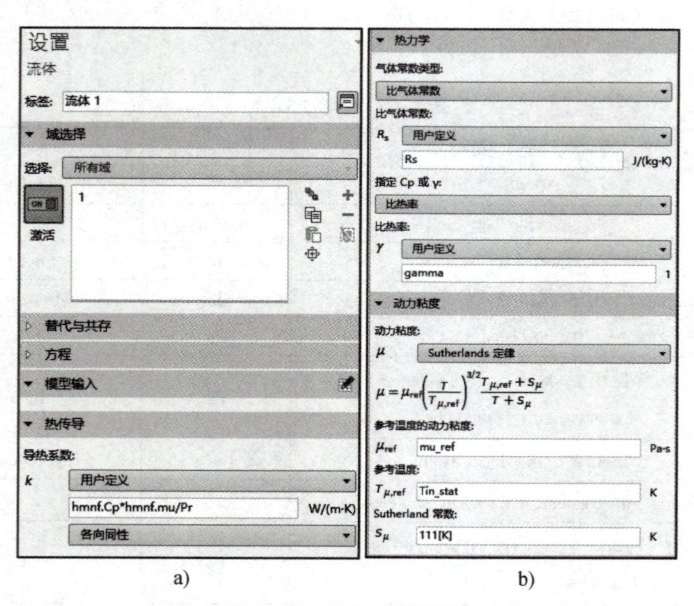

a)　　　　b)

图 5-32　流体参数设置

10. 入口、出口、壁面与热绝缘的设置

在该流场中，流体从流道左侧流向流道右侧，因此需要在该流道中设置入口与出口。在 S-A 模型物理场处单击右键，分别添加入口与出口，并按照图 5-33a、b 的方式对入口与出口的条件进行设置。在设置了入口与出口后，壁面与热绝缘设置中出口、入口对应的壁面特性即自动替换为出口与入口条件中所对应的参数（见图 5-33c、d）。

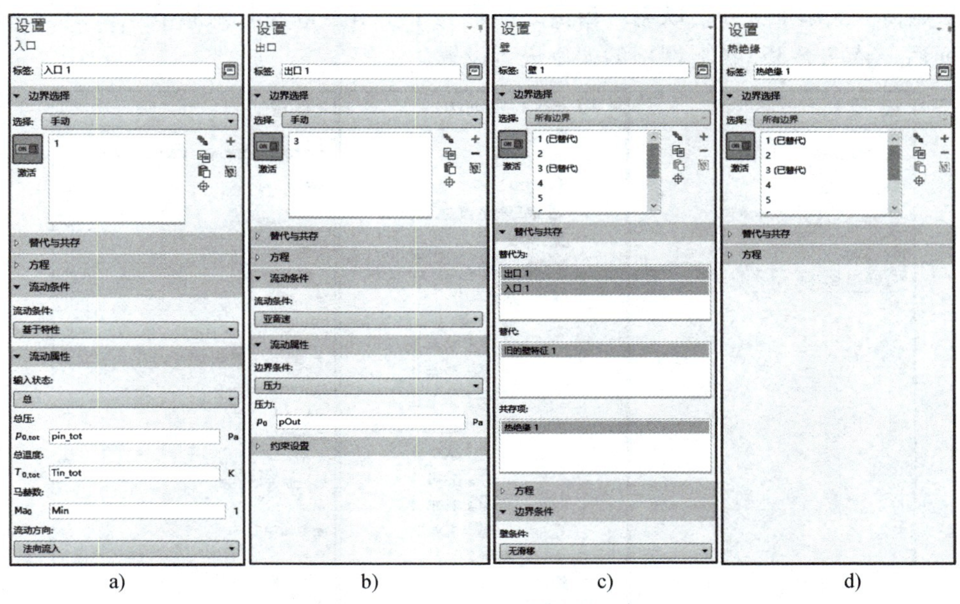

a)　　　　b)　　　　c)　　　　d)

图 5-33　入口、出口与壁面的设置

11. 初始条件的设置

如图 5-34 所示，在 S-A 模型中，对模型的初始值做如下设置。

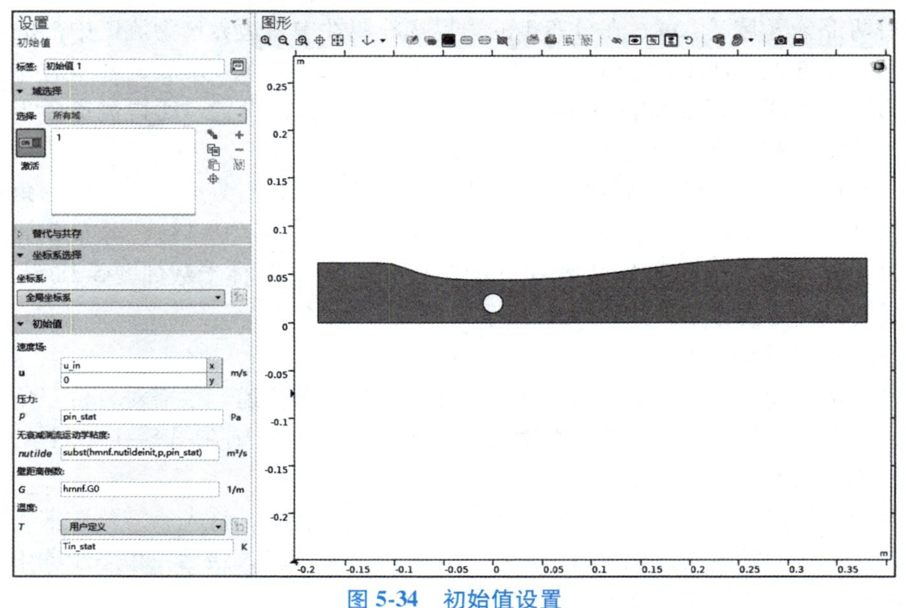

图 5-34　初始值设置

12. 网格剖分

本案例中，将使用两种密度不同的网格以进行不同精度的计算并进行比较。

（1）高精度网格的设置

高精度网格采用用户定义的方式生成，其中，前半部分流道采用**自由三角形**网格，后半部分流道采用**映射**网格（即贴体网格）。首先，将网格 1 节点设置为**用户控制网格**；右键单击网格 1 节点，依次添加**大小**、**映射**、**自由三角形**三个子节点以及其附属节点，如图 5-35a、b 所示。而后，依图 5-35c 再对网格的大小进行设置。

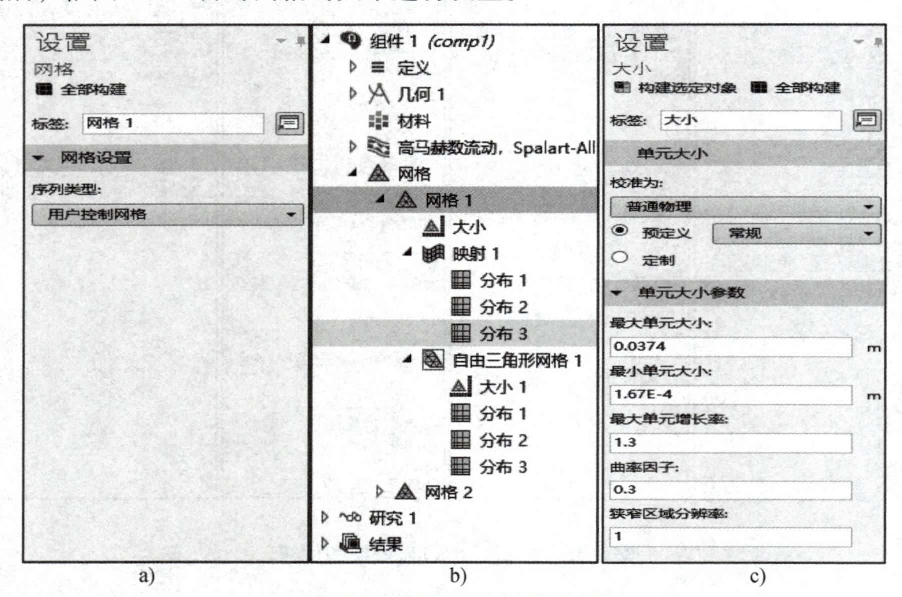

图 5-35　高精度网格的设置

其次，使用**映射**网格，对流道的后半部分进行网格剖分。在映射网格的**域选择**属性中选中流道的后两部分（域 2、3）；在分布 1 的边界选择属性中将边界选为流道中部的上下边界（边 9、11），分布 2 边界选为流道后部的上下边界（边 2、12），分布 3 边界选为流道后部的左、右边界（边 3、13）；如图 5-36 所示分别对各属性进行设置。所得流道后半部分的网格剖分结果如图 5-37 所示。

然后，利用自由三角形网格对流道前半部分带圆孔区域进行划分，将自由三角形网格的作用域选为域 1，分布 1 的作用域选为流道前半部分的后边界（边 13），分布 2 的作用域选为上边界（边 8），分布 3 的作用域选为下边界（分布 10），具体参数如图 5-38 设置。

最后，得到网格剖分结果如图 5-39 所示。

（2）低精度网格的设置

低精度网格的设置较为简单，采用自由三角形网格划分流道，仅需对自由三角形网格的大小进行设置即可，具体操作如图 5-40 所示。网格剖分的结果则在图 5-41 中展示。

13. 求解器设定

本案例中，通过伪时间步长法以求解流场的稳态流动特性。首先，需要对求解器进行参数化扫描，然后在壁距离初始化窗口中选择 S-A 模型的物理场，最后在稳态步骤中添加对入口雷诺数的扫描，具体操作步骤如图 5-42 所示。

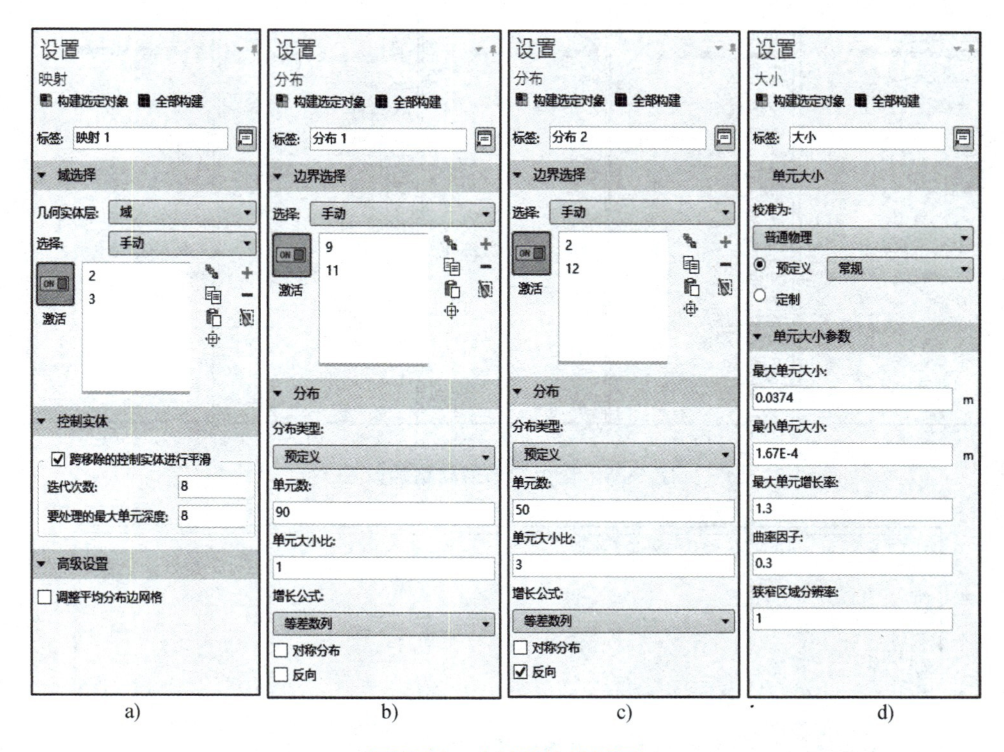

图 5-36 映射网格的设置

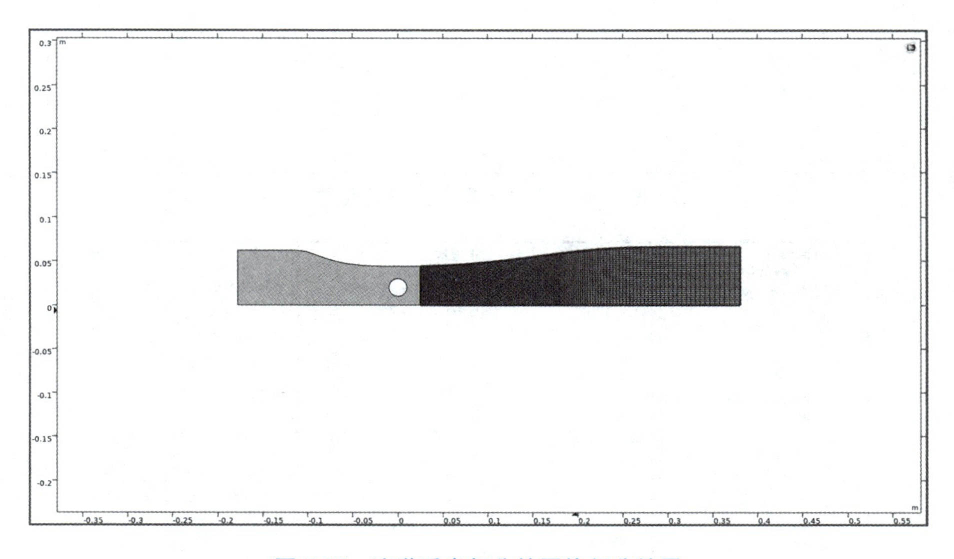

图 5-37 流道后半部分的网格剖分结果

14. 后处理

本案例的后处理主要包括流场速度的二维绘图组以及描述流场上边界压力的一维绘图组。

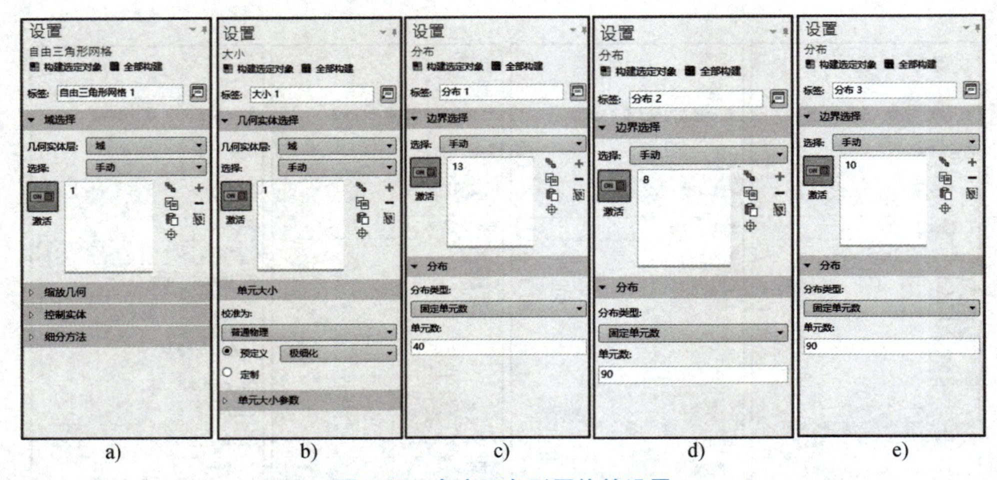

图 5-38　自由三角形网格的设置

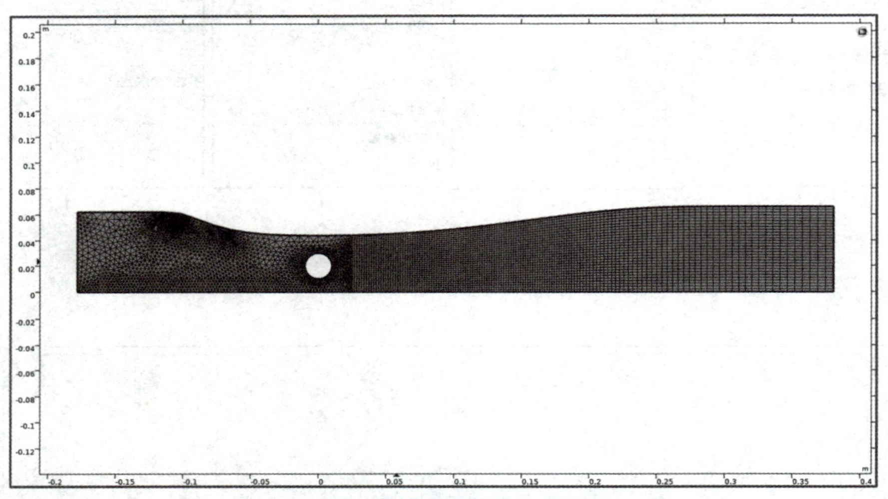

图 5-39　高精度网格的剖分结果

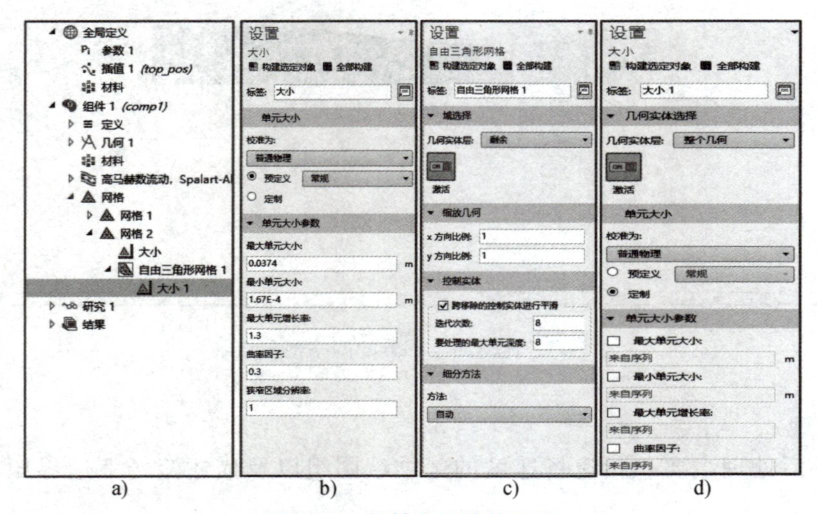

图 5-40　低精度网格的剖分

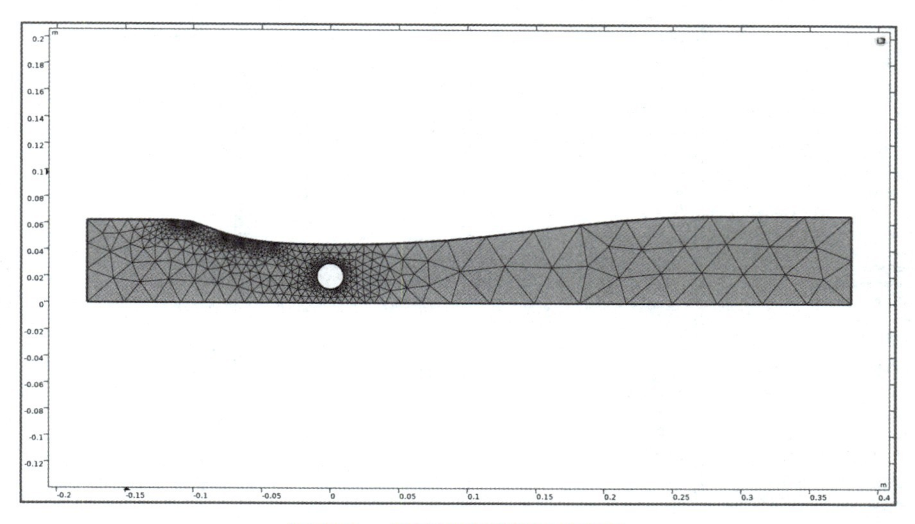

图 5-41　低精度网格的划分结果

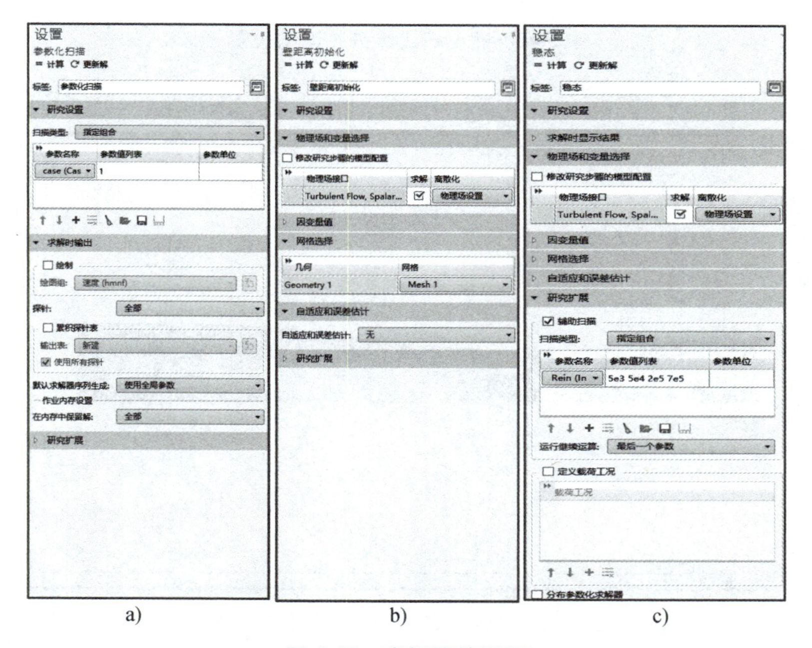

图 5-42　求解器的设置

（1）速度分布二维绘图

S-A 模型求解器的默认输出中包含了使用**表面**色图表达的流场分布。右键单击**速度**绘图组，在其中添加**流线**与**等值线**子节点。首先编辑**表面**子节点，在**表达式**一栏中将所绘制的对象由速度改为流场的马赫数。而后，在**流线**子节点的设置中，将流线的数量调整到合适的水平，以便流场能够清晰表达。最后，使用**等值线**将流场中流速为 0 的部分表现出来。具体操作如图 5-43所示，二维图的绘制结果样例如图 5-44 所示。

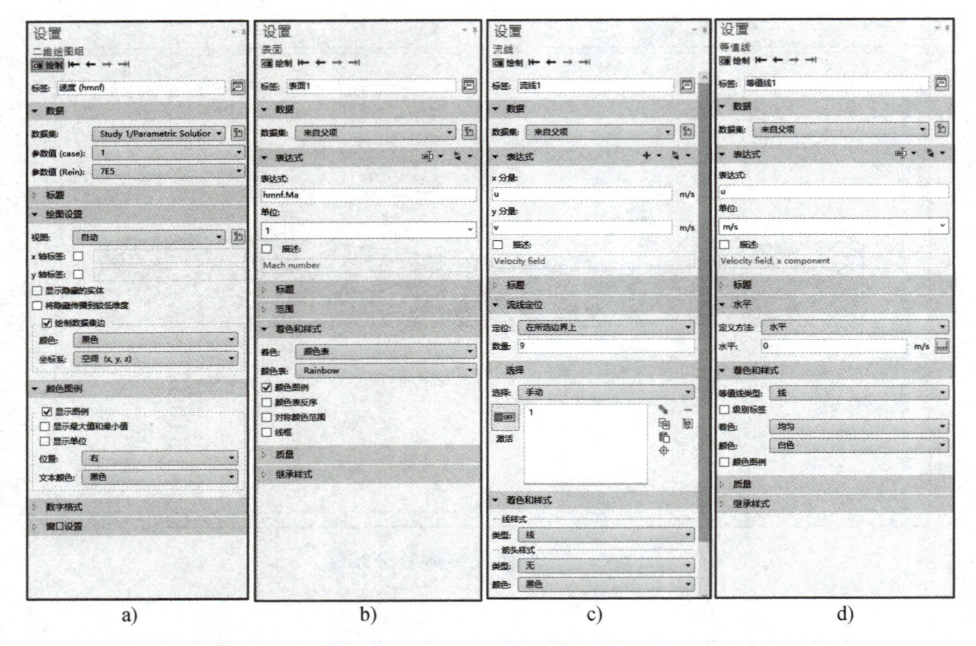

图 5-43　速度场二维分布图的设置

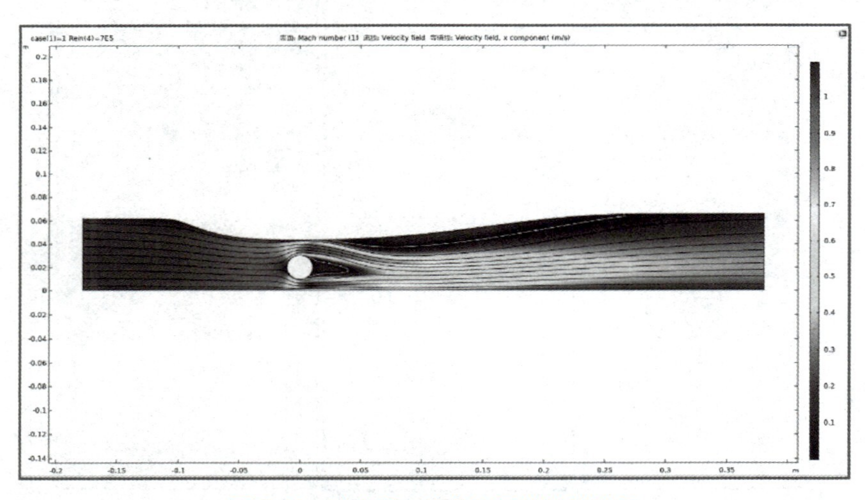

图 5-44　速度场二维分布图的绘制结果

（2）流场上边界压力分布一维绘图组

S-A 模型求解器的默认输出中不包含一维绘图组，需要在**结果**栏中添加该项目，并在一维绘图组中添加两组线图以相互比较。绘图操作如图 5-45 所示，绘图结果示例如图 5-46 所示。

5.6.3　案例小结

本案例应用高马赫数湍流的 S-A 模型模拟了流体流经收缩部分有一圆形障碍物的 Sajben

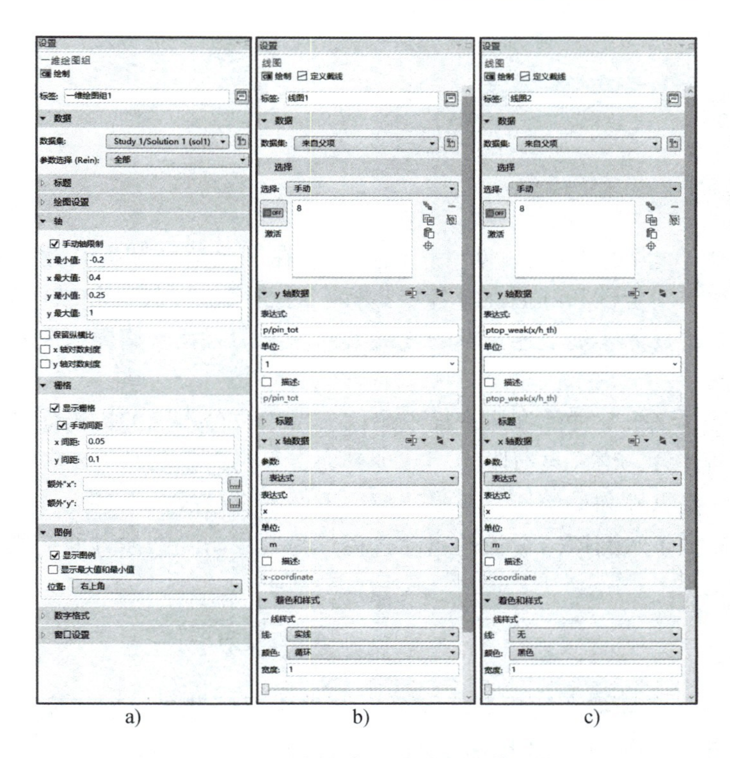

图 5-45 压力分布一维绘图组的设置

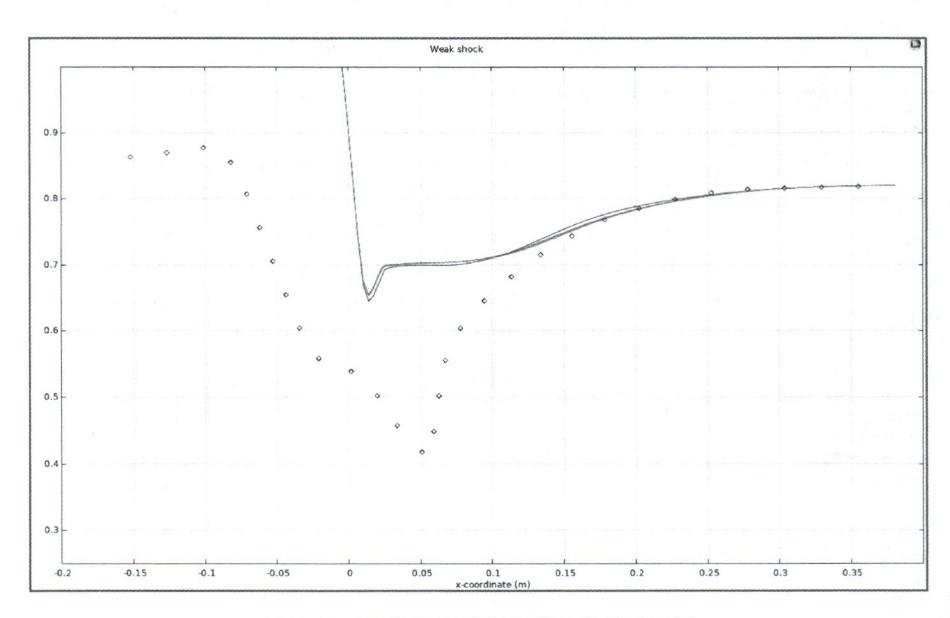

图 5-46 流场上边界压力分布的绘图示例

进气道的流动过程，本案例使用两种密度不同的网格以进行不同精度的计算并进行比较。从仿真结果可知，流体通过收缩部分时被加速，流经圆柱障碍物时，沿圆柱表面流动在到达圆柱顶点附近就离开了壁面，分离后的流体在喷嘴附近又汇聚在一起。

5.7　案例 3　相场液滴滴落

5.7.1　物理背景

节能、环保是 21 世纪的主题，新一代民用飞机在满足适航和提高竞争力的要求下，必须不断提高经济性、安全性和舒适性等各项指标。对于飞机的气动和结构设计而言，增升、减阻、降噪和减重是具体实现上述指标的发展方向。下雨天大水滴撞击飞机表面是飞机飞行安全的一类重要问题。

通常在下雨天，飞机部件的迎风表面上会因云层中过冷水滴的撞击而结冰，机翼表面结冰，将会影响气动外形，增大飞行阻力，减少升力，最为严重的是在机翼表面形成的不规则结冰会影响飞机的操纵性和稳定性，容易造成严重的安全事故。

本模型数值模拟了水滴撞击平板的运动过程，为其在防除结冰方面提供重要的依据。

5.7.2　操作步骤

1. 物理场选择

本案例包含一个多场耦合的物理场模型。首先使用模型向导创建模型，将模型的空间维度设置为二维。而后在物理场的选择中，添加一个层流两相流，相场的多场耦合模型。该场的具体位置位于**流体流动-多相流-两相流，相场-层流两相流，相场**。添加效果如图 5-47 所示。

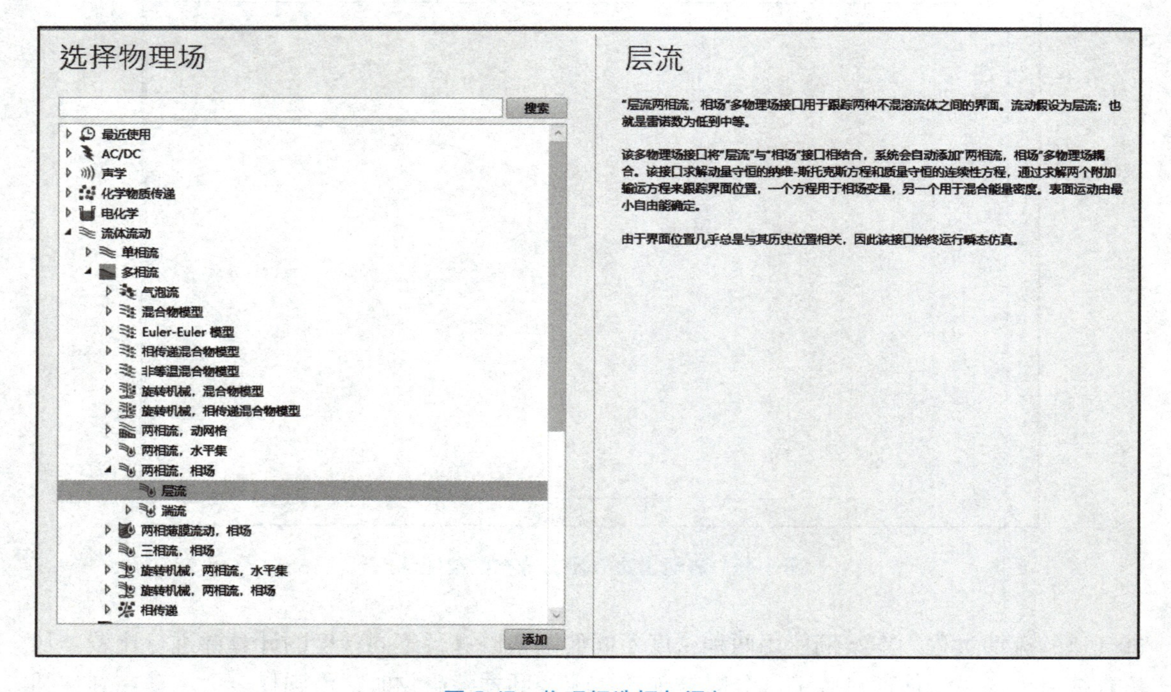

图 5-47　物理场选择与添加

2. 因变量设置

在添加所需的物理场后，需要对所选物理场的接口进行设置，本模型中，接口按默认设置处理即可（见图 5-48）。

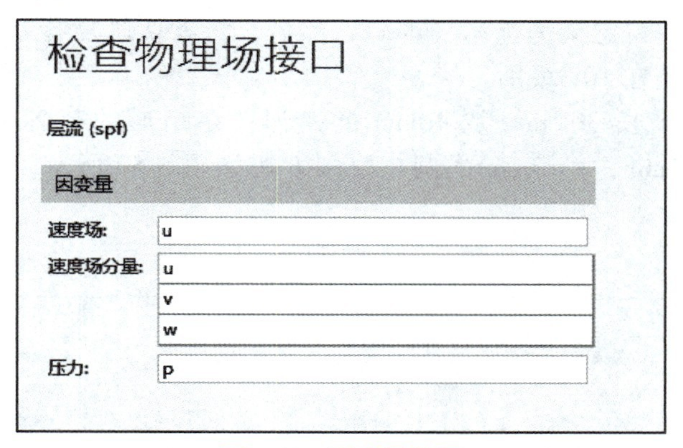

图 5-48　因变量设置

3. 研究的设置

在研究设置步骤，选择所选物理场接口的预设研究—包含相初始化的瞬态，单击完成（见图 5-49）。

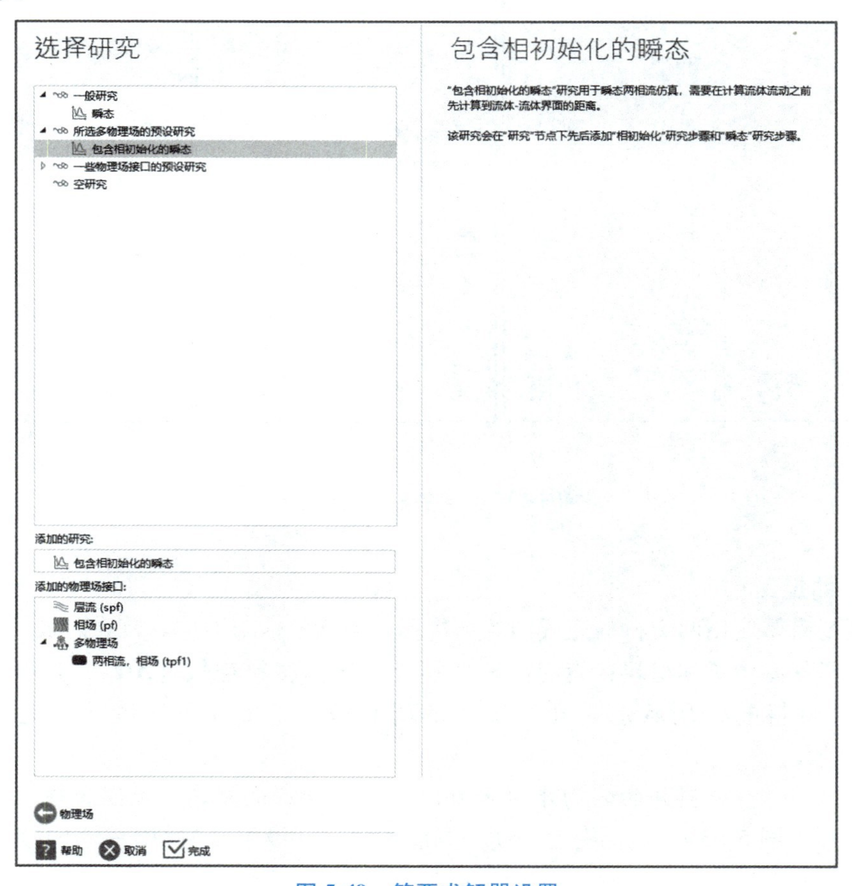

图 5-49　简要求解器设置

4. 几何设置

由于本案例无须定义全局参数，在完成案例模型的初始化后，便可进入几何设置步骤。本案例的二维几何图形由矩形及圆组成，绘制方法较为简单。首先对几何节点的属性进行定义，将几何体的长度单位定义为毫米（mm）；然后，将默认修复容差由**自动**方式改换成**相对**方式，并将量级限定在 10^{-6}级别。

这之后，构建一个长 30mm、宽 10mm 的矩形；在矩形的基础上，绘制一个半径为 1mm、圆心位于 $x=16$mm，$y=3$mm 的圆。绘制方法如图 5-50 所示，绘制结果则如图 5-51 所示。

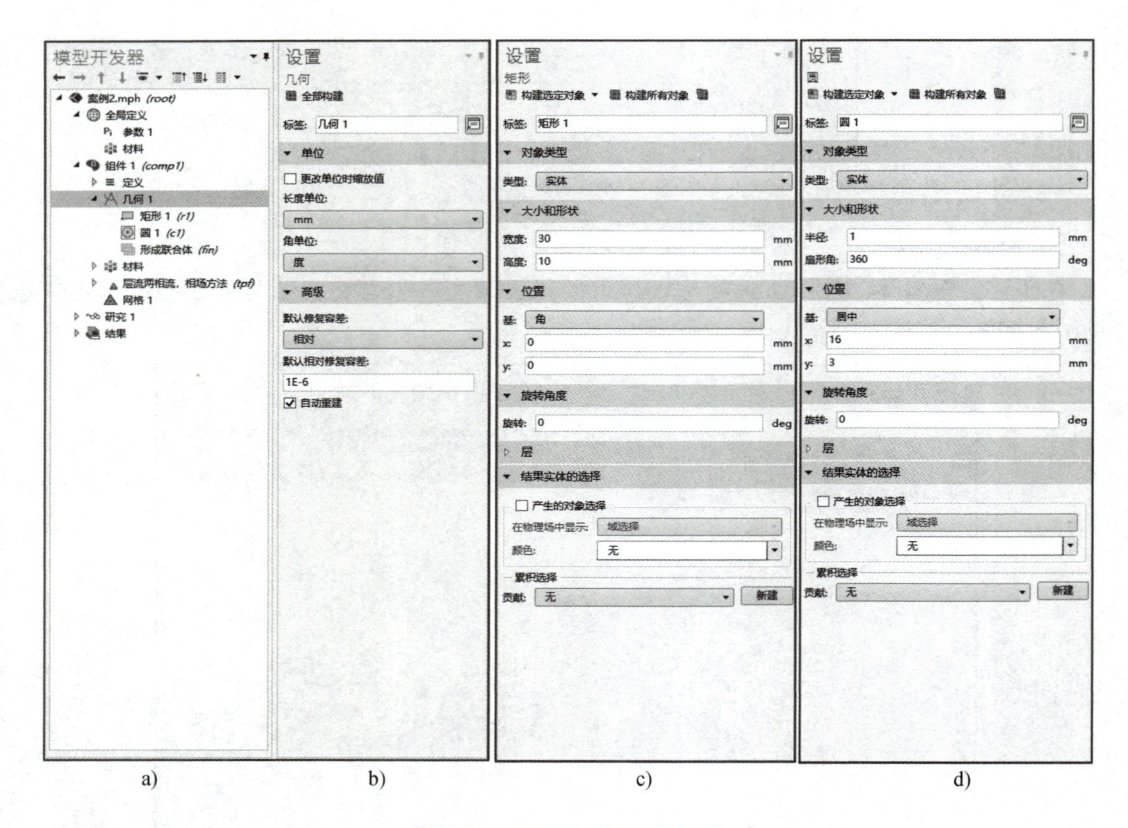

a)　b)　c)　d)

图 5-50　几何图形的绘制过程

5. 材料的定义

本物理场需要使用两类材料完成两相场仿真，包括气体与液体。首先添加气体，右键单击材料，选择**从库中添加材料**；使用搜索功能寻找气体材料**空气**（**Air**），选择**内置材料—Air**。将空气材料的作用域选为几何实体的所有域，其余性质保持默认设置即可，如图 5-52a、b所示。

此后，添加一空材料并命名为**水**（**water**），在该材料的**基本—输出属性**一栏搜索并添加两类属性（见图 5-53），包括密度和动力黏度。而后，设置该材料的作用域为空，即不选择几何实体。其性质如表 5-7 所示，材料的设置方法如图 5-52c 所示。

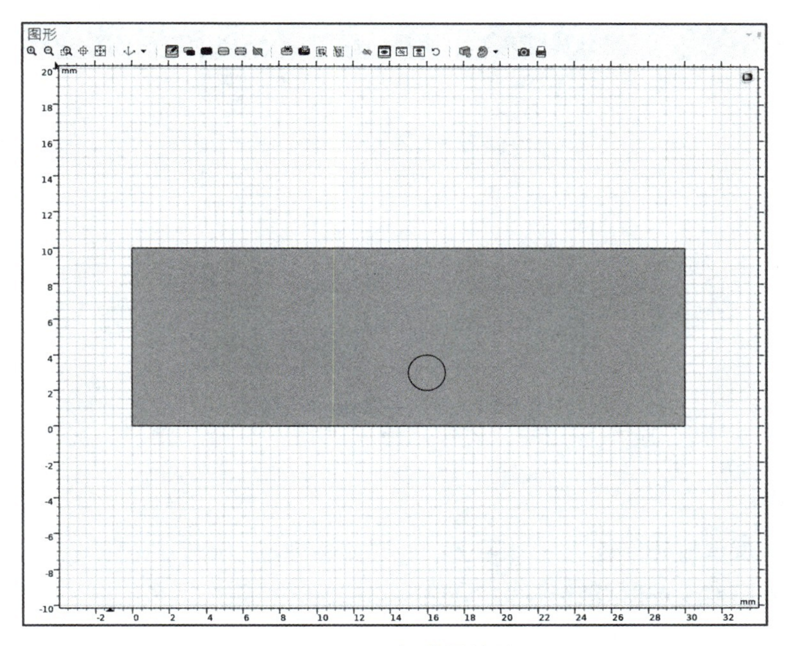

图 5-51　几何绘图结果

表 5-7　材料水（water）的性质

属　　性	变　　量	值	单　　位	属　性　组
密度	rho	1000	kg/m^3	基本
动力黏度	mu	1e-3	Pa · s	基本

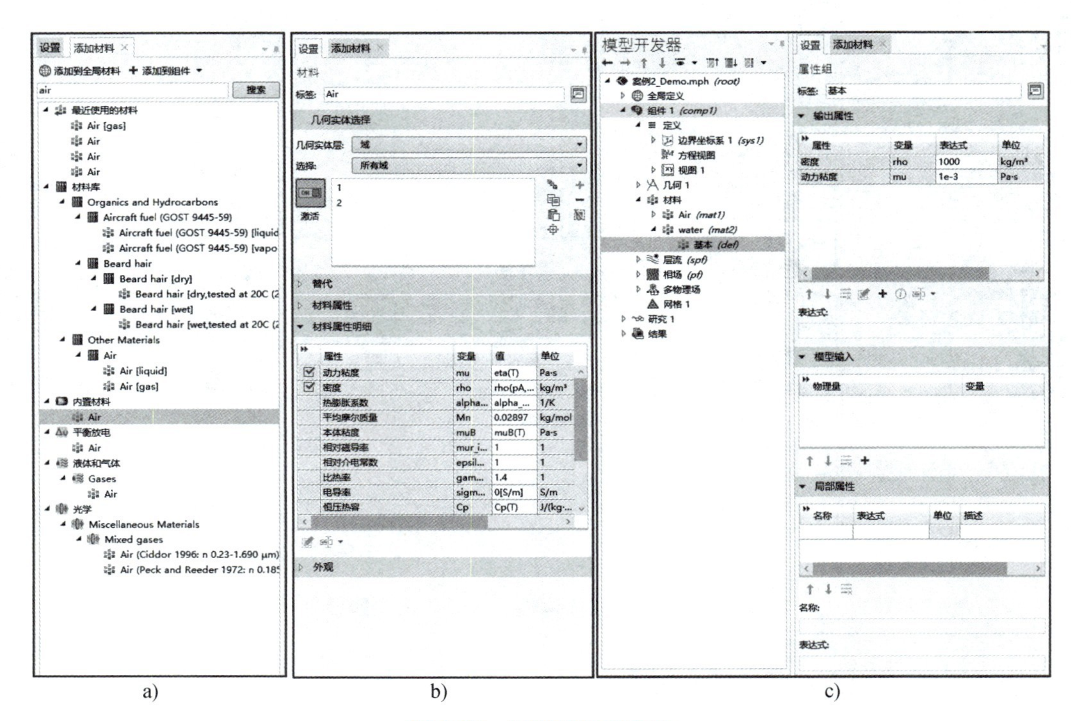

图 5-52　材料的设置方法

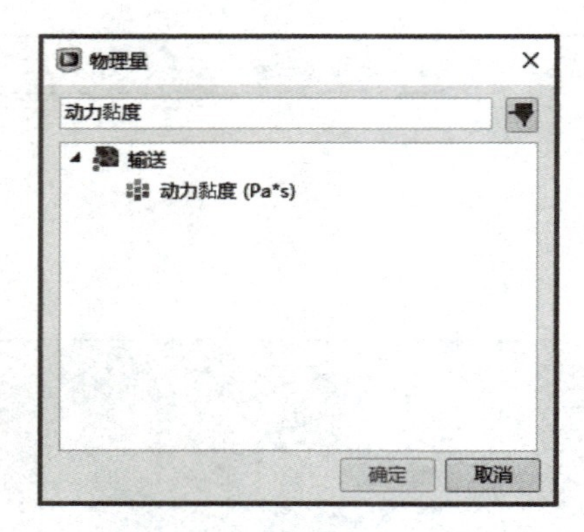

图 5-53　搜索并添加材料属性

6. 物理场设置

层流

首先设置层流、流体属性、入口和出口，层流物理场作用于几何体全域，采用不可压缩流动模型。流体同样于两区域中流动，流体的属性由材料属性定义。以上四项的设置方法如图 5-54 所示。

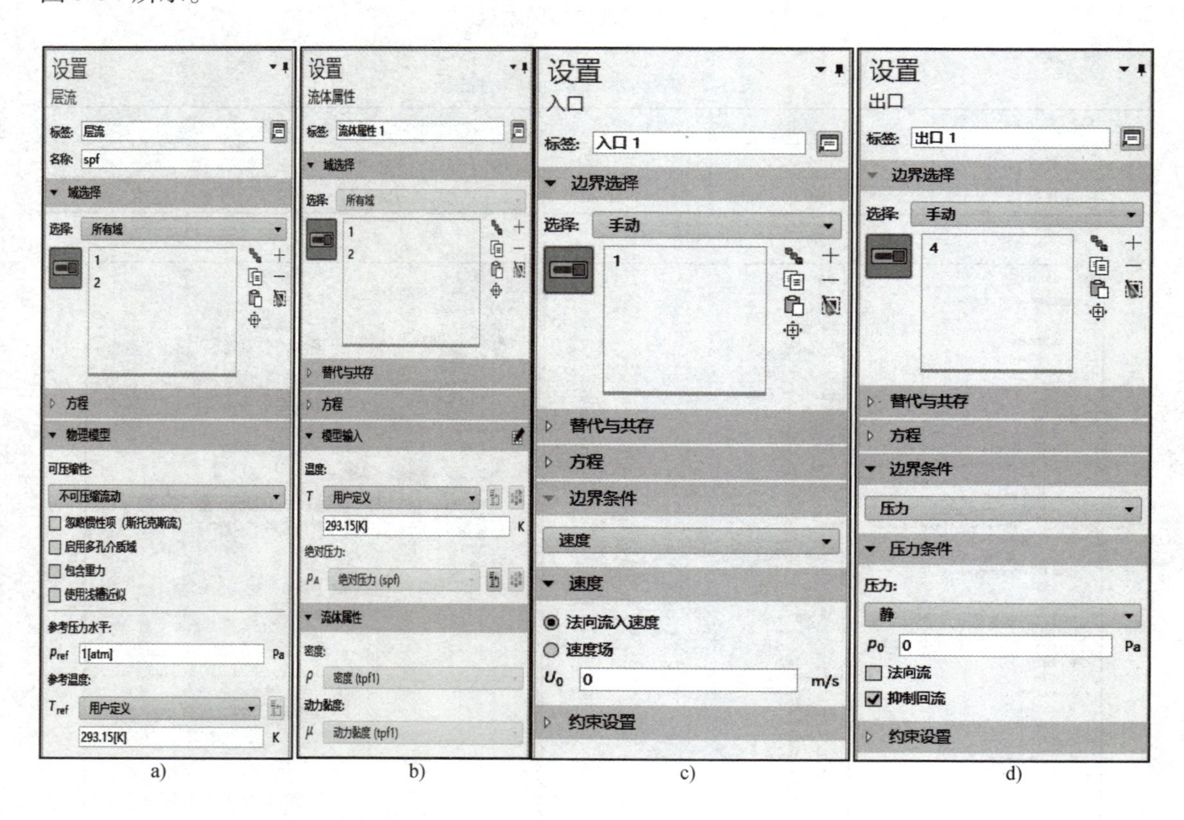

图 5-54　层流、流体属性、入口与出口的设置

然后分别针对圆内和圆外设置两种不同的初始值情况，如图 5-55 所示。

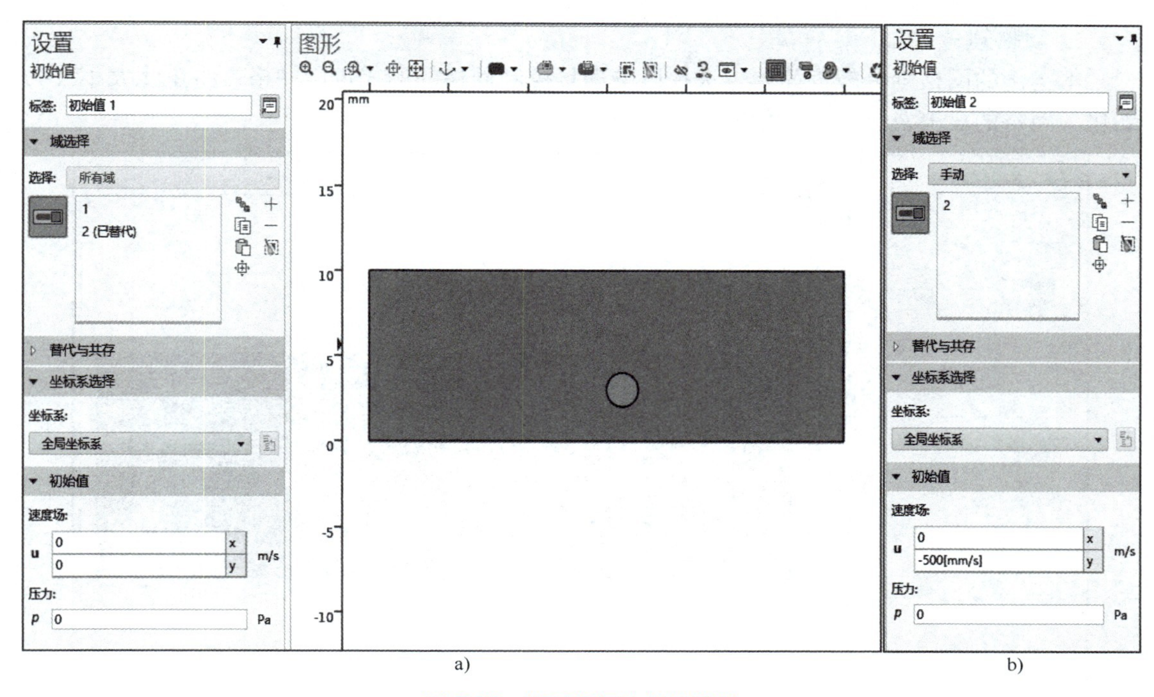

图 5-55　物理场初始值的设置

相场

对两相流相场的壁面、入口和出口进行定义。壁面即为矩形的上下两边（编号 2、3）；入口位于矩形左侧边界（编号 1）；出口位于矩形右侧边界（编号 4）。如图 5-56 所示。

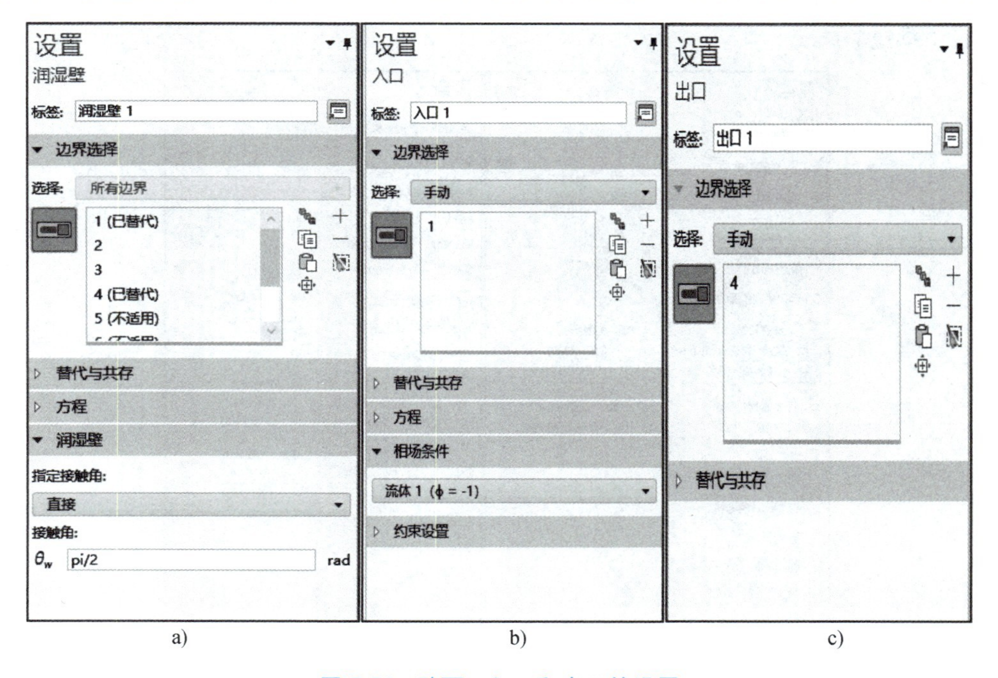

图 5-56　壁面、入口和出口的设置

7. 网格划分

本案例的网格划分较为简单，选择以**物理场控制网格**的形式定义网格，将单元大小设为**细化**，网格的设置及划分结果如图 5-57 所示。

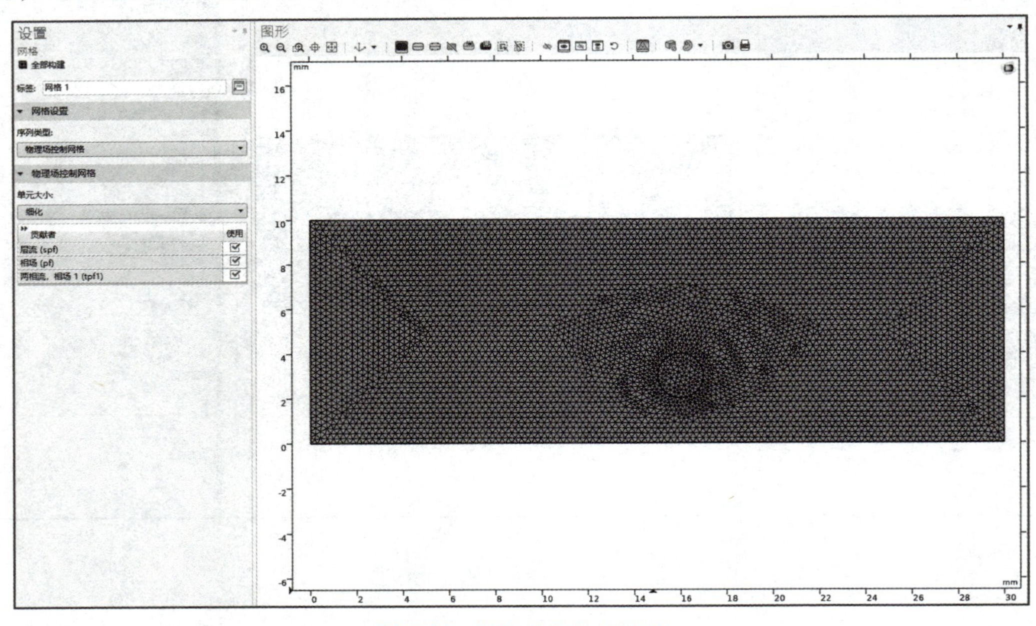

图 5-57 网格的划分与结果

8. 求解器设定

本案例的求解器已经在模型向导得到了快速定义，此处简单修改瞬态的研究时间步长即可，如图 5-58 所示。

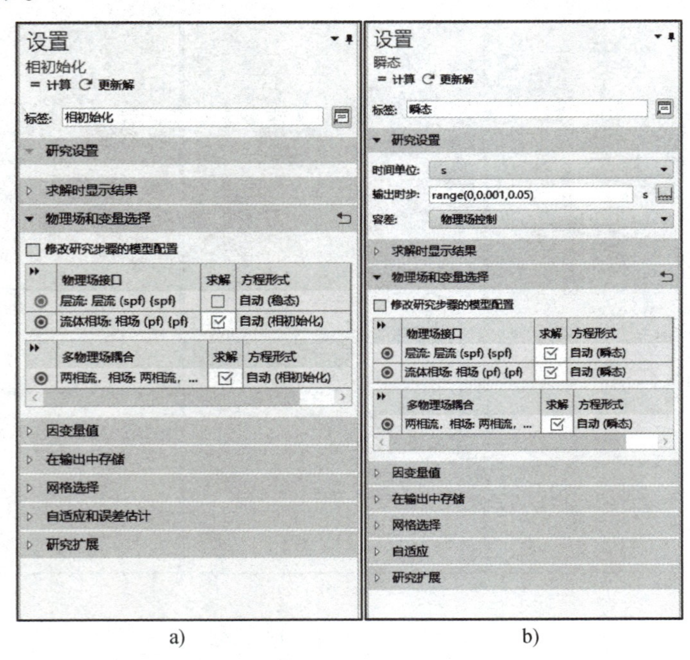

图 5-58 求解器的设置

9. 后处理

本案例的后处理主要包括稳态两相流体积分数与速度的分布绘图。

（1）稳态两相流体积分数二维绘图

稳态两相流体积分数二维绘图的绘制方法及结果如图 5-59 所示。

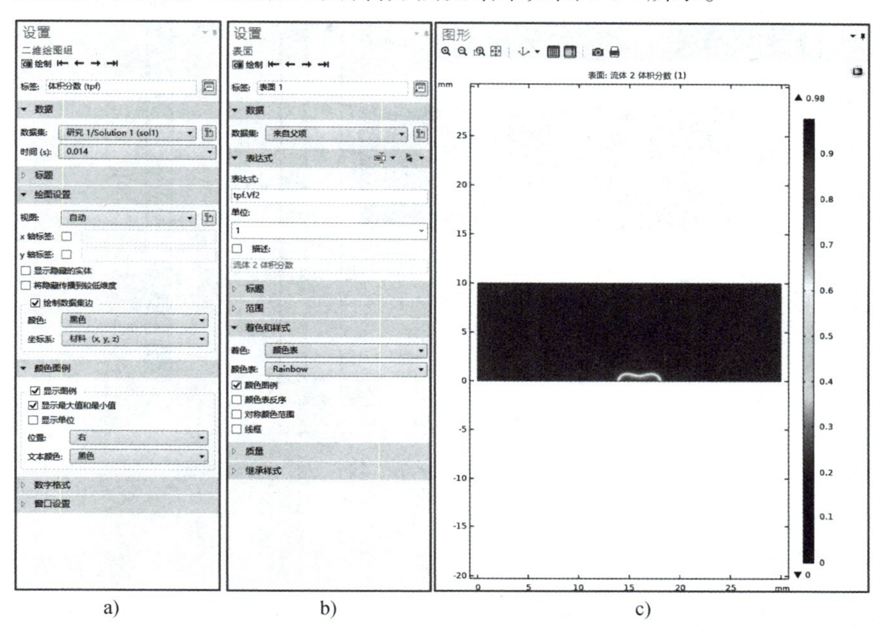

a) b) c)

图 5-59 稳态两相流体积分数二维绘图的绘制方法及结果

（2）稳态两相流速度分布二维绘图

稳态两相流速度分布二维绘图的绘制方法如图 5-60 所示，绘制示例如图 5-61 所示。

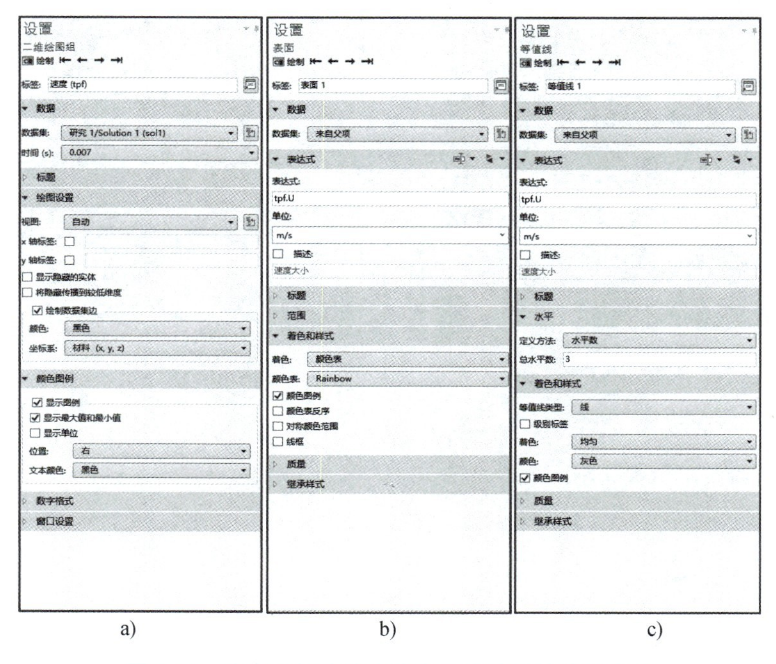

a) b) c)

图 5-60 稳态两相流速度分布二维绘图的绘制方法

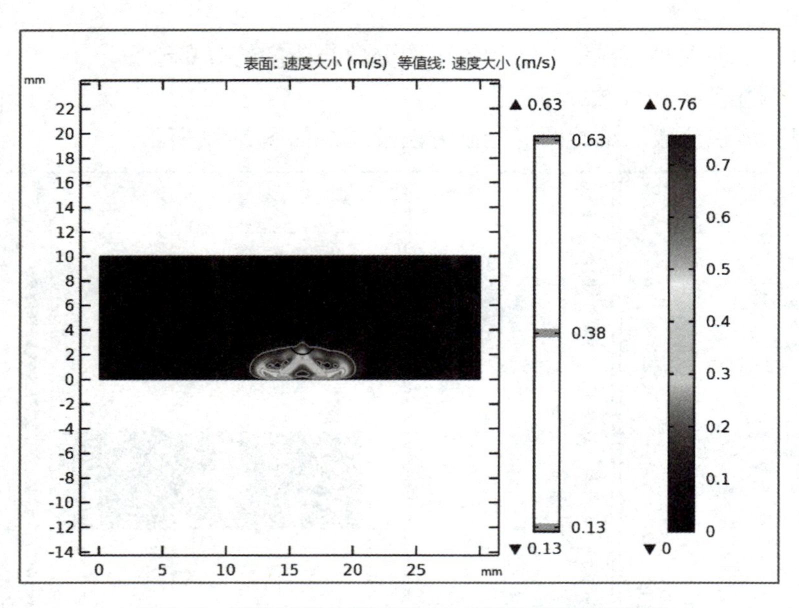

图 5-61　稳态两相流速度分布二维绘图的绘制示例

5.7.3　案例小结

本案例应用二维层流两相流，相场物理模型模拟了水滴降落撞击平板的过程。其中水滴和空气两种相位使用两种密度不同的网格，从仿真结果可知，水滴在下落过程中不断变形，撞击界面后又反弹溅起。

第 6 章 电磁学模块

1864 年，英国著名物理学家麦克斯韦发表了一篇题为《电磁场的动力学理论》的论文，提出了著名的麦克斯韦方程组，这一整套系统的理论标志着经典电动力学的建立。这是从库仑、奥斯特、高斯、安培直到法拉第等伟大的科学家所从事的电学和磁学研究的继承、发展和综合。至此，麦克斯韦将电学、磁学和光学统一为一整套经典的电磁理论，称为麦克斯韦电磁场理论。该理论除了具有和实验近乎完美的匹配度外，还蕴含了高度的对称性——洛伦兹协变性和规范对称性，这逐步成为 20 世纪的物理学家们构造相对论以及规范场论的关键线索。爱因斯坦曾在纪念麦克斯韦 100 周年诞辰时写道：“自从牛顿奠定理论物理学的基础以来，物理学公理基础的最伟大的变革，是由法拉第和麦克斯韦在电磁现象方面的工作所引起的。”“这样一次伟大的变革是同法拉第、麦克斯韦和赫兹的名字永远联系在一起的。这次变革的最伟大部分出自麦克斯韦。”

麦克斯韦方程对人类的生活及现代科技的发展产生了巨大影响，理论物理中的电动力学就是利用这组方程进行理论研究的。此外，在实际工程科研中，同样离不开麦克斯韦方程组，包括天线设计、微波电路设计、雷达 RCS、电磁场加热等等。总之，麦克斯韦的电磁场理论对电磁学、材料科学、光学等多门学科的发展都产生了广泛而深远的影响。它是物理学中继牛顿力学之后的又一伟大成就。

6.1 Maxwell 方程组

麦克斯韦方程组是英国物理学家麦克斯韦在 19 世纪建立的一组描述电场、磁场与电荷密度、电流密度之间关系的偏微分方程。麦克斯韦方程的偏微分形式如下所示：

$$\begin{cases} \nabla \cdot \boldsymbol{D}=\rho \\ \nabla\times\boldsymbol{E}=-\dfrac{\partial \boldsymbol{B}}{\partial \mathrm{t}} \\ \nabla \cdot \boldsymbol{B}=0 \\ \nabla\times\boldsymbol{H}=\boldsymbol{J}+\dfrac{\partial \boldsymbol{D}}{\partial \mathrm{t}} \end{cases} \tag{6-1}$$

式中，$\boldsymbol{E}$ 为电场强度；$\boldsymbol{B}$ 为磁感应强度；$\boldsymbol{D}$ 为电位移矢量；$\boldsymbol{H}$ 为磁场强度。

麦克斯韦方程组的积分形式为

$$\begin{cases} \oiint \boldsymbol{D} \cdot \mathrm{d}\boldsymbol{S} = q_0 \\ \oiint \boldsymbol{B} \cdot \mathrm{d}\boldsymbol{S} = 0 \\ \oint \boldsymbol{E} \cdot \mathrm{d}\boldsymbol{l} = -\iint \dfrac{\partial \boldsymbol{B}}{\partial t} \cdot \mathrm{d}\boldsymbol{S} \\ \oint \boldsymbol{H} \cdot \mathrm{d}\boldsymbol{l} = I_0 + \iint \dfrac{\partial \boldsymbol{D}}{\partial t} \cdot \mathrm{d}\boldsymbol{S} \end{cases} \tag{6-2}$$

1. 静电场的高斯定理

$$\oiint \boldsymbol{D} \cdot \mathrm{d}\boldsymbol{S} = q_0 \tag{6-3}$$

该方程描述了电荷是如何产生电场的，电场强度对任意封闭曲面的通量只取决于该封闭曲面内电荷的代数和，它不受曲面内电荷分布的影响，同样与封闭曲面外的电荷也无关。

2. 法拉第电磁感应定律

$$\oint \boldsymbol{E} \cdot \mathrm{d}\boldsymbol{l} = -\iint \frac{\partial \boldsymbol{B}}{\partial t} \cdot \mathrm{d}\boldsymbol{S} \tag{6-4}$$

该方程描述了磁场是如何产生电场的。在一般情况下，电场可以是库仑电场也可以是变化磁场激发的感应电场，而感应电场属于涡旋场，拥有闭合的电位移线，因此对于封闭曲面的通量不产生贡献。

3. 磁通连续性定理

$$\oiint \boldsymbol{B} \cdot \mathrm{d}\boldsymbol{S} = 0 \tag{6-5}$$

该方程描述了自然界中没有单独的磁极存在，磁感线都是闭合线，通过任何闭合面的磁通量必等于零。由于磁力线总是闭合曲线，因此任何一条进入闭合曲面的磁力线定会从曲面内部穿出，这样就可以得到通过一个闭曲面的总磁通量为 0。

4. 电流定律

$$\oint \boldsymbol{H} \cdot \mathrm{d}\boldsymbol{l} = I_0 + \iint \frac{\partial \boldsymbol{D}}{\partial t} \cdot \mathrm{d}\boldsymbol{S} \tag{6-6}$$

该方程表示电流和变化的电场可以产生磁场。磁场可以由传导电流激发，也可以由变化电场的位移电流所激发，它们的磁场都是涡旋场，磁感应线都是闭合线，对封闭曲面的通量无贡献。

从上述描述中我们可以看出，麦克斯韦方程组把电场和磁场组成了不可分割的整体，完美诠释了电磁场所具有的基本规律，更是预测了电磁波的存在。

COMSOL 软件内置 Maxwell 方程组的形式为亥姆霍兹方程，亥姆霍兹方程是一定频率下电磁波的基本方程，其解 $\boldsymbol{E}(x)$ 代表电磁波场强在空间中的分布，每一种可能的形式称为一种波模。

其稳态分析时，方程为

$$\nabla\times(\mu_r^{-1}\nabla\times\boldsymbol{E})-k_0^2\left(\varepsilon_r-\frac{j\sigma}{\omega\varepsilon_0}\right)\boldsymbol{E}=0 \tag{6-7}$$

瞬态分析时，方程为

$$\mu_0\sigma\frac{\partial\boldsymbol{A}}{\partial t}+\mu_0\sigma\frac{\partial}{\partial t}\left(\varepsilon_0\varepsilon_r\frac{\partial\boldsymbol{A}}{\partial t}\right)+\nabla\times(\mu^{-1}\ \nabla\times\boldsymbol{A})=0 \tag{6-8}$$

其中，ε_r是复数，可以用虚部代表介质损耗，也可以用 σ 代表损耗，$\boldsymbol{A}$ 表示磁矢势。

6.2　本构关系

除了 Maxwell 四个方程外，为了最终解决场量的求解问题，还需要有媒质的本构关系式。在均匀各向同性介质中，本构关系如下所示：

$$\begin{cases}\boldsymbol{D}=\varepsilon\boldsymbol{E}\\ \boldsymbol{B}=\mu\boldsymbol{H}\\ \boldsymbol{J}=\sigma\boldsymbol{E}\end{cases} \tag{6-9}$$

式中，ε 是媒质的介质常数；μ 是媒质的磁导率；σ 是媒质的电导率。在非均匀介质中，还要考虑电磁场量在界面上的边值关系。

在 COMSOL 软件中，媒质属性的定义可分为五大类，分别为

- 常数或依赖于场的非线性。
- 各向同性、对称、对角或完全各向异性。
- 双向耦合至其他物理场，例如电磁热（属性与温度相关）。
- 完全用户定义。
- 色散模型（与频率相关的函数）。

可根据求解需求，选择相应的媒质属性。

6.3　COMSOL 求解高频电磁场的物理场接口

COMSOL 在电磁场领域应用广泛，可对以下电磁场问题进行仿真分析，如天线辐射、周期结构、无源结构、散射问题、谐振结构、瞬态问题等。COMSOL 软件中求解高频电磁场的物理场接口有 RF 模块、波动光学模块、射线光学模块。下面简单介绍这些模块中主要包含的电磁场算法。

6.3.1　全波电磁场

COMSOL 软件中的全波电磁场算法采用的是有限元法，物理场接口有 RF 模块和波动光学模块。

有限元法求解的是全波形式的麦克斯韦方程组，假设角频率已知，为 $\omega=2\pi f$，电磁场随时间呈正弦变化，且材料的所有属性相对于场强呈线性，则三维 Maxwell 控制方程稳态形式可简化为

$$\nabla\times(\mu_r^{-1}\nabla\times\boldsymbol{E})-k_0^2\left(\varepsilon_r-\frac{j\sigma}{\omega\varepsilon_0}\right)\boldsymbol{E}=0 \tag{6-10}$$

瞬态形式简化为

$$\mu_0\sigma\frac{\partial\boldsymbol{A}}{\partial t}+\mu_0\sigma\frac{\partial}{\partial t}\left(\varepsilon_0\varepsilon_r\frac{\partial\boldsymbol{A}}{\partial t}\right)+\nabla\times(\mu^{-1}\ \nabla\times\boldsymbol{A})=0 \tag{6-11}$$

式中，μ_r表示相对磁导率；ε_r表示相对介电常数；σ 表示电导率。对于稳态分析，在整个模拟域内对电场 $\boldsymbol{E}=\boldsymbol{E}(x,y,z)$ 求解上述方程，其中 $\boldsymbol{E}$ 为矢量，其分量为 $\boldsymbol{E}=(E_x,E_y,E_z)$。所

有其他物理量，包括磁场、电流和功率，都可以从电场中推导出来。

有限元方法分解为以下四个步骤：

1. 建立模型：定义求解方程、创建模型几何、定义材料属性、建立边界条件。
2. 剖分网格：利用有限元将模型空间离散化。
3. 求解：求解一组描述电场的线性方程。
4. 后处理：从计算得到的电场结果中提取有用信息。

图 6-1 金属球散射的全波仿真

利用有限元法求解电磁场，需要有足够细化的有限元网格来解析电磁波，如图 6-1 所示。默认情况下，COMSOL 采用二阶单元离散控制方程。每个波长必须至少包含两个单元才能用于求解问题，但网格粗化，相应的精度就会降低。要对电介质中行波求解，通常每个波长至少包含五个二阶单元。

6.3.2 波束包络法

波束包络算法在 COMSOL 软件中的物理场接口是波动光学模块。

波束包络法求解全波麦克斯韦方程组的修正形式，同样也使用了有限元方法，但可以在传播方向上使用非常粗化的网格。波束包络公式需要一个缓慢变化的近似波矢作为输入项。该公式求解的是缓慢变化的电场振幅，而非电磁场本身，如图 6-2 所示。

拟设 $\boldsymbol{E}(r)=\boldsymbol{E}_1(r)\mathrm{e}^{-\mathrm{i}k_1\cdot r}$代入亥姆霍兹方程

$$\nabla\times(\mu_{\mathrm{r}}^{-1}\ \nabla\times\boldsymbol{E})-k_0^2\varepsilon_{\mathrm{r}}\boldsymbol{E}=0 \tag{6-12}$$

并从下式求解 $E_1(r)$：

$$(\nabla_t-\mathrm{i}k_1)\times(\mu^{-1}(\nabla_t-\mathrm{i}k_1)\times\boldsymbol{E}_1)-k_0^2\varepsilon_{\mathrm{r}}\boldsymbol{E}_1=0 \tag{6-13}$$

从式（6-13）中可以看出，波束包络法适用于那些波矢 $\boldsymbol{k}$ 为已知量的模型，唯一的未知量是包络函数 $E_1(r)$。在实际应用中，波束包络仿真比拟设的 $\boldsymbol{E}(r)=\boldsymbol{E}_1(r)\mathrm{e}^{-\mathrm{i}k_1\cdot r}$的更为灵活，原因有两个：①用户可以自定义相函数 $\phi(r)=\boldsymbol{k}\cdot\boldsymbol{r}$，而不必指定波矢；②仿真中的双像选项允许波进行第二次传播，及 $\boldsymbol{E}(r)=\boldsymbol{E}_1(r)\mathrm{e}^{-\mathrm{i}\phi_1(r)}+E_2(r)\mathrm{e}^{-\mathrm{i}\phi_2(r)}$。

因此，在使用波束包络法时，需要能很好地猜测波矢或相函数，如定向耦合器，其存在两个波矢，电场强度逐渐变化，因此网格可以粗化，如图 6-3 所示。如果求解问题不能用一个或两个主要波矢来表示，就需要用全波分析法代替，例如散射问题。

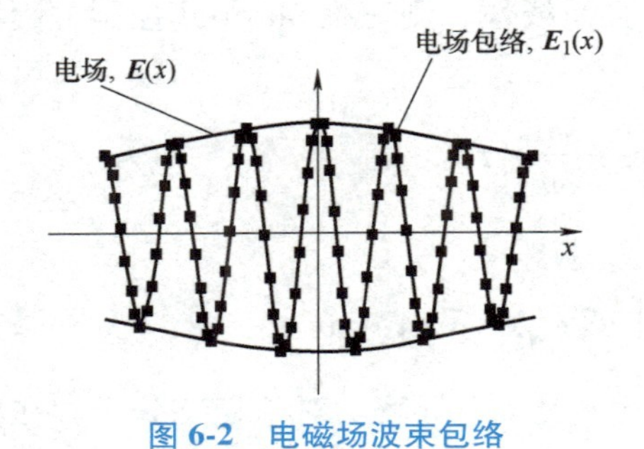

图 6-2 电磁场波束包络

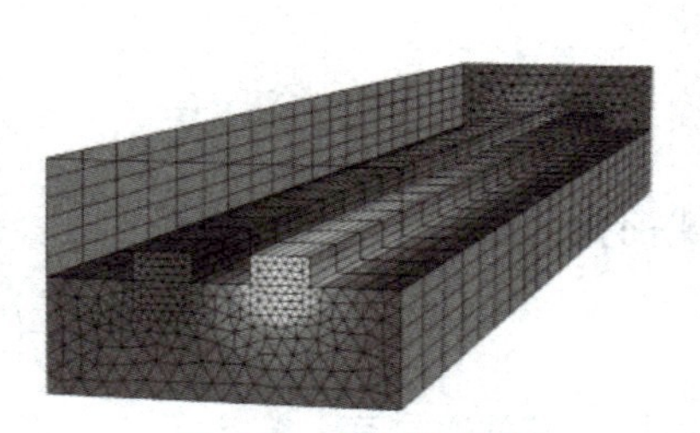

图 6-3 定向耦合器

6.3.3 几何光学

几何光学算法在 COMSOL 软件中的物理场接口是射线光学模块。几何光学可用于模拟大型光学结构中的电磁场传播，其忽略了电磁波的衍射，将电磁波看成射线，如图 6-4 所示。它通过求解位置和波矢的一组常微分方程来追踪经过模拟域的射线。相比于全波电磁场和波束包络法，虽然必须对射线经过的域进行网格剖分，但可以使用非常粗化的网格。只有在曲面处才必须使用细化网格，如图 6-5 所示。因此可模拟大尺寸以及超长距离的电磁波传播。另外支持偏振和非偏振辐射模拟，可同时仿真多频段射线。

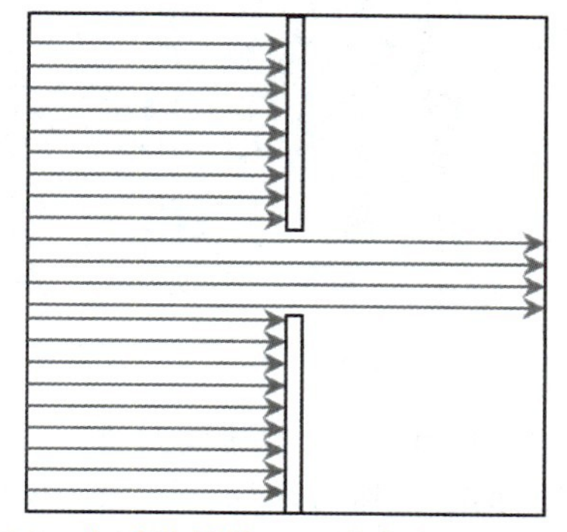

图 6-4 穿过狭缝的平面波未发生任何衍射

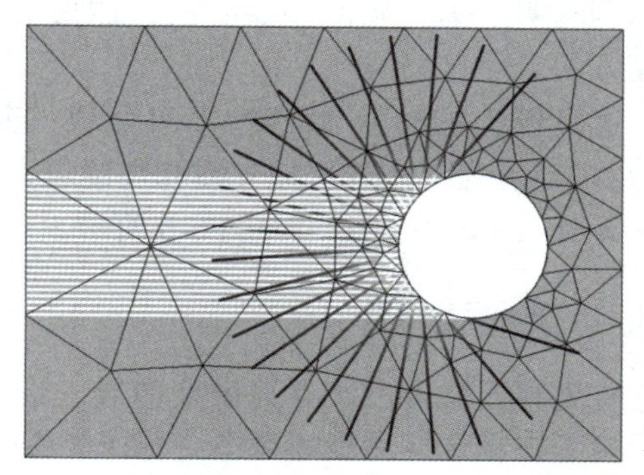

图 6-5 圆柱体平面波散射的几何光学仿真

使用几何光学求解物理模型时，COMSOL 内置的方程组为

$$
\begin{aligned}
\frac{\mathrm{d}\boldsymbol{q}}{\mathrm{d}t}&=\frac{\partial\omega}{\partial\boldsymbol{k}}\\
\frac{\mathrm{d}\boldsymbol{k}}{\mathrm{d}t}&=\frac{\partial\omega}{\partial\boldsymbol{q}}
\end{aligned}
\tag{6-14}
$$

式中，$\boldsymbol{q}$ 为光线位置；$\boldsymbol{k}$ 为波矢。

几何光学会追踪光线在不同介质内的传播，同时会考虑在边界处的各种不同行为，包括折射、反射、镜面反射或漫反射等。此外，可以考虑依赖于波长的介质折射率，也可以计算光线的强度、相位和极化以及它们在光线经过不同介质和穿过边界时如何变化。

当光线经过两个不同均匀折射率介质的界面时，部分光线会发生折射，部分光线会发生反射。该行为受斯涅尔定律和菲涅尔公式支配，射线光学模块会在不同材料之间的界面处自动处理。光线传播通过非均匀折射率的介质时，会向折射率相对较高的方向弯曲。这种渐变折射率行为可简单通过将折射率定义为平滑、随空间变化的函数来模拟，例如，射线光学模块案例库的“Luneburg 透镜”实例模型中，就将折射率简单定义为 sqrt(x^2+y^2+z^2)。射线光学模块继承了 COMSOL Multiphysics 中用于创建随空间变化材料的强大工具。

6.4 案例 1 铜柱的感应加热

6.4.1 物理背景

铜柱中的感应电流会使铜柱的温度升高，而温度的变化会导致铜的电导率发生变化。此时，该模型涉及电磁场与热场之间的相互耦合，要准确描述此物理过程，需要同时求解传热过程和电磁场传播。

由感应电流引起的加热称为感应加热。由电流引起的加热通常还称为电阻加热或欧姆加热。感应加热中要解决的一个难题是需要对感应线圈中的大电流进行主动冷却。采用空心的线圈导体并在其中灌入水可实现这一目的。即使流速相当低，冷却水流也会形成高度发展的湍流，在导体与流体之间进行高效传热。此示例阐明了基于湍流和实时混合假设的水冷却简化建模方法。

这里模拟的感应加热包含四个域：铜柱、线圈、水和 Nylon。为了实现机械支撑和电绝缘，铜柱和线圈都嵌入到 Nylon 材料中，如图 6-6 所示。

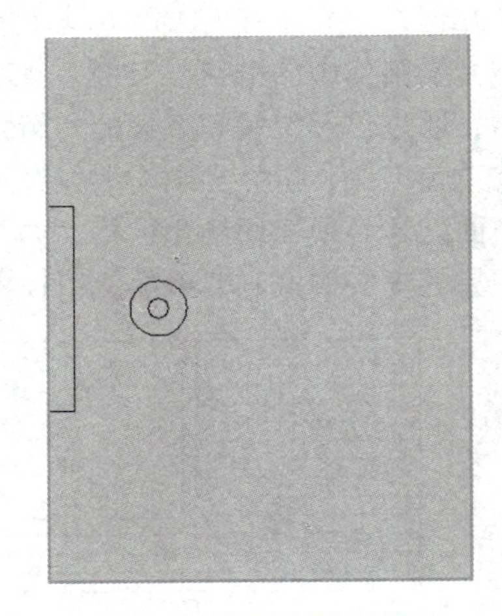
图 6-6 几何模型示意图

6.4.2 操作步骤

首先打开软件后，点选模型向导，选择设置模型的空间维度为二维轴对称，单击**添加**。接下来在**选择物理场**树中，选择**传热—电磁热—感应加热**，然后添加，添加效果如图 6-7 所示。然后单击**研究**，如图 6-8 所示，在选择研究树中选择**所选多物理场的预设研究—频域—瞬态**，单击完成。

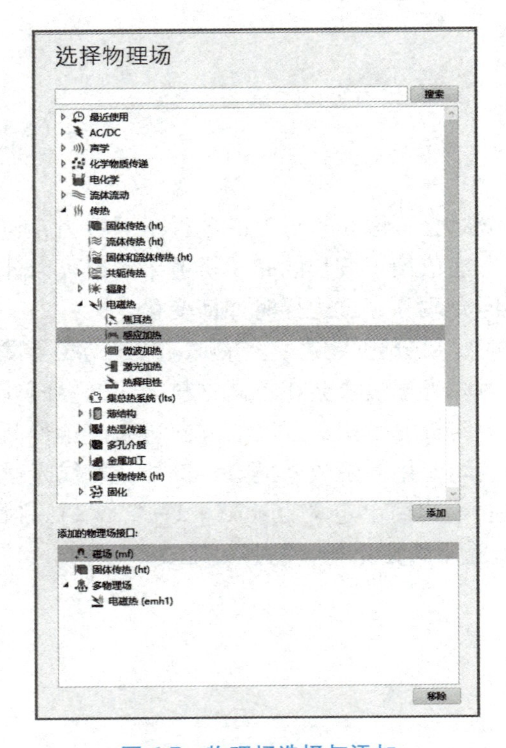

图 6-7 物理场选择与添加

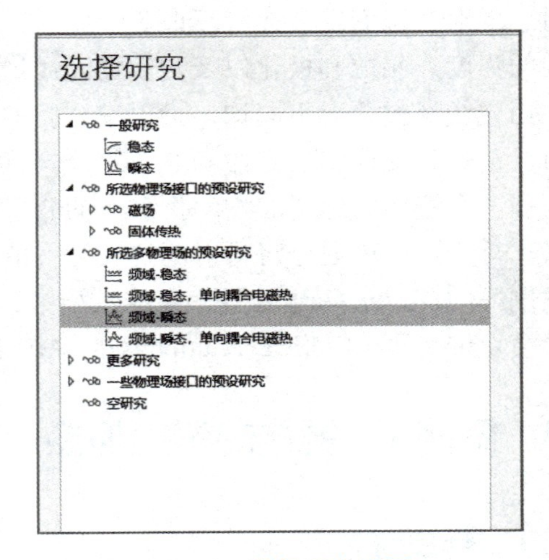

图 6-8 选择研究设置

1. 参数设置

在**模型开发器**窗口的**全局定义**节点下，单击**参数**。在**参数**的**设置**窗口中，定位到参数栏，输入参数后结果如图 6-9 所示。

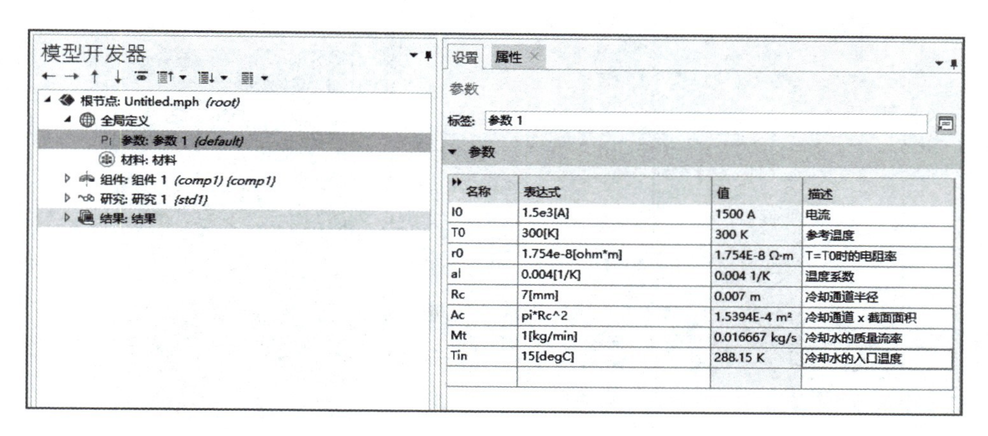

名称	表达式	值	描述
I0	1.5e3[A]	1500 A	电流
T0	300[K]	300 K	参考温度
r0	1.754e-8[ohm*m]	1.754E-8 Ω·m	T=T0时的电阻率
al	0.004[1/K]	0.004 1/K	温度系数
Rc	7[mm]	0.007 m	冷却通道半径
Ac	pi*Rc^2	1.5394E-4 m²	冷却通道 x 截面面积
Mt	1[kg/min]	0.016667 kg/s	冷却水的质量流率
Tin	15[degC]	288.15 K	冷却水的入口温度

图 6-9　参数设置

2. 几何模型（见图 6-10）

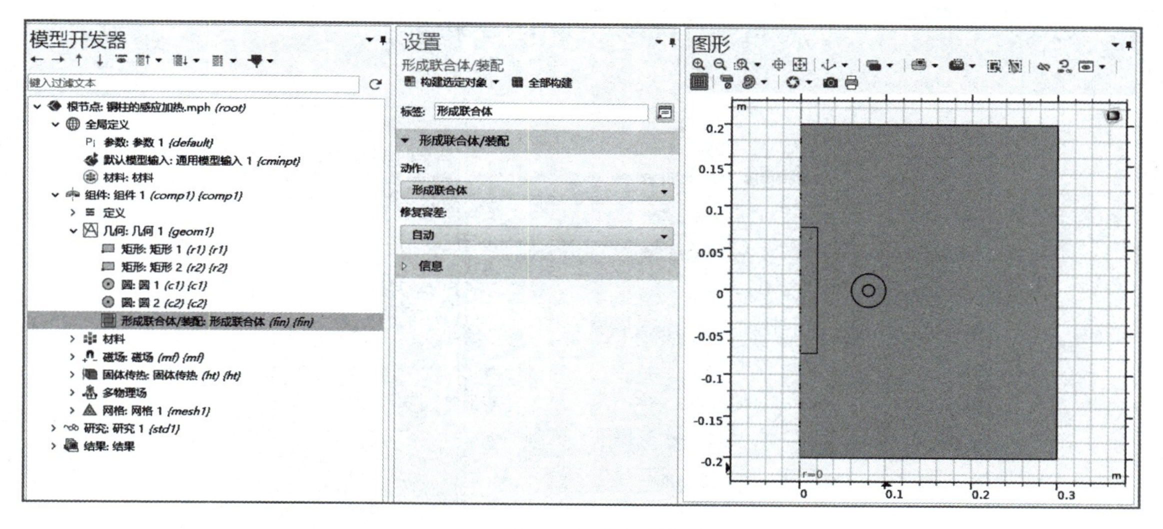

图 6-10　几何绘制结果

（1）矩形绘制

如图 6-11 所示，需要绘制矩形 1-2，可右键**单击几何 1** 节点，点选**矩形**，来创建新矩形，其设置及效果分别如图 6-11 所示。

（2）圆形绘制

绘制圆 1-2 时，可右键单击几何 1 节点，单击圆，来创建新圆形，其设置及效果分别如图 6-12 所示。绘制完图形后，在模型开发器窗口的**组件 1—几何 1** 节点下，右键单击**形成联合体**并选择**构建选定对象**。

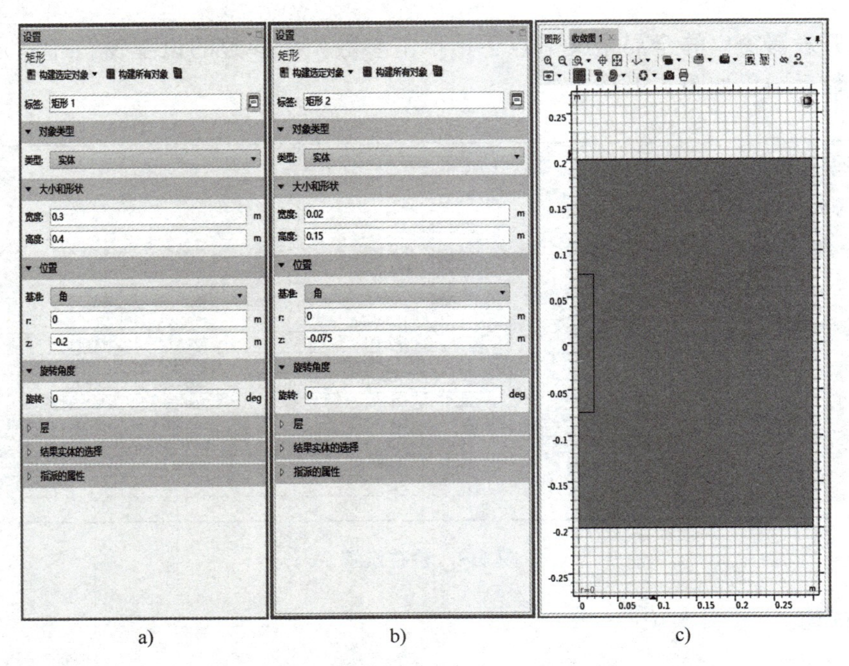

图 6-11　矩形尺寸设置与绘制结果

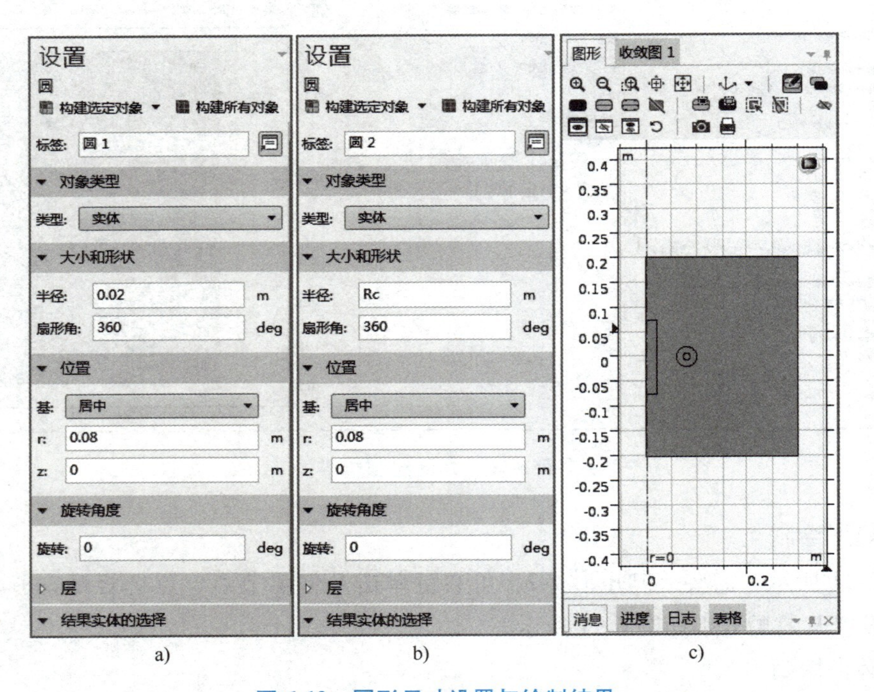

图 6-12　圆形尺寸设置与绘制结果

3. 添加材料

在主屏幕工具栏中，单击**添加材料** 以打开**添加材料**窗口。转到添加材料窗口，在模型树中选择**内置材料—FR4**。单击窗口工具栏中的**添加到组件**，如图 6-13 所示。然后在模型树中选择**内置材料—Water，liquid**，单击窗口工具栏中的**添加到组件**。继续在模型树中选择 **AC/DC—Copper**，单击**添加到组件**。

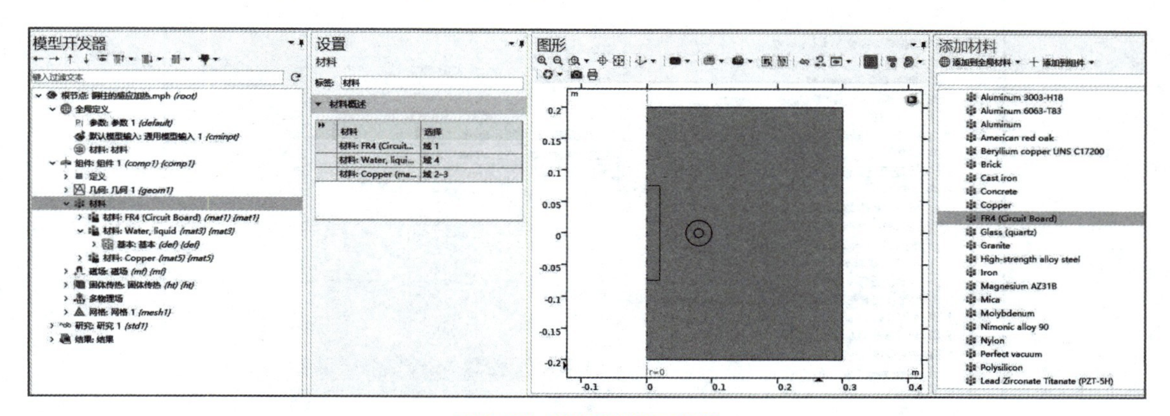

图 6-13　添加材料示意图

单击 **Copper（mat2）**选择，在设置窗口中，将**几何实体层**调整为**域**，在几何显示窗口中选择“域”中的 2 和 3，选中的区域会以不同颜色显示，如图 6-14 所示。

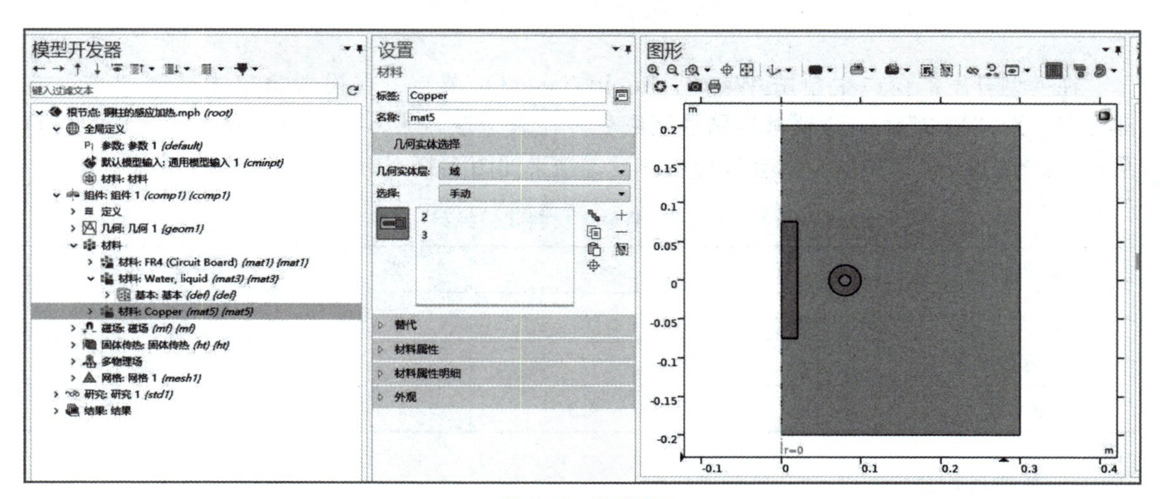

图 6-14　域选择

在模型开发器窗口中展开 **Copper（mat2）**节点，然后单击**线性电阻率（ltr）**。在属性组的设置窗口中，定位到输出属性和模型输入值栏。找到输出属性子栏，在表 6-1 中输入以下设置：

表 6-1　Copper 材料属性设置参数

属　性	变　量	表 达 式	单　位	大　小
参考电阻率	rho0	r0	Ω · m	1×1
电阻率温度系数	Alpha	al	1/K	1×1
参考温度	Tref	T0	K	1×1

其设置如图 6-15 所示。

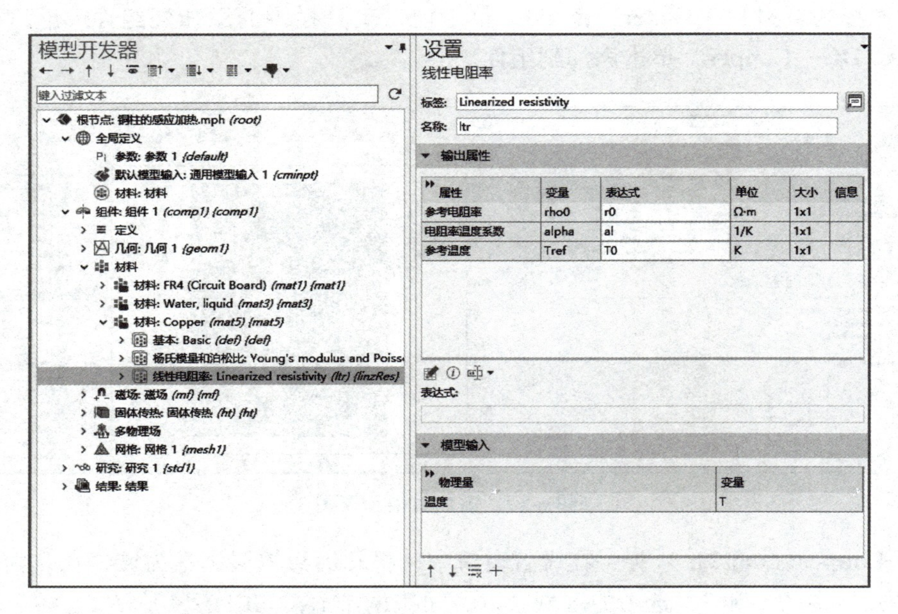

图 6-15　材料属性参数设置图

在模型开发器窗口中单击 **Water，liquid**（*mat3*）节点，在设置窗口中选择“域”4，即几何图形“**圆 2**”。定位到**材料属性明细栏**，在表中输入表 6-2 中的参数设置，其中导热系数的数值可以模拟湍流中的有效传热，设置结果如图 6-16 所示。

表 6-2　Water 材料属性参数

属　性	变　量	值	单　位	属 性 组
相对介电常数	epsilonr	80	1	基本
相对磁导率	mur	1	1	基本
导热系数	k	1e3	W/(m·K)	基本

4. 物理场设置

（1）磁场

在设置完几何图形和材料参数后，开始对物理场进行设置。在**物理场**工具栏中单击**域**，选择**安培定律**。在**安培定律**的设置窗口中，选择“域”2 和 3，然后定位到**传导电流**栏，从 σ 列表中选择**线性电阻率**，设置效果如图 6-17 所示。

在物理场工具栏中单击**域**，然后选择**线圈**。选择“域”3。在线圈的设置窗口中，定位到**线圈**栏。在 $\boldsymbol{I}_{\mathrm{coil}}$ 文本框中键入“I0”，如图 6-18 所示。

（2）固体传热

设置温度边界条件，如图 6-19 所示，在**模型开发器**窗口的**组件 1**（**comp1**）节点下，单击**固体传热**（**ht**）。在物理场工具栏中单击**边界**，然后选择**温度**。在温度的设置窗口中，定位到**边界选择**栏，选择“边界”2、7 和 9。在**温度**栏，在 T_0 文本框中键入“T0”。

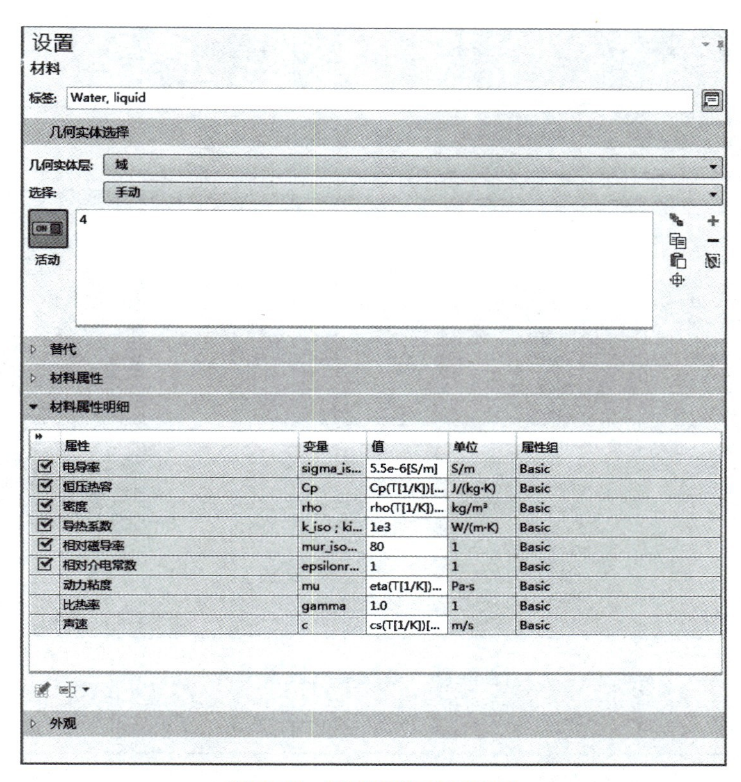

图 6-16　材料属性设置窗口

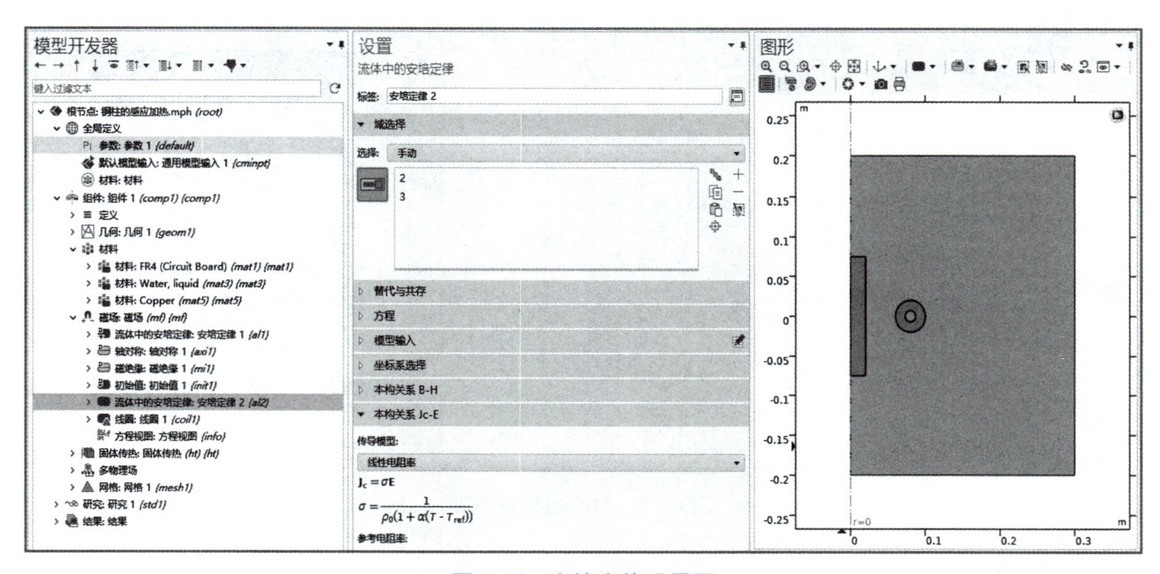

图 6-17　安培定律设置图

设置热源（见图 6-20），在物理场工具栏中单击**域**，然后选择**热源**。在热源的设置窗口，定位到域选择，选择“域”4。然后定位到**热源**栏，在 Q_0 文本框中键入“Mt * ht. Cp * (Tin−T)/(2 * pi * r * Ac)”。

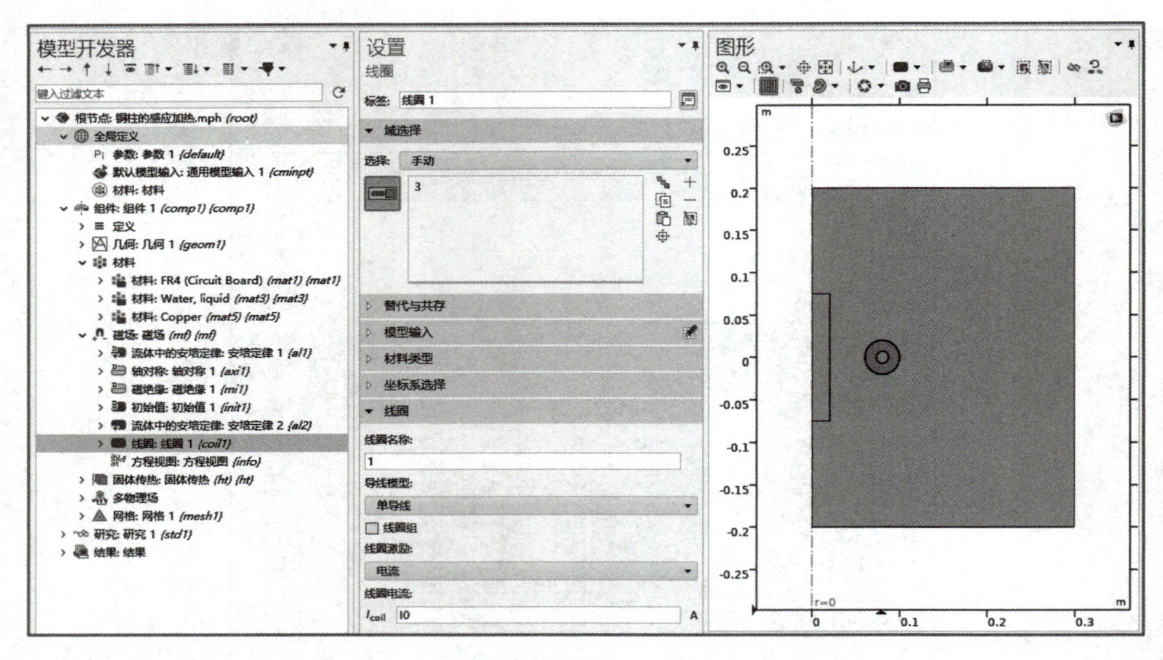

图 6-18　线圈电流设置图

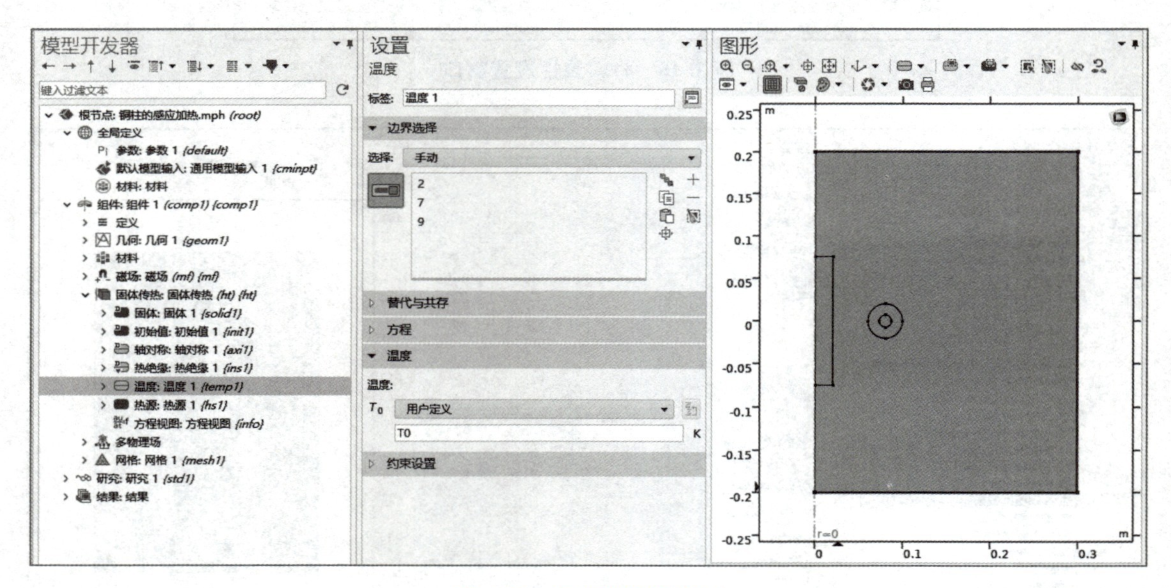

图 6-19　温度边界设置图

5. 网格剖分

该案例网格剖分采用物理场控制网格，设置方式如图 6-21 所示。在**模型开发器**窗口的**组件 1（comp1）**节点下，单击**网格 1**。在网格的**设置窗口**中，定位**序列类型**，选择**物理场控制网格**。在单元大小中，选择**常规**，单击**全部构建**，最后网格剖分效果如图 6-21 几何窗口所示。

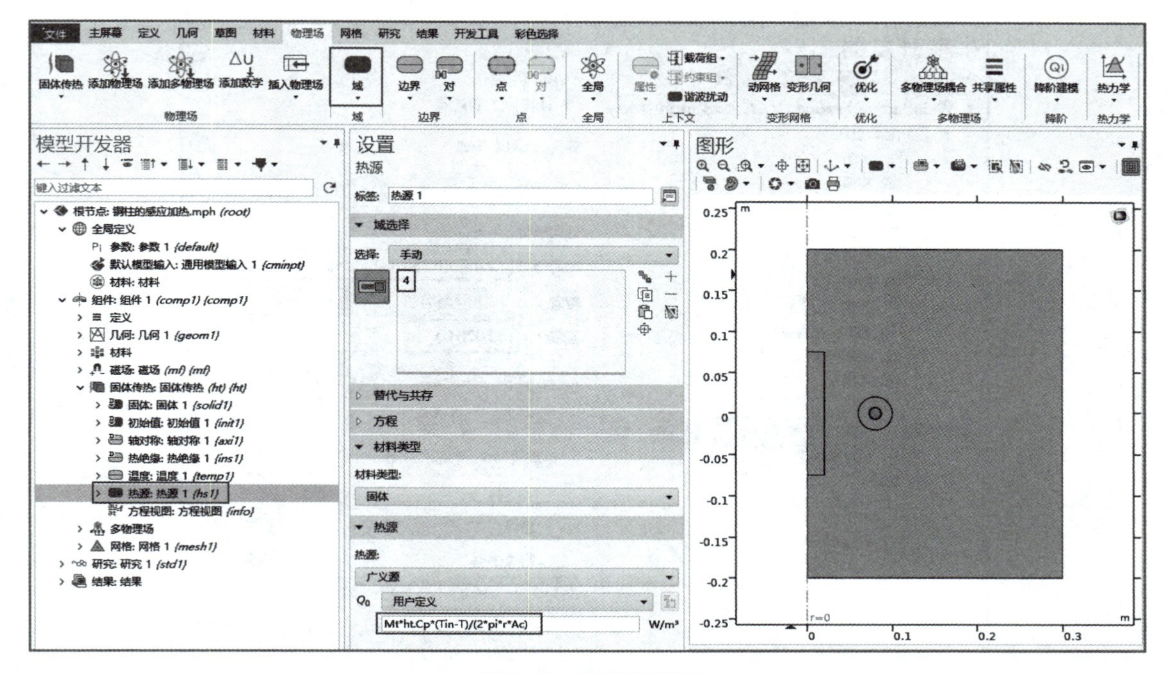

图 6-20　热源设置图

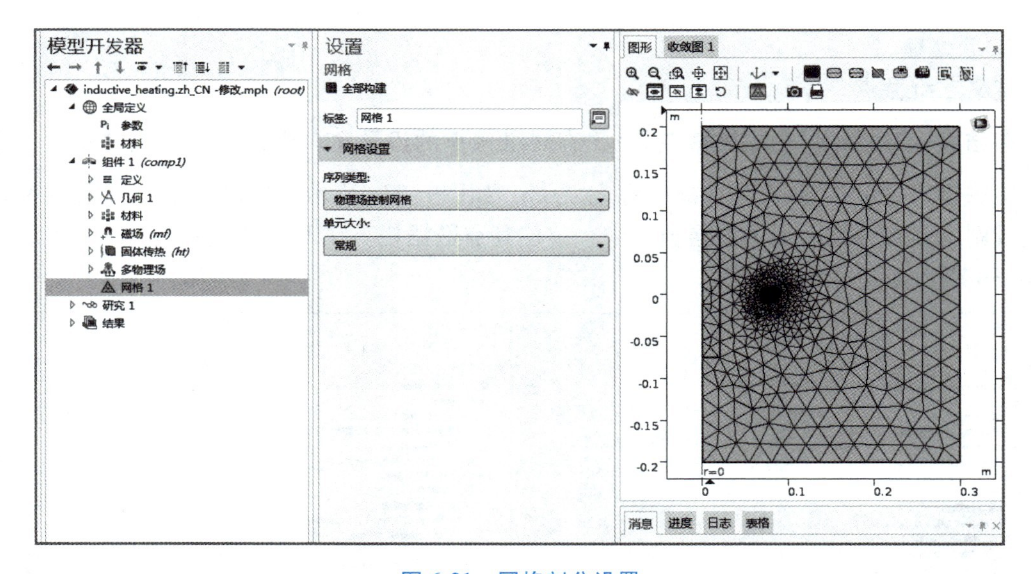

图 6-21　网格剖分设置

6. 求解器设置

对求解器进行设置。如图 6-22 所示，在**模型开发器**窗口中展开**研究 1** 节点，然后单击**步骤 1：频域-瞬态**。在频域-瞬态的**设置**窗口中，定位到**研究设置**栏，从时间单位列表中选择 **h**。在时间文本框中键入“range(0,15[min],15[h])”。在**频率**文本框中键入“600 [Hz]”。在**主屏幕**工具栏中单击**计算**。

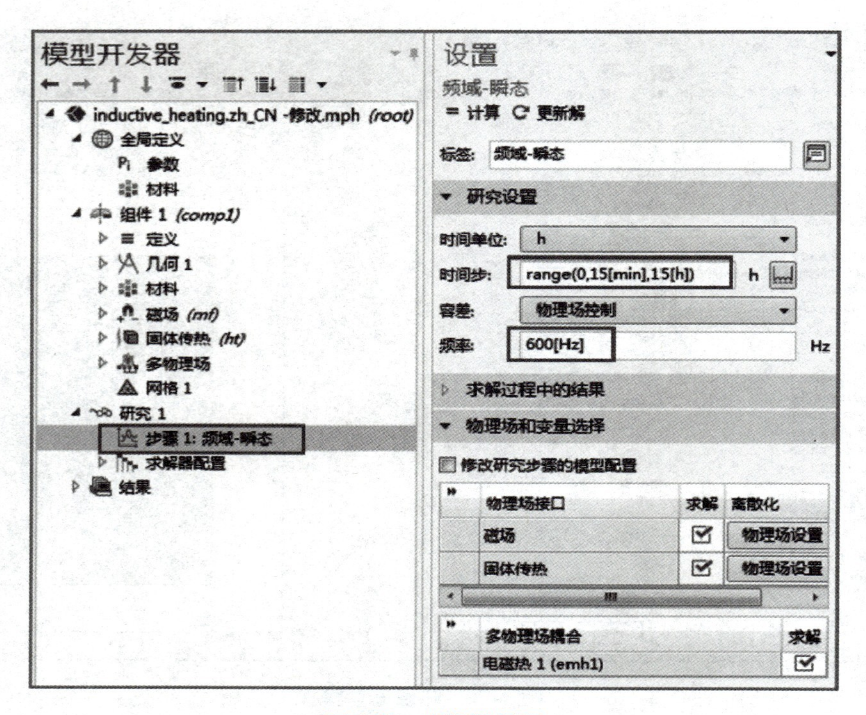

图 6-22　求解器设置

7. 后处理

定义二维截点

在**结果**工具栏中单击**二维截点**。在二维截点的**设置**窗口中，定位到**点数据**栏，在 **R** 文本框中键入“0”，在 **Z** 文本框中键入“0”，如图 6-23a 所示。右键单击二维截点 **1** 并选择**生成副本**。在二维截点的**设置**窗口中，定位到**点数据**栏。在 **R** 文本框中键入“0. 05”，如图 6-23b 所示。

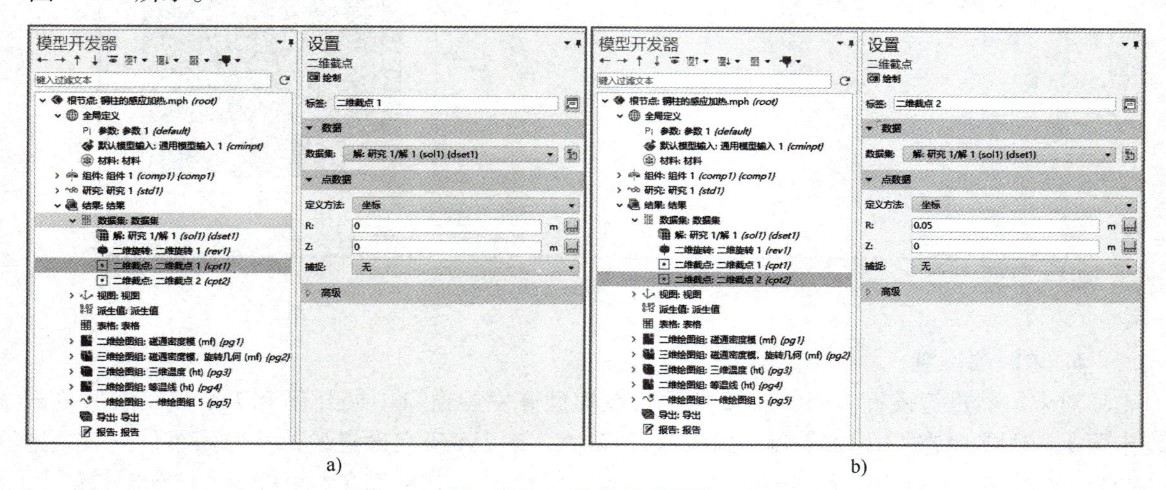

a)　　b)

图 6-23　二维截点设置图

在**结果**工具栏中单击**一维绘图组**。在**模型开发器**窗口中，右键单击**一维绘图组 5** 并选择**点图**。在**点图**的**设置**窗口中，定位到**数据**栏。从**数据集**列表中选择**二维截点 1**。单击 y 轴数据栏右上角的**替换表达式**，从菜单中选择**模型—组件 1—固体传热—温度—T-温度**，如图 6-24 所示。

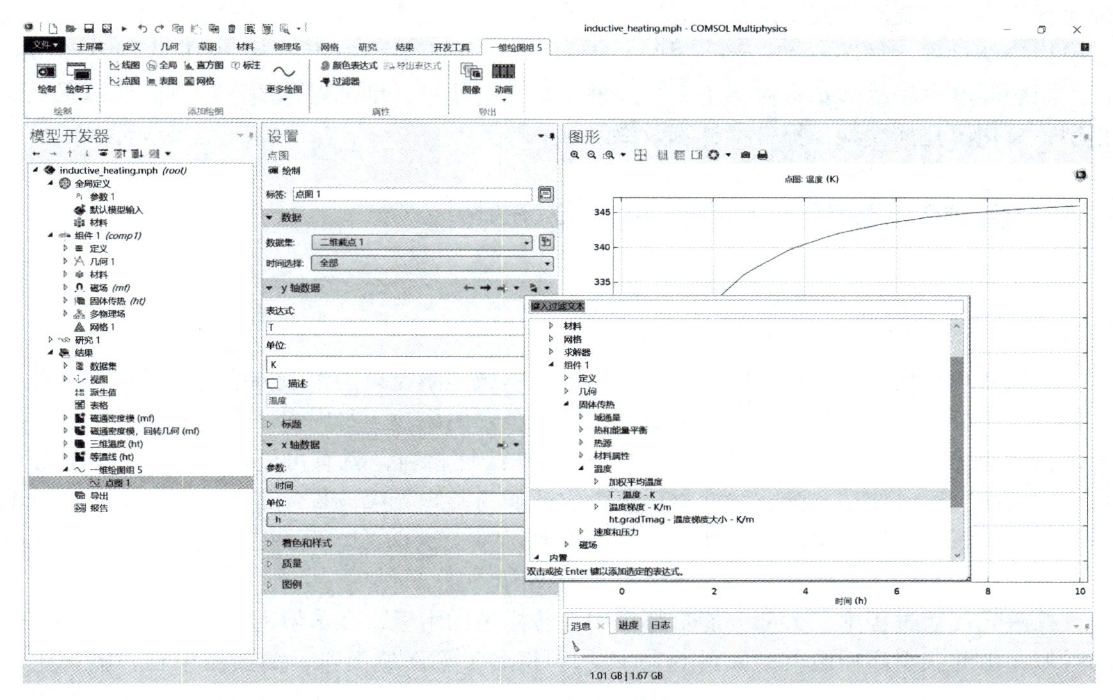

图 6-24　点图设置图

右键单击**结果—一维绘图组 5—点图 1** 并选择**生成副本**。在**点图**的**设置**窗口中，定位到**数据**栏。从**数据集**列表中选择**二维截点 2**。在**一维绘图组 5** 工具栏中单击**绘制**。绘图显示了铜柱中心和冷却通道中的温度演变，如图 6-25 所示。

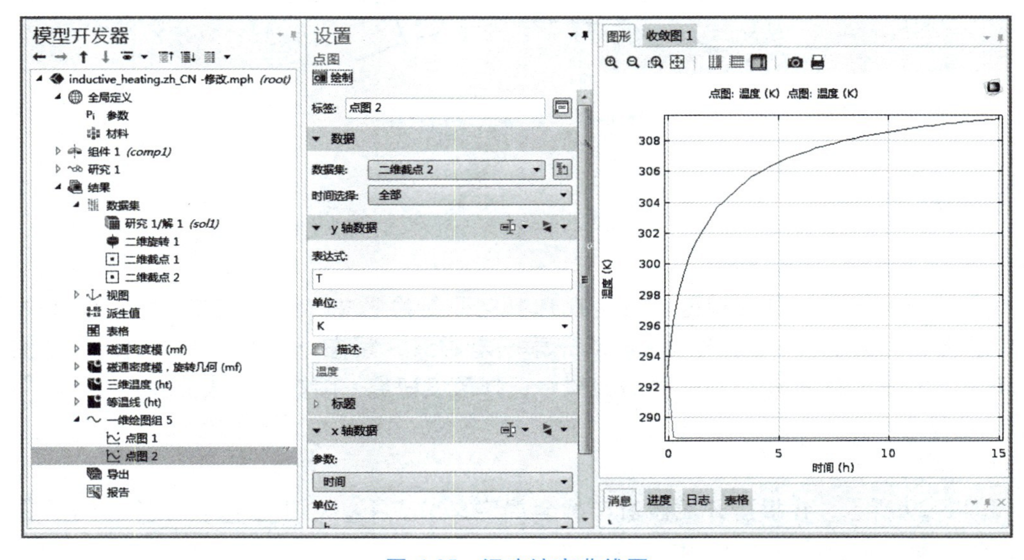

图 6-25　温度演变曲线图

6.4.3　案例小结

铜柱中的热量主要由感应加热产生，线圈内的热量主要为电流加热引起。线圈导线经内部冷却通道中的湍流得到了冷却。通过有效的高导热系数并结合均匀的面外对流损耗项，可以模拟这个过程。如图 6-25 所示，加热 15h 后，铜柱的平均温度已从 293K 上升至 310K，而线圈的温度由于冷却基本保持不变。此外，本案例使用二维轴对称的建模方法模拟了三维模型，简化了几何模型，提升了计算效率。

6.5　案例 2　高斯波束的二次谐波产生

6.5.1　物理背景

激光系统是现代电子技术中的一个重要应用领域。激光束的生成方法有多种，但这些方法都有一个共同点：波长由受激发射决定，而受激发射取决于材料参数。通常很难生成具有短波长的激光（例如紫外线），但是，如果使用非线性材料，就有可能产生频率为激光频率数倍的谐波。通过使用二阶非线性材料可生成波长为基频光束波长一半的相干光。本模型演示了如何设置非线性材料属性，通过瞬态波仿真产生二次谐波。模型中一束波长为 1.06μm 的激光聚焦于非线性晶体，光束的腰部落在晶体内。

在激光传播过程中，大部分能量都集中在传播轴的附近，在求解麦克斯韦方程时可以近轴近似，由此获得高斯波束，如图 6-26 所示。相对于平面波而言，高斯波束在横截面上的强度分布呈高斯型。在焦点处，激光束的宽度最小，为 ω_0；随着传播距离的增大，波束宽度变大。

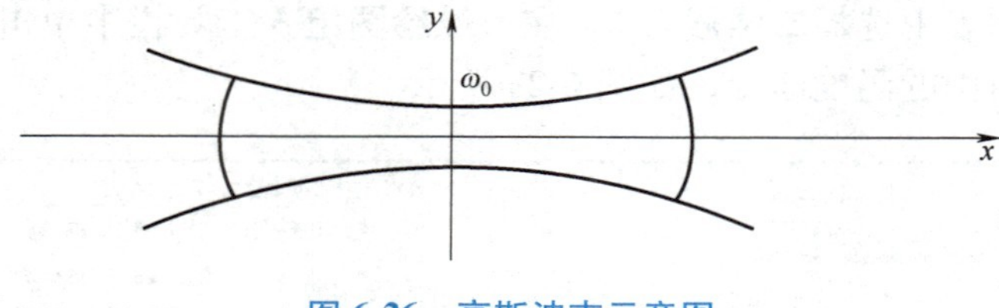

图 6-26　高斯波束示意图

6.5.2　操作步骤

1. 物理场选择及预设研究

首先启动软件后，单击**模型向导**，在选择空间维度栏中，单击二维。如图 6-27 所示，在**选择物理场**树中选择**光学—波动光学—电磁波，瞬态（ewt）**，单击添加。接下来，单击**研究**，如图 6-28 所示，在选择研究树中选择**预设研究—瞬态**，单击**完成**。

2. 全局定义

（1）参数

如图 6-29 所示，在**模型开发器**窗口的**全局定义**节点下，单击**参数**。在**参数**的**设置**窗口中，定位到**参数**栏，在表 6-3 中输入参数值。

图 6-27　选择物理场设置图

图 6-28　预设研究设置图

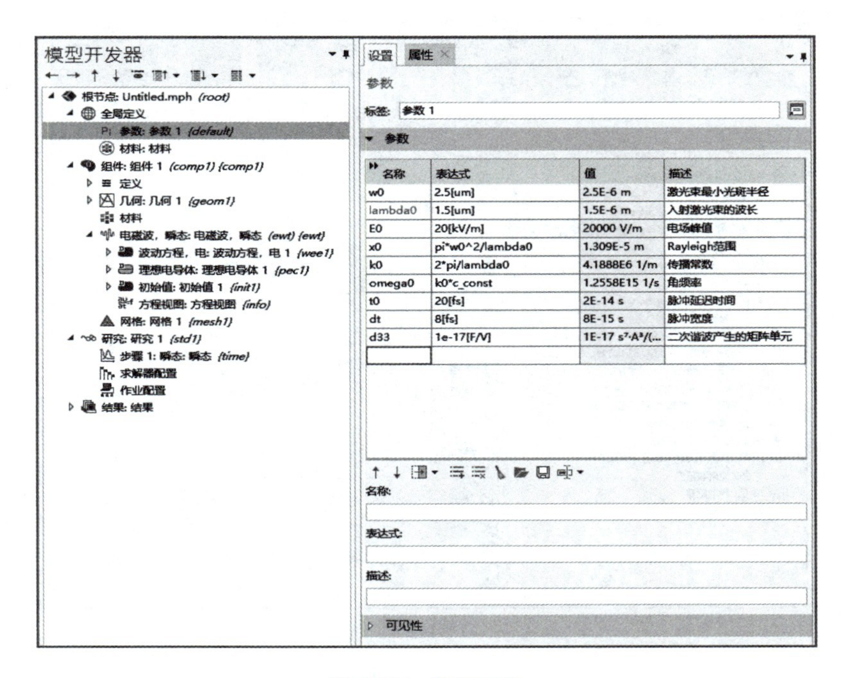

名称	表达式	值	描述
w0	2.5[um]	2.5E-6 m	激光束最小光斑半径
lambda0	1.5[um]	1.5E-6 m	入射激光束的波长
E0	20[kV/m]	20000 V/m	电场峰值
x0	pi*w0^2/lambda0	1.309E-5 m	Rayleigh范围
k0	2*pi/lambda0	4.1888E6 1/m	传播常数
omega0	k0*c_const	1.2558E15 1/s	角频率
t0	20[fs]	2E-14 s	脉冲延迟时间
dt	8[fs]	8E-15 s	脉冲宽度
d33	1e-17[F/V]	1E-17 s⁷·A³/(...	二次谐波产生的矩阵单元

图 6-29　参数设置

表 6-3　参数

名　称	表 达 式	值	描　述
w0	2.5 [μm]	2.5E-6m	激光束最小光斑半径
lambda0	1.5 [μm]	1.5E-6m	入射激光束的波长
E0	20 [kV/m]	20000V/m	电场峰值
x0	pi * w0^2/lambda0	1.309E-5m	Rayleigh 范围
k0	2 * pi/lambda0	4.1888E61/m	传播常数
omega0	k0 * c_const	1.2558E151/s	角频率
t0	20 [fs]	2E-14s	脉冲延迟时间
dt	8 [fs]	8E-15s	脉冲宽度
d33	1e-17 [F/V]	$1E-17s^7 \cdot A^3/(kg^2 \cdot m^4)$	二次谐波产生的矩阵单元

（2）解析定义

如图 6-30a 所示，在**主屏幕**工具栏中单击**函数**，然后选择全**局一解析**，在**解析 1** 的**设置**窗口中，在**函数名称**文本框中键入“w”。定位到**定义**栏，在**表达式**文本框中键入“w0 * sqrt(1+(x/x0)^2)”。定位到**单位**栏，在**变元**文本框中键入“m”，在**函数**文本框中键入“m”。采用同样的方式，对解析函数 2（见图 6-30b）和解析函数 3（见图 6-30c）定义。

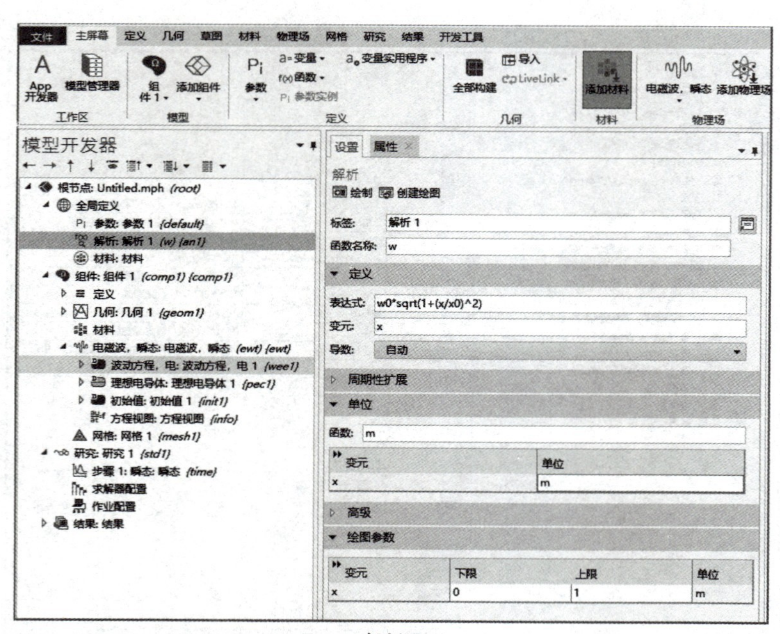

a) 解析1

图 6-30　解析函数定义

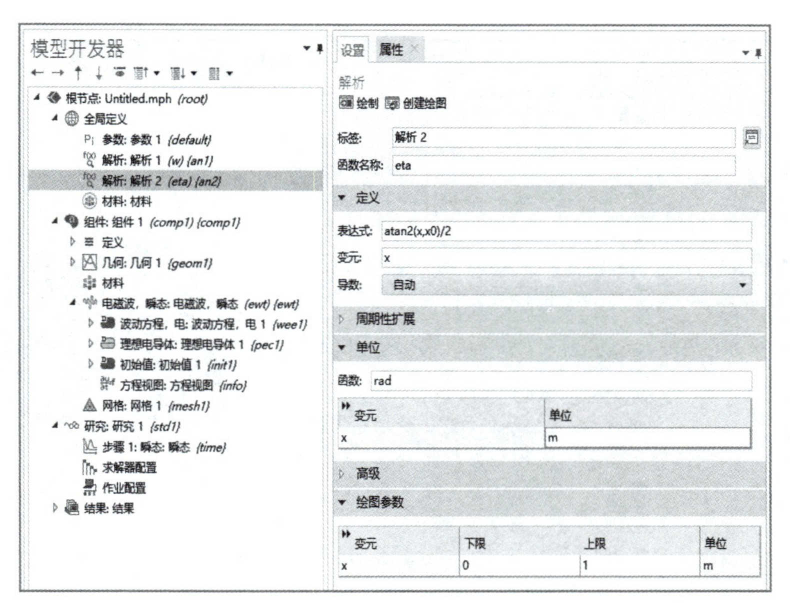

b) 解析2

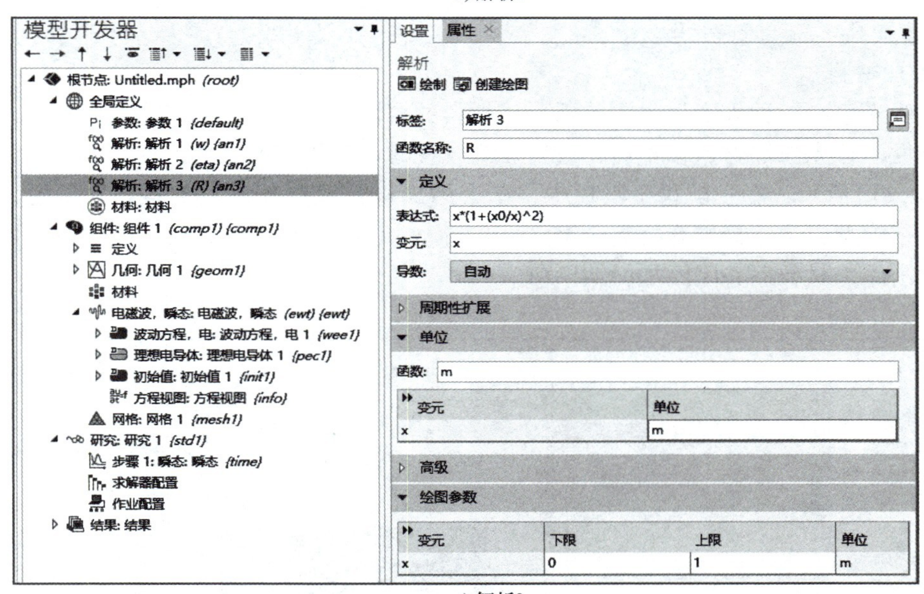

c) 解析3

图 6-30　解析函数定义（续）

3. 几何设置

在**模型开发器**窗口的**组件 1（comp1）**节点下，单击**几何 1**。在**几何**的**设置**窗口中，定位到**单位**栏，从**长度单位**列表中选择 **μm**。

在**几何**工具栏中选择**矩形**。如图 6-31 所示，在**矩形**的**设置**窗口中，定位到**大小和形状**栏，在**宽度**文本框中键入“20”。在**高度**文本框中键入“10”。定位到**位置**栏，在 **x** 文本框中键入“-10”。在 **y** 文本框中键入“-5”，单击**构建所有对象**。

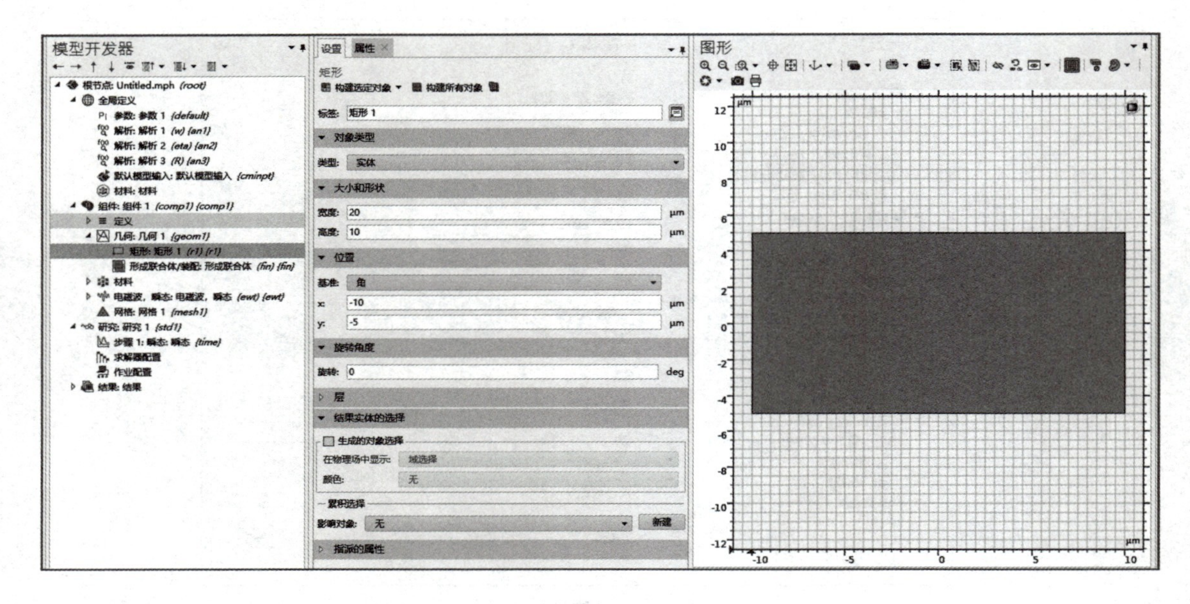

图 6-31　几何绘制结果

4. 添加材料

假设激光束在一种人工材料中传播，该材料的属性与空气相似，只是还具有额外的二阶光学非线性。首先添加材料，稍后在设置波动方程时，将指定非线性属性。

如图 6-32 所示，在**主屏幕**工具栏中，单击**添加材料**以打开添加材料窗口。转到**添加材料**窗口，在模型树中选择**内置材料—Air**，单击窗口工具栏中的添加到组件。在主屏幕工具栏中，单击**添加材料**以关闭**添加材料**窗口。

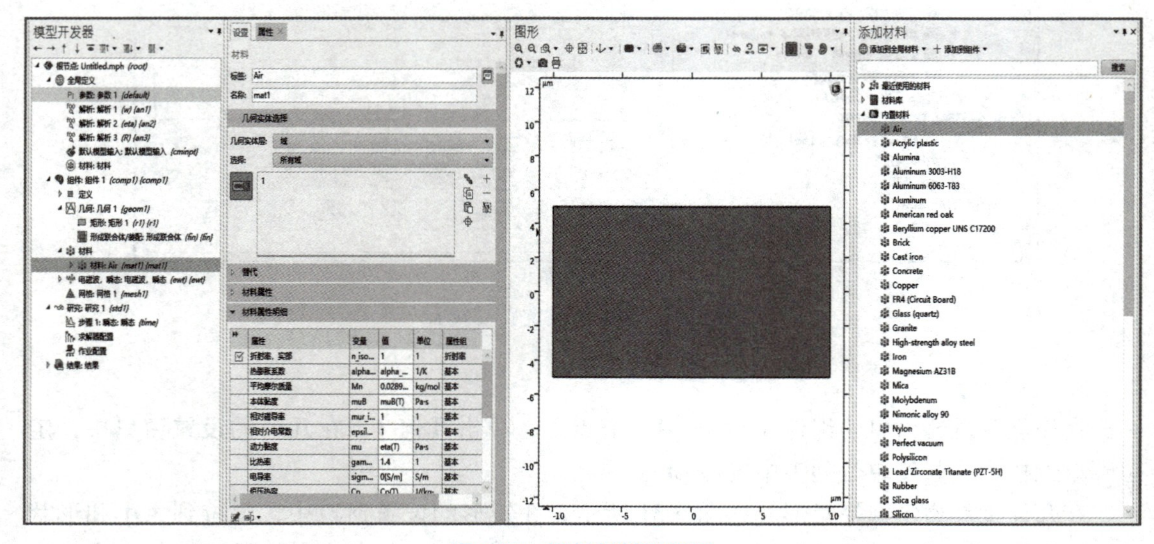

图 6-32　添加材料设置图

5. 物理场

电场的偏振方向为 Z 向，因此仅求解**面外矢量**。如图 6-33 所示，在**电磁波，瞬态**的设置窗口中，定位到**分量**栏。从**求解的电场分量**列表中选择**面外矢量**。

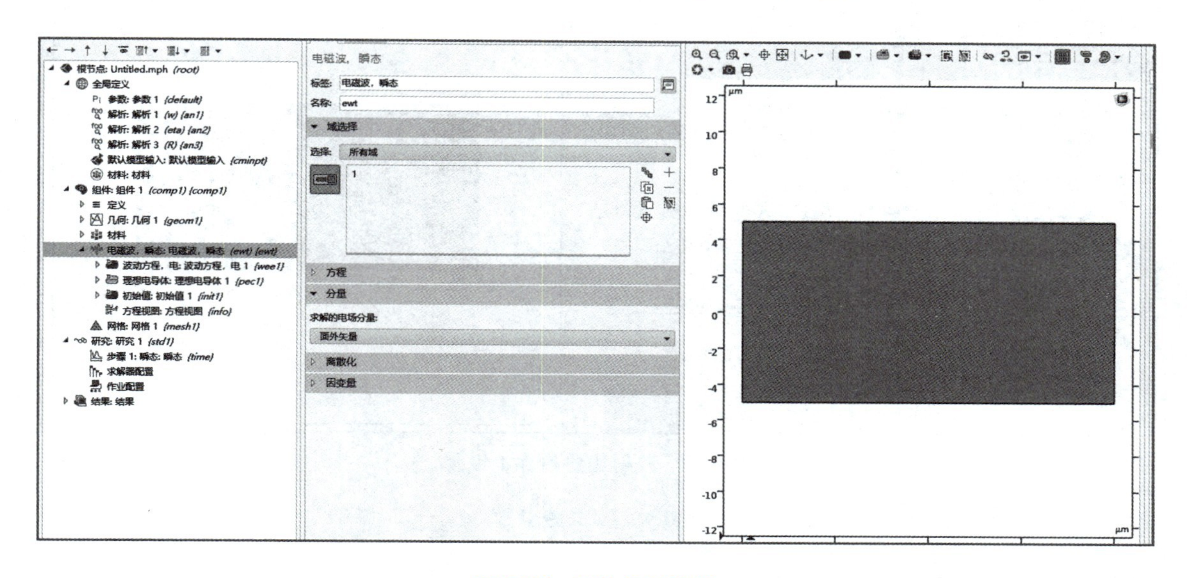

图 6-33　面外矢量设置

完美磁导体边界设置如图 6-34 所示，在**物理场**工具栏中单击**边界**，然后选择完**美磁导体**。选择“边界”3。

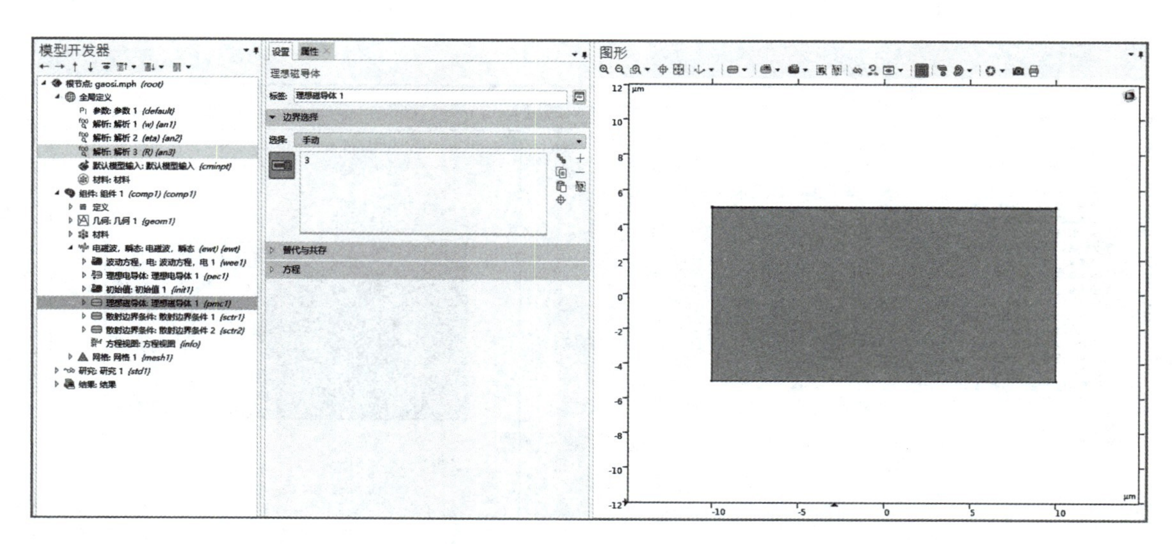

图 6-34　完美磁导体边界设置

散射边界条件 1 设置如图 6-35 所示，在**物理场**工具栏中单击边界，然后选择**散射边界条件**。选择“边界”1。在散射边界条件的设置窗口中，定位到**散射边界条件**栏。从**入射场**列表中选择**由电场定义电磁波**。将 $\boldsymbol{E}_0$ 矢量指定为表 6-4 所示参数。

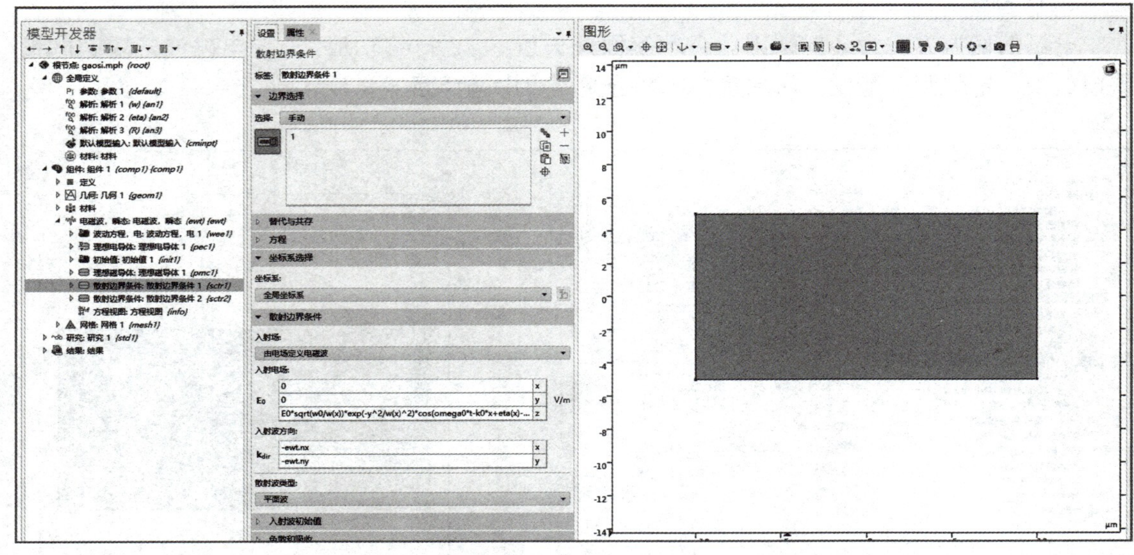

图 6-35　散射边界条件 1 设置

表 6-4　E_0 矢量参数

0	x
0	y
E0 * sqrt(w0/w(x)) * exp(-y^2/w(x)^2) * cos(omega0 * t-k0 * x+eta(x)-k0 * y^2/(2 * R(x))) * exp(-(t-t0)^2/dt^2)	z

散射边界条件 2 设置（见图 6-36）。在**物理场**工具栏中单击**边界**，然后选择**散射边界条件**，选择“边界”4。

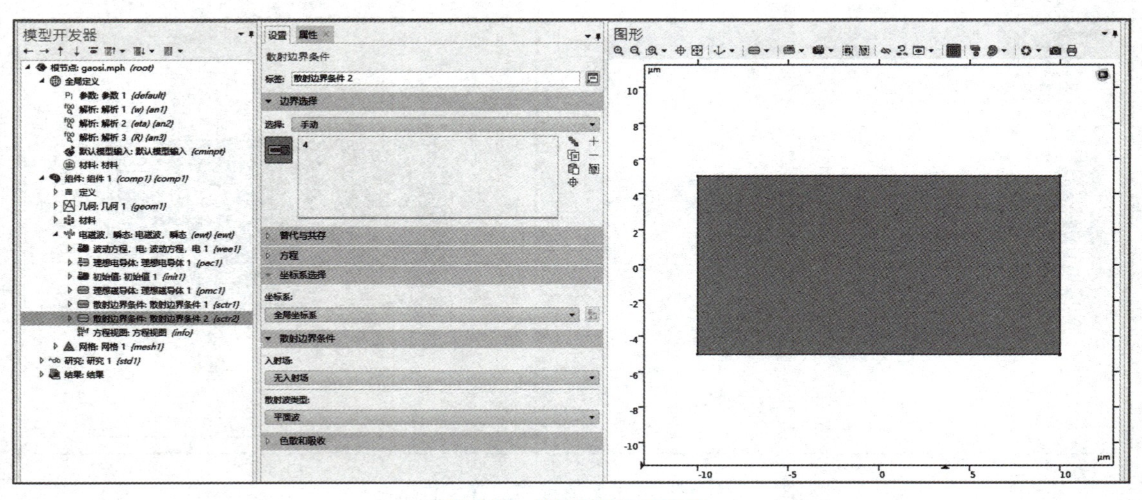

图 6-36　散射边界条件 2

波动方程设置如图 6-37 所示，在**模型开发器**窗口的**组件 1（comp1）—电磁波，瞬态（ewt）**节点下，单击**波动方程，电 1**。在**波动方程，电 1** 的**设置**窗口中，定位到**电位移场**栏。从**电位移场模型**列表中选择**剩余电位移**。将 ***D*r** 矢量指定为表 6-5 参数。

表 6-5　电位移矢量参数

0	x
0	y
d33 * ewt. Ez^2	z

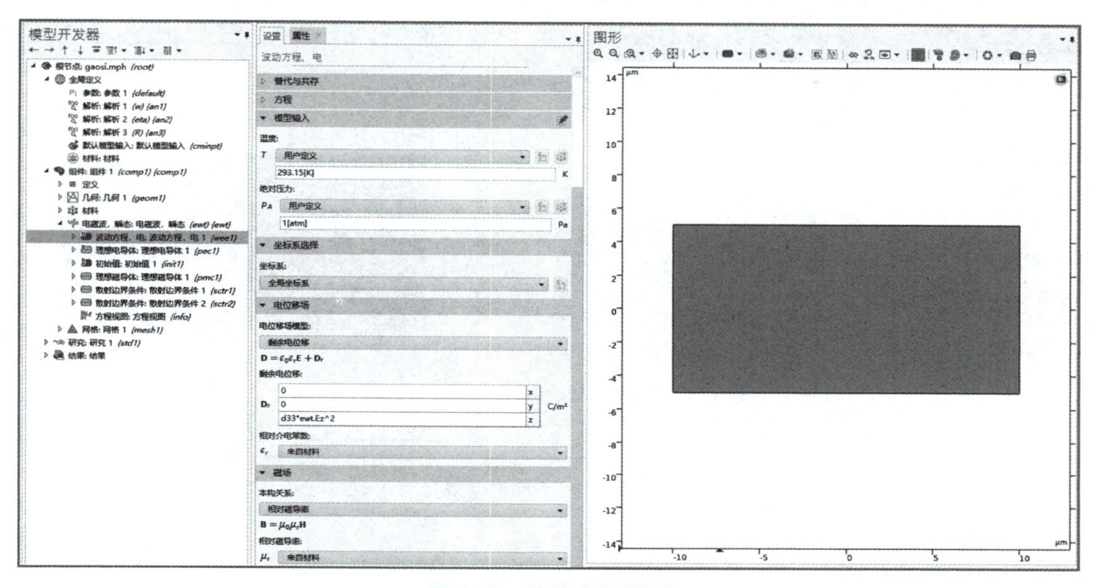

图 6-37　波动方程设置

6. 网格剖分

(1) 分布 1

如图 6-38 所示，在**模型开发器**窗口的组件 **1**（**comp1**）节点下，右键单击**网格 1** 并选择**映射**。右键单击**映射 1** 并选择**分布**。选择“边界” **1** 和 **4**。在**分布**的**设置**窗口中，定位到**分布**栏。从**分布属性**列表中选择**显式分布**。在**显式单元分布**文本框中键入“sin(range(0,0.02 * pi,0.5 * pi))”。这将在接近上边界的地方创建更精细的网格。

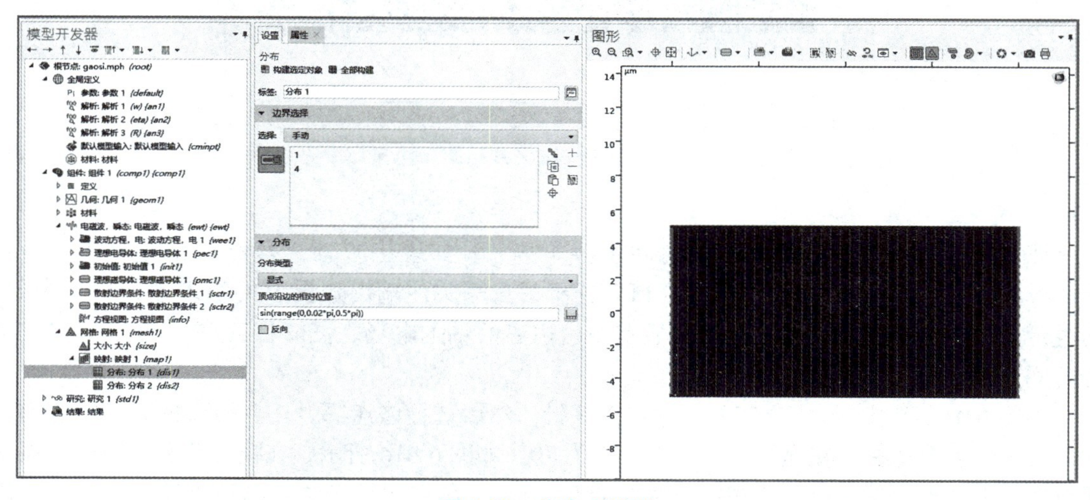

图 6-38　分布 1 设置

（2）分布 2

如图 6-39 所示，右键单击**映射 1** 并选择**分布**。选择“边界”2 和 3。在**分布**的**设置**窗口中，定位到**分布**栏。从**分布属性**列表中选择**显式分布**。在**显式单元分布**文本框中键入“range(0,4e-8,20e-6)”。然后单击**全部构建**。

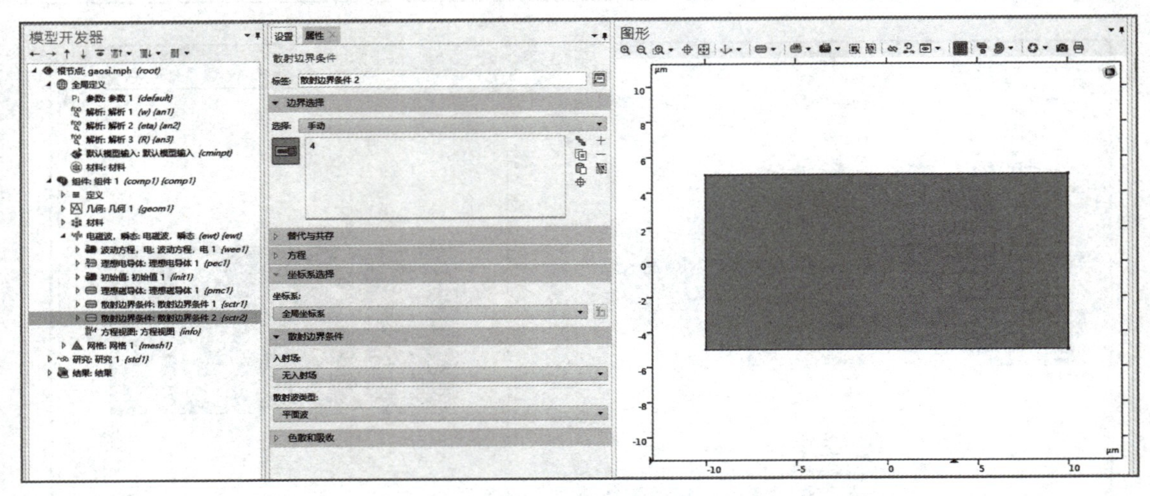

图 6-39　分布 2 设置

剖分完成的网格如图6-40所示。

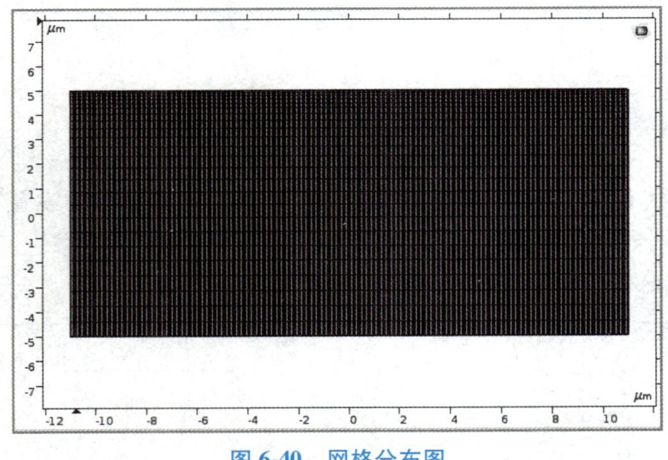

图 6-40　网格分布图

7. 定义

要执行 FFT 分析，需要保存的时间步数非常大，如果将所有 A 场结果都存储下来，生成的模型文件会非常大。不过，对于 FFT 分析，只需关注输出边界上的物理场即可。为此，通过定义“域点探针”，可以存储并显示输出边界的轴上电场，同时仅存储“研究”中定义的时间步的 A 场。

如图 6-41a 所示，在**定义**工具栏中单击**探针**，然后选择**域点探针**。在**域点探针**的**设置**窗口中，定位到**点选择**栏。在**坐标**行中，将 **x** 设为 **10**。如图 6-41b 所示，在**模型开发器**窗口中展开**域点探针 1** 节点，然后单击**点探针表达式 1**（**ppb1**）。在**点探针表达式**的**设置**窗口中，在**变量**

名称文本框中键入“Eout”。定位到**表达式**栏，单击该栏右上角的 **ewt. Ez-电场 z 分量**。

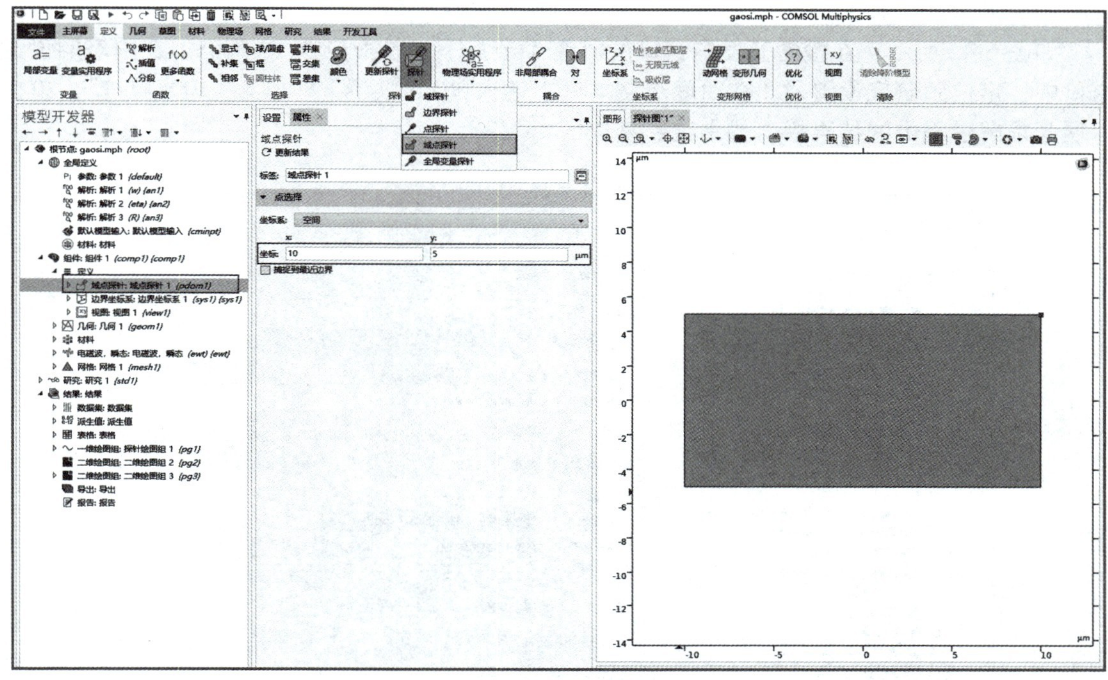

a) 域点探针坐标

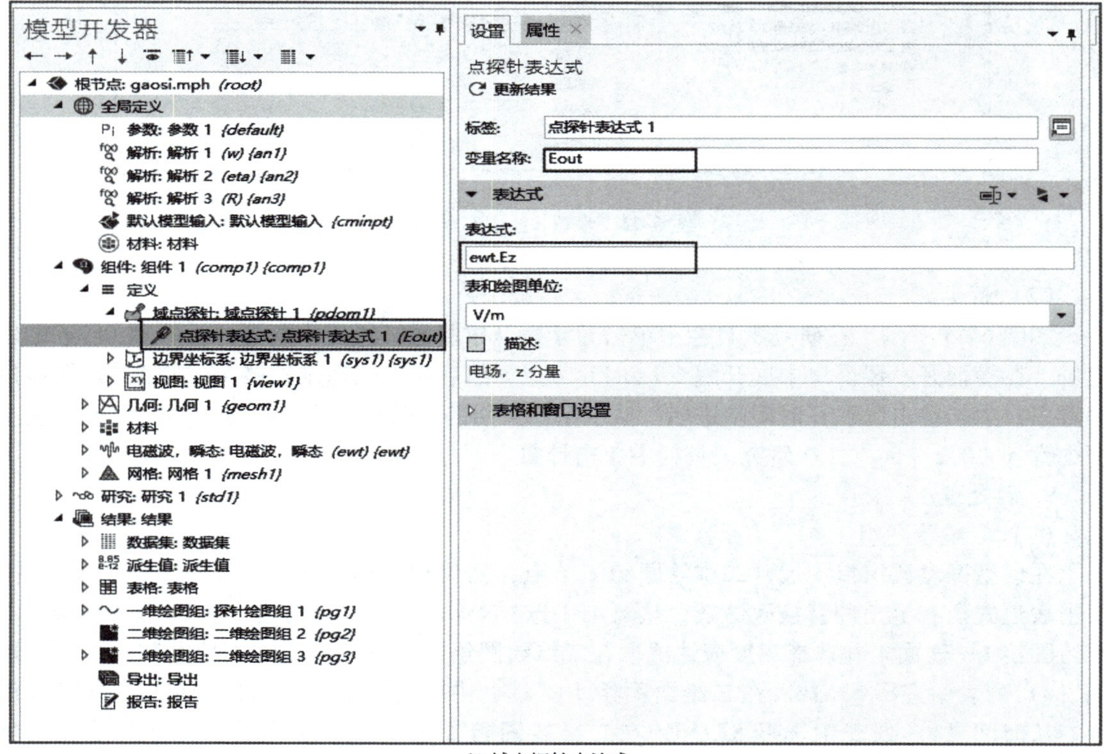

b) 域点探针表达式

图 6-41　域点探针设置

8. 求解器设置

（1）步骤 1：瞬态

如图 6-42 所示，在**模型开发器**窗口的**研究 1** 节点下，单击**步骤 1：瞬态**。在**瞬态**的**设置**窗口中，定位到**研究设置**栏。在**时间**步文本框中键入“0 50［fs］80［fs］100［fs］”。单击以展开**求解过程中的结果**栏，选中**绘制**复选框。

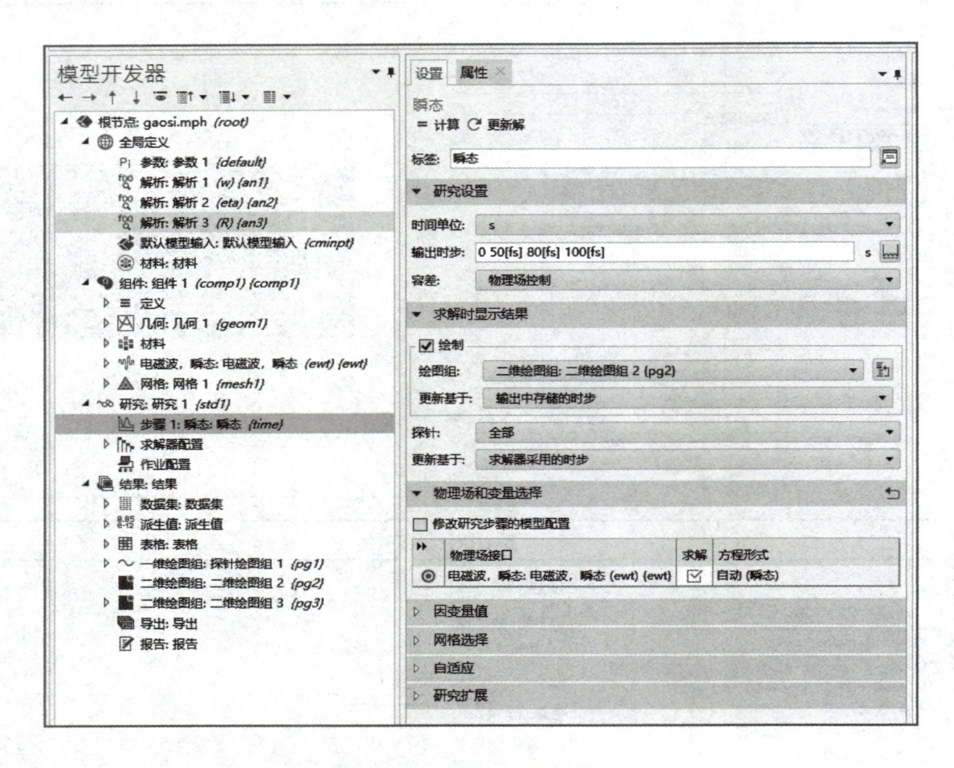

图 6-42　步骤 1：瞬态设置

（2）解 1

如图 6-43 所示，在**研究**工具栏中单击**显示默认求解器**，设置求解器，计算每 0.2fs 的输出场。在**模型开发器**窗口中展开**解 1（sol1）**节点，然后单击**瞬态求解器 1**，在**瞬态求解器**的**设置**窗口中，单击以展开**时间步进**栏。从**求解器采用的步长**列表中选择**手动**。在**时间步**文本框中键入“0.2［fs］”。在**研究**工具栏中单击**计算**。

9. 后处理

（1）二维绘图组

在**模型开发器**窗口中展开**二维绘图组 1** 节点，然后单击**表面 1**。在**表面**的**设置**窗口中，单击**表达式**栏右上角的**替换表达式**。从菜单中选择 **ewt. Ez-电场 z 分量**。右键单击**结果—二维绘图组 1—表面 1** 并选择**高度表达式**。在**二维绘图组**的**设置**窗口中，定位到**数据**栏。从**时间（s）**列表中选择 **5E-14**。在**二维绘图组 1** 工具栏中单击**绘制**，此时绘图应如图 6-44a 所示。从**时间（s）**列表中选择 **8E-14**，在**二维绘图组 1** 工具栏中单击**绘制**，此时绘图应如图 6-44b 所示。

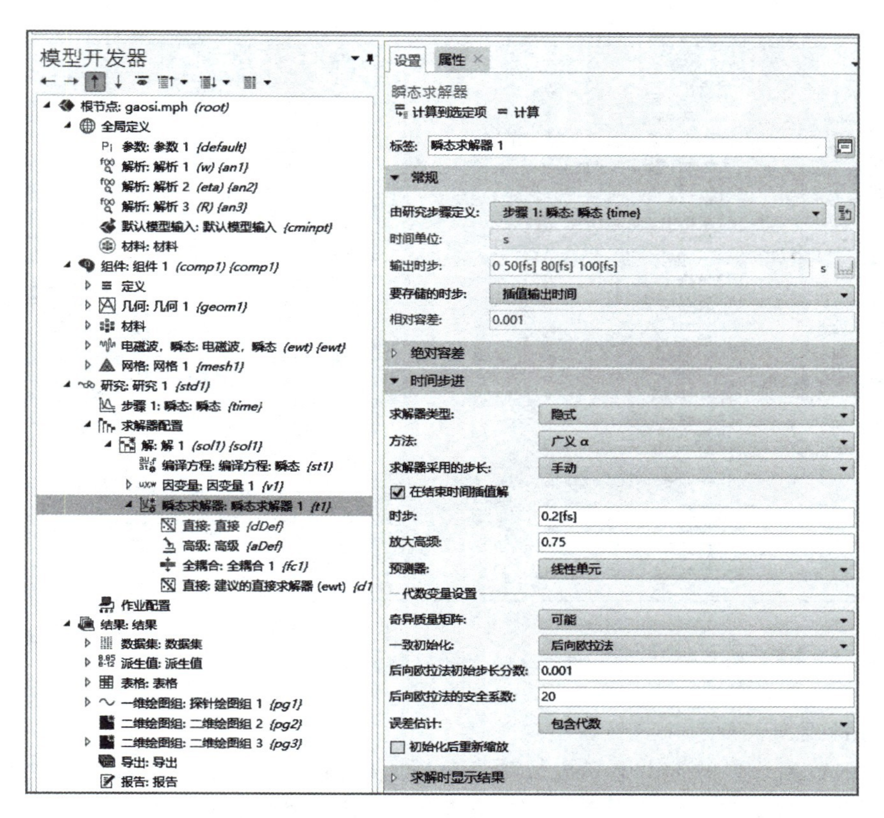

图 6-43　解 1 设置

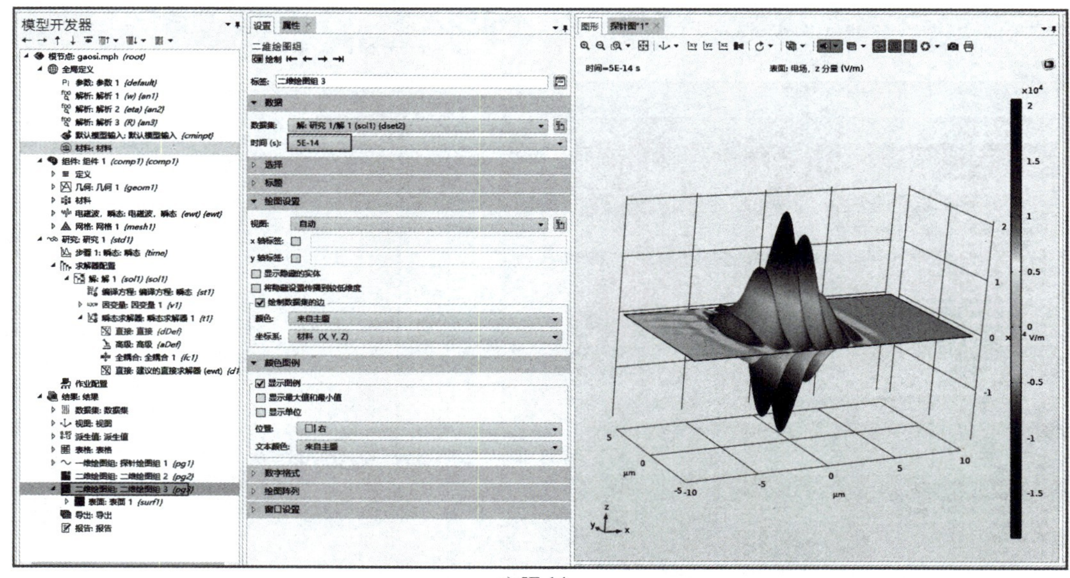

a) 5E-14

图 6-44　二维绘图组

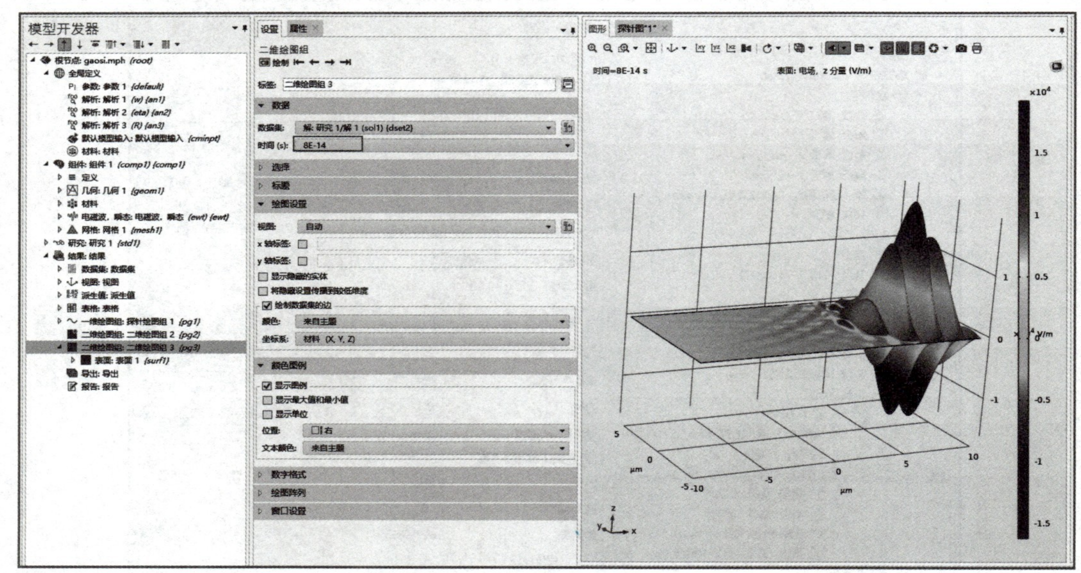

b) 8E-14

图 6-44　二维绘图组（续）

（2）探针表图 1

最后，对输出边界的轴上电场执行频谱分析。如图 6-45 所示，在**模型开发器**窗口中展开**结果—探针图组 2** 节点，然后单击**探针表图 1**。在**表图**的**设置**窗口中，定位到**数据**栏，从**变换**列表中选择**频谱**，选中**频率范围**复选框，然后在**探针图组 2** 工具栏中单击**绘制**。

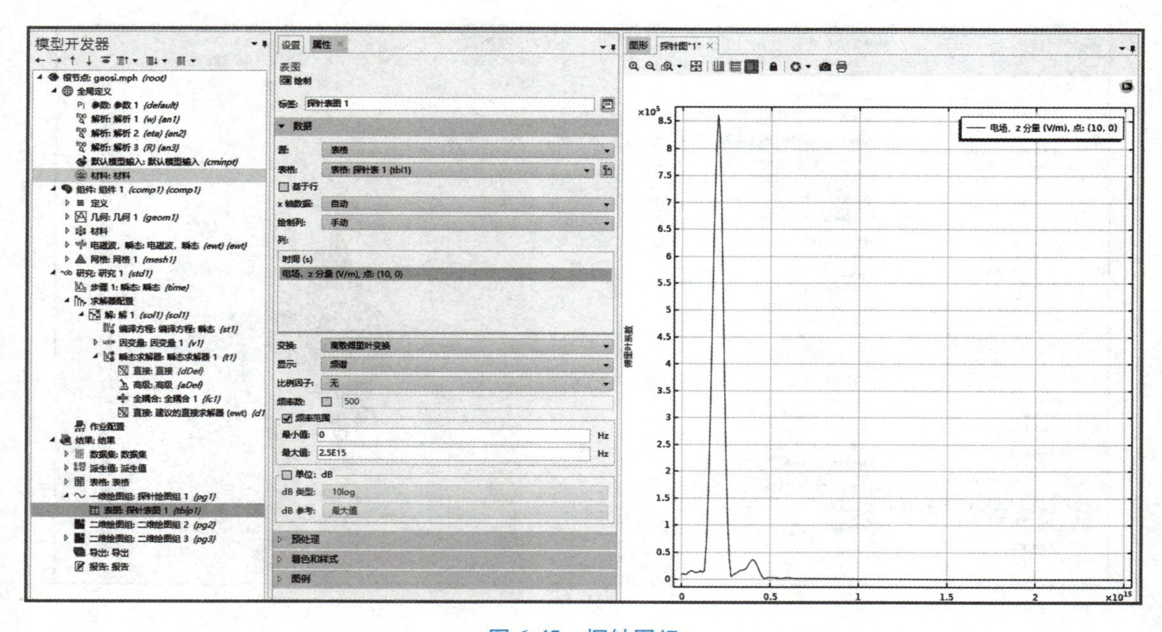

图 6-45　探针图组

6.5.3 案例小结

此仿真的主要目的是计算脉冲沿 20μm 的几何传播时二次谐波的产生。因此，必须求解脉冲在几何体中进入、通过及离开所需的时间。仿真中保存了 50fs 与 100fs 之间的结果，这段时间是脉冲通过输出边界的时间。此边界上电场的二次谐波分量可通过频率分析而提取出。结果如图 6-45 所示。高峰值右侧的小峰值就是产生的二次谐波。高峰值左侧也有一个较小的峰值，这是由差频效应引起的，这个光整流效应也是一种二阶非线性光学过程。

6.6 案例 3 射频消融、微波烧蚀肿瘤

6.6.1 物理背景

肿瘤热疗法通过对肿瘤组织局部加热来治疗癌症，通常还配合进行化疗或放疗。对深部肿瘤进行选择性加热而不破坏周围组织这种方法存在以下两方面挑战：（a）对加热功率和加热空间分布的控制；（b）温度传感器的设计和安置。

在可用的加热技术中，射频加热和微波加热引起了临床研究人员的广泛关注。微波凝固疗法是将细长的微波天线插入肿瘤的一种技术。微波对肿瘤加热，产生凝固区，以杀死其中的癌细胞。

此模型计算了将细长同轴缝隙天线用于微波凝固疗法时肝脏组织中的温度场、辐射场和比吸收率（specific absorption rate，SAR，定义为吸收的热功率和组织密度的比值）。

天线几何结构如图 6-46 所示。它由一根细长的同轴电缆构成，在距短路尖端 6mm 的外部导线上开了一个 1.5mm 高的环形槽。为了卫生起见，将天线封装在由 FR4 复合材料制成的套管（导管）中。天线的工作频率为 2.45GHz，这是广泛应用于微波凝固疗法的频率。

6.6.2 操作步骤

1. 物理场选择及预设研究

在新建窗口中单击**模型向导**。在**模型向导**窗口中，单击**二维轴对称**。如图 6-47a 所示，在**选择物理场**树中选择**射频—电磁波，频域（emw）**，单击**添加**。在选择物理场树中选择**传热—生物传热（ht）**，单击**添加**，然后单击研究。接下来对预设研究进行设置，如图 6-47b 所示，在选择研究树中选择**定制研究——些物理场接口的预设研究—频域**，单击完成。

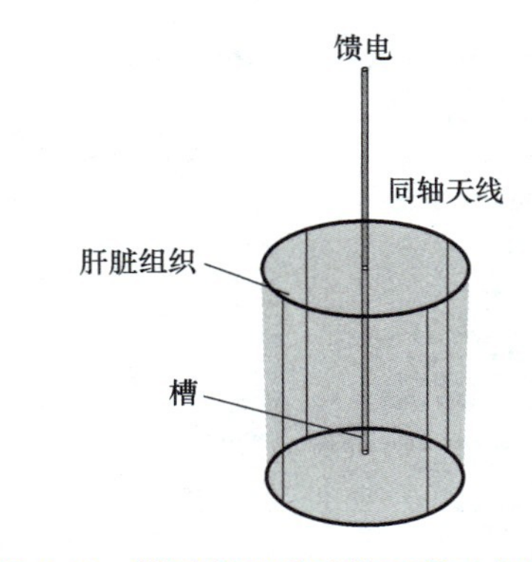

图 6-46 微波凝固疗法的天线几何结构

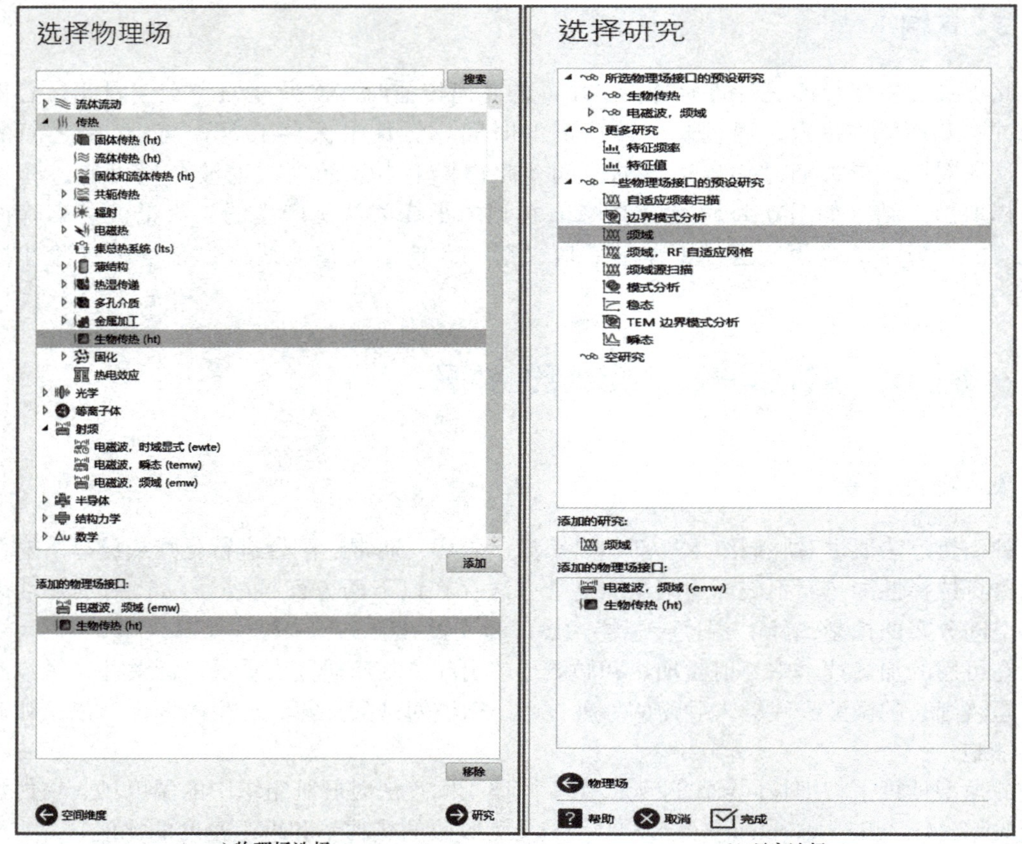

a) 物理场选择　　　　b) 研究选择

图 6-47　预设研究

2. 几何模型（见图 6-48）

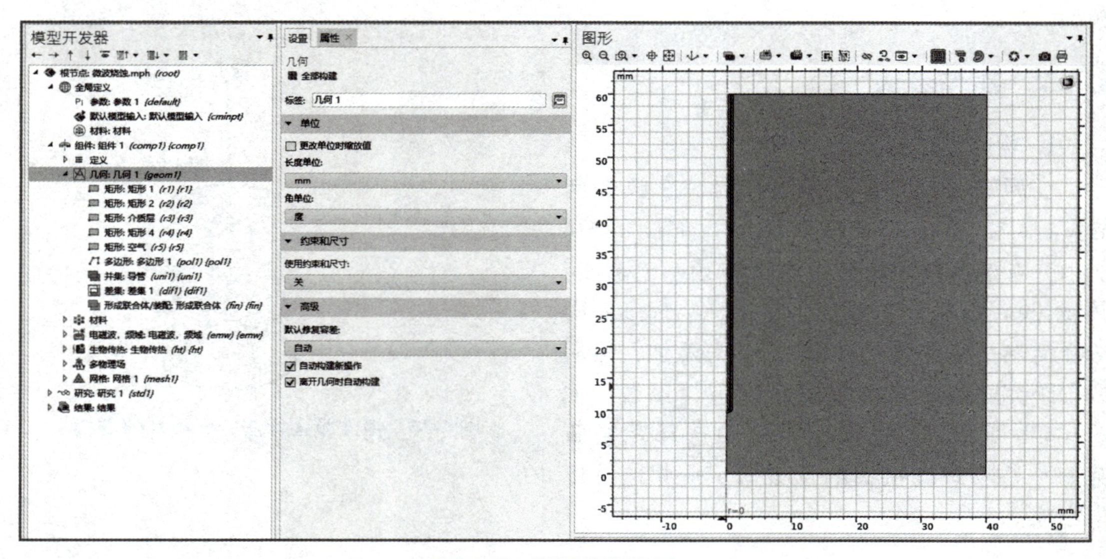

图 6-48　几何绘制结果

（1）矩形绘制

如图 6-49a 所示，需要绘制矩形 1-5，可右键**单击几何 1** 节点，点选**矩形**，来创建新矩形，其设置及效果分别如图 6-49b 所示。

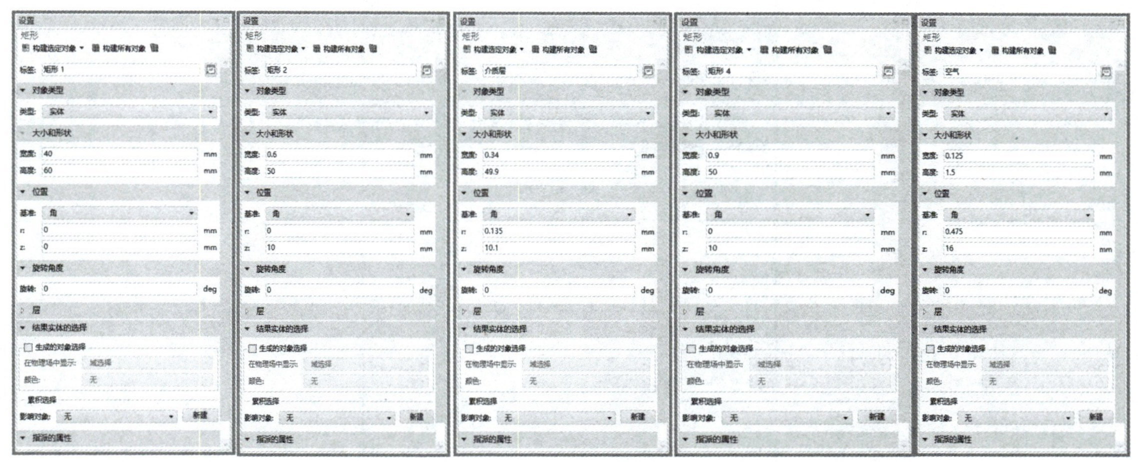

a) 矩形1-5

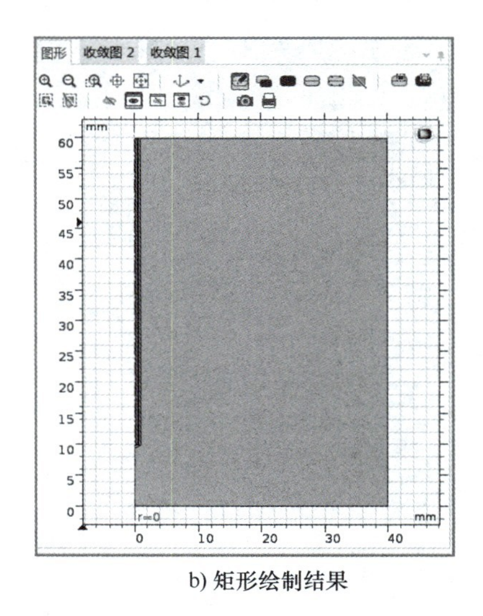

b) 矩形绘制结果

图 6-49　矩形 1-5 及几何绘制结果

（2）多边形

在几何工具栏中单击**体素**，然后选择**多边形**，在“多边形”的设置窗口中，定位到坐标栏，数据源选择表格，如图 6-50 所示。

（3）并集 1

如图 6-51 所示，在**几何**工具栏中单击**布尔运算和分割**，然后选择**并集**。在“**并集**”的**设置**窗口中，在**标签**文本框中键入“导管”，选择“对象”**b1** 和 **r4**，定位到**并集**栏，清除**保留内部边界**复选框。定位到**结果实体的选择**栏，选中**产生的对象选择**复选框。

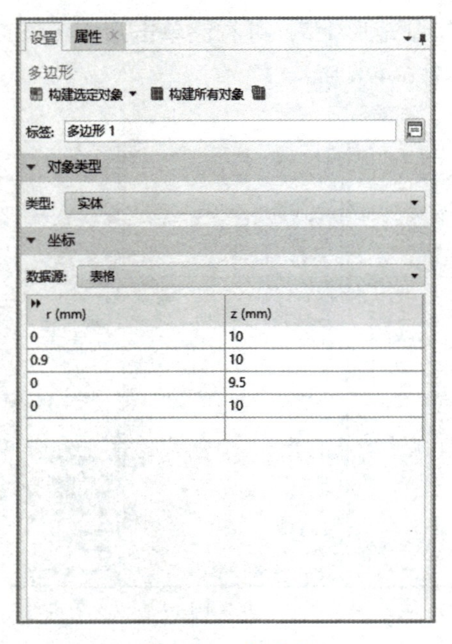

图 6-50　多边形

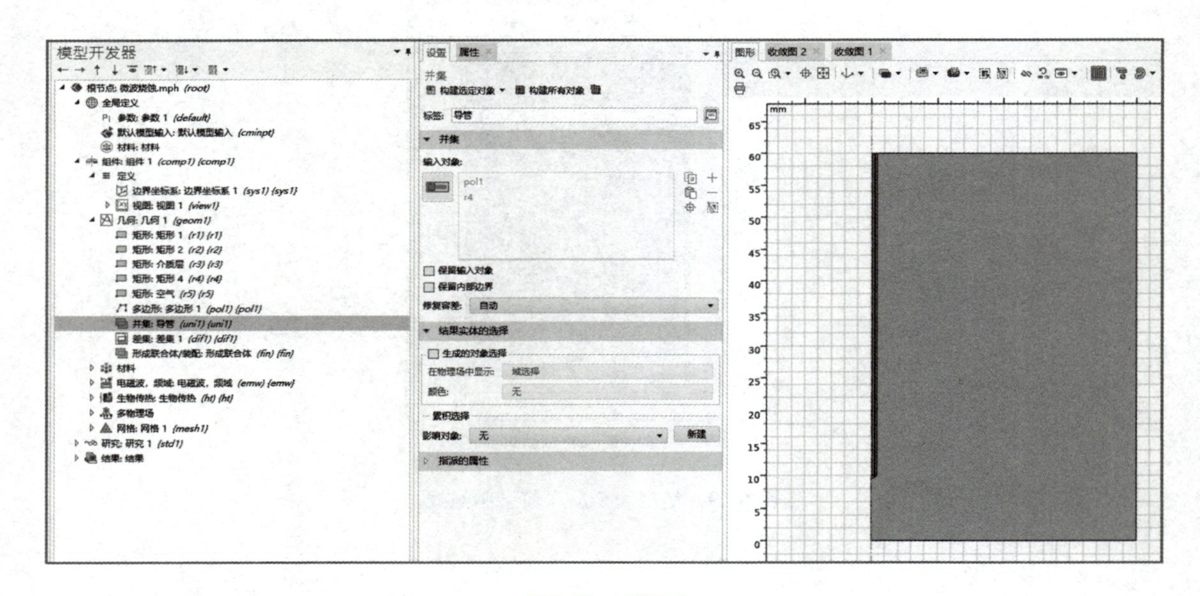

图 6-51　并集 1

（4）差集

如图 6-52 所示，在几何工具栏中单击**布尔运算和分割**，然后选择**差集**。选择“对象”**r1** 和 **uni1**，在“**差集**”的设置窗口中，定位到**差集**栏，找到要减去的对象子栏，选择**活动**切换按钮，选择“对象”**r2**。然后在几何工具栏中单击**全部构建**。

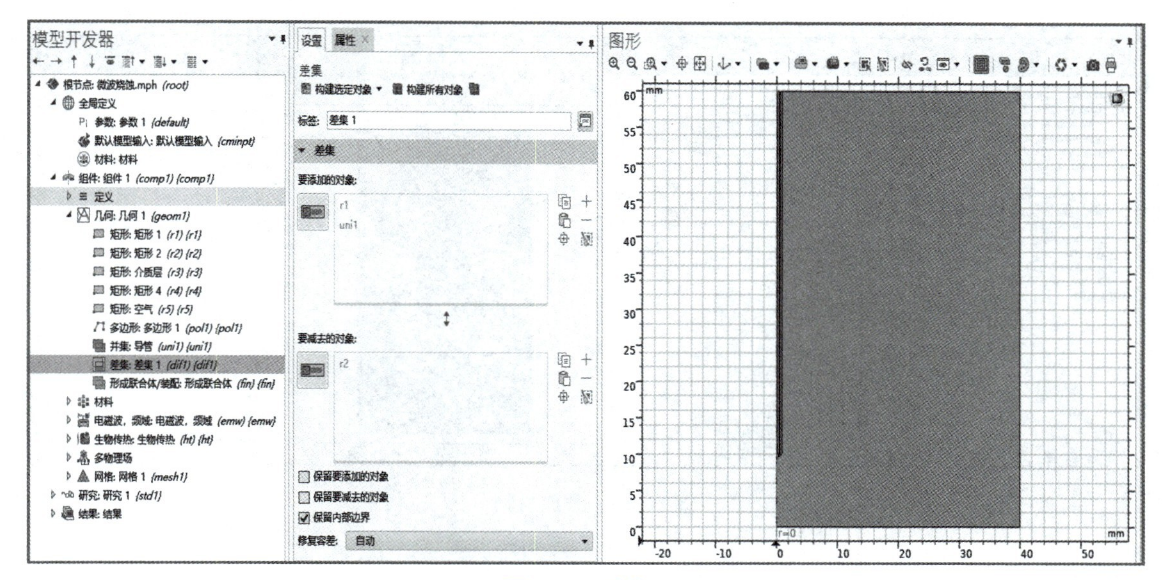

图 6-52　差集 1

3. 全局定义

在**模型开发器**窗口的**全局定义**节点下，单击**参数**。在**参数**的**设置**窗口中，定位到**参数**栏，输入以下参数，如图 6-53 所示。

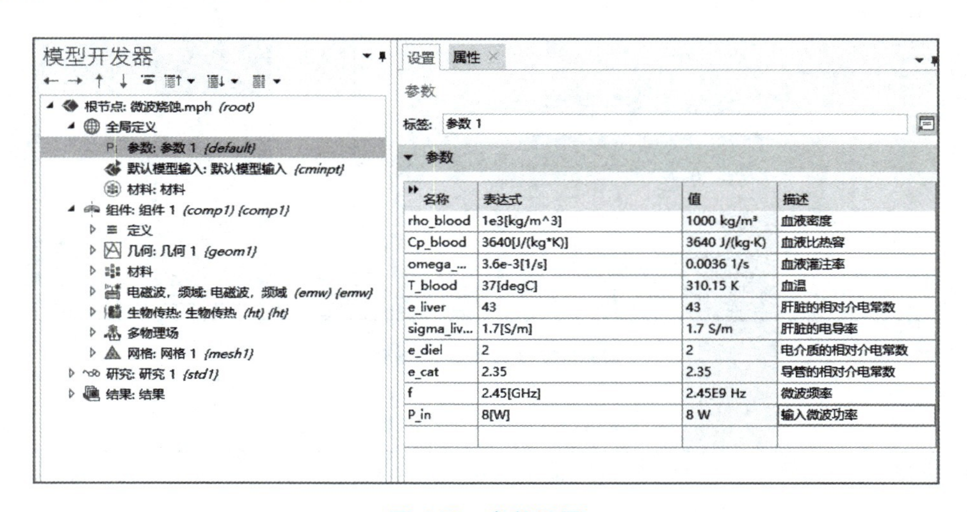

名称	表达式	值	描述
rho_blood	1e3[kg/m^3]	1000 kg/m³	血液密度
Cp_blood	3640[J/(kg*K)]	3640 J/(kg·K)	血液比热容
omega_...	3.6e-3[1/s]	0.0036 1/s	血液灌注率
T_blood	37[degC]	310.15 K	血温
e_liver	43	43	肝脏的相对介电常数
sigma_liv...	1.7[S/m]	1.7 S/m	肝脏的电导率
e_diel	2	2	电介质的相对介电常数
e_cat	2.35	2.35	导管的相对介电常数
f	2.45[GHz]	2.45E9 Hz	微波频率
P_in	8[W]	8 W	输入微波功率

图 6-53　参数设置

4. 添加材料

（1）材料 1

如图 6-54 所示，在**主屏幕**工具栏中，单击**添加材料**以打开**添加材料**窗口，转到**添加材料**窗口。在模型树中选择**生物热—Liver（human）**，单击窗口工具栏中的**添加到组件**。如图 6-55 所示，定位到模型开发器中的**材料—Liver（human）**，在**设置**窗口，选择“域”1，然后定位到**材料属性明细**栏，在表中输入表 6-6 所示参数。

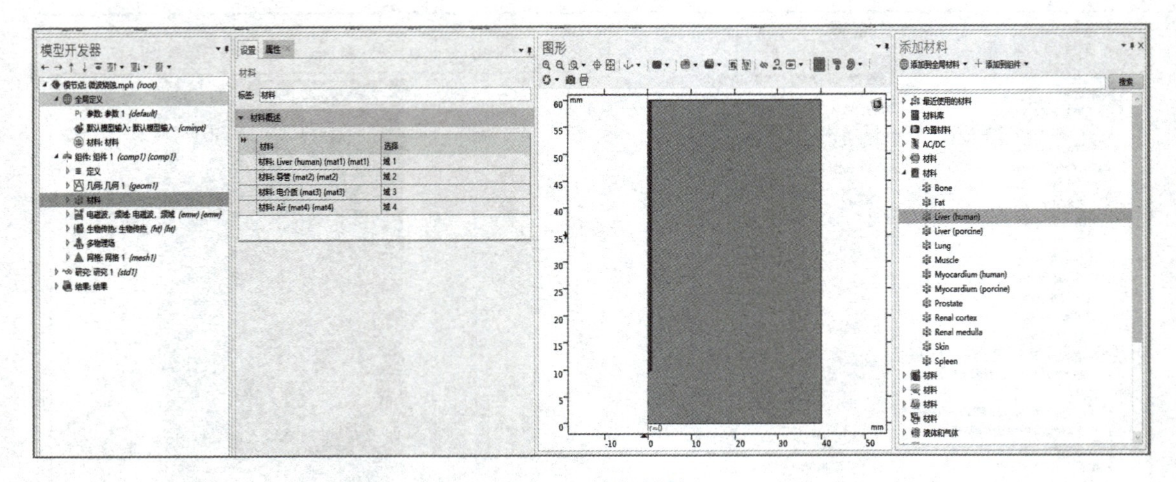

图 6-54　添加材料

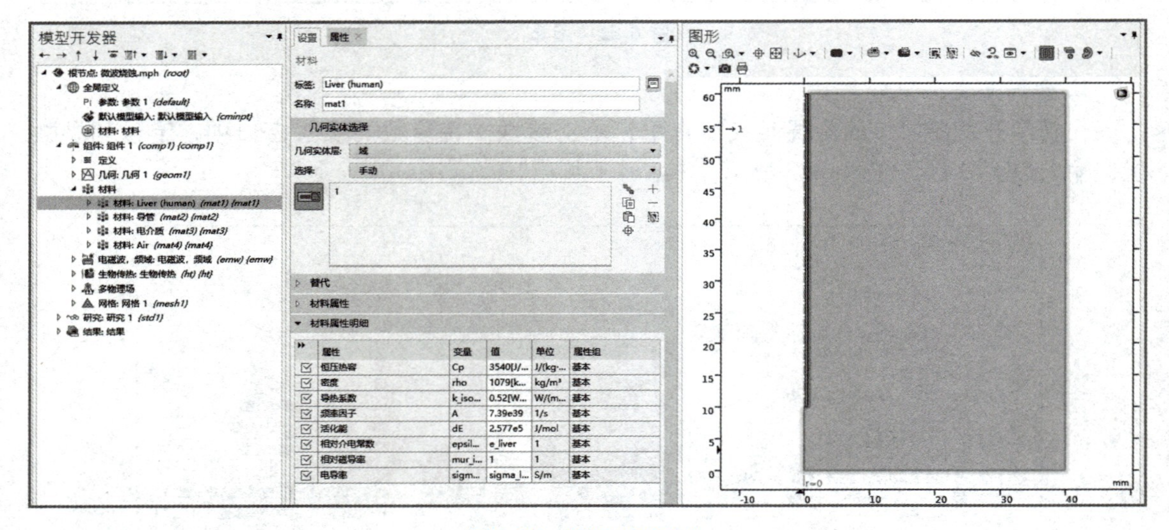

图 6-55　设置材料属性

表 6-6　Liver（human）材料属性值

属　性	变　量	值	单　位	属 性 组
相对介电常数	epsilonr	e_liver	1	Basic
相对磁导率	mur	1	1	Basic
电导率	sigma	sigma_liver	S/m	Basic

（2）空材料 2 和 3

如图 6-56 所示，在**材料**工具栏中单击**空材料**，在**材料**的**设置**窗口中，在标签文本框中键入“导管”。定位到**几何实体选择**栏，从选择列表中选择**导管**。定位到**材料属性明细**栏，在表中输入表 6-7 中的参数。采用添加材料 2 同样的方式，添加空材料 3，命名为“介质层”，如图 6-57 所示，定位到**材料属性明细**栏，在表中输入表 6-8 中的参数。

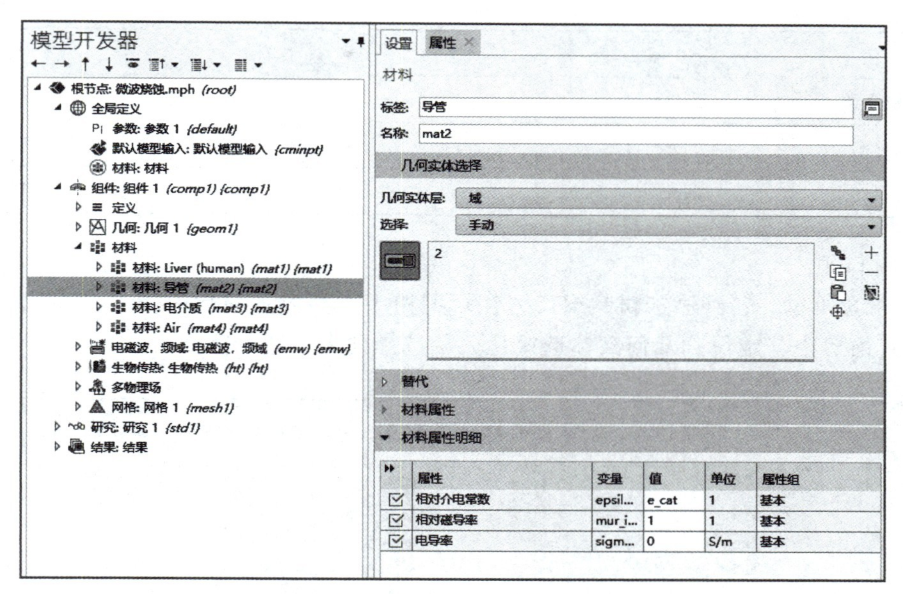

图 6-56　导管材料设置

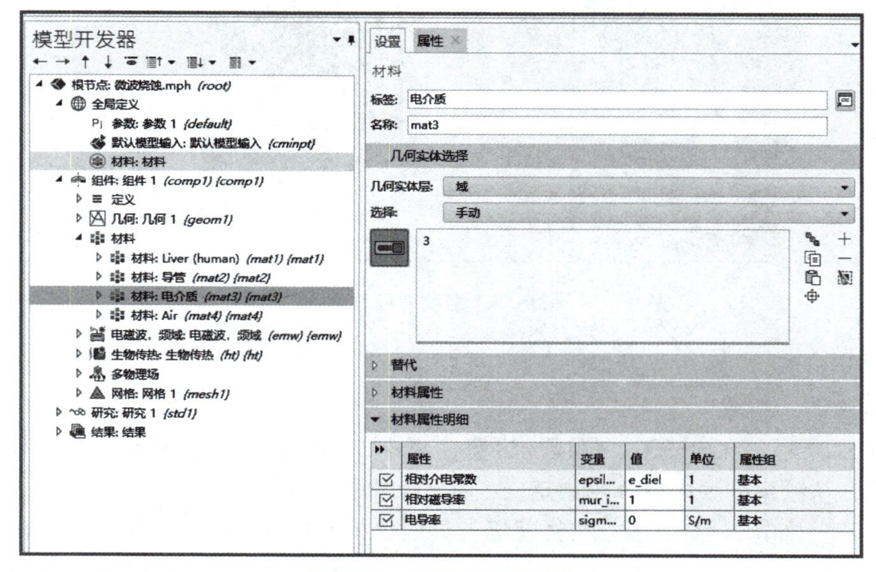

图 6-57　电介质材料设置

表 6-7　导管材料属性

属　性	变　量	值	单　位	属 性 组
相对介电常数	epsilonr	e_cat	1	基本
相对磁导率	mur	1	1	基本
电导率	sigma	0	S/m	基本

表 6-8　电介质材料属性

属　　性	变　　量	值	单　　位	属　性　组
相对介电常数	epsilonr	e_diel	1	基本
相对磁导率	mur	1	1	基本
电导率	sigma	0	S/m	基本

（3）材料 4

如图 6-58 所示，转到**添加材料**窗口，在模型树中选择**内置材料—Air**，添加到组件。在**材料**的设置窗口中，定位到**几何实体选择**栏，从选择列表中选择**空气**。

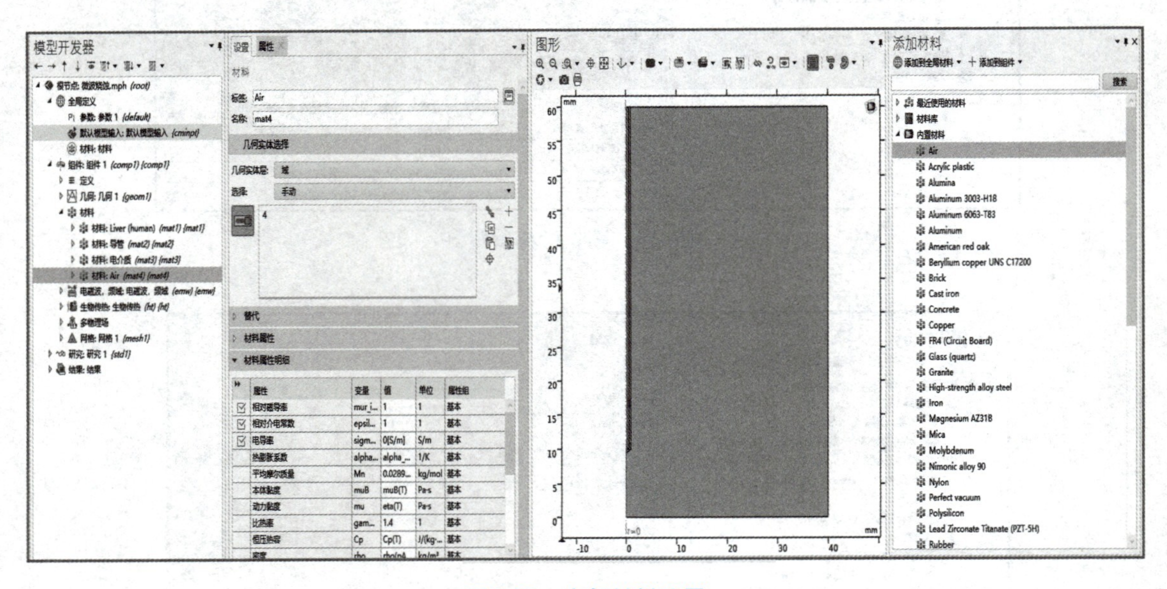

图 6-58　空气材料设置

5. 物理场设置

（1）电磁波　频域

如图 6-59 所示，在**电磁波，频域**的**设置**窗口中，单击以展开**方程**栏。从**方程形式**列表中选择**频域**，从**频率**列表中选择**用户定义**，在 *f* 文本框中键入“f”。

1）端口 1。如图 6-60 所示，在**物理场**工具栏中单击**边界**，然后选择**端口**，选择“边界”**8**。在**端口**的**设置**窗口中，定位到**端口属性**栏。从**端口类型**列表中选择**同轴**，从**此端口的波激励**列表中选择**开**，在 *P*in 文本框中键入“P_in”。

2）散射边界条件 1。如图 6-61 所示，在**物理场**工具栏中单击**边界**。然后选择**散射边界条件**，选择“边界”**2**、**17**、**19** 和 **20**。

（2）生物传热

如图 6-62 所示，在**模型开发器**窗口的**组件 1（comp1）**节点下，单击**生物传热（ht）**。在**生物传热**的**设置**窗口中，定位到**域选择**栏，单击**清除选择**，将生物热方程仅应用于肝脏组织，然后选择“域”**1**。

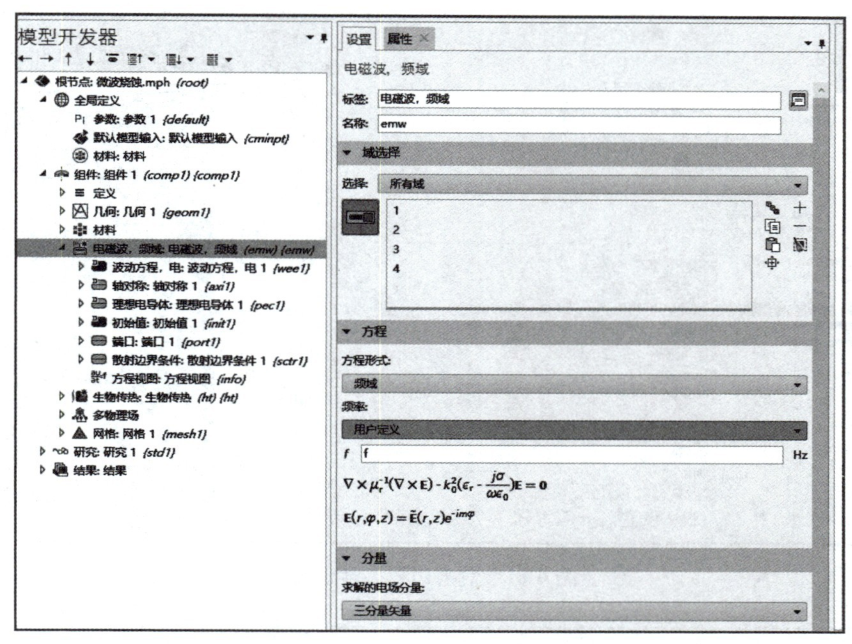

图 6-59　电磁场设置窗口

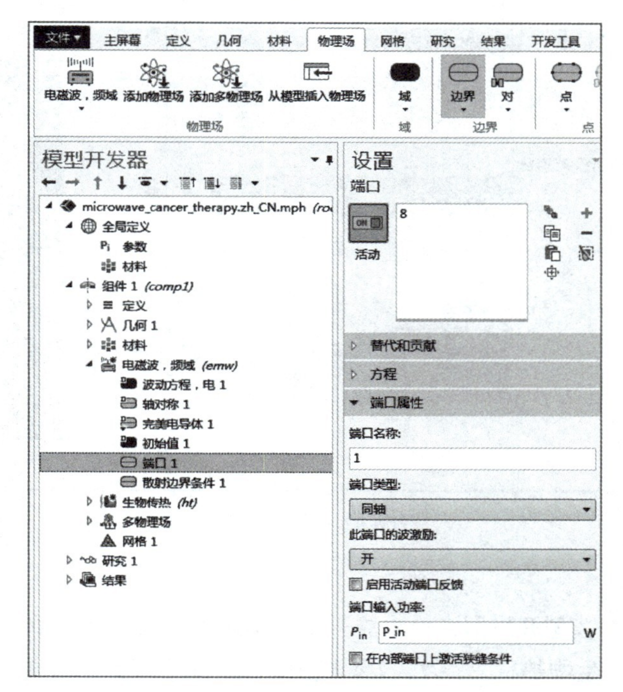

图 6-60　端口设置

1）生物组织 1

如图 6-63 所示，在**模型开发器**窗口的组件 **1（comp1）—生物传热（ht）**节点下，单击**生物组织 1**。在**生物组织**的**设置**窗口中，定位到**受损组织**栏，选中**包含受损积分分析**复选框。从**转变模型**列表中选择 **Arrhenius 动力学**。

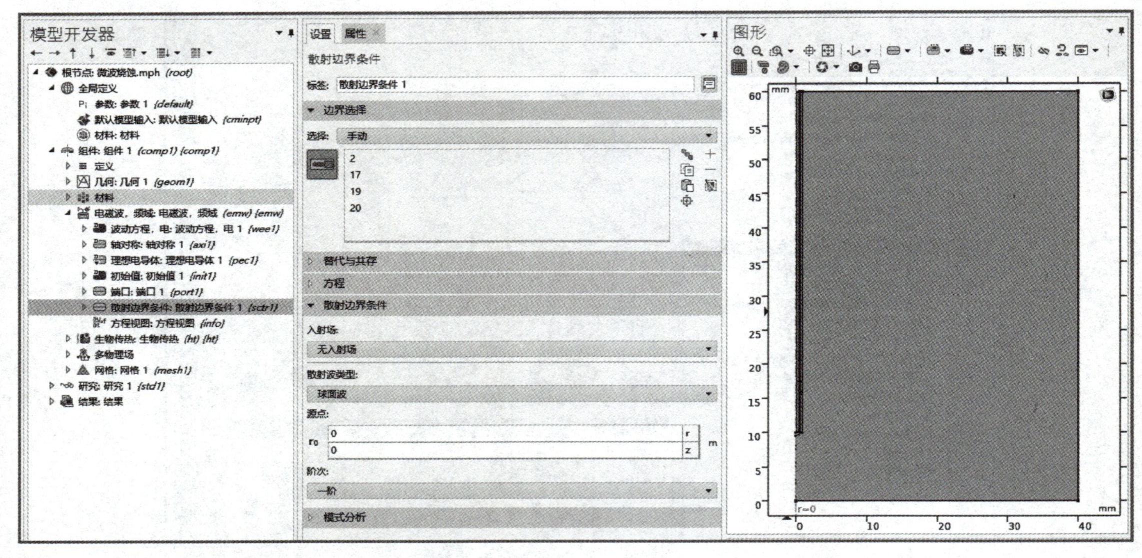

图 6-61　散射边界条件设置

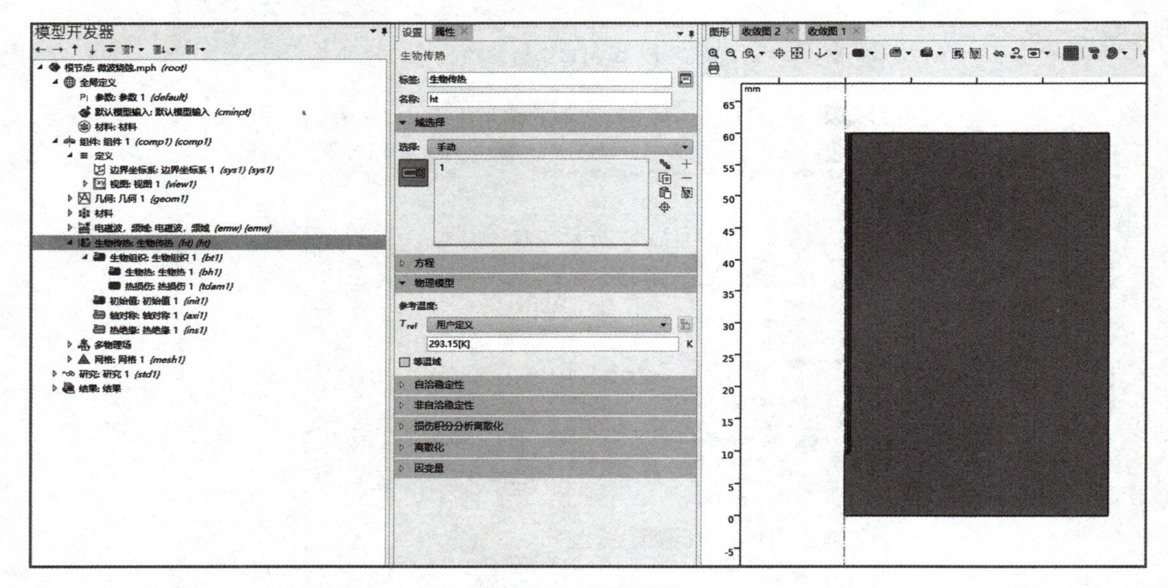

图 6-62　生物传热

2）生物热 1

如图 6-64 所示，在**模型开发器**窗口中展开**生物组织 1** 节点，然后单击**生物热 1**。在**生物热**的**设置**窗口中，定位到**生物热**栏。在 T_b 文本框中键入“T_blood”。在 ρ_b 文本框中键入“rho_blood”。在 $\boldsymbol{C}_{\mathbf{p,b}}$文本框中键入“Cp_blood”。在 ω_b 文本框中键入“omega_blood”。以上为通过血液灌注进行散热所需的所有参数。

3）热损伤

如图 6-65 所示，在**模型开发器**窗口中展开**生物组织 1** 节点，然后单击**热损伤 1**，定位到**受损组织**栏，从转变模型列表中选择**阿累尼乌斯动力学**。

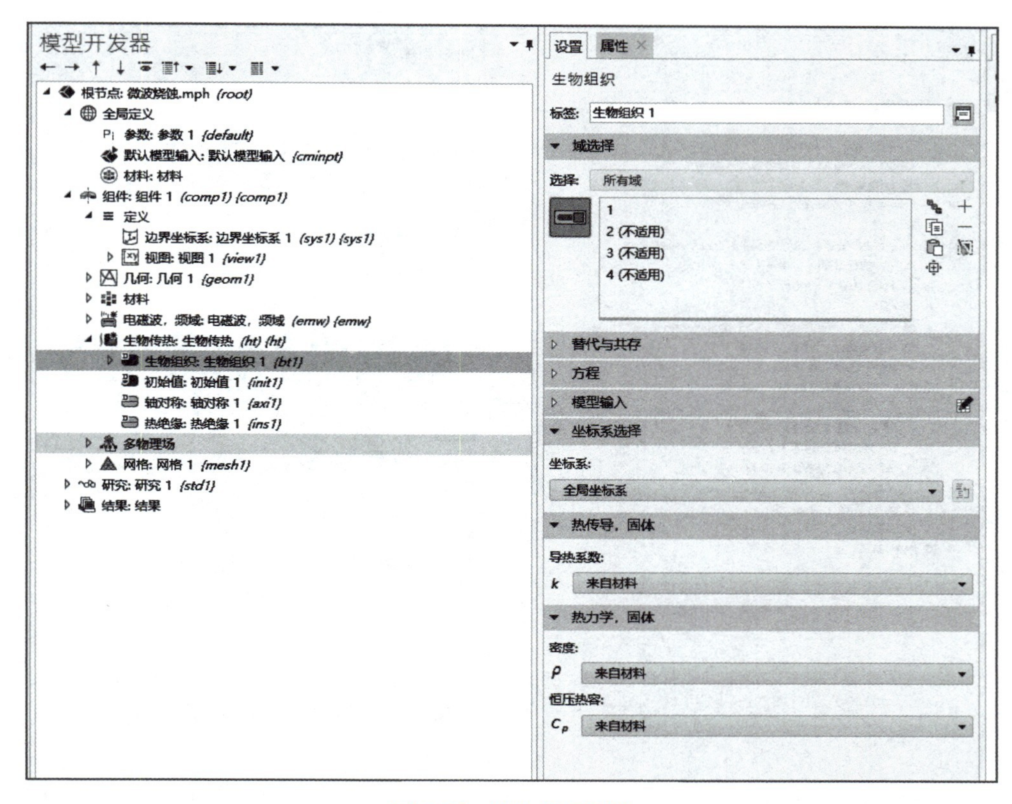

图 6-63　生物组织设置

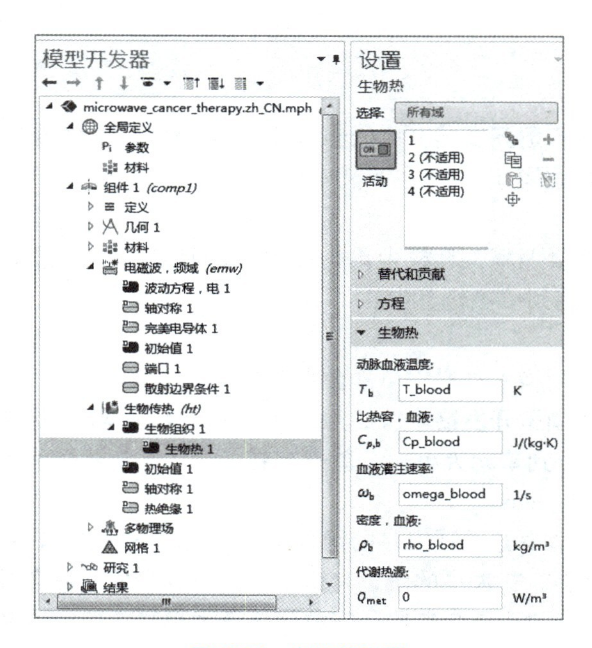

图 6-64　生物热设置

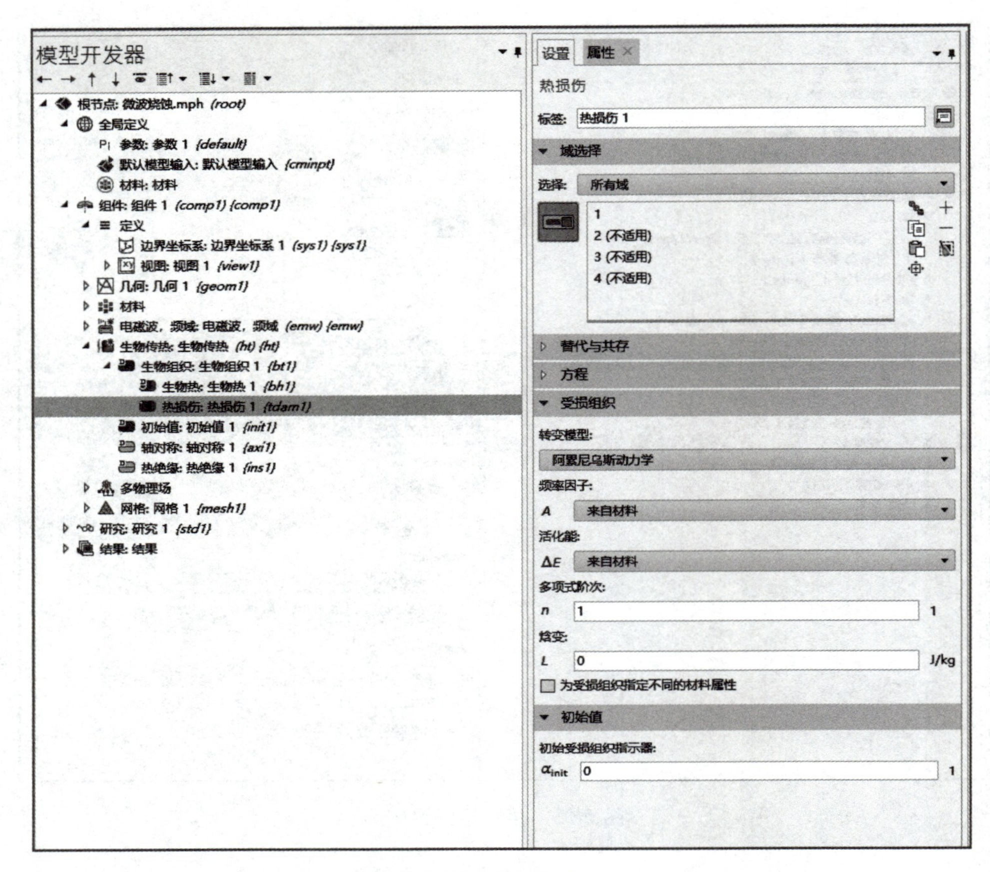

图 6-65　热损伤设置

4）初始值

如图 6-66 所示，在**模型开发器**窗口的**组件 1（comp1）—生物传热（ht）**节点下，单击**初始值 1**。在**初始值**的**设置**窗口中，在 *T* 文本框中键入“T_blood”。

6. 多物理场

如图 6-67 所示，在**物理场**工具栏中单击**多物理场耦合**，然后选择**全局—电磁热**。以上将电磁波产生的热量传递到传热仿真中。

7. 网格剖分

如图 6-68 所示，在**网格**工具栏中单击**自由三角形网格**。

如图 6-69 所示，在**模型开发器**窗口的**组件 1（comp1）—网格 1** 节点下，单击**大小**。在**大小**的**设置**窗口中，定位到**单元大小**栏，单击**定制**按钮。定位到**单元大小**参数栏，在**最大单元大小**文本框中键入“3［mm］”。

如图 6-70 所示，在**模型开发器**窗口的**组件 1（comp1）—网格 1** 节点下，右键单击**自由三角形网格 1** 并选择**大小**。在**大小**的**设置**窗口中，定位到**几何实体选择**栏。从**几何实体层**列表中选择**域**，从**选择**列表中选择**介电层**。定位到**单元大小**栏，单击**定制**按钮。定位到**单元大小**参数栏，选中**最大单元大小**复选框，在关联文本框中键入“0. 15［mm］”，然后单击**全部构建**。现在各处的网格都进行了适当细化，在传输波的同轴电缆上，网格细化程度更高。

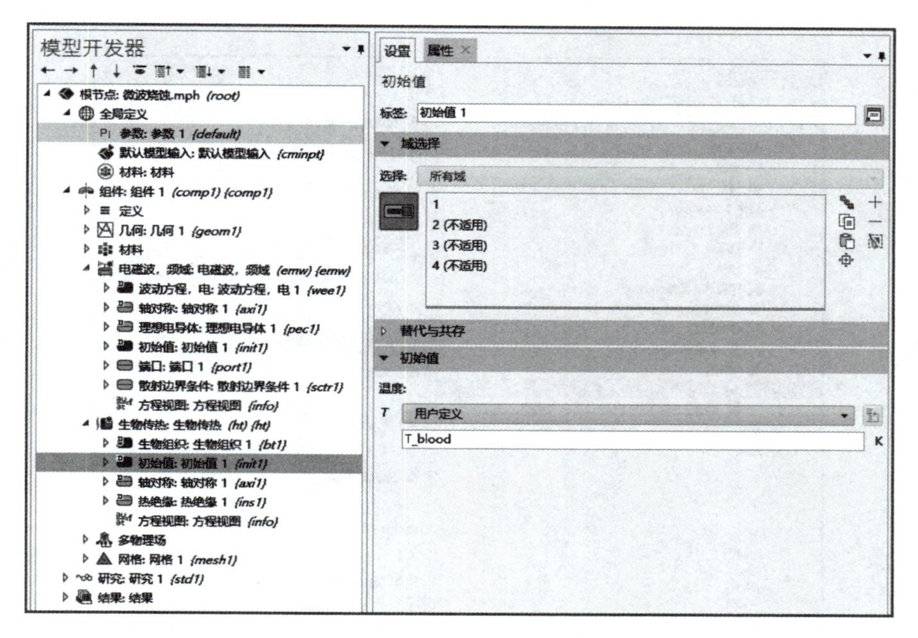

图 6-66　初始值设置

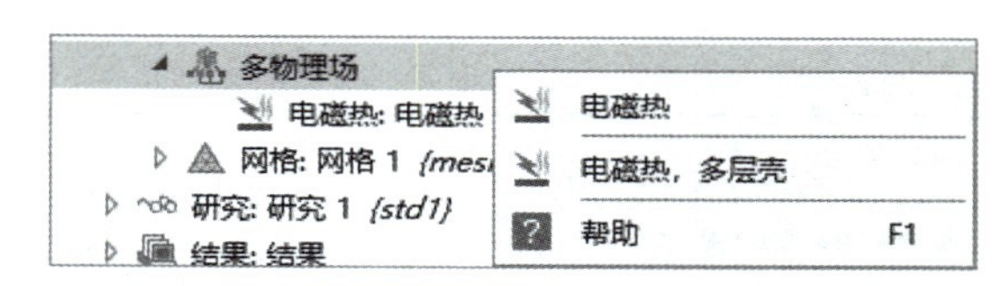

图 6-67　多物理场设置

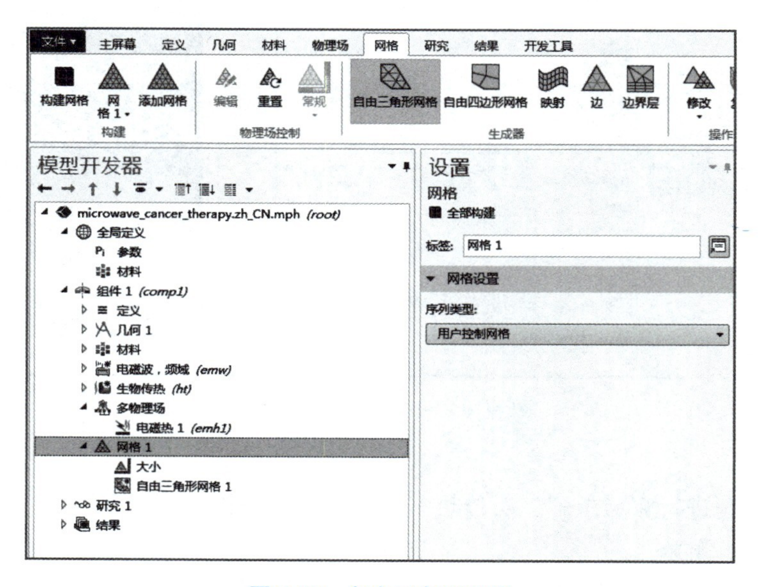

图 6-68　自由三角形网格

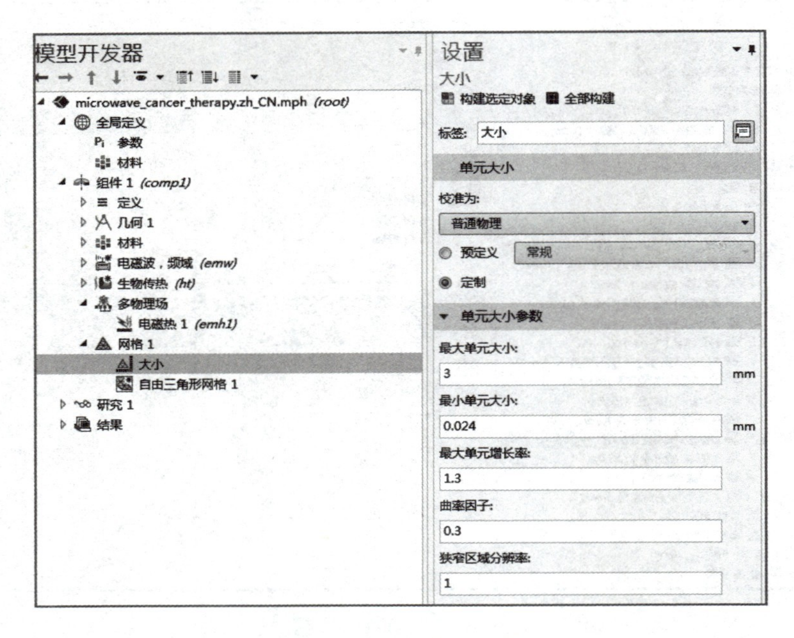

图 6-69　网格大小设置

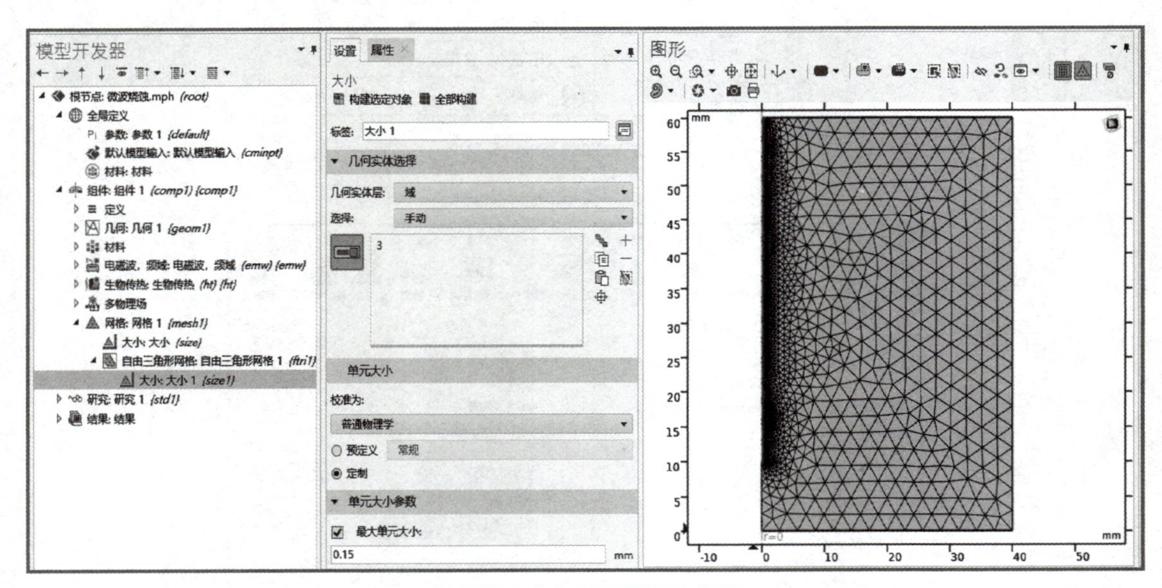

图 6-70　自由三角形网格设置

8. 研究

对电磁场问题进行频域求解，对传热问题进行瞬态分析。

（1）步骤 1：频域

如图 6-71 所示，在**频域**的**设置**窗口中，定位到**研究设置**栏，在**频率**文本框中键入“f”。定位到物理场和变量选择栏，表格中，**清除生物传热（ht）**接口对应的**求解**复选框。

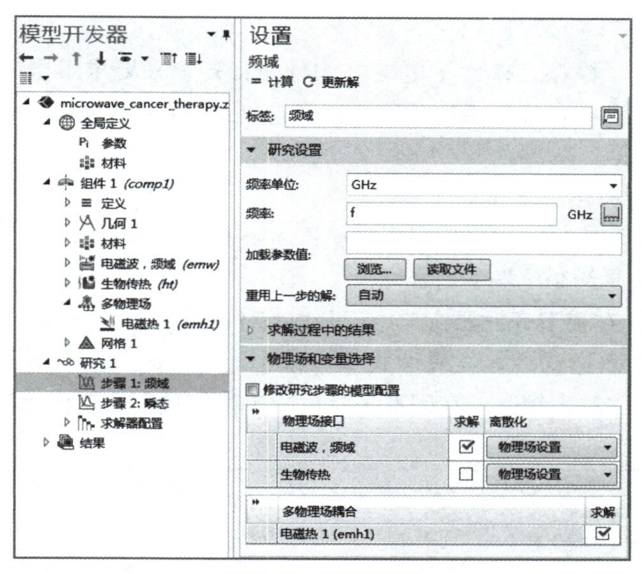

图 6-71　频域设置

（2）步骤 2：瞬态

如图 6-72 所示，为传热问题添加瞬态分析。如在**研究**工具栏中单击**研究步骤**，然后选择**瞬态—瞬态**。在瞬态的设置窗口中，定位到**研究设置**栏，从**时间单位**列表中选择 **min**，在**时间步**文本框中键入“range（0，20［s］，12）”。定位到**物理场和变量选择**栏，在表格中，清除**电磁波，频域（emw）**接口对应的**求解**复选框，在**研究**工具栏中单击**计算**。

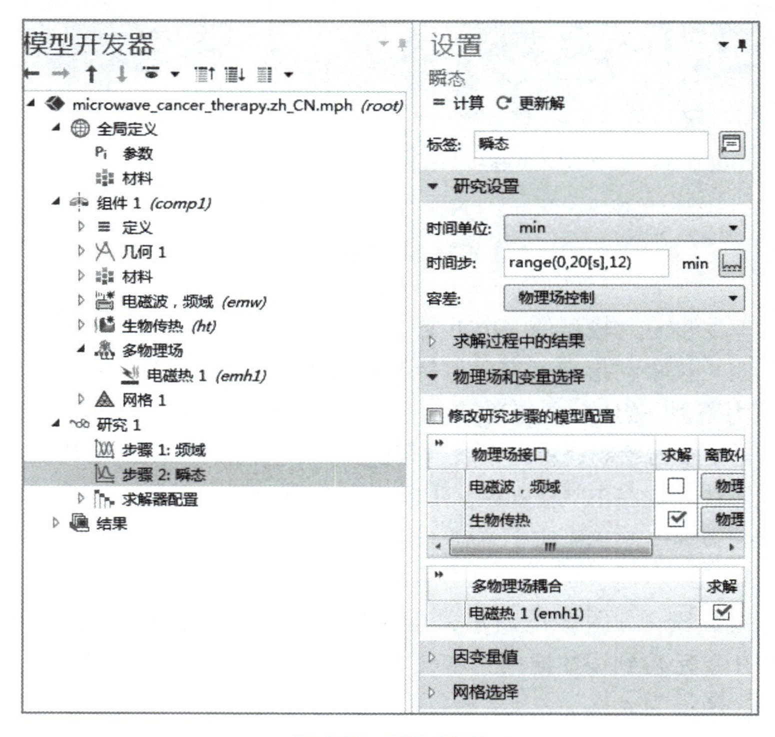

图 6-72　瞬态设置

9. 后处理

现在我们已求解了模型，得到了电磁波的分布，接下来要求解电磁加热导致的温度分布。这样的顺序解与全耦合分析相比，计算速度较快，消耗的内存较少，但仅适用于材料属性与温度无关的情况。

（1）表面——微波热源分布

默认绘图显示电场模的分布，所显示的范围主要是同轴电缆附近的局部高值。获得更有用的绘图的一种方法是绘制电场的对数图。

如图 6-73 所示，在**模型开发器**窗口中展开**电场（emw）**节点，然后单击**表面**。在**表面**的**设置**窗口中，定位到**表达式**栏。在**表达式**文本框中键入“log10（comp1. emw. normE）”。在**电场（emw）**工具栏中单击**绘制**。在**图形**工具栏中单击**缩放到窗口大小**按钮。

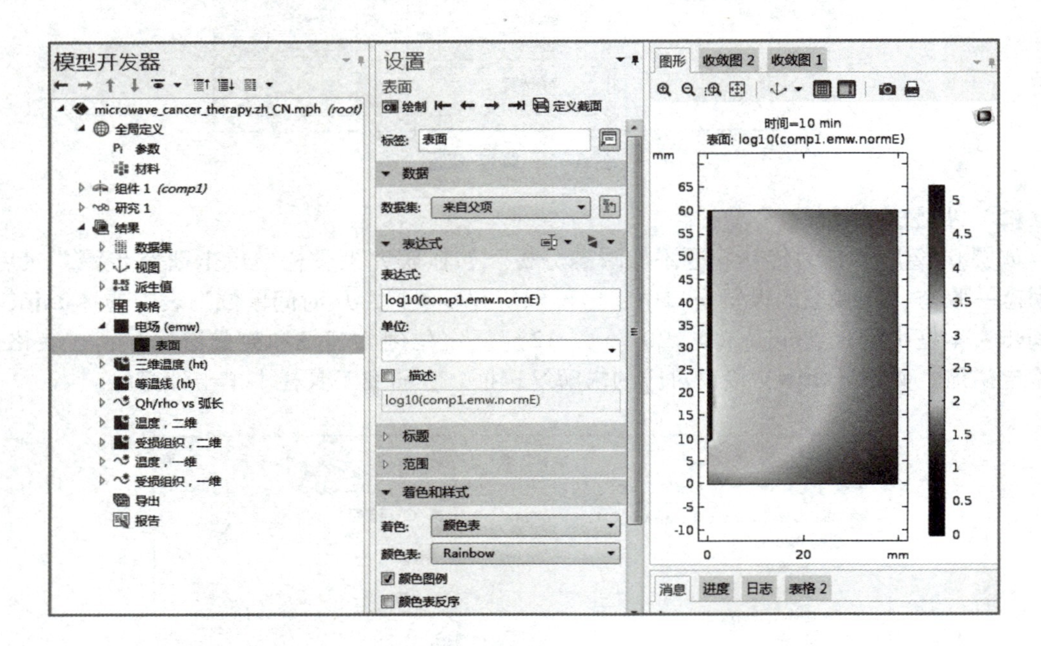

图 6-73　表面电场分布

局部加热功率密度是此模型的一个重要结果，由于它与电场的平方成正比，因此分布也会非常不均匀。也可以手动指定范围以保持绘图清晰可见。如图 6-74 所示，将表面设置窗口的表达式更换为**模型—组件 1—电磁波，频域—发热和损耗—emw. Qh-总功耗密度**。在**电场（emw）**工具栏中单击**绘制**，单击以展开**范围**栏。选中**手动控制颜色范围**复选框。在**最大值**文本框中键入“1e6”。在**电场（emw）**工具栏中单击**绘制**。

（2）一维绘图组 4——比吸收率 SAR

绘制沿平行于天线方向、距天线轴 3. 5mm 的直线处的比吸收率（SAR）。

首先添加二维截线，如图 6-75 所示，在**结果—数据集**右键单击添加**二维截线**。在**二维截线**的**设置**窗口中，定位到**线数据**栏。在点“**1**”行中，将 **R** 设为 3. 5，并将 **z** 设为 60。在点“**2**”行中，将 **R** 设为 3. 5。

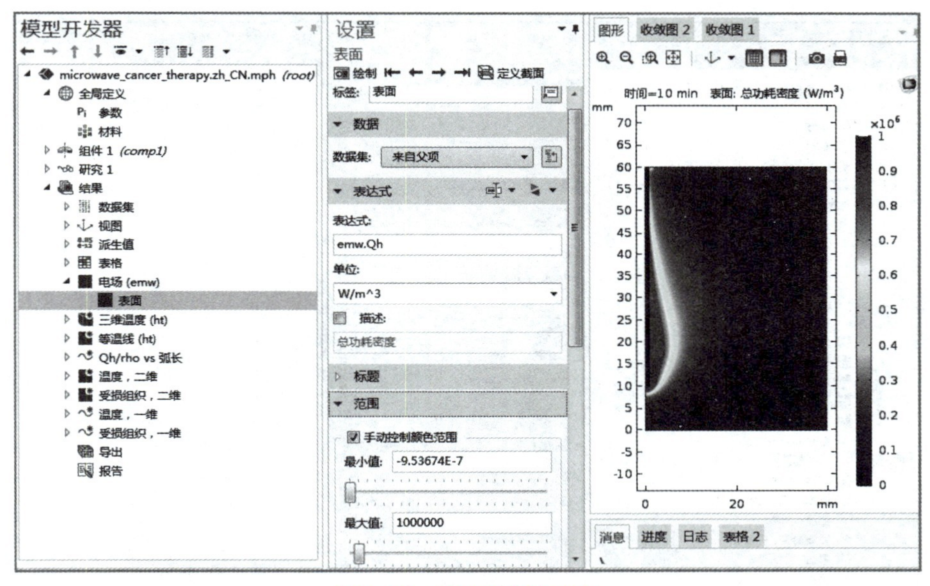

图 6-74 微波热源的分布

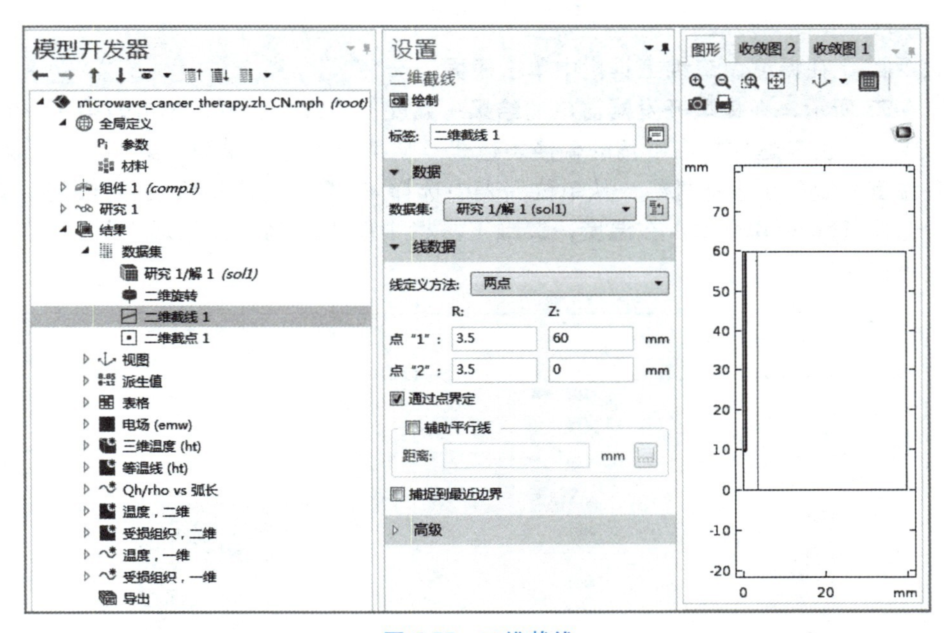

图 6-75 二维截线

如图 6-76 所示，在**结果**工具栏中单击**一维绘图组**。在**一维绘图组**的**设置**窗口中，在**标签**文本框中键入“Qh/rho vs 弧长”。定位到**数据**栏，从**数据集**列表中选择**二维截线 1**，从**时间选择**列表中选择**最后一个**。在 Qh/rho vs 弧长节点下单击**线图 1**，在**线图**的**设置**窗口中，定位到 **y 轴数据**栏。在**表达式**文本框中键入“emw. Qh/rho_blood”。在 **Qh/rho vs 弧长**工具栏中单击**绘制**。在**图形**工具栏中单击**缩放到窗口大小**按钮。

（3） 二维绘图组 5——肝脏组织中温度的表面图

在**结果**工具栏中单击**二维绘图组**。在**二维绘图组**的**设置**窗口中，在**标签**文本框中键入

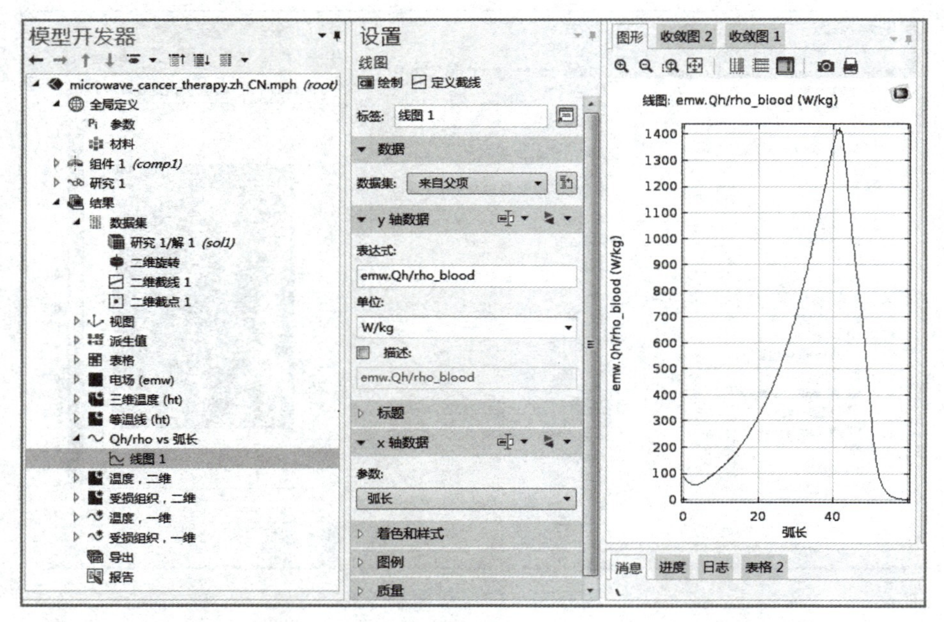

图 6-76 一维绘图组

“温度，二维”。在**温度，二维**工具栏中单击**表面**。

如图 6-77 所示，在**模型开发器**窗口的**结果—温度，二维**节点下，单击**表面 1**。在**表面**的**设置**窗口中，单击**表达式**栏右上角的**替换表达式**。从菜单中选择**模型—组件 1—生物传热—温度—T-温度**。定位到**表达式**栏，从**单位**列表中选择 **degC**。定位到**着色和样式**栏，从**颜色表**列表中选择 **ThermalLight**。在**温度，二维**工具栏中单击**绘制**。在**图形**工具栏中单击**缩放到窗口大小**按钮。

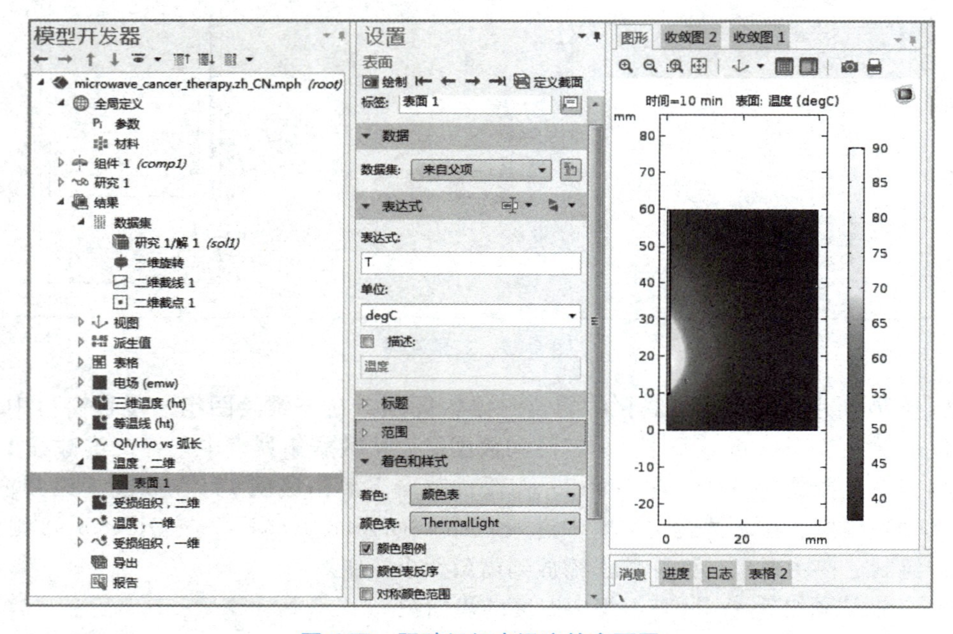

图 6-77 肝脏组织中温度的表面图

（4）二维绘图组 6——受损组织分布

添加另一二维绘图组，在**标签**文本框中键入“受损组织，二维”。在**受损组织，二维**工具栏中单击**表面**。如图 6-78 所示，在表面的设置窗口中，将表达式选择为**模型—组件 1—生物传热—生物组织—ht. theta_d 坏死组织占比**。单击以展开质量栏，从分辨率列表中选择**无细化**，在**受损组织，二维**工具栏中单击**绘制**。

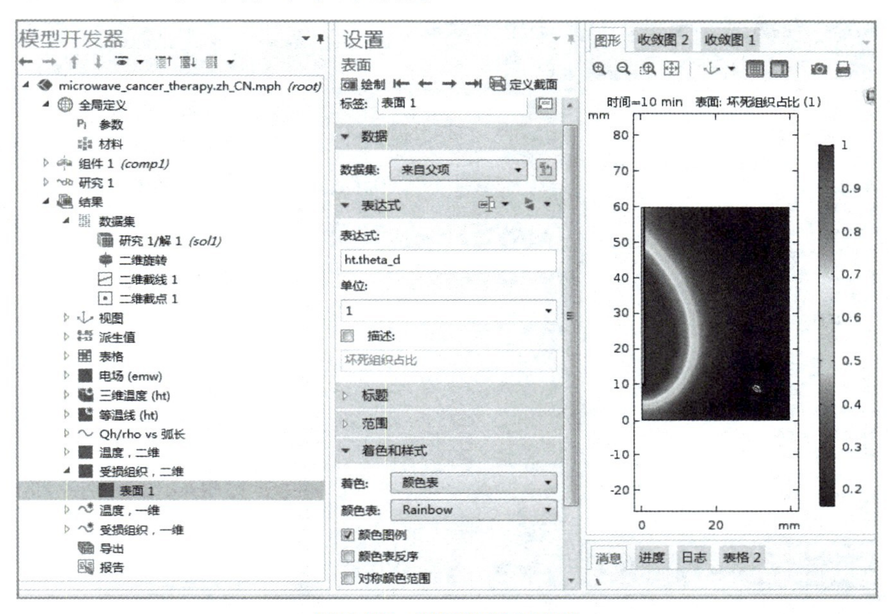

图 6-78　坏死组织占比图

（5）一维绘图组 7——温度随时间的变化趋势

首先定义二维截点，如图 6-79 所示。在**结果**工具栏中单击**二维截点**。在**二维截点**的**设置**窗口中，定位到**点数据**栏。在 **R** 文本框中键入“range（4，4，16）”。在 **Z** 文本框中键入“18”。

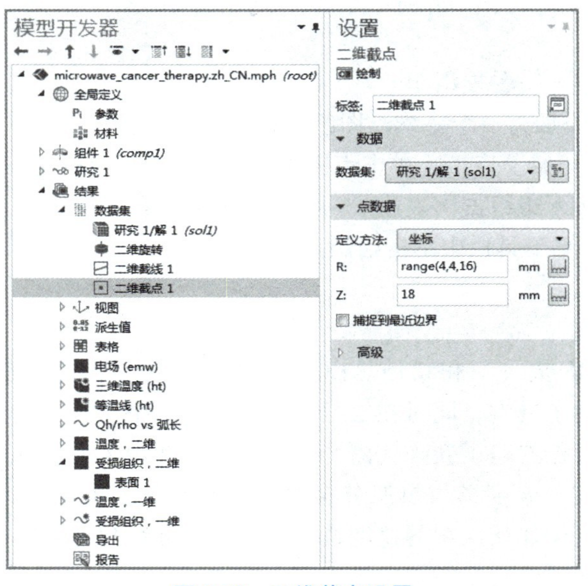

图 6-79　二维截点设置

在**结果**工具栏中单击**一维绘图组**。在**一维绘图组**的**设置**窗口中，在**标签**文本框中键入“温度，一维”。定位到**数据**栏，从**数据集**列表中选择**二维截点 1**。在**温度，一维**工具栏中单击**点图**。

如图 6-80 所示在模型开发器窗口的**结果—温度，一维**节点下，单击**点图 1**。在点图的设置窗口中，单击 y 轴数据栏右上角的**替换表达式**，从菜单中选择**模型—组件 1—生物传热—温度—T-温度**。在**温度，一维**工具栏中单击**绘制**。

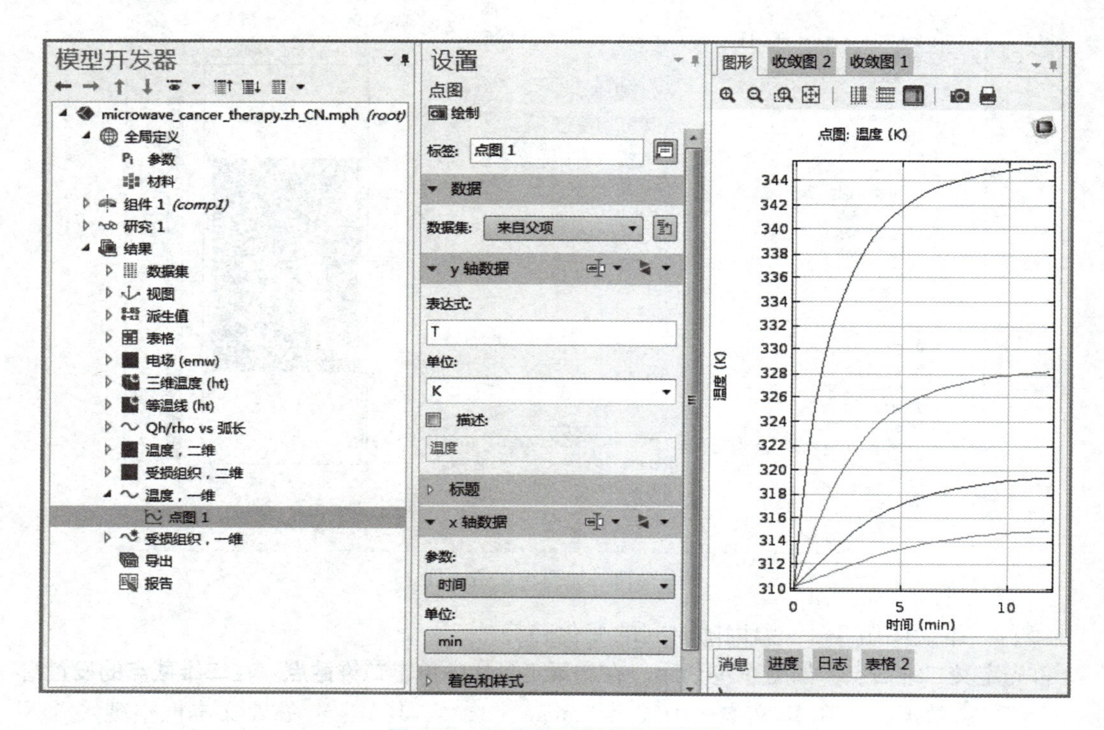

图 6-80　温度随时间的变化趋势

（6）一维绘图组 8——受损组织

如图 6-81 所示，添加另一个一维绘图组，命名为“受损组织，一维”，数据集选择**二维截点 1**。在**受损组织，一维**节点下，单击**点图 1**。从菜单中选择**模型—组件 1—生物传热—生物组织—ht. theta_d-坏死组织占比**表达式，单击以展开着色和样式栏，在宽度文本框中键入“3”。在**受损组织，一维**工具栏中单击**绘制**。

6.6.3　案例小结

此模型使用了“RF 模块”和“传热模块”。模型利用了问题的旋转对称性，在二维柱坐标中进行建模，简化了模型，同时在二维中选择细化网格可以得到非常高的计算精度。对于瞬态传热问题，此案例忽略了新陈代谢产生的热源，使用了电磁场产生的阻抗热作为外部热源。从仿真结果可知，温度场与热源分布关系非常密切。也就是说，靠近天线处热源很强，从而导致高温，产生坏死组织的速度就比较快，离天线越远，热源越弱，产生坏死组织的速度就比较慢，血液的流动使组织保持在正常体温。

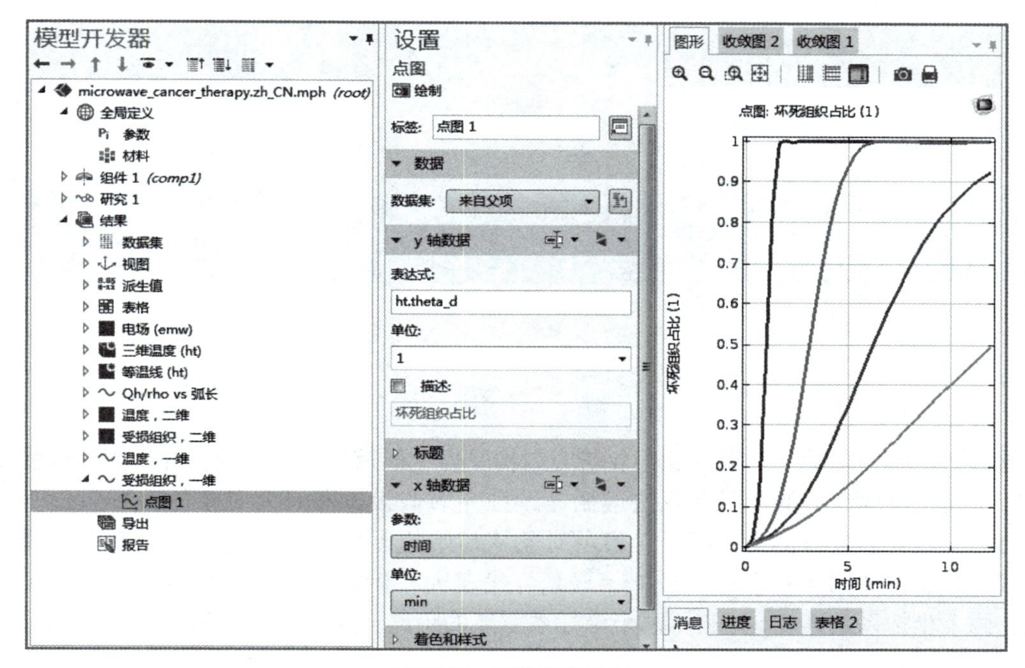
模型开发器
microwave_cancer_therapy.zh_CN.mph (root)
全局定义
参数
材料
组件 1 (comp1)
研究 1
结果
数据集
视图
派生值
表格
电场 (emw)
三维温度 (ht)
等温线 (ht)
Qh/rho vs 弧长
温度，二维
受损组织，二维
温度，一维
受损组织，一维
点图 1
导出
报告
设置
点图
绘制
标签: 点图 1
数据
数据集: 来自父项
y 轴数据
表达式:
ht.theta_d
单位:
1
描述:
坏死组织占比
标题
x 轴数据
参数:
时间
单位:
min
着色和样式
图形
收敛图 2
收敛图 1
点图: 坏死组织占比 (1)
坏死组织占比 (1)
时间 (min)
消息
进度
日志
表格 2

图 6-81　受损组织占比

第 7 章 结构力学模块

结构力学是力学的一个分支，主要研究结构受力变形及运动的规律，并计算结构强度以便进行优化。COMSOL 的有限元算法遵循连续性介质假设，即研究对象的变形包含两个部分：对象的位移和自身形变。而形变表示对象从初始的形状及大小 $f_0(A)$ 状态变化为当前的 $f_t(A)$ 状态，如图 7-1 所示，图中 $y=x(Y,t)$ 代表从 y 坐标系变换到 Y 坐标系，v 和 V 分别质点在两个坐标系的速度，a 表示两个坐标系零点的距离。连续性介质的持续运动或形变意义为

1）在任何时刻形成闭合曲线的质点在以后的任何时刻都会形成闭合曲线。

2）在任何时刻形成封闭表面的质点在以后的任何时刻都将形成封闭表面，封闭表面内的物质将始终保持在封闭表面内。

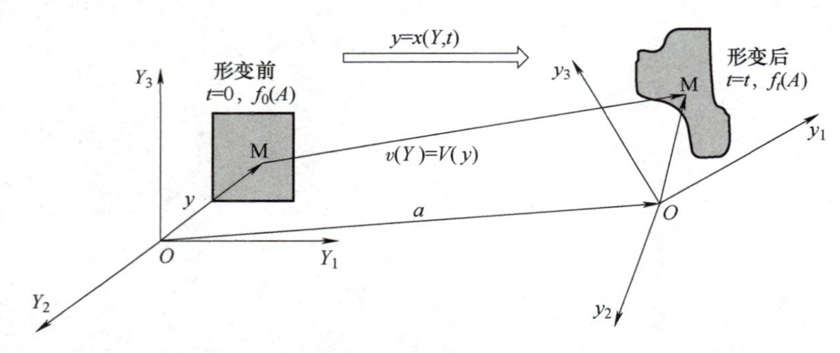

图 7-1　连续体的运动示意图

COMSOL 中结构力学模块属于广义类型的结构力学，它涵盖了理论力学、材料力学、弹性力学及非线性力学的知识，涉及结构在非耦合与耦合效应（外力、温度效应、电磁力等）下的响应，即可以对杆件受力（轴力、剪力、弯矩、扭矩）进行分析，也可以研究实体结构和板壳结构的稳定性问题，同时包括结构在动力荷载作用下（自振周期、振型）的计算等，应用范围更加广泛。

7.1　结构力学中的三个基本关系

在力学计算中，结构可以分为静定结构和超静定结构。静定结构表现为几何特征无多

余约束，是实际结构的基础，当对静定结构增加约束时，可以使其成为有多余约束的体系，即超静定结构。对于静定结构，系统中的所有力都可以完全通过力的平衡条件进行计算。但现实环境中往往存在的是超静定性结构，必须考虑结构变形才能准确计算结构中的受力情况。

对于超静定结构，几乎所有结构力学分析都满足三个基本条件才能求解：①平衡关系，即在受力作用下，结构整体及局部都应满足力的平衡条件；②变形连续及位移协调，即连续结构发生变形后仍然是连续的，同时位移与应变满足协调关系；③材料本构关系，即把材料的应力和应变通过物理方程联系起来。上述三组关系可以具有不同的形式，取决于分析类型，比如静力学或是动力学，小变形或是大变形等。

7.1.1　应力与平衡方程

对于物体的各部分之间产生相互作用，可以假想对材料的某个位置进行虚拟切割，切割后各部分间相互作用的内力称为应力。

在三维中，材料中的应力可以用张量表示，写成

$$\boldsymbol{\sigma}=\begin{pmatrix}\sigma_{11} & \sigma_{12} & \sigma_{13}\\ \sigma_{21} & \sigma_{22} & \sigma_{23}\\ \sigma_{31} & \sigma_{32} & \sigma_{33}\end{pmatrix} \tag{7-1}$$

根据剪应力互等原理，应力张量是对称的，包含六个单独的值。

应力平衡方程又称为纳维叶方程，表明作用在一个物体上的所有力（包括惯性力）的总和为零，结构的任意部分都处于平衡状态：

$$\begin{cases}\dfrac{\partial\sigma_{11}}{\partial x_1}+\dfrac{\partial\sigma_{21}}{\partial x_2}+\dfrac{\partial\sigma_{31}}{\partial x_3}+b_1=\rho\dfrac{\partial^2 u_1}{\partial t^2}\\ \dfrac{\partial\sigma_{12}}{\partial x_1}+\dfrac{\partial\sigma_{22}}{\partial x_2}+\dfrac{\partial\sigma_{32}}{\partial x_3}+b_2=\rho\dfrac{\partial^2 u_2}{\partial t^2}\\ \dfrac{\partial\sigma_{13}}{\partial x_1}+\dfrac{\partial\sigma_{23}}{\partial x_2}+\dfrac{\partial\sigma_{33}}{\partial x_3}+b_3=\rho\dfrac{\partial^2 u_3}{\partial t^2}\end{cases} \tag{7-2}$$

该表达式可以看作 $\nabla\cdot(\sigma_{11}\quad\sigma_{12}\quad\sigma_{13})+b_1=\rho\ddot{u}$，以矢量（$\sigma_{11}\quad\sigma_{12}\quad\sigma_{13}$）的散度形式的方程更简洁。

此外，该式还经常写成下面的矩阵形式：

$$\begin{pmatrix}\dfrac{\partial}{\partial x_1} & & & & \dfrac{\partial}{\partial x_3} & \dfrac{\partial}{\partial x_2}\\ & \dfrac{\partial}{\partial x_2} & & \dfrac{\partial}{\partial x_3} & & \dfrac{\partial}{\partial x_1}\\ & & \dfrac{\partial}{\partial x_3} & \dfrac{\partial}{\partial x_2} & \dfrac{\partial}{\partial x_1} & \end{pmatrix}\begin{pmatrix}\sigma_{11}\\ \sigma_{22}\\ \sigma_{33}\\ \sigma_{23}\\ \sigma_{31}\\ \sigma_{12}\end{pmatrix}+\begin{pmatrix}b_1\\ b_2\\ b_3\end{pmatrix}=\boldsymbol{L\sigma}+\boldsymbol{b}=\rho\ddot{\boldsymbol{u}} \tag{7-3}$$

式中，$\boldsymbol{b}$ 为体积力；$\boldsymbol{\rho}$ 为密度；$\boldsymbol{u}$ 为位移矢量。需要注意的是，在方程的右边项里存在位移对时间的偏导数，也称为惯性力项。

7.1.2　几何方程

几何方程是对物体变形的要求，表示变形过程中的位移与应变关系。同应力一样，应变也可以用张量表示，写成

$$\boldsymbol{\varepsilon}=\begin{pmatrix}\varepsilon_{11} & \varepsilon_{12} & \varepsilon_{13}\\ \varepsilon_{21} & \varepsilon_{22} & \varepsilon_{23}\\ \varepsilon_{31} & \varepsilon_{32} & \varepsilon_{33}\end{pmatrix} \tag{7-4}$$

其中，各个应变均被定义为位移的导数：

$$\begin{cases}\varepsilon_{11}=\dfrac{\partial u_1}{\partial x_1}\\ \varepsilon_{22}=\dfrac{\partial u_2}{\partial x_2}\\ \varepsilon_{33}=\dfrac{\partial u_3}{\partial x_3}\\ \varepsilon_{23}=\dfrac{1}{2}\gamma_{23}=\dfrac{1}{2}\left(\dfrac{\partial u_2}{\partial x_3}+\dfrac{\partial u_3}{\partial x_2}\right)\\ \varepsilon_{31}=\dfrac{1}{2}\gamma_{31}=\dfrac{1}{2}\left(\dfrac{\partial u_3}{\partial x_1}+\dfrac{\partial u_1}{\partial x_3}\right)\\ \varepsilon_{12}=\dfrac{1}{2}\gamma_{12}=\dfrac{1}{2}\left(\dfrac{\partial u_1}{\partial x_2}+\dfrac{\partial u_2}{\partial x_1}\right)\end{cases} \tag{7-5}$$

写成张量的形式为

$$\varepsilon_{ij}=\frac{1}{2}\left(\frac{\partial u_i}{\partial x_j}+\frac{\partial u_j}{\partial x_i}\right) \tag{7-6}$$

还可以写成下面的矩阵形式：

$$\begin{pmatrix}\dfrac{\partial}{\partial x_1} & & \\ & \dfrac{\partial}{\partial x_2} & \\ & & \dfrac{\partial}{\partial x_3}\\ & \dfrac{\partial}{\partial x_3} & \dfrac{\partial}{\partial x_2}\\ \dfrac{\partial}{\partial x_3} & & \dfrac{\partial}{\partial x_1}\\ \dfrac{\partial}{\partial x_2} & \dfrac{\partial}{\partial x_1} & \end{pmatrix}\begin{pmatrix}u_1\\ u_2\\ u_3\end{pmatrix}=\boldsymbol{L}^{\mathrm{T}}\boldsymbol{u}=\boldsymbol{\varepsilon}=\begin{pmatrix}\varepsilon_{11}\\ \varepsilon_{22}\\ \varepsilon_{33}\\ \gamma_{23}\\ \gamma_{31}\\ \gamma_{12}\end{pmatrix} \tag{7-7}$$

7.1.3　本构关系

力学研究与材料科学关系密切，只有使用合适的材料模型才可准确描述结构的力学特

性，例如，金属、橡胶、土壤、混凝土和生物组织往往都需要使用不同的材料模型。不同的材料模型反应的是材料对载荷激励的不同响应，而通过本构关系可以在材料的应力和应变之间架起桥梁，应力应变关系通常还包含时间导数或应变历史信息，属于经验性的关系。

最常见的本构关系是以胡克定律为基础的线弹性本构：

$$
\begin{cases}
\varepsilon_{11}=\dfrac{1}{E}[(1+v)\sigma_{11}-\nu(\sigma_{11}+\sigma_{22}+\sigma_{33})]\\
\varepsilon_{22}=\dfrac{1}{E}[(1+v)\sigma_{22}-\nu(\sigma_{11}+\sigma_{22}+\sigma_{33})]\\
\varepsilon_{33}=\dfrac{1}{E}[(1+v)\sigma_{33}-\nu(\sigma_{11}+\sigma_{22}+\sigma_{33})]\\
\varepsilon_{23}=\dfrac{(1+v)}{E}\sigma_{23}\\
\varepsilon_{31}=\dfrac{(1+v)}{E}\sigma_{31}\\
\varepsilon_{12}=\dfrac{(1+v)}{E}\sigma_{12}
\end{cases}
\tag{7-8}
$$

写成如下的张量形式：

$$
\varepsilon_{ij}=\frac{1+v}{E}\sigma_{ij}-\frac{v}{E}\delta_{ij}\sigma_{kk} \tag{7-9}
$$

在小变形条件下，体积应变为

$$
\begin{aligned}
\varepsilon_{v}&=\frac{(1+\varepsilon_{11})\mathrm{d}x_1(1+\varepsilon_{22})\mathrm{d}x_2(1+\varepsilon_{33})\mathrm{d}x_3-\mathrm{d}x_1\mathrm{d}x_2\mathrm{d}x_3}{\mathrm{d}x_1\mathrm{d}x_2\mathrm{d}x_3}\\
&=(1+\varepsilon_{11})(1+\varepsilon_{22})(1+\varepsilon_{33})-1\\
&\approx\varepsilon_{11}+\varepsilon_{22}+\varepsilon_{33}\\
&=\varepsilon_{kk}
\end{aligned}
\tag{7-10}
$$

假设材料承受体载荷 σ_m，且 $\sigma_{ij}=\sigma_m\delta_{ij}$时，$\sigma_{ii}=3\sigma_m$

$$
\sigma_m=\frac{E}{3(1-2v)}\varepsilon_v=K\varepsilon_v \tag{7-11}
$$

式中，K 代表单体载荷所引起的体积应变，称之为体积模量。当 v 接近 0.5 时，会使得体积模量 K 趋于无穷大，这种材料被称之为不可压缩材料。

应力应变关系经常被简记为如下形式：

$$
\boldsymbol{\sigma}=\boldsymbol{D}\boldsymbol{\varepsilon} \tag{7-12}
$$

$$
D=\begin{pmatrix}
1-v & v & v & 0 & 0 & 0\\
v & 1-v & v & 0 & 0 & 0\\
v & v & 1-v & 0 & 0 & 0\\
0 & 0 & 0 & \dfrac{1-2v}{2} & 0 & 0\\
0 & 0 & 0 & 0 & \dfrac{1-2v}{2} & 0\\
0 & 0 & 0 & 0 & 0 & \dfrac{1-2v}{2}
\end{pmatrix}
\tag{7-13}
$$

式中，$\boldsymbol{D}$ 是对称的 6×6 矩阵，对于各向同性材料，它是 E 和 v 的函数，包含 12 个独立常数。

实际上，无论哪种材料都需要进行力学参数测试，然后将这些测试值拟合到适当的数学模型中。结构力学应用的材料类别除了线弹性之外，有许多种类，表 7-1 列出了一些示例。

表 7-1　材料模型分类

材料类别	应用示例	材料模型
弹塑性	金属，土壤	Tresca Mohr-Coulomn
蠕变	耐高温金属	Norton Garofalo
超弹性	橡胶，生物组织	Ogden Mooney-Rivlin
黏弹性	塑料	Maxwell-Kelvin

7.2　边界条件

通过应力平衡方程、几何方程和本构关系建立的控制方程体系属于偏微分方程系统，求解时往往会产生待定函数（常数），必须施加适当的边界条件才能求解，常见的边界条件有下面这三类。

7.2.1　位移

位移边界条件表示物体在某些边界的位移是已知的，例如通过铰接固定的梁端部，此时端部的位移固定约束，抑制该点所有可能的刚体运动，端部的位移场就可以完全确定。在数学上，位移边界条件又称为 Dirichlet 边界条件，可表达为

$$\boldsymbol{u}=\overline{\boldsymbol{u}},\text{在 }\partial\Omega\text{ 上} \tag{7-14}$$

7.2.2　力

在固体力学分析中，力的边界条件容易和体积力混淆，例如重力是控制偏微分方程的组成部分，而不是边界条件。力的边界条件表示为在边界上的面力，即载荷作用在边界上，例如管道中的内压或悬臂梁自由端施加的力。在数学上，力的边界条件属于 Neuman 边界条件，可表达为

$$\sigma_{ij}n_i=\overline{p}_j,\text{在}\partial\Omega\text{ 上} \tag{7-15}$$

$\boldsymbol{n}$ 表示边界的单位外法线方向向量，为 $(n_1\quad n_2\quad n_3)^{\mathrm{T}}$。

7.2.3　弹性基础

弹性基础可以看作是以上两种类型的混合体，即结构上的作用力是位移的函数，二者通常成比例关系。比如对于建筑物下方的土壤，就可以这种方式分析其变形情况，在抑制刚体运动方面，弹性基础是指定位移的替代方法。在数学上，该条件称为 Robin 边界条件，可表达为

$$\sigma_{ij}n_i=\overline{p}_j+k(\boldsymbol{u}-\boldsymbol{u}_0),\text{在}\partial\Omega\text{ 上} \tag{7-16}$$

7.3　细长几何近似

对于复杂几何体，可以通过离散及上述控制方程体系和边界条件加以求解，但对于一些特殊的结构类型，可以使用简化理论来分析。例如，梁理论适用于细长体，而板壳理论则适用于平面或弯曲的薄板。在这些情况下，通过对横截面方向的应力和应变的变化进行假设，可以对结构体的控制方程进行近似。许多板、壳和梁的解析解已经存在了很长时间，并在工程计算中得到了广泛应用。

7.3.1　梁

在进行梁结构分析时，关注的结果通常是力和力矩沿梁的分布情况，基于平截面变形假定，认为弯曲变形是主要的变形，剪切变形是次要变形，结构通过梁中心线的变形以一维形式进行处理，垂直方向仅由横截面属性（例如面积和惯性矩）表示，根据这样的假设，可以使计算大大简化。对于最常见的具有恒定横截面的梁（见图 7-2），可以在相关手册中找到许多解析解，细长梁理论通常称为欧拉-伯努利梁理论。如果梁的高度不小于梁的长度，或者考虑剪切变形的梁，则需要改用铁木辛柯梁理论作为扩展方法。

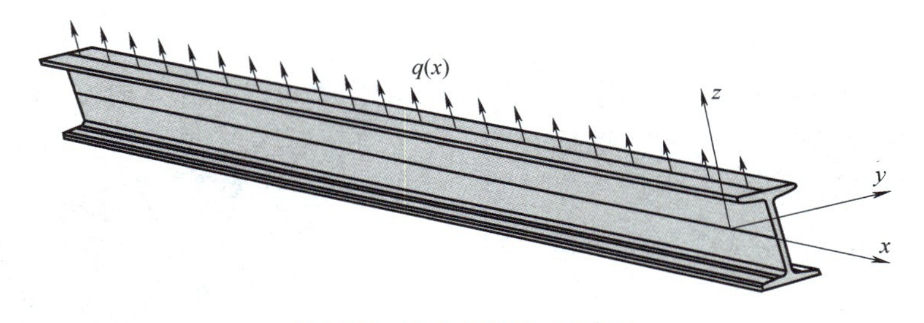

图 7-2　分布载荷作用的梁

7.3.2　板

板是指厚度小于长度和宽度的物体，板理论研究板在垂直于板平面的载荷下，或板平面内载荷作用下的变形和应力分布情况。和梁一样，板也通过弯曲作用来承载载荷。板理论通常用于土木工程，例如用于分析楼板或桥面。

和梁的情况类似，薄板和厚板需要使用不同的板理论。薄板理论通常称为基尔霍夫理论，而包含横向剪切变形的厚板理论称为 Mindlin 理论。

7.3.3　壳

壳可以看作是中面在空间弯曲的板。壳计算的范围主要限于呈旋转对称的几何结构，同时由于壳结构主要以沿厚度均匀分布的中面应力承受外载，往往具有重量轻、强度高的优点，所以在航天、航空、造船、化工、建筑、水利和机械等工业中得到广泛应用。

7.3.4 膜

对于非常薄的结构，例如橡胶气囊或布片，可以应用薄膜理论。该理论是以应力沿厚度方向均匀分布为前提的，这种情况只有当器壁较薄以及离连接区域稍远才是正确的，同时由于材料不是通过弯曲作用抵抗横向载荷，通常需要额外施加预应力。

以上是关于结构力学模块的使用介绍，除此之外，也可以凭借 COMSOL Multiphysics 多场耦合功能，将“结构力学”模块与其他模块相结合，以进一步扩展建模功能，例如考虑流体流动、传热、电磁等物理效应。

7.4 结构力学的耦合类型

在很多情况下，结构性能都与其他物理现象紧密耦合，COMSOL Multiphysics 可以在同一个软件环境中混合分析两种或多种相互作用，通过各个物理场间建立的耦合关系实现模型的求解。比如典型的流-固耦合问题，它研究固体在流场作用下的各种变形情况，以及固体位移对流场影响，流-固耦合重要特征是两相介质之间的相互作用。下面列举一些结构力学与其他物理场耦合的示例。

7.4.1 流-固耦合

流体与结构体之间的相互作用类型较多，流体的压力可以作为体积力出现在结构平衡方程里，例如研究地下渗流问题时，根据有效应力原理，多孔介质间的有效应力应等于总压力减去流体压力；也可以作为边界条件施加在结构边界上，例如，弹性体的叶片在气动力作用下振动，当叶片在发生位移的过程中，从气流中吸收的能量大于阻尼功时，叶片会出现振动加剧的情况，也就是通常所说的失速颤振。流-固耦合问题（见图 7-3）往往伴随着移动边界和移动网格问题，因为流动域的大小和形状随着结构的移动或变形在不断变化着，正由于耦合系统中混合了线性和非线性的问题，并且出现了物理不稳定条件，事实上流-固耦合问题求解较为困难和耗时。

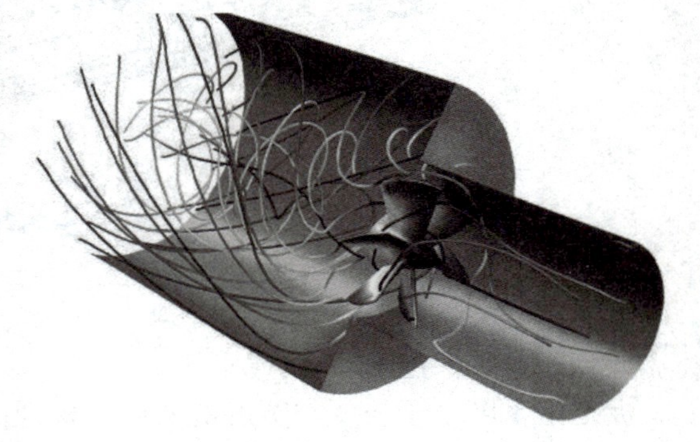

图 7-3　叶片旋转过程中的流-固耦合

7.4.2 压电效应

压电效应是指电介质受到外力作用而发生电极化，并导致压电体两端表面出现电荷，或者压电体受到外电场作用后发生形变，而形变量与外电场强度相关的现象。压电材料可以因变形产生电场，也可以因电场作用产生变形，是电场与应变之间的双向耦合，这种耦合通常呈线性关系。压电耦合效应使得压电材料在工程中得到了广泛的应用，例如根据压电效应所制成的压力传感器，不仅具有自承载能力，还可以在此过程中将机械变形转换为电能，广泛应用在各种智能设备中（见图 7-4）。

- 压电
  - Aluminum Nitride
  - Ammonium Dihydrogen Phosphate
  - Barium Sodium Niobate
  - Barium Titanate
  - Barium Titanate (poled)
  - Bismuth Germanate
  - Cadmium Sulfide
  - Gallium Arsenide
  - Lithium Niobate
  - Lithium Tantalate
  - Lead Zirconate Titanate (PZT-2)
  - Lead Zirconate Titanate (PZT-4)
  - Lead Zirconate Titanate (PZT-4D)
  - Lead Zirconate Titanate (PZT-5A)
  - Lead Zirconate Titanate (PZT-5H)
  - Lead Zirconate Titanate (PZT-5J)
  - Lead Zirconate Titanate (PZT-7A)
  - Lead Zirconate Titanate (PZT-8)
  - Polyvinylidene fluoride (PVDF)
  - Quartz LH (1949 IRE)
  - Quartz RH (1949 IRE)
  - Quartz LH (1978 IEEE)
  - Quartz RH (1978 IEEE)
  - Rochelle Salt
  - Tellurium Dioxide
  - Zinc Oxide
  - Zinc Sulfide

图 7-4　COMSOL Multiphysics 中的压电材料

7.4.3　热-结构耦合

大多数材料都会随着温度的升高而发生体积膨胀，材料的热膨胀率通常为 10~100ppm/K，温度改变时，物体由于外在约束以及内部各部分之间的相互约束，不能完全自由胀缩而产生了应力，此类的热结构作用，既要确定温度场，又要确定位移、应变和应力场。与时间无关的温度场称定常温度场，它引起定常热应力，随时间变化的温度场叫非定常温度场，它引起非定常热应力。其求解步骤可以分为两部分：①由热传导方程和边界条件（求非定常温度场还需初始条件）求出温度分布；②再由热弹性力学方程求出位移和应力应变。

同样，在材料受力变形时也伴随着温度变化，但这种变化非常小而且可逆，因此大多数情况下都可以忽略。但对于特定的尺寸和频率，例如微结构中的高频振动，振动过程会产生相当大的阻尼，并带来能量损耗，造成温度的显著变化（见图 7-5）。

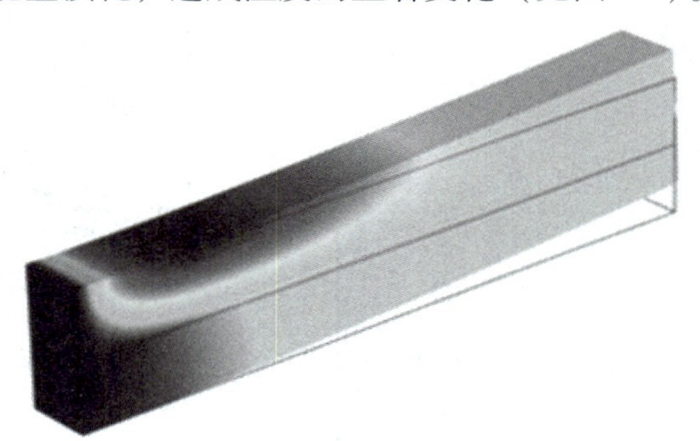

图 7-5　悬臂梁振动过程中约束端附近产生的温升

7.5　案例 1　铜及铜合金的塑性变形

7.5.1　物理背景

我们在 COMSOL 里计算了几组不同物性参数的铜及铜合金，对比其受力下的变形情况，COMSOL 开放了塑形材料的硬化模型接口，我们可以方便地通过自定义的硬化函数，计算在特定硬化模型下铜及铜合金的塑形变形（见图 7-6）。

模型采用的应变硬化函数：σ=k＊(ε^n)，n 为硬化指数，取 n=0.44；k 为硬化系数，取 k=530MPa，纯铜的杨氏模量 E=110e3MPa，其他三类铜合金的杨氏模量分别为 E=

66.7e3MPa，E=130.3e3MPa，E=190.1e3MPa。

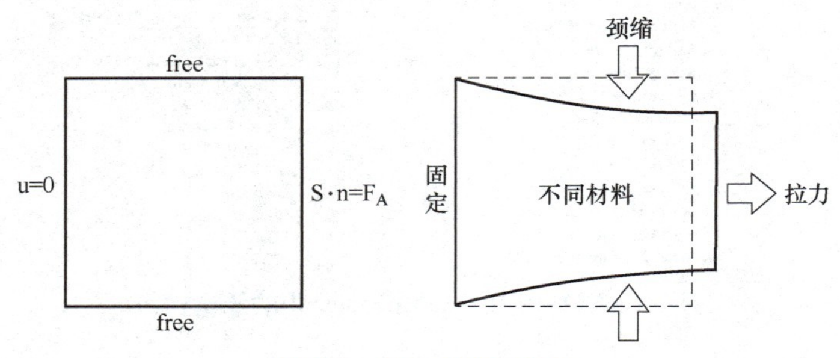

图 7-6　几何模型示意图

7.5.2　操作步骤

1. 物理场选择及因变量设置

首先打开软件后，点选**模型向导，选择空间维度为二维**。接下来在**选择物理场**中，通过模型树，找到我们需要的物理场，并单击添加，**结构力学—固体力学（solid）**。添加效果如图 7-7 所示。

2. 一步简要设置求解器

单击**研究**，在**选择研究**树中选择**所选物理场接口的预设研究—稳态**，单击**完成**（见图 7-8）。

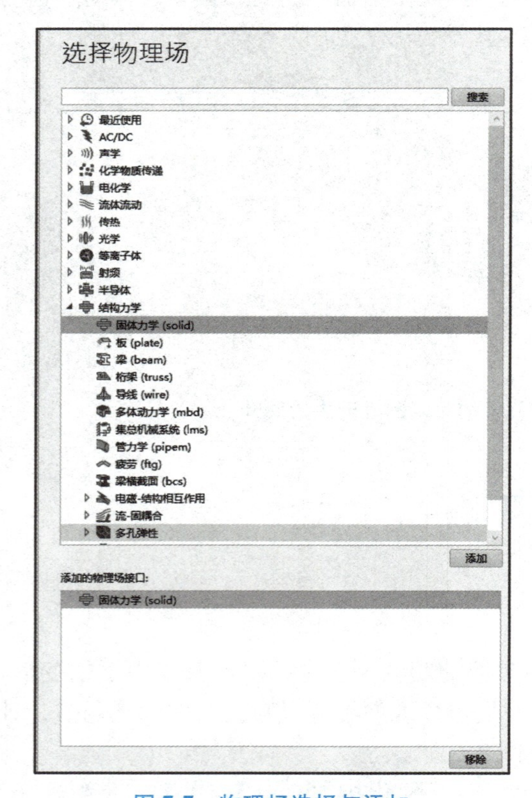

图 7-7　物理场选择与添加

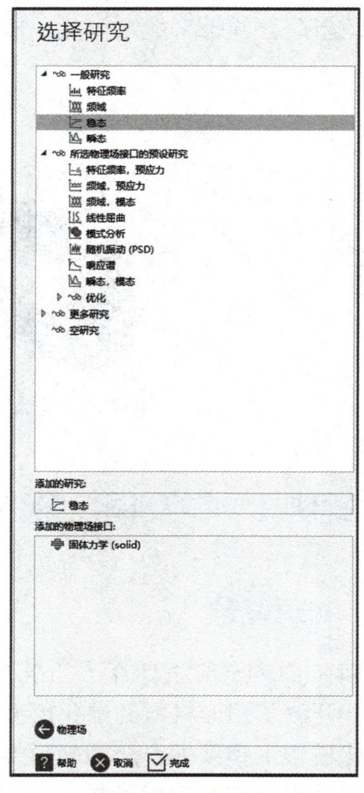

图 7-8　简要求解器设置

3. 几何设置（见图 7-9）

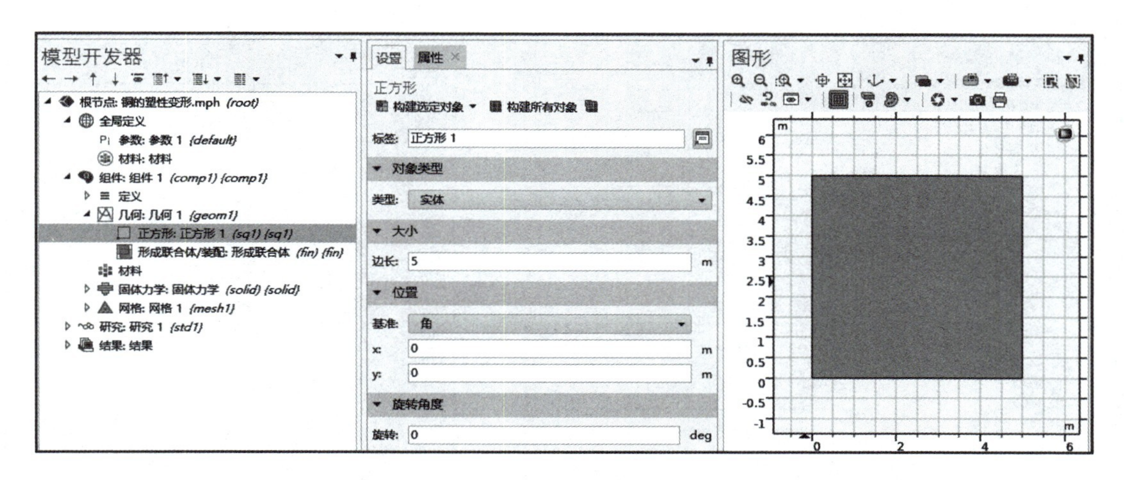

图 7-9　几何绘制结果

在参数的设置当中，我们需要对两个参数进行定义，如图 7-10 所示。这两个参数分别作用于施加力的系数和材料的杨氏模量，在求解器的后续设置中，将做参数化扫描处理，其物理意义在于改变边界载荷与材料参数，才可通过软件计算得到不同的结果。

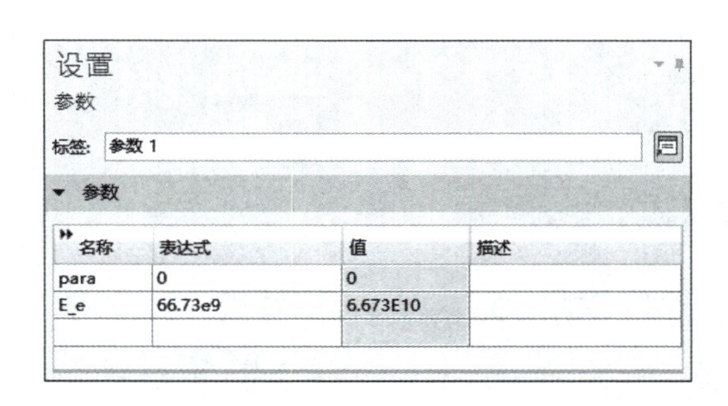

图 7-10　参数设置

4. 物理场定义（固体力学（solid））

（1）控制方程

控制方程采用经典的缺省的线弹性材料即可。本次计算涉及的物理过程，可以认为材料是线弹性材料。需要设置的总共有 3 处，如图 7-11 红框所示，分别为杨氏模量、泊松比与密度。

右键单击线弹性材料选择塑性，在设置栏定位到塑性模型，把初始屈服应力改为用户定义，设置为 30e6，然后将各向同性硬化模型改为硬化函数，如图 7-12 所示。

（2）边界条件

边界条件需要增加两个，分别是边界载荷与固定约束，与缺省的自由边界共同组成二维模型的边界条件。

1）边界载荷：如图 7-13 所示，选择边界，并输入相应参数。

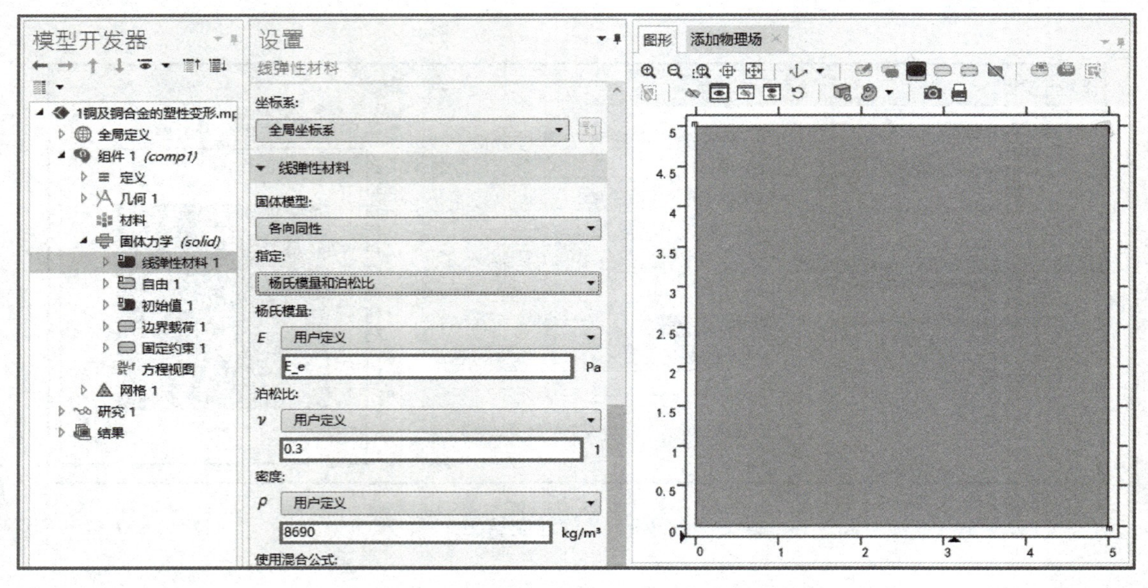

图 7-11　控制方程部分参数设置

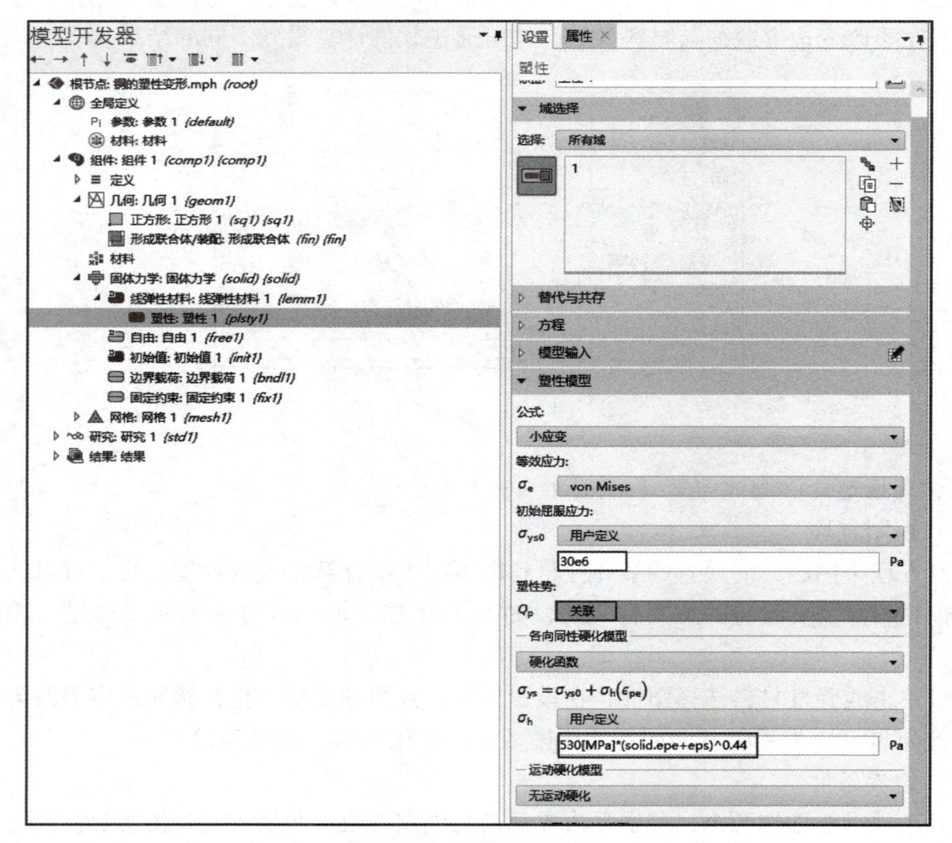

图 7-12　塑性设置参数

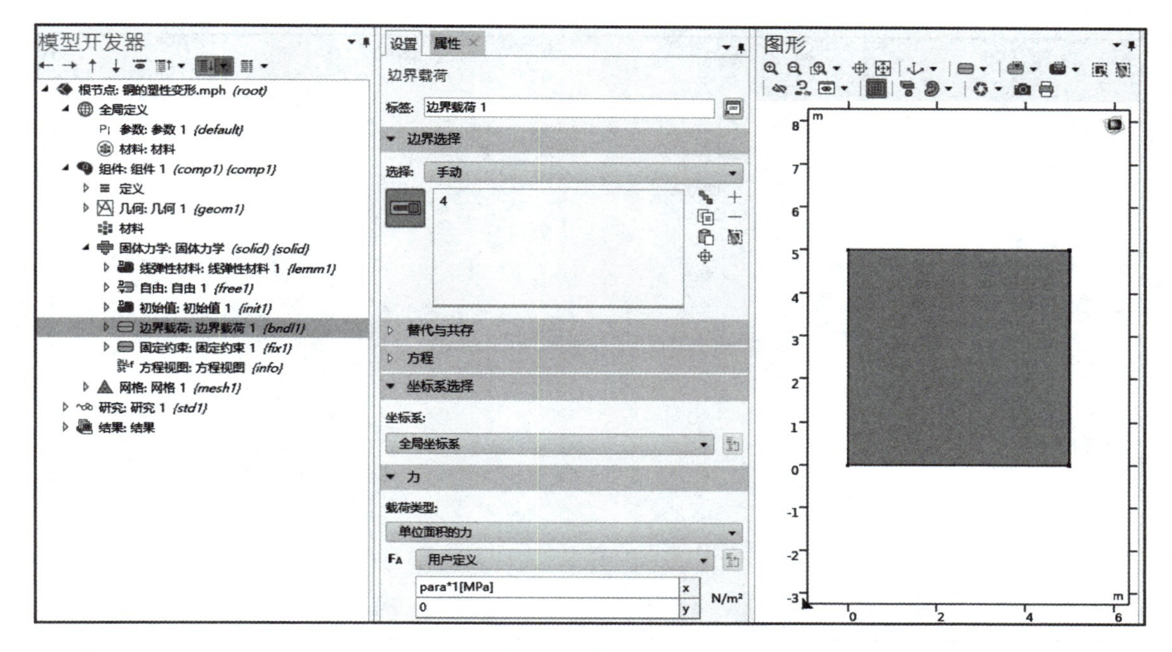

图 7-13　边界载荷

2）固定约束：如图 7-14 所示，添加固定约束边界条件，并选择相应边。

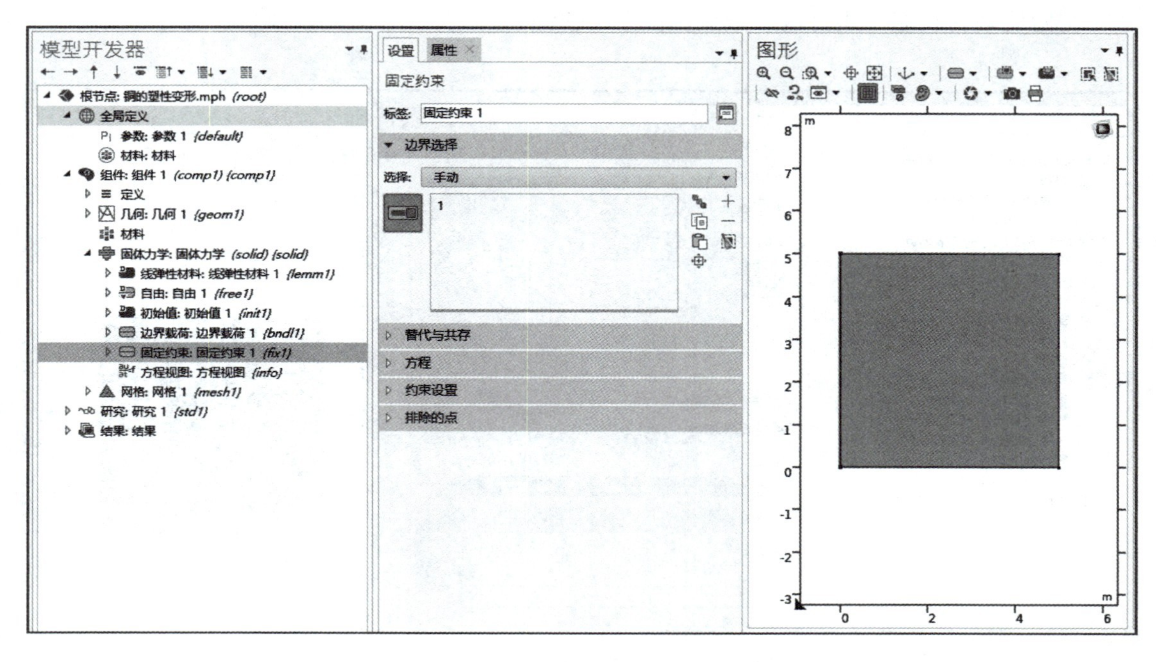

图 7-14　固定约束

3）自由（缺省）：剩余边界条件，自动替换成如图 7-15 所示效果。

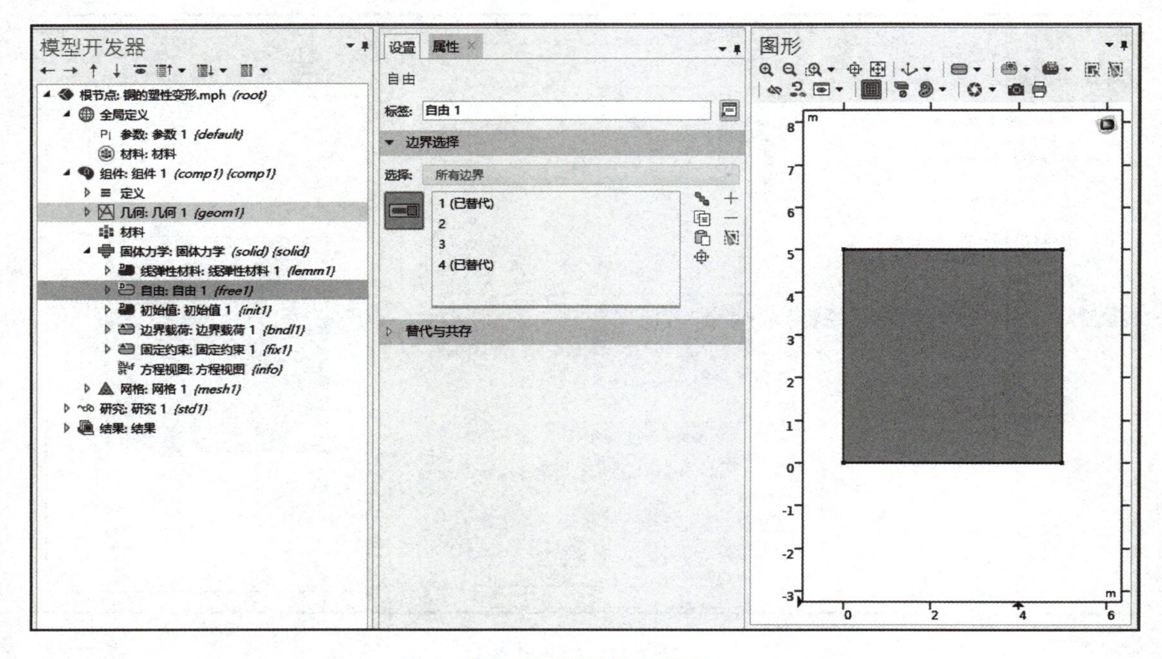

图 7-15　缺省自由边界

（3）初始值

初始值缺省状态不用修改，效果如图 7-16 所示。

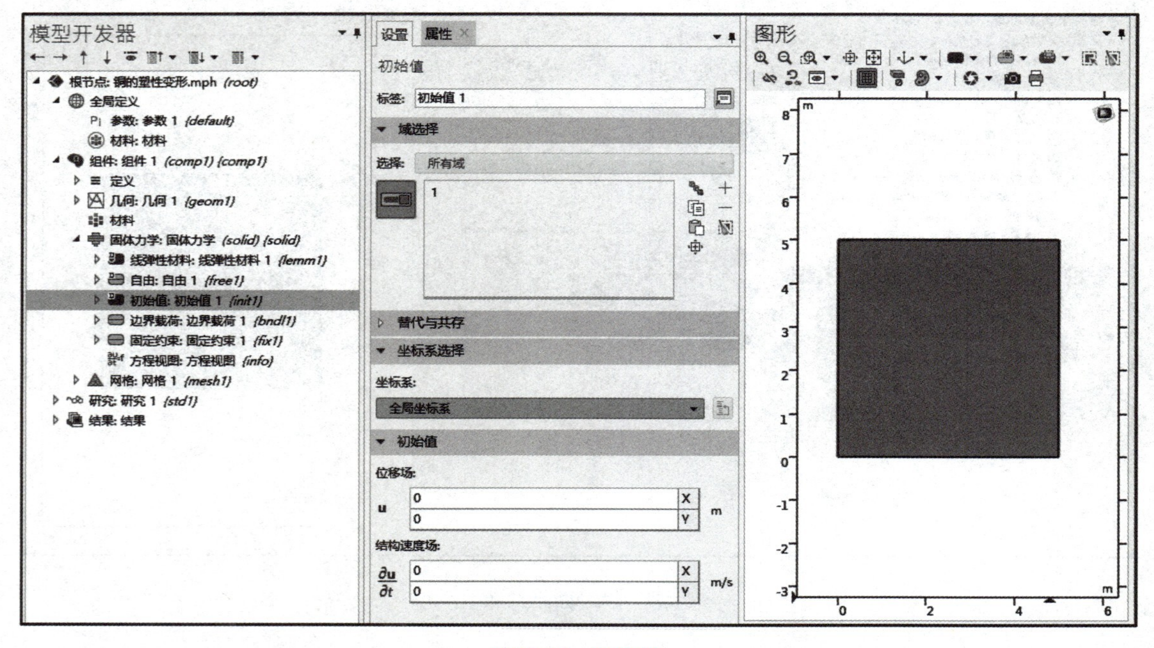

图 7-16　初始值

5. 网格剖分

网格剖分部分，我们对固定边界做极细化处理，网格剖分采用自由剖分三角形网格。其效果如图 7-17 所示。

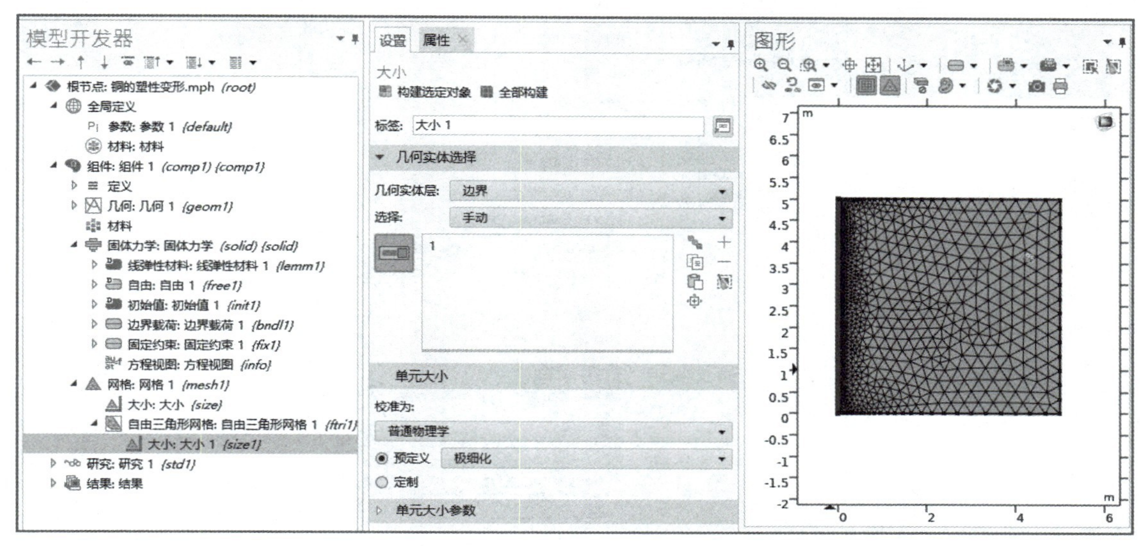

图 7-17　网格剖分效果

6. 求解器设置

（1）参数化扫描

首先，在**研究**节点中，添加一个**参数化扫描**，然后增加一个扫描参数，选择杨氏模量，并设置四个关键值（见图 7-18）。值大小如表 7-2 所示。

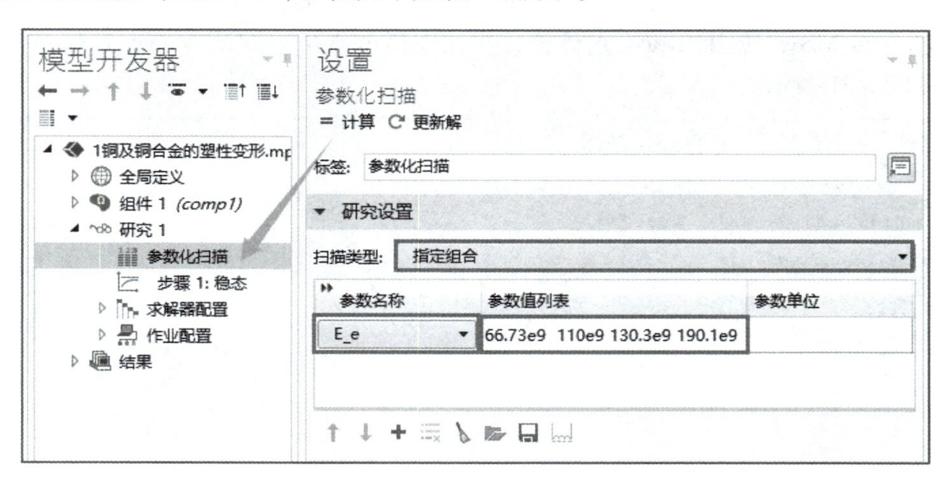

图 7-18　参数化扫描设置

表 7-2　杨氏模量

参 数 名 称	参　数　值			
E_e	66. 73e9	110e9	130. 3e9	190. 1e9

（2） 辅助扫描

打开**稳态**步骤的**研究扩展**，勾选**辅助扫描**，增加参数 para，并设置参数范围如图 7-19 所示。

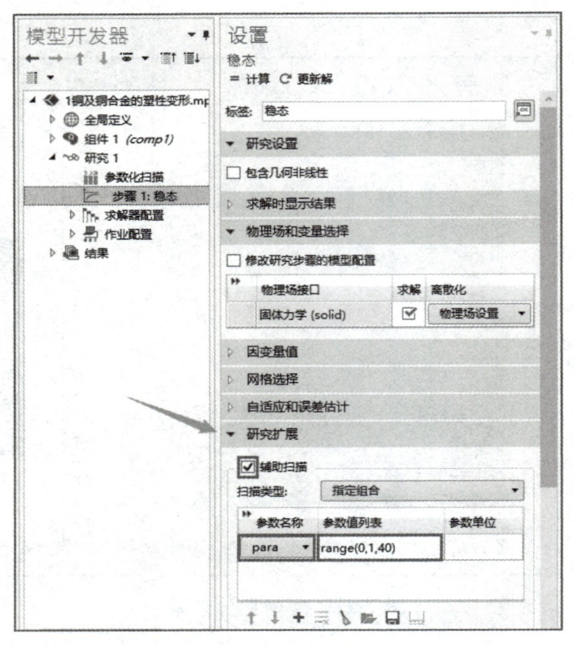

图 7-19　辅助扫描参数设置

7. 后处理

（1） 二维应力设置

默认生成或添加的二维图像，修改其**表达式**为 **solid. epe**、**solid. misesGp**，或选择**等效塑性应变**、**von Mises 应力 Gauss 点计算**，并在**表面**节点下，默认或增加**变形**。其效果如图 7-20 和图 7-21 所示。

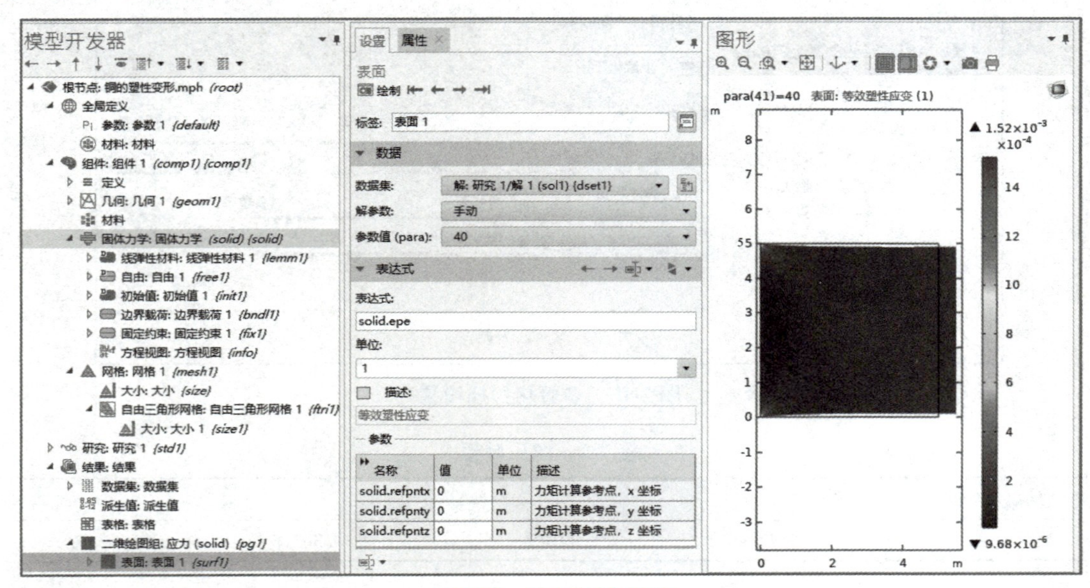

图 7-20　等效塑性应变

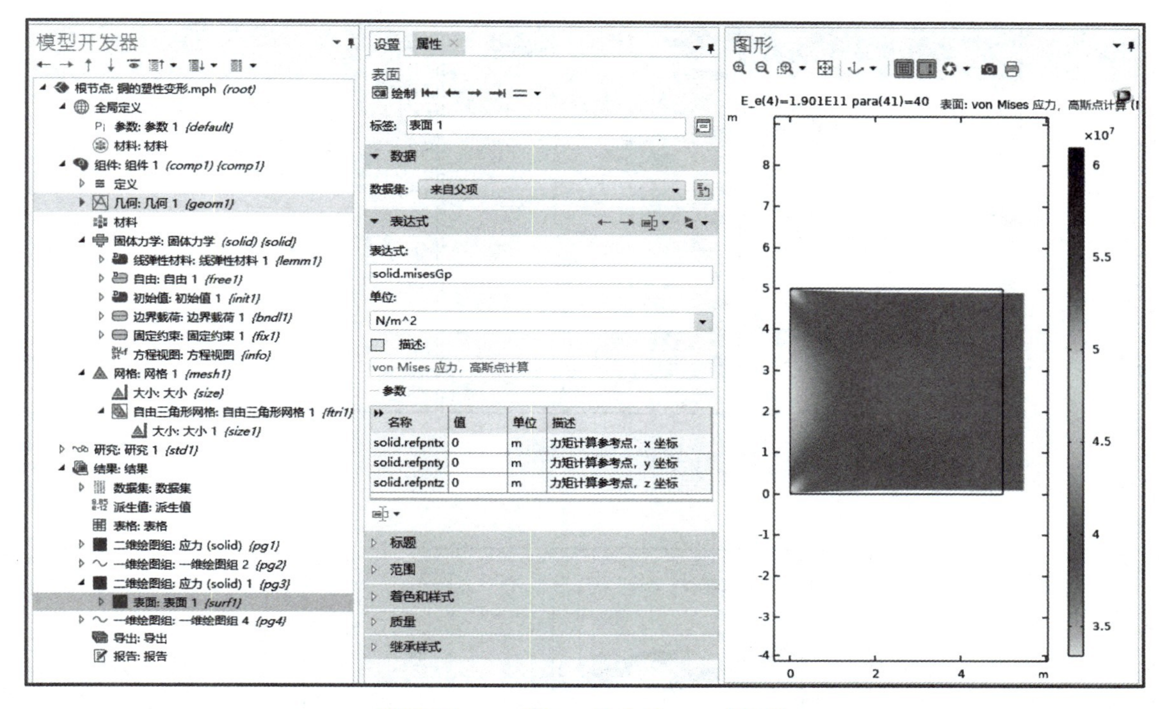

图 7-21　von Mises 应力 Gauss 点计算

（2）一维点线图设置

增加一维绘图组，添加点图，选择右下角点 1，输入其表达式为 solid. sx。确定数据集，并勾选添加绘图设置中的标签，如图 7-22 所示。在点图节点下，设置方式如图 7-23 所示。同理设置 y 方向应力张量 solid. sy，其效果如图 7-24 所示。

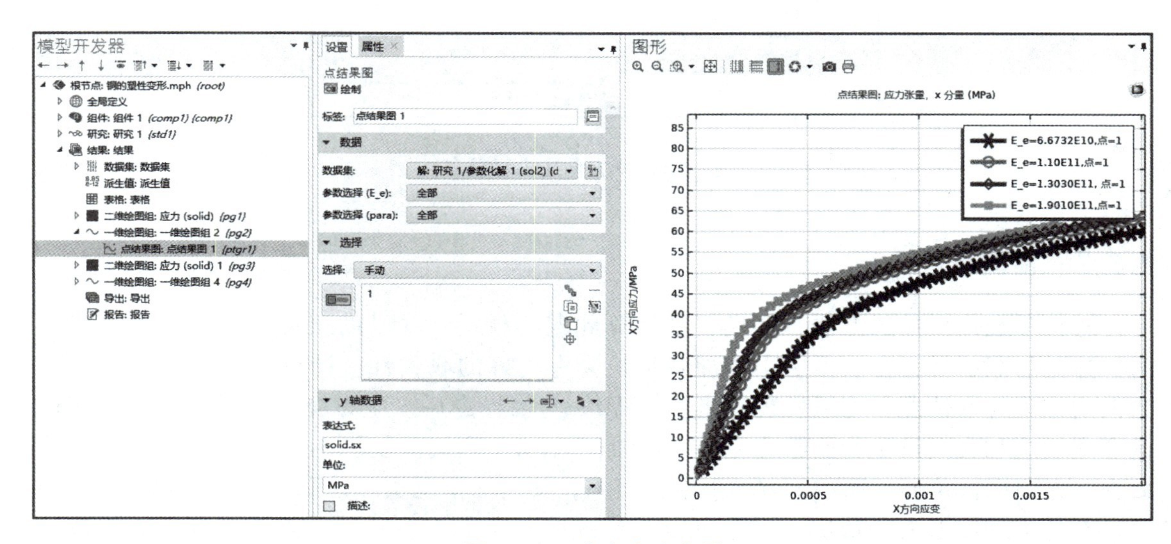

图 7-22　x 方向应力张量

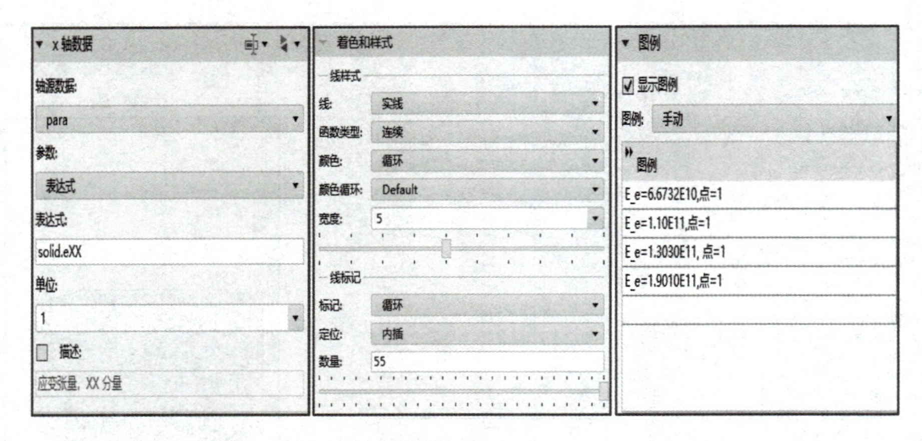

图 7-23 点图设置

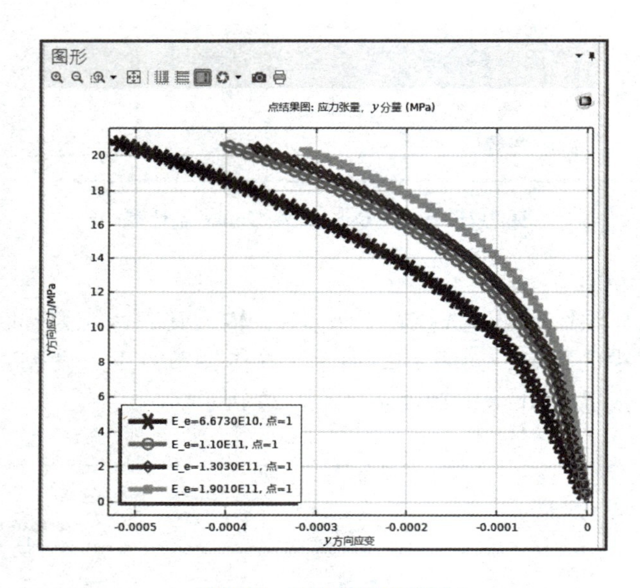

图 7-24 *y* 方向应力张量

7.5.3 案例小结

通过参数化扫描的方法，在模型中计算此四类材料，并以助扫描的方法逐步加载外力，这是加载的常见方法，更小的加载步长会有更好的收敛性。计算完成后绘制在 x、y 方向的应力应变情况，可以发现两者在 30MPa 的临界点后，应力应变关系出现了非线性的变化，这和我们设置的屈服应力是一致的，尤其需要注意的是，y 方向的应变为负，因此在 x 方向铜被拉伸，而在 y 方向上铜被压缩，其压缩情况实际是受泊松比控制，可以预见，在外力继续增大的情况下，是可以看到颈缩现象的，但同时也需要更复杂的收敛性调试方法。

7.6　案例 2　压电传感器

7.6.1　物理背景

多晶碳化硅微机电（MEMS）电容式压力传感器可以在恶劣的环境中运行，广泛应用在航空航天、石油/测井设备、核能站中，实现线性及非线性特征响应的压电传感器由圆形夹边多面膜片及悬挂在硅上的密封腔中碳化物基材组成（见图 7-25）。

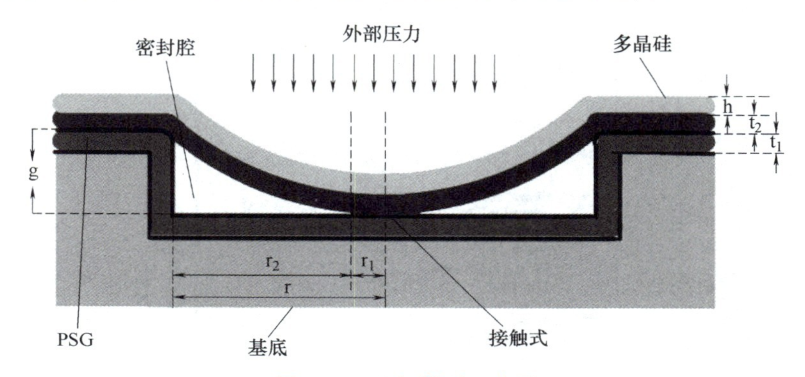

图 7-25　几何模型示意图

7.6.2　操作步骤

1. 物理场选择及因变量设置

（1）物理场选择

首先打开软件后，点选模型向导，选择设置模型的空间维度为二维轴对称。接下来在物理场中，通过模型树，分别找到我们需要的物理场，并单击**添加**。**结构力学—电磁-结构相互作用—机电**。添加效果如图 7-26 所示。

（2）因变量设置

在添加的物理场接口树中，选择**固体力学（solid）**，如图 7-27 所示，同理选择选**静电**。

2. 一步简要设置求解器

单击**研究**，在**选择研究**树中选择**所选物理场接口的预设研究—稳态**，单击**完成**（见图 7-28）。

3. 几何设置（见图 7-29）

（1）矩形绘制

需要绘制矩形 1-4，可右键单击**几何 1** 节点，点选**矩形**，来创建新矩形，其设置及效果分别如图 7-30 所示。

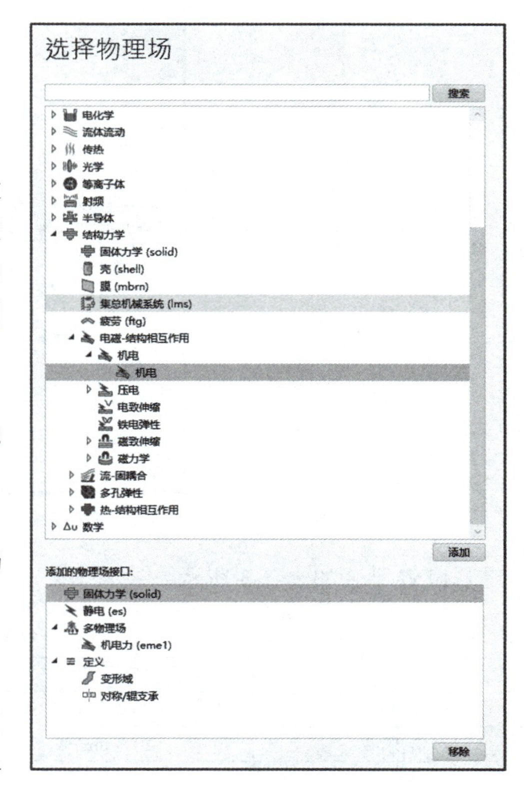

图 7-26　物理场选择与添加

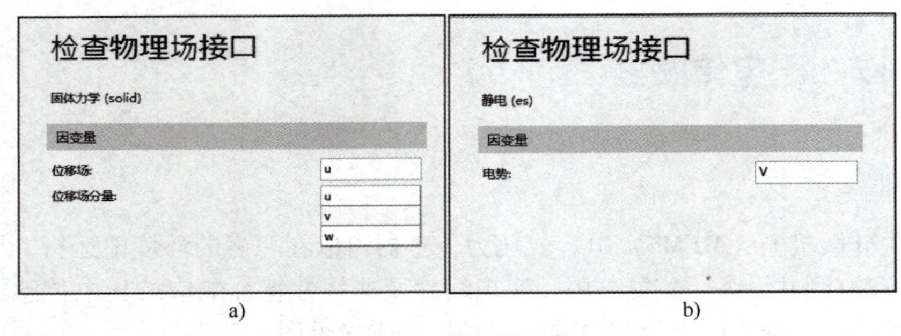

图 7-27　因变量设置

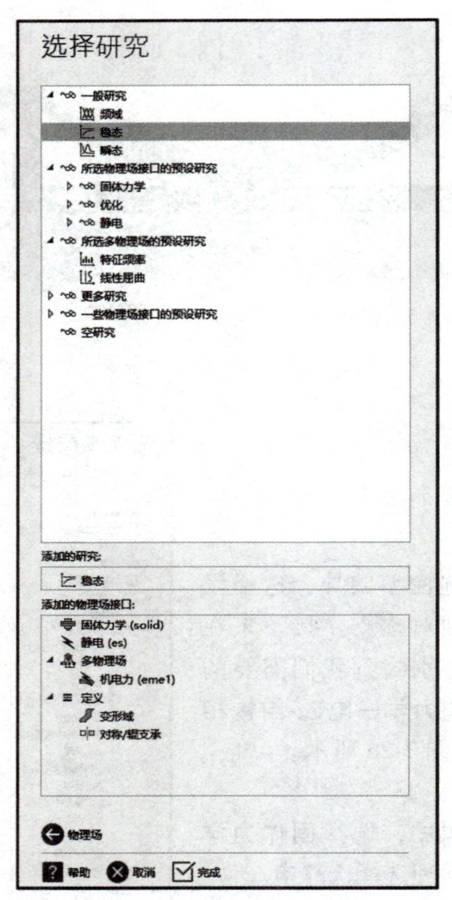

图 7-28　简要求解器设置

其设置尺寸如表 7-3 所示。

表 7-3　矩形尺寸设置参数

	宽　度	高　度	位　置
矩形 1	R_R+20［um］	h_h	（0，0）
矩形 2	20［um］	3	（R_R，-3）
矩形 3	R_R	3	（0，-7.5-3）
矩形 4	3	10.5	（180，-10.5）

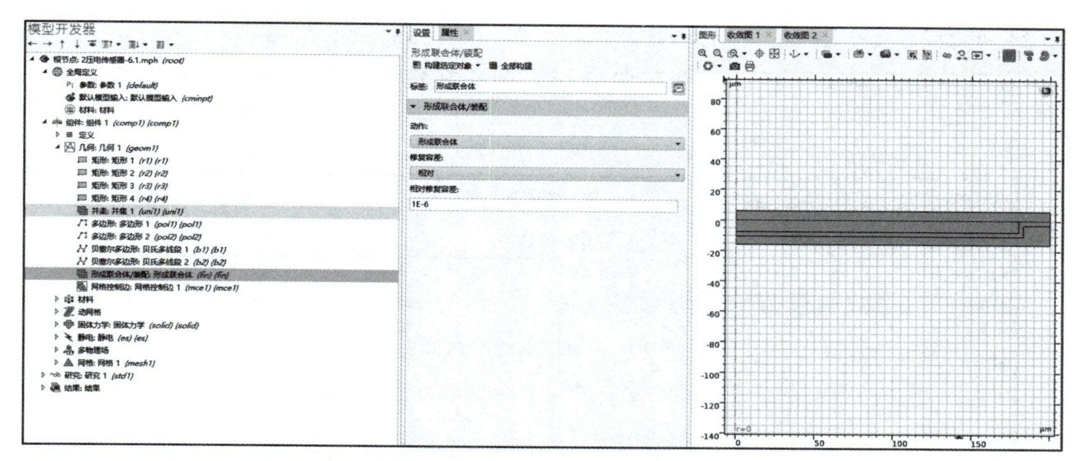

图 7-29　几何绘图结果

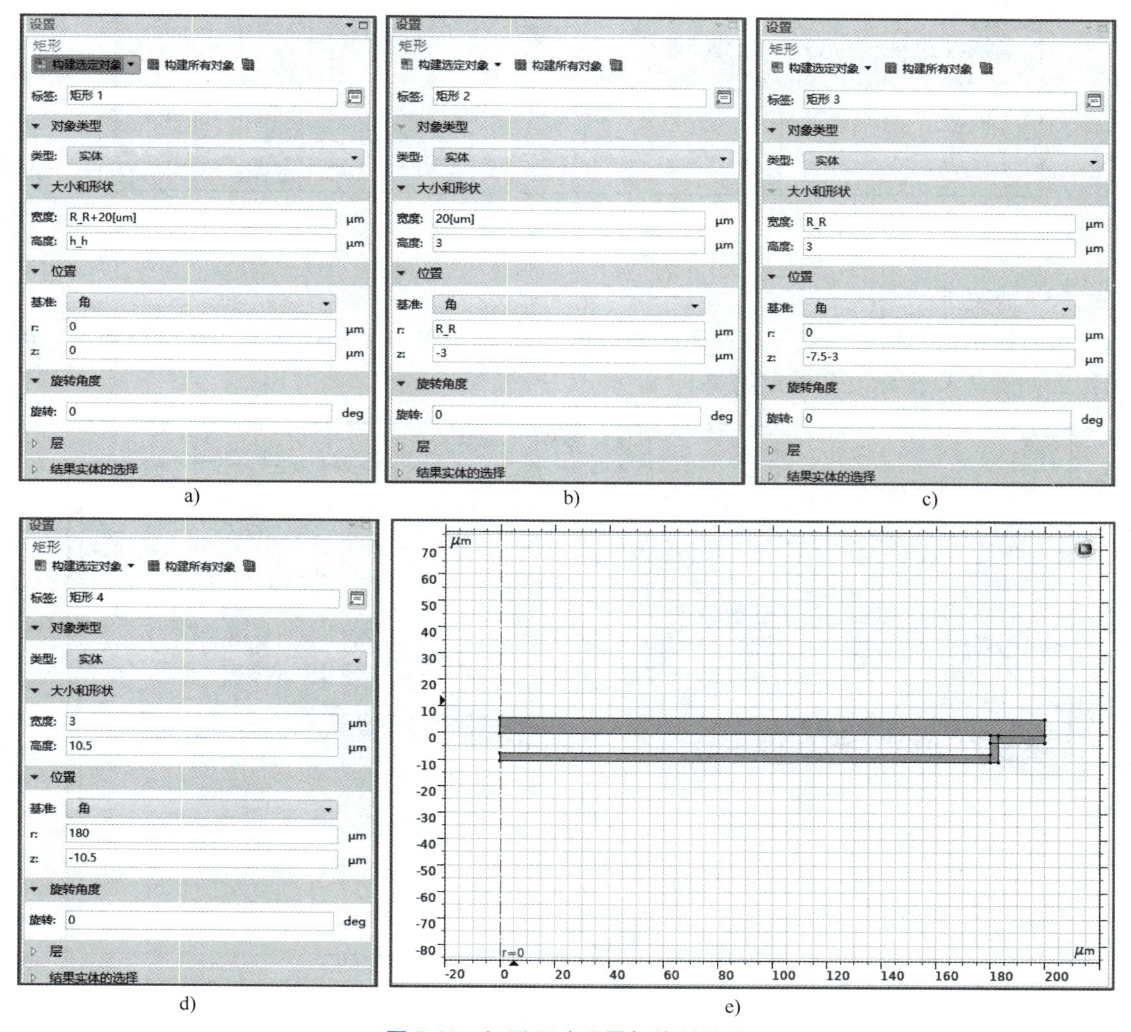

图 7-30　矩形尺寸设置与绘制结果

（2）并集

可右键单击**几何 1** 节点，点选**布尔操作**，点选**并集**来添加并集，其设置如图 7-31 所示。

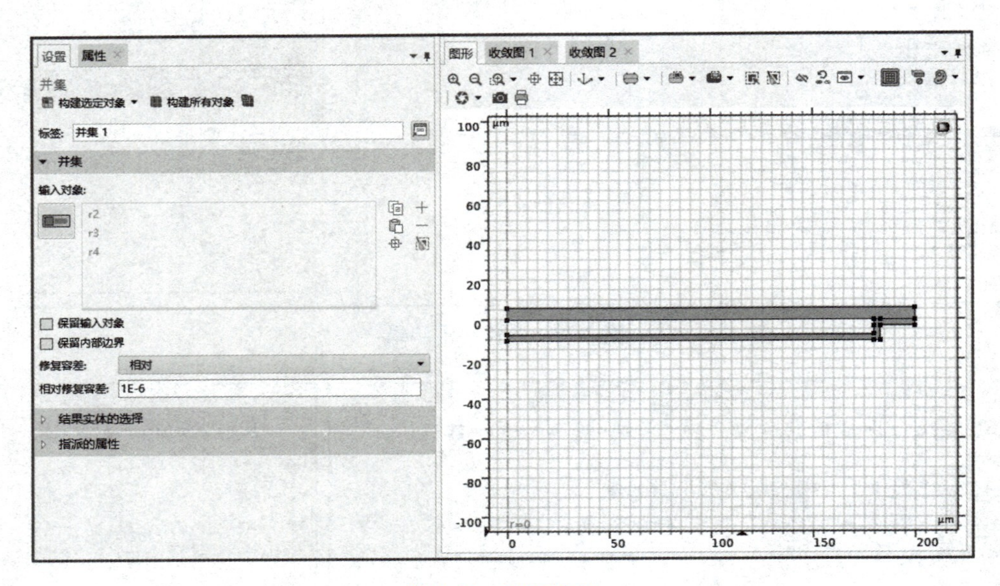

图 7-31 并集设置

（3）多边形

可右键单击**几何 1** 节点，点选两次**多边形**。然后单击**全部构建**或**构建所有对象**，即可得到如图 7-32 所示几何绘制结果。

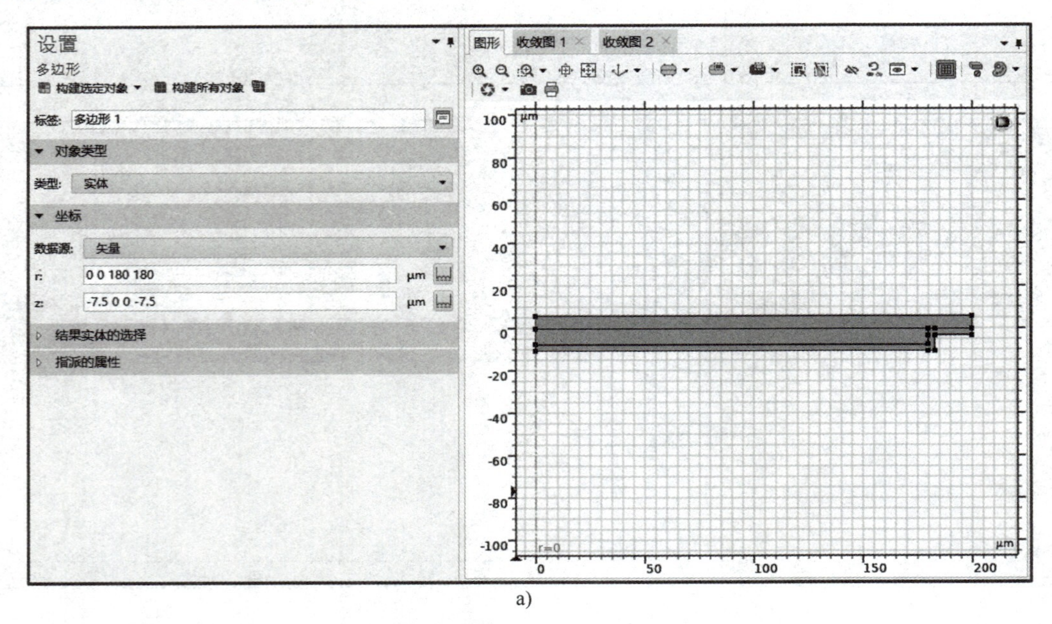

a)

图 7-32 多边形设置

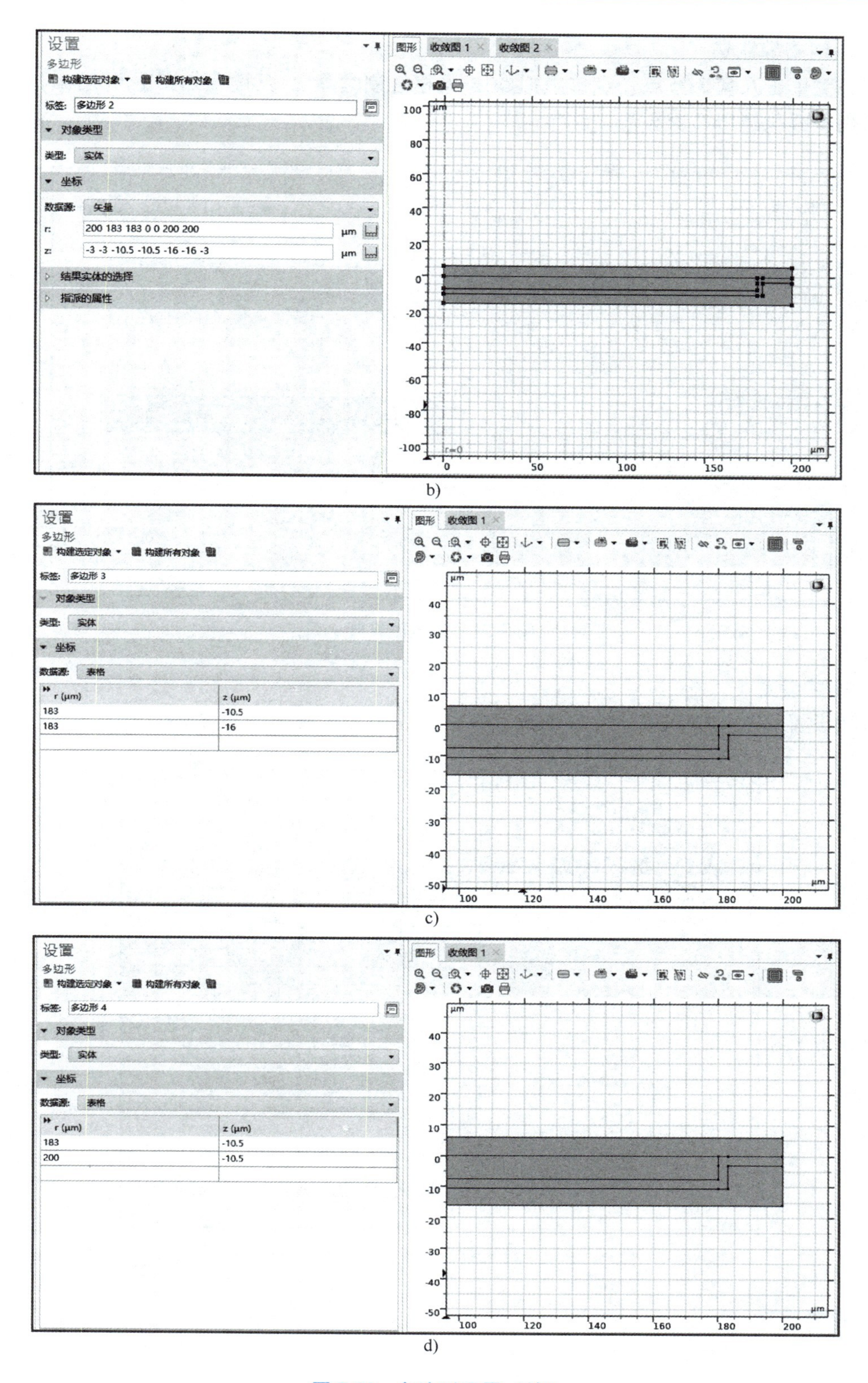
设置
多边形
构建选定对象
构建所有对象
标签: 多边形 2
对象类型
类型: 实体
坐标
数据源: 矢量
r: 200 183 183 0 0 200 200 µm
z: -3 -3 -10.5 -10.5 -16 -16 -3 µm
结果实体的选择
指派的属性
图形
收敛图 1
收敛图 2
b)
设置
多边形
构建选定对象
构建所有对象
标签: 多边形 3
对象类型
类型: 实体
坐标
数据源: 表格
r (µm)
z (µm)
183
-10.5
183
-16
图形
收敛图 1
c)
设置
多边形
构建选定对象
构建所有对象
标签: 多边形 4
对象类型
类型: 实体
坐标
数据源: 表格
r (µm)
z (µm)
183
-10.5
200
-10.5
图形
收敛图 1
d)

图 7-32　多边形设置（续）

（4）网格控制边

可右键单击**几何 1** 节点，点选**虚拟操作-网格控制边**。其设置如图 7-33 所示，最后单击**全部构建**或**构建所有对象**绘制结果。

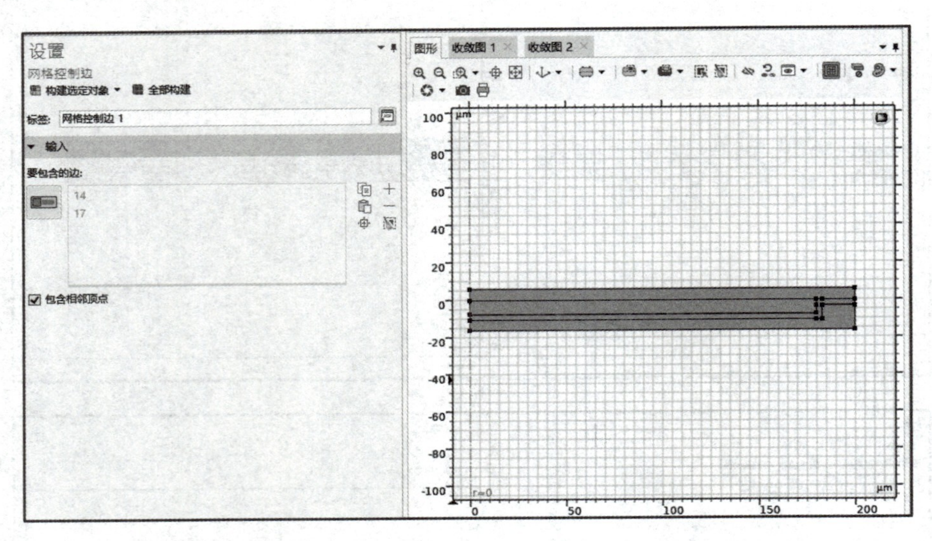

图 7-33　多边形设置

4. 参数设置

参数设置可手动输入或从文件加载。其位置在全局定义下（见图 7-34）。

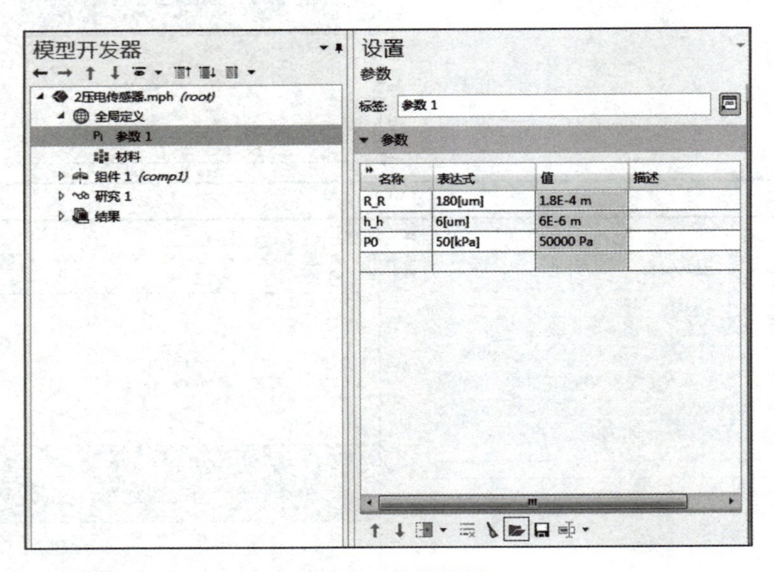

图 7-34　参数设置

5. 变量定义

（1）定义选择（准备工作）

定义选择可以帮助便于选取特定的求解域、边界等（见图 7-35、表 7-4）。

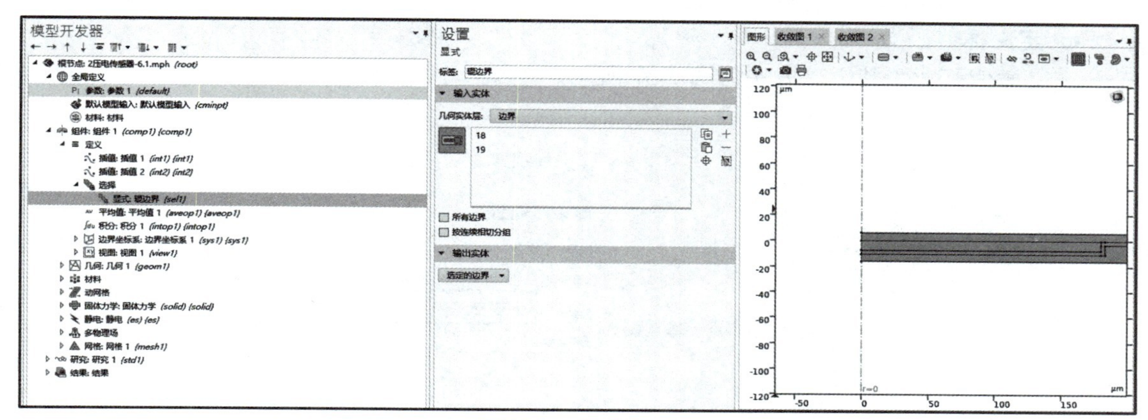

图 7-35　显式定义

表 7-4　显式命名格式

创　　建	几何实体层	序　　号	重　命　名
显示 1	边界	18、19	辊边界

（2）定义组件耦合

定义组件耦合，其定义方法如图 7-36 所示。

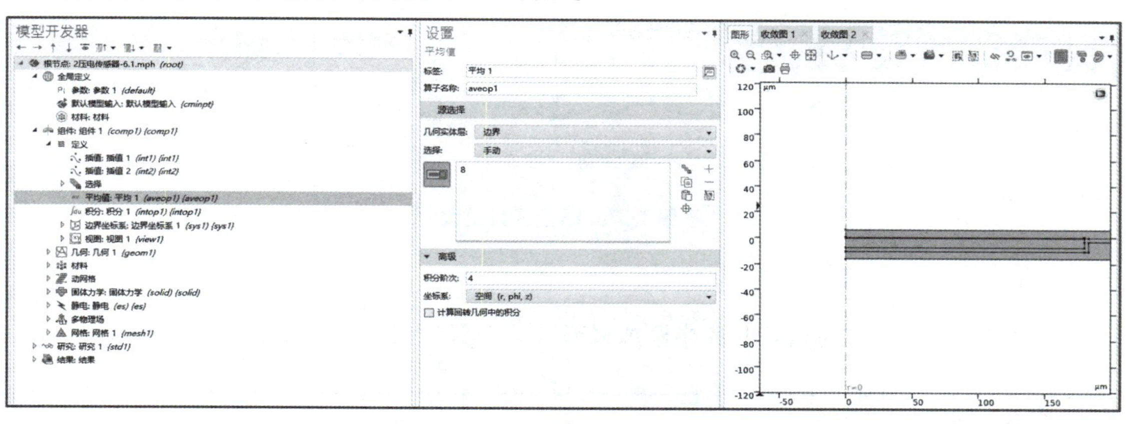

a)

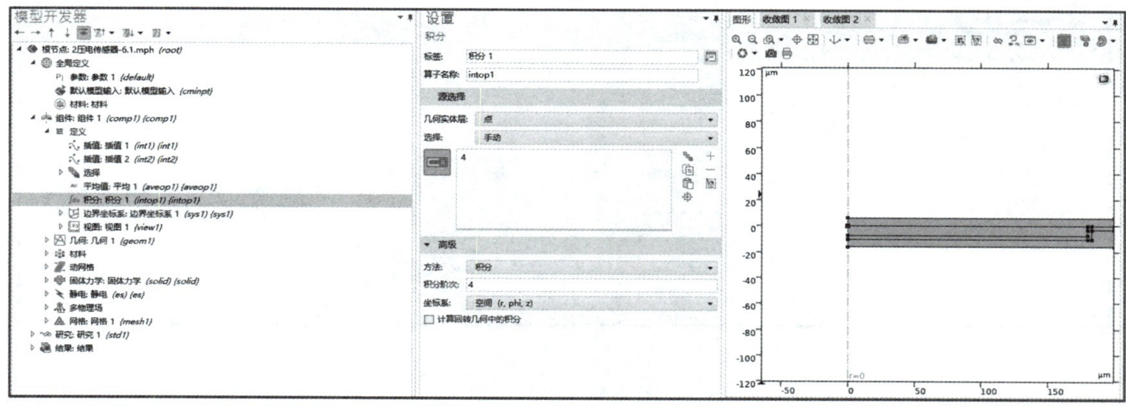

b)

图 7-36　显式定义

6. 定义插值函数

定义插值函数，其定义方法如图 7-37 所示。

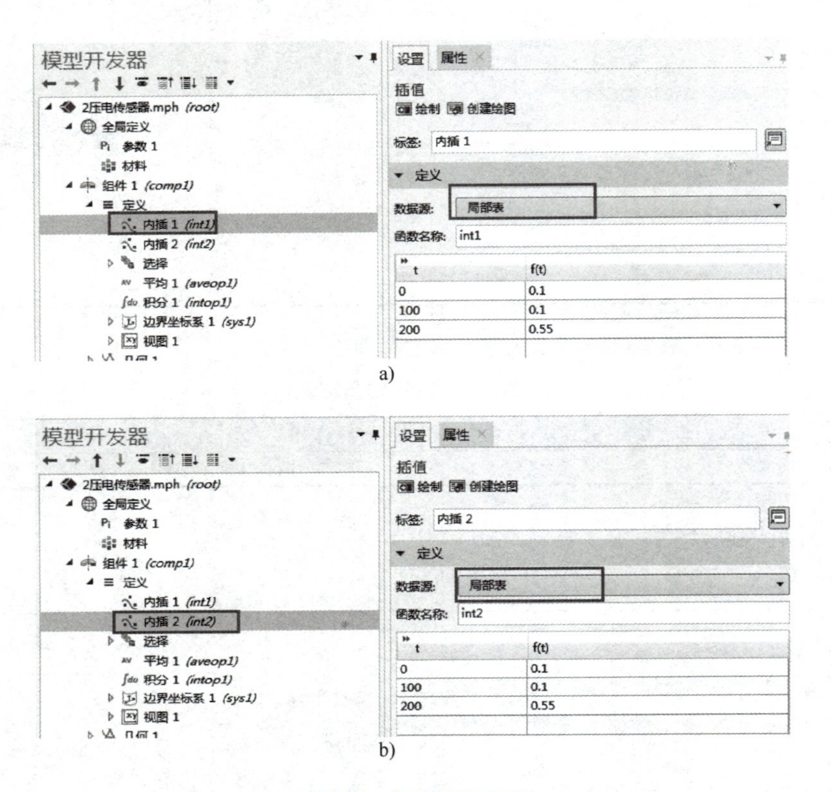

图 7-37　插值函数设置

7. 材料定义

在材料节点下，右键选择**从库中添加材料**，其设置及效果如图 7-38 所示。

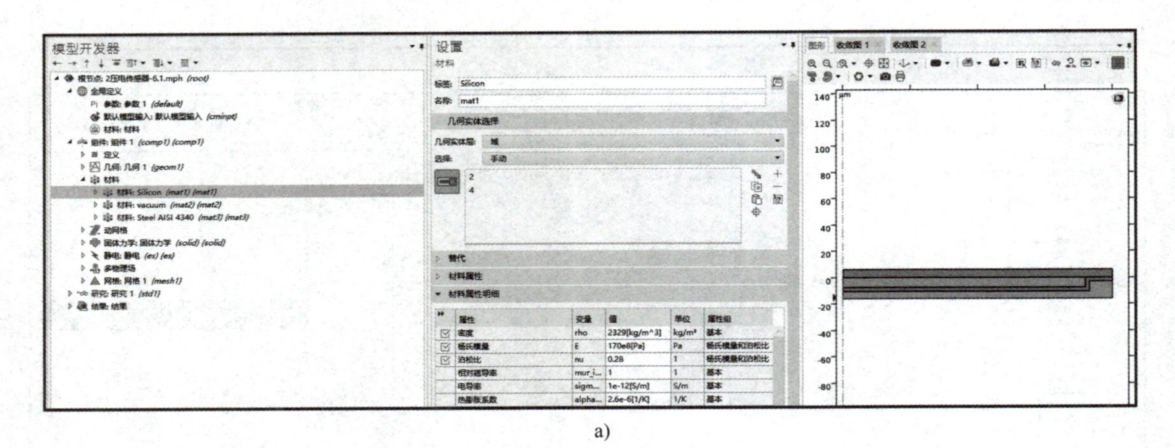

图 7-38　材料设置

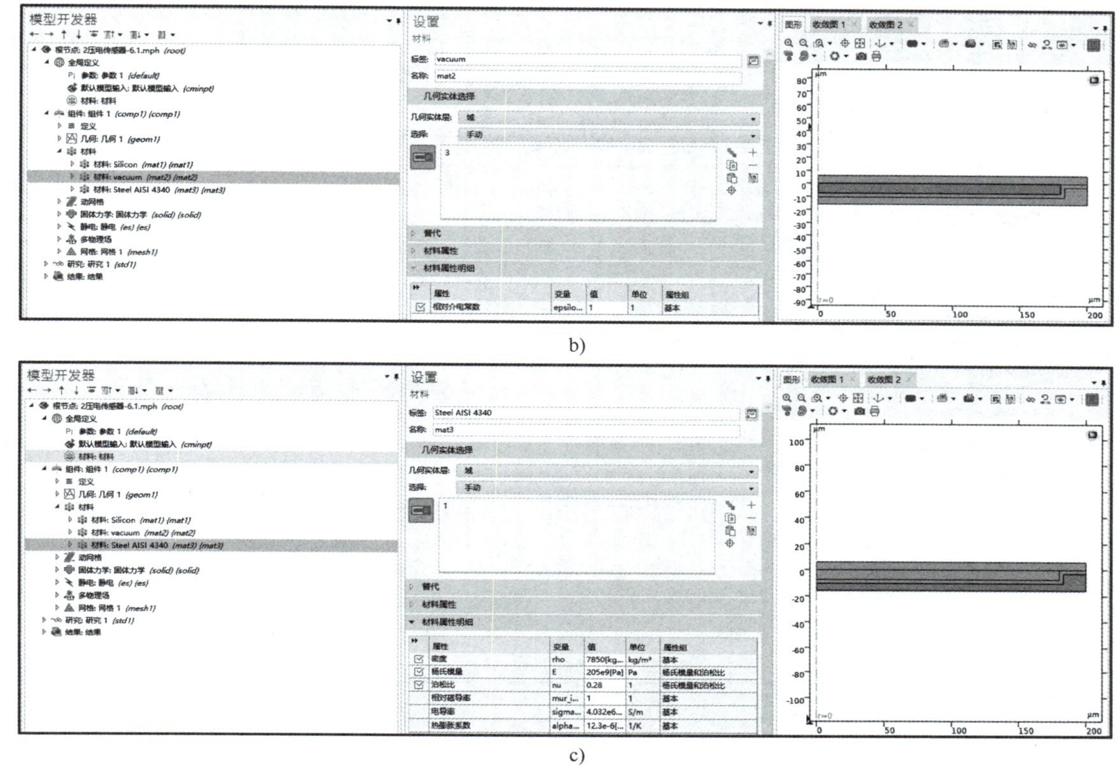

b)

c)

图 7-38　材料设置（续）

8. 物理场设置

本例采用了 2 个物理场，**固体力学和静电**，以下对物理场的设置进行说明。

（1）控制方程

图 7-39 所示为在动网格节点下**变形域 1**、固体力学节点下**线弹性材料**和静电节点下**电荷守恒**的参数设置。

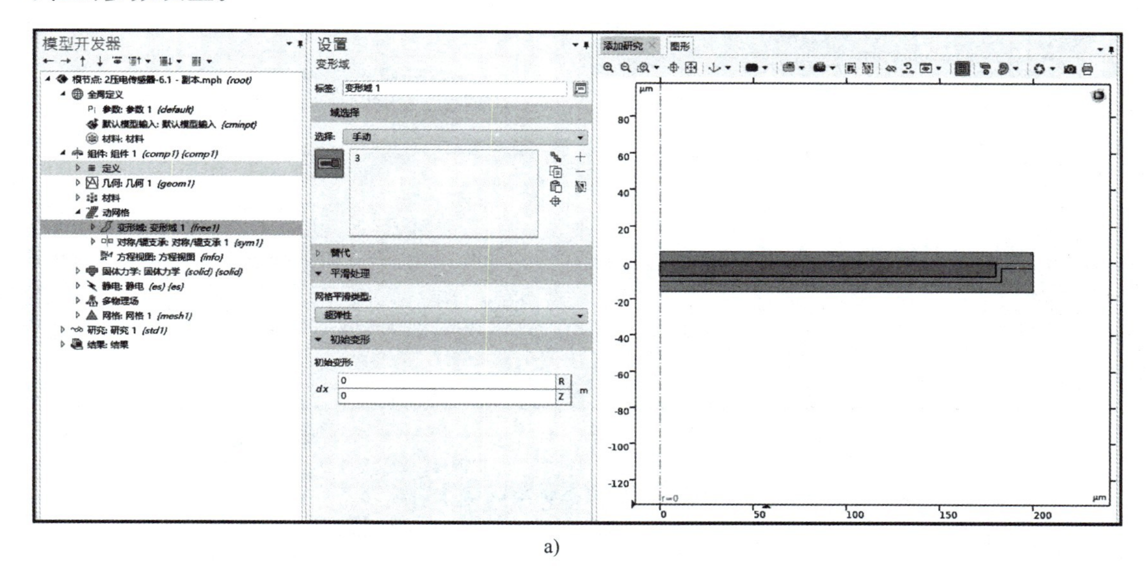

a)

图 7-39　控制方程参数设置

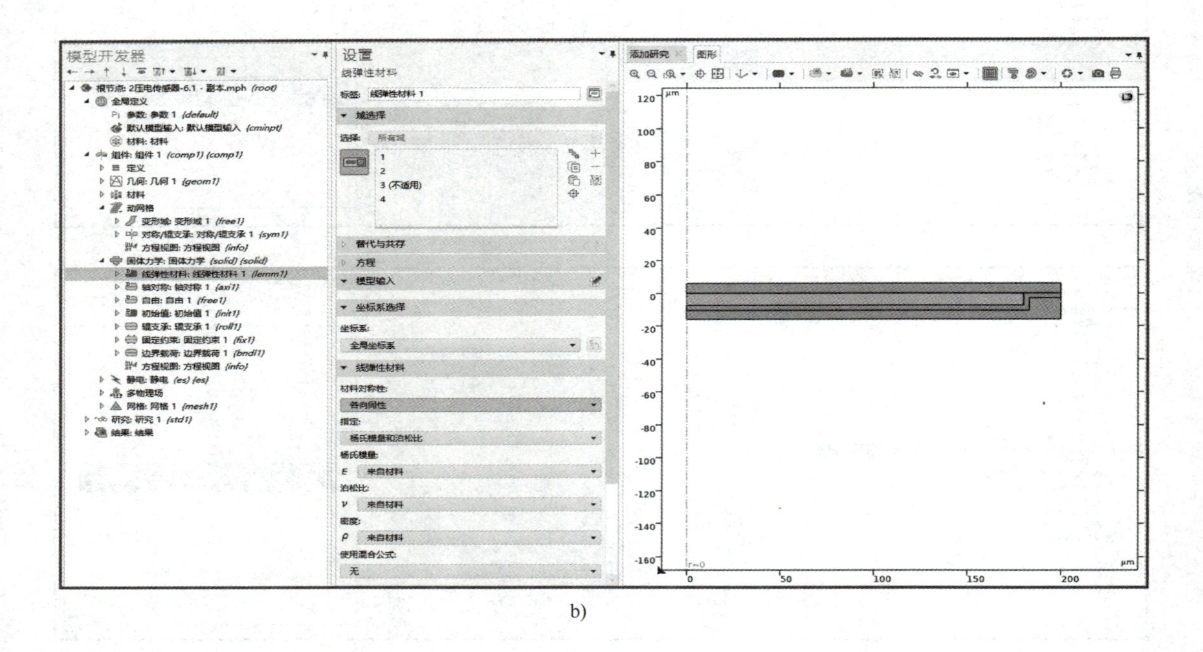

b)

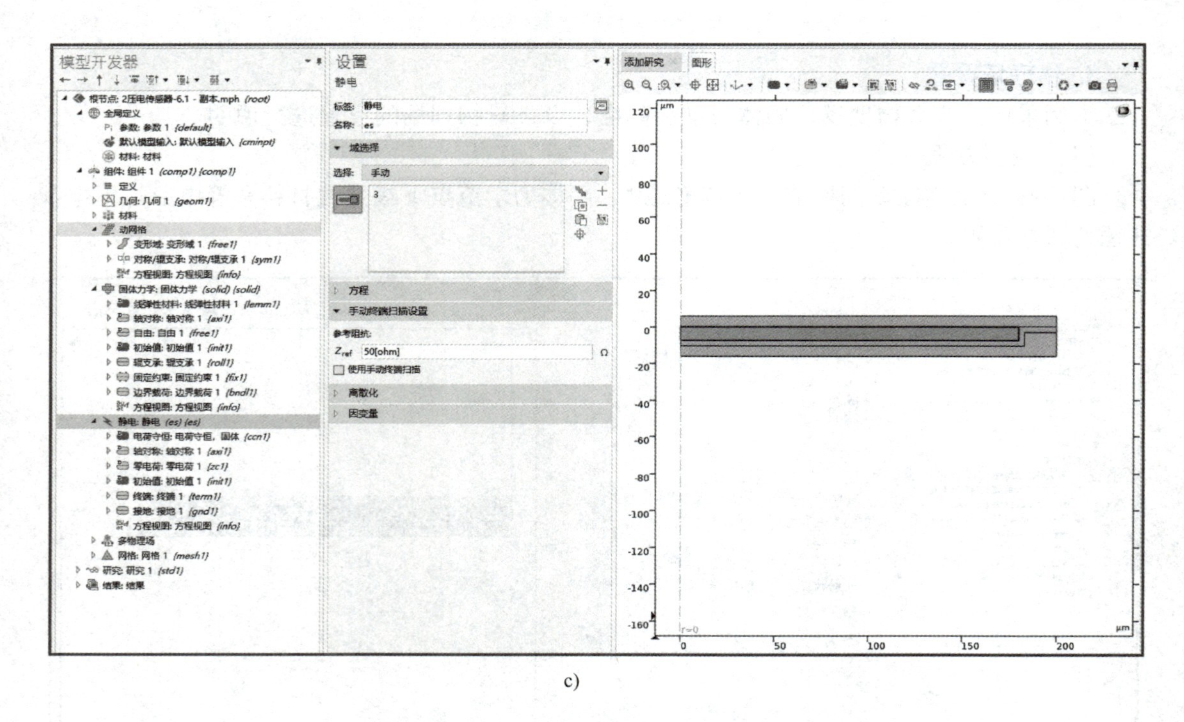

c)

图 7-39　控制方程参数设置（续）

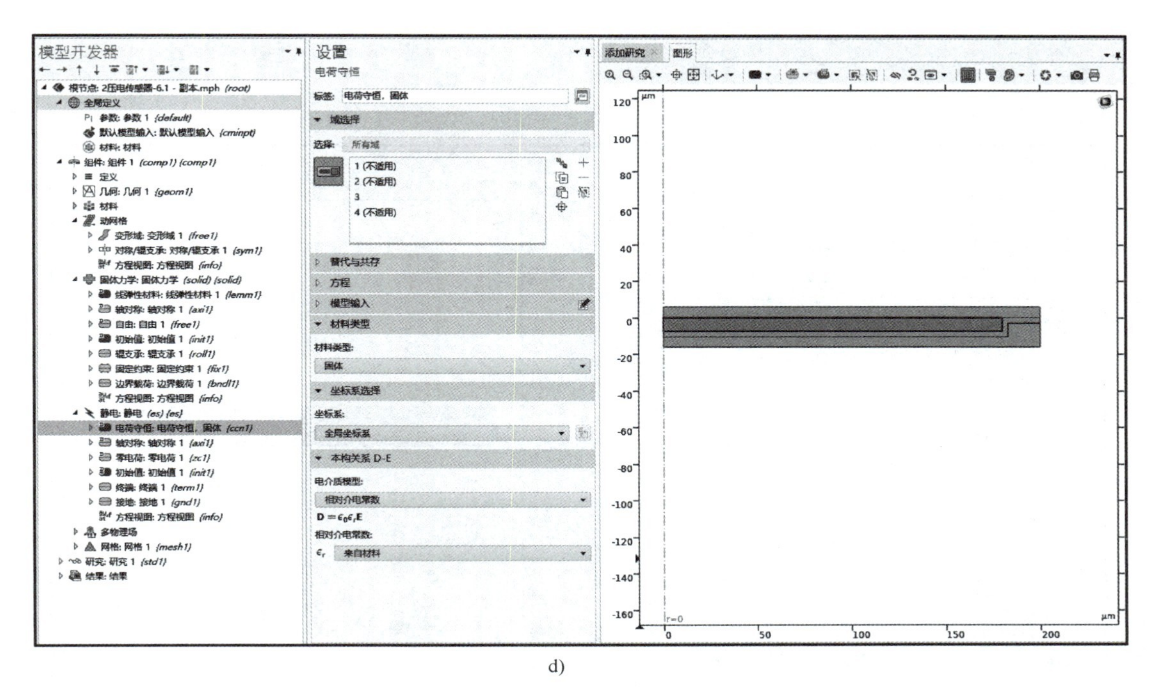

d)

图 7-39　控制方程参数设置（续）

（2）边界条件

图 7-40 所示为在**固体力学和静电**节点下，**零电荷 1**、**自由 1**、**对称辊支撑 1**、**轴对称 1**、**辊支撑 1**、**固定约束 1**、**边界载荷 1**、**终端 1** 和**接地 1** 边界条件的参数设置。

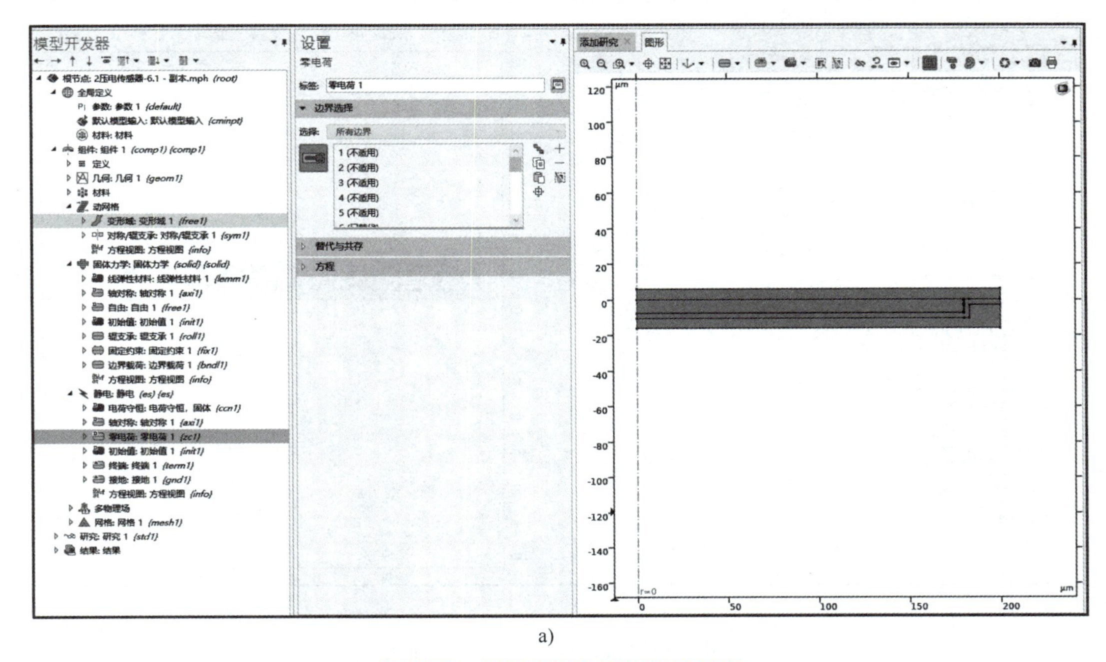

a)

图 7-40　边界条件选择及参数设置

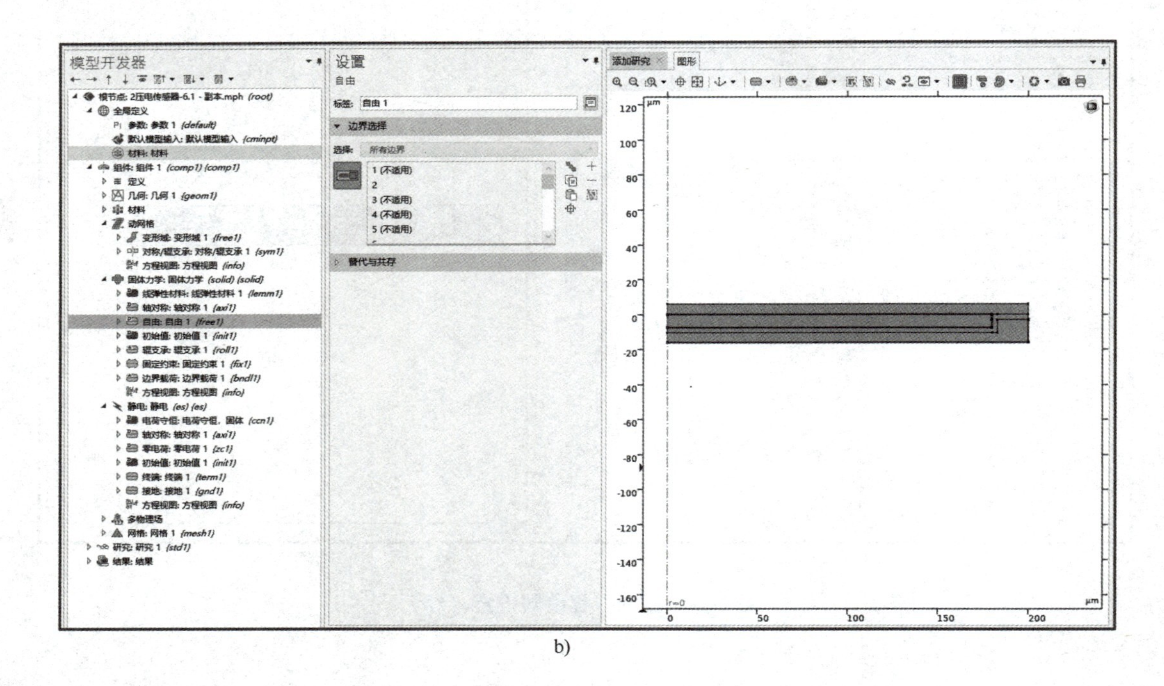

b)

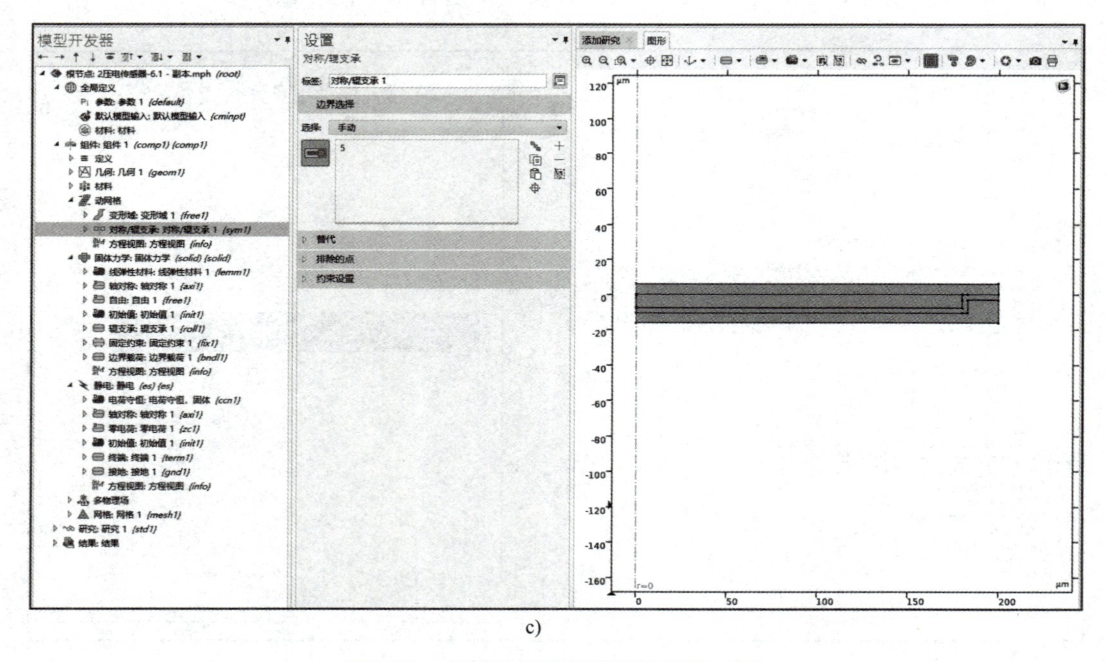

c)

图 7-40　边界条件选择及参数设置（续）

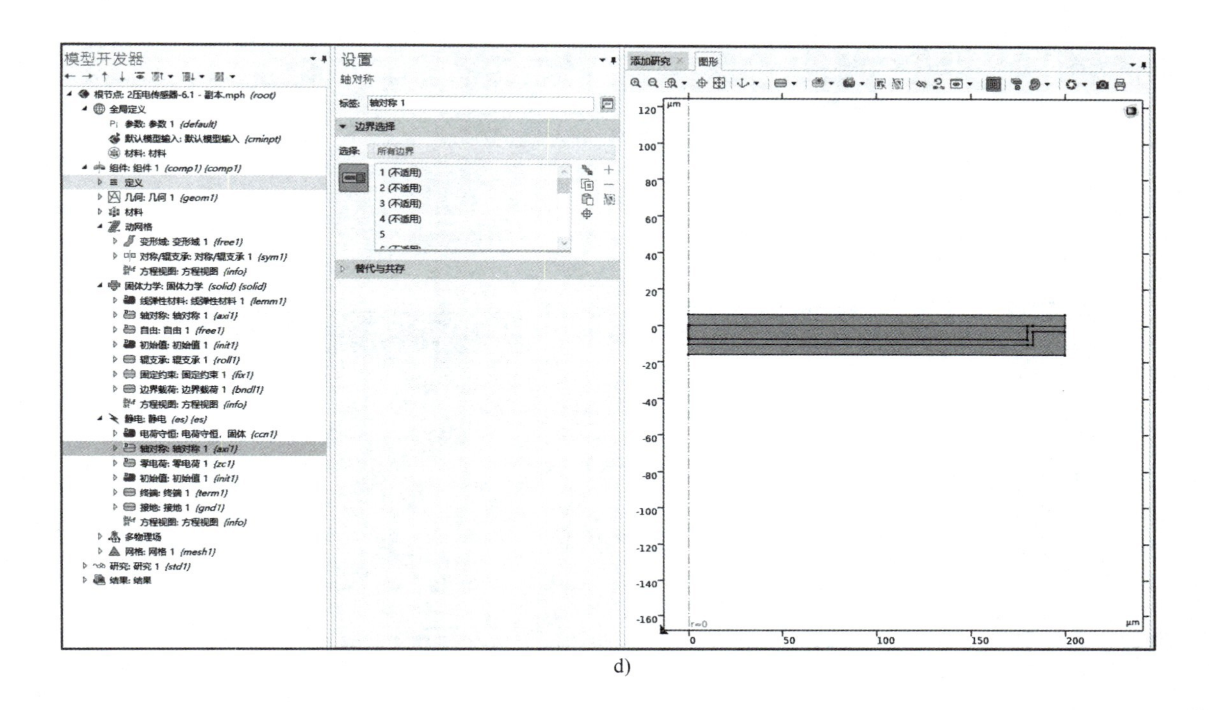

d)

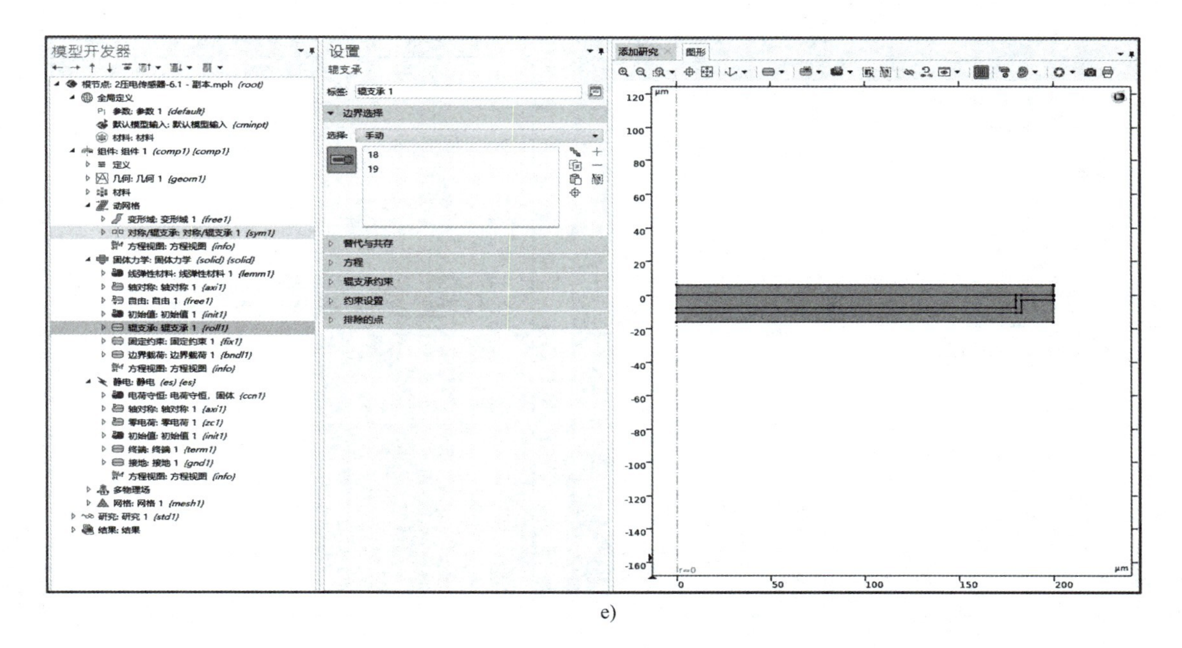

e)

图 7-40　边界条件选择及参数设置（续）

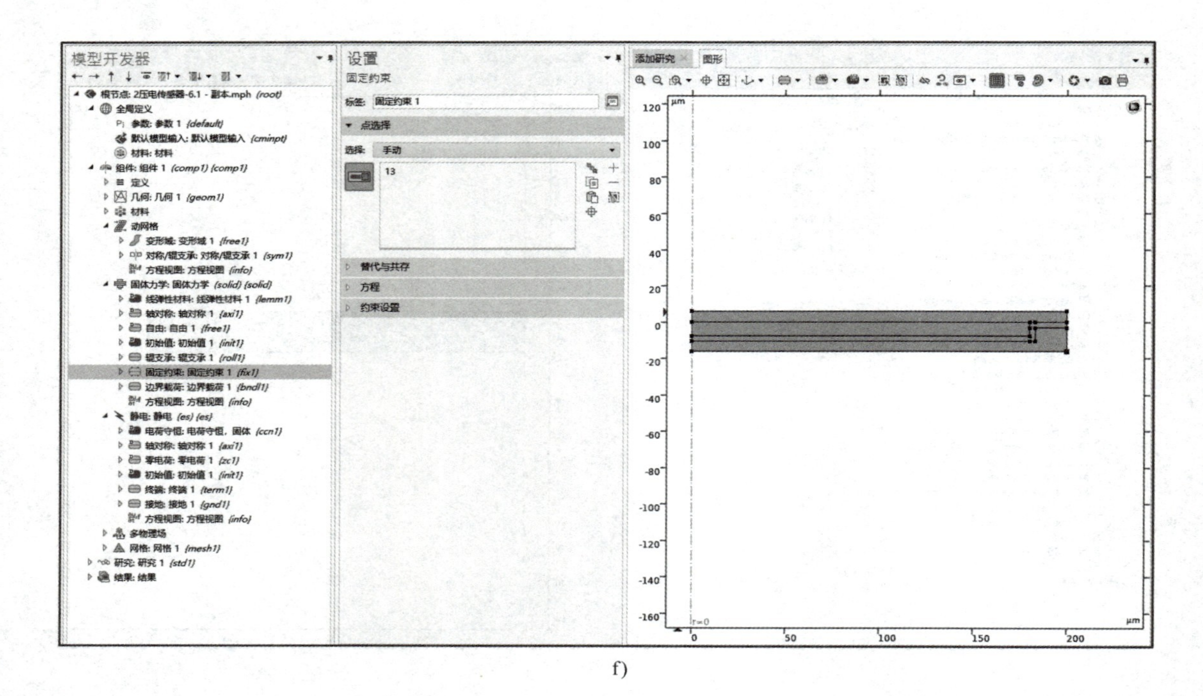

f)

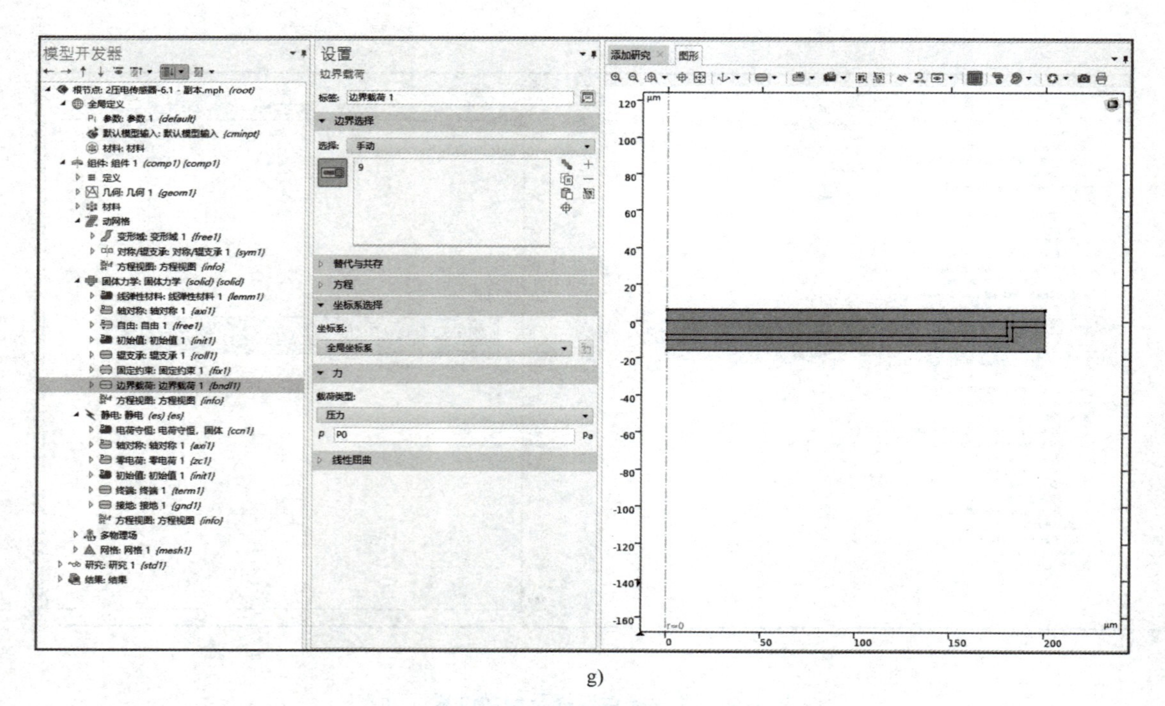

g)

图 7-40　边界条件选择及参数设置（续）

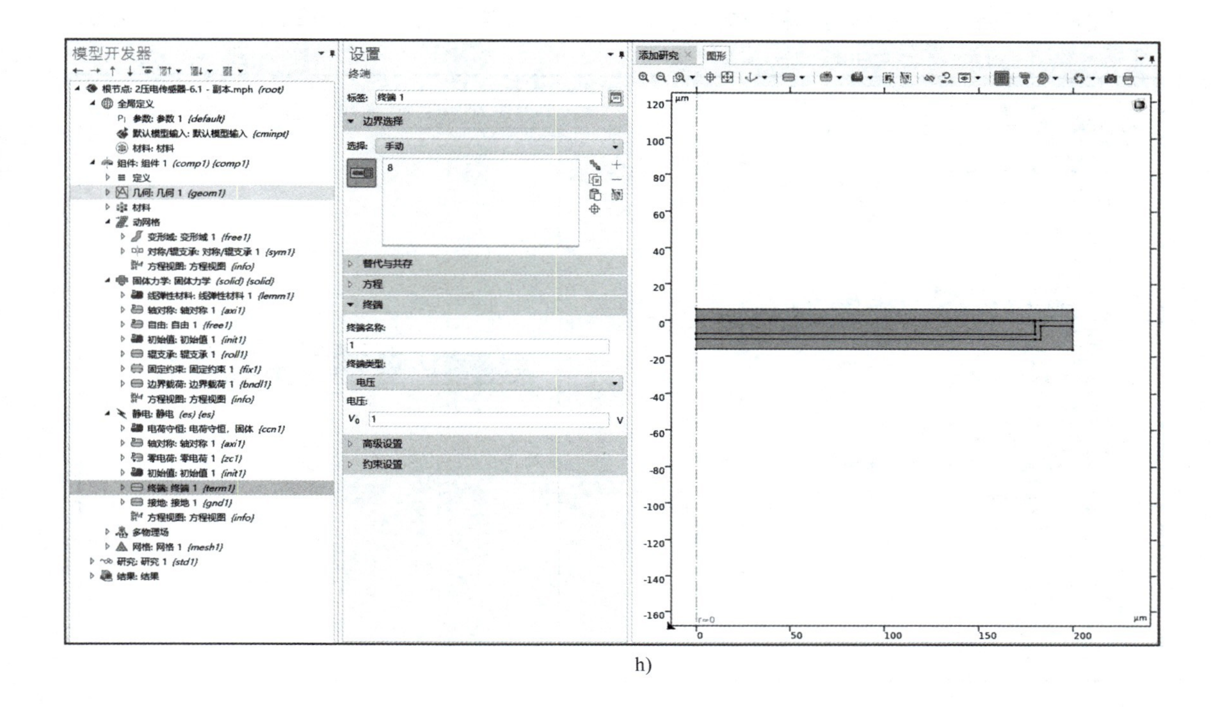

h)

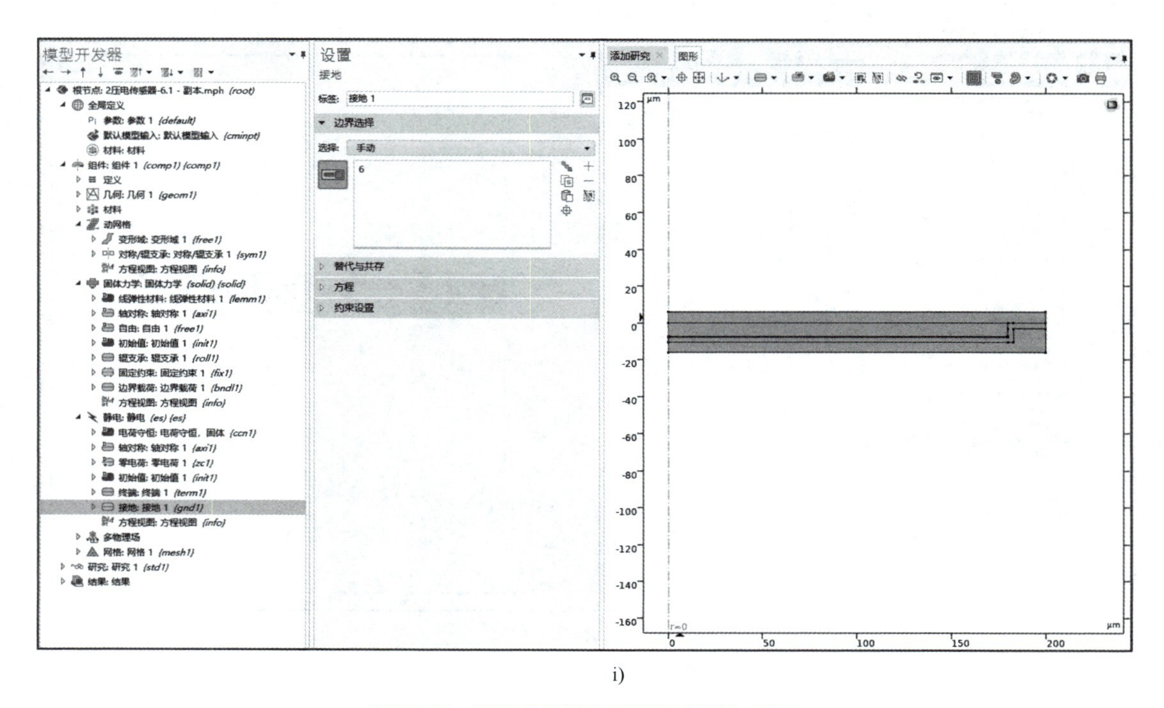

i)

图 7-40　边界条件选择及参数设置（续）

（3）初始值

如图 7-41 所示，在**固体力学和静电**节点下，添加**初始值**并设置。**初始值 1** 默认各参数为 0。

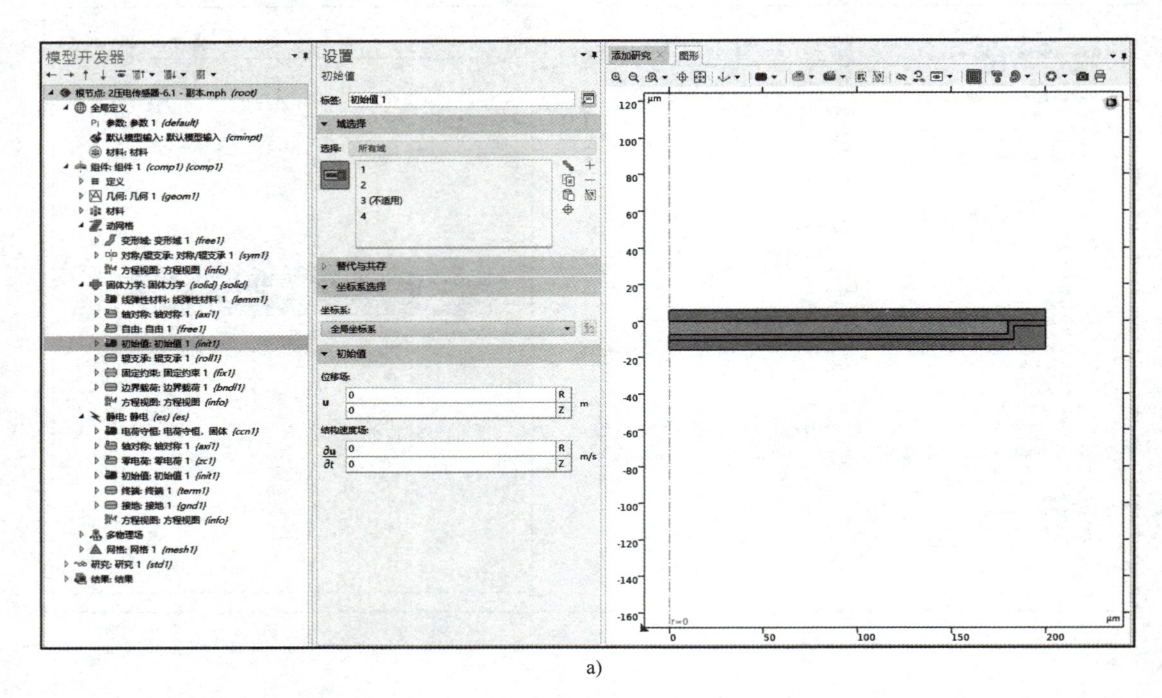

a)

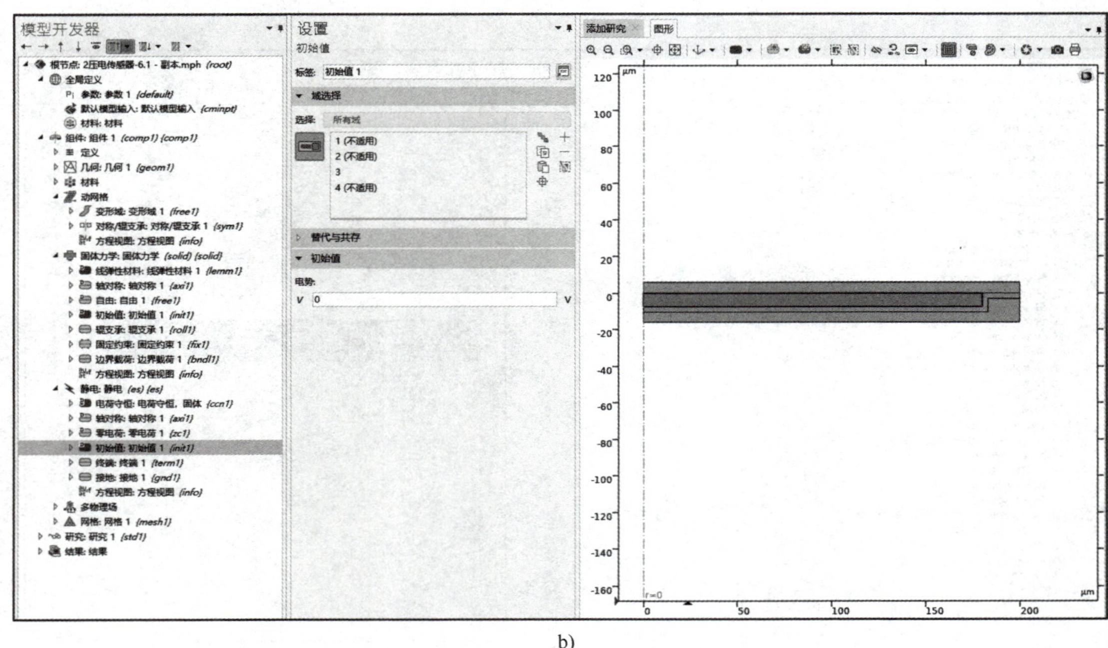

b)

图 7-41　初始值设置

9. 网格剖分

如图 7-42 所示，1 添加**自由三角形网格 1**，并单击右键添加一个大小；**2 添加两个映射**，并在第一个映射单击右键添加一个大小和一个分布进行剖分。

10. 求解器设定

通过两个步骤，一个参数化扫描，一个稳态求解模型。第一步仅求 P0，第二步求解完整的模型，如图 7-43 所示。

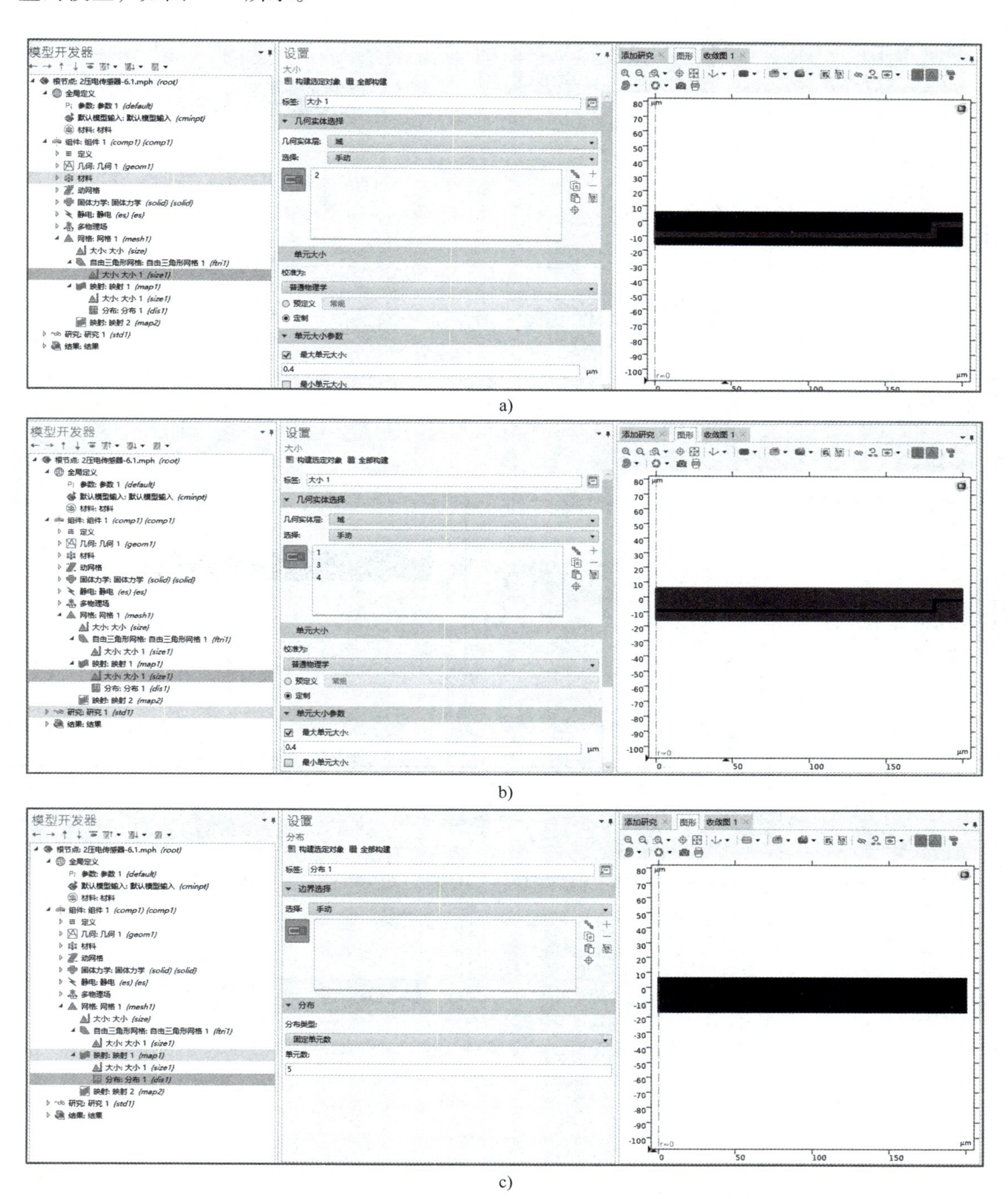

a)

b)

c)

图 7-42　设置参数尺寸

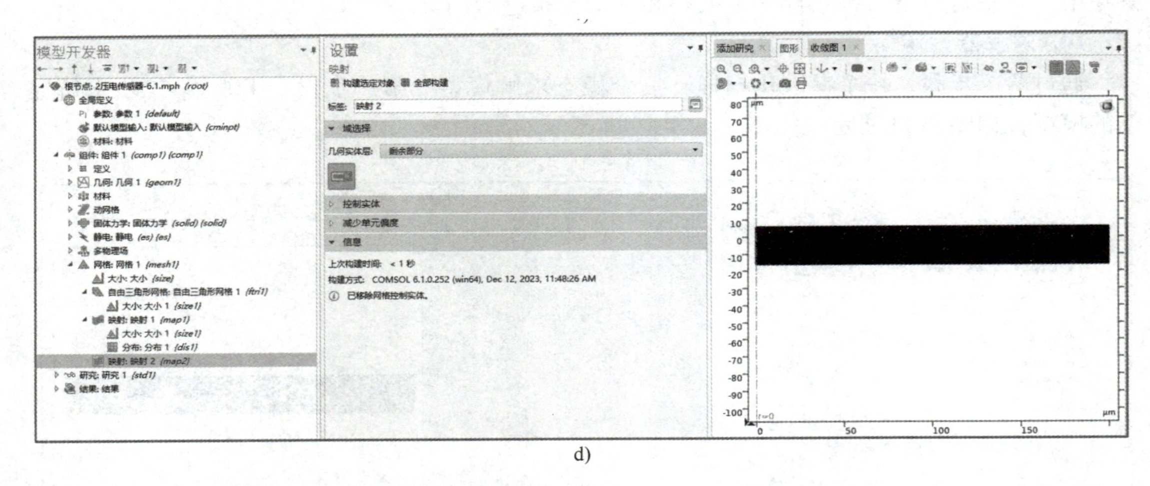

d)

图 7-42　设置参数尺寸（续）

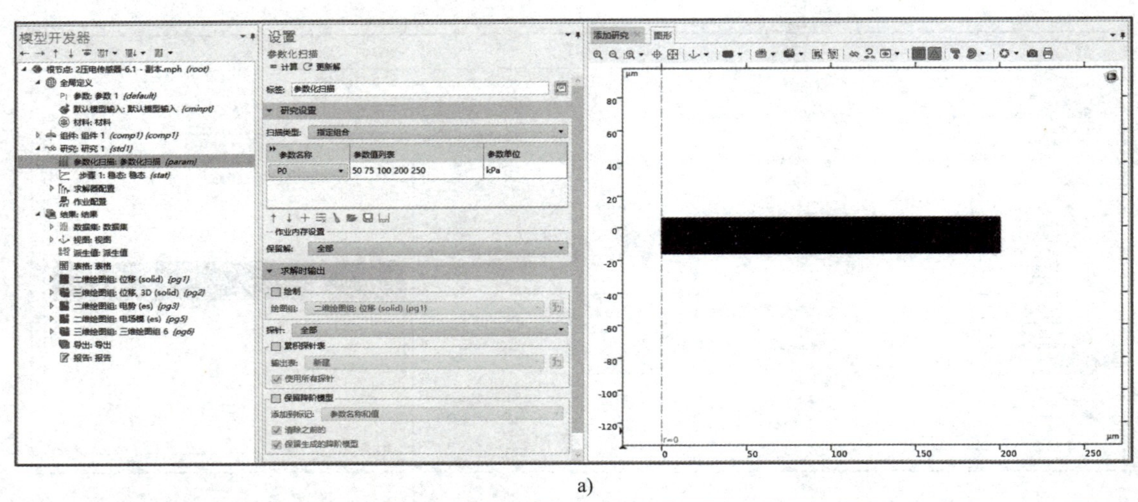

a)

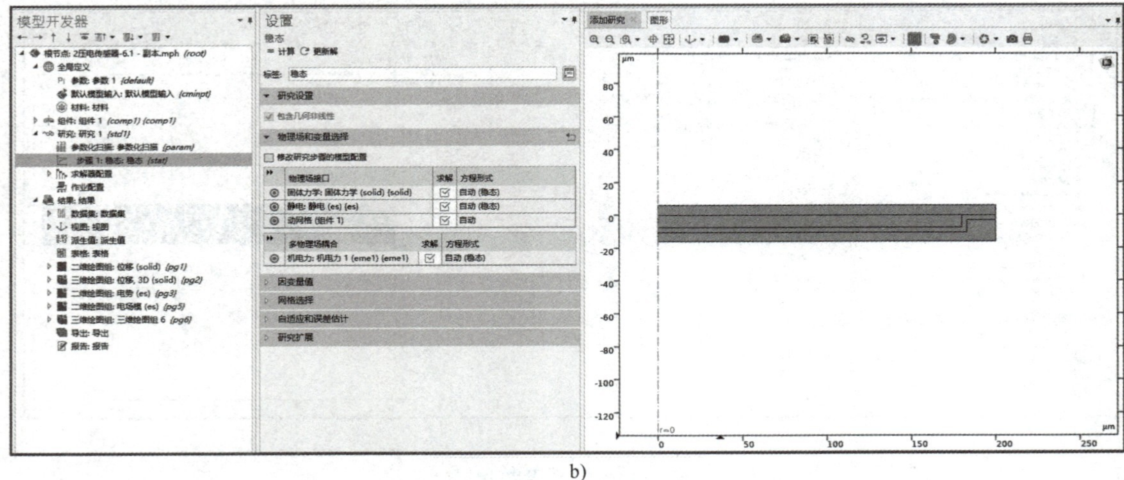

b)

图 7-43　添加求解器

11. 后处理

（1）三维绘图

在**主屏幕**工具栏中单击**添加绘图组**，然后选择**三维绘图组**。在**模型开发器**窗口中，右键单击**三维绘图组**并选择**体**。在**表面**的**设置**窗口中，单击**表达式**栏右上角的**替换表达式**。从菜单中选择**模型—组件 1—固体力学—位移—位移场-w**。单击以展开**范围**栏，单击**绘制**后，其结果如图 7-44 所示。

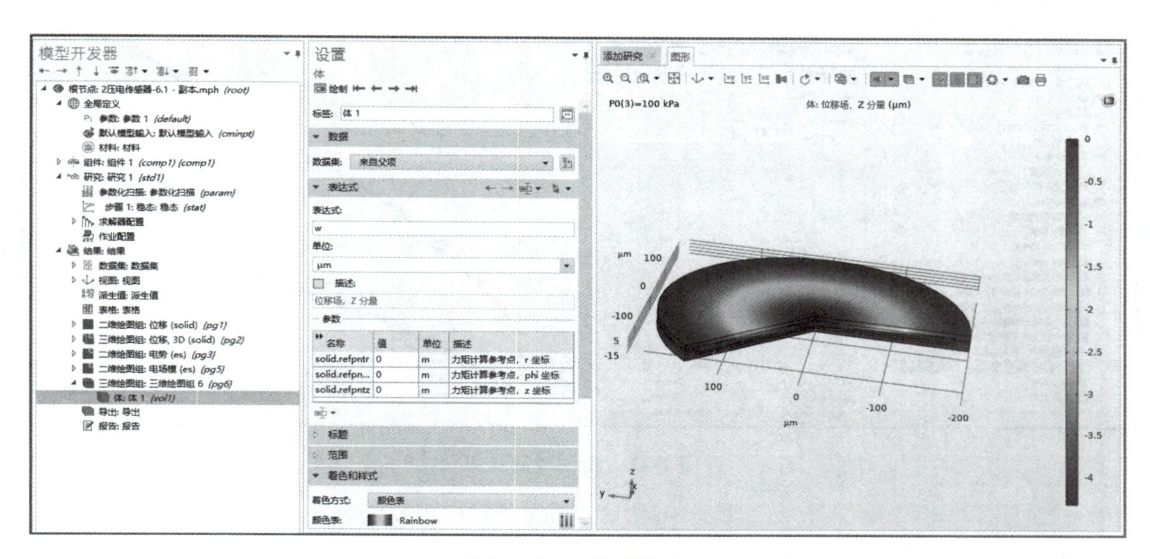

图 7-44　三维图绘制

（2）二维绘图

在**主屏幕**工具栏中单击**添加绘图组**，然后选择**二维绘图组**。在**模型开发器**窗口中，右键单击**二维绘图组**并选择**表面**。在**表面**的**设置**窗口中，单击**表达式**栏右上角的**替换表达式**。从菜单中选择**模型—组件 1—静电—电—电势**。单击**绘制**后，其结果如图 7-45 所示。

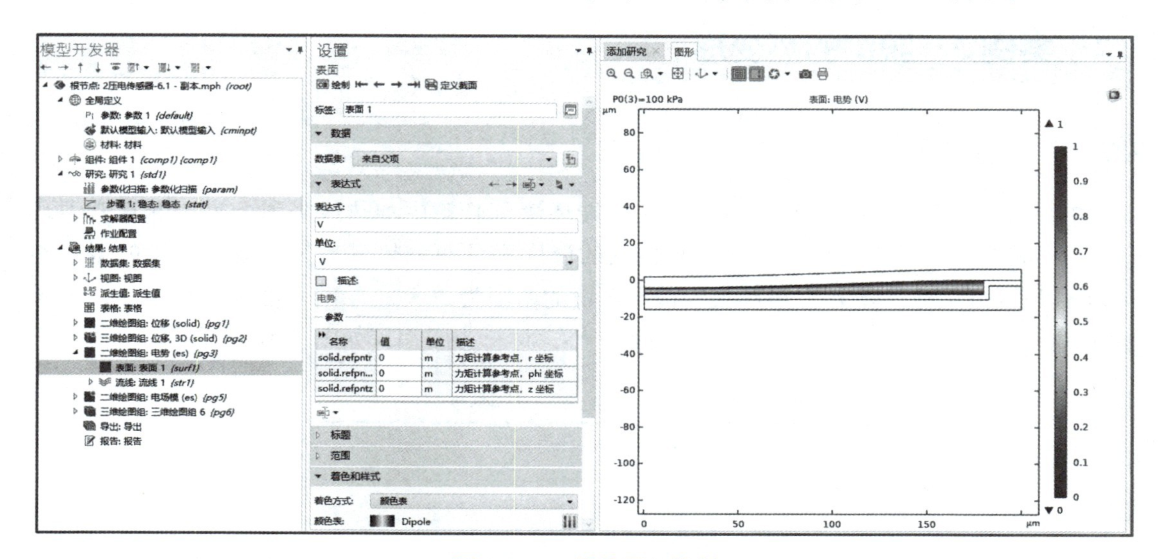

图 7-45　二维绘图组绘制

（3）线图

在**主屏幕**工具栏中单击**添加绘图组**，然后选择**一维绘图组**。在**模型开发器**窗口中，右键单击**一维绘图组**并选择**全局**。在**全局**的**设置**窗口中，定位到 ***y* 轴数据集**栏，其结果如图 7-46 所示。

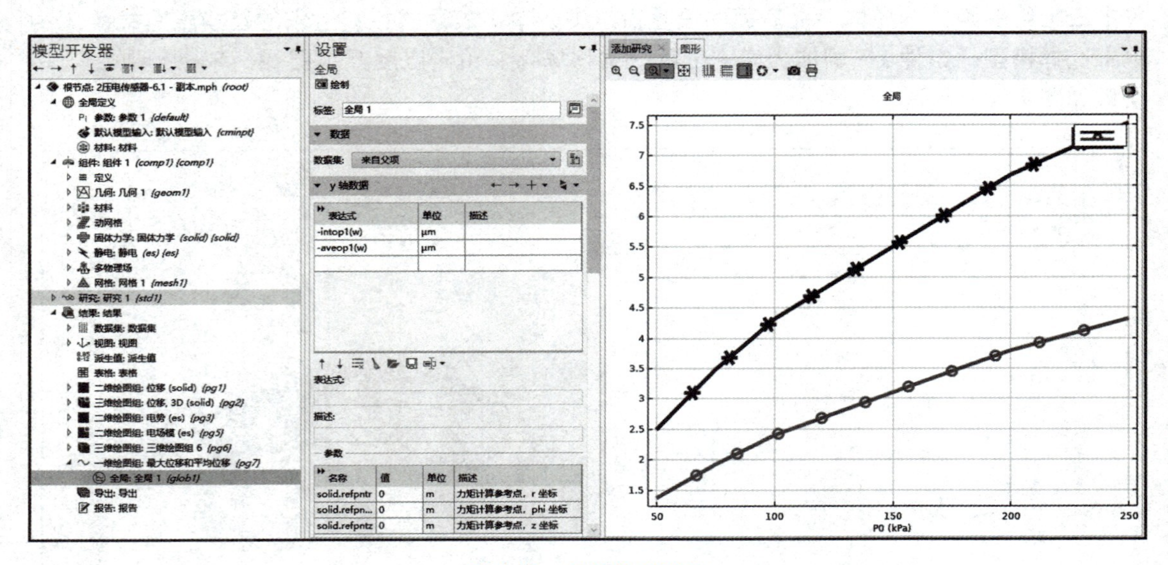

图 7-46　线图绘制结果

7.6.3　案例小结

通过在 COMSOL 中建模，应用 FEM 方法计算 MEMS 压力传感器的压力与电容的关系，同时用于评估处于不同的施加压力负荷下触摸模式的圆形隔膜变形，并以变形量大小将受压过程分为正常和过渡模式、接触和饱和模式，同时该模型也可以用以优化压力传感器的相关参数，例如膜片半径、腔深、介电常数、杨氏模量、热系数膨胀等。

7.7　案例 3　殷钢的热变形

7.7.1　物理背景

初始温度为 20℃的刚性轴，一端放入极端环境试验箱中加热或降温，另一侧在常温环境下，中间绝热，需要仿真出稳定后整根轴的温度场分布和热变形量。极端环境的温度为 -100～100℃仿真时，以 10℃为步长，常温环境的温度为 20℃；l_1 的长度为 300mm，l_2 的长度为 700mm，轴的直径为 20mm；刚性轴为实心，材料为殷钢，如图 7-47 所示。

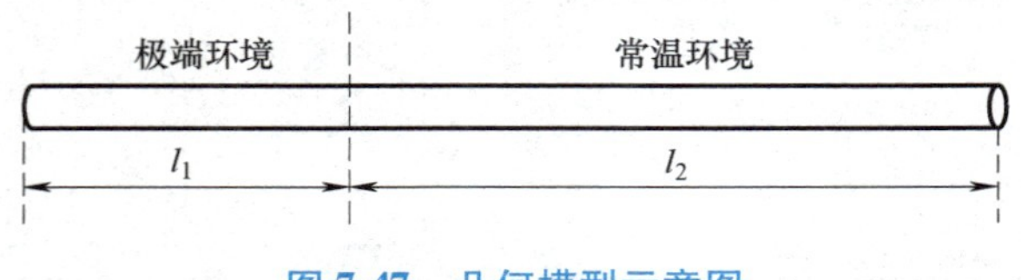

图 7-47　几何模型示意图

7.7.2　操作步骤

1. 物理场选择及因变量设置

（1）物理场选择

首先打开软件后，点选模型向导，选择设置模型的空间维度为二维轴对称。接下来在物理场中，通过模型树，分别找到我们需要的物理场，并单击**添加—传热学—固体传热（ht）/ 流体流动—结构力学—固体力学（solid）**，添加效果如图 7-48 所示。

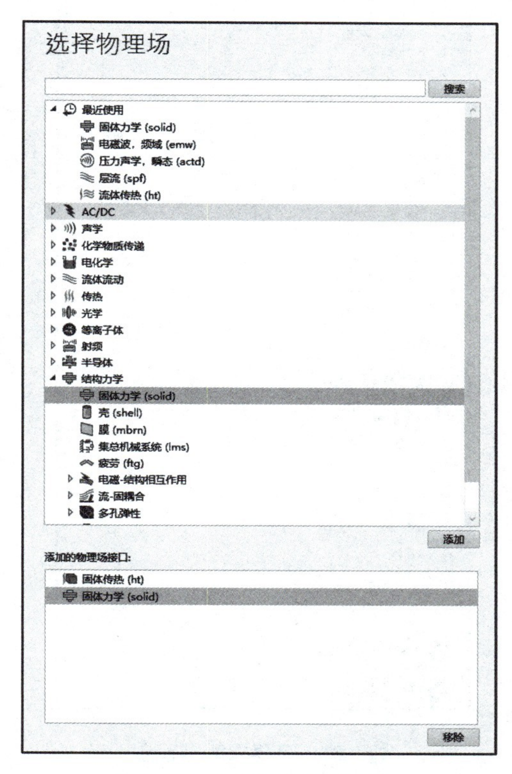

图 7-48　物理场选择与添加

（2）因变量设置

在添加的物理场接口树中，选择**固体传热（solid）**。在右侧的**温度**表中，输入“T”，如图 7-49 所示，同理选择选择**固体力学（solid）**，**位移场**文本框输入“u，v，w”。

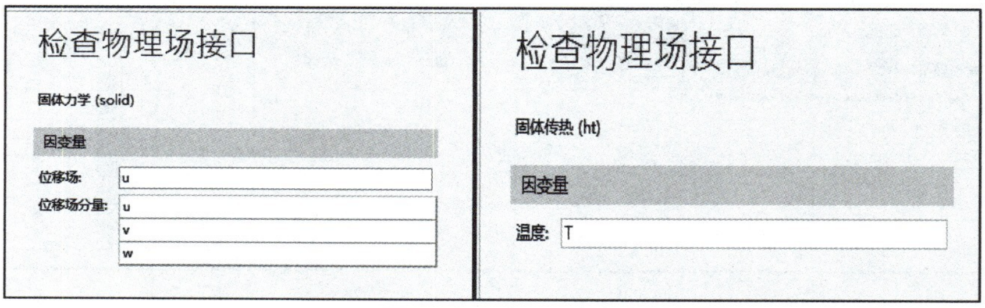

图 7-49　因变量设置

2. 一步简要设置求解器

单击**研究**，在**选择研究**树中选择**所选物理场接口的预设研究—稳态**，单击**完成**（图 7-50）。

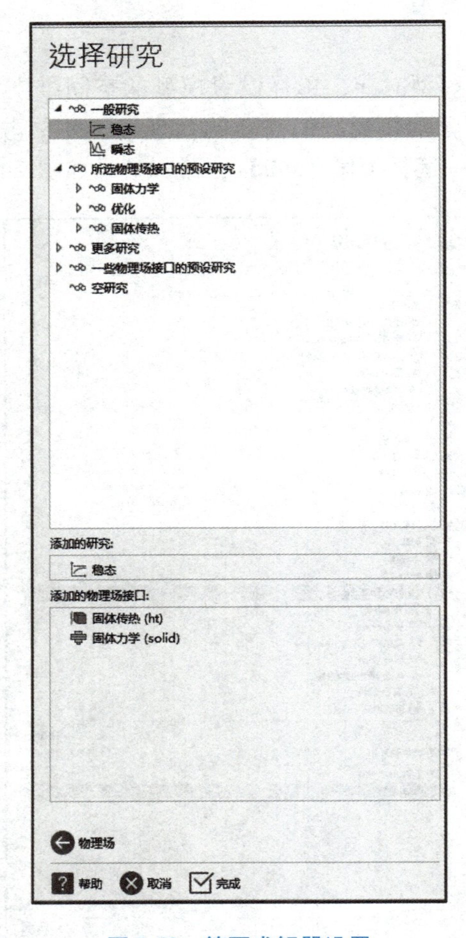

图 7-50　简要求解器设置

3. 几何设置（见图 7-51）

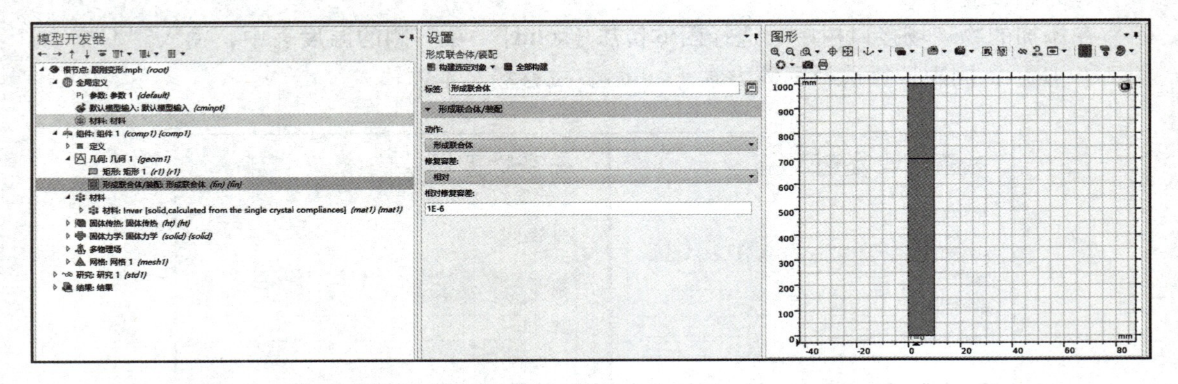

图 7-51　几何绘图结果

需要绘制矩形 1，可右键单击**几何 1** 节点，点选**矩形**，来创建新矩形，其设置及效果分别如图 7-52 所示。

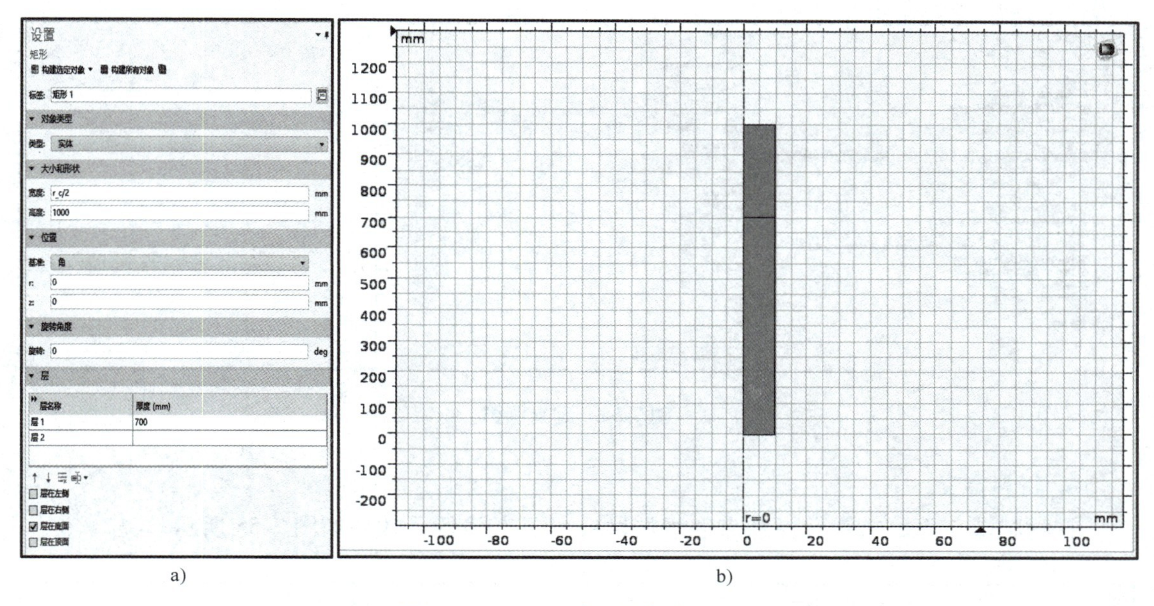

a)　　　　　　　　　　　　　　　　b)

图 7-52　矩形尺寸设置与绘制结果

其设置尺寸如表 7-5 所示。

表 7-5　矩形尺寸设置参数

	宽　度	高　度	位　置
矩形 1	r_c/2	1000	(0，0)

4. 参数设置

参数设置可手动输入或从文件加载，其位置在全局定义子菜单，如图 7-53 所示。

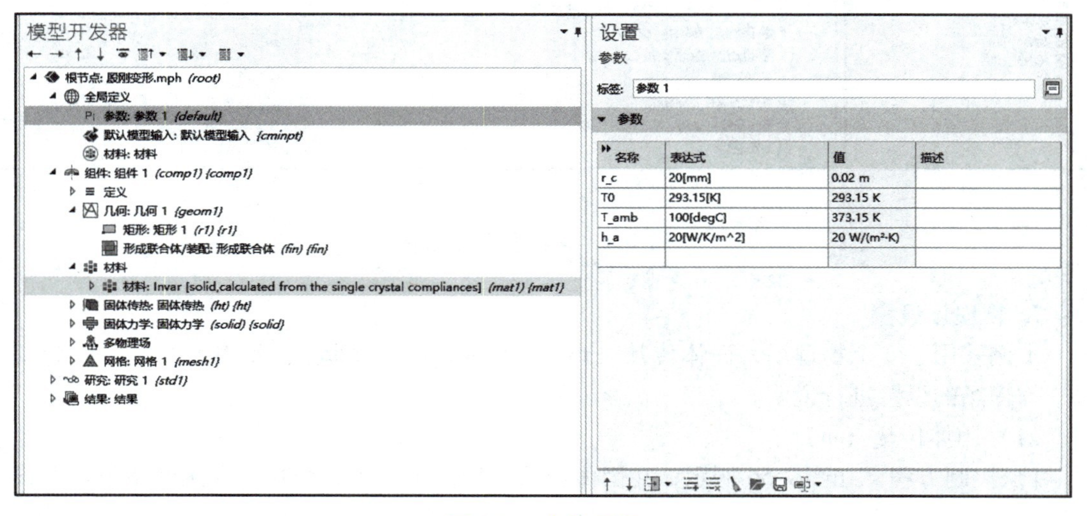

图 7-53　参数设置

5. 函数定义

在定义节点下选择函数—插值函数效果如图 7-54 所示。

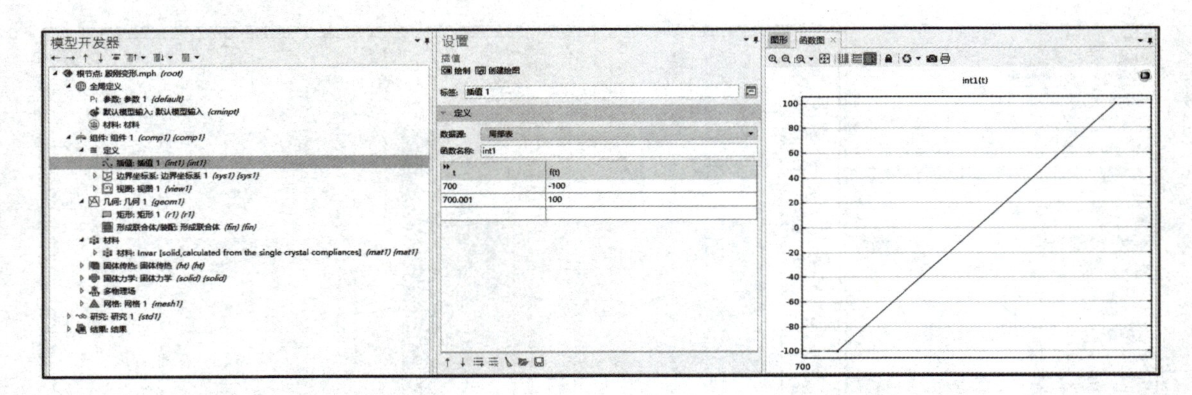

图 7-54　定义函数

6. 材料定义

在材料节点下，右键选择**从库中添加材料**，其设置及效果如图 7-55 所示。

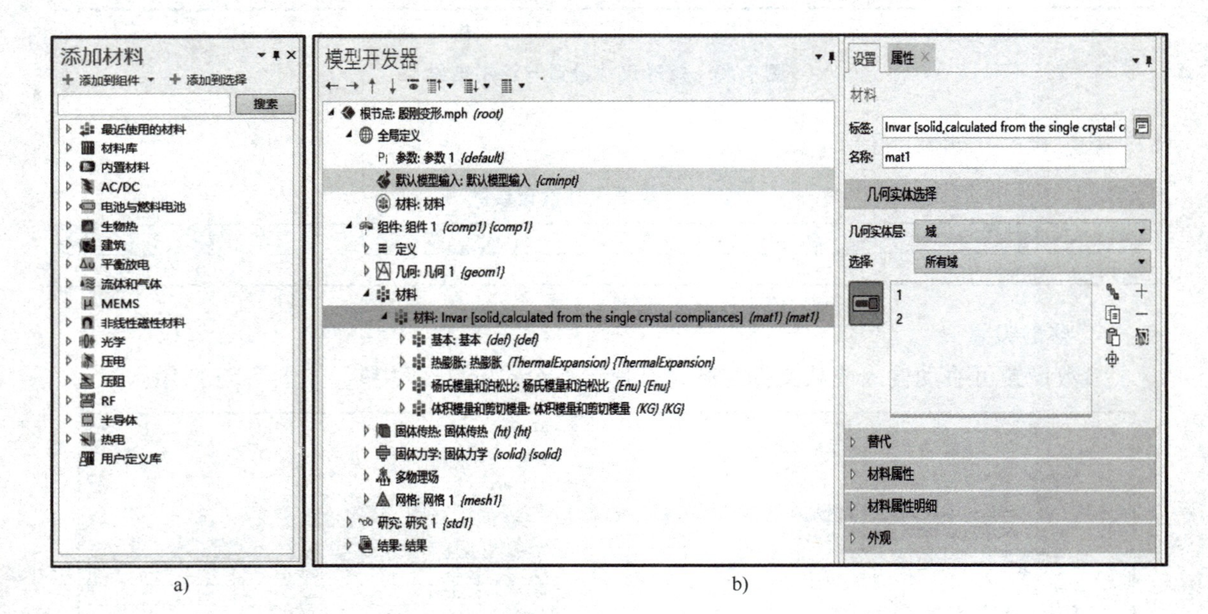

a)　　b)

图 7-55　材料设置及效果

7. 物理场设置

本例采用了 3 个物理场，**固体传热（ht）**、**固体力学（solid）**、**多物理场**。以下分别对每个物理场的设置进行说明。

（1）固体传热（ht）

1）控制方程。如图 7-56 所示，在**固体传热（ht）**节点下，添加 **2 个热通量**节点并设置参数。

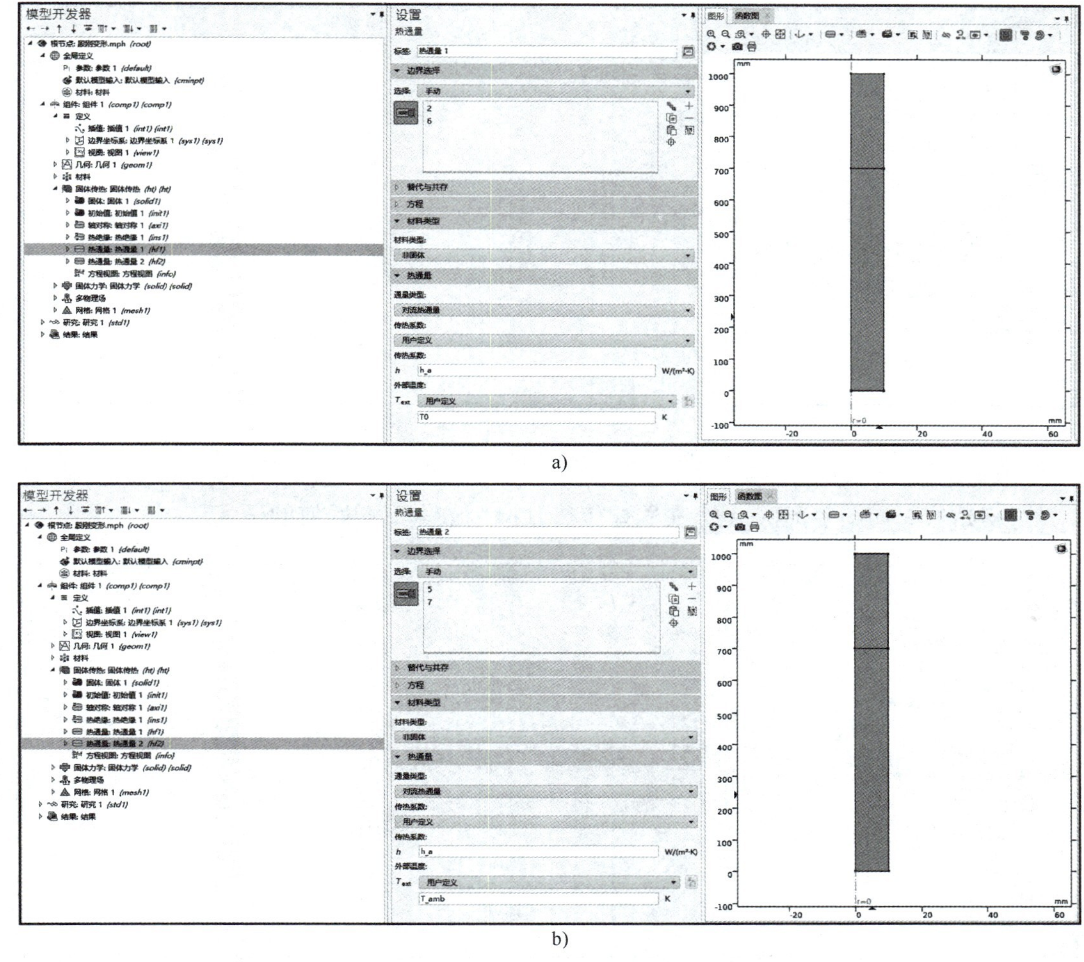

a)

b)

图 7-56　控制方程参数设置

2）边界条件。如图 7-57 所示为在**固体传热（ht）**节点下，热绝缘 1、轴对称 1 边界条件的设置。

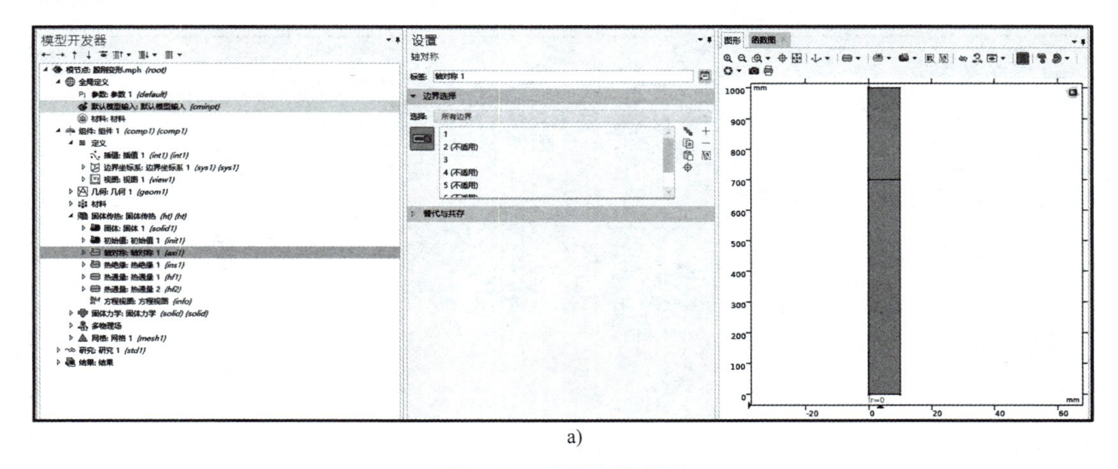

a)

图 7-57　边界条件设置

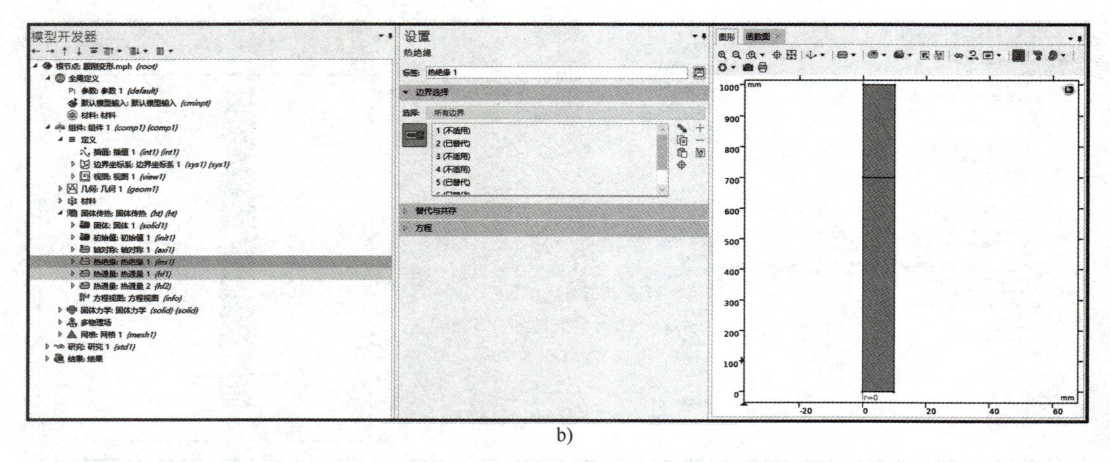

b)

图 7-57　边界条件设置（续）

3）初始值。如图 7-58 所示为在**固体传热（ht）**节点下**初始值**的设置。

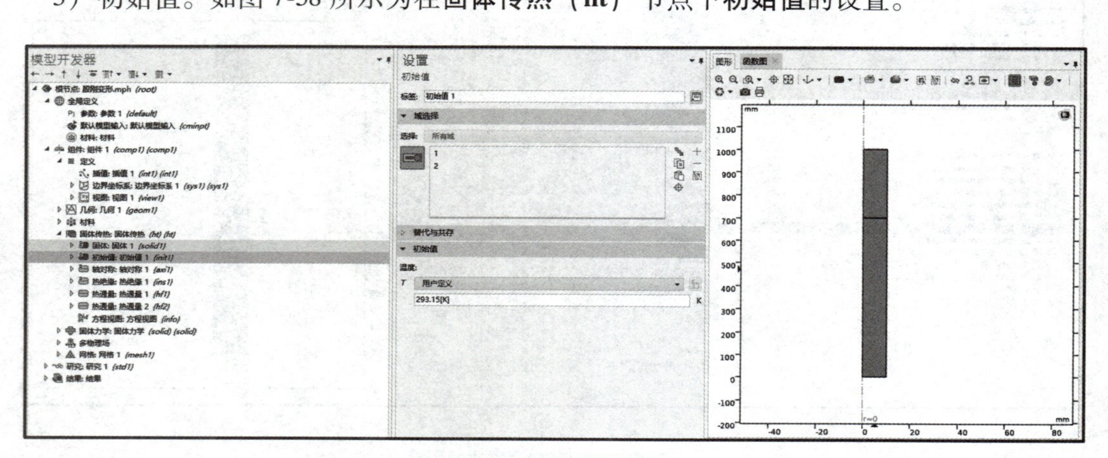

图 7-58　初始值设置

（2）固体力学（solid）

1）控制方程。如图 7-59 所示，在**固体力学（solid）**节点下，添加**辊支撑 1** 节点并设置参数。

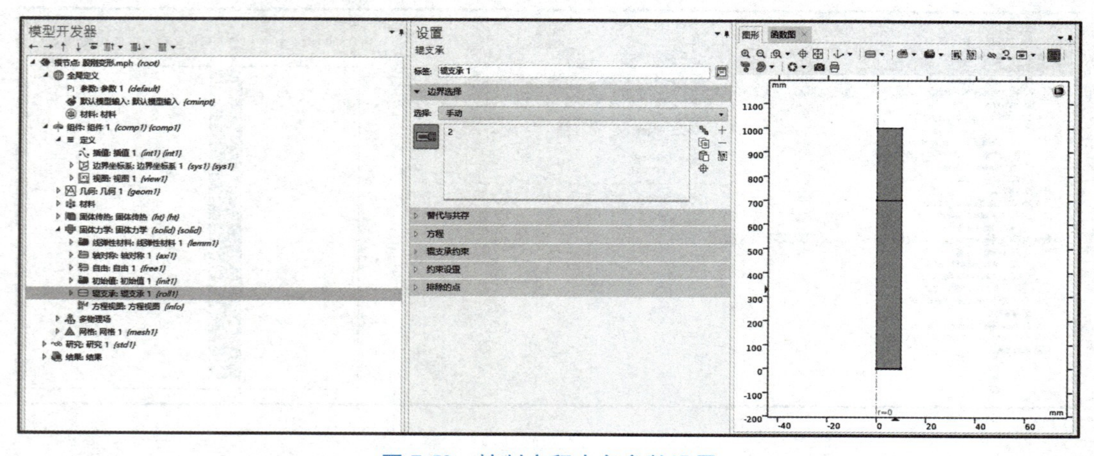

图 7-59　控制方程中各参数设置

2）初始值。如图 7-60 所示，在**固体力学（solid）**节点下，修**初始值 1** 节点中的参数都为 0。

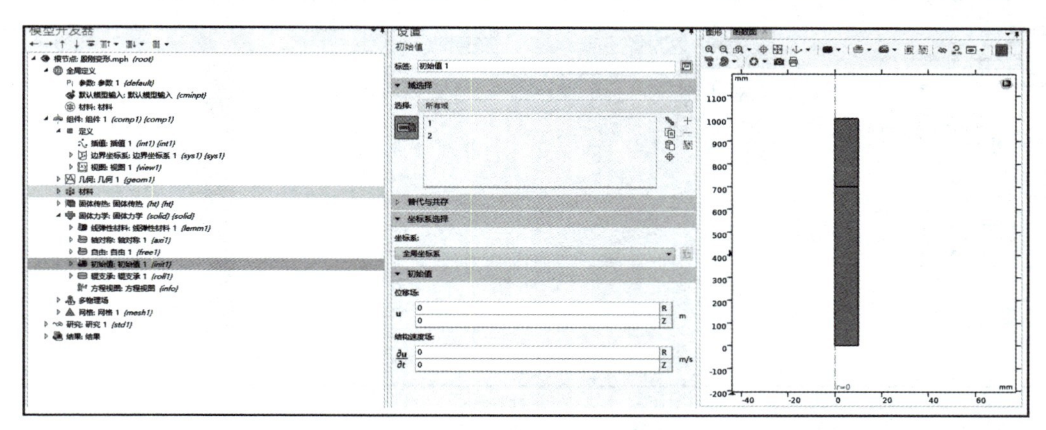

图 7-60　设置初始值参数

3）其他条件。如图 7-61 所示，设置**线弹性材料 1**、**轴对称 1** 与**自由 1** 条件。

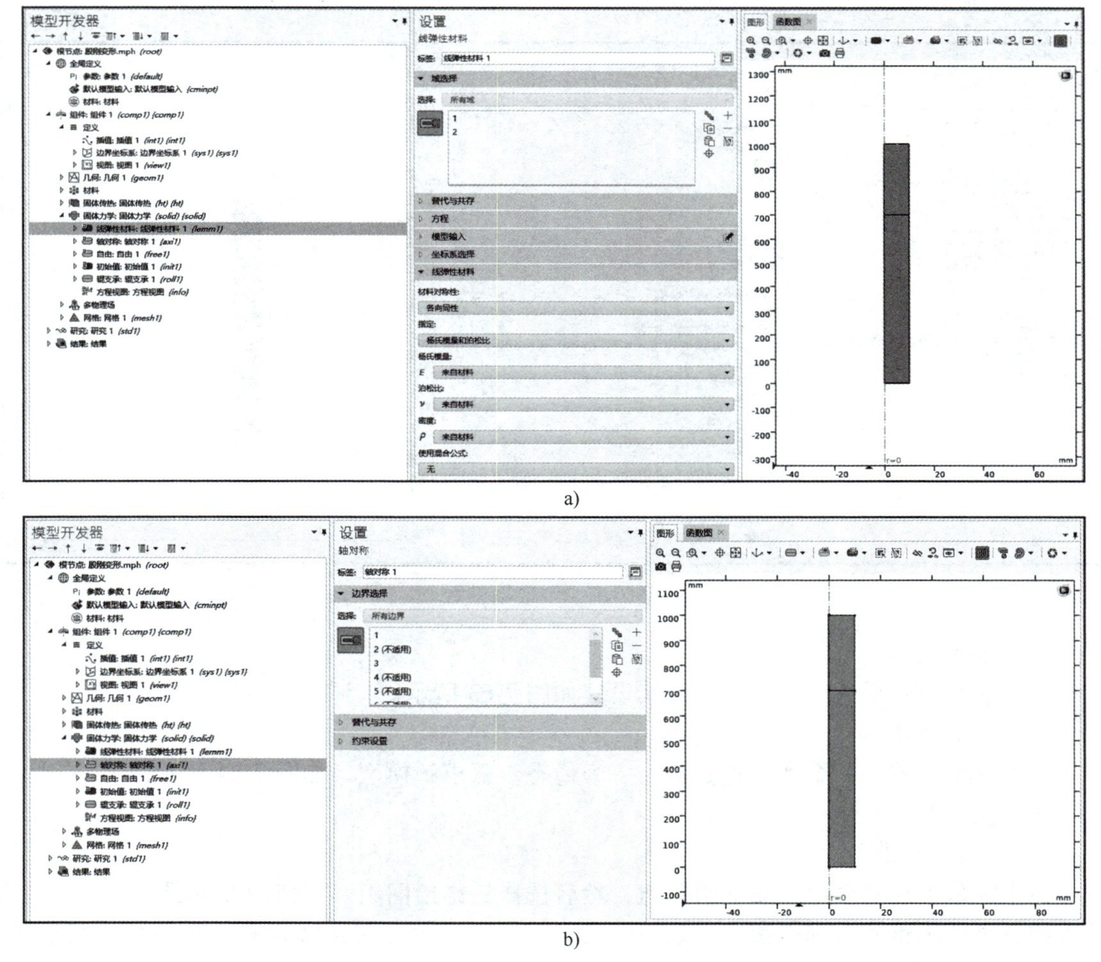

a)

b)

图 7-61　设置条件

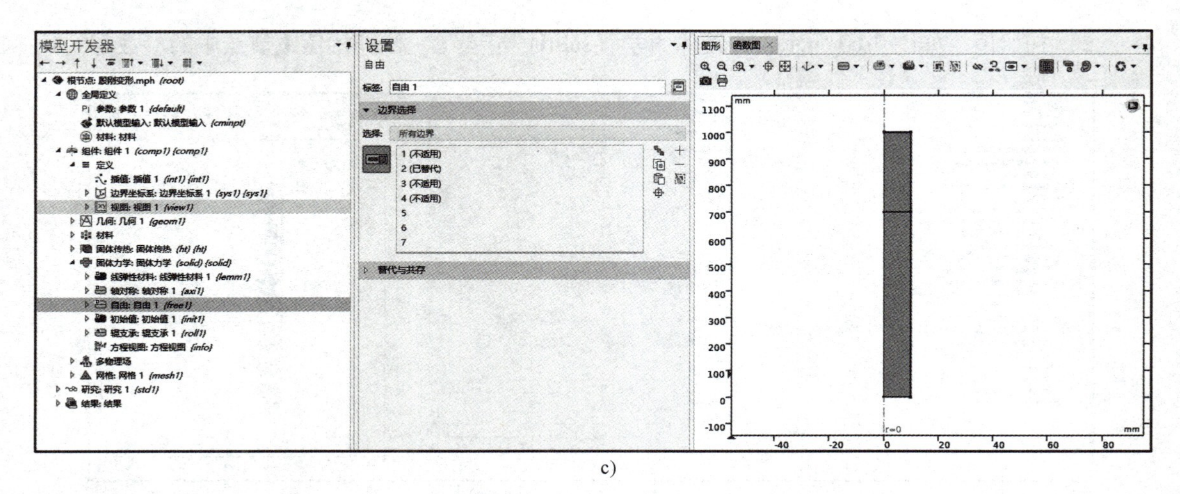

c)

图 7-61　设置条件（续）

（3）多物理场

在多物理场节点中，添加**热膨胀 1** 节点，设置如图 7-62 所示。

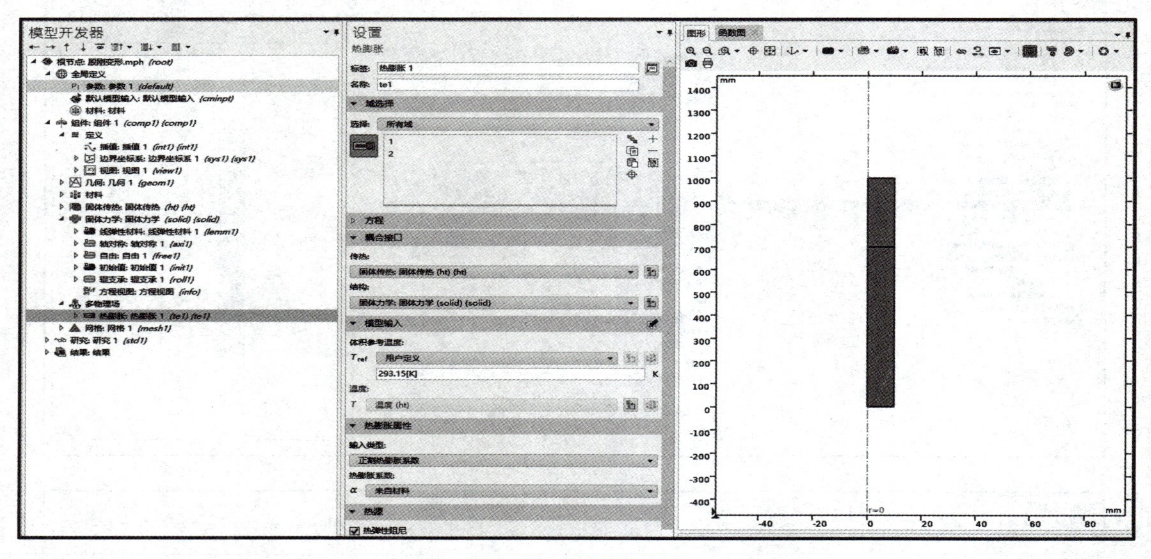

图 7-62　物理场设置

8. 网格剖分

添加**映射**对各个边界进行剖分，其设置如图 7-63 所示。

9. 求解器设定

通过两个步骤：一个参数化扫描，一个稳态步骤求解模型，如图 7-64 所示。

10. 后处理

（1）三维绘图

在**主屏幕**工具栏中单击**添加绘图组**，然后选择**三维绘图组**。在**模型开发器**窗口中，右键单击该**三维绘图组**并选择**表面**。在**表面**的**设置**窗口中，单击**表达式**栏右上角的**替换表达式**。从菜单中选择**模型—组件 1—固体传热—温度 T**。单击**绘制**后，其结果如图 7-65 所示。

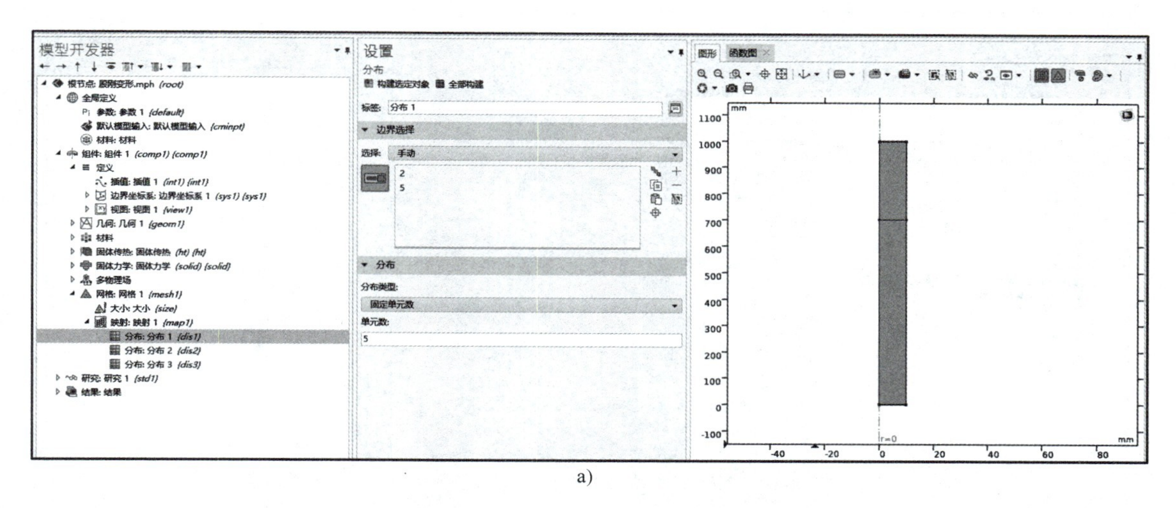

a)

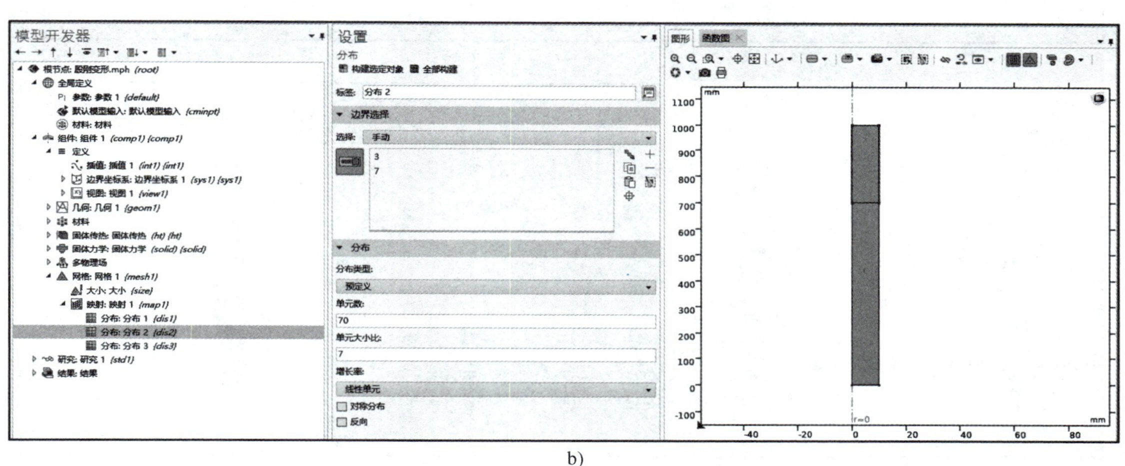

b)

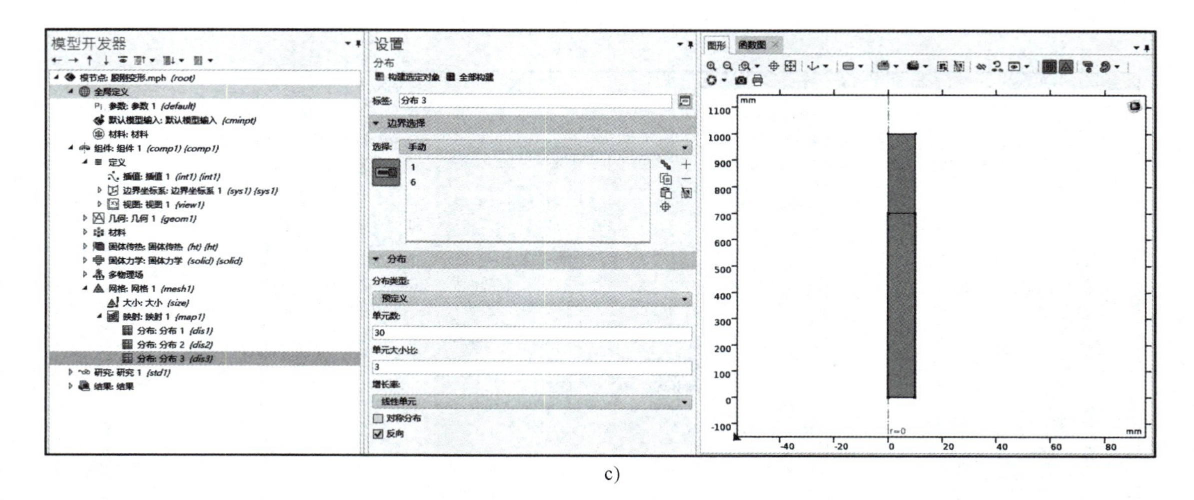

c)

图 7-63 设置边界尺寸

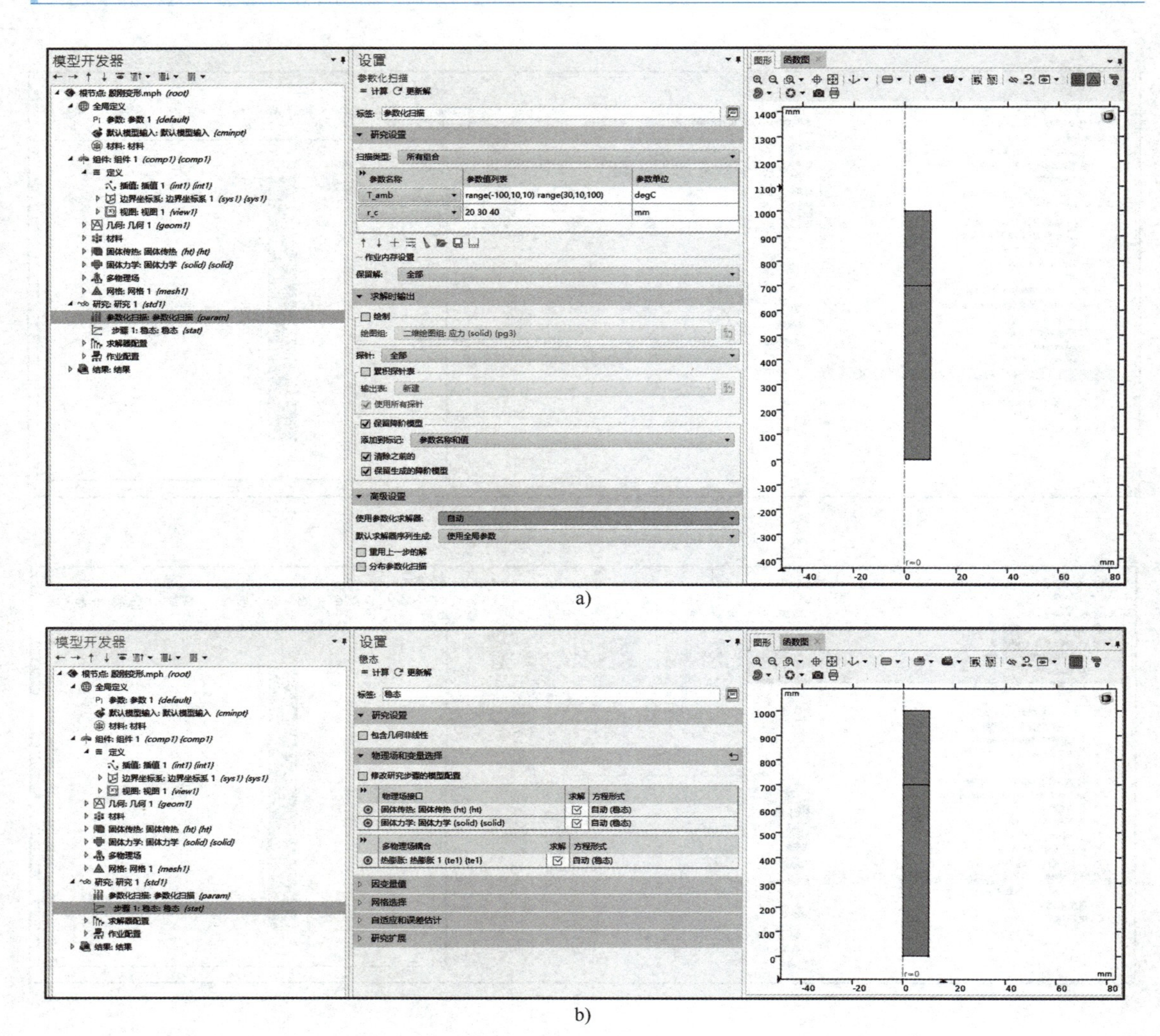

图 7-64　添加求解器并修改

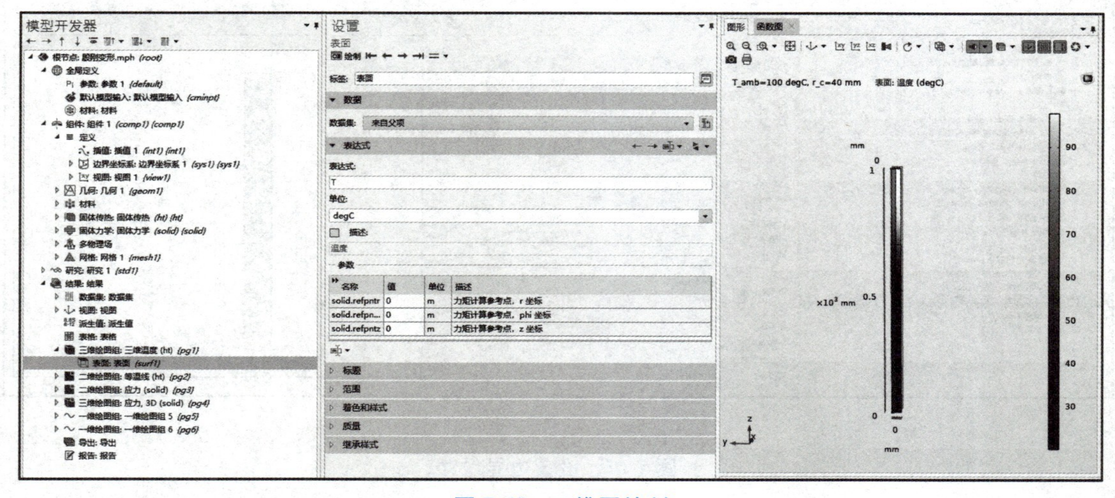

图 7-65　三维图绘制

（2）二维绘图

右键单击该**二维绘图组**并选择**表面**。在**表面**的设置窗口中，单击表达式栏右上角的**替换表达式**。从菜单中**选择模型—组件 1—固体力学（solid）—solid. mises**。在表面右键选择变形，单击**绘制**后，其结果如图 7-66 所示。

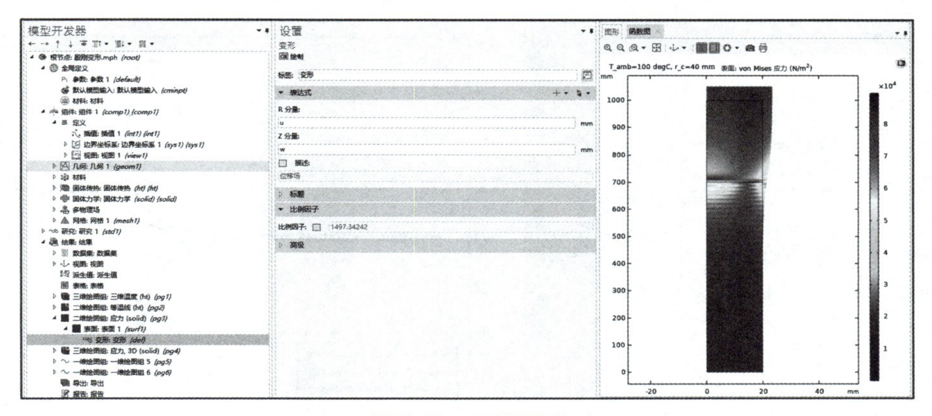

图 7-66　二维绘图

（3）一维绘图

在**模型开发器**窗口的**结果**节点下，右键单击该**一维绘图组**并选择 2 个**线图**。在线图的**设置**窗口中设置如图 7-67 所示。

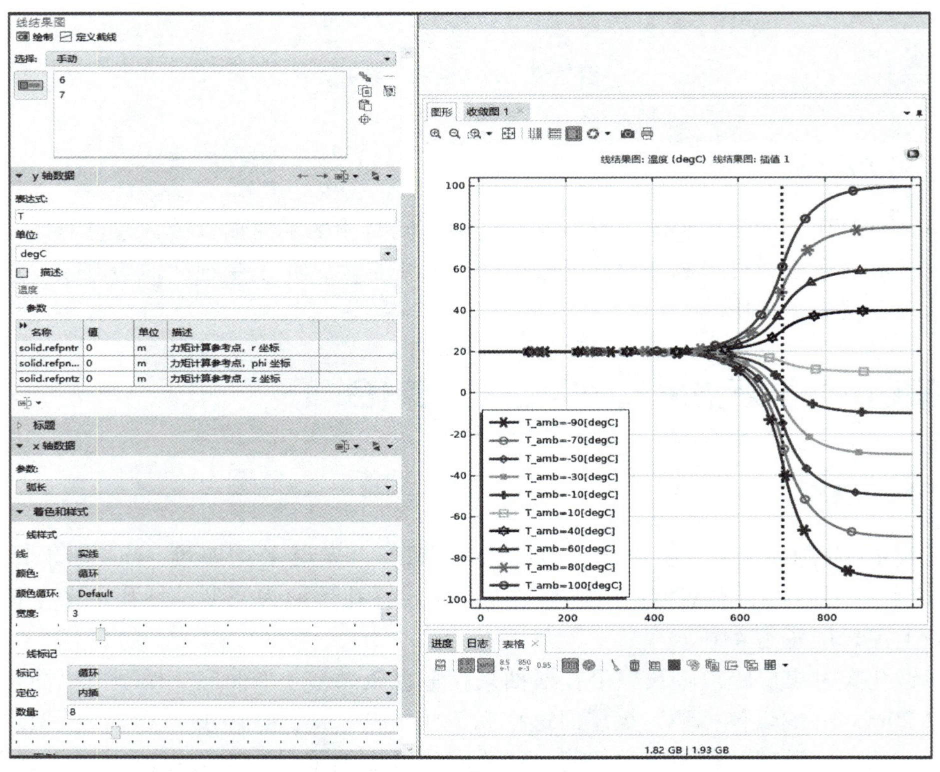

a)

图 7-67　一维绘图

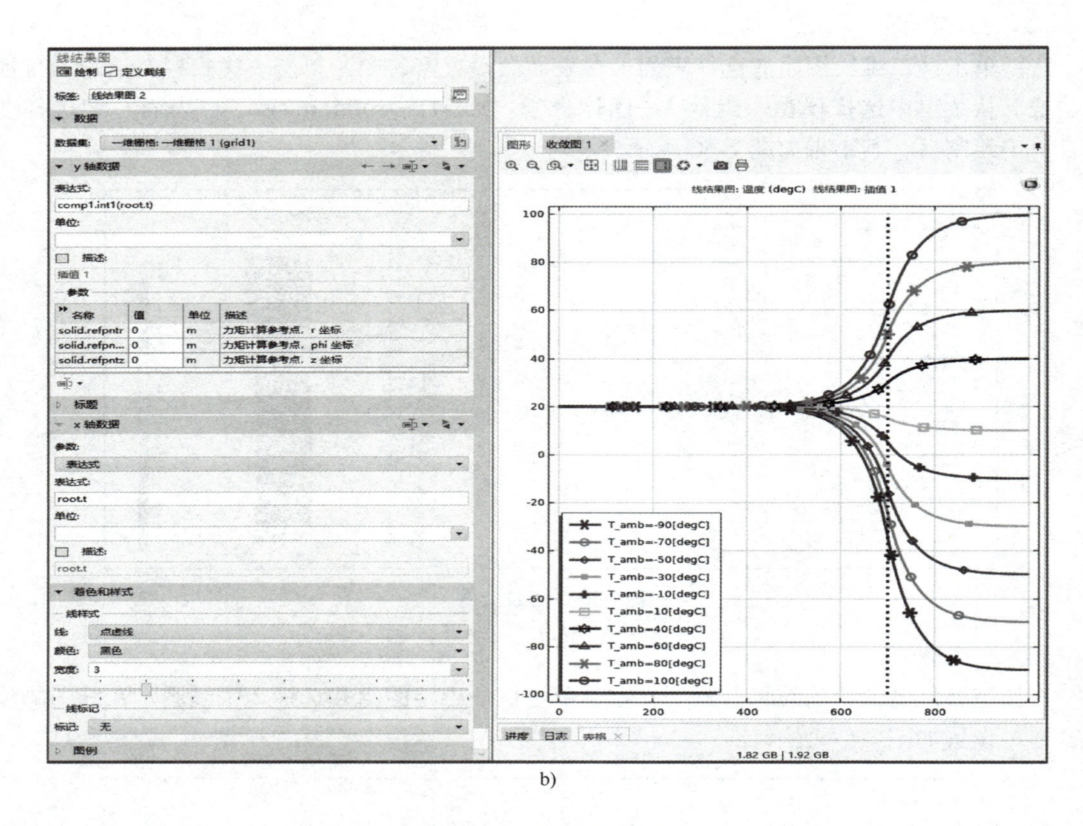

b)

图 7-67　一维绘图（续）

7.7.3　案例小结

通过计算对比不同外界温度下材料的热变形，同时改变刚性轴直径，通过对比计算后的变形数据，可以发现，外界温度对刚性轴的变形影响更大，而改变刚性轴的直径，对刚性轴的应变情况并没有太大影响。

7.8　案例 4　瓦斯抽采过程中的流-固耦合

7.8.1　物理背景

通过收集整理相关煤层参数，瓦斯压力 1.2MPa，煤层平均厚度 4m，抽采钻孔直径 94mm，抽采负压 5kPa，数值模型以近水平煤层顺层钻孔预抽为原型，钻孔水平布置，竖直方向承载上覆岩层压力 4MPa。

考虑钻孔穿过煤层距离较长，沿瓦斯抽采孔垂直截面建立平面应变模型可以简化计算过程，建立 20m×4m 的煤体模型，煤层渗透率 $3.7996\times10^{-17}m^2$，孔隙度为 0.2，模型边界条件为底部固定约束，顶部加载地应力载荷，钻孔周边考虑抽采过程中的形变设置为自由边界，抽采过程会造成钻孔周边瓦斯压力剧烈变化。

7.8.2　操作步骤

1. 物理场选择及因变量设置

（1）物理场选择

首先打开软件后，点选模型向导，选择设置模型的空间维度为二维。接下来在物理场中，通过模型树，分别找到我们需要的物理场，并单击**添加—数学—偏微分方程接口——般形式偏微分方程（g）/结构力学—固体力学（solid）**，添加效果如图 7-68 所示。

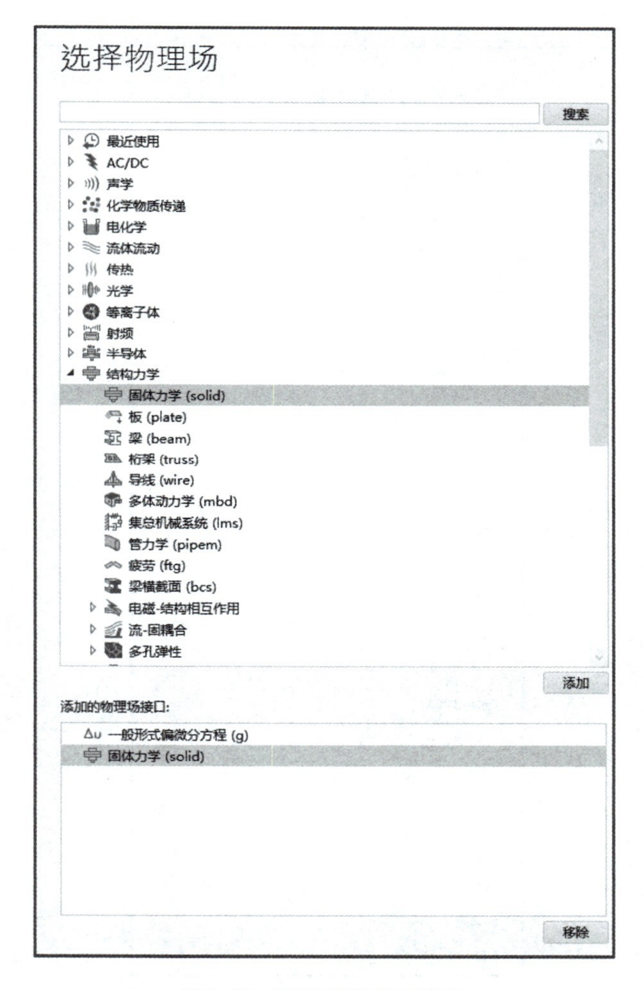

图 7-68　物理场选择与添加

（2）因变量及单位设置

在添加的物理场接口树中，选择**一般形式偏微分方程（g）**。在右侧的**因变量**表中，输入 P，如图 7-69 所示，同时把因变量单位和源项单位改为 Pa。

2. 一步简要设置求解器

单击**研究**，在**选择研究**树中选择**所选物理场接口的预设研究—瞬态**，单击**完成**（见图 7-70）。

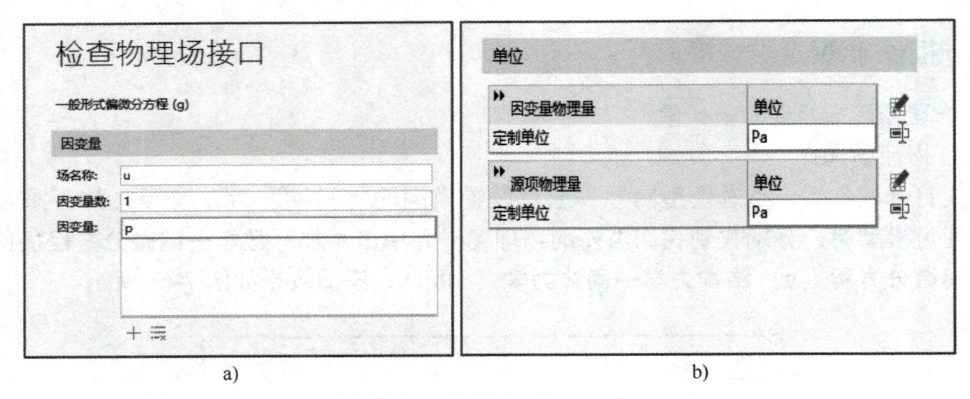

a)　　　b)

图 7-69　因变量及单位设置

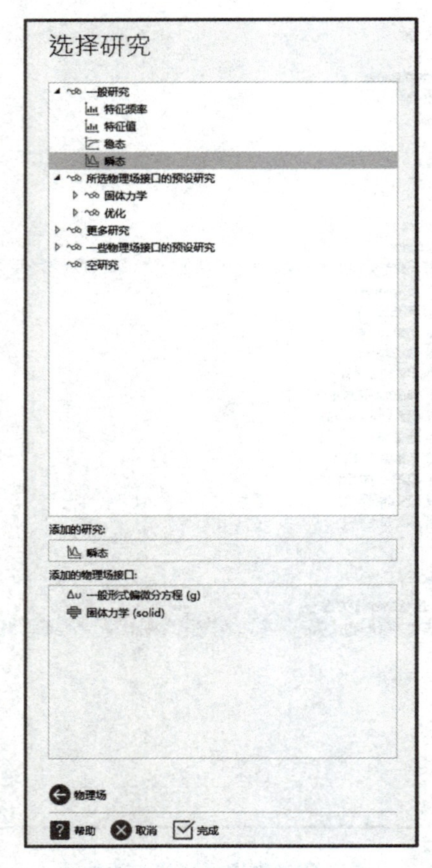

图 7-70　简要求解器设置

3. 几何设置（见图 7-71）

（1）矩形绘制

如图 7-72 所示，需要绘制矩形 1，可右键单击**几何 1** 节点，点选**矩形**，来创建新矩形，其设置及效果如图 7-72 所示。

其设置尺寸如表 7-6 所示。

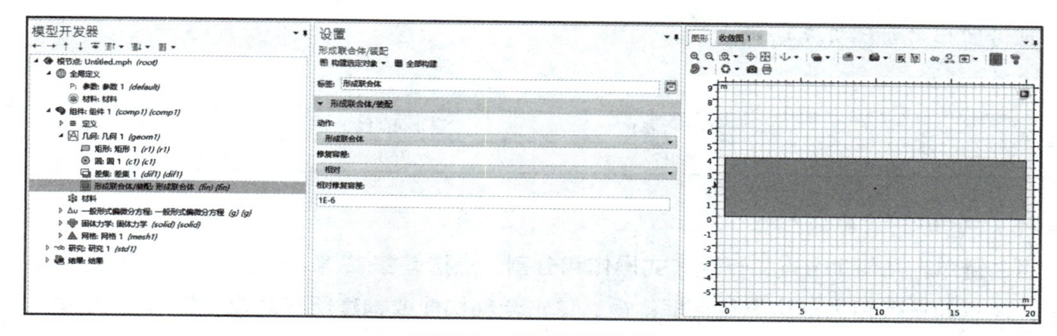

图 7-71　几何绘图结果

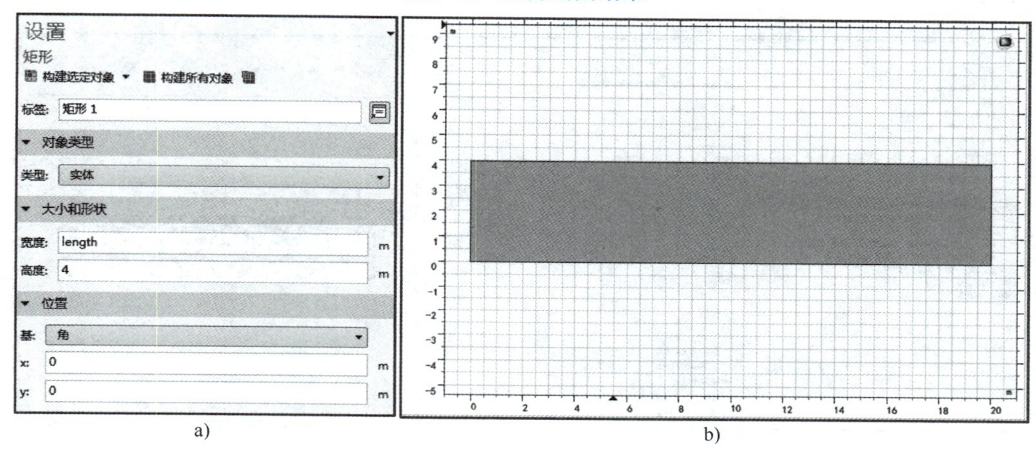

a)　　　　　　　　b)

图 7-72　矩形尺寸设置与绘制结果

表 7-6　矩形尺寸设置参数

	宽度（m）	高度（m）	位　置
矩形 1	length	4	（0，0）

（2）圆形绘制

需要绘制圆 1，可右键单击**几何 1** 节点，点选**圆**，来创建新圆，其设置及效果如图 7-73 所示。

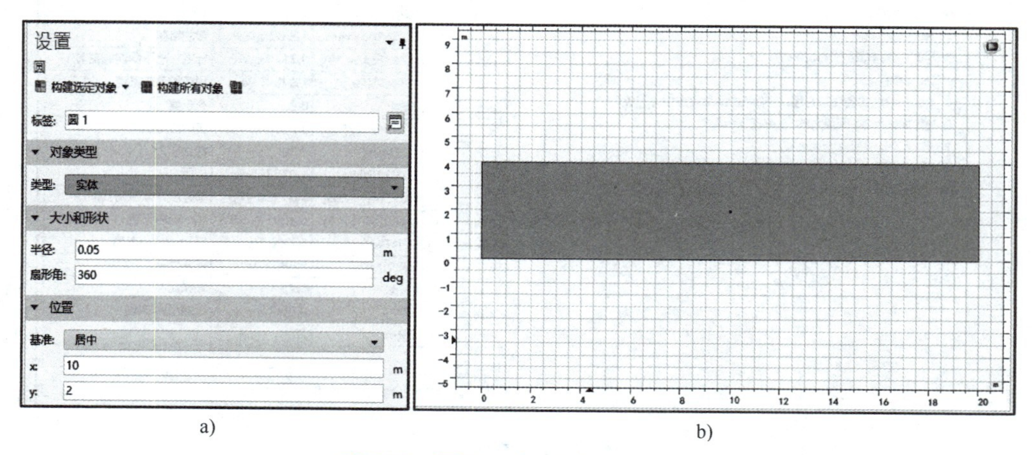

a)　　　　　　　　b)

图 7-73　圆形尺寸设置与绘制结果

其设置尺寸如表 7-7 所示。

表 7-7　矩形尺寸设置参数

	半径（m）	扇形角（°）	位　置
矩形 1	0.05	360	（10，2）

（3）差集

可右键单击**几何 1** 节点，点选**布式操作和分割**，点选**差集**来添加差集。其设置如图 7-74 所示，注意勾选**保留内部边界**复选框，最后单击**全部构建**或**构建所有对象**，即可得到如图 7-74 所示几何绘制结果。

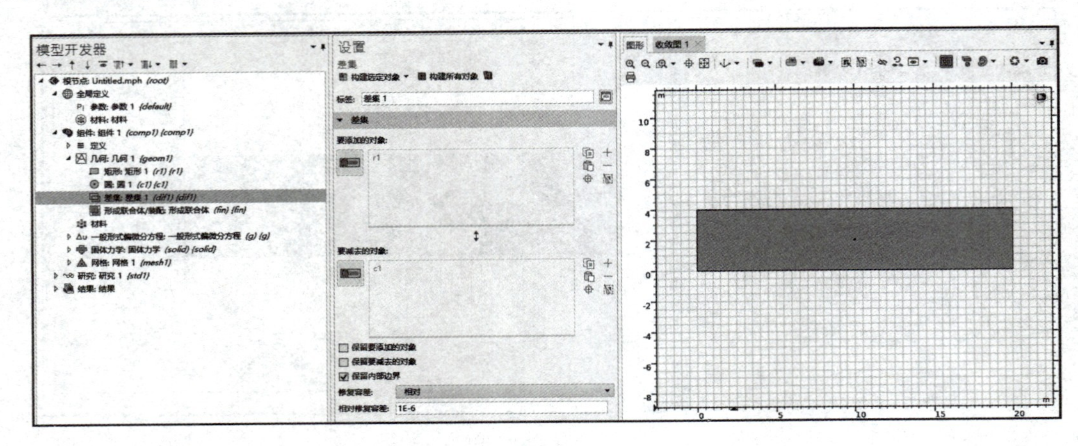

图 7-74　并集设置

4. 参数设置

参数设置可手动输入或从文件加载，其位置在全局定义子菜单下（见图 7-75）。

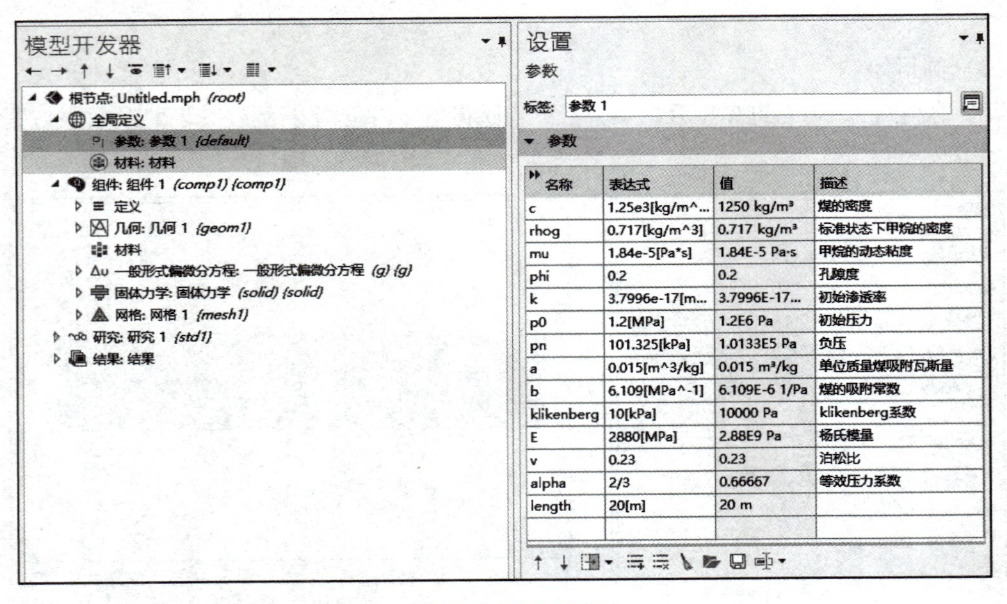

图 7-75　参数设置

5. 变量定义

定义变量

定义变量，其定义方法如图 7-76 所示。可以手动输入，也可以从文件加载。其表达式内容如表 7-8 所示。

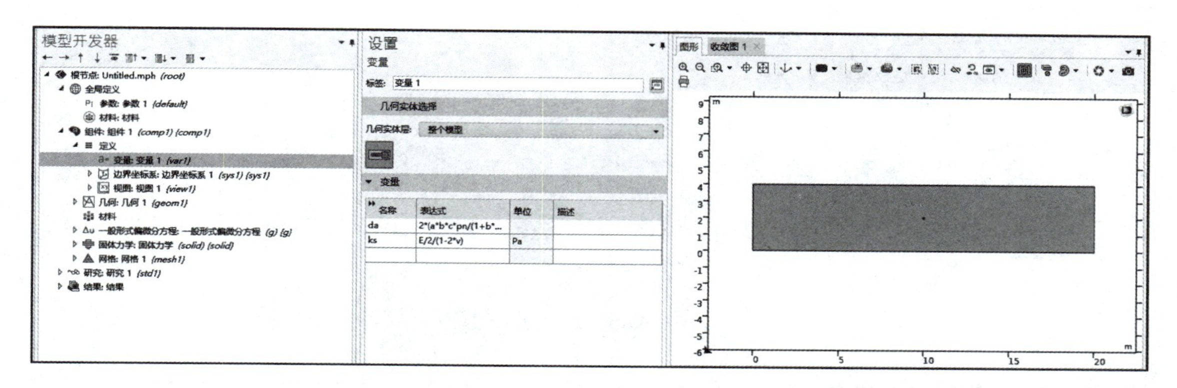

图 7-76　变量输入示例

表 7-8　变量 1 输入

名　　称	表　达　式
da	2＊(a＊b＊c＊pn/(1+b＊p)^2+phi+p＊(1-phi)/ks)
ks	E/2/(1-2＊v)

6. 材料定义

该模型的材料定义，均已经在**全局定义**的**参数**中，手动定义完成。后续使用时直接调用参数中设置的表达式，所以无须对其中的材料模块进行设置。有警告可忽略，直接进行下一步。

7. 物理场设置

本例采用了 2 个物理场，**一般形式偏微分方程（g）**、**固体力学（solid）**，以下分别对每个物理场的设置进行说明。

（1）一般形式偏微分方程（g）

1）控制方程。如图 7-77 所示，在**一般形式偏微分方程（g）**节点下，添加**狄氏边界条件 1** 节点并设置参数。然后修改**广义型偏微分方程 1** 节点中的参数。

2）边界条件。如图 7-78 所示，在**广义型偏微分方程 1** 节点下，添加**零通量 1**、**初始值 1** 边界条件，并进行设置。其他边界条件系统默认为缺省的**绝缘**边界条件。

3）初始值。如图 7-79 所示，在**广义型偏微分方程 1** 节点下，添加**初始值**并设置。

（2）固体力学（solid）

1）控制方程。如图 7-80 所示，在**固体力学（solid）**节点下，添加**体载荷 1** 节点并设置参数。

2）线弹性材料 1。如图 7-81 所示，在**固体力学（solid）**节点下，修改**线弹性材料 1** 节点中的参数。

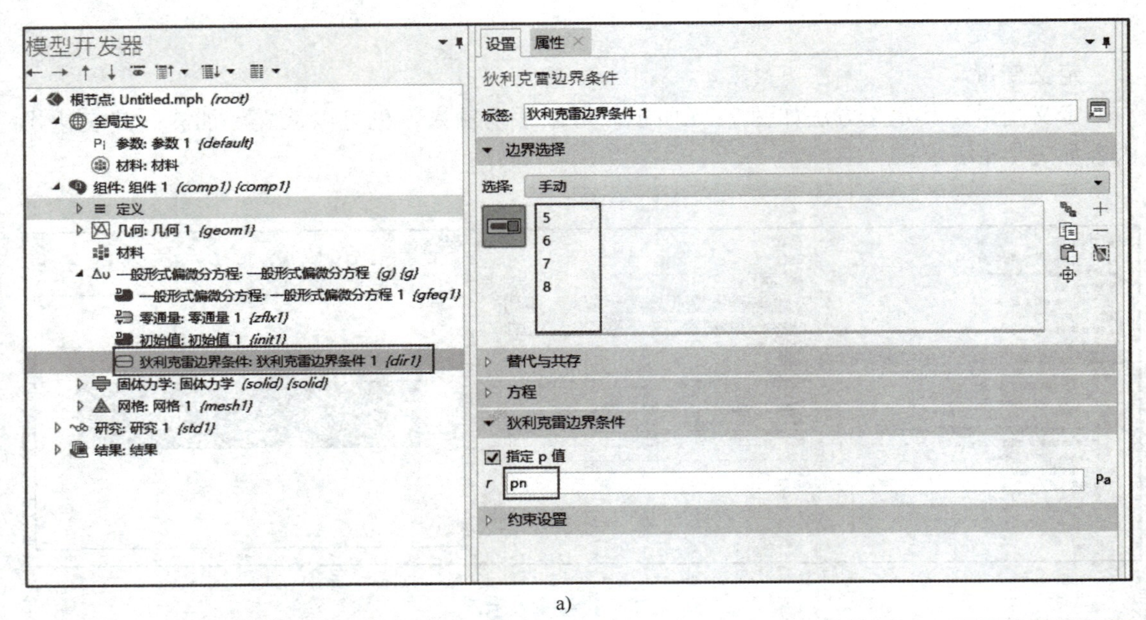

a)

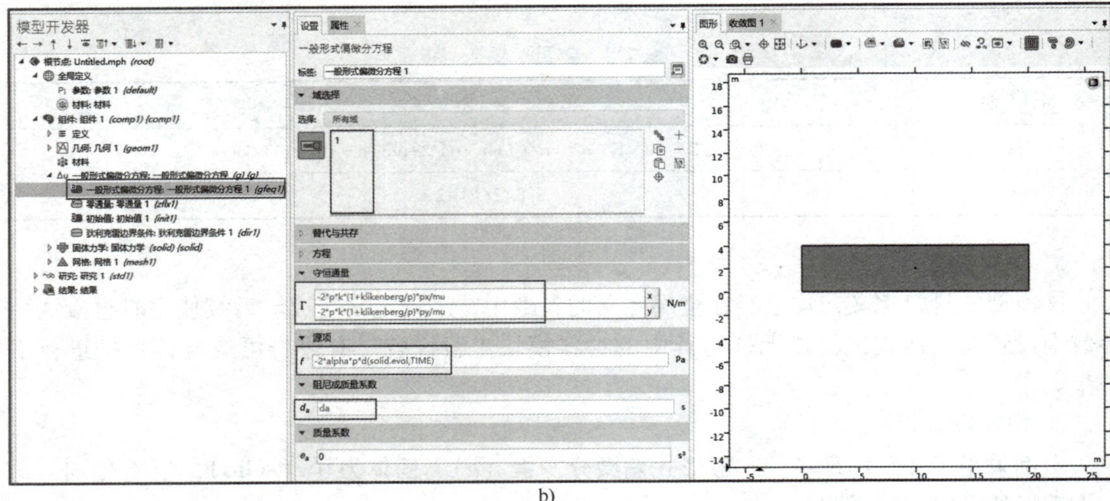

b)

图 7-77　控制方程参数设置

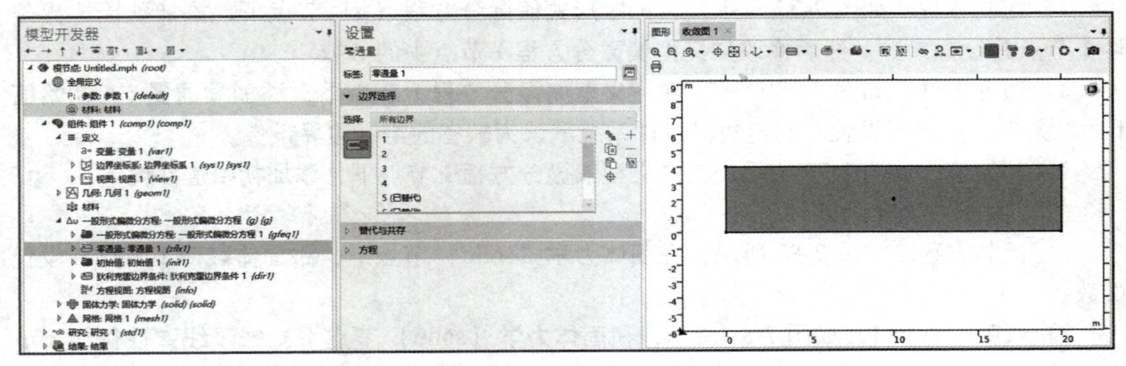

图 7-78　边界条件选择及参数设置

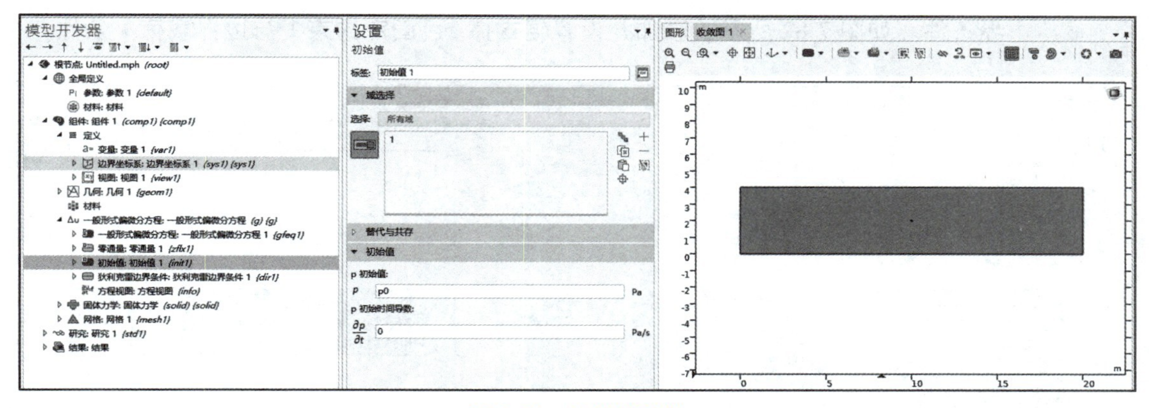

图 7-79　初始值设置

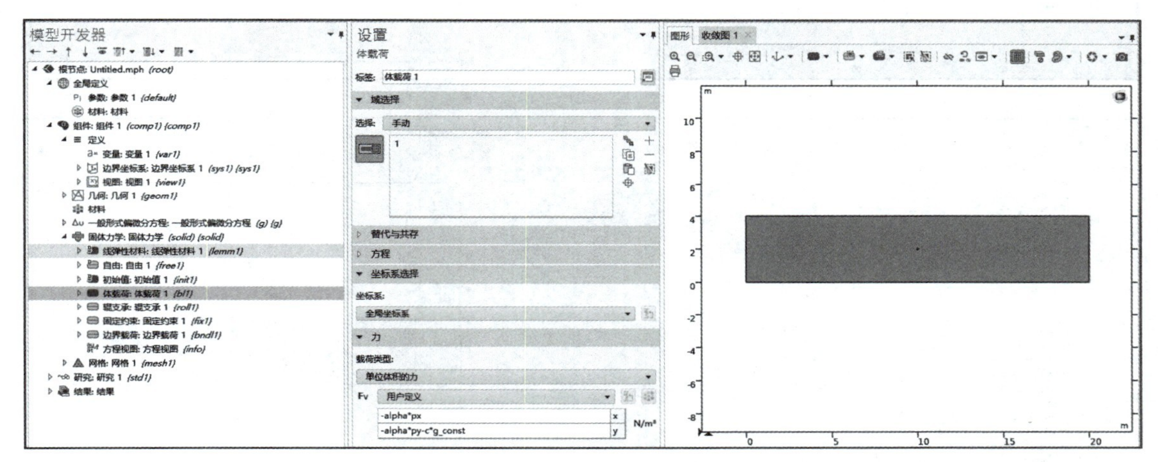

图 7-80　控制方程中各参数设置

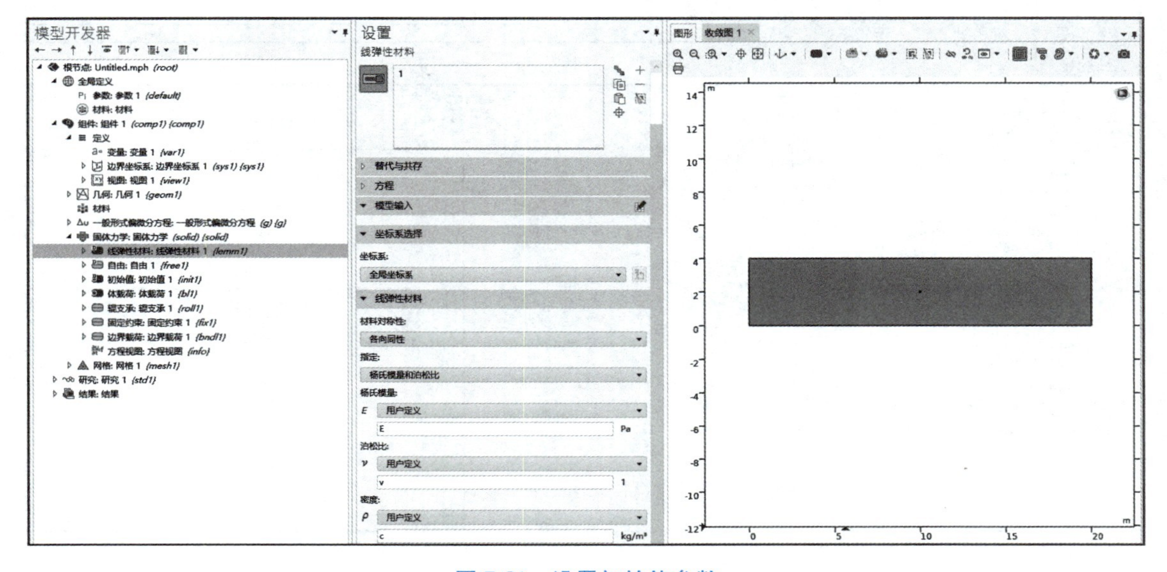

图 7-81　设置初始值参数

3）边界条件。如图 7-82 所示，添加并设置**辊支撑 1、固定约束 1** 与**边界载荷 1** 条件。

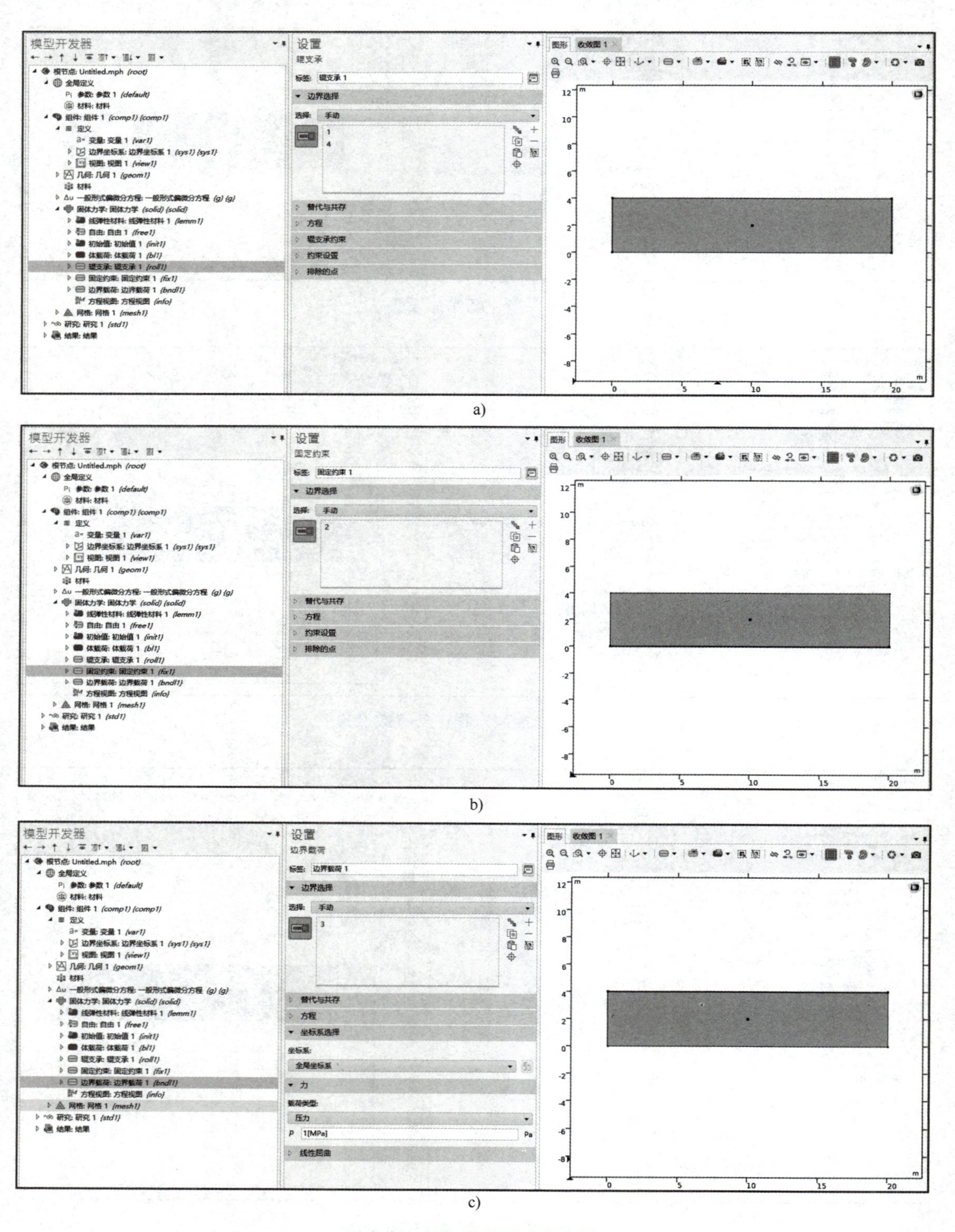

图 7-82　添加并设置边界条件

8. 网格剖分

添加**自由三角形网格**对剩余的域（即所有域）进行剖分（见图 7-83）。

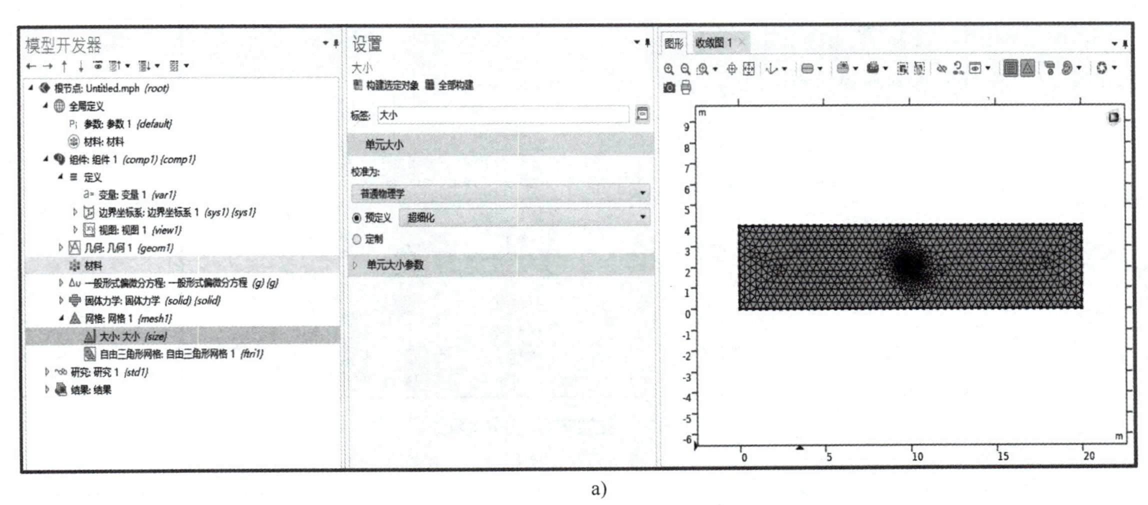

a)

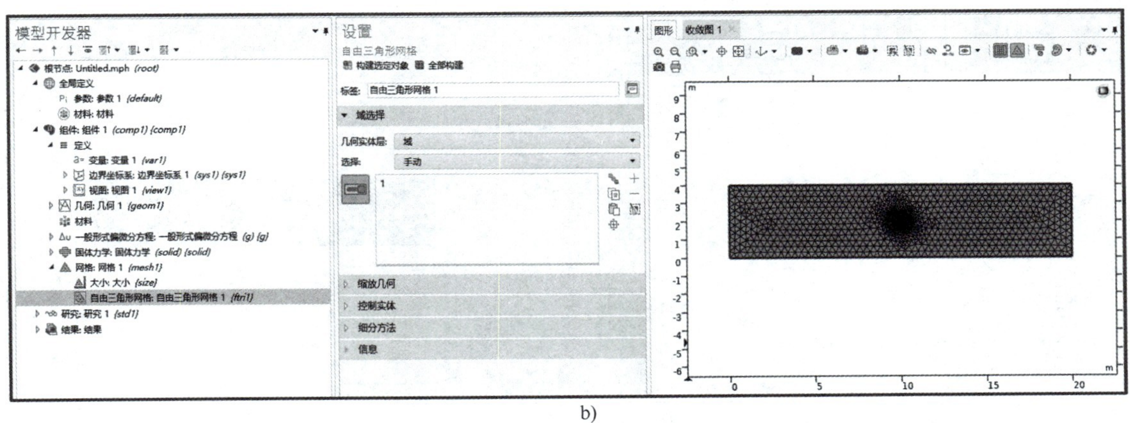

b)

图 7-83　设置网格剖分尺寸

9. 求解器设定

通过瞬态步骤求解模型，如图 7-84 所示。

10. 后处理

（1）二维绘图

在**主屏幕**工具栏中单击**添加绘图组**，然后选择**二维绘图组**。在**模型开发器**窗口中，右键单击该**二维绘图组**并选择**表面**。在**表面**的**设置**窗口中，单击**表达式**栏右上角的**替换表达式**。从菜单中选择**模型—组件 1—广义型偏微分方程—因变量 P-Pa**。单击以展开**范围**栏。单击**绘制**后，其结果如图 7-85 所示。

（2）应力

在**模型开发器**窗口的**结果**节点下，右键单击该**二维绘图组**并选择**表面**。在表面的**设置**窗口中，定位到**表达式**栏。在表达式文本框中键入“solid. mises”。单击**绘制**后，其结果如图 7-86 所示。

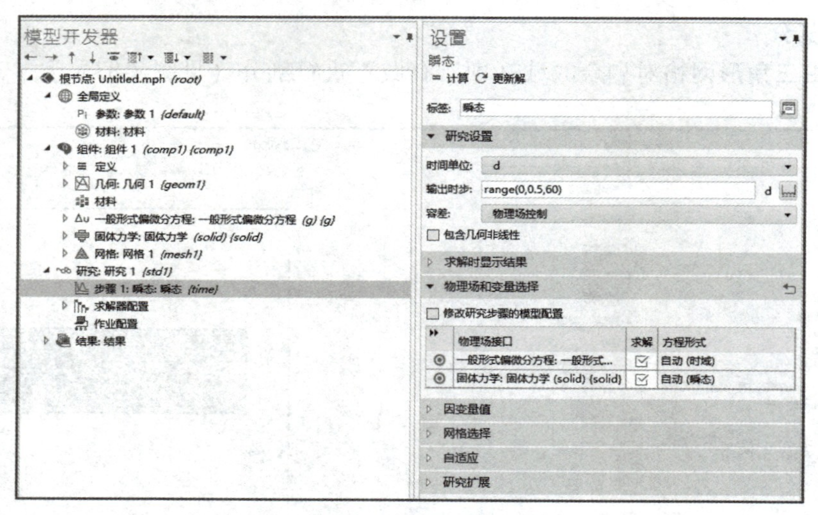

图 7-84 添加求解器并修改

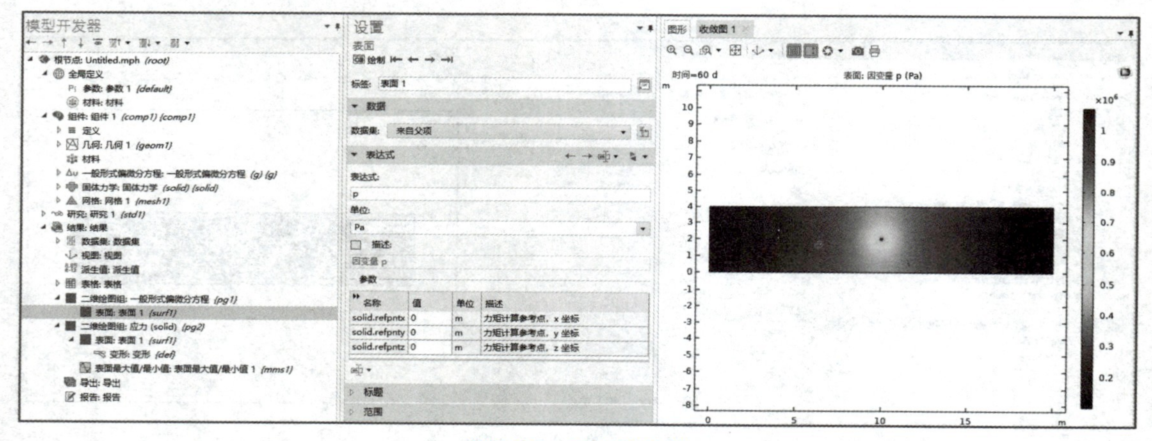

图 7-85 二维图绘制

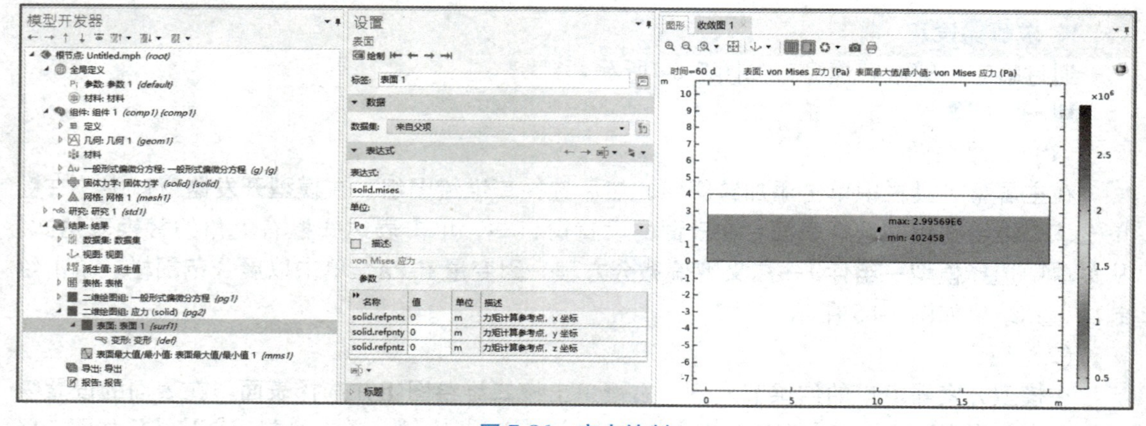

图 7-86 应力绘制

在**模型开发器**窗口的**结果**节点下，右键单击该**二维绘图组**并选择**更多绘图-表面最大值/最小值**。在表面的**设置**窗口中，定位到**表达式**栏。在表达式文本框中键入“solid. mises”。单击**绘制**后，其结果如图 7-87 所示。

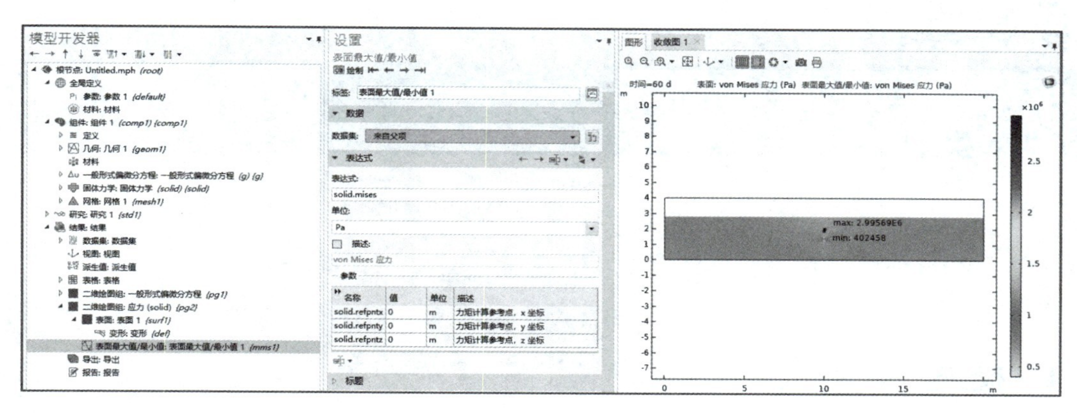

图 7-87 应力绘制

7.8.3 案例小结

通过计算对比不同外界温度时材料的热变形，同时改变刚性轴直径，通过对比计算后的变形数据，可以发现，外界温度对刚性轴的变形影响更大，而改变刚性轴的直径，对刚性轴的应变情况并没有太大影响。

本章介绍了关于 COMSOL 固体力学模块的基础理论及应用方法，通过相关案例的计算，我们可以发现，在计算中当结构的位移与载荷呈线性关系时，计算的难度主要受到几何结构复杂程度的控制，此时计算可以考虑使用细长几何近似，对模型进行简化处理；结构的位移与载荷不呈线性关系时，往往计算难度增大，固体力学模块中的非线性问题一般包括如下三个部分：①材料应力与应变关系的非线性，称为材料非线性，如本章中的铜及铜合金的塑性变形，当然材料的非线性也包括松弛、徐变等；②当结构的变位会导致受力发生显著变化时，称为几何非线性，如结构的大变形、大挠度问题等；③边界条件非线性，也称为状态非线性，如接触问题等。

第8章 电化学模块

8.1 概述

电化学最初的雏形，是人们认识到电能和化学能可以相互转换。伏特在1799年发现锌和铜接触会产生电势差，于是在这个认知的基础上，发明了著名的伏打电堆。次年，科学家尼克松利用伏打电堆电解水溶液发现了电极周围有气泡产生，这是水电解的第一次尝试，让电能转化成化学能得以实现。1805年，意大利科学家 Luigi V. Brugnatelli 研究出在外加电流的情况下，溶液中的金属离子会在阴极表面还原沉积成为金属，标志着电镀理论的诞生。19世纪中期，德国科学家格罗夫和法国人雷克兰士分别制造了燃料电池和碳锌电池，为化学电源的发展做出了巨大的贡献。与此同时发电机问世，电化学进入了工业发展的新阶段。

在大量的科学实验以及生产实践过程中，电化学的理论也逐渐开始成型。伏打电堆问世后，人们对电流通过导体的过程进行了全方位的研究，在物理学中诞生了欧姆定律，在化学方面得到了法拉第定律，这两大定律都成了电化学中中流砥柱的理论根基。随后，电化学理论又获得了进一步的发展。著名科学家能斯特建立了电极电位理论，能斯特方程惊艳问世。在这期间依然有很多重要的理论诞生，亥姆霍兹最早提出了双电层的概念，阿仑尼乌斯发现了溶质电离理论，塔菲尔则描述了电流密度与过电位的关系。而进入20世纪，量子理论和光谱学都大量应用在电化学中，极大地促进了电化学理论的高速发展，并广泛地应用在了化工、能源、环保、材料、航空航天、机械电子、生物医学等多个领域。

计算电化学是最近才开始快速发展的新型研究手段，基于前面卓越的科学家沉淀下来的理论根基，辅以传质、传热、流体、电磁等多学科交叉的研究，广泛地应用在了电化学分析与测试、电解、化学电源、电镀、防腐、电渗析、生物电化学等领域中，让电化学这门常年以实验为导向的学科，开始有了新的生机。而仿真与实验的结合，也让科研人员和工程人员能够更深层次地理解物理化学过程，对于发现新的自然科学规律或者优秀的产品设计提供了巨大的帮助。

8.2 电化学理论

我们通常接触到的电化学装置有两类，一类是原电池，在两个电极与外短路的负载接通后，能够自发地将电流送到外电路中；另一类是电解池，在两个电极与电源接通后，能强制电流通过电解质溶液。无论哪种装置，两个电极中间都存在着电位差，电位高的电极称为正极，电位低的电极称为负极。而对于电化学反应过程而言，发生氧化反应的电极为阳极，发生还原反应的电极为阴极。

当电流通过电极时，在电极与电解质的界面处会发生电子的生成与消耗，从外电路流入阴极的电子将参与还原反应，而阳极处发生的氧化反应，又把电子提供给了外电路，这时候我们发现，参加电化学的反应物质及产物的量，与电极上面通过的电量之间，会存在一定的联系，而这种联系被科学家法拉第通过大量的实验总结出来：电极上通过的电量与电极反应中反应物的消耗量（或者产物的产量）成正比。即通过电极的电量正比于电极反应进度与电极反应电荷数之积，表示为

$$Q=zF\xi \tag{8-1}$$

法拉第定律具有一定的普适性，其本质为电荷守恒和物质守恒在电化学过程中的一个表现，而且不受温度、压力、电解质组成及浓度、电极形状、材料等因素的影响。只有一些特殊的情况会影响法拉第定律的使用，比如在电极或电解液中出现电子导电和离子导电互融的现象，法拉第定律就不再适用。

通过法拉第定律，可以得出电流密度与电化学反应速率的关系：

$$I=\frac{\mathrm{d}Q}{\mathrm{d}t}=zFR_e \tag{8-2}$$

式中，R_e 为电化学反应速率。这个关系式也是电化学仿真中最常用的把反应速率和电流联系在一起的计算表达式。

8.2.1　原电池电动势

我们首先确定化学能与电能之间存在的定量关系，在没有外部电流通过的情况下，原电池两个终端上的电位差为 E，原电池反应可逆时做的电功为

$$W=QE \tag{8-3}$$

根据法拉第定律，由于 $Q=nF$，所以得出

$$W=nFE \tag{8-4}$$

我们知道，在恒温恒压的条件下，可逆过程所做的最大的有用功，等于体系内自由能的减少，所以有

$$W=-\Delta G \tag{8-5}$$

于是就有我们最常见到的热力学表达式：

$$\Delta G=-nFE \tag{8-6}$$

当然，原电池的电动势也是受温度影响的一个变量，那么就引入了温度系数这一个概念，在恒压的条件下，原电池的电动势对温度的偏导数，称之为原电池电动势的温度系数，表达式为

$$E_T=T\frac{\partial E}{\partial T} \tag{8-7}$$

在物理化学中，自由能变化可以由吉布斯-亥姆霍兹方程来描述：

$$\Delta G=\Delta H-T\Delta S \tag{8-8}$$

ΔH 和 ΔS 分别为体系的焓变与熵变，在恒压条件下，反应的熵变可以写成

$$\Delta S=-\frac{\partial \Delta G}{\partial T}=nF\frac{\partial E}{\partial T} \tag{8-9}$$

所以焓变就可以写成与电动势和温度相关的表达式：

$$-\Delta H=nFE-nFT\frac{\partial E}{\partial T} \tag{8-10}$$

以上的几个表达式直接建立了自由能、焓变、熵变与电动势、温度之间存在的必然联系，对化工领域的研究有着至关重要的作用。

接下来我们讨论电极电动势的计算。电池电动势可以测出来，但是单电极的绝对电位并没有办法测出来。所以人们在求单个电极的电位时，都采用的是相对于标准氢电极作为基准的相对数值。那么如何来求电池的电动势呢？

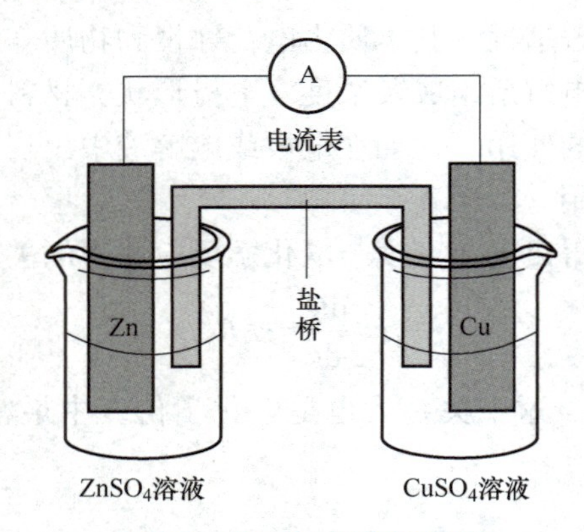

图 8-1　Cu-Zn 原电池反应

如图 8-1 所示，假设电池的反应为

$$Zn+Cu^{2+}=\!=\!=Cu+Zn^{2+} \tag{8-11}$$

体系的自由能变化为

$$-\Delta G=RT\ln K-RT\ln\frac{a_{Cu}a_{Zn^{2+}}}{a_{Zn}a_{Cu^{2+}}} \tag{8-12}$$

式中，K 为反应平衡常数。根据法拉第定律，把自由能换成电动势，则有

$$nFE=RT\ln K-RT\ln\frac{a_{Cu}a_{Zn^{2+}}}{a_{Zn}a_{Cu^{2+}}} \tag{8-13}$$

$$E=\frac{RT\ln K}{nF}-\frac{RT}{nF}\ln\frac{a_{Cu}a_{Zn^{2+}}}{a_{Zn}a_{Cu^{2+}}} \tag{8-14}$$

当电池反应物质处于标准状态下时，就有了标准电极电位的概念：

$$E^0=\frac{RT\ln K}{nF} \tag{8-15}$$

在非标准状态下，电极电位为

$$E=E^0-\frac{RT}{nF}\ln\frac{a_{Cu}a_{Zn^{2+}}}{a_{Zn}a_{Cu^{2+}}} \tag{8-16}$$

对于一般的电极反应

$$氧化态+ne^{-}=还原态 \tag{8-17}$$

所以有

$$E=E^{0}+\frac{RT}{nF}\ln\frac{a(氧化态)}{a(还原态)} \tag{8-18}$$

式（8-18）就是平衡电位方程式，也就是著名的能斯特方程。化工领域中的大部分表达式都是在这个基础上发展起来的。

8.2.2　传质现象

液相传质是电极过程中非常重要的一环，液相的离子要通过传质输送给电极，而电极表面产生的离子也需要传质过程离开表面，不断地循环，电极过程才能不断地进行下去。

当一个电极体系的反应过程非常快的时候，电极过程往往是由相对较慢的液相过程所控制，所以研究液相传质动力学是有非常重要的意义的。液相传质动力学本质上是研究电极表面附近液相物质浓度的变化速度，当电极反应足够快时，这种物质浓度的变化速度就取决于液相传质的方式和速度。液相传质有几种非常重要的传输方式，分别为扩散、电迁移以及对流。

8.2.3　离子扩散

在外部电流的作用下，电极反应会造成电极表面的反应物和产物的离子浓度发生变化（消耗和生成）。这时溶液本体的浓度与电极表面该离子的浓度产生差异，由于这种浓度差异，会造成离子在溶液中的移动，这个过程称为离子的扩散，扩散的速度有菲克定律决定：

$$N_{D}=-D_{i}\frac{\mathrm{d}C_{i}}{\mathrm{d}x} \tag{8-19}$$

式中，D 为液相扩散系数；C 为离子浓度；由于物质传递的方向和浓度梯度增大的方向是相反的，所以式子的右端要取负号。

对于非稳态的扩散过程，溶液上的各点浓度不仅是距离的函数，同时也是时间的函数。所以单位时间内，离子浓度的变化以偏导数的形式表示为

$$\frac{\partial c}{\partial t}=D\frac{\partial^{2}c}{\partial x^{2}} \tag{8-20}$$

8.2.4　电迁移

当电极上有电流通过时，溶液中各种离子在电场的作用下，均将沿着一定的方向移动，这个过程就称为离子的电迁移。离子电迁移的流量我们可以表示为

$$N_{\mathrm{e}}=\pm Eu_{i}C_{i} \tag{8-21}$$

式中，E 代表电场强度；u 代表离子的淌度。由于正负离子的运动方向相反，对于正离子来说上式取正号，负离子则取负号。

而单位电场强度下离子的迁移速度称之为离子的淌度，它与离子的扩散系数有一定的关系，满足能斯特-爱因斯坦方程：

$$D_{i}=\frac{RTu_{i}}{|n_{i}|F} \tag{8-22}$$

8.2.5 对流

由于电极反应过程的发生，造成溶液中局部浓度和温度上的变化，从而导致溶液中各部分密度有差异，会使溶液出现流动，这样的话离子也会随着溶液流动而发生移动，这种方式称之为对流。很多情况下对流的发生是我们强加一个流场给电化学体系的，比如搅拌、风扇、流体注入等。

对流的通量表达式为

$$N_U = UC_i \tag{8-23}$$

式中，U 为溶液的流速，在仿真过程中通常都与流场计算出来的速度分布进行耦合。

这三种传质过程都是同时存在的，所以有了总的传质方程，也称为能斯特普朗克方程：

$$N_i = -D_i\frac{\mathrm{d}C_i}{\mathrm{d}x} - \nabla V u_i C_i + U_X C_i \tag{8-24}$$

我们在做计算的过程中，可以根据实际的物理过程，来判断传质的方式究竟是哪几个，有哪些是可以忽略的，从而应用正确的表达式。

8.2.6 边界条件

一般来讲，物质传输的边界条件有两类，一类是浓度边界条件，在某一个边界上，维持浓度保持一个固定的值：

$$C_i = C_{0,i} \tag{8-25}$$

第二类为通量边界条件，代表着在这个边界上，有一定的离子流进入或者流出：

$$-\boldsymbol{n} \cdot N_i = N_{0,i} \tag{8-26}$$

如果边界上没有离子流的流入流出，那么为无通量边界条件：

$$-\boldsymbol{n} \cdot N_i = 0 \tag{8-27}$$

COMSOL 软件在传质模块中还提供了电极耦合表面的边界条件，它本质上也是第二类边界条件，把物质的产生与消耗和电化学反应速率联系起来，这对于电化学模块与传质模块的耦合计算是非常有帮助的。

$$-\boldsymbol{n} \cdot N_i = \sum_m R_{i,m} \tag{8-28}$$

8.2.7 电极过程控制方程

影响电极电位分布的主要因素有：电化学反应池及电极的形状、尺寸、相互距离，溶液及电极的导电能力、电极反应动力学、传质过程中的浓差极化等。对于特定体系而言，有些影响因素可以忽略，所以我们将电位和电流分布分成三种类型：

1）一次电流分布：只考虑反应池及电极的几何结构带来的影响。

2）二次电流分布：考虑欧姆极化、电化学活化极化，但是忽略了浓度极化时的电流分布。

3）三次电流分布：考虑上述所有因素时的电流分布。

电流分布类型所包含的因素如表 8-1 所示。

表 8-1　电流分布类型所包含的因素

电流分布类型	一次分布	二次分布	三次分布
反应器/电极几何因素	Y	Y	Y
欧姆极化		Y	Y
活化极化		Y	Y
溶度极化			Y

8.2.8　电流分布理论

电流和电位的分布理论分析的基础，是对传质方程（能斯特-普朗克方程）进行积分得出来的。

$$\frac{\partial C_i}{\partial t}=D_i\cdot\nabla^2 C_i+\frac{n_iD_iF}{RT}\nabla\cdot(C_i\nabla\phi)-\boldsymbol{u}\cdot\nabla C_i+R_i \tag{8-29}$$

由于一次和二次电流分布中，忽略浓度极化的影响，意味着不必考虑浓度梯度的变化，所以式（8-29）中 $D_i\cdot\nabla^2 C_i$和 $\boldsymbol{u}\cdot\nabla c_i$可以忽略，且

$$\nabla\cdot(C_i\nabla\phi)=\nabla C_i\cdot\nabla\phi+C_i\cdot\nabla^2\phi=C_i\cdot\nabla^2\phi \tag{8-30}$$

与此同时，将方程两边同时乘以离子电荷数，根据电中性原理，$\sum n_ic_i=0$，传质方程中的瞬态项及右边的反应源项都为 0，最后传质方程就简化成拉普拉斯方程：

$$\nabla^2\phi=0 \tag{8-31}$$

这个方程就是我们在软件中选择一次电流分布和二次电流分布的主控方程。

假设电极为金属电极，由于电极的电导率很高，电极表面为等位面，一次电流分布忽略了任何过电位的影响，于是拉普拉斯方程用的边界条件为

$$\phi=\phi_0 \tag{8-32}$$

在其他绝缘表面上（如电解槽槽壁）没有电流通过，其法线方向的电位梯度为零，即

$$\frac{\partial\phi}{\partial n}=0 \tag{8-33}$$

对于二次电流分布来讲，电极与溶液界面的电位差受电流密度的影响，于是有极化电位的产生：

$$\eta=\phi_s-\phi_l-E_{eq} \tag{8-34}$$

式中，ϕ_s为固相电势；ϕ_l为液相电势；E_{eq}为平衡电位。

在活化极化的条件下，电荷活化引起的极化表式为

$$\eta=\frac{RT}{nF}\ln\frac{I}{i_0} \tag{8-35}$$

扩散控制下，反应物传递迟缓引起的电极极化

$$\eta=\frac{RT}{nF}\ln\frac{I_d}{I_d-I} \tag{8-36}$$

8.2.9　电极动力学类型

描述单电子转移步骤的极化电流密度与过电位的关系式称为巴特勒-福尔默［Butler-Volmer（B-V）］方程

$$i_{loc}=i_0\left[\exp\left(\frac{\alpha_a F\eta}{RT}\right)-\exp\left(\frac{-\alpha_c F\eta}{RT}\right)\right] \tag{8-37}$$

式中，i_0为交换电流密度；η 为过电位；α_a和 α_c分别为阳极和阴极的传递系数。

在低电流密度区域，B-V 方程可以简化为线性的 B-V 方程：

$$i_{loc}=i_0\left[\frac{(\alpha_a+\alpha_c)F}{RT}\right]\eta \tag{8-38}$$

在高电流密度区，我们选择塔菲尔（Tafel）公式来描述两者的关系，阴极塔菲尔公式为

$$i_{loc}=-i_0\times 10^{\eta/Ac} \tag{8-39}$$

阳极塔菲尔公式为

$$i_{loc}=i_0\times 10^{\eta/Aa} \tag{8-40}$$

如果物质浓度对电极过程动力学有很大的影响，我们就要采用浓度依赖动力学表达式：

$$i_{loc}=i_0\left[C_R\exp\left(\frac{\alpha_a F\eta}{RT}\right)-C_O\exp\left(\frac{-\alpha_c F\eta}{RT}\right)\right] \tag{8-41}$$

浓度依赖动力学是我们最常用的一种关系式，这时就需要我们在 COMSOL 中联合求解电化学及物质传递两个物理场，要懂得如何将两者耦合在一起，才能计算出完整的电极动力学仿真。

8.3　案例 1　铁轨腐蚀

8.3.1　物理背景

城市地铁系统若不采取适当的防腐措施或者防腐涂层出现破损，就会导致铁轨绝缘性能下降而泄漏杂散电流，杂散电流会对附近埋地管道造成干扰，威胁管道及其阴极保护系统的安全运行。本模型真实模拟特定环境下地铁杂散电流腐蚀的破坏程度，直观和形象地反映出在特定条件下（不同土壤电导率、不同距离、不同破损面积等）杂散电流的大小、分布及影响。针对获得的影响规律提出了相应的防护方法，并分析了其有效性，研究结果可为埋地管道地铁杂散电流干扰的防护设计提供参考。

8.3.2　操作步骤

1. 物理场选择

首先打开软件后，点选模型向导，选择设置模型的空间维度为三维■。接下来在物理场中，通过模型树，分别找到我们需要的物理场，并单击添加**电化学—腐蚀，变形几何—腐蚀，一次电流（cd）**。添加效果如图 8-2 所示。

2. 因变量设置

在添加的物理场接口树中，选择**一次电流分布（cd）**，如图 8-3 所示。

如图 8-4 所示，一步简要设置求解器：单击**研究**，在**选择研究**树中选择**所选物理场接口的预设研究—带初始化的瞬态**，单击**完成**。

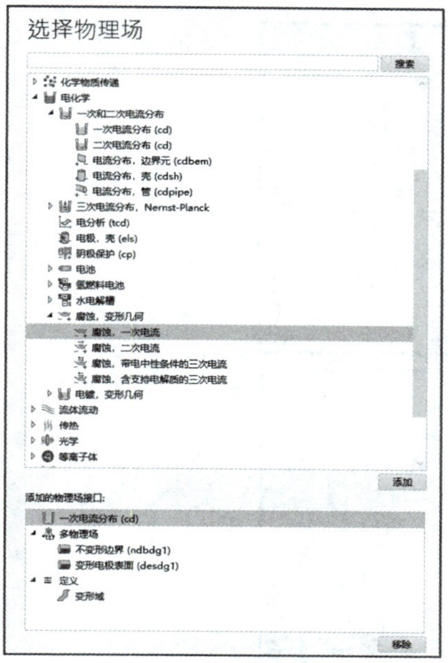

图 8-2　物理场选择与添加

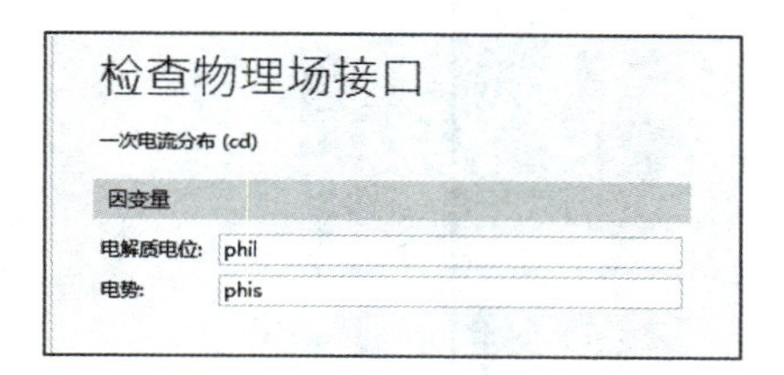

图 8-3　因变量设置

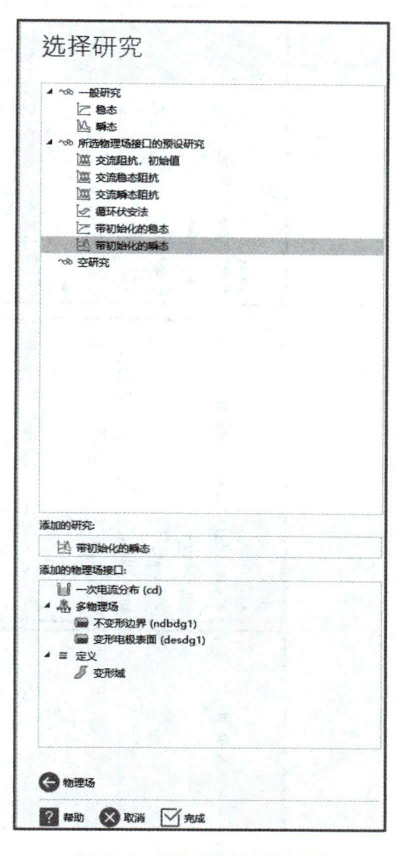

图 8-4　简要求解器设置

3. 几何设置

（1）圆柱体绘制

如图 8-5 所示，需要绘制圆柱体 1-9，可右键单击**几何 1** 节点，点选圆柱体 ，来创建新圆柱体，其设置方法如图 8-6 所示。

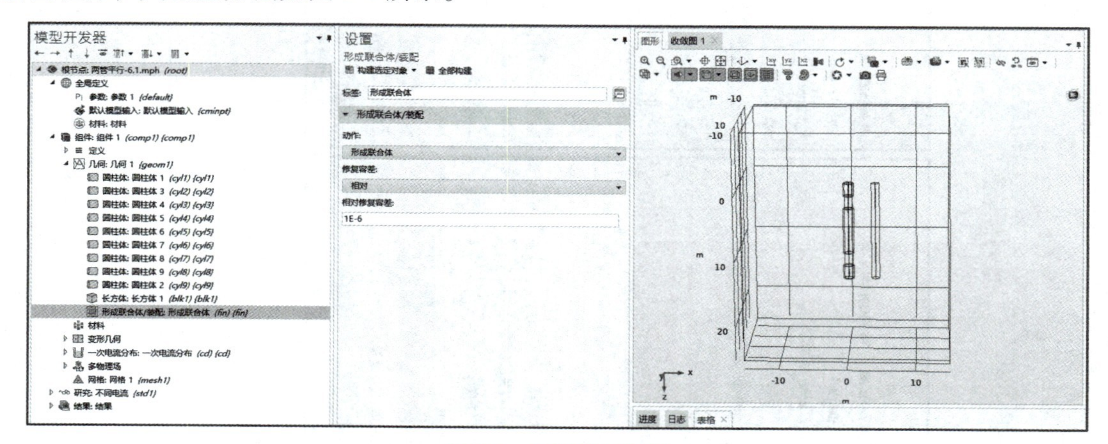

图 8-5　几何绘图结果

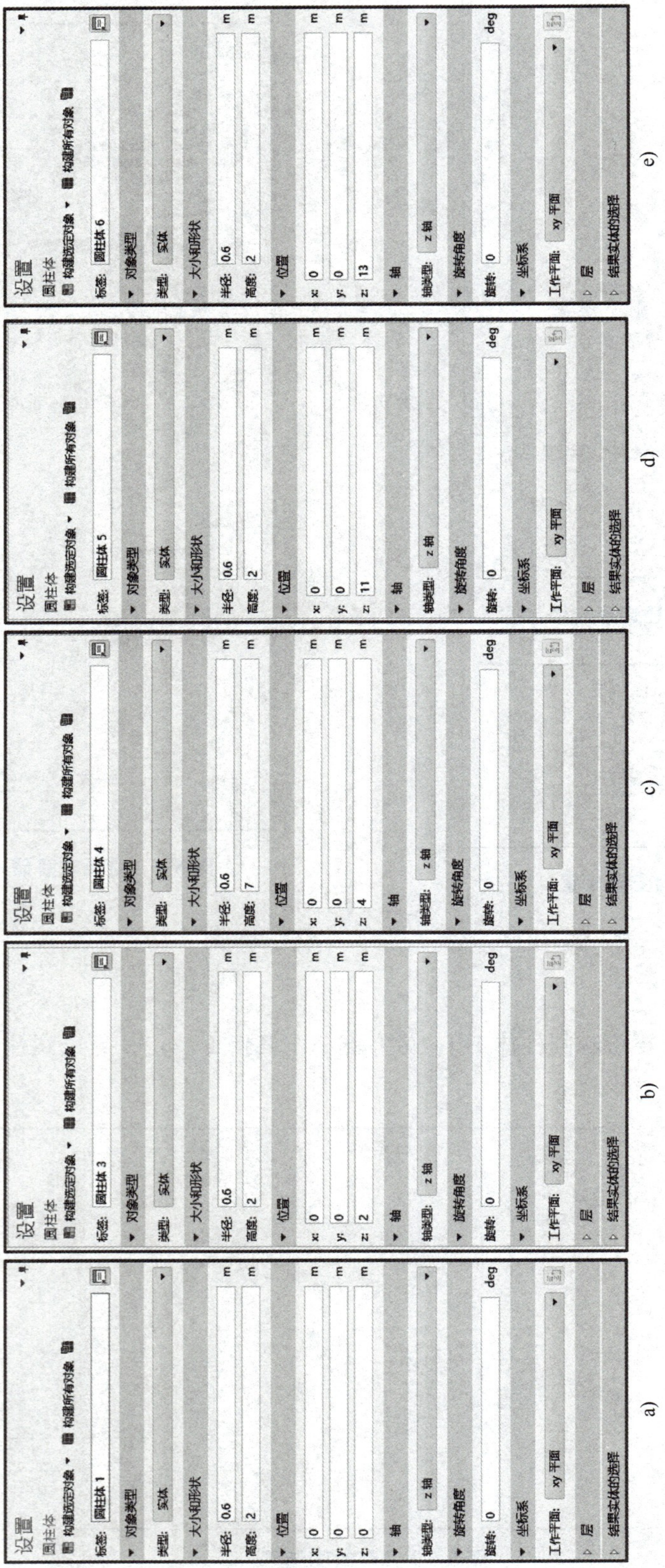

设置
圆柱体
构建选定对象 ▾ 构建所有对象
标签: 圆柱体 1
▾ 对象类型
类型: 实体
▾ 大小和形状
半径: 0.6 m
高度: 2 m
▾ 位置
x: 0 m
y: 0 m
z: 0 m
▾ 轴
轴类型: z 轴
▾ 旋转角度
旋转: 0 deg
▾ 坐标系
工作平面: xy 平面
▹ 层
▹ 结果实体的选择
a)
设置
圆柱体
构建选定对象 ▾ 构建所有对象
标签: 圆柱体 3
▾ 对象类型
类型: 实体
▾ 大小和形状
半径: 0.6 m
高度: 2 m
▾ 位置
x: 0 m
y: 0 m
z: 2 m
▾ 轴
轴类型: z 轴
▾ 旋转角度
旋转: 0 deg
▾ 坐标系
工作平面: xy 平面
▹ 层
▹ 结果实体的选择
b)
设置
圆柱体
构建选定对象 ▾ 构建所有对象
标签: 圆柱体 4
▾ 对象类型
类型: 实体
▾ 大小和形状
半径: 0.6 m
高度: 7 m
▾ 位置
x: 0 m
y: 0 m
z: 4 m
▾ 轴
轴类型: z 轴
▾ 旋转角度
旋转: 0 deg
▾ 坐标系
工作平面: xy 平面
▹ 层
▹ 结果实体的选择
c)
设置
圆柱体
构建选定对象 ▾ 构建所有对象
标签: 圆柱体 5
▾ 对象类型
类型: 实体
▾ 大小和形状
半径: 0.6 m
高度: 2 m
▾ 位置
x: 0 m
y: 0 m
z: 11 m
▾ 轴
轴类型: z 轴
▾ 旋转角度
旋转: 0 deg
▾ 坐标系
工作平面: xy 平面
▹ 层
▹ 结果实体的选择
d)
设置
圆柱体
构建选定对象 ▾ 构建所有对象
标签: 圆柱体 6
▾ 对象类型
类型: 实体
▾ 大小和形状
半径: 0.6 m
高度: 2 m
▾ 位置
x: 0 m
y: 0 m
z: 13 m
▾ 轴
轴类型: z 轴
▾ 旋转角度
旋转: 0 deg
▾ 坐标系
工作平面: xy 平面
▹ 层
▹ 结果实体的选择
e)

图 8-6 矩形尺寸设置

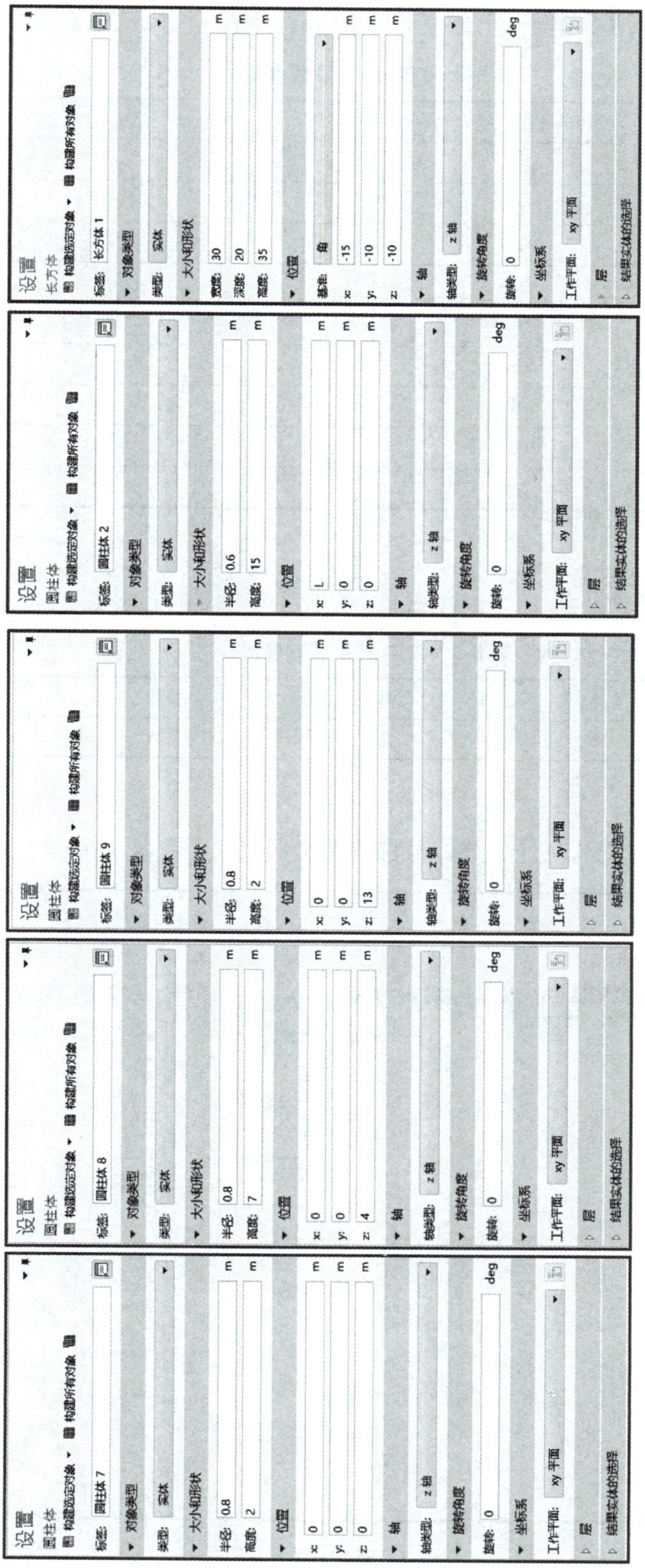

设置
圆柱体
构建选定对象 ▾ 构建所有对象
标签：圆柱体 7
▾ 对象类型
类型：实体
▾ 大小和形状
半径：0.8 m
高度：2 m
▾ 位置
x: 0 m
y: 0 m
z: 0 m
▾ 轴
轴类型：z 轴
▾ 旋转角度
旋转：0 deg
▾ 坐标系
工作平面：xy 平面
▹ 层
▹ 结果实体的选择

f)

设置
圆柱体
构建选定对象 ▾ 构建所有对象
标签：圆柱体 8
▾ 对象类型
类型：实体
▾ 大小和形状
半径：0.8 m
高度：7 m
▾ 位置
x: 0 m
y: 0 m
z: 4 m
▾ 轴
轴类型：z 轴
▾ 旋转角度
旋转：0 deg
▾ 坐标系
工作平面：xy 平面
▹ 层
▹ 结果实体的选择

g)

设置
圆柱体
构建选定对象 ▾ 构建所有对象
标签：圆柱体 9
▾ 对象类型
类型：实体
▾ 大小和形状
半径：0.8 m
高度：2 m
▾ 位置
x: 0 m
y: 0 m
z: 13 m
▾ 轴
轴类型：z 轴
▾ 旋转角度
旋转：0 deg
▾ 坐标系
工作平面：xy 平面
▹ 层
▹ 结果实体的选择

h)

设置
圆柱体
构建选定对象 ▾ 构建所有对象
标签：圆柱体 2
▾ 对象类型
类型：实体
▾ 大小和形状
半径：0.6 m
高度：15 m
▾ 位置
x: L m
y: 0 m
z: 0 m
▾ 轴
轴类型：z 轴
▾ 旋转角度
旋转：0 deg
▾ 坐标系
工作平面：xy 平面
▹ 层
▹ 结果实体的选择

i)

设置
长方体
构建选定对象 ▾ 构建所有对象
标签：长方体 1
▾ 对象类型
类型：实体
▾ 大小和形状
宽度：30 m
深度：20 m
高度：35 m
▾ 位置
基准：角
x: -15 m
y: -10 m
z: -10 m
▾ 轴
轴类型：z 轴
▾ 旋转角度
旋转：0 deg
▾ 坐标系
工作平面：xy 平面
▹ 层
▹ 结果实体的选择

j)

图 8-6　矩形尺寸设置（续）

其设置尺寸如表 8-2 所示。

表 8-2　矩形尺寸设置参数

	半　径	高　度	位　置
圆柱体 1	0.6	2	(0，0，0)
圆柱体 2	0.6	15	(L，0，0)
圆柱体 3	0.6	2	(0，0，2)
圆柱体 4	0.6	7	(0，0，4)
圆柱体 5	0.6	2	(0，0，11)
圆柱体 6	0.6	2	(0，0，13)
圆柱体 7	0.8	2	(0，0，0)
圆柱体 8	0.8	7	(0，0，4)
圆柱体 9	0.8	2	(0，0，13)

(2) 长方体

其设置尺寸如表 8-3 所示。

表 8-3　阵列尺寸设置参数

	宽度 x	深度 y	高度 z	位　置
长方体	30	20	35	(−15，−10，−10)

4. 参数设置

参数设置可手动输入或从文件加载，其位置在全局定义下（图 8-7）。

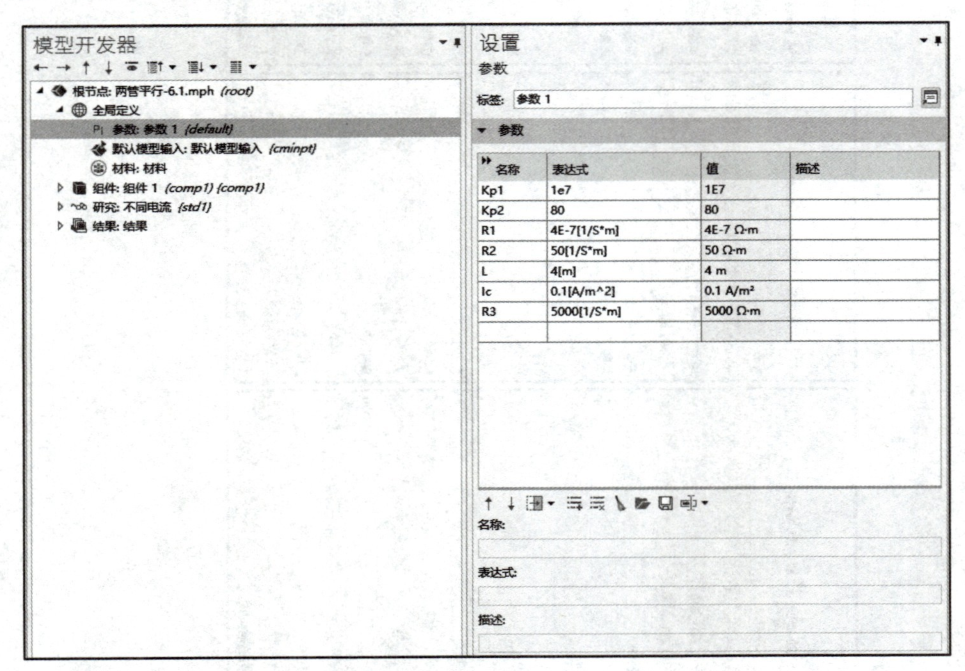

图 8-7　参数设置

5. 变量定义（无）

6. 材料定义

该模型的材料定义，均已经在**全局定义**的**参数**中，手动定义完成。后续使用时直接调用参数中设置的表达式，所以无须对其中的材料模块进行设置。有警告可忽略，直接进行下一步。

7. 物理场设置

本例采用了 1 个物理场，**一次电流分布（CD）**，以下对物理场的设置进行说明。

一次电流分布（CD）

（1）控制方程。如图 8-8 所示，在**一次电流分布（CD）**节点下，添加 3 个**电极**节点并设置参数。然后修改**电解质 1** 节点中的参数。

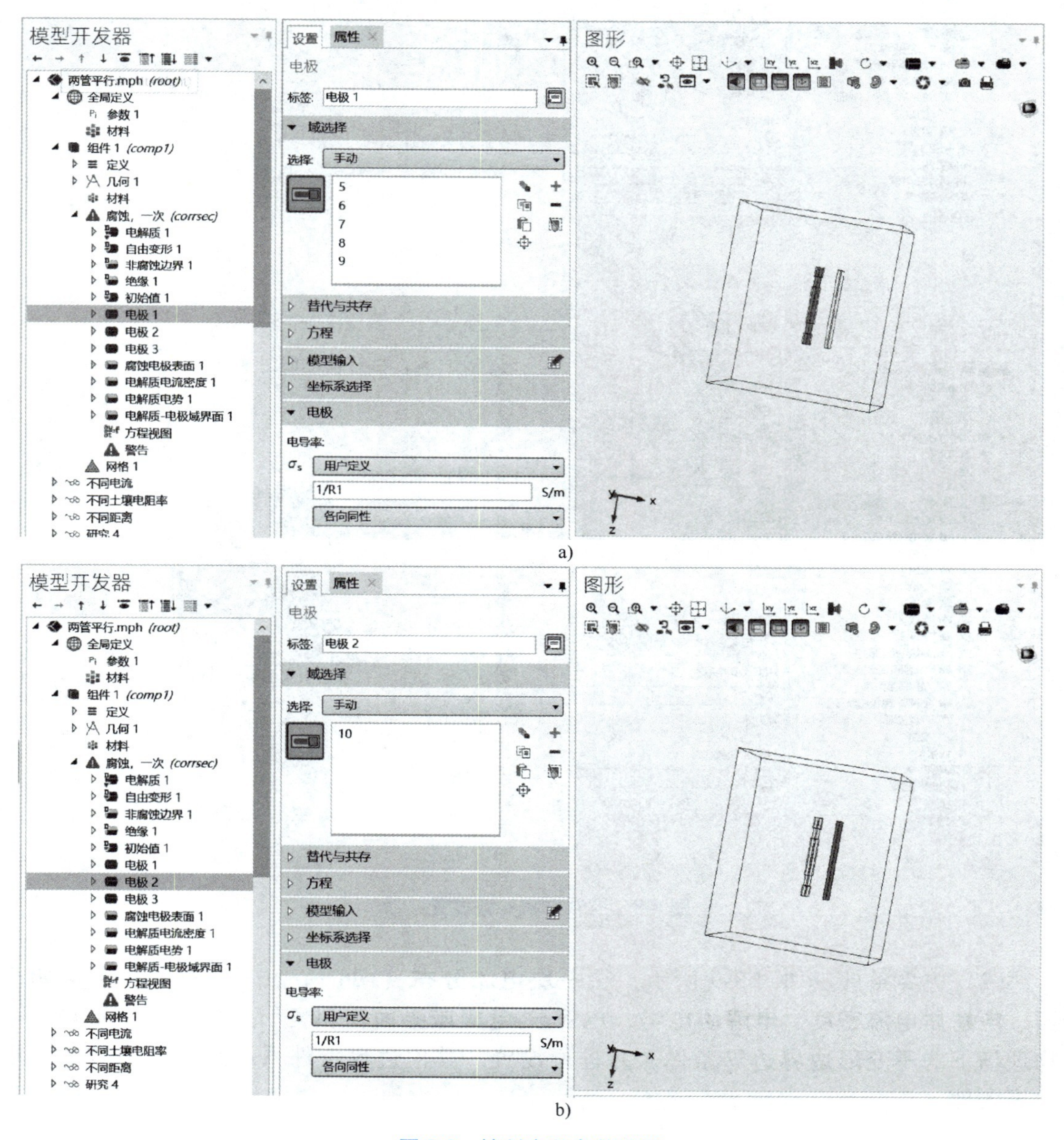

图 8-8　控制方程参数设置

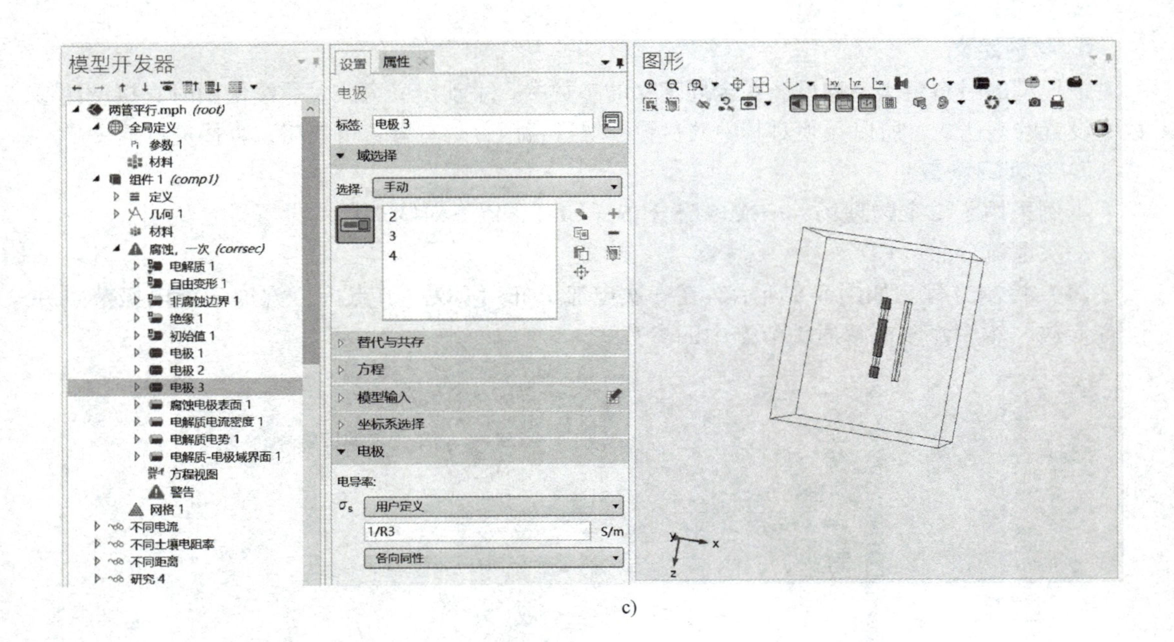

c)

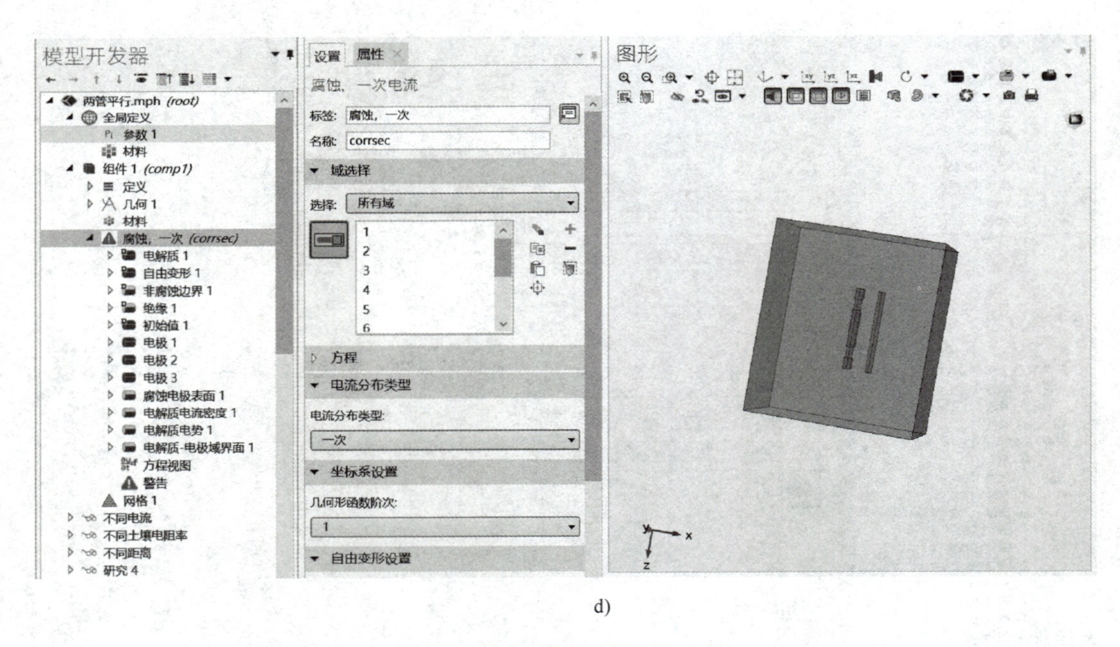

d)

图 8-8 控制方程参数设置（续）

（2）边界条件。如图 8-9 所示，在**一次电流分布（cd）**节点下，添加**内部电极表面**、**电解质电流密度**、**电解质电势**、**电解质-电极域界面**，和变形几何下的**变形域**、多物理场下的**不变形边界**边界条件，并进行设置。其他边界条件系统默认为缺省的**绝缘**边界条件。

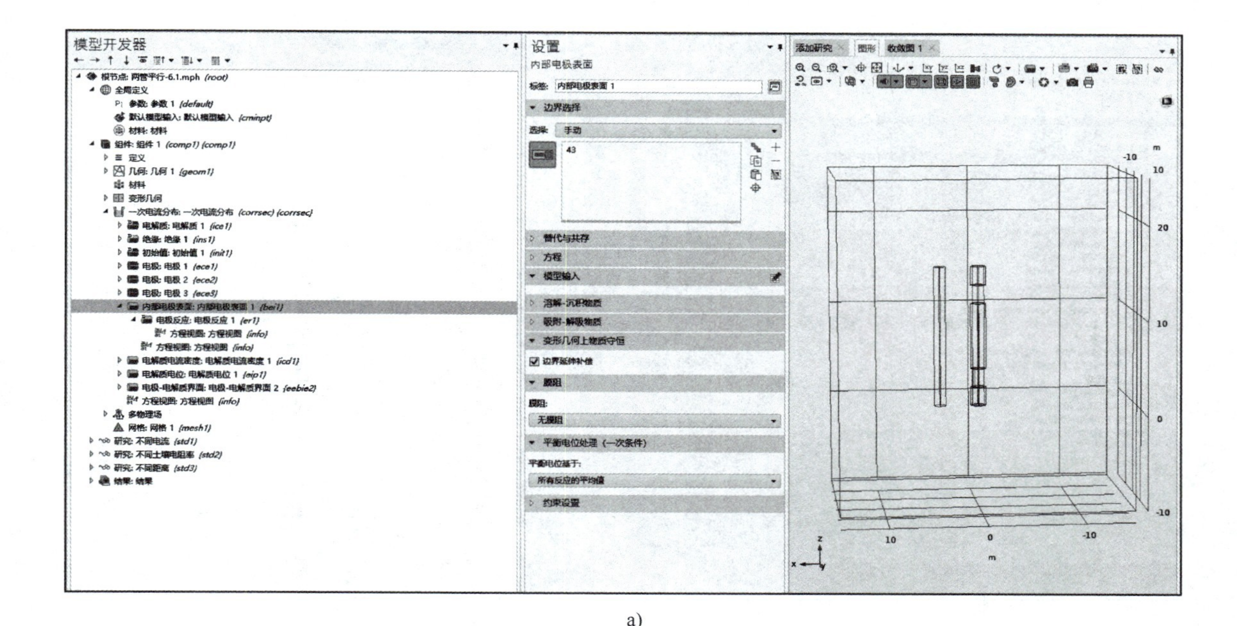

a)

b)

图 8-9　边界条件选择及参数设置

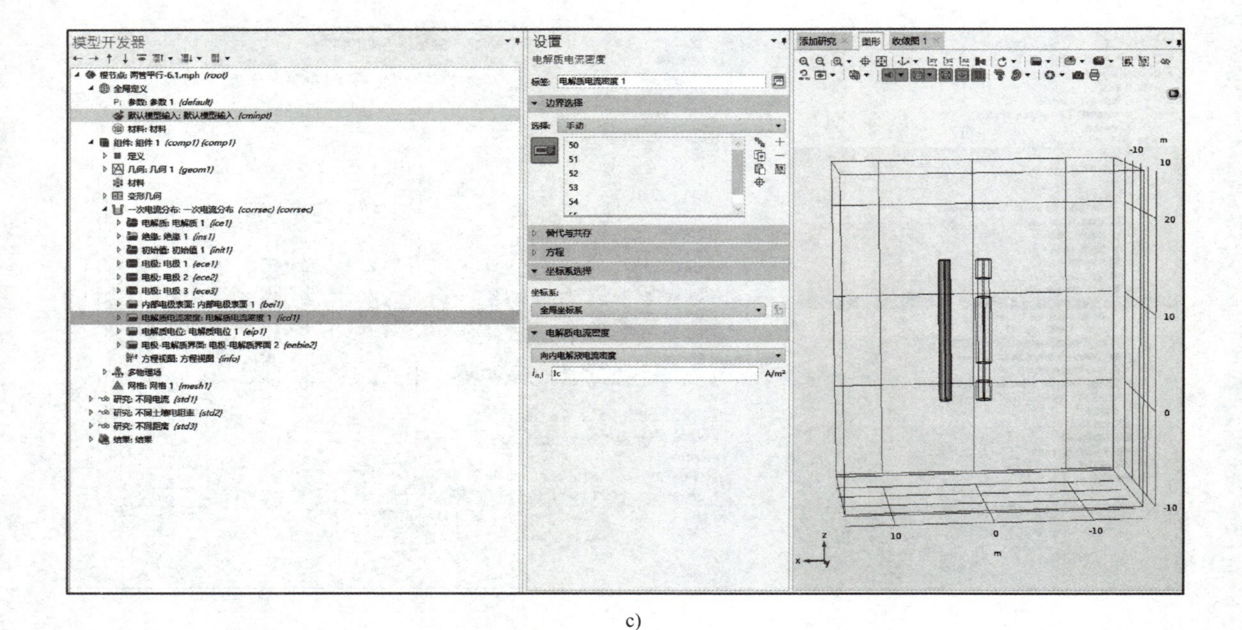

c)

d)

图 8-9　边界条件选择及参数设置（续）

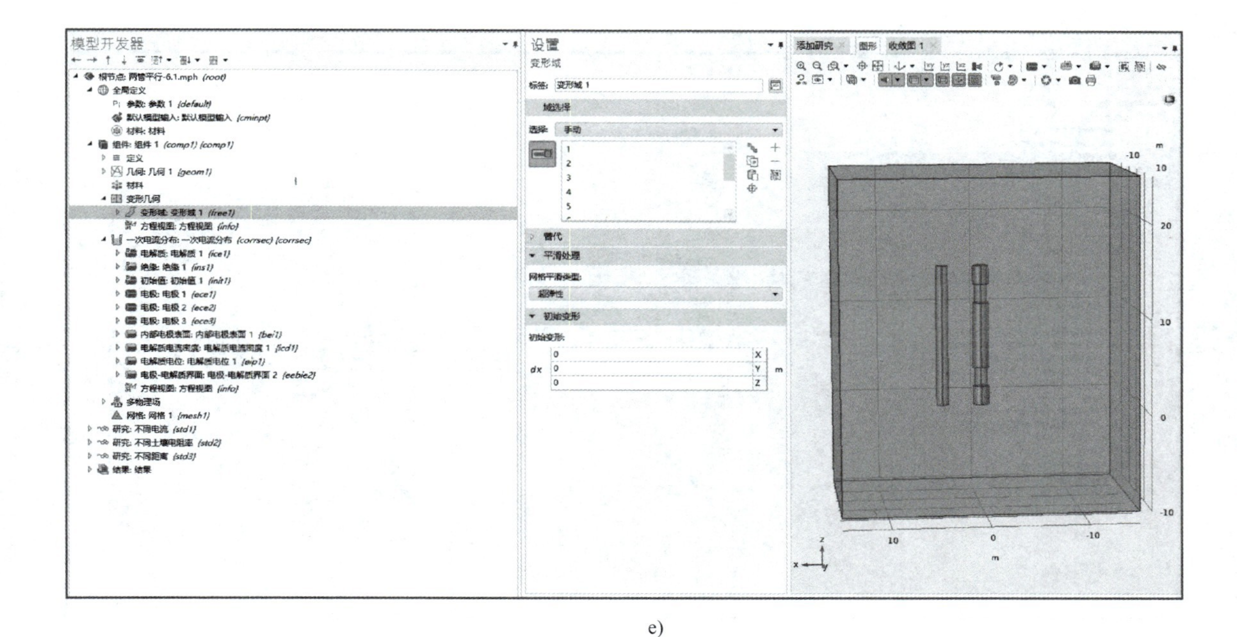

e)

f)

图 8-9　边界条件选择及参数设置（续）

（3）初始值。如图 8-10 所示，在**一次电流分布（cd）**节点下，**初始值 1** 默认各参数为 0。

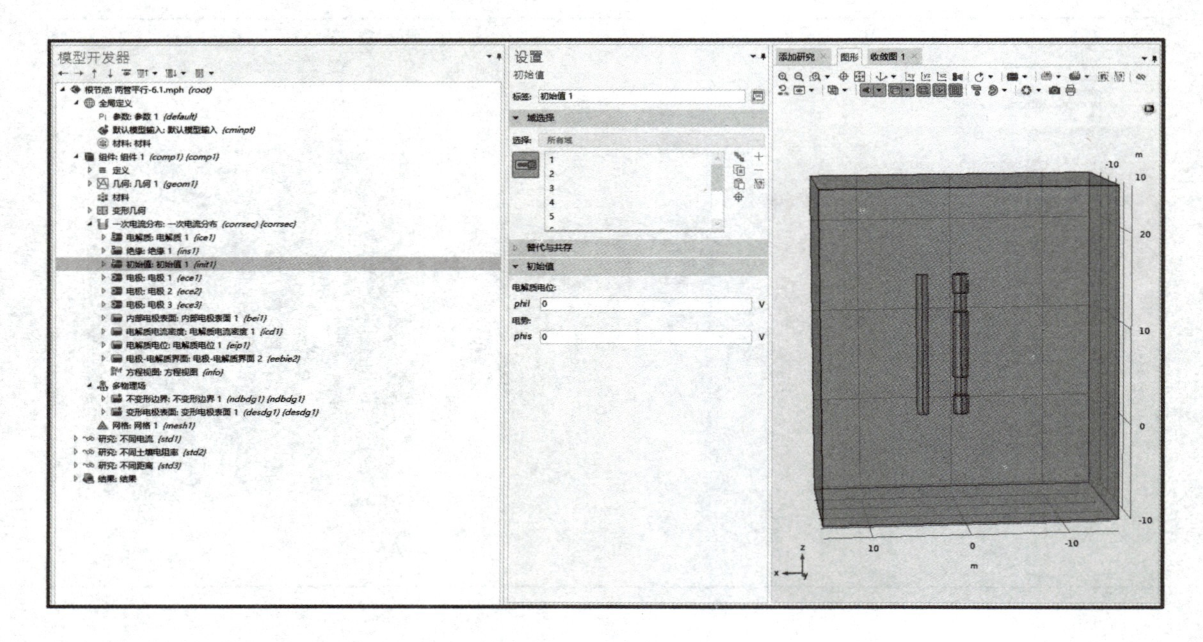

图 8-10　初始值设置

8. 网格剖分

采用物理场控制网格，单元大小选常规（见图 8-11）。

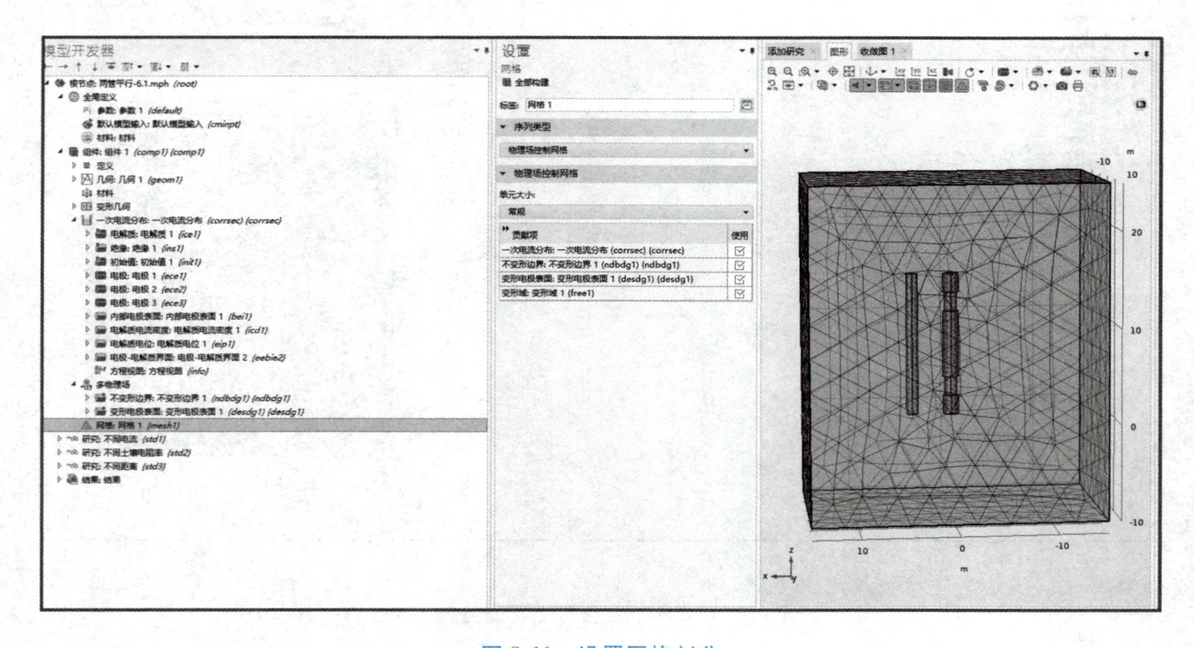

图 8-11　设置网格剖分

9. 求解器设定

通过添加带初始化的瞬态求解模型，同样的操作重复三次，在前三个研究中各添加一个参数化扫描，如图 8-12 所示。

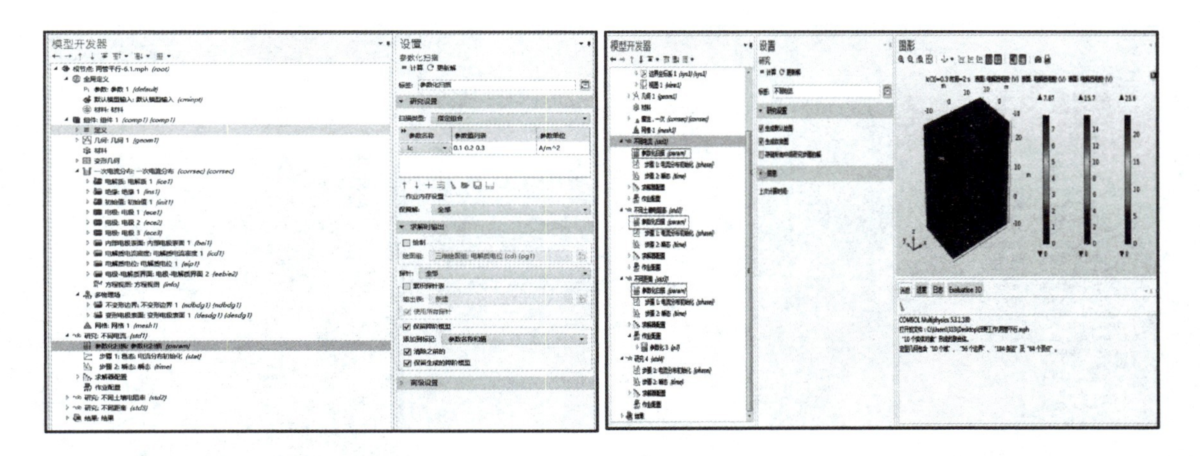

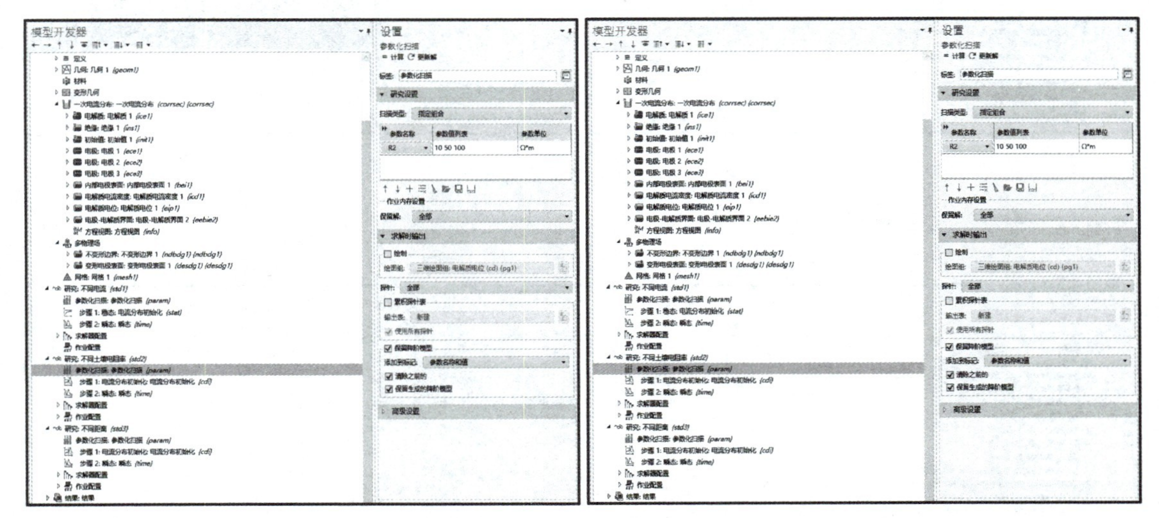

图 8-12　添加求解器并修改

10. 后处理

（1）三维绘图

在**主屏幕**工具栏中单击**添加绘图组**，然后选择**三维绘图组**。在**模型开发器**窗口中，右键单击该**三维绘图组**并选择**表面**。在**表面**的**设置**窗口中，单击**表达式**栏右上角的**替换表达式**。从菜单中选择**模型—组件 1——次电流分布—电解质电势**。单击以展开**范围**栏。选中**手动控制颜色范围**复选框。在**最小值**文本框中键入“0”。在**最大值**文本框中键入“23.6176”。单击**绘制**后，其结果如图 8-13 所示。

（2）线图

在**主屏幕**工具栏中单击**添加绘图组**，然后选择**一维绘图组**。在**模型开发器**窗口中，右键单击**一维绘图组**并选择**线图**。在**线图**的**数据**窗口中，定位到**数据集**栏，选择不同土壤电阻率，参数值选 **10**。单击**绘制**后，其结果如图 8-14 所示。

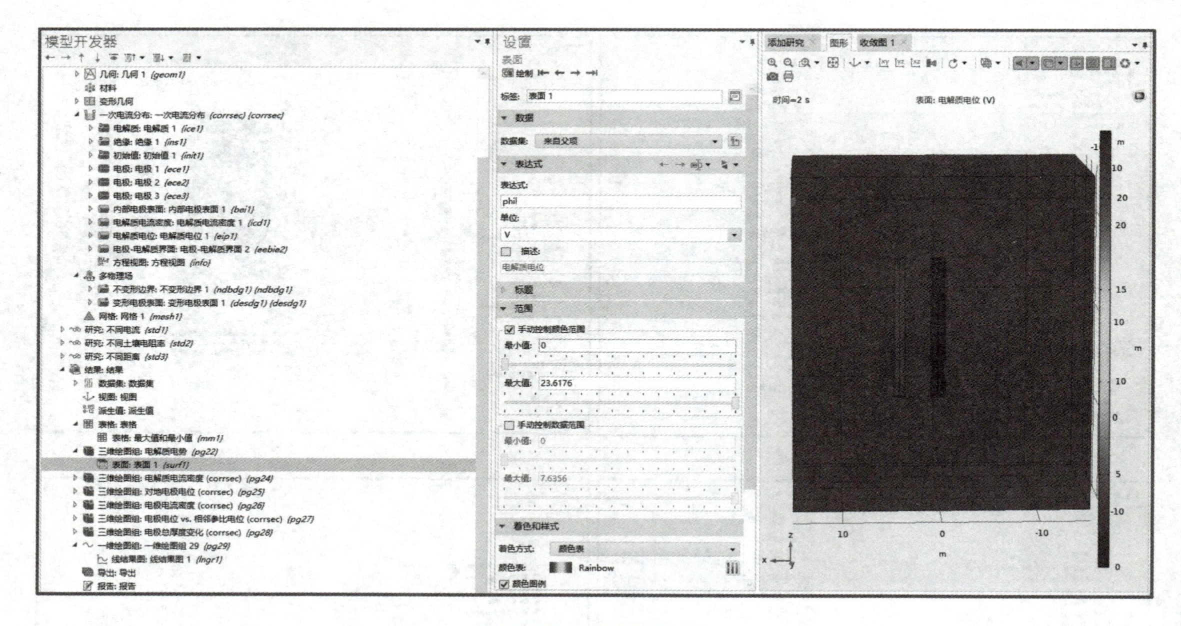

图 8-13　二维图绘制

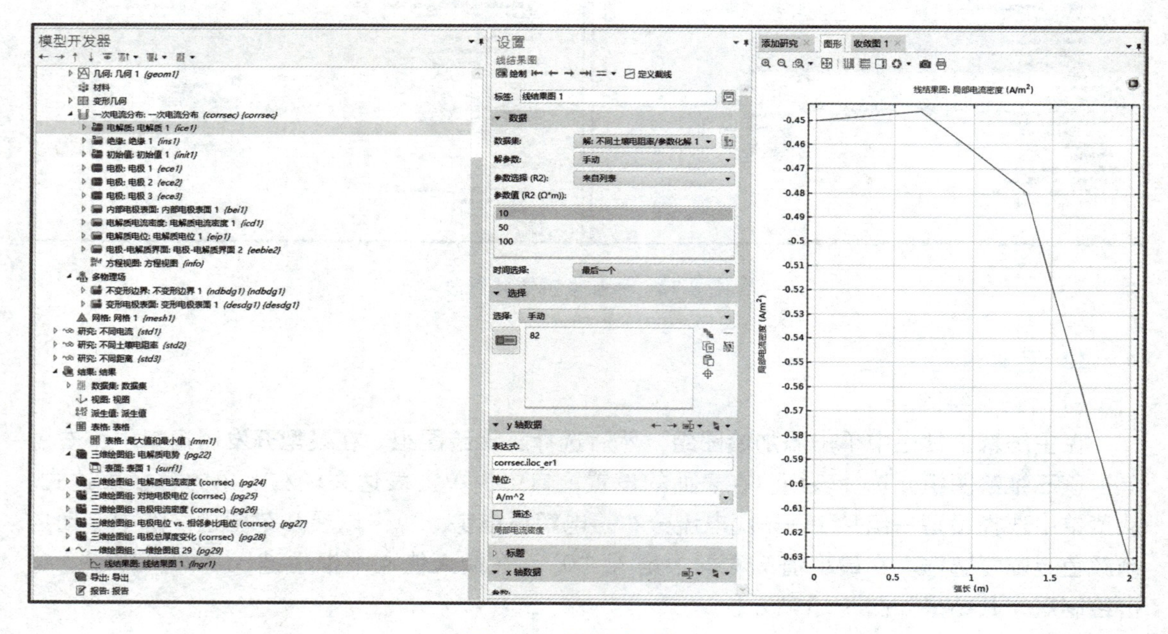

图 8-14　线图绘制结果

8.3.3　案例小结

本案例通过电化学仿真的手段，研究土壤中的地下管道因为长时间放置，散流于大地中的电流对管道腐蚀的现象。根据建立的杂散电流腐蚀数学模型，确定计算参数，再根据阳极和阴极半电池反应的电极动力学方程，建立钢质管道外壁的边界表达式。模拟过程中研究了轻轨附近管道杂散电流变化影响因素，管内杂散电流随距离轻轨距离、轻轨供电强度、管道破损面积、土壤电阻率以及轻轨和管道位置相对关系的变化规律。该研究对于有效、合理地选择检测和防护杂散电流的措施具有指导意义。

8.4　案例 2　稀物质传递二次电流分布

8.4.1　物理背景

此案例取甲酸/氧气微流体燃料电池为例设计算法，由于阳极活化过电势相对于阴极活化过电势比较小，假定其在阳极的值大小一样，先给阳极活化过电势一个预设的初始值，分别计算出阴极和阳极的欧姆过电势和浓差过电势，再得出阴极的局域活化过电势，接下来利用电荷守恒条件，更新阳极活化过电势，整个过程反复迭代计算直至收敛，最后获得稳定的阴阳极活化过电势。为了计算过程中具有更好的收敛性，先求解流场 N-S 方程及物质传递方程，得到流速分布和浓度分布后，再求解电化学反应过程。

8.4.2　操作步骤

1. 物理场选择

本案例为三维多物理场耦合案例，使用模型向导创建模型时，首先将模型的空间维度选择为三维 。第二步，在物理场的选择中，通过模型树，添加所需物理场。本问题涉及的物理场包括：**二次电流分布（cd）**、**稀物质传递（tds）**及**层流（spf）**。**二次电流分布（cd）**的添加路径为**电化学—一次和二次电流分布—二次电流分布（cd）**；**稀物质传递（tds）**的添加路径为**化学物质传递—稀物质传递（tds）**；**层流（spf）**的添加路径为**流体流动—单相流—层流（spf）**。物理场的设置效果如图 8-15 所示。

2. 因变量设置

在添加所需的物理场后，需要对所选物理场的接口进行设置。本案例中，**稀物质传递**物理场需要添加两类物质，如图 8-16 所示，其余两类物理场保持默认设置即可。

3. 研究的设置

完成物理场因变量的设置后，模型向导将进入**研究**设置环节，在**选择研究**树中选择**一般研究—稳态**，单击**完成**（图 8-17）。

4. 全局参数

完成模型的初始化后，首先定义模型仿真所需的全局参数，参数的表达式、值与描述如表 8-4 所示。

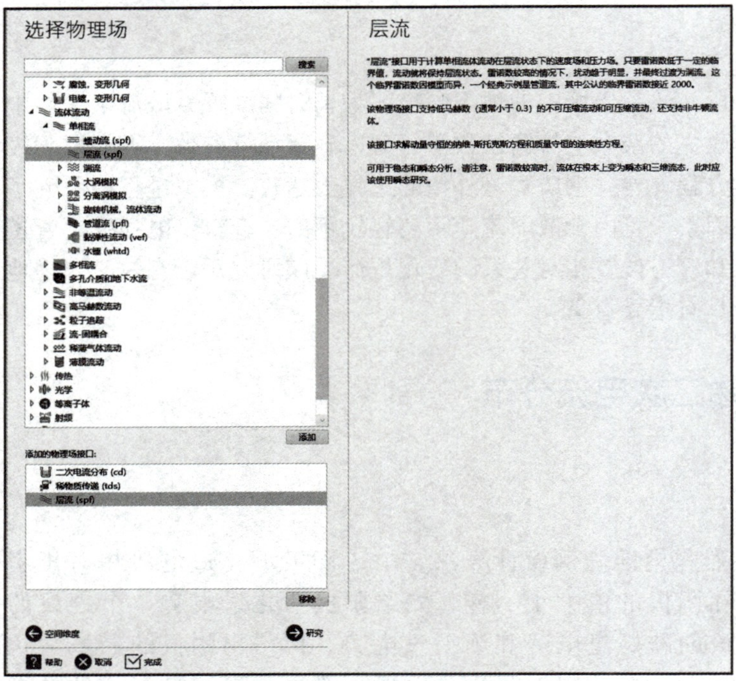

选择物理场

搜索

腐蚀，变形几何
电镀，变形几何
流体流动
单相流
蠕动流 (spf)
层流 (spf)
湍流
大涡模拟
分离涡模拟
旋转机械，流体流动
管道流 (pfl)
黏弹性流动 (vef)
水锤 (whtd)
多相流
多孔介质和地下水流
非等温流动
高马赫数流动
粒子追踪
流-固耦合
稀薄气体流动
薄膜流动
传热
光学
等离子体
射频

添加

添加的物理场接口:

二次电流分布 (cd)
稀物质传递 (tds)
层流 (spf)

移除

空间维度　研究

帮助　取消　完成

层流

“层流”接口用于计算单相流体流动在层流状态下的速度场和压力场。只要雷诺数低于一定的临界值，流动就将保持层流状态。雷诺数较高的情况下，扰动趋于明显，并最终过渡为湍流。这个临界雷诺数因模型而异，一个经典示例是管道流，其中公认的临界雷诺数接近 2000。

该物理场接口支持低马赫数（通常小于 0.3）的不可压缩流动和可压缩流动，还支持非牛顿流体。

该接口求解动量守恒的纳维-斯托克斯方程和质量守恒的连续性方程。

可用于稳态和瞬态分析。请注意，雷诺数较高时，流体在根本上变为瞬态和三维流态，此时应该使用瞬态研究。

图 8-15　物理场的选择与添加

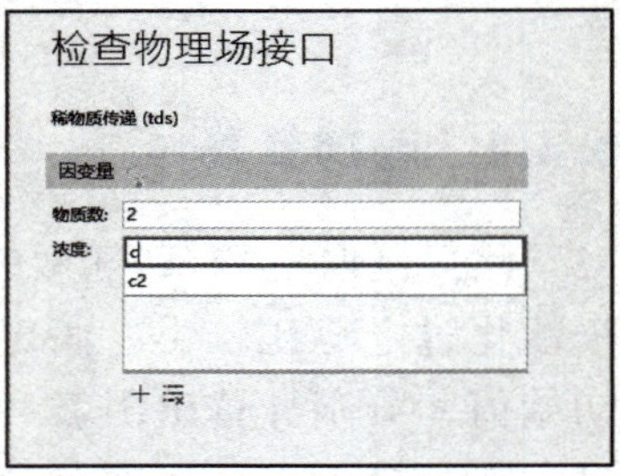

检查物理场接口

稀物质传递 (tds)

因变量

物质数: 2

浓度: c

c2

图 8-16　稀物质传递物理场的因变量设置

图 8-17　研究的设置

表 8-4　全局参数

名　称	表 达 式	值	描　述
rho	1000 [kg/m^3]	1000kg/m^3	Density
eta	0.001 [Pa*s]	0.001Pa·s	Dynamic Viscosity
u0	0.0083 [m/s]	0.0083m/s	Inlet Velocity
D	8e-10 [m^2/s]	8E-10m^2/s	Diffusion coefficient
cA0	2100 [mol/m^3]	2100mol/m^3	Anode Inlet Concentration
cC0	0.5 [mol/m^3]	0.5mol/m^3	Cathode Inlet Concentration
na	2	2	Number of Electrons Transfer
nc	4	4	Number of Electrons Transfer
T	298 [K]	298 K	Temperature
ia0	3.82e5 [A/m^3]	3.82E5A/m^3	Anode Exchange current density
ic0	100 [A/m^3]	100A/m^3	Cathode Exchange current density
ocp_C	0.9 [V]	0.9V	Open Circuit Potential
alpha	0.5	0.5	Charge Transfer Coefficient
E_cell	0.45 [V]	0.45V	Cell Voltage
kappa_a	11.47 [S/m]	11.47S/m	Anolyte ionic conductivity
kappa_c	43 [S/m]	43S/m	Catholyte ionic conductivity
sigma	10e7 [S/m]	1E8S/m	Electrode conductivity
k	alpha*F_const/R_const/T	19.4711/V	
S	2000 [1/m]	20001/m	
ia	ia0/S	191A/m^2	
ic	ic0/S	0.05A/m^2	
ocp_A	0 [V]	0V	

5. 几何设置

本案例需要绘制三维的燃料电池几何构型，绘制结果如图 8-18 所示。

（1）平面图形的绘制

首先，对几何体的基本属性进行设置：以毫米（mm）为单位度量长度，并将模型的默认修复容差方式改为相对，如图 8-19a 所示。

这之后在 X-Z 平面上添加一个**工作平面**以便绘制二维图形（见图 8-19b）。在工作平面元素中包含一个**平面几何**元素，在此基础上进行几何图像的绘制。右键单击平面几何条目，以添加矩形等元素。

第一步先添加一个长 30mm、宽 0.475mm 的矩形（见图 8-20a）。其次右键单击平面几何，选择**变换—移动**；将移动对象选择为之前添加的矩形（r1），并勾选保留输入对象，如图 8-20b 所示，绘制结果如图 8-20c 所示。

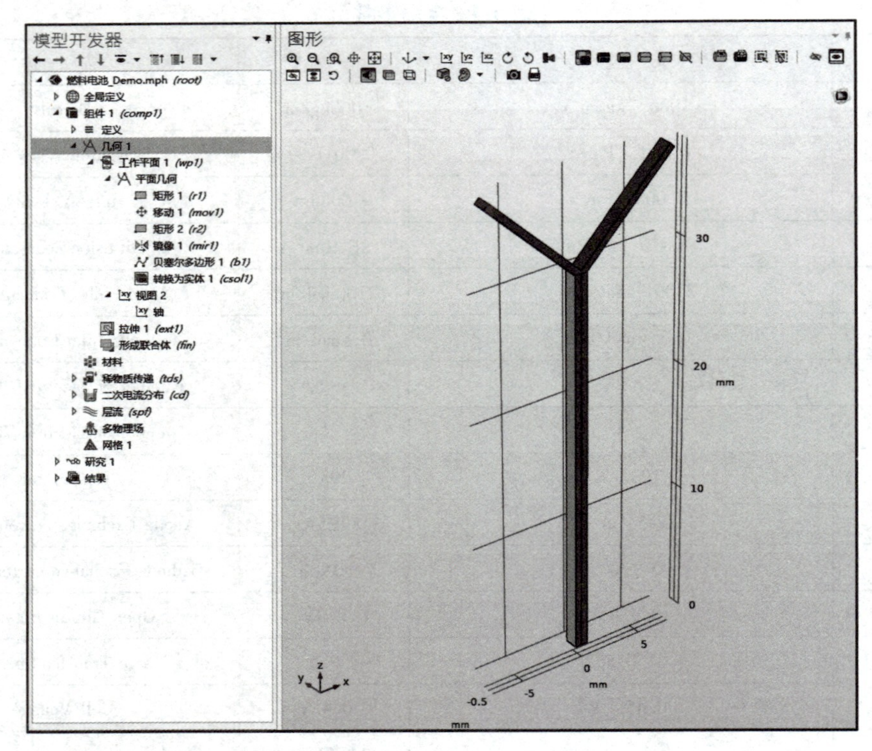

图 8-18　几何绘图结果

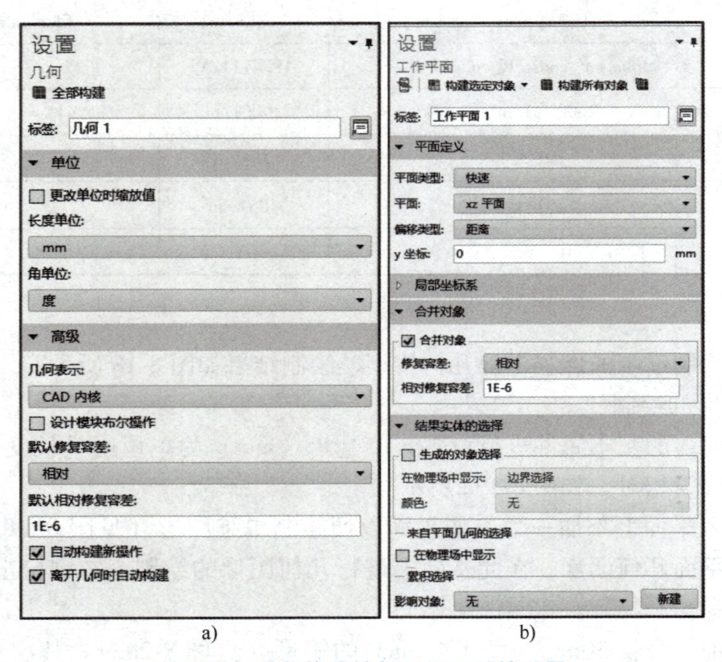

a)　　　　　　　　　　　　　　b)

图 8-19　几何体属性与工作平面的设置

然后再绘制一个宽 0.025mm、高 30mm 的矩形，并对其**镜像**，如图 8-21 所示。

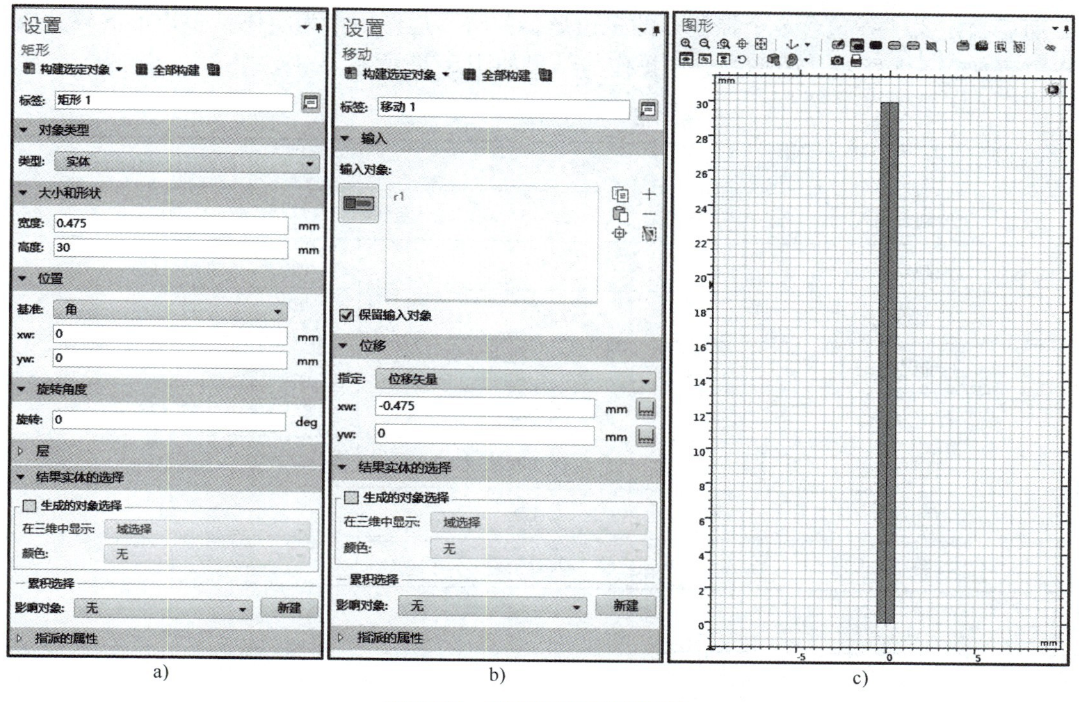

a)　　b)　　c)

图 8-20　平面几何绘制步骤 1

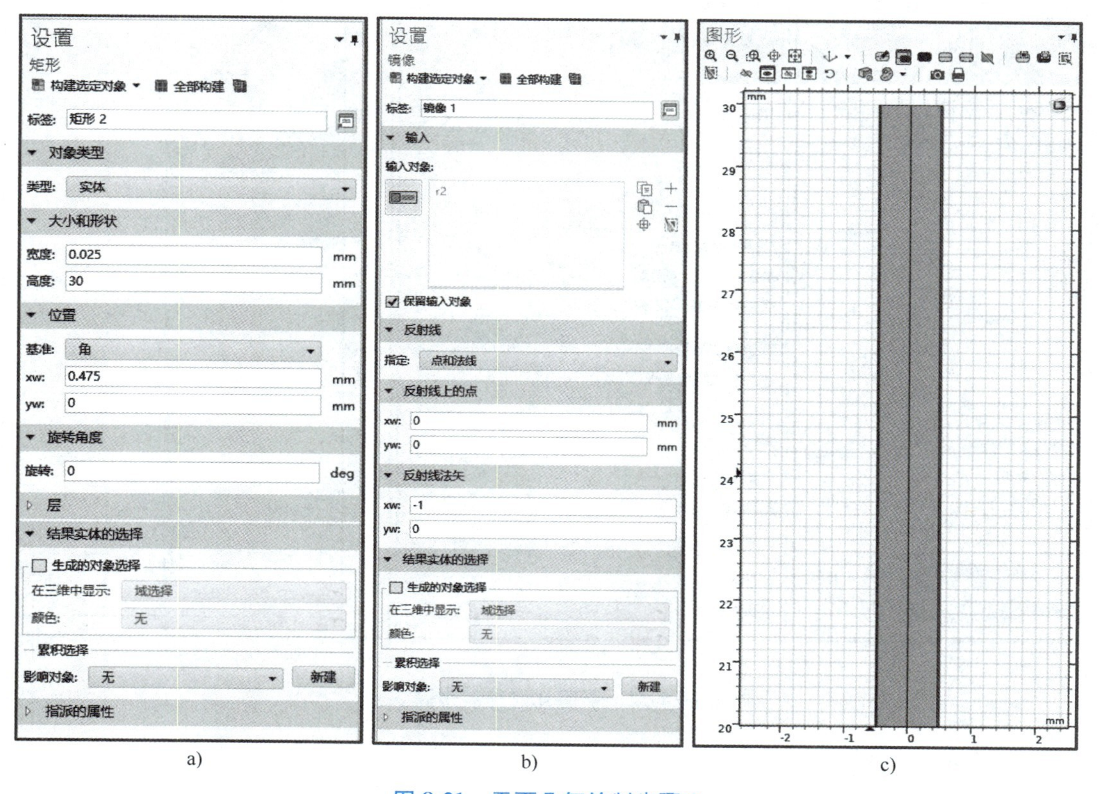

a)　　b)　　c)

图 8-21　平面几何绘制步骤 2

而后，定义一条包含 8 个控制点的多边形，并将多边形转换为实体。多边形的各分段起始点位置如表 8-5 所示，图形的绘制操作与结果如图 8-22 所示。

表 8-5　多边形尺寸设置参数

位置	控制点 xw/mm	控制点 yw/mm
控制点 1	0. 475	30
控制点 2	7. 546	37. 071
控制点 3	7. 192	37. 425
控制点 4	0	30. 233
控制点 5	−7. 192	37. 425
控制点 6	−7. 546	37. 071
控制点 7	−0. 475	30
控制点 8	0. 475	30

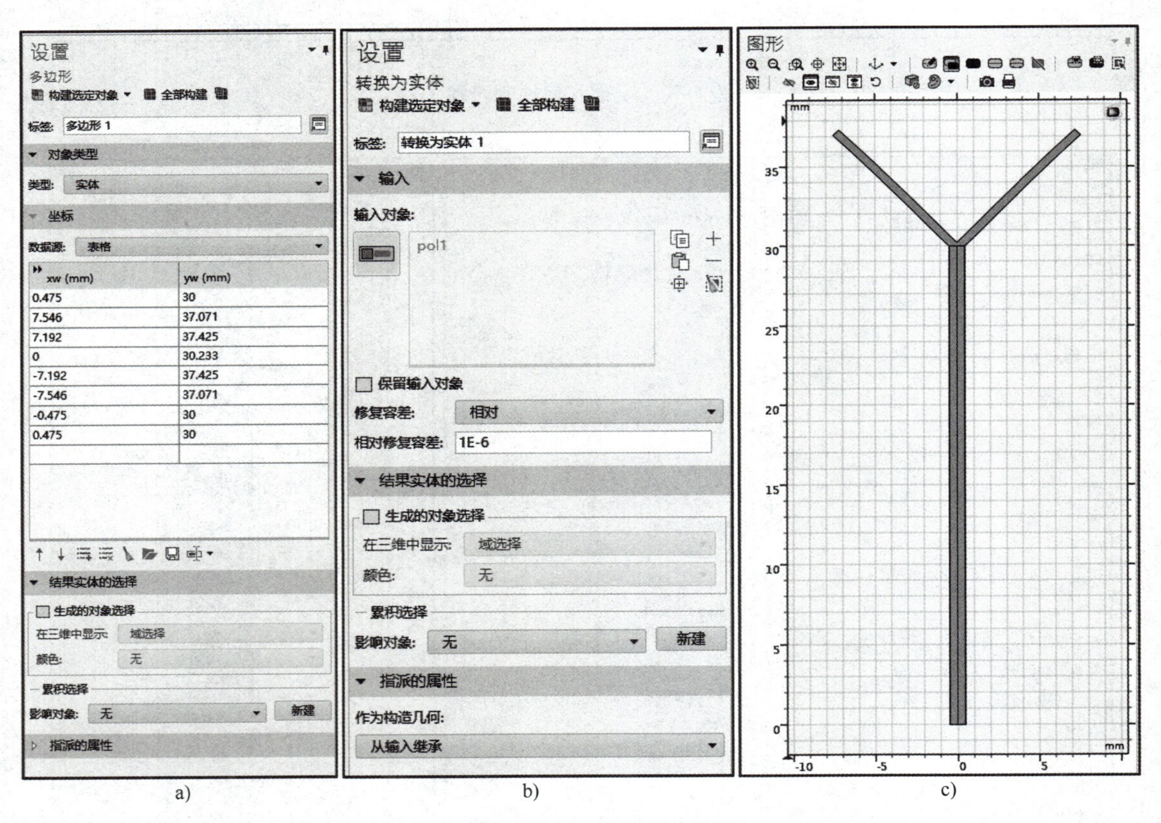

图 8-22　平面几何绘制步骤 3

（2）拉伸为三维图形

最后右键单击几何条目，以添加**拉伸**，完成几何图形的构建（见图 8-23）。

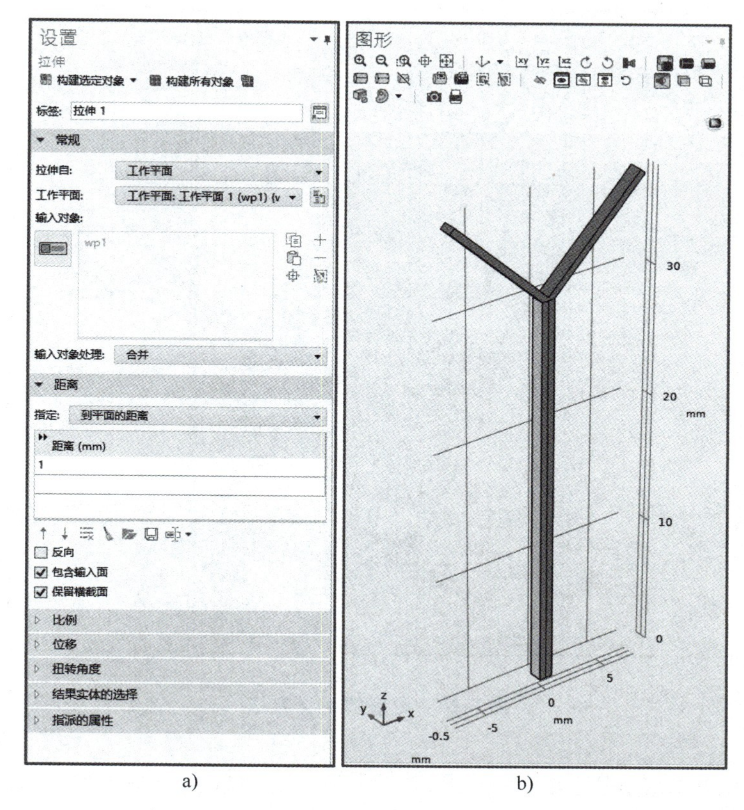

图 8-23　拉伸为三维实体

6. 变量与函数的定义

本案例中，需要在组件 1 内设置两组**变量**对象和一组**插值函数**对象。变量 1 用于定义几何体左侧 $x=-0.475$ 平面上两长方体连接边界（边界 11）上的变量。变量所处边界位置如图 8-24b 所示，变量的表达式如表 8-6 所示，定义操作如图 8-24a 所示。变量 2 则定义在图形对称面另一侧两长方体的交接面（边界 22）上，表达式如表 8-7 所示。

表 8-6　变量 1 输入

名称	表　达　式	单位
Sa	ia * (c/cA0) * (exp(opota * alpha * F_const/R_const/T) - exp(-opota * alpha * F_const /R_const/T))	A/m^2
opota	siec. phis_eebii1-phil-ocp_A	V

表 8-7　变量 2 输入

名称	表　达　式	单位
Sc	ic * (c2/cC0) * (exp(opotc * alpha * F_const/R_const/T) - exp(-opotc * alpha * F_const /R_const/T))	A/m^2
opotc	siec. phis_eebii2-phil-ocp_C	V

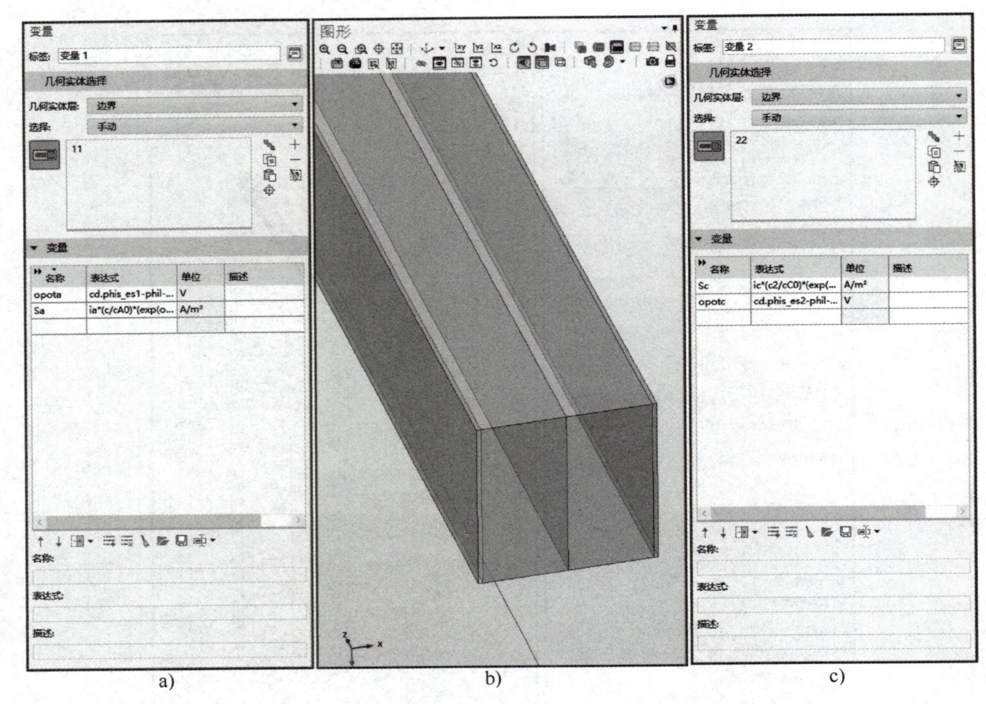

图 8-24　变量的定义方法

然后采用**局部表**的方式定义一**分段三次**内插的插值函数。插值函数各节点的值以及定义方法如图 8-25 所示。

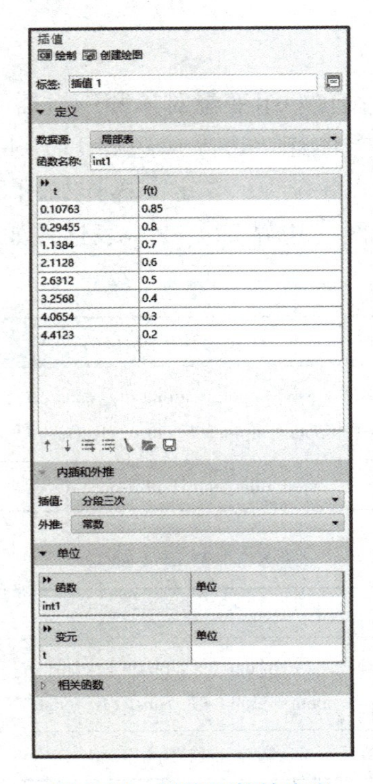

图 8-25　插值函数的定义

7. 材料定义

本案例在全局定义与组件定义中均不需要对材料进行定义。

8. 物理场设置

本例包含三个物理场，即**二次电流分布（cd）**、**稀物质传递（tds）**和**层流（spf）**，以下将分别对各物理场的设置进行说明。

（1）二次电流分布物理场

本例的二次电流分布物理场，除去**电解质**、**绝缘**、**初始值**三类属性外，还需添加一组**电解质**属性、一组**电极属性**和两组**电极表面**（命名为**电解质-电极边界面边界**）属性，如图 8-26a 所示。首先定义二次电流分布物理场本身的属性，将作用域限定在 Y 字形几何体下方的四个立方体组合上（编号 2、3、4、5）。然后将绝缘属性和初始值属性保持为默认即可，如图 8-26b、c、d 所示。

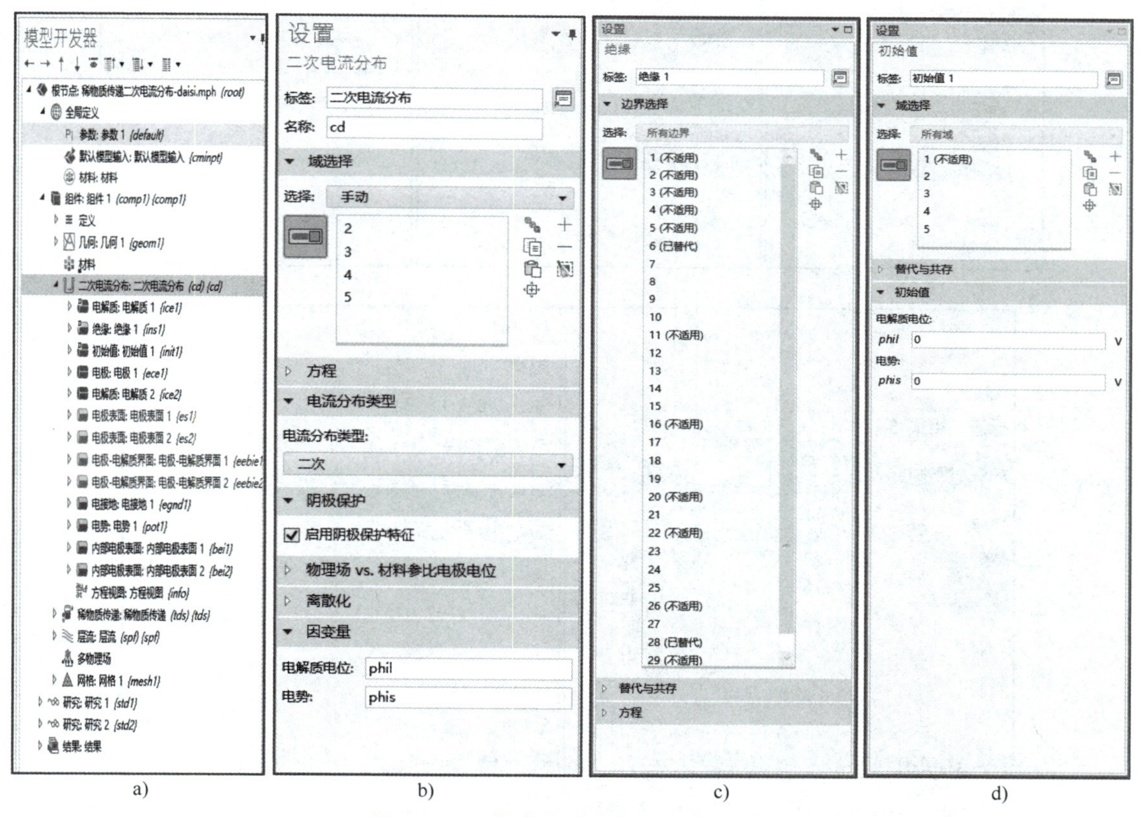

a)　　b)　　c)　　d)

图 8-26　二次电流分布物理场的设置 1

电解质 1 属性的定义是与电解质 2 属性及电极 1 属性共同定义的。其中，作用域两侧的两个薄长方体为电极，中间的两个稍后长方体则为电解质。电解质和电极的电导率均采取用户定义的方式从全局参数中选择，设置方式如图 8-27 所示。

两组电极表面属性选取的作用域为电极区域与电解质区域的交界面，即上节中定义的变量所作用区域。电极表面属性包含一个电极反应的子属性，子属性中的温度、平衡电位和局部电流密度均采用用户定义的方式从全局参数中选择（见图 8-28）。

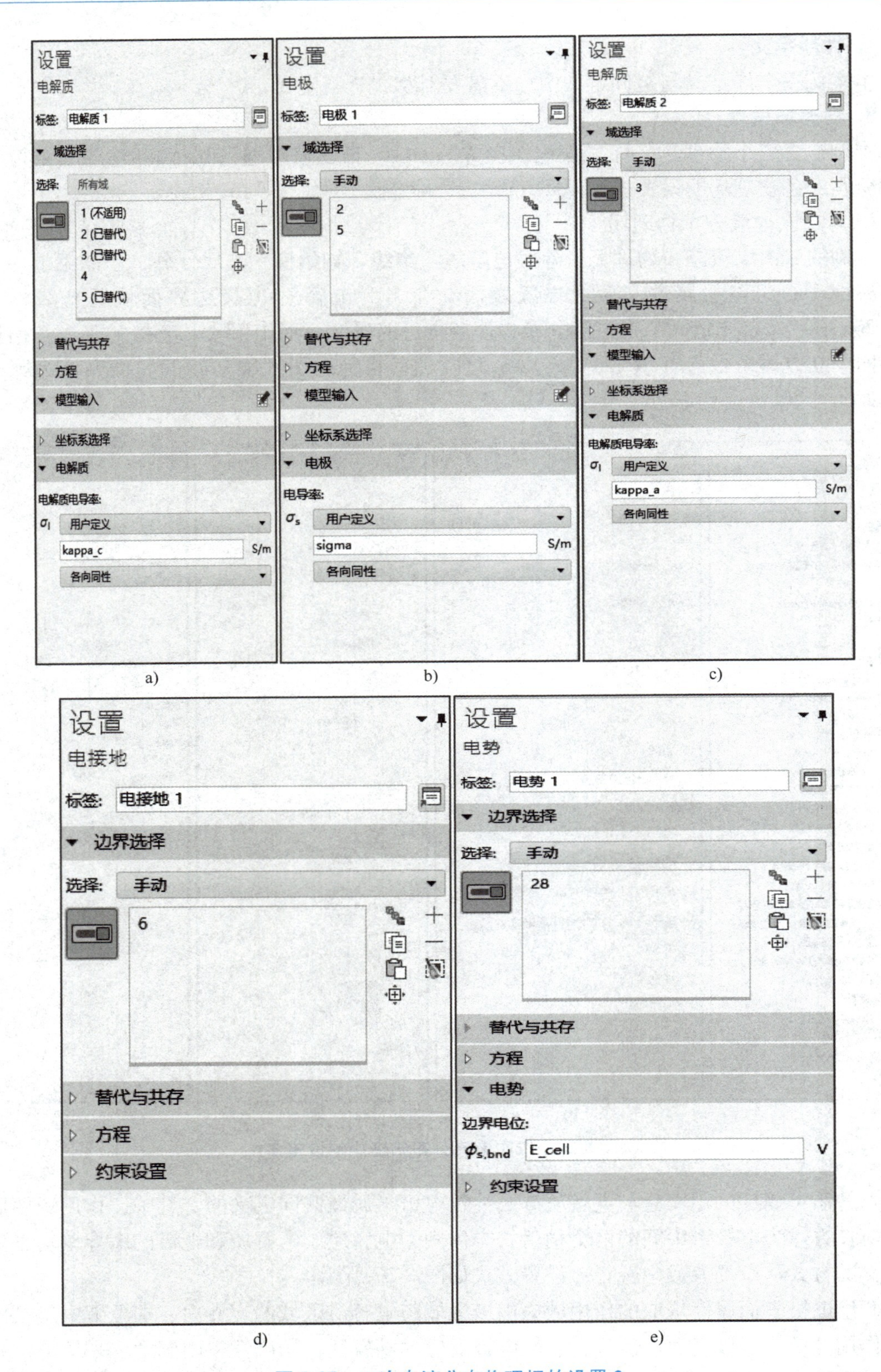

图 8-27　二次电流分布物理场的设置 2

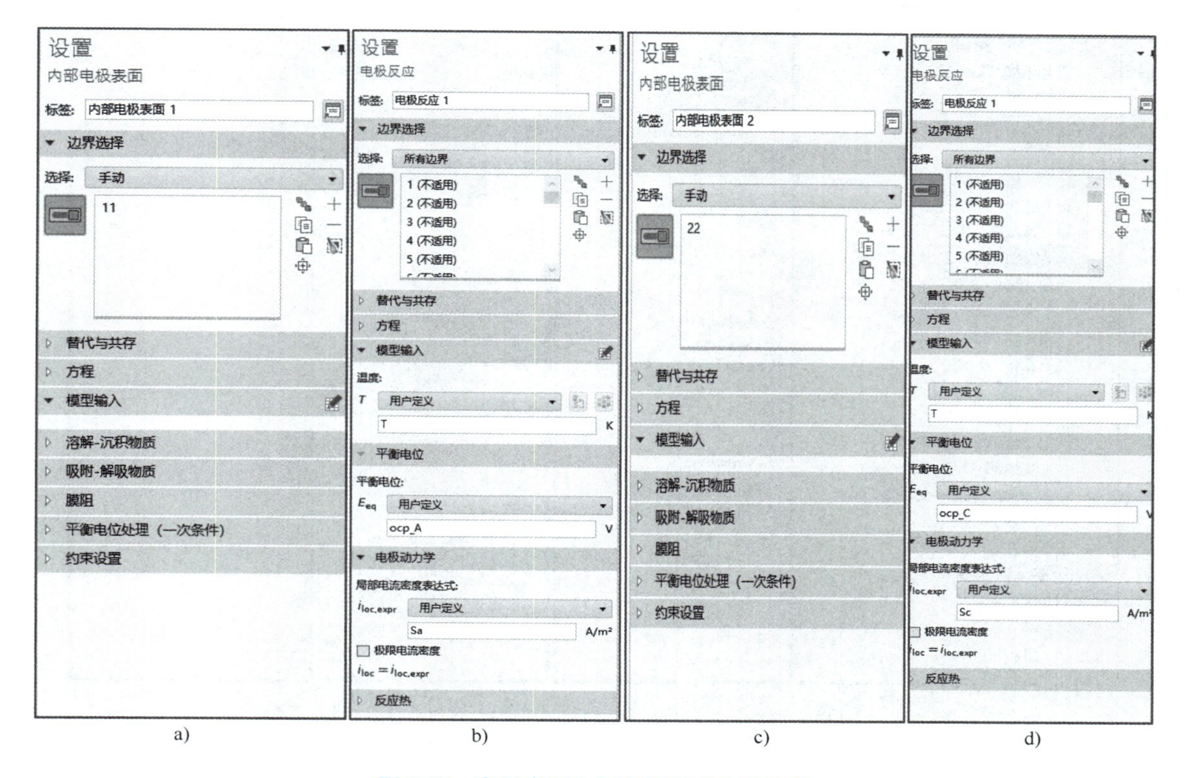

图 8-28　电极表面 1 与电极表面 2 的定义

（2）稀物质传递物理场（tds）

本例中的稀物质传递物理场，除去**传递属性**、**无通量**、**初始值**三类属性外，还需添加两组**流入**属性、一组**流出**属性和两组**电极表面耦合**（命名为**电极电解质界面耦合**）属性，如图 8-29a 所示。稀物质传递物理场的作用域为除去两侧薄电极外的其余区域（编号 1、3、4），如图 8-29b 所示。**传递属性**需要使用用户定义的方式定义温度与材料的扩散系数，其余属性与**初始值**属性保持默认设置即可。

无通量属性需要与**流入**、**流出**、**电极表面耦合**共同定义。**流入 1** 的作用域为 Y 字形几何体左侧的上表面，该处存在物质 c 的流入，浓度按用户定义的方法确定；**流入 2** 作用域与**流入 1** 对称，存在物质 c2 的流入；几何体的流出位置则位于 Y 形几何体的下端。三者的设置方式如图 8-30 所示。**电极表面耦合**的作用面则在电解质与电极的交界面（编号 11、22），设置方式如图 8-31a、b 所示。最终无通量属性的作用界面如图 8-31c 所示。

（3）层流物理场

层流物理场主要描述燃料电池中流体的流动，除去基本属性外，该物理场还需添加入口和出口。流场在初始情况下为静止状态，流体属性采用用户定义的方式给定。流场的入口与出口和稀物质传递中的流入与流出作用域相同，流入速度为定值，可从全局参数中调用，流出速度则由内部外推而得。层流物理场的设置方法如图 8-32 和图 8-33 所示。

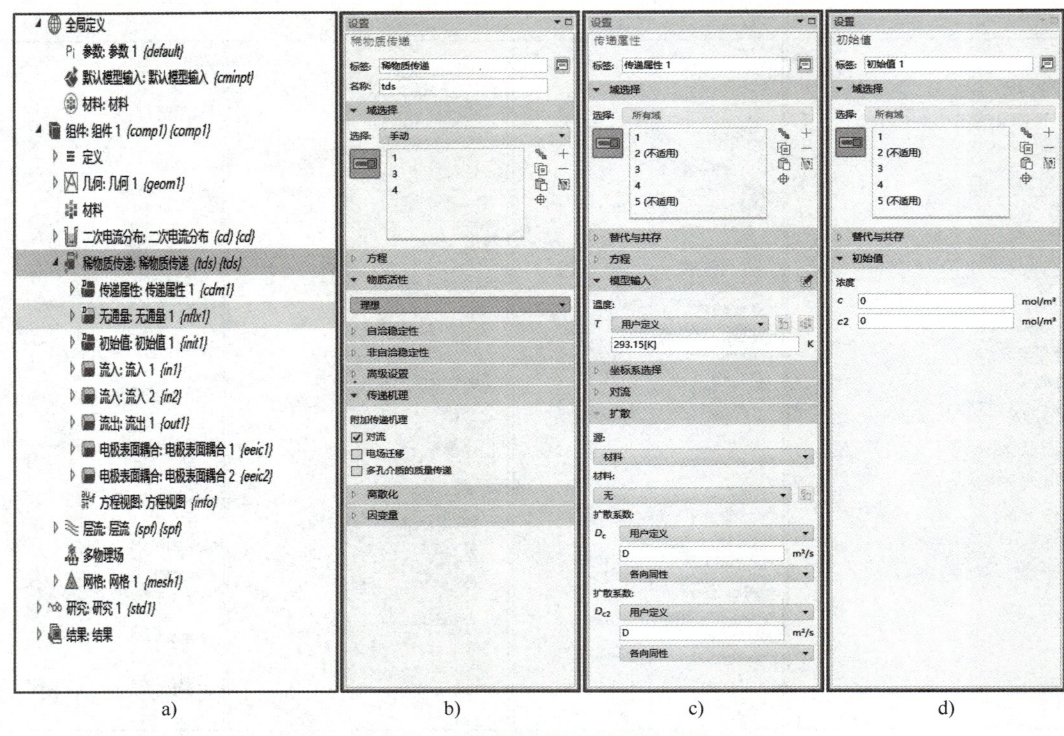

图 8-29　稀物质传递物理场的设置 1

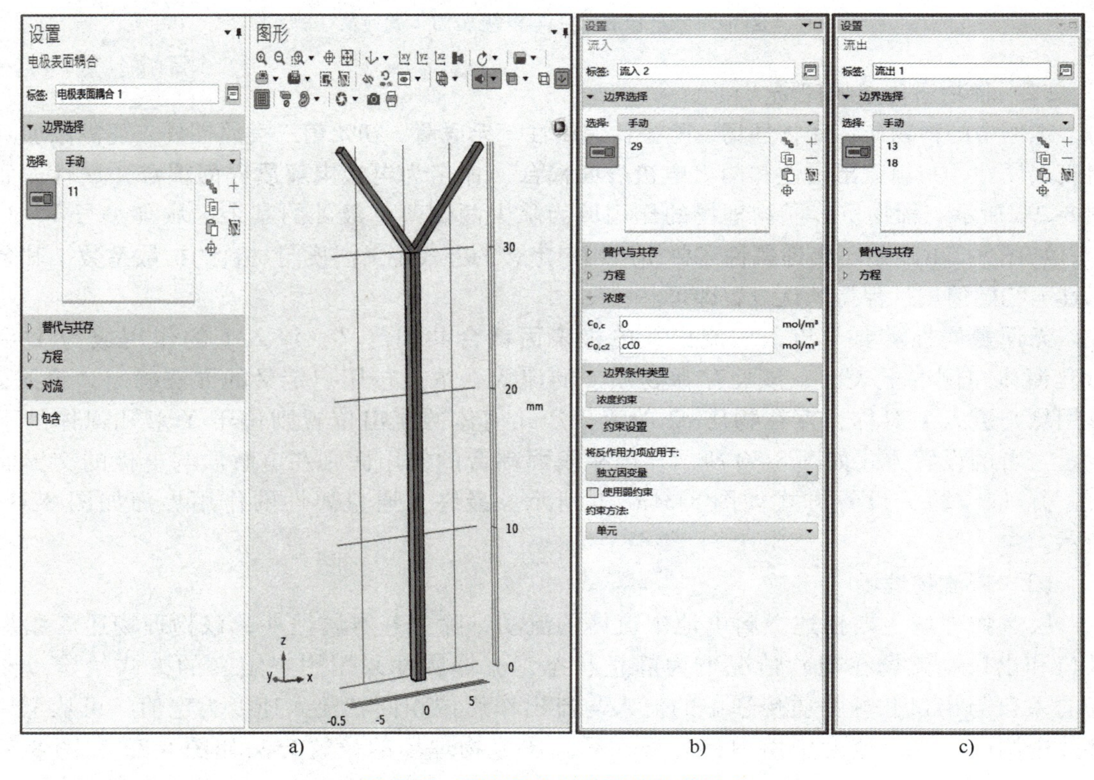

图 8-30　稀物质传递物理场的设置 2

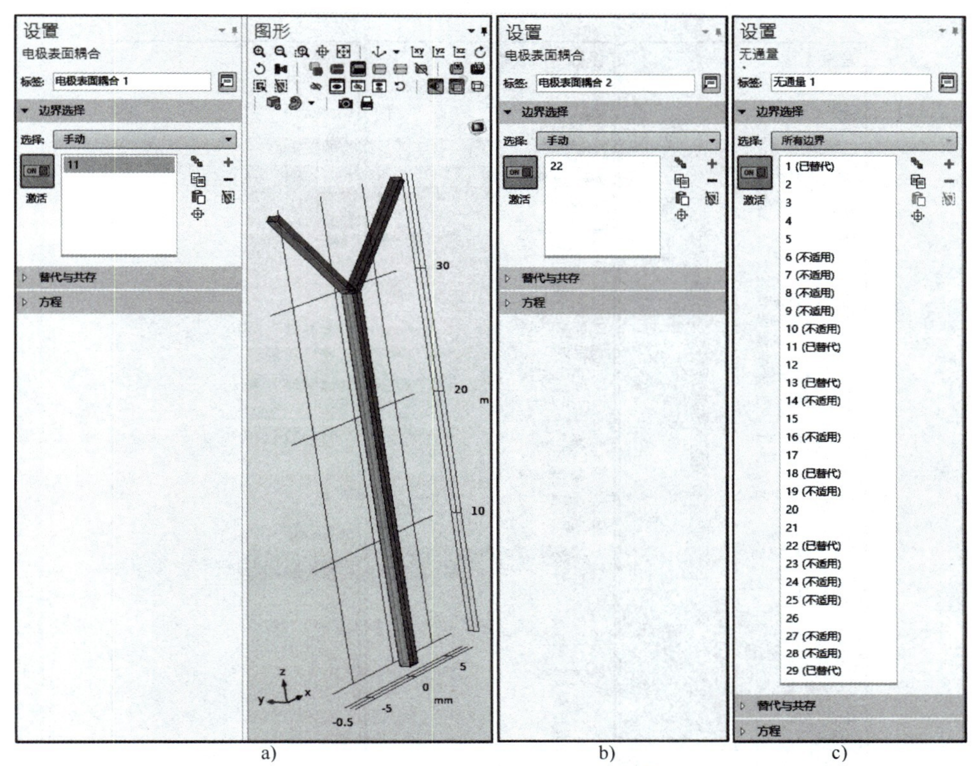

a)　　　　　　b)　　　　　　c)

图 8-31　稀物质传递物理场的设置 3

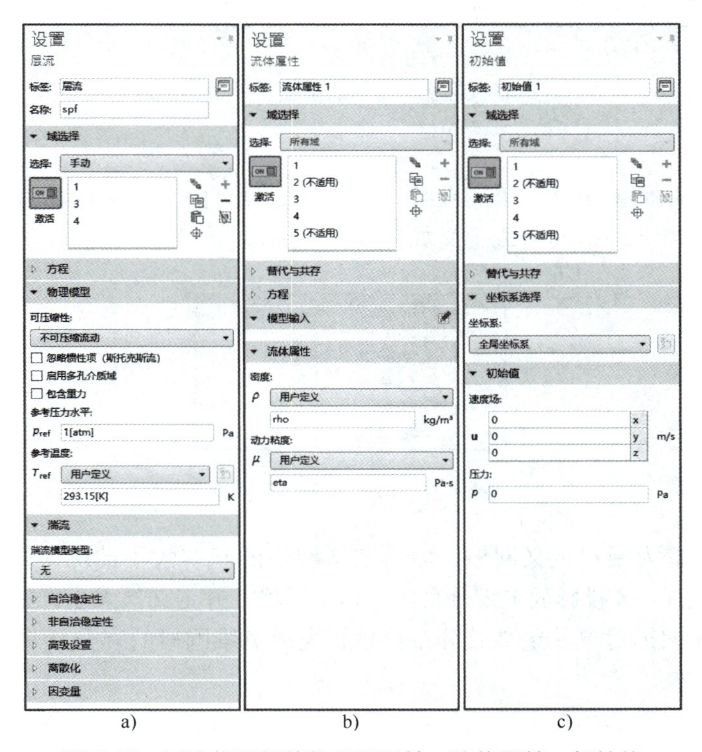

a)　　　　　　b)　　　　　　c)

图 8-32　层流物理场的物理场属性、流体属性、初始值

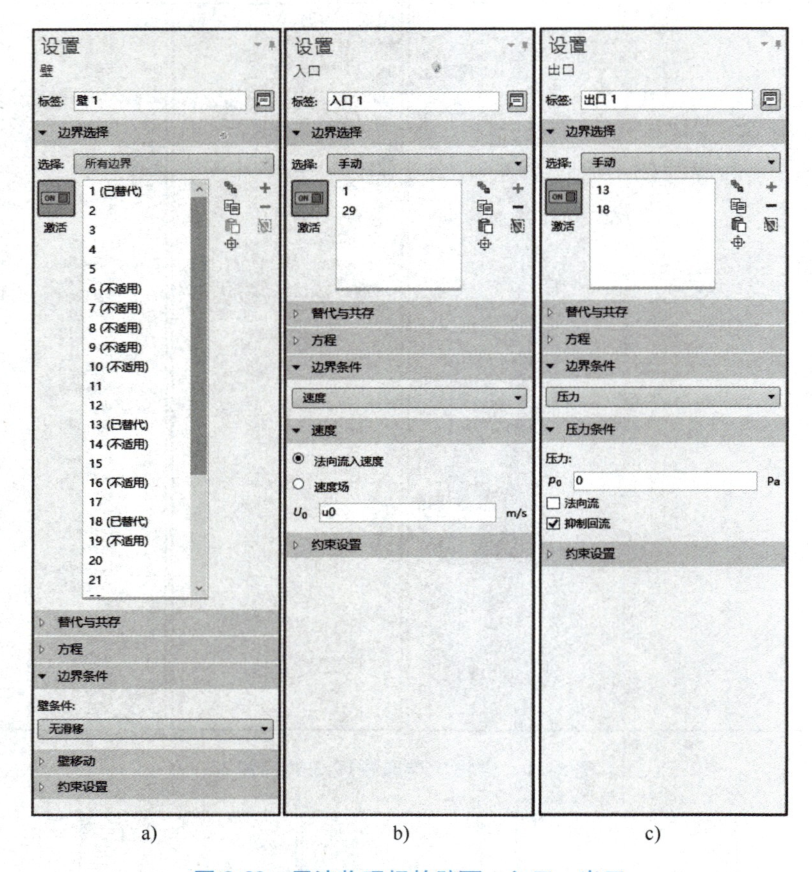

图 8-33　层流物理场的壁面、入口、出口

9. 网格划分

本案例为三维几何体仿真，采用在某一几何面划分自由三角网格并用扫掠方法使网格立体化的思想建立网格。网格的组成定义如图 8-34 所示。

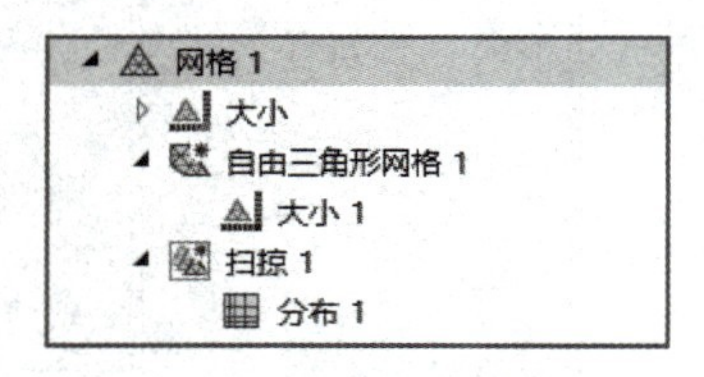

图 8-34　高精度网格的设置

首先将网格设置为用户定义网格，而后定义网格的基本大小情况，如图 8-35a 所示。其次，在三维几何体的 X-Z 投影面上划分自由三角形网格，并定义其大小，如图 8-35b、c 所示。

这之后，添加扫掠对象并定义其分布特性，完成三维网格的划分（见图 8-36）。

10. 求解器设定

本案例主要用于求解燃料电池的稳态运行状态，仅需在研究中添加一个稳态步骤即可。在稳态步骤的计算中，需要使用辅助扫描功能完成对制定参数的扫描，如图 8-37 所示。

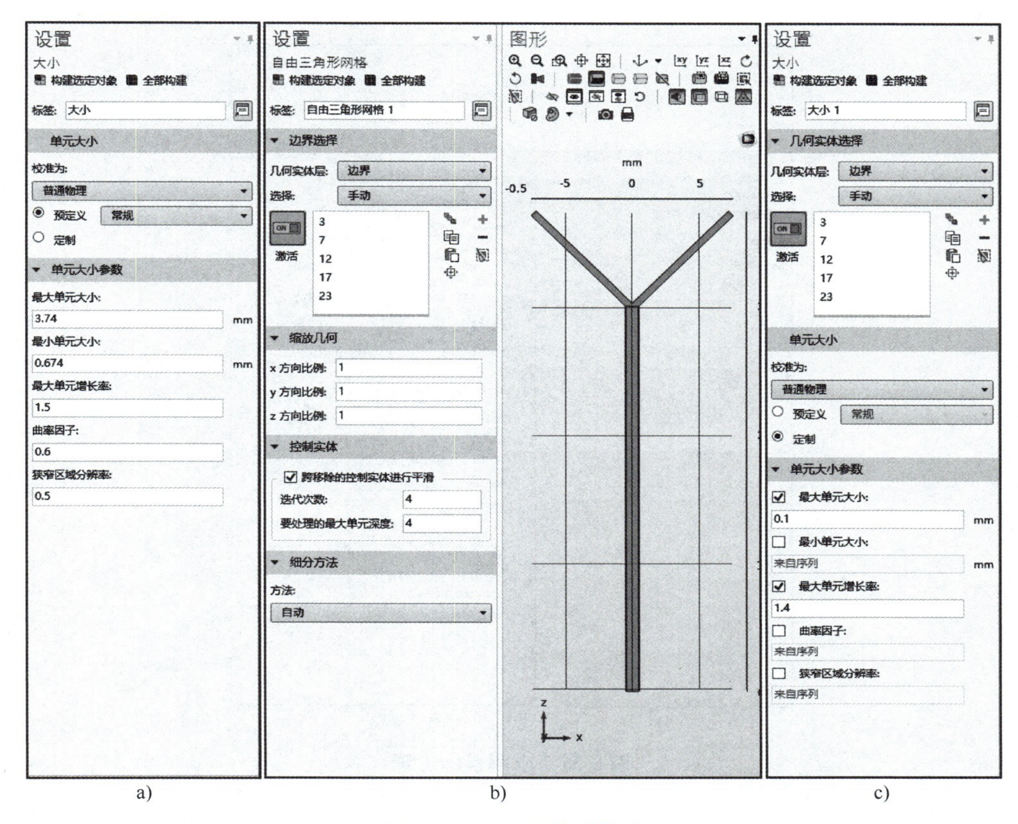

a) b) c)

图 8-35 平面网格的划分

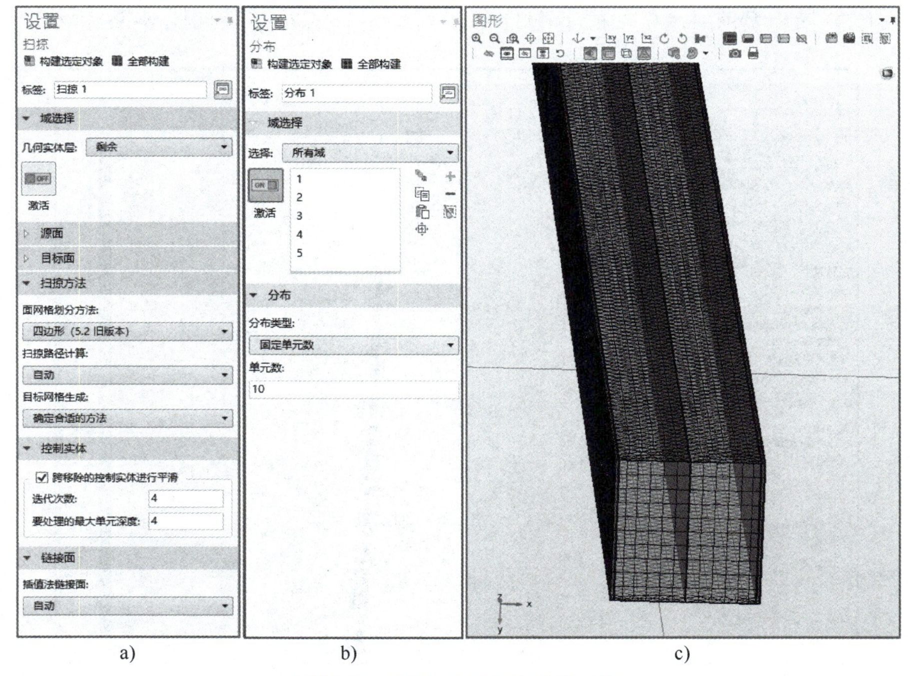

a) b) c)

图 8-36 三维网格的划分及结果

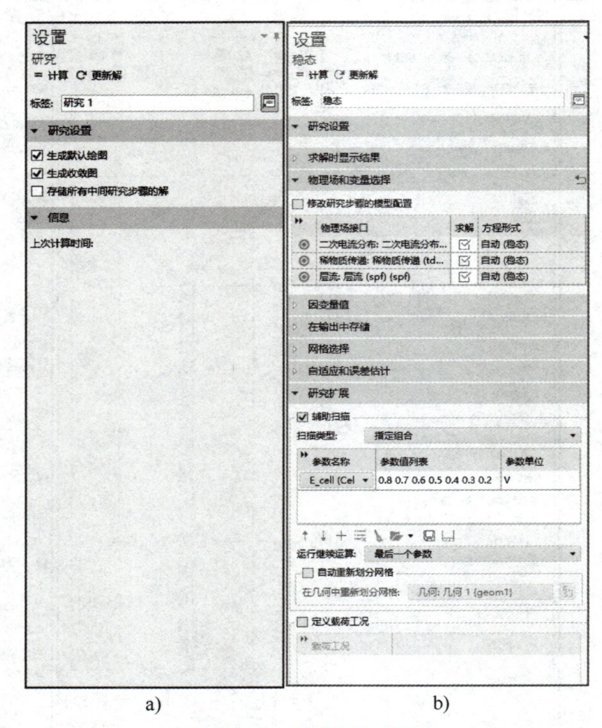

图 8-37　求解器的设置

11. 后处理

（1）电解质电势分布图

求解得电解质电势在 X=0 平面上的分布，其绘制方法及结果如图 8-38 所示。

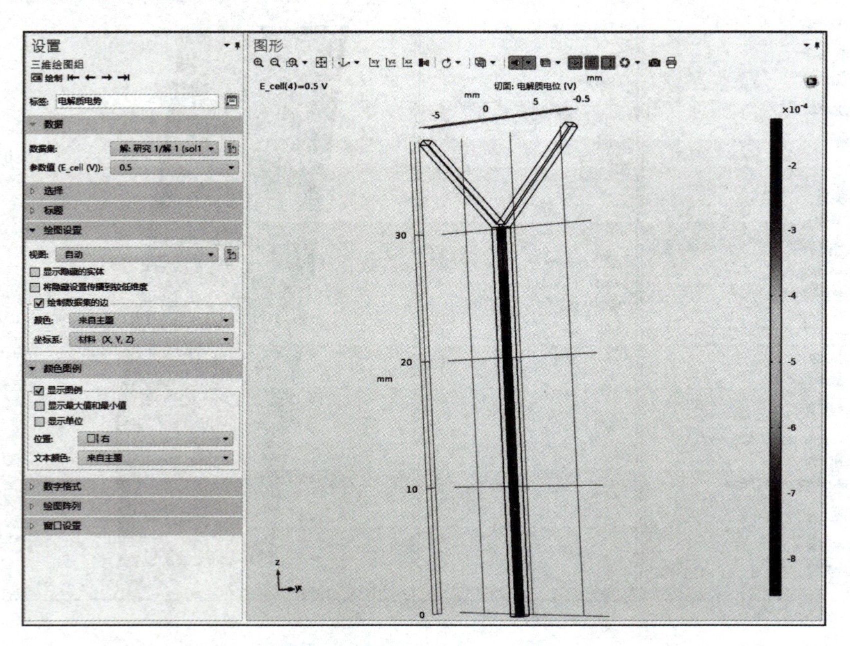

图 8-38　电解质电势分布图的绘制与结果

（2）浓度分布图

电解质浓度的绘制方法及结果如图 8-39 所示。

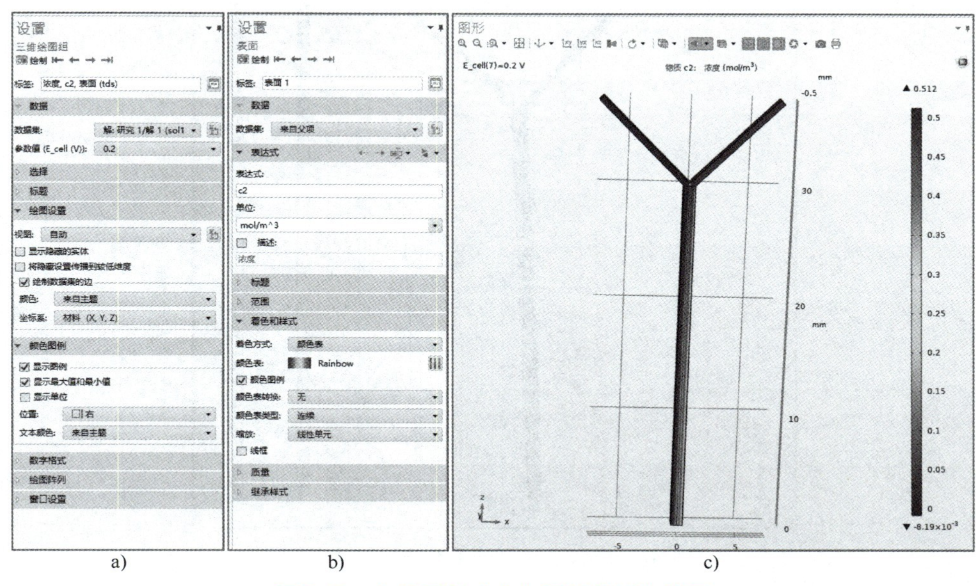

a)　　　　b)　　　　c)

图 8-39　电解质浓度分布图的绘制与结果

（3）运动速度分布图

电解质移动速度分布的绘制方法如图 8-40 所示，结果如图 8-41 所示。

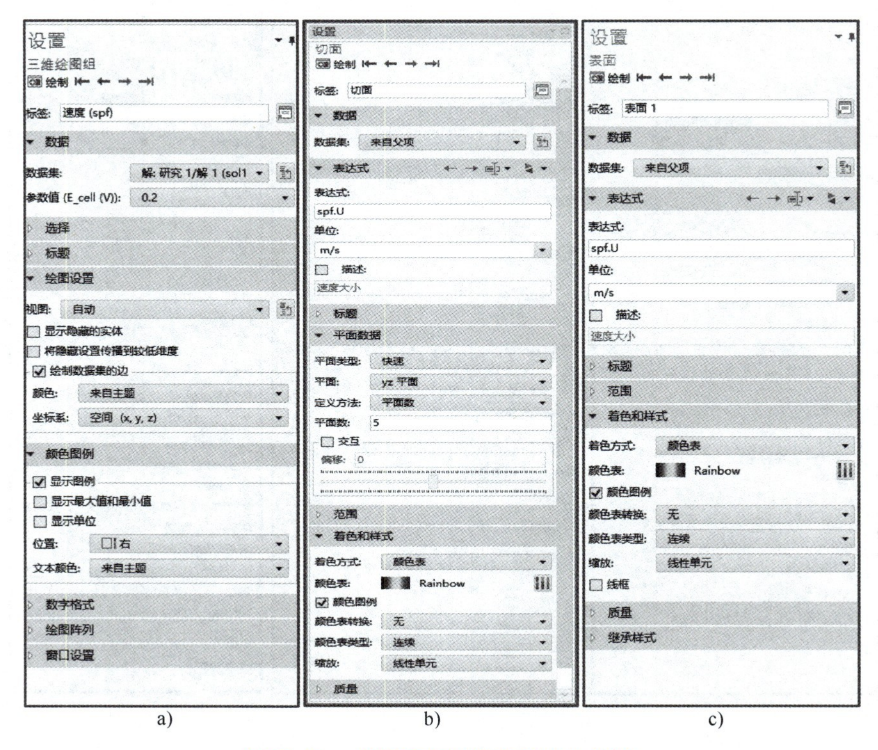

a)　　　　b)　　　　c)

图 8-40　电解质移动速度分布的绘制

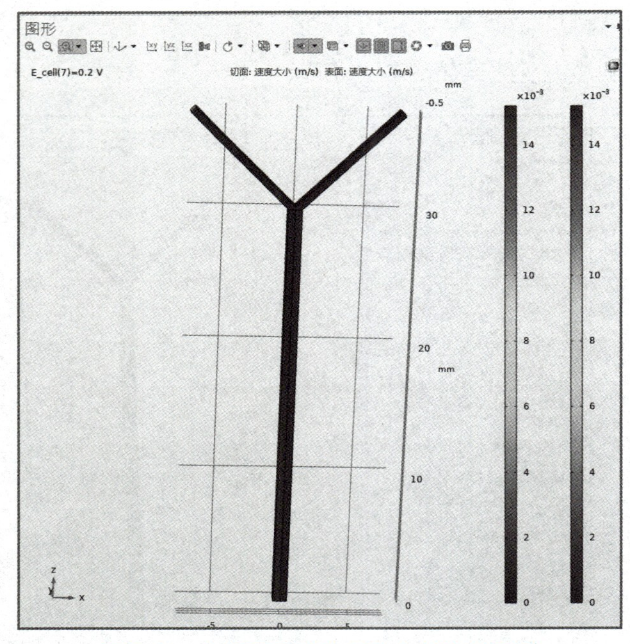

图 8-41　电解质移动速度分布的绘制示例

（4）压力分布图

电解质压力分布的绘制方法及结果如图 8-42 所示。

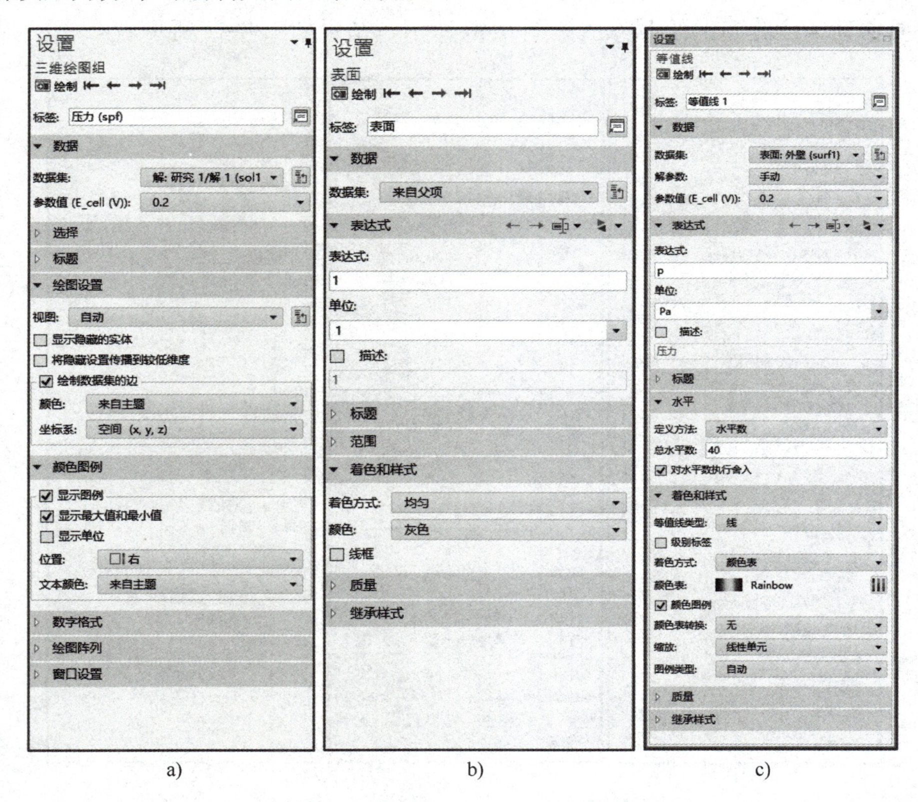

a)　　　　b)　　　　c)

图 8-42　电解质压力分布的绘制及结果

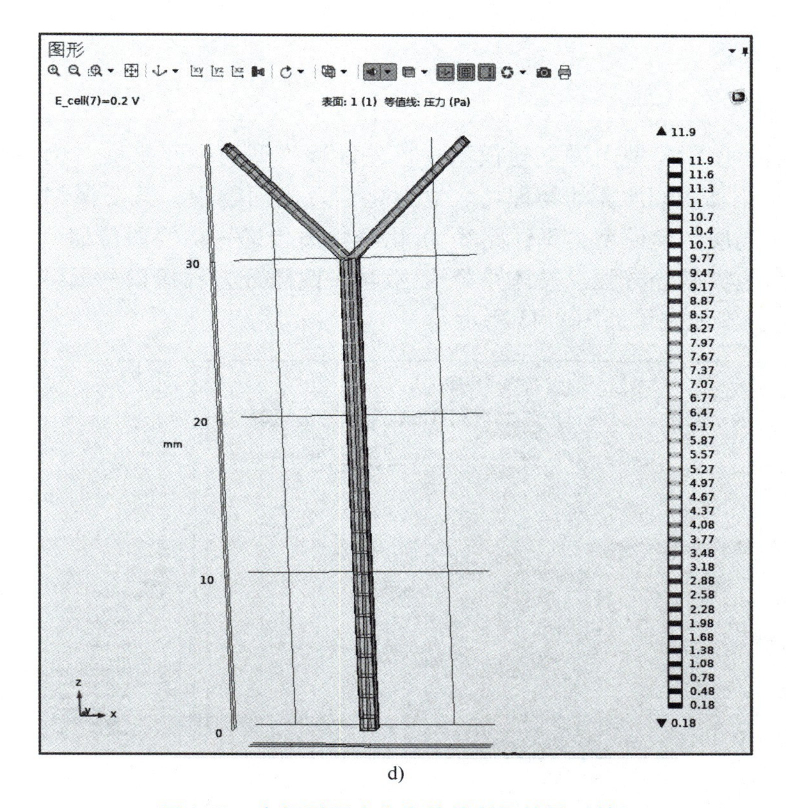

d)

图 8-42　电解质压力分布的绘制及结果（续）

8.4.3　案例小结

本模型研究的是 Y 形流道的燃料电池浓度分布，电流密度分布以及极化曲线。这种结构设计将燃料电池的燃料和氧化物分别从不同入口引入，最终汇集到同一交叉口处，混合区域流场依然相互独立，物质不会扩散到彼此的部分。通过仿真的手段，我们评估这种电池结构的性能优势。另外我们通过这个例子，还可以比较不同横截面积的流场中主流道横截面的渐缩与渐扩对燃料电池整体性能影响的优劣，从而优化燃料电池的整体设计。

8.5　案例 3　电致化学发光

8.5.1　物理背景

此示例着重研究电致化学发光的过程，实验过程中合成了一个表面修饰有 $Ru2^{+}$ 的二氧化硅微球（均匀覆盖在微球表面），将其放在玻碳电极表面，在循环伏安（0~1.4V）的扫描过程中，当电压超过 0.9V 时，会发生电化学发光过程，由于存在扩散现象，所以 $TPrA\cdot^{+}$ 和 $TPrA\cdot$ 在电极溶液界面上存在浓度梯度，导致微球表面不同区域的发光强度不同。本案例着重研究模拟单个尺寸的微球不同高度的光强分布，同时研究获得不同大小微球的总体发光强度，并与实验显微镜下的结果进行对比。

8.5.2 操作步骤

1. 物理场选择

打开软件后，使用模型向导创建模型，首先设置模型的空间维度，选择为**二维轴对称**。第二步则是添加我们所需的物理场。电致化学发光问题中，需要添加的物理场模型包括两组：一为稀物质传递模型，具体路径为 **化学物质传递—稀物质传递（tds）**；二为数学模型中的系数型边界微分方程，具体路径为 **数学—偏微分方程接口—低维—系数形边界偏微分方程（cb）**。添加效果如图 8-43 所示。

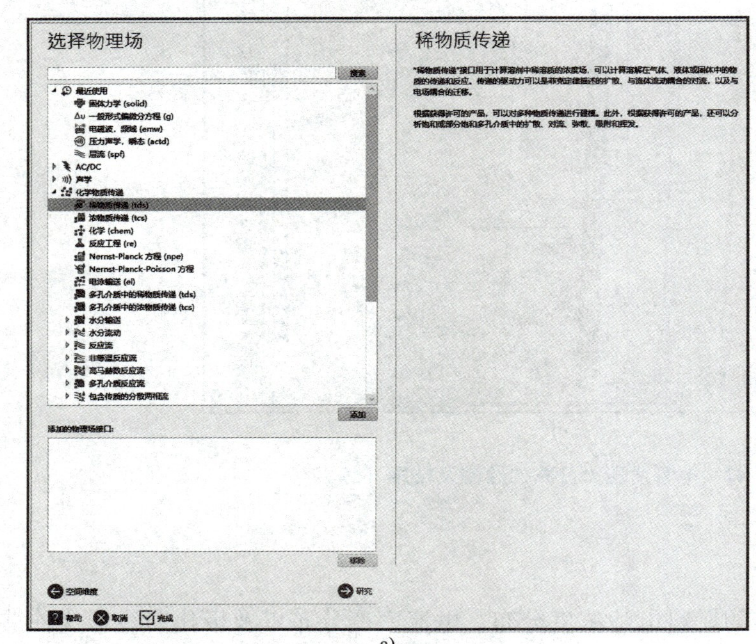

a)

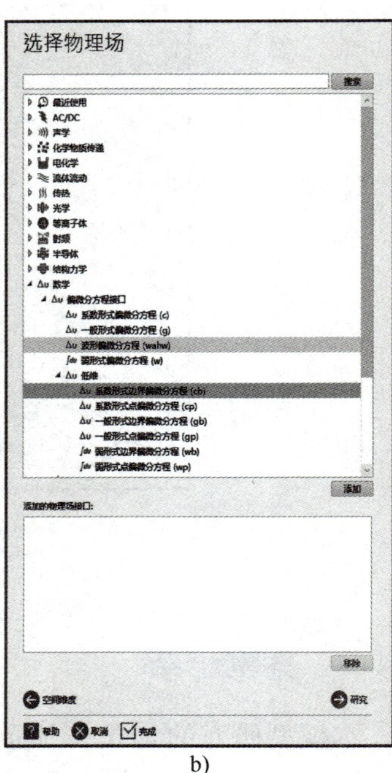

b)

图 8-43 物理场选择与添加

2. 因变量设置

稀物质传递物理场需要添加 8 种不同物质的浓度作为因变量，其具体设置如图 8-44 所示。

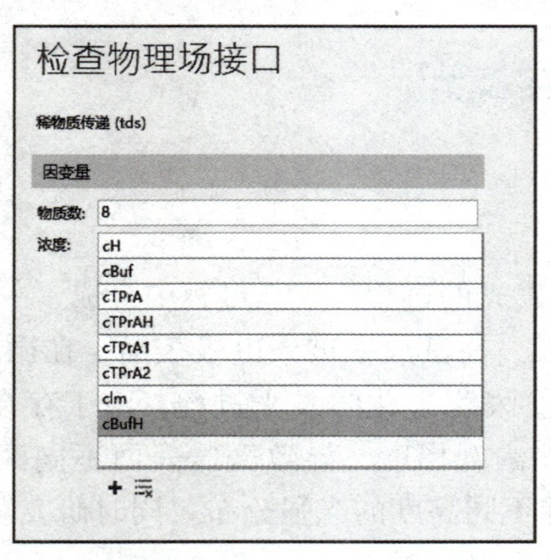

图 8-44 因变量设置

3. 求解器设置

对应变量设置完毕后，单机**研究**按钮，模型向导会进入**研究**设置步骤，在**选择研究**树中添加一个**空研究**即可，单击**完成**，如图 8-45 所示。求解器的具体设置将在后文中给出。

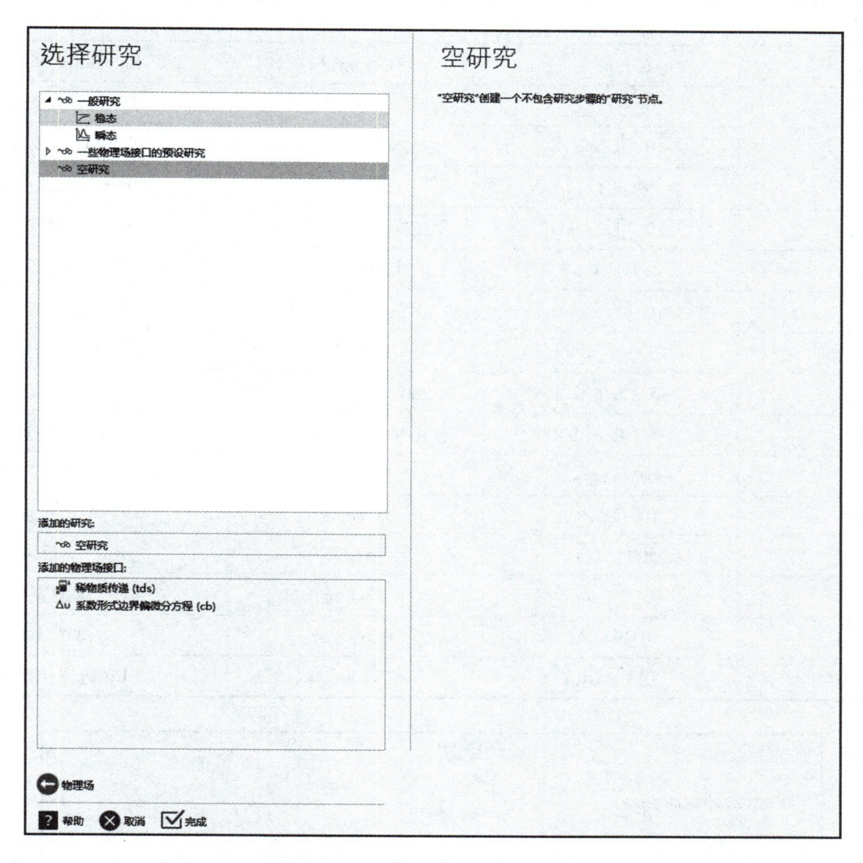

图 8-45　求解器的简单设置

4. 全局参数设置

由于本案例针对电化学问题进行仿真，需定义大量常量参数，包括多种物质的浓度初值、离子扩散系数等。因此，需要在**全局定义**中利用**参数**对象对上述内容赋值，操作如图 8-46 所示，需赋值的参数于表 8-8 列出。

表 8-8　全局参数

名　称	表 达 式	值	描　述
cTPrA0	0.1［mol/L］	$100 mol/m^3$	初始 TPrA（三丙胺）浓度
cTPrAH0	0.1［mol/L］	$100 mol/m^3$	初始 $TPrAH^+$浓度
c0_Ru2	10^(−9)［mol/cm^2］	$1E\text{-}5 mol/m^2$	初始 $Ru2^+$浓度
cH0	10^(−7.4)［mol/L］	$3.9811E\text{-}5 mol/m^3$	初始 H^+浓度
cBuf0	0.2［mol/L］	$200 mol/m^3$	初始 Buf 浓度
DTPrA	5e-6［cm^2/s］	$5E\text{-}10 m^2/s$	TPrA TPrA · $^+$TPrA · 扩散系数

（续）

名　称	表 达 式	值	描　述
DRu	5e-7 ［cm^2/s］	5E-11m^2/s	Ru 离子扩散系数
DH	9. 3e-5 ［cm^2/s］	9. 3E-9m^2/s	H^+离子扩散系数
DBuf	5e-6 ［cm^2/s］	5E-10m^2/s	Buf/BufH^+扩散系数
k1	8 ［1/s］	8 1/s	TPrA 正向反应速率
k_1	3e10 ［L/mol/s］	3E7m^3/(s · mol)	TPrA 反向反应速率
kb	2e3 ［1/s］	2000 1/s	Buf 正向反应速率
k_b	3e10 ［L/mol/s］	3E7m^3/(s · mol)	Buf 反向反应速率
ke	2e-3 ［1/s］	0. 002 1/s	H 正向反应速率
k_e	3e10 ［L/mol/s］	3E7m^3/(s · mol)	H 反向反应速率
k3	10000 ［1/s］	10000 1/s	TPrA · $^+$正向反应速率
k4	3e5 ［L/mol/s］	300m^3/(s · mol)	Ru2$^+$反应速率
k5	3e5 ［L/mol/s］	300m^3/(s · mol)	Ru$^+$反应速率
ks2	10 ［cm/s］	0. 1m/s	TPrA/TPrA · $^+$反应速率
ks4	10 ［cm/s］	0. 1m/s	TPrA · 反应速率
kdes	500 ［1/s］	500 1/s	Ru2$^+$ * 反应速率
d_bead	0. 09 ［um］	9E-8 m	球的直径
r_bead	d_bead/2	4. 5E-8 m	球的半径
Dapp	0. 1 * DRu	5E-12m^2/s	Ru 边界扩散系数

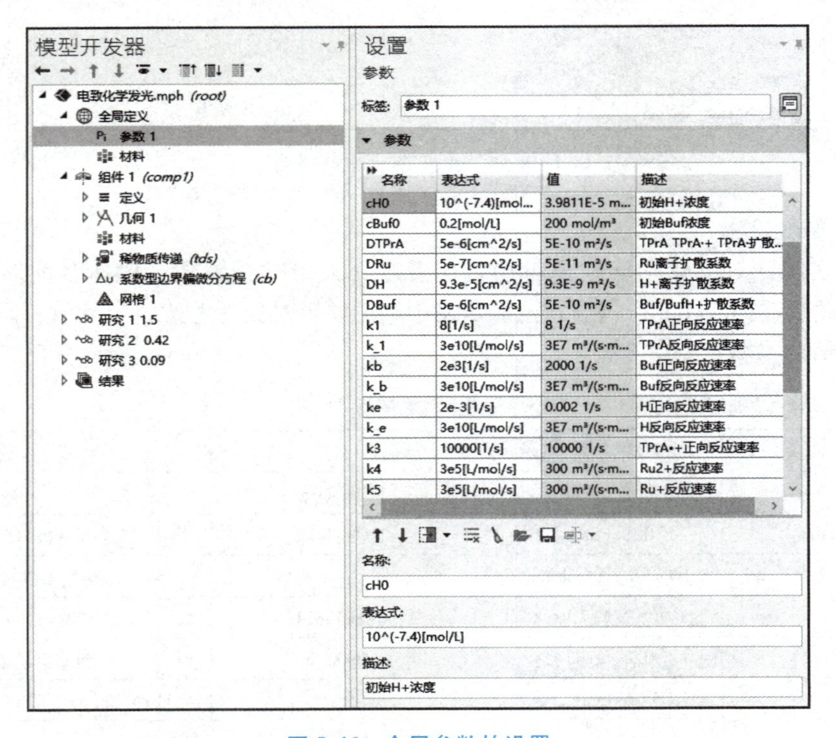

图 8-46　全局参数的设置

5. 几何设置（见图 8-47）

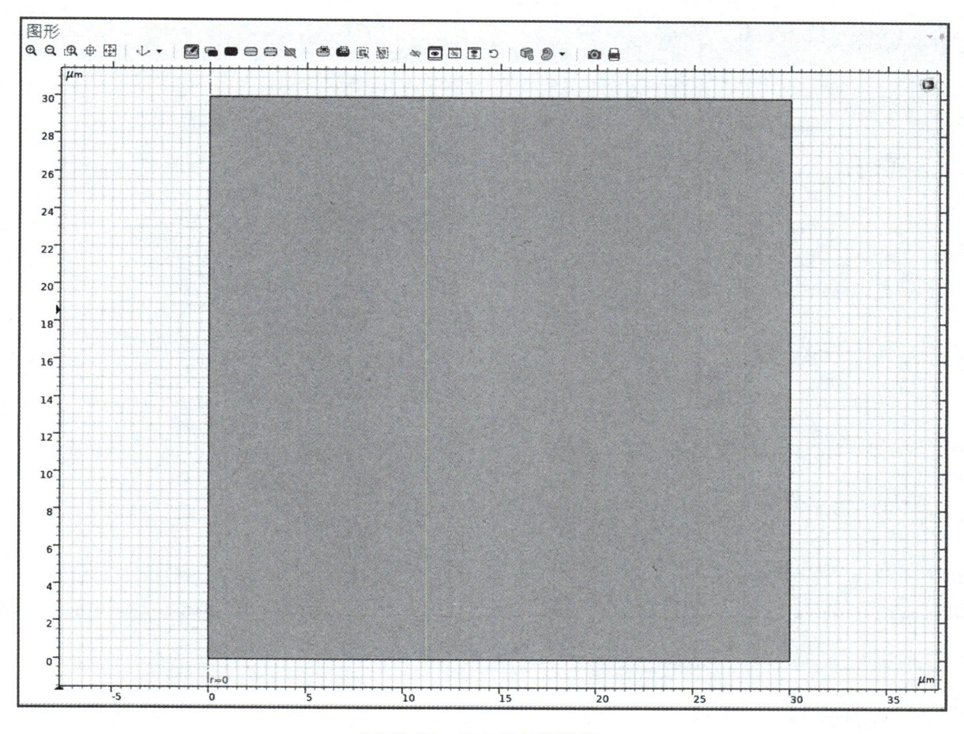

图 8-47　几何绘图结果

（1）半圆的绘制

首先需要绘制一个半圆。由于本问题研究的尺度较小，为方便调整数值，可将几何体的单位设为微米（μm）。几何体单位的设置方法如图 8-48 所示，半圆参数与绘制结果则在图 8-49 中展示。

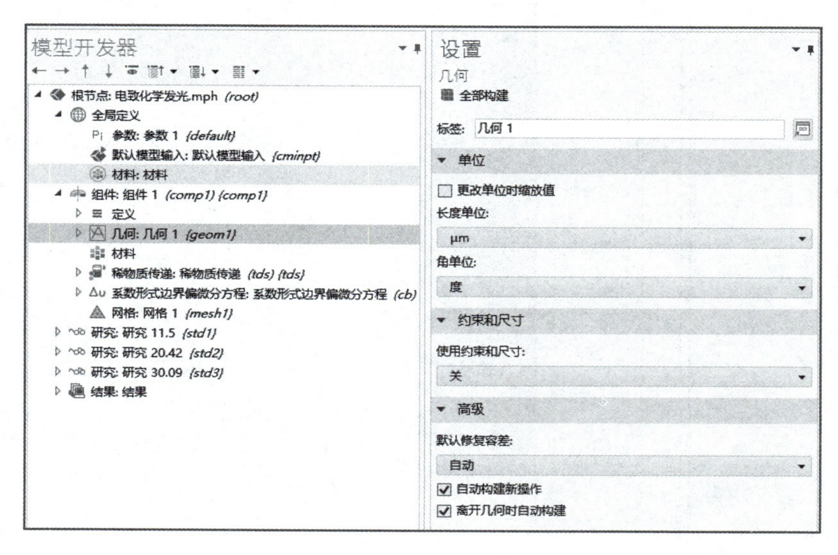

图 8-48　几何体单位的设置方法

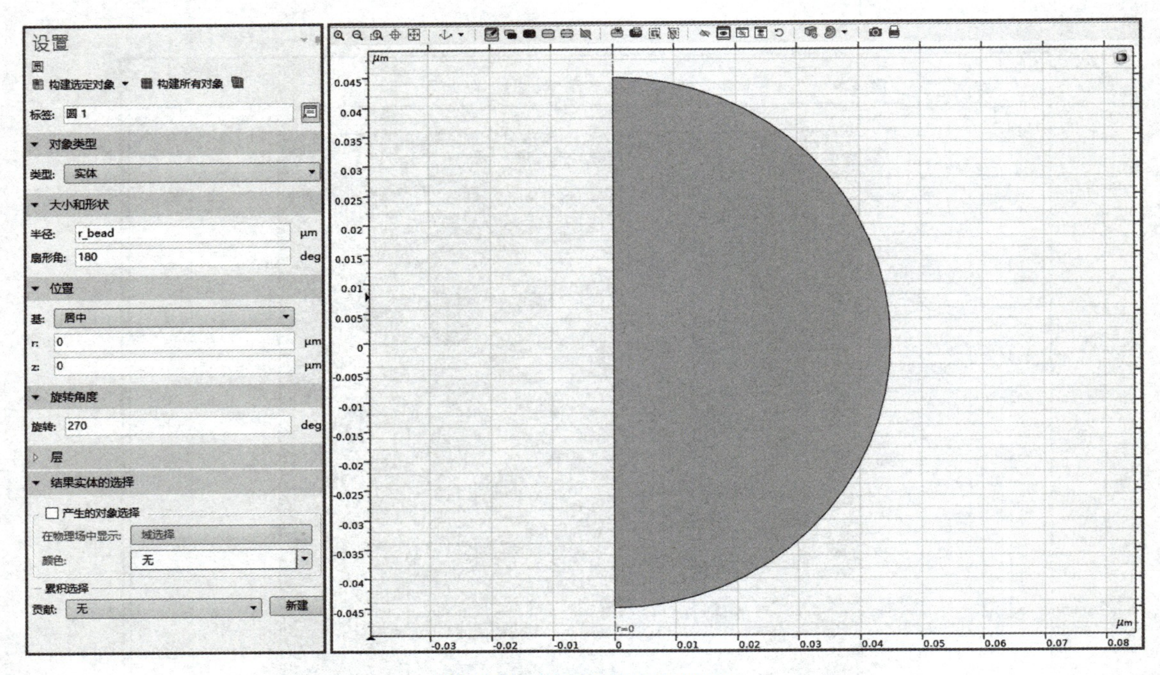

图 8-49　半圆的绘制与结果

（2）矩形的绘制

在绘制完半圆之后，我们需要绘制一个包含半圆的、相对更大的矩形。矩形的设置方法与绘制结果在图 8-50 中得到了展示。

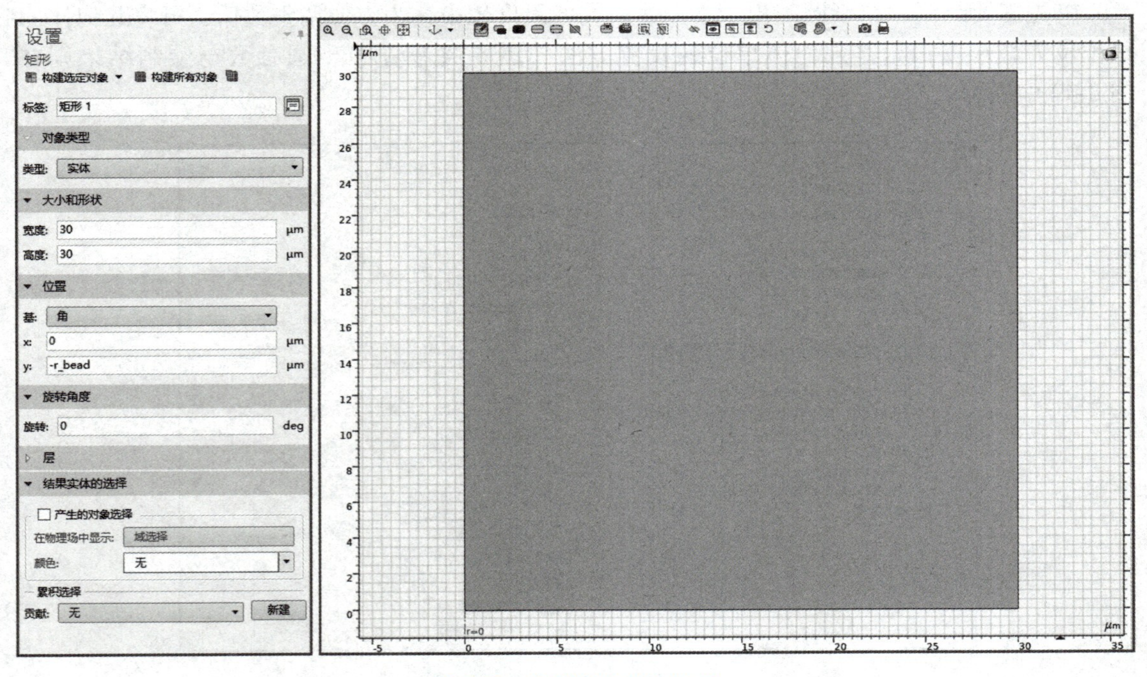

图 8-50　矩形的绘制与结果

从图 8-50 可以看出，第一步所画的小圆被包含在矩形左下角，尺度远小于矩形。而后，在**形成联合体**对象中点选**全部构建**，即完成了几何体的构建。

6. 变量定义

本案例需定义三组**变量**对象，包括一组用于描述全域的变量以及两组用于描述边界的变量。变量 1 用于描述包括整个模型的几何实体层，具体赋值在表 8-9 中给出；**变量 2** 用于描述几何实体中半圆的圆弧边界，变量的定义方式如图 8-51 所示，变量的赋值则在表 8-10 中给出。**变量 3** 用于描述矩形的下边界情况，变量 3 的定义方式如图 8-52 所示，变量的赋值则在表 8-11 中给出。

表 8-9 变量 1 的输入

名 称	表 达 式	单 位	描 述
R_TPrA	k1 * cTPrAH	mol/(m³ · s)	溶液中 TPrA 反应速率
R_TPrA1	k3 * cTPrA2	mol/(m³ · s)	溶液中 TPrA · 反应速率
R_TPrA2	-k3 * cTPrA2	mol/(m³ · s)	溶液中 TPrA · ⁺反应速率
R_Buf	kb * cBuf-k_b * cBufH * cH	mol/(m³ · s)	溶液中 Buf 反应速率

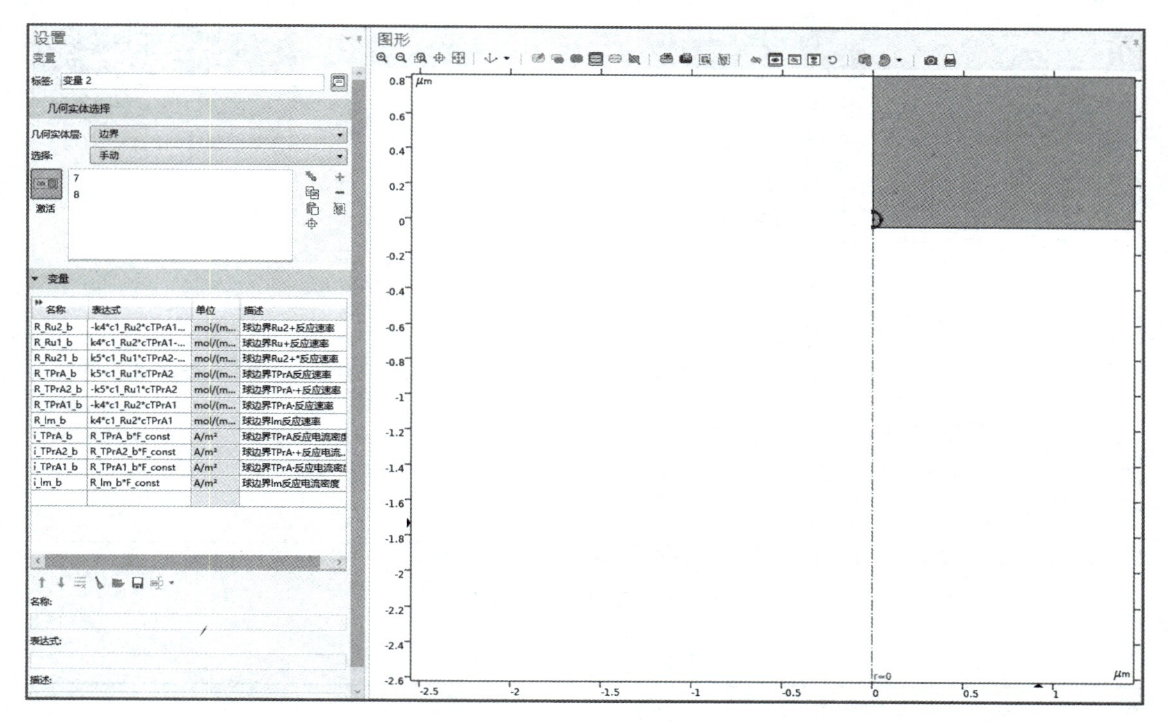

图 8-51 变量 2 的定义方式

表 8-10 变量 2 的输入

名 称	表 达 式	单 位	描 述
R_Ru2_b	-k4 * c1_Ru2 * cTPrA1+kdes * c1_Ru2_1	mol/(m² · s)	球边界 Ru2⁺反应速率
R_Ru1_b	k4 * c1_Ru2 * cTPrA1-k5 * c1_Ru1 * cTPrA2	mol/(m² · s)	球边界 Ru⁺反应速率

（续）

名　称	表 达 式	单　　位	描　述
R_Ru21_b	k5 * c1_Ru1 * cTPrA2-kdes * c1_Ru2_1	mol/(m^2 · s)	球边界 Ru2$^+$ * 反应速率
R_TPrA_b	k5 * c1_Ru1 * cTPrA2	mol/(m^2 · s)	球边界 TPrA 反应速率
R_TPrA2_b	-k5 * c1_Ru1 * cTPrA2	mol/(m^2 · s)	球边界 TPrA · $^+$反应速率
R_TPrA1_b	-k4 * c1_Ru2 * cTPrA1	mol/(m^2 · s)	球边界 TPrA · 反应速率
R_lm_b	k4 * c1_Ru2 * cTPrA1	mol/(m^2 · s)	球边界 lm 反应速率
i_TPrA_b	R_TPrA_b * F_const	A/m^2	球边界 TPrA 反应电流密度
i_TPrA2_b	R_TPrA2_b * F_const	A/m^2	球边界 TPrA · $^+$反应电流密度
i_TPrA1_b	R_TPrA1_b * F_const	A/m^2	球边界 TPrA · 反应电流密度
i_lm_b	R_lm_b * F_const	A/m^2	球边界 lm 反应电流密度

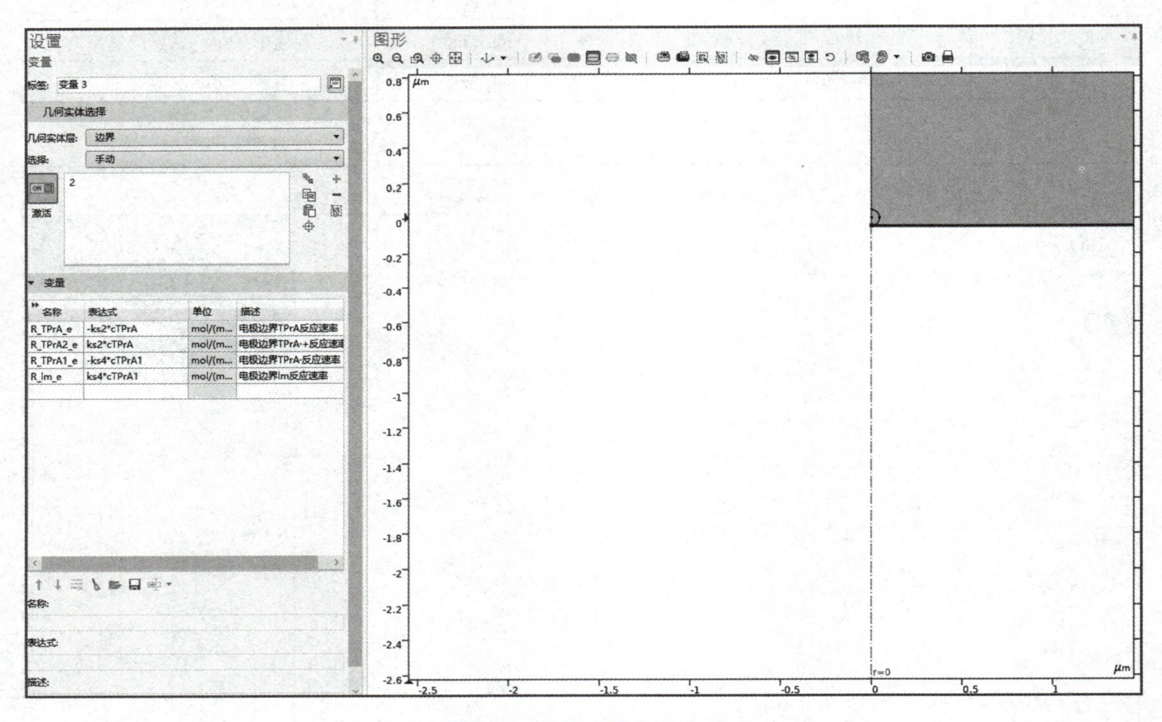

图 8-52　变量 3 的定义方式

表 8-11　变量 3 的输入

名　称	表 达 式	单　位	描　述
R_TPrA_e	-ks2 * cTPrA	mol/(m^2 · s)	电极边界 TPrA 反应速率
R_TPrA2_e	ks2 * cTPrA	mol/(m^2 · s)	电极边界 TPrA · $^+$反应速率
R_TPrA1_e	-ks4 * cTPrA1	mol/(m^2 · s)	电极边界 TPrA · 反应速率
R_lm_e	ks4 * cTPrA1	mol/(m^2 · s)	电极边界 lm 反应速率

7. 材料定义

本案例在全局定义与组件定义中均不需要对材料进行定义。

8. 物理场设置

本例包含两个物理场：**稀物质传递（tds）**与**系数型边界的微分方程（cd）**。以下将对两个物理场的设置分别说明。

（1）稀物质传递（tds）物理场的设置

初始化的稀物质传递物理场包括**传递属性**、**无通量**、**轴对称**、**初始值**四个属性对象，为完成对本案例稀物质传递物理场的设置，还需添加一组**电极表面耦合**属性（本案例中重命名为电极电解质界面耦合）、两组**通量**属性、一组**反应**属性和一组**浓度**属性，效果如图 8-53 左半部分显示。然后调整稀物质传递物理场的属性，单击该物理场条目，选定物理场作用域为除半圆外的矩形区域；接着将方程形式选择为稳态。

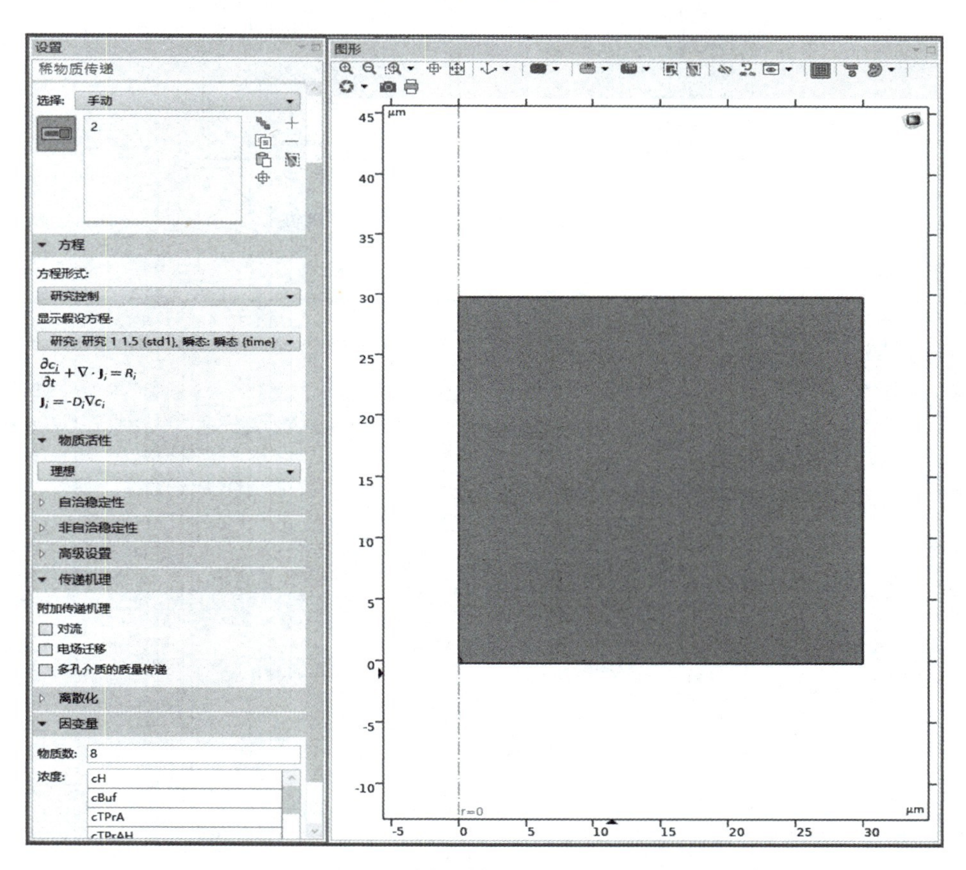

图 8-53　稀物质传递物理场的属性

接下来则是完成传递属性的设置。将传递属性的区域设置为所有域，模型的温度定义为 293. 15K，并分别定义各种物质的扩散系数，效果如图 8-54 所示。

然后需要使用两组**通量**属性和一组**浓度**属性共同完成**无通量**属性的定义，其中两组通量属性分别用于替代矩形的下边界（标号 2）与半圆的圆形边界（标号 7、8），一组浓度属性用于替代矩形的上边界（标号 5），设置操作如图 8-55 所示。

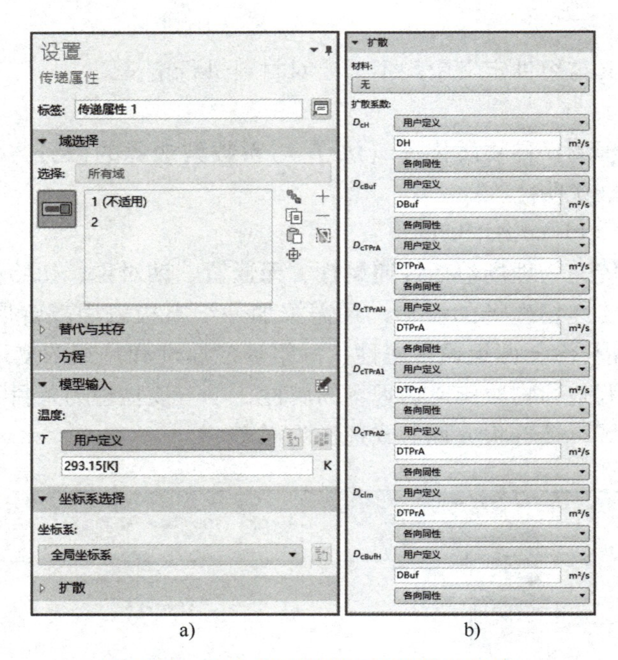

图 8-54　稀物质传递物理场的传递属性

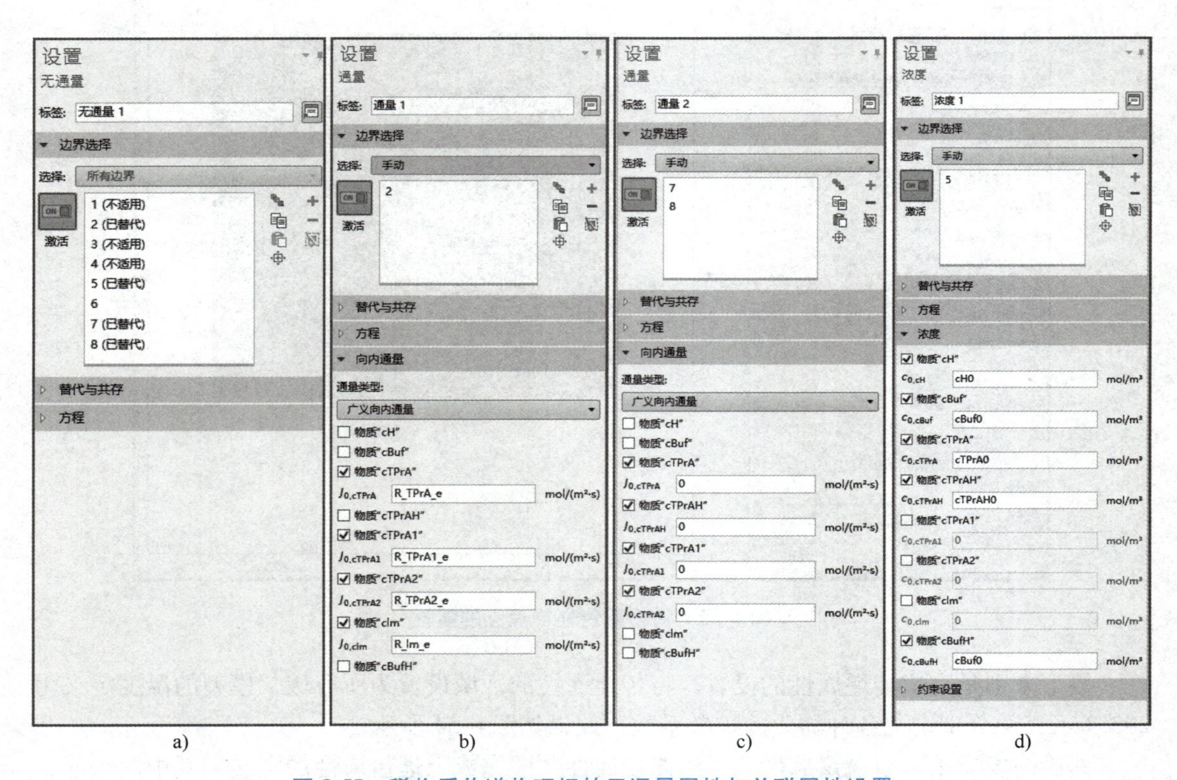

图 8-55　稀物质传递物理场的无通量属性与关联属性设置

接着需要完成 tds 物理场的其余参数设置，如图 8-56 所示，包括**轴对称**、**反应**、**初始值**与**电极界面耦合**。**轴对称**属性主要对仿真模型的二维轴对称属性进行定义，以矩形的左边界（标号 4）为模型的旋转对称轴。**电解质界面耦合**则定义了半圆图形的圆弧为耦合界面。模型中需要赋值的初始值与反应速率均在全局定义的参数中完成了定义，此处仅需将这些参数输入对应位置即可。

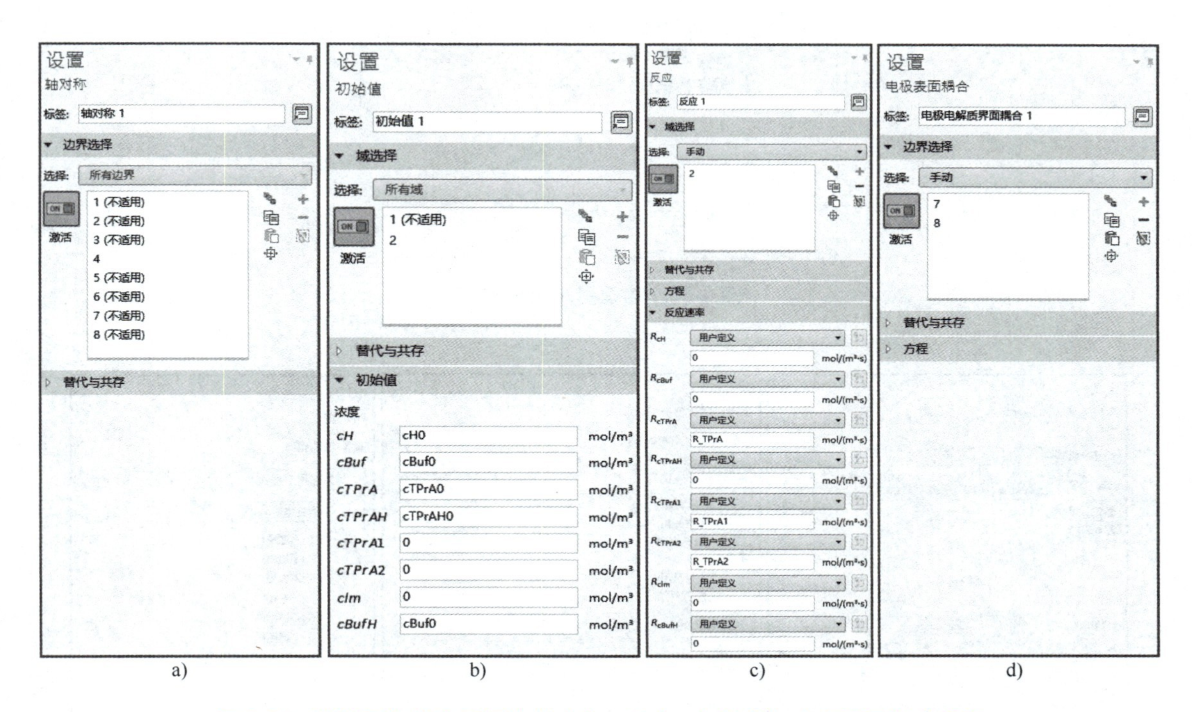

图 8-56　稀物质传递物理场的轴对称、反应、初始值与电极界面耦合设置

这样，便完成了稀物质传递物理场的定义。

（2）系数形式边界偏微分方程物理场的设置

系数形式边界偏微分方程物理场的设置不需要添加额外的物理场属性，仅需要完成基本属性的设置即可。首先单击**系数形式边界微分方程**条目，设置方程物理场的属性：在边界选择一栏将选择方式改为手动，并仅选择半圆的圆弧段边界；之后选择方程的单位，单击右侧的图标，使用过滤功能找到表面位浓度及摩尔通量两个物理量并添加于所需物理量处，如图 8-57 所示。最后设置三个因变量，效果如图 8-58a 所示。

方程物理场另包含两个属性，即**系数形式偏微分方程**与**初始值**属性。系数形式偏微分方程需要调整**扩散系数**与**源项**的赋值；而**初始值**则需利用全局定义中的部分参数来完成赋值，如图 8-58b、c 所示。

9. 网格划分

本案例的网格划分较为简单，选择以**物理场控制网格**的形式定义网格，将单元大小设为**极细化**，网格的设置及划分结果如图 8-59 所示。

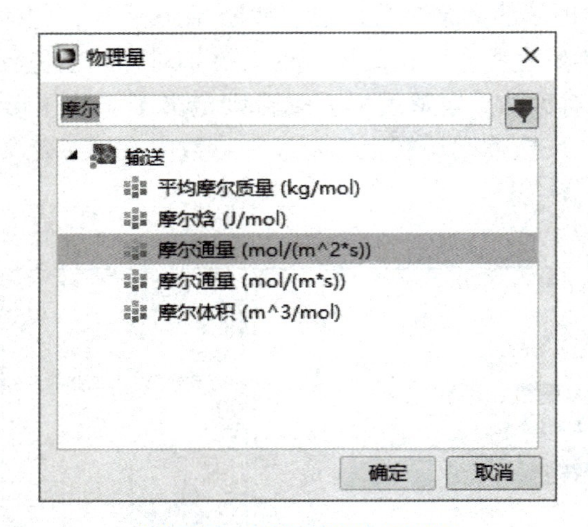

图 8-57　物理量单位的选择

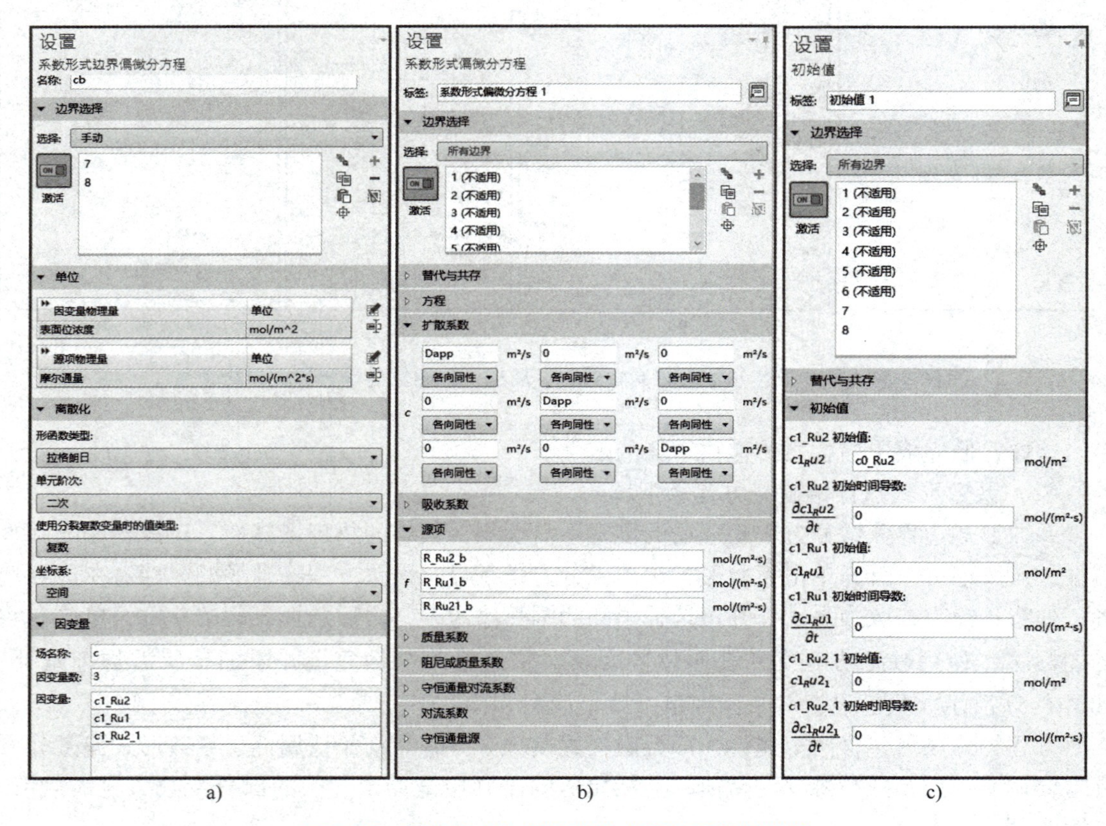

图 8-58　系数形式边界偏微分方程物理场的设置

10. 求解器设定

本案例中需要设置三个瞬态求解器，分别命名为**研究 11.5**、**研究 20.42**、**研究 30.09**。三者皆包含一个瞬态步骤。以**研究 11.5** 为例，图 8-60 展示了设计求解器的操作。

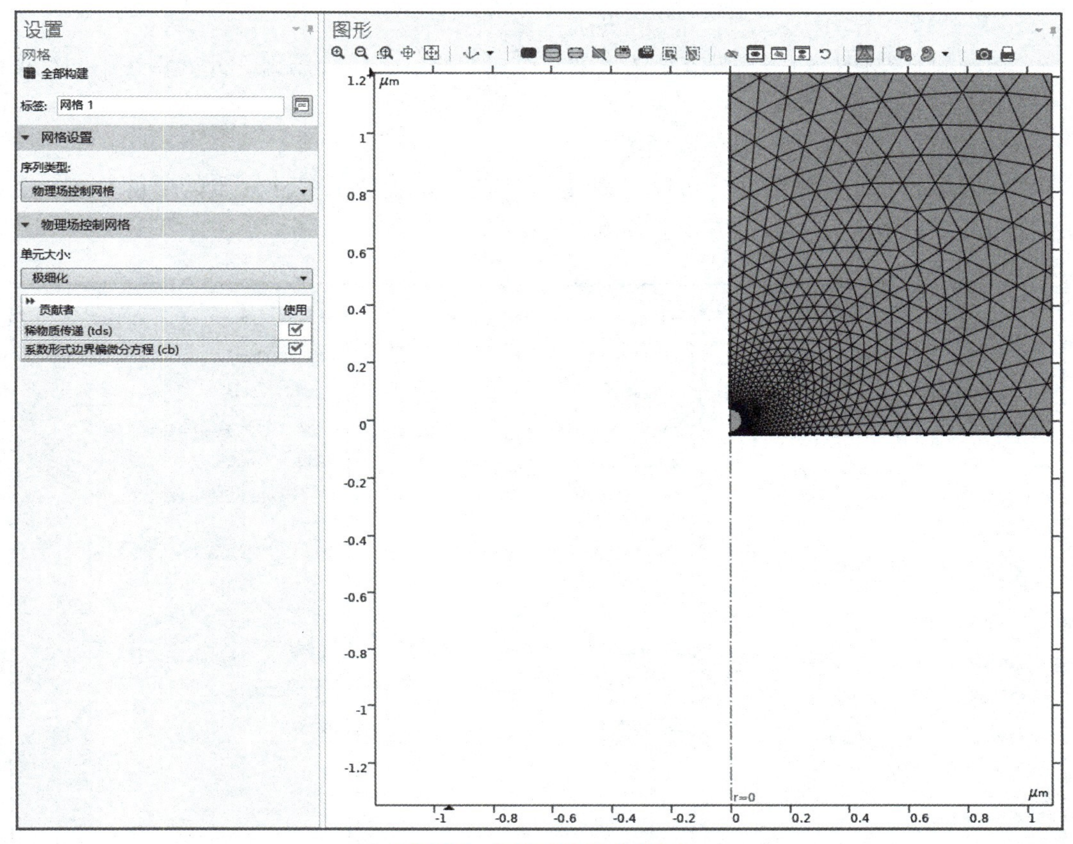

图 8-59 网格的划分与结果

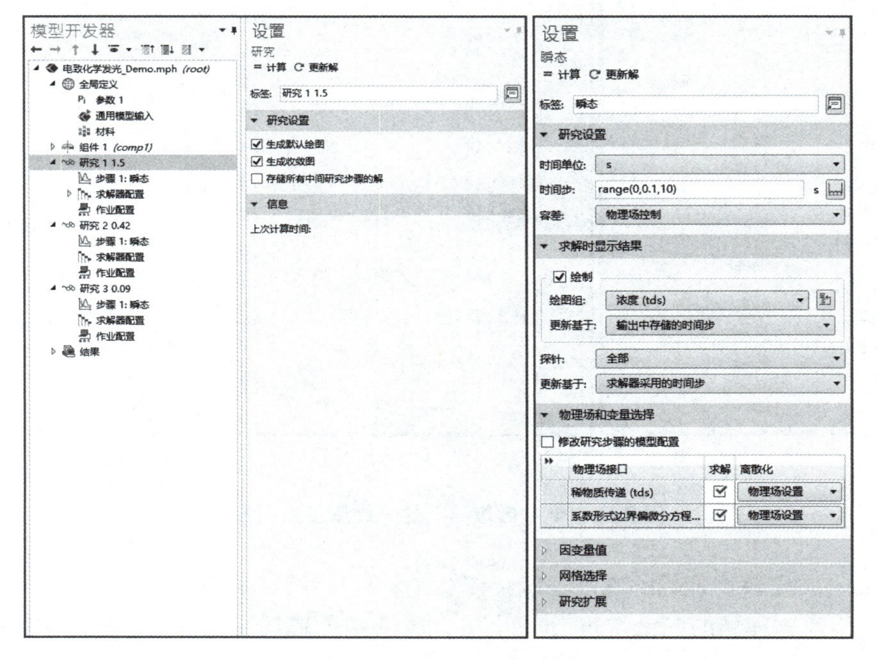

图 8-60 求解器的设置

11. 后处理

本案例的后处理包括一系列有关浓度的一维、二维、三维绘图组。此处将在不同维度绘图上各举一例以展示。

（1）半圆形边界上的一维浓度绘图

半圆形边界上的一维浓度分布以 Z 轴坐标为自变量表现了多种物质的浓度分布。其设置方法如图 8-61 所示，绘制结果如图 8-62 所示。

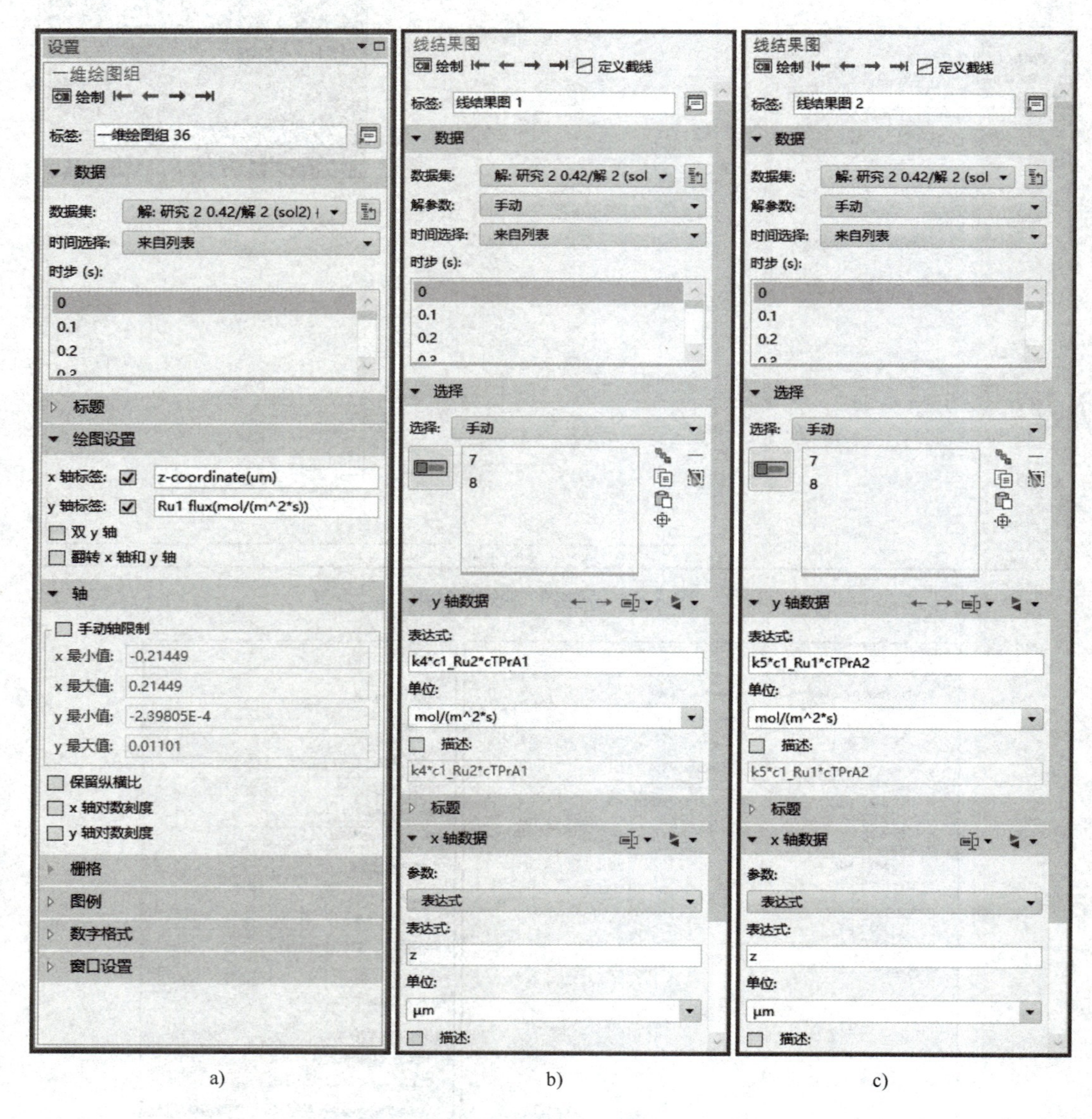

图 8-61　半圆形边界上的一维浓度绘图设置

（2）稀物质传递物理场的二维浓度绘图

稀物质传递物理场的二维浓度分布绘图，通过颜色描述了物质 TPrA1 在除去半圆的矩形区域内的浓度分布情况，其设置与绘制结果如图 8-63 所示。

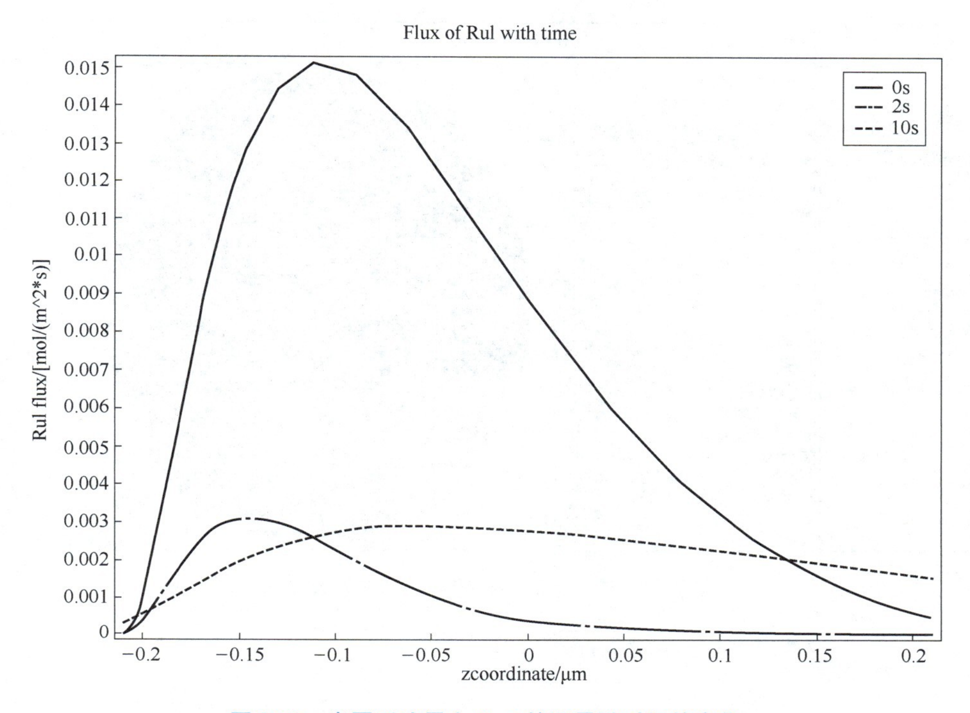

图 8-62　半圆形边界上 Ru1 的通量随时间的变化

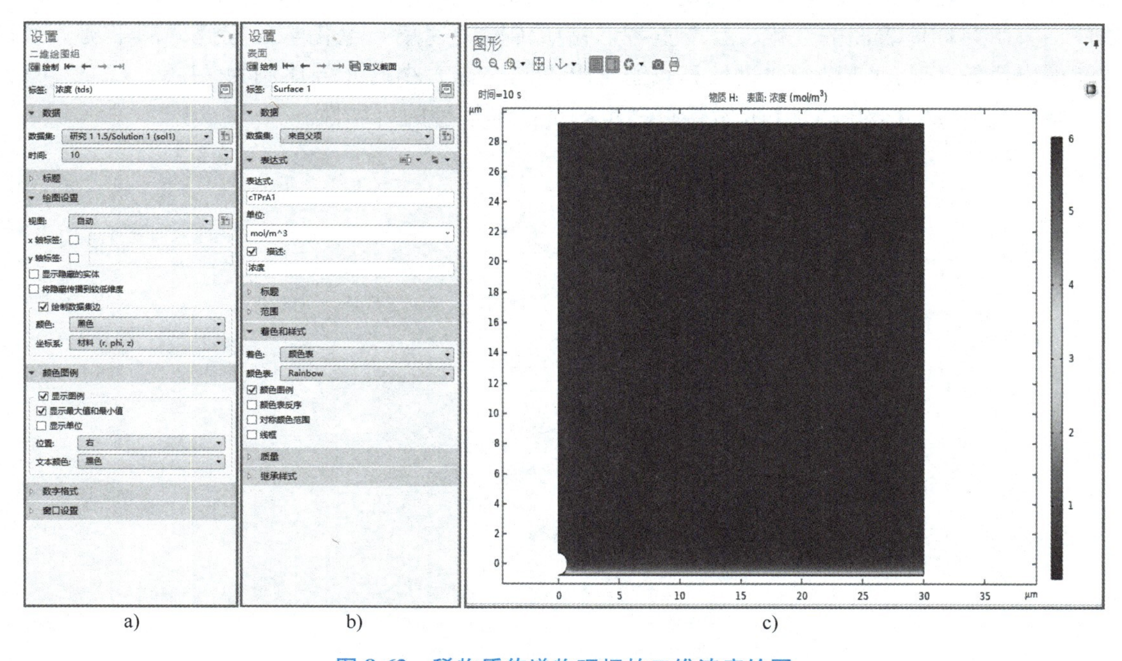

图 8-63　稀物质传递物理场的二维浓度绘图

（3）球面上的三维浓度绘图

三维绘图用于描述球面上的浓度分布，其设置方法与结果如图 8-64 所示。

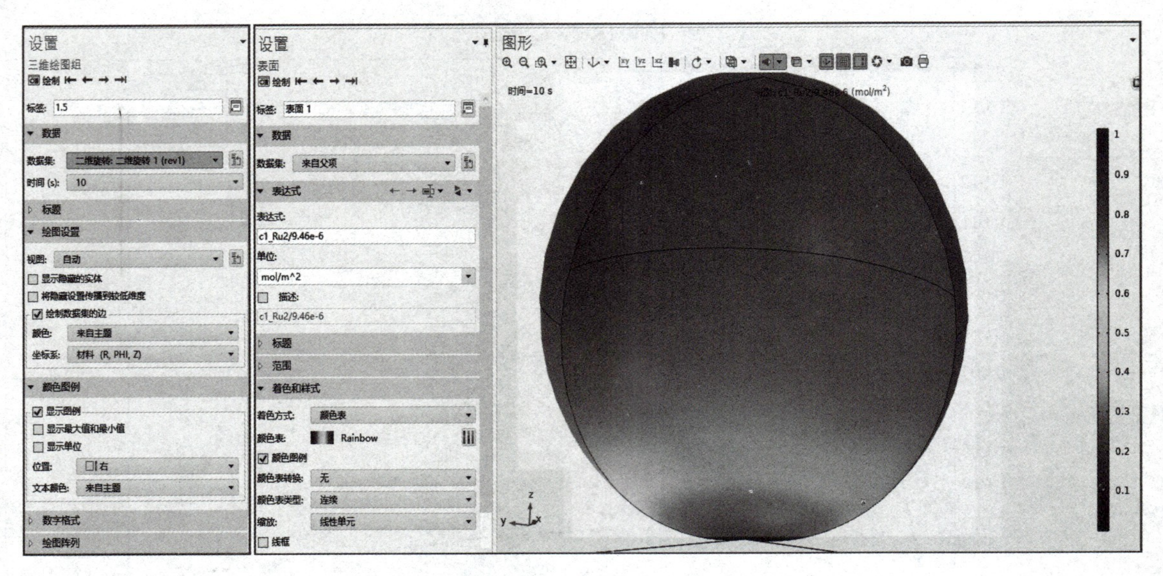

图 8-64　球面上的三维浓度绘图设置及结果

8.5.3　案例小结

本模型采用传质与 PDE 结合的方法，研究了在 6 种主反应作用下的球体表面各个物质的浓度分布，进而得出球体表面的发光强度。在研究过程中我们引入低维的 PDE 作为边界条件，去研究球体表面的变化，且着重考虑物质传输的速率与电化学反应速率的平衡关系，才能得出比较客观的结果。通过计算我们得出不同小球大小的光强比例为 74.8：12.32：1，与实验的结果 62.4：16.4：1 非常接近，也印证了本模型的可靠性。

参考文献

[1] ZIENKIEW O C，TAYLOR R L. 有限元方法：第2卷　固体力学［M］. 5版. 庄茁，岑松译. 北京：清华大学出版社，2006.

[2] 同济大学应用数学系. 高等数学［M］. 6版. 北京：高等教育出版社，2007.

[3] 华东师范大学数学系. 数学分析［M］. 4版. 北京：高等教育出版社，2010.

[4] 李庆扬，王能超，易大义. 数值分析［M］. 5版. 北京：清华大学出版社，2008.

[5] 封建湖，车刚明，聂玉峰. 数值分析原理［M］. 北京：科学出版社，2001.

[6] 同济大学应用数学系. 工程数学线性代数［M］. 6版. 北京：高等教育出版社，2014.

[7] LAY D. 线性代数及其应用［M］. 4版. 刘深泉，洪毅，马东魁译. 北京：机械工业出版社，2017.

[8] 刘觉平. 麦克斯韦方程组的建立及其作用［J］. 物理，2015，44（12）：810-818.